T0281712

Schwingungslehre mit Maschinendynamik

Eberhard Brommundt · Delf Sachau

Schwingungslehre mit Maschinendynamik

4., überarbeitete Auflage

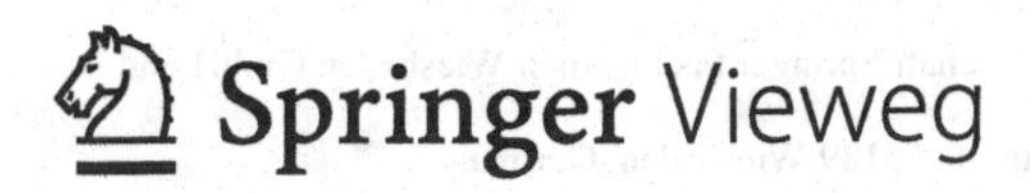

Eberhard Brommundt
TU Braunschweig
Braunschweig, Deutschland

Delf Sachau
Helmut Schmidt Universität d. Bundeswehr
Hamburg, Deutschland

Die elektronische Version dieses Buchs enthält Zusatzmaterial, auf das über folgenden Link zugegriffen werden kann https://doi.org/10.1007/978-3-658-38123-3.

ISBN 978-3-658-38122-6
ISBN 978-3-658-38123-3 (eBook)
https://doi.org/10.1007/978-3-658-38123-3

Die Deutsche Nationalbibliothek verzeichnet diese Publikation in der Deutschen Nationalbibliografie; detaillierte bibliografische Daten sind im Internet über http://dnb.d-nb.de abrufbar.

Springer Vieweg

Springer Vieweg ist ein Imprint der eingetragenen Gesellschaft Springer Fachmedien Wiesbaden GmbH und ist ein Teil von Springer Nature.
Die Anschrift der Gesellschaft ist: Abraham-Lincoln-Str. 46, 65189 Wiesbaden, Germany

Vorwort

Maschinen und Fahrzeuge werden leistungsfähiger, schneller und leichter. Dadurch werden sie anfälliger hinsichtlich dynamischer Lasten. Der Ingenieur muss nicht nur die Funktion von Geräten und Anlagen sicherstellen, sondern soll auch Umweltbelastungen durch Schwingungen und Lärm gering halten. Hierzu benötigt er fundierte Kenntnisse der Maschinendynamik und der Schwingungslehre.

Dieses Buch ist für Studierende der Ingenieurwissenschaften an Fachhochschulen und Universitäten geschrieben worden. Es zeichnet sich methodisch dadurch aus, dass es den Leser anhand charakteristischer Fragestellungen aus der Maschinendynamik in die Schwingungslehre einführt. Deshalb beginnt die Schwingungsuntersuchung stets mit der Modellbildung, d. h. dem Eindringen in die Struktur und Physik des Systems, dem Aufstellen der Bewegungsgleichungen. Ziel ist es, das Verständnis der Vorgehensweisen und das Denken in den Begriffen am Schwingungsverhalten einfach aufgebauter Maschinen zu lernen. Diese Grundlagen benötigt der Ingenieur später im Beruf auch zur Untersuchung der Dynamik mechatronischer Systeme mit Hilfe von Simulationsprogrammen, um die Rechnerergebnisse verstehen und bewerten zu können.

Das Buch behandelt ausführlich lineare Schwingungen. Die Lösungen der Bewegungsgleichungen werden vor allem analytisch ausgearbeitet und diskutiert, numerisch gewonnene Ergebnisse in Diagrammen veranschaulicht. Den Text begleitende und ergänzende Aufgaben bieten dem Leser Gelegenheit zu Übung und Verständniskontrolle.

Kap. 1 fasst mathematische Grundlagen in der Terminologie der Schwingungslehre zusammen. Der Leser hat die Freiheit, dieses Kapitel zu überfliegen, durchzuarbeiten, bei Bedarf nachzulesen oder als Formelsammlung zu benutzen. Dasselbe gilt für die Grundlagen aus der Technischen Mechanik, die im Anhang zusammengestellt sind.

Das Buch ist entsprechend des Freiheitsgrades der jeweils betrachteten Systeme in vier Hauptabschnitte gegliedert: STARRE MASCHINEN UNTER DYNAMISCHER LAST (FREIHEITSGRAD NULL) nimmt die Modellbildung auf. Bewegungsgleichungen werden anfangs als Gleichgewichtsbedingungen, mit d'Alembert'schen Trägheits-Kräften und Momenten, später mit Hilfe der Lagrangeschen Gleichungen formuliert. SCHWINGER MIT EINEM FREIHEITSGRAD behandelt schwingungstechnische Grundbegriffe, Lösungsmethoden und Ergebnisausdeutungen. In DISKRETE SCHWINGER MIT ZWEI UND MEHR FREIHEITSGRADEN wird die Schwingungsanalyse bei mehr Freiheitsgraden vorgestellt. Darauf bauen Rotor-, Dreh- und Biege-Schwingungen sowie Modaltransformation auf. KONTINUA MIT EINEM FUNKTIONALEN FREIHEITSGRAD behandelt Wellen-Drehschwingungen und Balken-Biegeschwingungen.

Für die zweite Auflage wurde der Inhalt neu strukturiert und ergänzt, um einen noch besseren Zugang zur Schwingungslehre mit Maschinendynamik zu gewährleisten. Die dritte Auflage wurde mit MATLAB®-Programmcodes und Lösungen erweitert.

Die vorliegende vierte Auflage wurde inhaltlich überarbeitet. Die Formelzeichen- und Sachwortverzeichnisse wurden vervollständigt. Zudem sind Online-Lösungen (Electronic Supplementary Material, ESM) zu den Aufgaben der jeweiligen Kapitel vorhanden, welche dem Leser zur Vertiefung des Buchinhaltes dienen sollen. Die kostenlosen ESM-Dateien inklusive der MATLAB®-Programmcodes sind auf der Verlagshomepage beim Buch unter der Rubrik **sn.pub/extras** oder über den Link https://doi.org/10.1007/978-3-658-38123-3 wiederzufinden.

Die Autoren danken den Mitarbeitern am Lehrstuhl für Mechatronik, die seit der ersten Auflage wesentlich zu den Lösungen der über 300 Aufgaben und den zugehörigen MATLAB®-Programmen beigetragen haben. Der Dank gilt auch für die Mithilfe bei den Überarbeitungen und der redaktionellen Arbeit.

Braunschweig und Hamburg E. Brommundt
im April 2022 D. Sachau

Schreibweisen und Bezeichnungen

Allgemeines
Alle theoretischen Untersuchungen schwingungsfähiger Systeme beruhen auf mathematisch-mechanischen Modellen. Nach der Abgrenzung eines Systems gegenüber seiner Umgebung werden beschreibende Größen, z. B. Systemparameter, Auslenkungen, Kräfte, eingeführt. Mit Hilfe dieser Größen werden die Bewegungsgleichungen verformbarer Körper formuliert, umgeformt und gelöst, die Lösungen analysiert, die Ergebnisse diskutiert.

Skalare und Matrizen
Mehrere Bewegungsgleichungen eines Systems können durch die allgemeine Matrizenschreibweise übersichtlich zusammengefasst werden. Skalare werden mit *kursiven Buchstaben*, z. B. Ω als Erregerkreisfrequenz, bezeichnet. *Halbfette Großbuchstaben* deuten auf quadratische oder rechteckige Matrizen, z. B. $\boldsymbol{M}$ als Massenmatrix, hin. Systemgrößen in Form von Zeilen- bzw. Spaltenmatrizen werden mit *halbfetten Kleinbuchstaben*, z. B. die Auslenkung $\boldsymbol{x}$, verwendet.

Wichtige Formelzeichen und Symbole
Die Formelzeichen und Symbole folgen möglichst den Normen. Mehrfachbedeutungen von Buchstaben lassen sich nicht vermeiden. Bei einer konkreten Untersuchung (Aufgabe) müssen Größen und Formelzeichen einander eindeutig zugeordnet werden.

$a, \vec{a}$	Beschleunigung, -Vektor
b	Dämpfungskoeffizient
$\vec{e}$	Einsvektor
f	Verschiebung, (Perioden-)Frequenz
g	Fallbeschleunigung
h	Höhe, Stoßantwort
i	Übersetzung
j	imaginäre Einheit, $j := \sqrt{-1}$
k	Federsteifigkeit
l	Länge

m Masse
n Anzahl, Freiheitsgrad
$p, \vec{p}$ Bewegungsgröße, -Vektor
$q, \boldsymbol{q}$ generalisierte Koordinate, -Spaltenmatrix, Streckenlast
r Radius, Exzentrizität
s Abstand
t Zeit
u Ausschlag, Durchbiegung, Verschiebung
$v, \vec{v}$ Geschwindigkeit, -Vektor
w Auslenkung
$x, \vec{x}$ Ort(skoordinate), -Vektor
$x(t), \vec{x}(t)$ Bewegung, -Vektor
$z, \boldsymbol{z}$ Zustandsgröße, -Spaltenmatrix
A Fläche, Koeffizient
$\boldsymbol{B}$ Dämpfungsmatrix
C Freier, zeitunabhängiger Koeffizient, Konstante
C Schwerpunkt, Massenmittelpunkt
D Dämpfungsgrad
E Elastizitätsmodul, Energie
$F, \vec{F}$ Kraft, -Vektor
G Gewicht
H Übertragungsfunktion
$\boldsymbol{H}$ Nachgiebigkeitsmatrix
I Flächenmoment zweiten Grades
$J, \vec{\vec{J}}$ Massenmoment zweiten Grades, -Tensor
K Körper
$\boldsymbol{K}$ Steifigkeitsmatrix
$L, \boldsymbol{L}, \vec{L}$ Drall, -Vektor
$M, \vec{M}$ Moment, -Vektor
$\boldsymbol{M}$ Massenmatrix
N Normalkraft
P Punkt
P Leistung
$Q, \boldsymbol{Q}$ Generalisierte Kraft, -Spaltenmatrix
$\boldsymbol{R}$ Drehmatrix
T Periodendauer, kurz: Periode
U Unwucht
V Volumen, Vergrößerungsfunktion
W Wellendurchstoßpunkt
W Arbeit
α Winkel, Phase

β	Parameter
δ	Abklingkoeffizient, Delta-Funktion
ε	Dehnung
λ	Eigenwert, Stangenverhältnis
Λ	Logarithmisches Dekrement
μ	Reibungszahl
ρ	Reibungswinkel, Dichte
σ	Spannung
τ	Schubspannung, Zeitpunkt
φ	Winkel(-Auslenkung); Phasenverschiebungswinkel
ω	Winkelgeschwindigkeit, Kreisfrequenz
Ω	Erreger(kreis)frequenz, Drehfrequenz

Tupel (werden z. T. auch als Spaltenmatrizen geschrieben)

$(\vec{e}_1, \vec{e}_2, \vec{e}_3)$	kartesische Basis
$(\vec{e}_\rho, \vec{e}_\varphi, \vec{e}_z)$	zylindrische Basis
(x_1, x_2, x_3)	kartesische Koordinaten
(ρ, φ, z)	Zylinderkoordinaten, bei $z \equiv 0$: Polarkoordinaten
$(\varphi_1, \varphi_2, \varphi_3)$	Cardanwinkel
$(\psi_1, \vartheta_2, \varphi_3)$	Eulerwinkel
(ψ_1, ψ_2, ψ_3)	Kippwinkel
(S, T, U)	Wirkung, kinetische Energie, Potential bei Energieverfahren

Dimension, Zahlenwert, Einheit einer Größe Beispiel $x = 3\,\text{m}$

$\dim(x)$	Dimension, physikalische Bedeutung (Länge)
$\{x\} = 3$	Maßzahl (von x)
$[x] = \text{m}$	Einheit (von x)

Indizes

0	Nullwert, Anfangspunkt, Bezugspunkt oder -wert
i, j, k, l	Zählindizes
h	homogen
p	Partikularlösung, polar
E	Extremwert
L	Last
R	Referenzgröße
T	Torsions-, Dreh-
w	Wellenelement (diskretisiert, FEM)
W	Welle

Sonstige Zeichen

Δt	Inkrement (Zuwachs) einer Variablen, hier $\Delta t = t_2 - t_1$
δq	Variation (von q), virtuelle Verrückung, infinitesimal klein
$\hat{x}$	Amplitude einer Sinusschwingung, Bsp.: $x(t) = \hat{x}\sin(\omega t)$
$\tilde{x}$	dimensionslose Größe mit $\tilde{x} = x/x_R$
$\underline{x}$	komplexe Zahl, Bsp.: $\underline{x} = a + jb$
$\overline{\underline{x}}$	komplex konjugierte Zahl, Bsp.: $\overline{\underline{x}} = a - jb$
$\mathrm{Re}(\underline{x})$	Realteil, Bsp.: $\mathrm{Re}(\underline{x}) = a$
$\mathrm{Im}(\underline{x})$	Imaginärteil, Bsp.: $\mathrm{Im}(\underline{x}) = b$
$\lvert\underline{x}\rvert$	(absoluter) Betrag, Bsp.: $\lvert\underline{x}\rvert = \sqrt{a^2 + b^2}$

Operationen

$\dot{()} = d()/dt$	Zeitableitung nach Newton, Leibniz
$\mathring{()} = d()/d\tilde{t}$	Zeitableitung, dimensionslos
$()' = d()/dx$	Ortsableitung
$\boldsymbol{M}^T$	Transposition der Matrix $\boldsymbol{M}$, $(\boldsymbol{M}^T)_{ik} = (\boldsymbol{M})_{ki}$

Inhaltsverzeichnis

1 Einleitung

Zusammenfassung

Die Normenreihe DIN 1311 legt Begriffe zu Schwingungen und schwingungsfähigen Systemen vorwiegend im Bereich der Mechanik fest, an die wir uns überwiegend halten. Harmonische Schwingungen werden reell und komplex dargestellt. Allgemeine periodische Schwingungen werden einerseits durch die harmonische Synthese erzeugt und andererseits durch Zerlegung in harmonische Schwingungen analysiert. Dazu wird die reelle und die komplexe Fourierreihe behandelt. Von den nichtperiodischen Schwingungen ist die exponentiell schwindende Schwingung von besonderer Bedeutung für die Maschinendynamik.

Die Normenreihe DIN 1311 legt Begriffe zu Schwingungen und schwingungsfähigen Systemen vorwiegend im Bereich der Mechanik fest. Wir halten uns überwiegend an die genormten Benennungen und Bezeichnungen, weichen jedoch des bildhaften Ausdrucks oder der Kürze halber (z. B. Periodendauer → Periode) auch von der Norm ab. Einleitend werden hier vor allem die Grundbegriffe zusammengestellt (siehe DIN 1311, Teil 1). Dabei wird angenommen, dass die Einzelheiten dem Leser aus Mathematik und Technischer Mechanik bekannt sind. Die Zusammenstellung gibt vor allem die schwingungstechnische Sicht und Ausdrucksweise wieder.

Ergänzende Information Die elektronische Version dieses Kapitels enthält Zusatzmaterial, auf das über folgenden Link zugegriffen werden kann https://doi.org/10.1007/978-3-658-38123-3_1.

E. Brommundt und D. Sachau, *Schwingungslehre mit Maschinendynamik*,
https://doi.org/10.1007/978-3-658-38123-3_1

1.1 Definition einer Schwingung

Unter einer Schwingung versteht man einen Vorgang, bei dem sich die interessierende Größe x so mit der Zeit ändert, dass bestimmte Merkmale wiederkehren, s. Abb. 1.1.

Im Allgemeinen sprechen wir x als Ausschlag oder Auslenkung an. Der Augenblickswert von x sei eine (deterministische) Funktion der Zeit t: $x = x(t)$.

Es ist unmöglich, eine Schwingung gegenüber einer allgemeinen Bewegung ohne Willkür abzugrenzen. Deshalb rechnet man auch Größen, die nur wenige Male zu- und abnehmen, impulsartig verlaufen, schwingend oder monoton abklingen zu den Schwingungen, s. Abb. 1.2. Wir nennen dann auch den zeitlichen Ablauf von $x(t)$ *Bewegung*, gleichgültig, ob es sich bei x um eine Ortskoordinate, einen Weg, einen Winkel, eine Geschwindigkeit, einen Strom usw. handelt.

1.2 Harmonische Schwingung, Sinusschwingung

1.2.1 Reelle Darstellung der harmonischen Schwingung

Eine Schwingung $x = x(t)$, deren Zeitverlauf sich durch eine Kosinus- oder Sinusfunktion beschreiben lässt, heißt *harmonische Schwingung* oder *Sinusschwingung* (auch Kosinusschwingung)

$$x = \hat{x}\cos(\omega t + \varphi_0) \quad \text{oder} \quad x = \hat{x}\sin(\omega t + \varphi_{0s}), \tag{1.1}$$

wo $\hat{x}$ – *Amplitude*, ω – *Kreisfrequenz*, φ_0 – *Nullphasenwinkel*, $\varphi_{0s} := \varphi_0 + \pi/2$ sind.

Abb. 1.3 zeigt den Zeitverlauf der harmonischen Schwingungen. Darin bedeutet T die *Periodendauer* (DIN 1311, hier auch kurz *Periode*), das ist die kürzeste Zeitspanne, nach

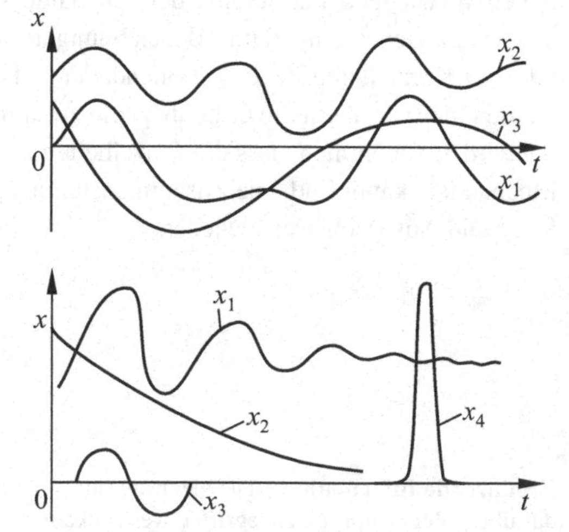

Abb. 1.1 Schwingungen

Abb. 1.2 Schwingungen: x_1 (nicht monoton) abklingend, x_2 kriechend (monoton) abklingend, x_3 begrenzt, x_4 impulsartig

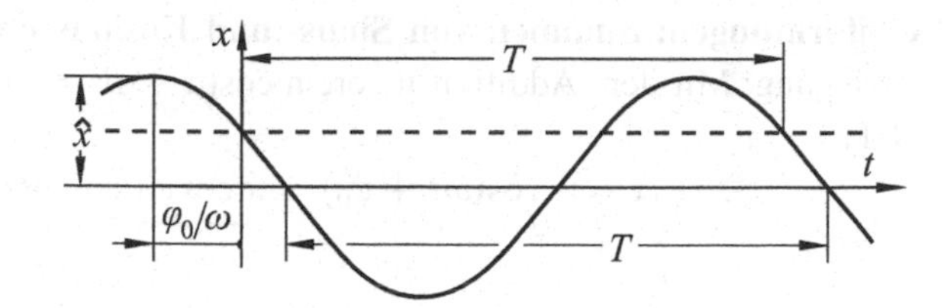

Abb. 1.3 Harmonische Schwingung

der sich der Schwingungsverlauf $x(t)$ wiederholt:

$$x(t+T) = x(t). \tag{1.2}$$

Zwischen der Periodendauer T und der Kreisfrequenz ω gelten die Beziehungen

$$\omega T = 2\pi \quad \text{oder} \quad T = \frac{2\pi}{\omega}. \tag{1.3}$$

Das Argument der Kosinusfunktion von (1.1),

$$\varphi(t) = \omega t + \varphi_0, \tag{1.4}$$

heißt *Phasenwinkel*; $\varphi(0) = \varphi_0$ ist der *Nullphasenwinkel*. Im Laufe einer Periode ändert sich φ um 2π, die Schwingung durchläuft eine Sinuswelle.

Hinweis Es ist üblich, den Zahlenwert des Nullphasenwinkels φ_0 aus dem Intervall $0 \leq \varphi_0 < 2\pi$ oder aus $-\pi < \varphi_0 \leq \pi$ zu wählen. Der Kehrwert der Periodendauer T liefert die *Frequenz*

$$f = \frac{1}{T}; \tag{1.5}$$

man kann sie als Anzahl der Sinuswellen pro Zeiteinheit lesen. Eliminiert man T mit (1.3), folgt der Zusammenhang zwischen Frequenz und Kreisfrequenz

$$\omega = 2\pi f. \tag{1.6}$$

Dimensionen und Einheiten

$$\begin{array}{ll}
\dim(x) = \dim(\hat{x}) & [x] = [\hat{x}] - \text{je nach Größe}, \\
\dim(T) = \text{Zeit} & [T] = \text{s}, \\
\dim(\omega) = 1/\text{Zeit} & [\omega] = 1/\text{s}, \ \text{auch } [\omega] = \text{rad/s}, \\
\dim(f) = 1/\text{Zeit} & [f] = 1/\text{s}, \ \text{meist } [f] = \text{Hz}, \\
\dim(\varphi) = 1 & [\varphi] = 1, \ \text{auch } [\varphi] = \text{rad}.
\end{array}$$

Umformungen: Summen von Sinus- und Kosinusschwingungen gleicher Frequenz
Zerlegung: Mit dem Additionstheorem $\cos(\alpha + \beta) = \cos\alpha\cos\beta - \sin\alpha\sin\beta$ folgt aus (1.1)

$$x = \hat{x}\cos(\omega t + \varphi_0) = \underbrace{\hat{x}\cos\varphi_0}_{\hat{x}_c}\cos\omega t \underbrace{-\hat{x}\sin\varphi_0}_{\hat{x}_s}\sin\omega t, \tag{1.7}$$

also die Zerlegung

$$x = \hat{x}_c\cos\omega t + \hat{x}_s\sin\omega t, \quad \text{wo } \hat{x}_c := \hat{x}\cos\varphi_0,\ \hat{x}_s := -\hat{x}\sin\varphi_0. \tag{1.8}$$

Die letzten beiden Gleichungen schreiben wir auch mit Zeilenmatrizen:

$$(\hat{x}_c, \hat{x}_s) = (\hat{x}\cos\varphi_0, -\hat{x}\sin\varphi_0). \tag{1.9}$$

Zusammenfassung: Kehrt man diese Transformation um, erhält man zur Summe $x = \hat{x}_c\cos\omega t + \hat{x}_s\sin\omega t$ die Form $x = \hat{x}\cos(\omega t + \varphi_0)$, wo

$$\hat{x} = \sqrt{\hat{x}_c^2 + \hat{x}_s^2}, \quad \varphi_0 = \arctan\left(-\frac{\hat{x}_s}{\hat{x}_c}\right); \tag{1.10}$$

dabei muss der Quadrant von φ_0 so gewählt werden, dass (1.9) mit den richtigen Vorzeichen erfüllt ist; vgl. obigen Hinweis.

1.2.2 Dimensionslose Schreibweisen

Drückt man in der harmonischen Schwingung nach (1.1) die Kreisfrequenz ω gemäß (1.3) durch die Periodendauer aus und dividiert die entstandene Gleichung durch die Amplitude $\hat{x}$, so erhält man

$$\tilde{x} = \frac{x}{\hat{x}} = \cos\left(2\pi\frac{t}{T} + \varphi_0\right) = \cos(2\pi\tilde{t} + \varphi_0). \tag{1.11}$$

Hier sind

$$\tilde{x} := \frac{x}{\hat{x}} \quad \text{und} \quad \tilde{t} := \frac{t}{T} \tag{1.12}$$

eine bezogene, also dimensionslose, Auslenkung bzw. bezogene Zeit. Abb. 1.4 zeigt die harmonische Schwingung (1.11).

Dimensionslose Größen eignen sich besonders gut zur Verarbeitung in Rechnern und zur Darstellung in Diagrammen, auch weil die Anzahl der Parameter verringert wird. (In Abb. 1.4 unterscheiden sich die harmonischen Schwingungen nur noch durch den Nullphasenwinkel φ_0.)

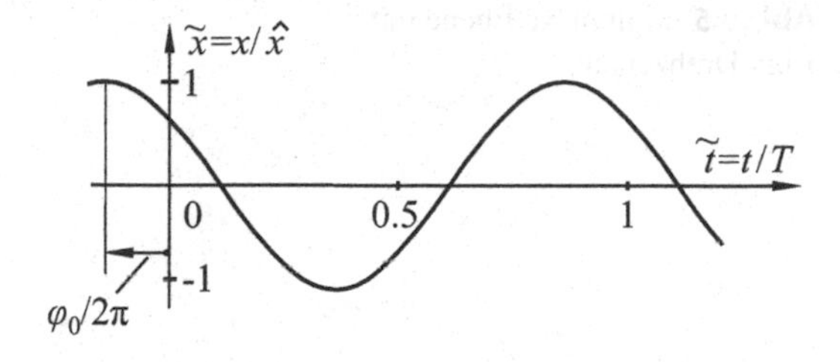

Abb. 1.4 Harmonische Schwingung in bezogener Form

Bezeichnungen Wir kennzeichnen *dimensionslose Größen* durch eine Tilde über dem „alten" Formelbuchstaben, $\tilde{x}, \tilde{t}$. Die Bezugs- oder Referenzgröße trägt als Kennzeichen den Index R; in (1.12) wurden $x_R = \hat{x}$ und $t_R = T$ gewählt. Allgemein schreiben wir (also für evtl. andere x_R, t_R)

$$\tilde{x} = \frac{x}{x_R}, \quad \tilde{t} = \frac{t}{t_R}, \tag{1.13}$$

nach x bzw. t aufgelöst:

$$x = \tilde{x}x_R, \quad t = \tilde{t}t_R. \tag{1.14}$$

Die dimensionslose Schreibweise von Differentialgleichungen wird in Abschn. 4.7 erläutert.

1.2.3 Komplexe Darstellung harmonischer Schwingungen; Zeigerdiagramme

Die komplexe Darstellung reeller Sinusschwingungen mit Hilfe von Drehzeigern ist anschaulich einprägsam und formal für viele Zwecke vorteilhaft.

Zeiger-Diagramme

Drehzeiger: Aus der *Eulerschen Formel*

$$e^{j\alpha} = \cos\alpha + j\,\sin\alpha, j := \sqrt{-1} \tag{1.15}$$

folgen mit $\alpha = \omega t$

$$\cos\omega t = \mathrm{Re}\,e^{j\omega t}, \quad \sin\omega t = \mathrm{Im}\,e^{j\omega t}. \tag{1.16}$$

In der komplexen Zahlenebene nach Abb. 1.5, mit der reellen Achse Re und der imaginären Achse Im, stellt $z = \exp(j\omega t)$ einen auf dem Einheitskreis mit der Winkelgeschwindigkeit ω, der *Kreisfrequenz*, mathematisch positiv, also linksdrehend umlaufenden Pfeil, einen (Eins-)*Drehzeiger* dar. Seine jeweiligen *Projektionen* auf die reelle Achse Re und die imaginäre Achse Im liefern die Funktionen $\cos\omega t$ bzw. $\sin\omega t$, s. Abb. 1.5.

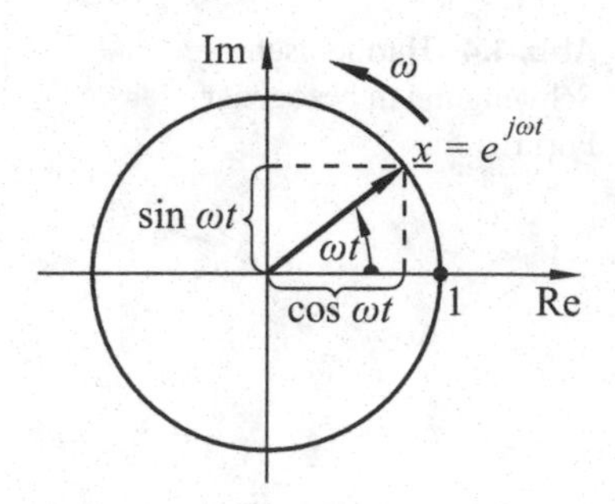

Abb. 1.5 Komplexe Ebene mit Eins-Drehzeiger

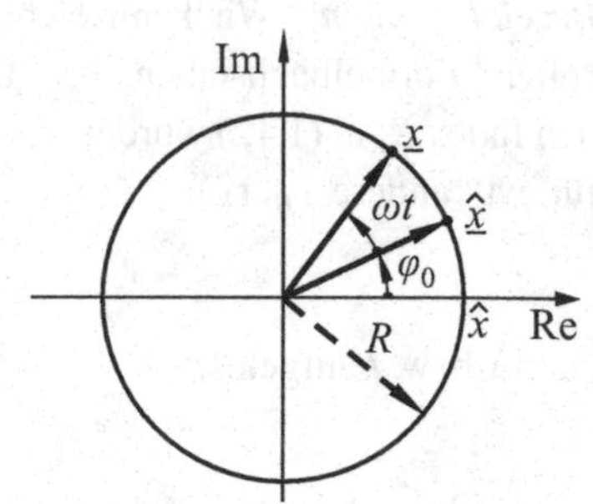

Abb. 1.6 Zeiger $\hat{\underline{x}} = \hat{x}\exp(j\varphi_0)$ und Drehzeiger $\underline{x} = \hat{\underline{x}}\exp(j\omega t)$ der harmonischen Schwingung; φ_0 – Nullphasenwinkel, ω – Kreisfrequenz, $\hat{x}$ – Amplitude, $R = \hat{x}$ – Kreisradius

Drehzeiger und Zeiger der harmonischen Schwingung Die Sinusschwingung (1.1) kann man parallel zu (1.16) wie folgt *komplex schreiben*:

$$x = x(t) = \mathrm{Re}\,\hat{x}e^{j(\omega t+\varphi_0)}. \tag{1.17}$$

Dabei steht

$$\underline{x} = \underline{x}(t) = \hat{x}e^{j(\omega t+\varphi_0)} = (\hat{x}e^{j\varphi_0})e^{j\omega t} := \hat{\underline{x}}e^{j\omega t} \tag{1.18}$$

für die der harmonischen Schwingung $x(t)$ *zugeordnete komplexe Schwingung* $\hat{\underline{x}}\exp(j\omega t)$, den *Drehzeiger* $\underline{x}$ in Abb. 1.6. Der nicht-drehende Pfeil

$$\hat{\underline{x}} = \hat{x}e^{j\varphi_0} \tag{1.19}$$

ist die *komplexe Amplitude* oder *Zeiger* von x, Abb. 1.6.

Nach DIN 1311 werden komplexe Größen, die Zeiger, durch *Unterstriche* gekennzeichnet. (Falls keine Verwechselungsgefahr besteht, lässt man die Unterstriche auch weg.)

In Abb. 1.6 liegt der Zeiger $\hat{\underline{x}}$ fest, der Drehzeiger $\underline{x}$ läuft gegenüber dem Koordinatensystem mit der Winkelgeschwindigkeit ω um, der Winkel ωt wird gegen $\hat{\underline{x}}$ gemessen. Dann ist die Sinusschwingung durch Angabe des Zeigers und der Kreisfrequenz eindeutig festgelegt; es genügt die Darstellung nach Abb. 1.7. Abb. 1.8 stellt die Projektion von $\underline{x}(t)$ auf die reelle Achse zeitabhängig dar.

Zeigerdiagramme eignen sich besonders zum Vergleich mehrerer Sinusschwingungen gleicher Frequenz, zur Addition (Überlagerung) solcher Schwingungen und zur Gegenüberstellung mit ihren Zeitableitungen:

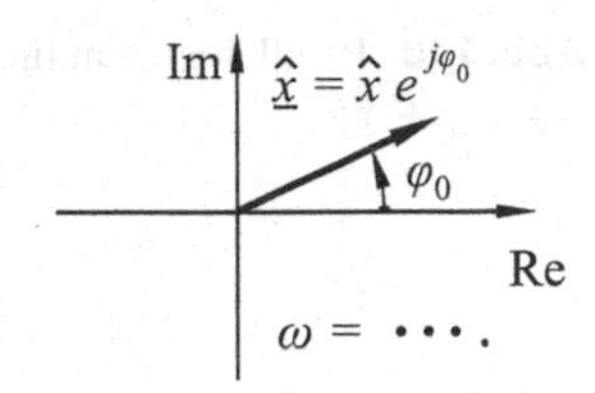

Abb. 1.7 Darstellung der harmonischen Schwingung durch Zeiger $\hat{\underline{x}}$ und Angabe der Kreisfrequenz ω

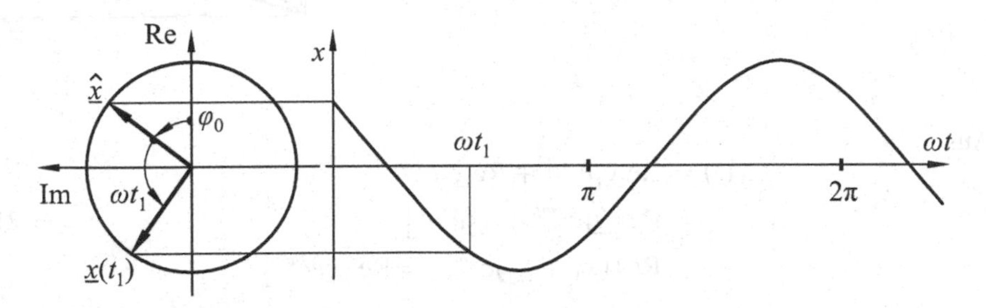

Abb. 1.8 Harmonische Schwingung $x(t)$ als Projektion der komplexen Schwingung $\underline{x}(t)$ auf die reelle Achse

Vergleich gleichfrequenter Schwingungen *Gegeben*: $x_i(t) = \hat{x}_i \cos(\omega t + \varphi_{0i})$, $i = 1, 2$, komplex: $\underline{x}_i = \hat{x}_i e^{j\varphi_{0i}} e^{j\omega t} = \hat{\underline{x}}_i e^{j\omega t}$, mit den komplexen Amplituden $\hat{\underline{x}}_i$ nach Abb. 1.9.

Gesucht: *Phasenverschiebungswinkel* $\Delta\varphi$ von $x_2(t)$ gegenüber $x_1(t)$, der Referenzschwingung.

Nach Auftragen der Zeiger $\hat{\underline{x}}_1, \hat{\underline{x}}_2$ liest man aus Abb. 1.9 den Phasenverschiebungswinkel $\Delta\varphi$ zwischen $x_1(t)$ und $x_2(t)$ unmittelbar ab:

$$\Delta\varphi = \varphi_{02} - \varphi_{01} \quad \text{also} \quad x_2(t) = \hat{x}_2 \cos(\omega t + \varphi_{01} + \Delta\varphi). \tag{1.20}$$

Wählt man $-\pi < \Delta\varphi \leq \pi$, *eilt* x_2 bei $\Delta\varphi > 0$ *voraus*, bei $\Delta\varphi < 0$ *nach*. Man sagt, zwei gleichfrequente Sinusschwingungen $x_1(t)$, $x_2(t)$ *liegen in Phase* (schwingen in Phase), wenn ihr *Phasenverschiebungswinkel* null ist.

Addition (Überlagerung) gleichfrequenter Schwingungen

Gegeben: $x_i(t) = \hat{x}_i \cos(\omega t + \varphi_{01}) = \operatorname{Re} \hat{\underline{x}}_i e^{j\omega t}, i = 1, 2.$
Gesucht: $x(t) = x_1(t) + x_2(t)$.

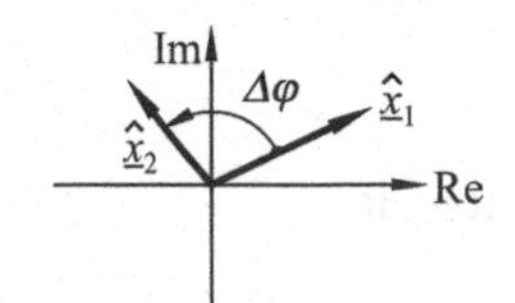

Abb. 1.9 Zeiger $\hat{\underline{x}}_i$ der Schwingungen $x_i(t)$; vgl. Abb. 1.7

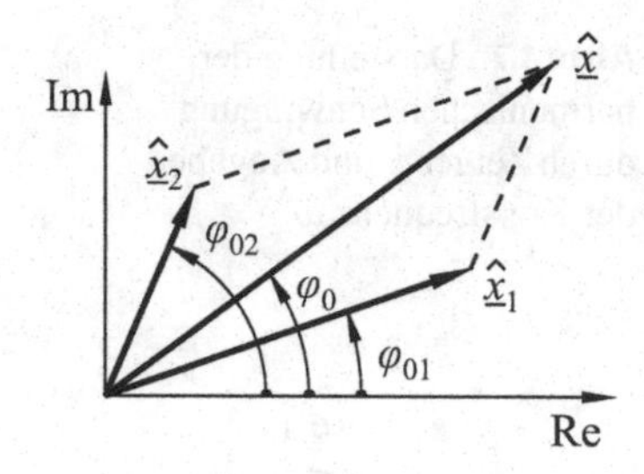

Abb. 1.10 Parallelogramm für $\hat{\underline{x}} = \hat{\underline{x}}_1 + \hat{\underline{x}}_2$

Aus

$$\begin{aligned} x(t) &= \operatorname{Re} \hat{\underline{x}}_1 e^{j\omega t} + \operatorname{Re} \hat{\underline{x}}_2 e^{j\omega t} \\ &= \operatorname{Re}\left[\hat{\underline{x}}_1 e^{j\omega t} + \hat{\underline{x}}_2 e^{j\omega t}\right] \\ &= \operatorname{Re}\left[(\hat{\underline{x}}_1 + \hat{\underline{x}}_2) e^{j\omega t}\right] = \operatorname{Re}\left[\hat{\underline{x}} e^{j\omega t}\right] \end{aligned} \tag{1.21}$$

folgt für den Zeiger von $x(t)$

$$\hat{\underline{x}} = \hat{\underline{x}}_1 + \hat{\underline{x}}_2. \tag{1.22}$$

Braucht man $\hat{x}$ formelmäßig, rechnet man reell z. B. die obenstehenden Dreiecke trigonometrisch nach, einfacher geht es komplex, s. Abb. 1.10.

1.2.4 Zeiger und Zeigerdiagramme für Ableitungen

Durch Ableitung folgen aus der Auslenkung

$$x = \hat{x} \cos(\omega t + \varphi_0) \tag{1.23}$$

die *Geschwindigkeit*

$$v := \dot{x} = -\hat{x}\omega \sin(\omega t + \varphi_0) = \hat{v} \cos(\omega t + \varphi_0 + 90°), \tag{1.24}$$

wo $\hat{v} := \hat{x}\omega$, und die *Beschleunigung*

$$a := \dot{v} = \ddot{x} = -\omega^2 \hat{x} \cos(\omega t + \varphi_0) = \hat{a} \cos(\omega t + \varphi_0 + 180°), \tag{1.25}$$

wo $\hat{a} := \omega^2 \hat{x}$.

Durch Ableitung der zugeordneten komplexen Schwingung (des Drehzeigers)

$$\underline{x} = \hat{\underline{x}} e^{j\omega t} \tag{1.26}$$

folgen

$$\dot{\underline{x}} = j\omega \hat{\underline{x}} e^{j\omega t} \quad \text{und} \quad \ddot{\underline{x}} = -\omega^2 \hat{\underline{x}} e^{j\omega t}. \tag{1.27}$$

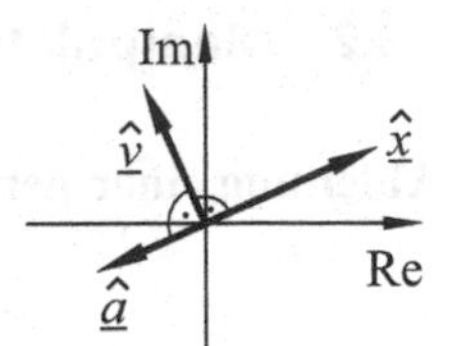

Abb. 1.11 Relative Phasenlage der Zeiger $\hat{\underline{x}}, \hat{\underline{v}}, \hat{\underline{a}}$ von Auslenkung, Geschwindigkeit bzw. Beschleunigung

Man erkennt unmittelbar

$$v = \operatorname{Re} \underline{v} = \operatorname{Re} \dot{\underline{x}} = \operatorname{Re} \hat{\underline{v}} e^{j\omega t} \quad \text{mit } \hat{\underline{v}} = j\omega \hat{\underline{x}}, \tag{1.28}$$

$$a = \operatorname{Re} \underline{a} = \operatorname{Re} \ddot{\underline{x}} = \operatorname{Re} \hat{\underline{a}} e^{j\omega t} \quad \text{mit } \hat{\underline{a}} = -\omega^2 \hat{\underline{x}}. \tag{1.29}$$

Der Zeiger der Geschwindigkeit ist mathematisch positiv um 90°, der der Beschleunigung ist um 180° gegenüber dem des Ausschlags gedreht, Abb. 1.11.

1.3 Allgemeine periodische Schwingung

Die folgenden Seiten fassen die Fourierentwicklung für periodische Schwingungen zusammen.

1.3.1 Definition

Eine Schwingung heißt periodisch mit der *Periode* T (nach DIN 1311 *Periodendauer*), wenn sie sich nach Ablauf der Zeit T wiederholt:

$$x(t+T) = x(t) \quad \text{für alle } t; T > 0. \tag{1.30}$$

Mit T ist auch nT (n ganze Zahl) eine *Periode* von $x(t)$. Als Periode schlechthin bezeichnet man die kleinste Periode T, für die (1.30) erfüllt ist. Analog zu (1.3) und (1.5) ordnet man einer periodischen Schwingung mit der Periode T eine *Kreisfrequenz* ω und eine Frequenz f in der folgenden Weise zu:

$$\omega := \frac{2\pi}{T}, \quad f := \frac{1}{T}. \tag{1.31}$$

Sinusschwingung als Beispiele Die *Sinusschwingung* $x(t) = \hat{x}\cos(\omega t + \varphi_0)$ ist das einfachste Beispiel einer periodischen Schwingung; sie hat die Periode $T = 2\pi/\omega$. Auch Sinusschwingungen $x(t) = \hat{x}\cos(n\omega t + \varphi_{0n})$ mit irgendwelchen ganzen Zahlen n (positiv oder negativ) haben

$$T^* = nT \tag{1.32}$$

als Periode (für $\|n\| \neq 1$ nicht als kleinste).

1.3.2 Manipulation periodischer Funktionen

Ableitung einer periodischen Funktion Man darf (1.30) differenzieren:

$$\dot{x}(t+T) = \dot{x}(t). \tag{1.33}$$

Falls der Ausschlag $x(t)$ die *Periode* T hat, s. Abb. 1.12, besitzt die Geschwindigkeit $v(t) := \dot{x}(t)$ dieselbe (kleinste) Periode,

$$v(t+T) = v(t). \tag{1.34}$$

Entsprechendes gilt für höhere Ableitungen.

Funktion einer periodischen Funktion Sei $y = F(x)$ irgendeine (glatte) Funktion. Mit (1.30) folgt

$$y(t) = F(x(t)) = F(x(t+T)) = y(t+T); \tag{1.35}$$

auch $y(t)$ hat also die Periode T. Dies braucht aber nicht die kleinste Periode zu sein, wie das folgende Beispiel zeigt:

Sei $x = \hat{x}\cos\omega t$. Dann hat $y := x^2 = \hat{x}^2\cos^2\omega t = \hat{x}^2[1 + 2\cos 2\omega t]/2$ die Periode $T/2$.

Summe periodischer Funktionen Die Summe (Überlagerung) zweier Schwingungen derselben Periode T hat wieder diese Periode.

Seien $x_1(t) = x_1(t+T_1)$ und $x_2(t) = x_2(t+T_2)$ zwei Schwingungen mit den kleinsten Perioden T_1 bzw. T_2 und mit dem *rationalen Frequenzverhältnis*, vgl. (1.31),

$$\frac{f_1}{f_2} = \frac{n_1}{n_2} = \frac{T_2}{T_1}; \quad n_1, n_2 \text{ ganz, teilerfremd.} \tag{1.36}$$

Dann ist

$$T := n_1 T_1 = n_2 T_2 \tag{1.37}$$

gemeinsame Periode von x_1, x_2 und damit Periode der Summe

$$x(t) = x_1(t) + x_2(t) = x(t+T). \tag{1.38}$$

(Wieder braucht es nicht die kleinste Periode zu sein!)

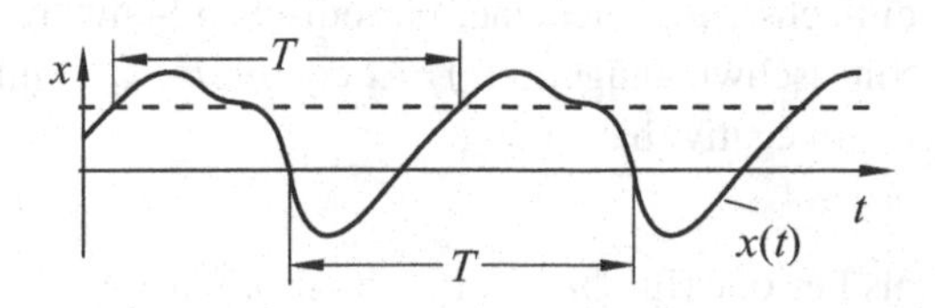

Abb. 1.12 Periodische Schwingung

1.3.3 Harmonische Synthese

Die additive Zusammensetzung einer periodischen Schwingung aus Sinusschwingungen der Perioden $T_n = T/n$ heißt *harmonische Synthese*:

$$x(t) = x_0 + \sum_{n=1}^{N} \hat{x}_n \cos(n\omega t + \varphi_{0n}), \tag{1.39}$$

oder, vgl. (1.7),

$$x(t) = x_0 + \sum_{n=1}^{N} (\hat{x}_{cn} \cos n\omega t + \hat{x}_{sn} \sin n\omega t) \tag{1.40}$$

wo, vgl. (1.31),

$$\omega = \frac{2\pi}{T}; \tag{1.41}$$

man definiert auch

$$n\omega =: \omega_n, \quad \omega = \omega_1. \tag{1.42}$$

Die einzelnen Summanden heißen *Teilschwingungen*, zur Ordnungszahl n gehört die n-te Teilschwingung, die n-te *Harmonische*. Die erste Teilschwingung heißt Grundschwingung, ω ist dann die *Grund-Kreisfrequenz*, die Teilschwingungen zu $n > 1$ nennt man gemeinsam auch *Oberschwingungen* (*höhere Harmonische*). In der Mathematik nennt man (1.39) für endliches N Fourier-Polynom, für $N \to \infty$ Fourier-Reihe (s. Abschn. 1.3.4). Die $\hat{x}_{cn}, \hat{x}_{sn}$ heißen *Fourierkoeffizienten*.

Die Harmonische Synthese ist wichtig, weil eine Reihe von analytischen und numerischen Näherungs-Verfahren zur Untersuchung von Schwingungsproblemen auf Lösungen der Form (1.39) führen, s. unten.

Beispiele für zweigliedrige Zusammensetzungen Sei

$$x(t) = \hat{x}_1 \sin \omega_1 t + \hat{x}_2 \sin(\omega_2 t + \varphi_{02}). \tag{1.43}$$

Die Abb. 1.13 zeigt für verschiedene einfache Verhältnisse $\hat{x}_1 : \hat{x}_2$ und $\omega_1 : \omega_2$ sowie Nullphasenwinkel φ_{02}, wie mannigfach schon die Erscheinungsbilder dieser einfachen Summe sind.

1.3.4 Harmonische Analyse periodischer Schwingungen

Die Zerlegung einer periodischen Schwingung in ihre Teilschwingungen heißt *harmonische Analyse*. Man analysiert periodische und auch nichtperiodische Schwingungen, weil sich die zerlegten Schwingungen oft leichter beurteilen und verarbeiten lassen als die (zusammengesetzten) Ausgangsschwingungen.

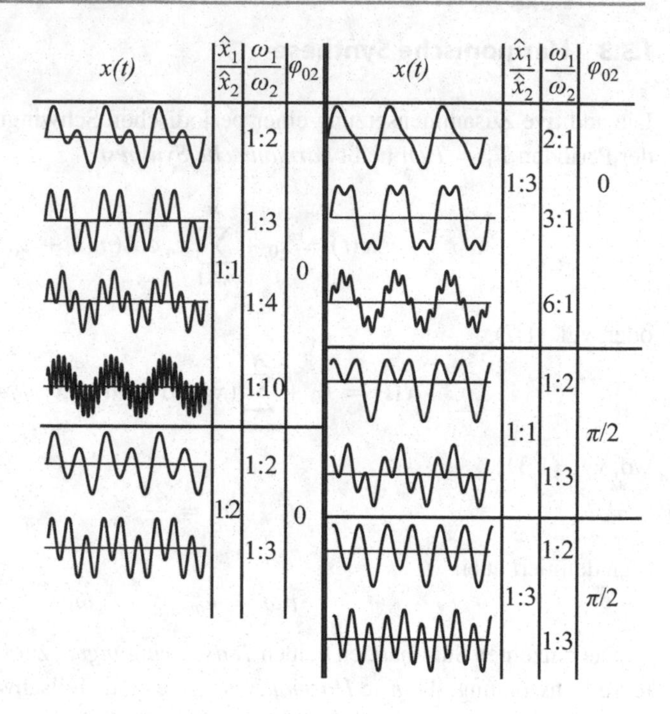

Abb. 1.13 Mannigfaltigkeit von Formen der Summe (1.43) aus zwei Sinusschwingungen gemeinsamer Periode

1.3.4.1 Die (reelle) Fourierreihe

Stückweise stetige periodische Funktionen $x(t) = x(t+T)$ kann man als *Fourierreihen* schreiben:

$$x(t) = \frac{\hat{x}_0}{2} + \sum_{n=1}^{\infty} \hat{x}_{cn} \cos n\omega t + \sum_{n=1}^{\infty} \hat{x}_{sn} \sin n\omega t, \quad \omega = \frac{2\pi}{T}, \quad T \text{ Periode.} \tag{1.44}$$

Zu Funktionen mit Sprungstellen vgl. Hinweis 7 unten.

Die *Fourierkoeffizienten* $\hat{x}_0, \hat{x}_{cn}, \hat{x}_{sn}$ erhält man, wenn man die obige Gleichung mit $\cos m\omega t$, $\sin m\omega t$, m ganze Zahl, multipliziert und nach t über eine Periode integriert:

$$\int_0^T x(t) \left\{ \begin{matrix} \cos m\omega t \\ \sin m\omega t \end{matrix} \right\} dt = \frac{\hat{x}_0}{2} \int_0^T \left\{ \begin{matrix} \cos m\omega t \\ \sin m\omega t \end{matrix} \right\} dt$$
$$+ \int_0^T \left[\sum_{n=1}^{\infty} \hat{x}_{cn} \cos n\omega t + \sum_{n=1}^{\infty} \hat{x}_{sn} \sin n\omega t \right] \left\{ \begin{matrix} \cos m\omega t \\ \sin m\omega t \end{matrix} \right\} dt. \tag{1.45}$$

Es gelten die *Orthogonalitätsrelationen*

$$\int_0^T \cos(n\omega t)\cos(m\omega t)dt = \begin{cases} 0 \text{ für } n \neq m \\ \dfrac{T}{2} \text{ für } n = m \end{cases},$$

$$\int_0^T \sin(n\omega t)\sin(m\omega t)dt = \begin{cases} 0 \text{ für } n \neq m \\ \dfrac{T}{2} \text{ für } n = m \end{cases} \quad \text{und} \tag{1.46}$$

$$\int_0^T \sin(n\omega t)\cos(m\omega t)dt = 0.$$

Zum Beweis formt man die Produkte in den Integranden über Additionstheoreme in Summen um.

Konvergiert die Reihe (1.44) gleichmäßig, so kann man die rechte Seite von (1.45) gliedweise integrieren und erhält

$$\hat{x}_0 = \frac{2}{T}\int_0^T x(t)dt = \frac{2}{T}\int_{t_0}^{t_0+T} x(t)dt, \tag{1.47}$$

$$\left.\begin{aligned} \hat{x}_{cn} &= \frac{2}{T}\int_0^T x(t)\cos(n\omega t)dt = \frac{2}{T}\int_{t_0}^{t_0+T} x(t)\cos(n\omega t)dt \\ \hat{x}_{sn} &= \frac{2}{T}\int_0^T x(t)\sin(n\omega t)dt = \frac{2}{T}\int_{t_0}^{t_0+T} x(t)\sin(n\omega t)dt \end{aligned}\right\} n = 1, 2, \ldots \tag{1.48}$$

In den Integralen rechts bedeutet t_0, dass man das Integrationsintervall beliebig verschieben kann. (Damit lassen sich Rechnungen oft vereinfachen.)

Spektren Als Ergebnis der *Fourieranalyse* stellt man die bestimmenden Größen der Harmonischen (der Ordnung n)

$$x_n(t) = \hat{x}_{cn}\cos n\omega t + \hat{x}_{sn}\sin n\omega t = \hat{x}_n\cos(n\omega t + \varphi_{0n}), \tag{1.49}$$

die Fourierkoeffizienten $\hat{x}_{cn}, \hat{x}_{sn}$ und die Amplituden $\hat{x}_n$ sowie die Nullphasenwinkel φ_{0n} in *diskreten Spektren*, auch *Linienspektren*, über einer Frequenz- oder *Ordnungsachse* dar, s. Abb. 1.14 und 1.15.

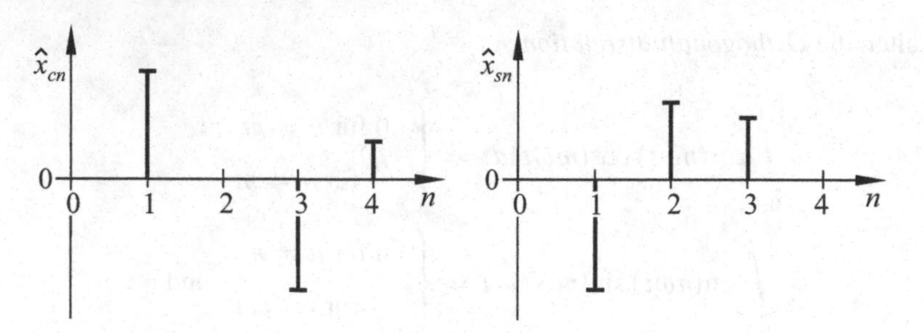

Abb. 1.14 Spektren der Koeffizienten $\hat{x}_{cn}$ und $\hat{x}_{sn}$

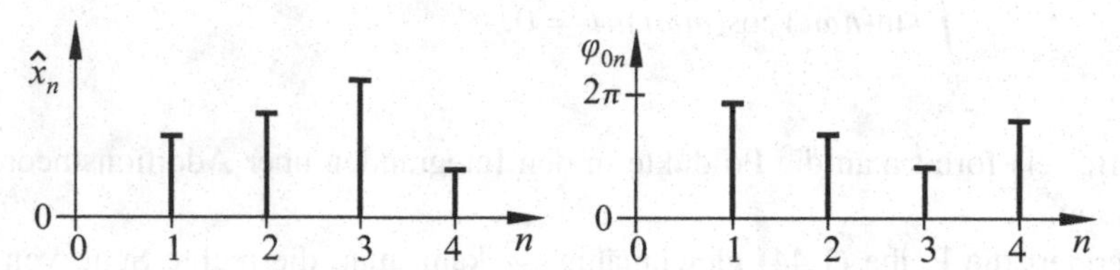

Abb. 1.15 Spektren der Amplituden $\hat{x}_n$ und Nullphasenwinkel φ_{0n}

1.3.4.2 Hinweise zur reellen Fourierreihe

1. Die Benennung *reelle Fourierreihe* besagt, dass die Reihe mit den reellen Funktionen cos..., sin... angeschrieben wurde. Die Funktion $x(t)$ selbst darf komplexwertig sein, dann sind auch die Fourierkoeffizienten komplex.
2. Das zeitunabhängige Glied $\hat{x}_0/2$ in (1.44) heißt *Mittel-* oder *Gleichwert*. Es hat diese Form, damit $\hat{x}_0$ aus $\hat{x}_{cn}$ für $n=0$ entsteht, vgl. (1.47) mit (1.48). DIN 1311 schreibt $x_0 := \hat{x}_0/2$.
3. Für die zusammengefassten Glieder

$$\hat{x}_{cn} \cos n\omega t + \hat{x}_{sn} \sin n\omega t = \hat{x}_n \cos(n\omega t + \varphi_{0n}) \tag{1.50}$$

   gelten die Bezeichnungen für Teilschwingungen nach Abschn. 1.3.3.
4. Formeln für die Fourieranalyse in Digitalrechner-Programmen zur numerischen Bestimmung der Fourierkoeffizienten enthalten viele numerische Tricks. Man findet sie unter dem Stichwort *Fast Fourier Transform(ation)*, *FFT*.
5. Für gerade Funktionen $x(t)$,

$$x(-t) = x(t), \tag{1.51}$$

   folgt aus (1.48) mit $t_0 = -T/2$

$$\hat{x}_{sn} = \frac{2}{T} \int_{-T/2}^{T/2} x(t) \sin(n\omega t) dt = 0, \tag{1.52}$$

   die Fourierreihe enthält keine Sinusglieder.

6. Für ungerade Funktionen $x(t)$,

$$x(-t) = -x(t), \tag{1.53}$$

folgt aus (1.48)

$$\hat{x}_{cn} = \frac{2}{T} \int_{-T/2}^{T/2} x(t) \cos(n\omega t) dt = 0, \tag{1.54}$$

die Fourierreihe enthält weder Gleichwert noch Kosinusglieder.

7. Man kann zeigen: Bei Funktionen mit Sprüngen in der k-ten Ableitung streben die Fourier-Koeffizienten für große n nicht stärker gegen 0 als mit $n^{-(k+1)}$; vgl. das folgende Beispiel mit $k = 0$.

Beispiel Sägezahnfunktion *Gegeben* sei die *Sägezahnfunktion* nach Abb. 1.16,

$$0 \le t < T: \quad x(t) = \frac{h}{T}t; \quad x(t+T) = x(t); \quad \omega = 2\pi/T. \tag{1.55}$$

Gesucht ist die Fourierentwicklung gemäß (1.44).
Für $x(t)$ nach (1.55) erhält man aus (1.47) und (1.48)

$$\begin{aligned} \hat{x}_0 &= \frac{2}{T} \int_0^T \frac{h}{T} t\, dt = h, \hat{x}_{cn} = \frac{2}{T} \int_0^T \frac{h}{T} t \cos n\omega t\, dt = 0, \\ \hat{x}_{sn} &= \frac{2}{T} \int_0^T \frac{h}{T} t \sin n\omega t\, dt = -\frac{h}{\pi n}. \end{aligned} \tag{1.56}$$

Die Fourierreihe der Sägezahnfunktion lautet also

$$x(t) = \frac{h}{2} - \frac{h}{\pi} \left\{ \frac{\sin \omega t}{1} + \frac{\sin 2\omega t}{2} + \frac{\sin 3\omega t}{3} + \ldots \right\}. \tag{1.57}$$

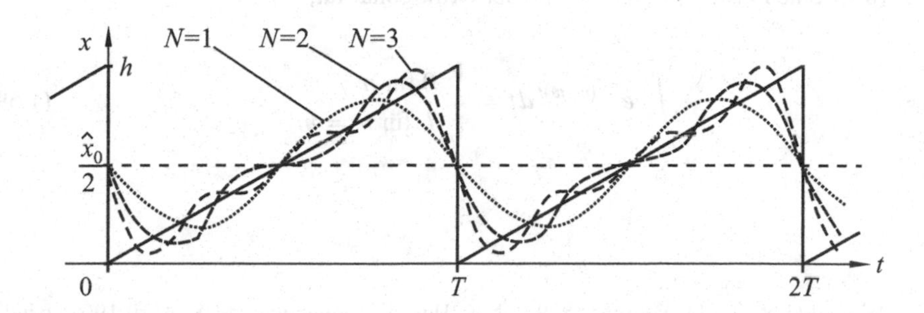

Abb. 1.16 Sägezahnfunktion der Höhe h, Periode T

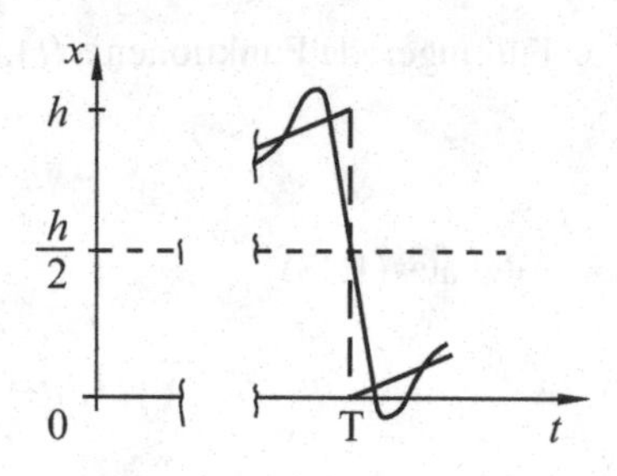

Abb. 1.17 Konvergenz an einer Sprungstelle

In Abb. 1.16 sind die Näherungen mit den N ersten Teilschwingungen ($N = 1, 2, 3$) punktiert eingetragen.

1.3.4.3 Konvergenz

Fourierreihen für stückweise glatte Funktionen konvergieren. An Sprungstellen (in Abb. 1.16 also bei $t = kT$, k ganze Zahl) konvergiert die Reihe gegen das arithmetische Mittel aus den beiden Werten links und rechts von der Sprungstelle (im Beispiel gegen $h/2$), unabhängig davon, welchen Wert man dort x zugeordnet hat. Links und rechts von der Sprungstelle schwingt die Reihe über, vgl. Abb. 1.17. (Deshalb schreibt man in (1.44) oft $\approx$ statt =.) Der Bereich des Überschwingens lässt sich durch höhere Gliederzahl zeitlich zusammendrücken, doch nie vollständig unterdrücken; Gibbssches Phänomen[1].

1.3.4.4 Die komplexe Fourierreihe

Die *komplexe Fourierreihe* ist formal einfacher als die reelle. An Stelle von (1.44) setzt man für die periodische Funktion $x(t) = x(t + T)$ an:

$$x(t) = \sum_{n=-\infty}^{\infty} \underline{\hat{x}}_n e^{jn\omega t}, \quad \omega = 2\pi/T; \tag{1.58}$$

damit sind die $\underline{\hat{x}}_n$ *komplexe Fourierkoeffizienten.*

Multiplikation beider Seiten von (1.58) mit $e^{-jm\omega t}$ und Integration über t von t_0 bis $t_0 + T$ (über eine Periode) liefert wegen der Orthogonalität,

$$\int_{t_0}^{t_0+T} e^{j\omega(n-m)t} dt = \begin{cases} 0 \text{ für } n \neq m \\ T \text{ für } n = m \end{cases}, \tag{1.59}$$

[1] Josiah Willard Gibbs (* 11. Februar 1839 in New Haven, Connecticut; † 28. April 1903 ebenda) war ein US-amerikanischer Physiker.

die Fourierkoeffizienten, vgl. (1.47), (1.48),

$$\hat{\underline{x}}_n = \frac{1}{T} \int_{t_0}^{t_0+T} x(t) e^{-jn\omega t} dt. \tag{1.60}$$

1.3.4.5 Hinweise zur komplexen Fourierreihe

1. Die Benennung *komplexe Fourierreihe* besagt, dass die Reihe mit den komplexwertigen Funktionen $\exp(jn\omega t)$ angeschrieben wurde. Die Fourierkoeffizienten $\hat{\underline{x}}_n$ sind – auch bei reellem $x(t)$ – in der Regel komplex, vgl. Punkte 3. bis 5. unten.
2. Die Spektraldarstellungen aus Abschn. 1.3.4.1, die Hinweise 3, 4, 7 aus Abschn. 1.3.4.2 sowie die Aussagen zur Konvergenz in Abschn. 1.3.4.3 werden sinngemäß hierher übertragen.
3. Für reelles $x(t)$ folgt aus (1.60)
$$\hat{\underline{x}}_{-n} = \bar{\hat{\underline{x}}}_n, \tag{1.61}$$
$\hat{\underline{x}}_{-n}$ ist konjugiert komplex zu $\hat{\underline{x}}_n$ (das bedeutet der Überstrich).
4. Ist $x(t)$ eine gerade Funktion,
$$x(-t) = x(t), \tag{1.62}$$
reell oder komplex, so folgt aus (1.60)
$$\hat{\underline{x}}_{-n} = \hat{\underline{x}}_n. \tag{1.63}$$
Ist $x(t)$ gleichzeitig reell, so folgt das auch aus (1.61) und (1.63) für die $\hat{\underline{x}}_n$, denn
$$\operatorname{Im} \hat{\underline{x}}_n = 0. \tag{1.64}$$
5. Ist $x(t)$ eine ungerade Funktion,
$$x(-t) = -x(t), \tag{1.65}$$
reell oder komplex, so folgt aus (1.60)
$$\hat{\underline{x}}_{-n} = -\hat{\underline{x}}_n. \tag{1.66}$$
Ist $x(t)$ gleichzeitig reell, so sind nach (1.61) und (1.66) die $\hat{\underline{x}}_n$ imaginär, denn
$$\operatorname{Re} \hat{\underline{x}}_n = 0. \tag{1.67}$$

1.3.4.6 Zusammenhang zwischen reeller und komplexer Fourierreihe

Setzt man gemäß der Eulerschen Formel (1.15) $\exp(j\omega t) = \cos n\omega t + j \sin n\omega t$ in (1.58) ein, so erhält man durch Umordnen

$$x(t) = \hat{\underline{x}}_0 + \sum_{n=1}^{\infty} [(\hat{\underline{x}}_n + \hat{\underline{x}}_{-n}) \cos n\omega t + j(\hat{\underline{x}}_n - \hat{\underline{x}}_{-n}) \sin n\omega t]. \tag{1.68}$$

Vergleich von (1.68) mit (1.44) liefert den Zusammenhang zwischen den Koeffizienten der beiden Formen der Fourierreihe:

$$\hat{x}_0/2 = \hat{\underline{x}}_0, \quad \hat{x}_{cn} = \hat{\underline{x}}_n + \hat{\underline{x}}_{-n}, \quad \hat{x}_{sn} = j(\hat{\underline{x}}_n - \hat{\underline{x}}_{-n}) \tag{1.69}$$

und

$$\hat{\underline{x}}_0 = \hat{x}_0/2, \quad \hat{\underline{x}}_n = \frac{\hat{x}_{cn} - j\hat{x}_{sn}}{2}, \quad \hat{\underline{x}}_{-n} = \frac{\hat{x}_{cn} + j\hat{x}_{sn}}{2}. \tag{1.70}$$

1.3.5 Zeitliche Mittelwerte und besondere Bezeichnungen

Mittelwerte Der *Gleichwert* $\bar{x}$ (vgl. Abschn. 1.3.4.2, Punkt 2), auch *linearer* oder *arithmetischer Mittelwert*, ist definiert durch

$$\bar{x} = \frac{1}{T} \int_{t_0}^{t_0+T} x(t) dt. \tag{1.71}$$

Der *Effektivwert* x_{eff}, auch *quadratischer Mittelwert*, ist definiert durch

$$x_{eff} = \sqrt{\frac{1}{T} \int_{t_0}^{t_0+T} x^2(t) dt}. \tag{1.72}$$

Die Lage des Zeitintervalls $t_0 \le t \le t_0 + T$, also der Zeitpunkt t_0, kann rechengünstig gewählt werden.

Besondere Bezeichnungen In Abb. 1.18 bedeuten:

1 *Gleichwertachse*,
2 *Maximalwert* x_{max}, auch *Größt-*, *Spitzen-* oder *Gipfelwert*,
3 *Minimalwert* x_{min}, auch *Kleinst-* oder *Talwert*. Auf 1 bezogen heißen 2 und 3 auch oberer bzw. unterer *Scheitelwert*,
4 *Schwingungsbreite* $x_n := x_{max} - x_{min}$.

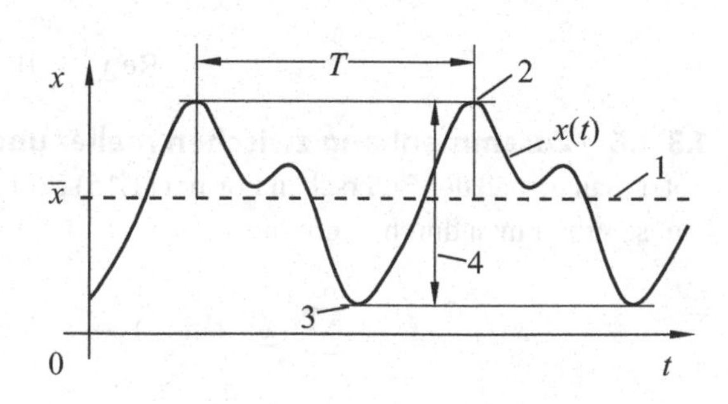

Abb. 1.18 Besondere Benennungen

1.4 Nichtperiodische Schwingung

Eine *nicht-* oder *unperiodische Schwingung* ist eine (deterministische) Schwingung, deren Zeitverlauf $x(t)$ sich nicht (ständig) wiederholt.

1.4.1 Fastperiodische Schwingung

Eine Überlagerung, eine Summe, von harmonischen Schwingungen unterschiedlicher Perioden (und damit Frequenzen) heißt *fastperiodische Schwingung*, zum Beispiel

$$x(t) = \frac{\hat{x}_0}{2} + \sum_{r=1}^{\infty} \hat{x}_{cr} \cos \omega_r t + \sum_{r=1}^{\infty} \hat{x}_{sr} \sin \omega_r t. \tag{1.73}$$

Dabei sind ω_r irgendwelche Frequenzen und die $\hat{x}_{cr}, \hat{x}_{sr}$ sind Zahlen, für die die Reihen konvergieren.

Lassen sich in (1.73) die ω_r als Linearkombinationen von endlich vielen (inkommensurablen[2]) *Basisfrequenzen* ω_{Bi} schreiben, zum Beispiel

$$\omega_r = k\omega_{B1} + l\omega_{B2} + m\omega_{B3}, \quad k, l, m \text{ ganz}, \tag{1.74}$$

so spricht man von einer *quasiperiodischen Schwingung*.

1.4.2 Modulierte Schwingung

Aus der harmonischen Schwingung $x = \hat{x} \cos \varphi$, vgl. (1.1) und (1.4), entsteht eine *modulierte Schwingung*, wenn man die Amplitude $\hat{x}$ oder die Phase φ durch einen modulierenden Vorgang zeitlich ändert:

$$x = x_M(t) \cos \varphi_M(t). \tag{1.75}$$

Die Schwingung heißt *sinusverwandt* oder *sinusähnlich*, wenn sich $x_M(t)$ und $[\varphi_M(t) - (\omega t + \varphi_0)]$ – verglichen mit $\varphi = \omega t + \varphi_0$ – nur langsam mit der Zeit ändern.

Amplitudenmodulierte Schwingung Beispiel: Sei in

$$x = x_M(t) \cos(\omega_T t + \varphi_{0T}) \tag{1.76}$$

der modulierende Vorgang selbst eine harmonische Schwingung:

$$x_M = \hat{x}_1 + \hat{x}_2 \cos(\omega_M t + \varphi_{0M}) = \hat{x}_1[1 + m \cos(\omega_M t + \varphi_{0M})]. \tag{1.77}$$

---

[2] Zwei Zahlen heißen kommensurabel, wenn sie ganzzahlige Vielfache einer dritten Zahl sind. Andernfalls sind sie inkommensurabel.

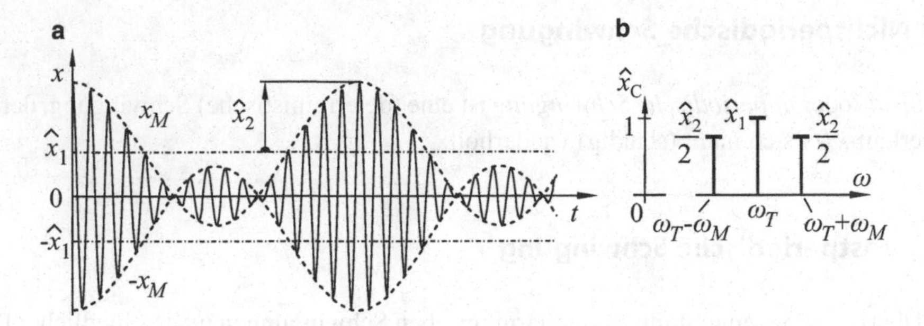

Abb. 1.19 Amplitudenmodulierte Schwingung. **a** Zeitverlauf $x(t)$, **b** Spektrum

Hier stehen ω_T und ω_M für die *Träger-* bzw. die *Modulationskreisfrequenz*, $m := \hat{x}_2/\hat{x}_1$ ist der *Modulationsgrad*. Einsetzen von x_M aus (1.77) in (1.76) liefert nach trigonometrischer Umformung für x die spektrale Darstellung, die Summe seiner Harmonischen:

$$x = \hat{x}_1 \left\{ \cos(\omega_T t + \varphi_{0T}) + \frac{m}{2}\cos[(\omega_T - \omega_M)t + (\varphi_{0T} - \varphi_{0M})] \right. \\ \left. + \frac{m}{2}\cos[(\omega_T + \omega_M)t + (\varphi_{0T} + \varphi_{0M})] \right\}. \tag{1.78}$$

Stehen die beiden Frequenzen ω_T, ω_M in einem rationalen Verhältnis, ist $x(t)$ periodisch.

Abb. 1.19a zeigt den Zeitverlauf für $\hat{x}_1 = 1, \hat{x}_2 = 1.7, \omega_T : \omega_M = 50/\pi, \varphi_{0T} = \varphi_{0M}$. Abb. 1.19b zeigt das zugehörige Spektrum mit der Trägerschwingung bei ω_T und den beiden Seitenschwingungen bei $(\omega_T - \omega_M)$ und $(\omega_T + \omega_M)$.

Winkelmodulierte Schwingung Beispiel: Werde in

$$x = \hat{x}\cos(\omega_T t + \varphi_{0T} + \Delta\varphi(t)) \tag{1.79}$$

die Phase $\varphi(t)$ harmonisch moduliert:

$$\Delta\varphi = \Delta\hat{\varphi}\cos(\omega_M t + \varphi_{0M}); \tag{1.80}$$

$\Delta\hat{\varphi}$ heißt *Phasenhub*. Vereinfachende trigonometrische Umformungen sind nicht möglich. Man kann jedoch eine *momentane Kreisfrequenz* $\dot{\varphi}$ anschreiben:

$$\dot{\varphi} = \omega_T - \omega_M \cdot \Delta\hat{\varphi}\sin(\omega_M t + \varphi_{0M}). \tag{1.81}$$

Abb. 1.20 zeigt eine *phasenmodulierte Schwingung* mit $\hat{x} = 1, \omega_T : \omega_M = 20/\pi, \Delta\hat{\varphi} = 3, \varphi_{0T} = \varphi_{0M} = 0$.

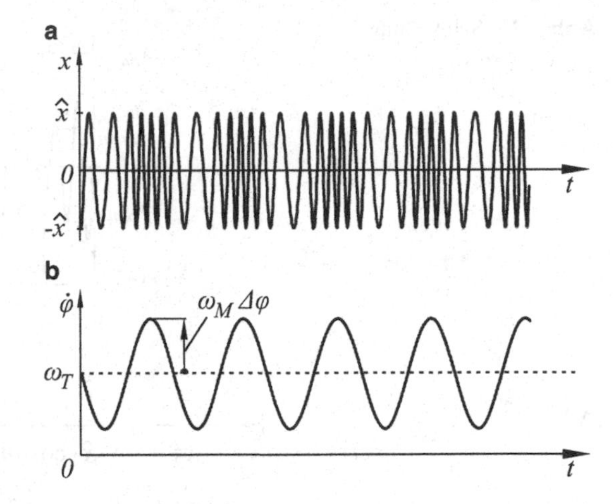

Abb. 1.20 Phasenmodulierte Schwingung. **a** Zeitverlauf $x(t)$, **b** momentane Kreisfrequenz $\dot{\varphi}(t)$

1.4.3 Schwebung

Sei $x(t)$ die Summe zweier harmonischer Schwingungen

$$x(t) = \hat{x}_1 \cos(\omega_1 t + \varphi_{01}) + \hat{x}_2 \cos(\omega_2 t + \varphi_{02}) \tag{1.82}$$

mit nahe beieinander liegenden Kreisfrequenzen. Sei $\omega_1 > \omega_2$. Mit der Differenzfrequenz bzw. der Summenfrequenz

$$\omega_d := \omega_1 - \omega_2, \quad \omega_s := \omega_1 + \omega_2 \tag{1.83}$$

soll also $\omega_d \ll \omega_s$ gelten. Drückt man ω_1, ω_2 durch ω_d und ω_s aus und setzt das Ergebnis in (1.82) ein, so erhält man durch trigonometrische Entwicklung nach (1.7)

$$\begin{aligned} x(t) &= \hat{x}_1 \cos\left(\frac{\omega_s + \omega_d}{2} t + \varphi_{01}\right) + \hat{x}_2 \cos\left(\frac{\omega_s - \omega_d}{2} + \varphi_{02}\right) \\ &= \left[\hat{x}_1 \cos\left(\frac{\omega_d t}{2} + \varphi_{01}\right) + \hat{x}_2 \cos\left(\frac{\omega_d t}{2} - \varphi_{02}\right)\right] \cos\frac{\omega_s t}{2} \\ &\quad - \left[\hat{x}_1 \sin\left(\frac{\omega_d t}{2} + \varphi_{01}\right) - \hat{x}_2 \sin\left(\frac{\omega_d t}{2} - \varphi_{02}\right)\right] \sin\frac{\omega_s t}{2}. \end{aligned} \tag{1.84}$$

Zusammenfassung gemäß (1.7) bis (1.10) liefert

$$x(t) = x_S(t) \cdot \cos\left(\frac{\omega_s}{2} t + \psi(t)\right), \tag{1.85}$$

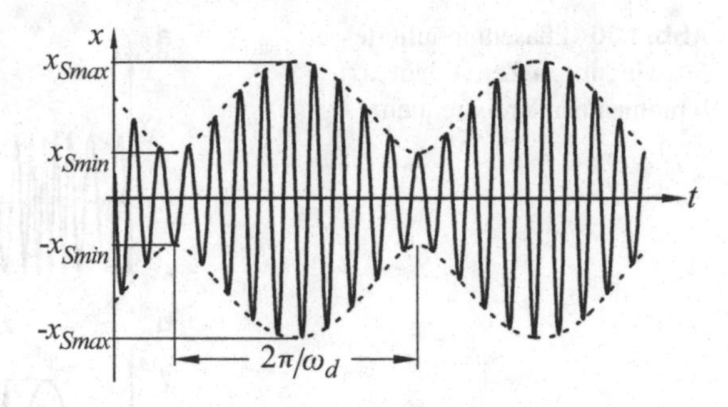

Abb. 1.21 Schwebung

wo

$$x_S(t) = \sqrt{\hat{x}_1^2 + \hat{x}_2^2 + 2\hat{x}_1\hat{x}_2\cos(\omega_d t + \varphi_{01} - \varphi_{02})}, \tag{1.86}$$

$$\tan\psi(t) = \frac{\hat{x}_1\sin(\frac{\omega_d t}{2} + \varphi_{01}) - \hat{x}_2\sin(\frac{\omega_d t}{2} - \varphi_{02})}{\hat{x}_1\cos(\frac{\omega_d t}{2} + \varphi_{01}) + \hat{x}_2\cos(\frac{\omega_d t}{2} - \varphi_{02})}. \tag{1.87}$$

Die Funktion $x_S(t)$ schwingt langsam mit der Differenzfrequenz ω_d, die dann auch *Schwebungsfrequenz* heißt. Die Funktion $x_S(t)$ hüllt den Kosinus ein, der seinerseits mit

$$\left(\frac{\omega_s}{2}t + \psi(t)\right)^{\bullet} = \frac{1}{2}\omega_s + \frac{1}{2}\omega_d\frac{\hat{x}_1^2 - \hat{x}_2^2}{x_S^2(t)}, \tag{1.88}$$

also rasch schwingt. Die Maxima und Minima von $x_S(t)$ liegen bei

$$x_{Smax} = |\hat{x}_1| + |\hat{x}_2|, \quad x_{Smin} = \big||\hat{x}_1| - |\hat{x}_2|\big|. \tag{1.89}$$

Vorgänge dieser Art heißen *Schwebungen*. (Zwei gegeneinander leicht verstimmte Geigenseiten liefern gemeinsam einen „schwebenden" Ton, seine Lautstärke schwankt mit der Differenzfrequenz.)

Für $\hat{x}_1 = \hat{x}_2 := \hat{x}$ erhält man die *reine Schwebung*

$$x(t) = \underbrace{2\hat{x}\cos\frac{\omega_d t + \varphi_{01} - \varphi_{02}}{2}}_{x_S(t)}\cos\frac{\omega_s t + \varphi_{01} + \varphi_{02}}{2}. \tag{1.90}$$

Nur für rationale Frequenzverhältnisse $\omega_1 : \omega_2$ sind Schwebungen periodisch (s. Abschn. 1.3.2). Abb. 1.21 zeigt eine Schwebung für $\hat{x}_1 \neq \hat{x}_2$.

1.4.4 Exponentiell wachsende und schwindende Schwingung

Die Schwingung

$$x(t) = Ae^{\sigma t}\cos(\omega t + \varphi_0) = x_M(t)\cos(\omega t + \varphi_0) \tag{1.91}$$

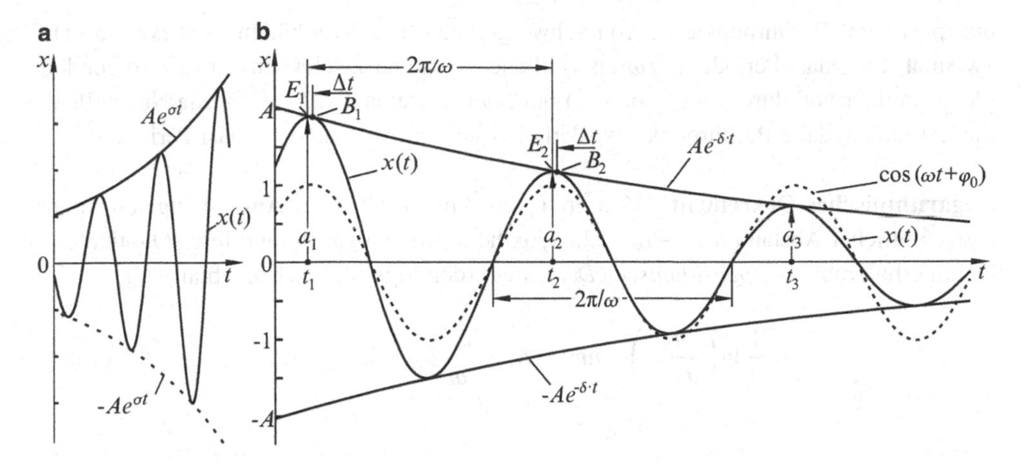

Abb. 1.22 Schwingung. **a** exponentiell wachsend (anklingend), **b** exponentiell schwindend (abklingend)

ist ein sinusverwandter Vorgang (s. DIN 5483, Teil 1). Die Parameter ω und φ_0 sind konstant und heißen, wie bisher, *Kreisfrequenz* bzw. *Nullphasenwinkel*, obwohl $x(t)$ *nicht periodisch* ist. (Deshalb nach DIN 1311 auch z. B. *Quasi-Kreisfrequenz* ω.) Die Konstante A dient in der Regel, gemeinsam mit φ_0, zum Anpassen an vorgegebene Anfangsbedingungen (s. Abschn. 5.3.1). Der Parameter σ heißt *Ankling-* oder *Wuchskoeffizient*, wenn positiv, $\sigma > 0$. Die (modulierte) Amplitude $x_M(t)$, und damit die Schwingung, *wachsen* exponentiell, die Schwingung *klingt an* (DIN 5483), s. Abb. 1.22a.

Weil besonders wichtig (s. Abschn. 5.3.2), führt man für $\sigma < 0$ den *Abklingkoeffizienten*

$$\delta := -\sigma \quad \text{und} \quad x_M := Ae^{-\delta t} \tag{1.92}$$

ein. Amplitude $x_M(t)$ und *Schwingung* schwinden für $\delta > 0$ exponentiell, die Schwingung *klingt ab*, s. Abb. 1.22b.

Es kann zweckmäßig sein (σ, ω) bzw. (δ, ω) als komplexen An- oder Abklingkoeffizienten zusammenzufassen,

$$\lambda := \sigma + j\omega \quad \text{bzw.} \quad \lambda := -\delta + j\omega, \tag{1.93}$$

und $x(t)$ als Projektion eines (auf einer Spirale statt einem Kreis) umlaufenden Drehzeigers auf die reelle Achse zu sehen (ähnlich Abb. 1.8):

$$x(t) = \text{Re}\, Ae^{(\lambda t + j\varphi_0)}. \tag{1.94}$$

In Abb. 1.22b sind eingetragen: Die Trägerschwingung $\cos(\omega t + \varphi_0)$ gestrichelt, die *Einhüllenden* $\pm A \exp(-\delta \cdot t)$, die Schwingung $x(t)$, die *positiven relativen Extrema* E_k mit den zugehörigen Auslenkungen

$$a_k := x(t_k), \tag{1.95}$$

die (positiven) Berührpunkte B_k von Schwingung $x(t)$ und Einhüllender $A\exp(-\delta \cdot t)$, zweimal die Quasi-Periode $2\pi/\omega$ als zeitlichen Abstand zweier aufeinander folgender gleichsinniger Nulldurchgänge von $x(t)$ bzw. der Extrema E_1, E_2. (Nur die Nullstellen, die Extrema und die Berührpunkte wiederholen sich im Abstand der Quasi-Periode.)

Logarithmisches Dekrement Man greift aus Abb. 1.22b zwei Auslenkungen a_k und a_{k+n}, zeitlicher Abstand $t_{k+n} - t_k = 2\pi n/\omega$, heraus und logarithmiert ihren Quotienten. Damit erhält man das *logarithmische Dekrement* (den logarithmischen Abfall)

$$\Lambda := \frac{1}{n}\ln\left(\frac{a_k}{a_{k+n}}\right) \quad \text{und} \quad \Lambda = \frac{2\pi}{\omega}\delta \quad \text{mit } n = 1, 2, \ldots . \tag{1.96}$$

1.5 Aufgaben

Aufgabe 1.1 Nennen Sie 20 umgangssprachliche Ausdrücke für Schwingungen (auch akustische), z. B.: schwanken, zischen oder klopfen.

Aufgabe 1.2 Phasenvergleich gleichfrequenter Schwingungen. Für die Sinusschwingungen $x_i(t)$ in Abschn. 1.2.3 sind neben der gemeinsamen Frequenz ω und den Amplituden $\hat{x}_i$ die Nullphasenwinkel $\varphi_{0i} = (0.5, -0.3, 2.1, 4.0, -3.6, 8.0)$rad gegeben. Wählen Sie eine der Schwingungen als Referenzschwingung und bestimmen Sie die diesbezüglichen Phasenverschiebungswinkel (Vor- oder Nacheilwinkel) der anderen (Skizzen!).

Aufgabe 1.3 Addition gleichfrequenter Schwingungen. Für die beiden Sinusschwingungen $x_i(t)$ in Abschn. 1.2.3 sind neben der gemeinsamen Frequenz die beiden Amplituden $\hat{x}_1, \hat{x}_2$ und die Nullphasenwinkel $\varphi_{01}, \varphi_{02}$ gegeben. Berechnen Sie die Amplitude $\hat{x}$ und den Nullphasenwinkel φ_0 der Summe in allgemeiner Form und speziell für $\hat{x}_2 = 2\hat{x}_1, \varphi_{01} = 60°, \varphi_{02} = -60°$.

Aufgabe 1.4 Geben Sie zwei Funktionen mit gemeinsamer Periode T an, deren Summe eine kleinere Periode hat (vgl. Abschn. 1.3.2), zum Beispiel die Periode $T/3$.

Aufgabe 1.5 Gegeben seien drei periodische Funktionen, deren Perioden T_i sich wie $T_1 : T_2 : T_3 = n_1 : n_2 : n_3$ verhalten, n_i– ganze Zahlen. Wie lautet die gemeinsame Periode? (Abschn. 1.3.2).

Aufgabe 1.6 Rechnen Sie die Orthogonalitätsrelationen (1.46) nach.

Aufgabe 1.7 Skizzieren Sie für die Schwingungen nach Abb. 1.13 für $\hat{x}_1 = 1$ die Spektren der Amplituden und Nullphasenwinkel sowie die der Fourierkoeffizienten.

Aufgabe 1.8 Erfülle $x(t)$ die Periodizitätsbedingung $x(t + T/2) = -x(t)$. Zeigen Sie, dass in der Fourierreihe alle Glieder mit geradzahligem Index verschwinden. (Man nennt $x(t)$ dann ungerade-harmonisch.)

Aufgabe 1.9 Welche besondere Periodizität besitzt eine Funktion $x(t)$, deren Fourierreihe nur Glieder mit geradzahligem Index enthält?

Aufgabe 1.10 Kontrollieren Sie die in (1.56) angegebenen Fourierkoeffizienten der Sägezahnfunktion. (Wie sieht das Spektrum aus?)

Aufgabe 1.11 Werten Sie mit Hilfe eines Digitalrechners die Fourierreihe (1.57) der N ersten Teilschwingungen aus und verfolgen Sie in Diagrammen ähnlich Abb. 1.16, wie mit wachsendem N in der Umgebung der Sprungstelle der Bereich des Überschwingens zwar schmaler und schmaler wird, der Überschwung jedoch erhalten bleibt.

Aufgabe 1.12 Kontrollieren Sie die Aussagen (1.59) und (1.60).

Aufgabe 1.13 Überprüfen Sie in Abschn. 1.3.4.5 die Aussagen 3, 4 und 5.

Aufgabe 1.14 Zeigen Sie, dass der Effektivwert x_{eff} nach (1.72) bei einer harmonischen Schwingung $x_{eff} = \hat{x}/\sqrt{2}$ beträgt. Wie groß ist der Effektivwert von $x = \hat{x}(\cos\omega t + \sin 2\omega t)$, wie groß der von $\dot{x}$?

Aufgabe 1.15 Sei in der amplitudenmodulierten Schwingung $x(t)$ nach (1.78) das Frequenzverhältnis rational, $\omega_T : \omega_M = n : m; n, m$ – ganze Zahlen. Welche Periode T hat $x(t)$?

Aufgabe 1.16 Skizzieren Sie die reine Schwebung nach (1.90).

Aufgabe 1.17 Führen Sie die Projektion (1.94) aus (Skizzen für $\sigma > 0$ und $\delta > 0$!).

Aufgabe 1.18 Zeigen Sie, dass in Abb. 1.22b gleichsinnige Nulldurchgänge sowie Extrema E_k und Berührpunkte B_k im Abstand der Quasi-Periode wiederkehren.

Aufgabe 1.19 Wie kann man aus einem gemessenen Verlauf $x(t)$, vgl. Abb. 1.22b, die Parameter δ und ω ermitteln? Kann man statt mit den a_k in (1.96) auch mit den Auslenkungen an den Berührpunkten arbeiten? Ist es hilfreich, $x(t)$ für $x(t) > c > 0$ halblogarithmisch aufzutragen?

Teil I
Starre Maschinen unter dynamischer Last (Freiheitsgrad Null)

An den Beispielen der Bodenkräfte einer arretierten Rüttelmaschine und des Auswuchtens eines starren, starr gelagerten Rotors wird ein systematisches Vorgehen zur Lösung von Kinetikaufgaben dargelegt.

Bodenkräfte einer Rüttelmaschine

2

Zusammenfassung

Für einen schematisch dargestellten Rüttler sollen die auf den Boden wirkenden Kräfte berechnet werden, wenn die Maschine im arretierten Transportzustand angelassen wird. Die Aufgabe dient als Muster eines schrittweisen Lösungsvorgehens, vom Durchdenken der Aufgabestellung über die Modellbildung zum Ansetzen der Gleichgewichtsbedingungen mit d'Alembertschen Kräften und Hinweisen zur Parameterbeschaffung; sie endet mit einer einfachen Berechnung, deren Ergebnis kurz diskutiert wird.

2.1 Aufgabenstellung

Für den in Abb. 2.1 schematisch dargestellten Rüttler (Baumaschine zur Bodenverdichtung) sollen die auf den Boden wirkenden Kräfte berechnet werden, die entstehen, wenn die Maschine in arretiertem Zustand (mit eingesetzten *Transportbolzen T*) angelassen wird.

2.2 Lösung

2.2.1 Allgemeines Lösungsvorgehen

Berechnungsaufgaben sind häufig reine Textaufgaben (ohne Schemaskizze): Der Bearbeiter muss oft erst herausfinden, was der Fragesteller *eigentlich* wissen will.

Ergänzende Information Die elektronische Version dieses Kapitels enthält Zusatzmaterial, auf das über folgenden Link zugegriffen werden kann https://doi.org/10.1007/978-3-658-38123-3_2.

E. Brommundt und D. Sachau, *Schwingungslehre mit Maschinendynamik*,
https://doi.org/10.1007/978-3-658-38123-3_2

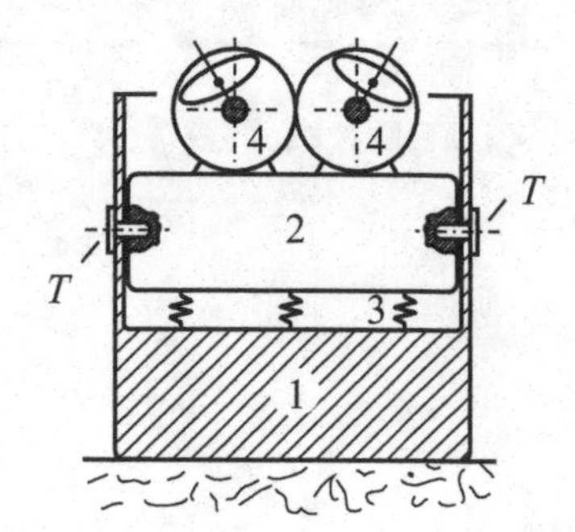

Abb. 2.1 Rüttler, bestehend aus *1* – Bodenplatte, *2* – Schwingkörper, *3* – Federpakete, *4* – Unwuchträder (Zahnräder mit aufgesetzten Unwuchtmassen), *T* – Transportbolzen (zur Arretierung)

Die Lösung erfolgt in etwa 7 Stufen:

1. Modell entwerfen
2. Gleichungen ansetzen
3. Systemparameter beschaffen
4. Evtl. Rechnerprogramm schreiben
5. System simulieren (Gleichungen lösen)
6. Ergebnisse interpretieren
7. Untersuchung schriftlich festhalten

Jede der Stufen 1–7 erfordert in der Regel das Lösen von mehreren Teilaufgaben. Man kann sie oft nicht nacheinander abarbeiten, sondern wird parallel vorgehen, weil man sein System erst während des Bearbeitens *richtig* kennen lernt.

2.2.2 Entwurf des Modells

Schritt 1.1 Modell gegen Umgebung abgrenzen (am besten durch eine gedachte *Hüllfläche*) und idealisieren (s. Abb. 2.2a).

Annahmen:

- In Abb. 2.2a weist die Schraffur (innerhalb der Hüllfläche) auf einen starren waagerechten Boden hin.
- Wegen der Arretierung können die Federpakete entfallen. Bodenplatte, Masse m_1, und Schwingkörper (samt Zahnrädern), Masse m_2, werden zu einem starren Körper K zusammengefasst (vgl. Abb. 2.2b); Masse:

$$m = m_1 + m_2. \tag{2.1}$$

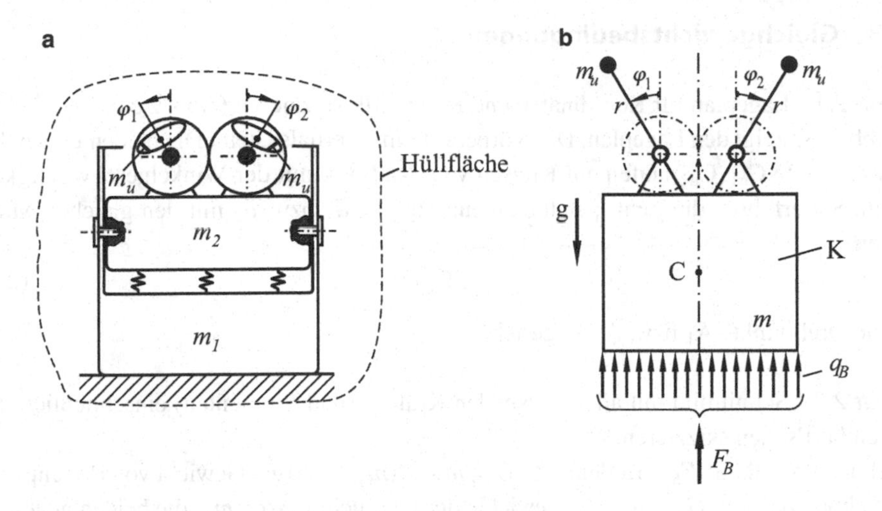

Abb. 2.2 Rüttler. **a** Als abgegrenztes System, **b** Ersatzsystem

- Die Unwuchträder (gleiche Zahnräder mit gleichen Unwuchtmassen m_u) laufen mit der Winkelgeschwindigkeit Ω gegenläufig gleichförmig um:

$$\varphi_1 = \varphi_2 = \Omega t. \tag{2.2}$$

- Die Annahme $\Omega = const.$ entspricht einem Modell für das Verhalten des Antriebsmotors.

Schritt 1.2 Oft fasst man die Annahmen, auch mit Ergänzungen, in einem *Ersatzsystem* – einem schematisierten Strichbild – zusammen, Abb. 2.2b. Dem Ersatzsystem *weist* man dabei die *Eigenschaften* zu, die das Modell haben soll. Abb. 2.2b zeigt im vom Boden freigeschnittenen Ersatzsystem (auch ergänzend zu Schritt 1.1)

- die angenommene Symmetrie des Systems durch die eingetragene Mittellinie,
- den auf der Mittellinie liegenden Schwerpunkt C, an dem das Gewicht $\vec{G} = m\vec{g}$ angreift (g – Fallbeschleunigung),
- eine angenommene (verteilte) Bodenpressung $\vec{q}_B = \vec{q}_B(Ort, t)$,
- die resultierende Bodenkraft $\vec{F}_B = \vec{F}_B(t)$, mit bei näherungsweise ortsunabhängiger Pressung $\vec{q}_B = \vec{q}_B(t)$ und einer Bodenfläche A_B

$$F_B = q_B A_B. \tag{2.3}$$

2.2.3 Gleichgewichtsbedingungen

Schritt 2.1 Lageplan für Koordinaten und Kinematik skizzieren (Abb. 2.3).

Abb. 2.3a zeigt den Lageplan. Der Körper ruht im Inertialsystem. Die beiden Unwucht-Schwerpunkte C_{u1}, C_{u2} laufen auf Kreisen vom Radius r mit der Winkelgeschwindigkeit Ω um. Sie erfahren die Zentripetalbeschleunigungen $\vec{a}_1$ bzw. $\vec{a}_2$ mit den gleichen Maßwerten

$$a = \Omega^2 r, \tag{2.4}$$

auf die Drehpunkte A_1 bzw. A_2 zu gerichtet.

Schritt 2.2 Schnittbild mit allen wirkenden Kräften (und Momenten) einschließlich der d'Alembert'schen skizzieren.

Abb. 2.3b enthält: F_B – Bodenkraft, $G = mg = (m_1 + m_2)g$ – Gewicht von Bodenplatte und Schwingkörper, $G_u = m_u g$ – Gewichte der Unwuchtmassen m_u, die beiden gegen $\vec{a}_1$ bzw. $\vec{a}_2$ wirkenden *d'Alembert'schen Kräfte* $m_u a$, in Vektorform $-m_u\vec{a}_1, -m_u\vec{a}_2$.

Schritt 2.3 Gleichgewichtsbedingungen formulieren: Für das Körpersystem nach Abb. 2.3b lauten die Gleichgewichtsbedingungen (der Koordinatenpfeil x deutet die positive Richtung an):

$$\sum F_{xi} = 0: \quad F_B - G - 2G_u + 2m_u r\Omega^2 \cos \Omega t = 0. \tag{2.5}$$

Wegen des angenommenen symmetrischen Laufs der Maschine treten (nach außen) keine horizontalen Kräfte und Momente auf.

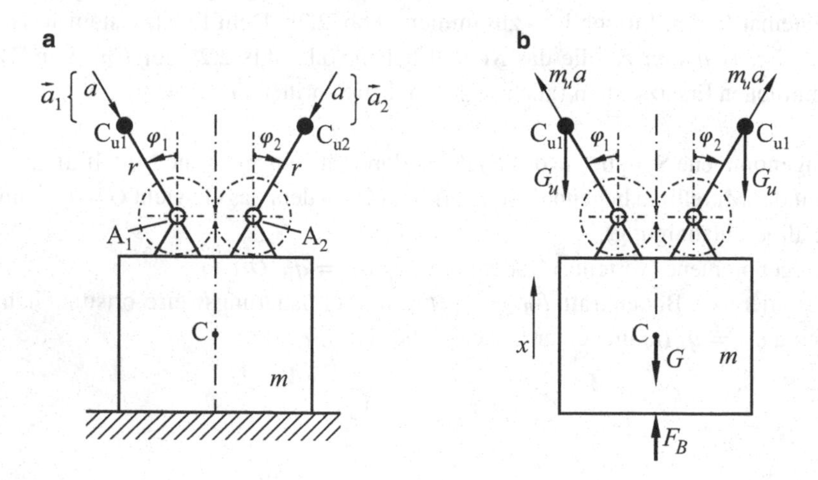

Abb. 2.3 Rüttler. **a** Lageplan, **b** Schnittbild mit äußeren einschließlich d'Alembert'schen Kräften

2.2.4 Beschaffen der Systemparameter

Falls es den Rüttler bereits gibt: Firmenangaben; Massen wiegen, *Unwucht* messen.

Falls es vom Rüttler nur Zeichnungen gibt, muss man die Massen und die Schwerpunktlagen berechnen.

2.2.5 Rechnerprogramm

Hier evtl. nur erforderlich, um Abhebezeitpunkte oder Zeitverläufe zu berechnen (vgl. Aufgaben unten).

2.2.6 Rechenergebnis/Interpretation

Diese Aufgabe ist sehr einfach. Aus (2.5) folgt

$$F_B = G + 2G_u - 2m_u r \Omega^2 \cos \Omega t \tag{2.6}$$

Darin ist

$$G_{ges} = G + 2G_u \tag{2.7}$$

das Gesamtgewicht. Das *statische Moment*

$$U := m_u r \tag{2.8}$$

nennt man oft *Unwucht* (m_u – Unwuchtmasse, Exzentermasse; r – *Exzentrizität*, häufig schreibt man e statt r). Man fasst das Ergebnis (2.6) zusammen:

$$F_B = G_{ges} - \hat{F} \cos \Omega t, \tag{2.9}$$

$\hat{F} = 2m_u r \Omega^2$ – Amplitude, ω – Kreisfrequenz der Sinusschwingung.

Abb. 2.4 zeigt den Zeitverlauf der Bodenkraft F_B/G_{ges} für $\hat{F}/G_{ges} = (0.2, 0.8, 1.1)$. Falls $\hat{F}/G_{ges} > 1$, also $2m_u r \Omega^2 > G_{ges}$, hebt die Rüttelmaschine vom Boden ab, aus

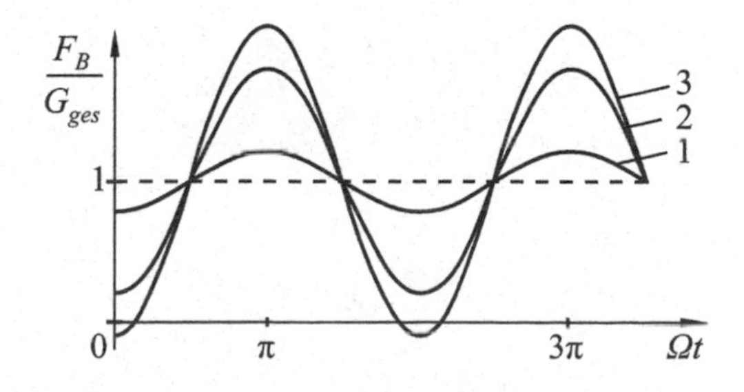

Abb. 2.4 Rüttler: relative Bodenkraft F_B/G_{ges} für $\hat{F}/G_{ges} = (0.2, 0.8, 1.1)$

unseren Gleichungen ergibt sich $F_B < 0$. Unsere Annahmen bleiben nur dann sinnvoll, falls der Rüttler am Boden verankert ist, anderenfalls wird das Modell ungültig.

2.2.7 Aufzeichnung

Das schriftliche Festhalten einer Untersuchung kann zum Beispiel in der hier vorliegenden Form geschehen. Wichtig ist es, Annahmen auch in Worte zu fassen, weil man sonst nach einiger Zeit nicht mehr erkennt, was man überlegt hat.

2.3 Aufgaben

Aufgabe 2.1 Wie kann man die Unwucht $U = m_u r$ messen?

Aufgabe 2.2 Beim Zusammenbau des Rüttlers wurden die Zahnräder versehentlich um ein paar Zähne – um den Winkel α – versetzt zusammengesteckt. Wie wirkt sich das auf die Bodenkraft $F_B(t)$ aus? Schreiben Sie ein Rechnerprogramm, das Ihnen $F_B(t)$ aufzeichnet. Welche zusätzlichen Kräfte und Momente werden nun auf den Boden ausgeübt? Welche zusätzlichen Parameter brauchen Sie, um diese Größen zu berechnen?

Aufgabe 2.3 Am vom Motor mit konstanter Drehgeschwindigkeit Ω angetriebenen linken Zahnrad brechen ein paar Zähne aus. Zufällig findet der Bauarbeiter ein paar alte Räder, doch statt 22 Zähne haben sie 20 und 24 (selber Modul; der Achsabstand ist fest; das 24er Rad passt auf die linke Welle). Wie *läuft* der (nach wie vor) arretierte Rüttler, (2.2)? Übrige Fragen wie bei Aufgabe 2.2.

Aufgabe 2.4 Welche Modelle würden Sie für den Fall entwerfen, dass der Rüttler vom Boden abhebt? (Frage geht über Stoff der Vorlesung hinaus.)

Auswuchten starrer Rotoren

3

Zusammenfassung

Bei Fertigungs- oder Montageungenauigkeiten weicht der Schwerpunkt eines starren Rotors häufig von seiner Drehachse ab, diese liegt evtl. auch zu keiner Trägheitshauptachse parallel. Dann treten Fliehkräfte bzw. Momente auf, die bei starrer Lagerung auf die Lager als schwingende Belastungen wirken; man spricht von Unwuchtkräften bzw. Momenten. Beim Auswuchten lässt man den Rotor auf einer Prüfmaschine laufen, misst die Kräfte, bringt an geeigneten Stellen Ausgleichsmassen an oder fräst Werkstoff weg, bis die Kräfte hinreichend klein sind. In diesem Kapitel geht es um das Entwickeln eines Modells, für das Gleichgewichtsbedingungen vektoriell-räumlich angesetzt und nach den Lagerkräften aufgelöst werden. Das Auswuchten kann man dynamisch als Aufheben der Lagerkräfte oder massen-geometrisch als Schieben des Schwerpunkts auf die Drehachse bzw. Drehen der Hauptachsen sehen.

3.1 Aufgabenstellung

Infolge von Fertigungsungenauigkeiten und von Unregelmäßigkeiten im Werkstoff liegt der Schwerpunkt C des starren Rotors nach Abb. 3.1 nicht auf der Drehachse – auf der Verbindungsgeraden der Lagermittelpunkte A, B –, sondern exzentrisch im Abstand r_C davon. Außerdem liegen die Trägheitshauptachsen $(\vec{e}_1, \vec{e}_2, \vec{e}_3)$ nicht senkrecht bzw. parallel zur Drehachse. Bei Rotation, bei Drehung mit der Winkelgeschwindigkeit Ω, wirken auf die Lager Zusatzkräfte. Solche Kräfte müssen vermieden, mindestens so klein wie möglich gemacht werden.

Ergänzende Information Die elektronische Version dieses Kapitels enthält Zusatzmaterial, auf das über folgenden Link zugegriffen werden kann https://doi.org/10.1007/978-3-658-38123-3_3.

E. Brommundt und D. Sachau, *Schwingungslehre mit Maschinendynamik*,
https://doi.org/10.1007/978-3-658-38123-3_3

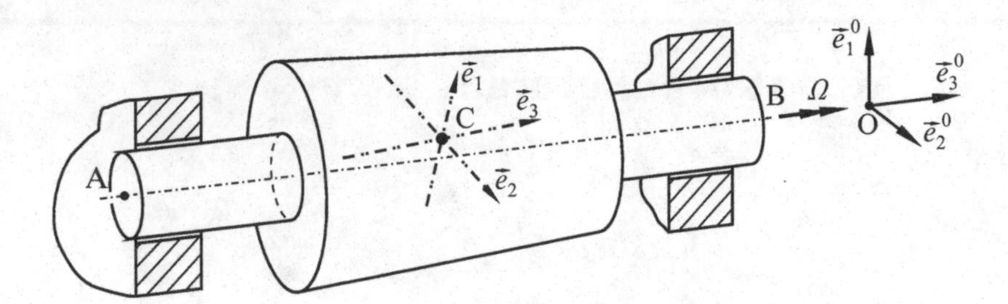

Abb. 3.1 Starrer Rotor mit exzentrischem Schwerpunkt und schräg liegenden Trägheitshauptachsen; Basis $(O, \vec{e}_1^{\,0}, \vec{e}_2^{\,0}, \vec{e}_3^{\,0})$ maschinenfest

Man hat es mit zwei Teilaufgaben zu tun:

1. Wie groß sind die zusätzlichen Lagerkräfte?
2. Welche *(Wucht-) Massen* muss man hinzufügen (Ort und Größe) oder wegnehmen (z. B. durch Bohrungen oder Anfräsungen), um die Schwankungen der Lagerkräfte zu verringern?

Das *allgemeine Lösungsvorgehen* nach Abschn. 2.2.1 gilt auch hier.

3.2 Modell

Modell abgrenzen und idealisieren. Abb. 3.2 zeigt das Ersatzsystem. Es enthält folgende *Annahmen*:

- Der Rotor ist starr.
- Die Lager sind starr.
- Die Lagerkräfte *greifen* an den Zapfenachsen an (es wirken keine Reibmomente!).
- Es wirken keine weiteren äußeren Kräfte.
- Auch das Gewicht bleibt unberücksichtigt, weil es nur konstante Beiträge zu den Lagerkräften liefern würde.

Abb. 3.2 Starrer Rotor: Ersatzsystem

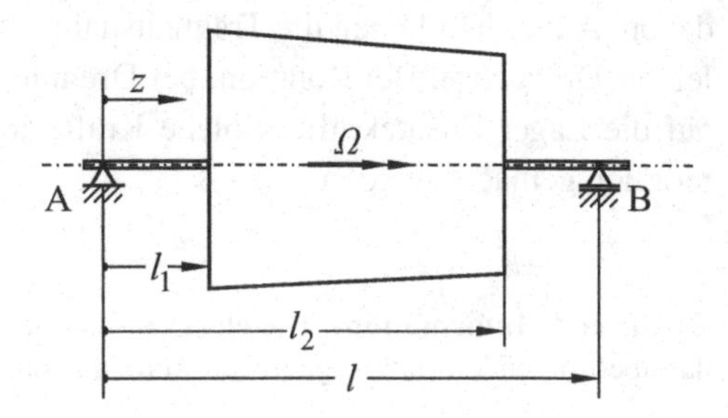

3.3 Gleichgewichtsbedingungen

3.3.1 Lageplan, Koordinaten, Kinematik

Wir betrachten die *unsymmetrische* Massenverteilung des starren Rotors, die zu den Lagerkräften führt, auf zwei verschiedene Weisen:

a) Der Schwerpunkt C des Rotors mit der Masse m liegt in Abb. 3.3 bei l_C im Abstand r_C von der Drehachse A–B. Die Achse $\vec{e}_z$ der *körperfesten Basis* $(C, \vec{e}_x, \vec{e}_y, \vec{e}_z)$ liegt *parallel* zu A–B, und – bezogen auf diese Basis – hat der Rotor die Trägheitsmomente $J_{xx}, J_{xy}, J_{xz}, J_{yy}, J_{yz}, J_{zz}$, vgl. Abschn. A.2.3 mit (x, y, z) anstelle von (x_1, x_2, x_3).

   Mit dieser Darstellungsweise a) arbeiten wir hier.

b) Bei der zweiten Beschreibungsweise der unsymmetrischen Massenverteilung, das Vorgehen ist bei Aufgabe 3.4 als Lösungshinweis skizziert, erfassen wir die Schwerpunktlage wie in Abb. 3.3, doch statt der achsparallelen Basis $(C, \vec{e}_x, \vec{e}_y, \vec{e}_z)$ wählen wir die Basis der Hauptachsen $(C, \vec{e}_1, \vec{e}_2, \vec{e}_3)$, wie sie in Abb. 3.1 angedeutet sind. Dann treten an die Stelle der oben sechs Trägheitsmomente die drei Hauptträgheitsmomente J_1, J_2, J_3, doch müssen wir zusätzlich die Winkellage von $(\vec{e}_1, \vec{e}_2, \vec{e}_3)$ gegenüber dem Inertialsystem $(O, \vec{e}_1^{\,0}, \vec{e}_2^{\,0}, \vec{e}_3^{\,0})$ vermaßen (vgl. Aufgabe 3.4).

   In der Darstellungsweise a) gelten, vgl. Abb. 3.3:

Ωt Drehwinkel, gemessen von der Vertikalen gegen den rotorfesten Bezugsstrahl, der parallel zu $\vec{e}_x$ durch A–B führt.
α Winkellage des Schwerpunkts gegen Bezugsstrahl.
r_C *Exzentrizität* des Schwerpunkts C.
l_C Abstand der Schwerpunktebene $z = 0$ von Lager A.

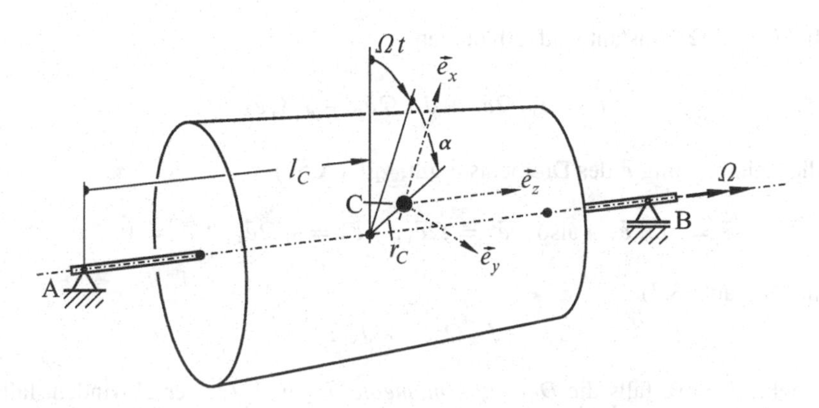

Abb. 3.3 Starrer Rotor mit körperfester Basis $(C, \vec{e}_x, \vec{e}_y, \vec{e}_z)$, $\vec{e}_z$ achsparallel

3.3.2 Schwerpunktbeschleunigung und Drall

Bezogen auf die *drehende* Basis $(C, \vec{e}_x, \vec{e}_y, \vec{e}_z)$ nach Abb. 3.3 gilt für die Schwerpunktbeschleunigung (*Zentripetalbeschleunigung*)

$$\vec{a}_C = -\Omega^2 \vec{r}_C \tag{3.1}$$

mit

$$\vec{r}_C = r_C \vec{e}_x \cos\alpha + r_C \vec{e}_y \sin\alpha. \tag{3.2}$$

In (3.2) hängen nur $\vec{e}_x = \vec{e}_x(t)$ und $\vec{e}_y = \vec{e}_y(t)$ explizit von der Zeit ab: Von der *drehenden Basis gesehen* ist der Vektor(pfeil) $\vec{a}_C$ fest (er dreht mit!).

Um den auf $(C, \vec{e}_x, \vec{e}_y, \vec{e}_z)$ bezogenen Drall $\vec{L} = \vec{\vec{J}} \cdot \vec{\omega}$ zu berechnen, vgl. Abschn. A.3.2, brauchen wir den Winkelgeschwindigkeitsvektor $\vec{\omega}$,

$$\vec{\omega} = \vec{e}_z \Omega \tag{3.3}$$

und den *Trägheitstensor* $\vec{\vec{J}}$

$$\begin{aligned}\vec{\vec{J}} = (&\vec{e}_x J_{xx} + \vec{e}_y J_{yx} + \vec{e}_z J_{zx})\vec{e}_x \\ &+ (\vec{e}_x J_{xy} + \vec{e}_y J_{yy} + \vec{e}_z J_{zy})\vec{e}_y \\ &+ (\vec{e}_x J_{xz} + \vec{e}_y J_{yz} + \vec{e}_z J_{zz})\vec{e}_z.\end{aligned} \tag{3.4}$$

Man erhält den mit $\vec{e}$ umlaufenden Drall(pfeil)

$$\vec{L} = (J_{xz}\Omega \vec{e}_x + J_{yz}\Omega \vec{e}_y + J_{zz}\Omega \vec{e}_z). \tag{3.5}$$

Für das *d'Alembert'sche Moment* $(-\dot{\vec{L}})$ brauchen wir die Ableitung

$$\dot{\vec{L}} = (J_{xz}\Omega \vec{e}_x + J_{yz}\Omega \vec{e}_y + J_{zz}\Omega \vec{e}_z)^\bullet. \tag{3.6}$$

Da die $J_{..}$ und Ω konstant sind, erhält man

$$\dot{\vec{L}} = J_{xz}\Omega \dot{\vec{e}}_x + J_{yz}\Omega \dot{\vec{e}}_y + J_z \Omega \dot{\vec{e}}_z. \tag{3.7}$$

Für die Zeitableitung $\dot{\vec{e}}$ des Dreibeins $\vec{e}$ gilt, vgl. (A.57)

$$\dot{\vec{e}} = \vec{\omega} \times \vec{e}, \quad \text{also} \quad \dot{\vec{e}}_x = \Omega \vec{e}_y, \quad \dot{\vec{e}}_y = -\Omega \vec{e}_x, \quad \dot{\vec{e}}_z = \vec{0}. \tag{3.8}$$

Damit folgt aus (3.7)

$$\dot{\vec{L}} = -J_{yz}\Omega^2 \vec{e}_x + J_{xz}\Omega^2 \vec{e}_y. \tag{3.9}$$

Man sieht: $\dot{\vec{L}} = \vec{0}$, falls die *Deviationsmomente* J_{xz} und J_{yz} verschwinden, falls die Drehachse A–B parallel zu einer Trägheitshauptachse liegt (vgl. Abschn. A.2.3).

3.3.3 Lagerkräfte

Das Freikörperbild – Abb. 3.4 – enthält die *d'Alembert'sche (Trägheits-)Kraft* $-m\vec{a}_C = m\vec{r}_C\Omega^2$ und das *d'Alembert'sche (Trägheits-)Moment* $-\dot{\vec{L}}$ sowie die Lagerkräfte $\vec{F}_A, \vec{F}_B$ in der Form

$$\vec{F}_A = \vec{e}_x F_{xA} + \vec{e}_y F_{yA} + \vec{e}_z F_{zA}, \quad \vec{F}_B = \vec{e}_x F_{xB} + \vec{e}_y F_{yB}. \tag{3.10}$$

Da am Rotor von außen keine Axialkräfte angreifen, gilt $F_{zA} = 0$. Aus den Momentengleichgewichten um die Lagerpunkte A und B folgt

$$\sum \vec{M}_i^{(A)} = \vec{0}: \quad (l\vec{e}_z) \times \vec{F}_B + (l_C\vec{e}_z) \times (-m\vec{a}_C) + (-\dot{\vec{L}}) = \vec{0}, \tag{3.11}$$

$$\sum \vec{M}_i^{(B)} = \vec{0}: \quad (-l\vec{e}_z) \times \vec{F}_A + (-(l - l_C)\vec{e}_z) \times (-m\vec{a}_C) + (-\dot{\vec{L}}) = \vec{0}. \tag{3.12}$$

Multiplikation beider Gleichungen von links mit $\vec{e}_z\times$ – und Entwickeln des doppelten Kreuzprodukts gemäß $\vec{a} \times (\vec{b} \times \vec{c}) = (\vec{a} \cdot \vec{c})\vec{b} - (\vec{a} \cdot \vec{b})\vec{c}$ – liefert mit (3.1) und (3.9) für die Kraft auf den linken *Lagerzapfen*

$$l\vec{F}_A = -[(l - l_C)m\vec{r}_C + J_{xz}\vec{e}_x + J_{yz}\vec{e}_y]\Omega^2, \tag{3.13}$$

für die Kraft auf den rechten *Lagerzapfen*

$$l\vec{F}_B = -[l_C m\vec{r}_C - J_{xz}\vec{e}_x - J_{yz}\vec{e}_y]\Omega^2. \tag{3.14}$$

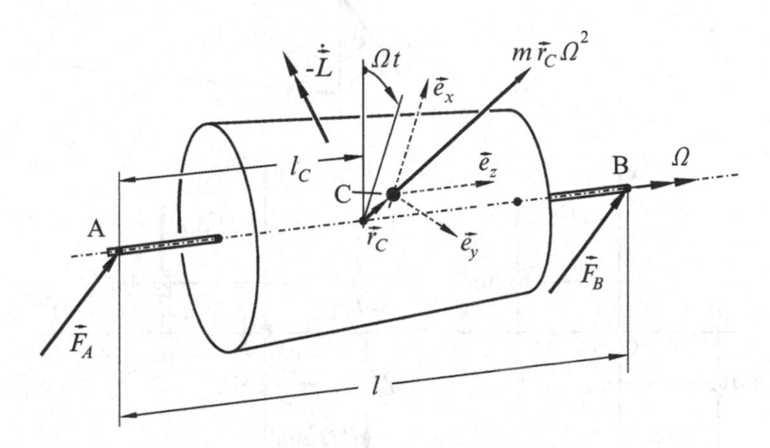

Abb. 3.4 Starrer Rotor: Freikörperbild mit Lager- und Trägheitskräften

3.4 Diskussion der Lagerkräfte infolge Unwucht

1. Anschauliche Deutung Für eine Diskussion der Lagerkräfte infolge *Unwucht* zeichnen wir die Freikörper-Abb. 3.4 noch einmal und tragen d'Alembert'sche Kraft und Moment an dem zu einer *Strichskizze* vereinfachten Rotor in der Form von Pfeilen mit Maßwerten ein, vgl. Abb. 3.5.

Die Glieder mit den Deviationsmomenten deuten wir mit Abb. 3.6 als Fliehkraftmomente. Gemäß (A.85) gelten

$$\Omega^2 J_{xz} = -\Omega^2 \int xz dm, \quad \Omega^2 J_{yz} = -\Omega^2 \int yz dm. \tag{3.15}$$

Als Beispiele, siehe Abb. 3.6, seien je zwei Punktmassen Δm bzw. $\Delta m'$ symmetrisch zum Schwerpunkt C in die x-z-Ebene bzw. die y-z-Ebene gelegt, Orte (c, d) und $(-c, -d)$ bzw. (c', d') und $(-c', -d')$. (Die $\Delta m, \Delta m'$ liegen symmetrisch zu C, damit sie dessen Lage nicht beeinflussen.)

Für diese Punktmassenpaare gilt:

$$J_{xz} = -2cd\Delta m, \quad J_{yz} = -2c'd'\Delta m'. \tag{3.16}$$

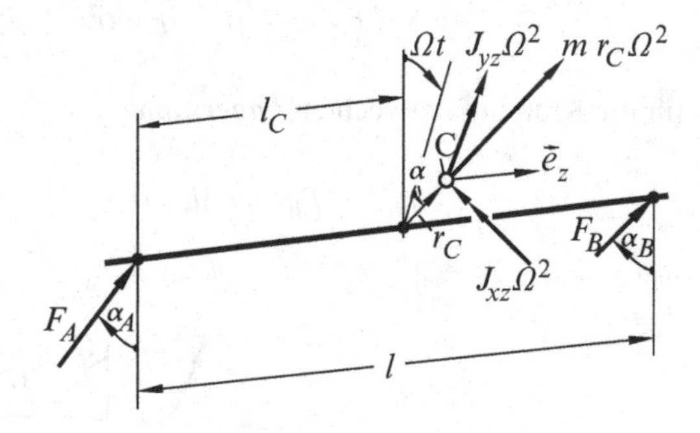

Abb. 3.5 Starrer Rotor: Strichskizze mit Lager- und Trägheitskräften

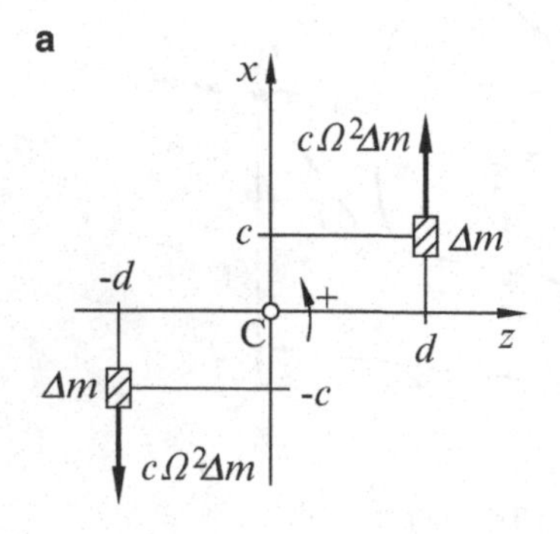

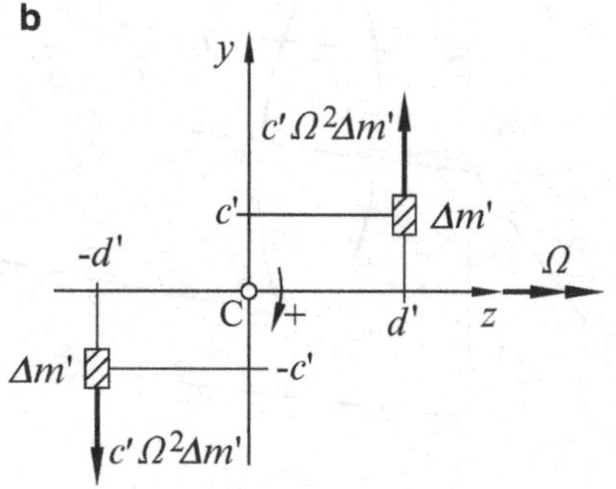

Abb. 3.6 Punktmassen. **a** in der x-z-Ebene, **b** in der y-z-Ebene

Andererseits erhält man die *Fliehkräfte* $c\Omega^2\Delta m$, bzw. $c'\Omega^2\Delta m'$ und – bezüglich C – die *Fliehkraftmomente*

$$\Omega^2 J_{xz} = -2cd\Delta m\Omega^2, \quad \Omega^2 J_{yz} = -2c'd'\Delta m'\Omega^2 \tag{3.17}$$

mit den in Abb. 3.5 gezeigten Orientierungen.

Kennt man also mr_C, J_{xz}, J_{yz} und Ω^2, so kann man sich $\vec{F}_A$, $\vec{F}_B$ anhand von Abb. 3.5 leicht anschaulich klar machen. (Eine formale Lösung hat man mit (3.13), (3.14).)

2. Bedeutung der Kräfte und Momente Die an den Lagern merk- und messbaren Kräfte sind Folge zweier Ursachen:

1. Der Schwerpunkt C ist aus der Drehachse herausgerückt. Dies wirkt sich im Schwerefall so aus, dass sich – bei sehr geringer Lagerreibung – der Rotor mit seinem Schwerpunkt nach unten dreht. Man kann diese Unwucht also auch beim nichtdrehenden Rotor bemerken und nennt sie deshalb *statische Unwucht.*
2. Liegt der Schwerpunkt C auf der Drehachse, entfällt die statische Unwucht. Doch bei $\Omega \neq 0$ können Lagerkräfte aus den Deviationsmomenten entstehen. Weil die nur bei $\Omega \neq 0$ beobachtet werden können, spricht man dann von *kinetischer Unwucht.*

Alle Unwuchtkräfte laufen mit dem Rotor um. Bei starrem Rotor und starren Lagern sind sie *rotorfest.* Aus den Unwuchten folgen für den Rotor also zeitunabhängige (konstante) Kräfte und Biegemomente – also Spannungsbeanspruchungen.

Anders sieht es mit den Lagerkräften $\vec{F}_A$, $\vec{F}_B$ aus, die man vom festen – nichtdrehenden – Bezugssystem sehen muss, wenn man ihre Wirkung *aus der Maschine heraus* bewerten will. Abb. 3.7 zeigt die Zerlegung von $\vec{F}_A$ und $\vec{F}_B$ in Richtung der festen Vektoren $\vec{e}_v$ vertikal und $\vec{e}_h$ horizontal.

Mit Abb. 3.7 oder auch nach (3.13), (3.14) mit Abb. 3.4 folgen (ohne Gewichtsanteile):

$$\begin{aligned}
lF_{vA} &= -m(l-l_C)r_C\Omega^2\cos(\Omega t+\alpha) - (J_{xz}\cos\Omega t - J_{yz}\sin\Omega t)\Omega^2,\\
lF_{hA} &= -m(l-l_C)r_C\Omega^2\sin(\Omega t+\alpha) - (J_{xz}\sin\Omega t + J_{yz}\cos\Omega t)\Omega^2,\\
lF_{vB} &= -ml_Cr_C\Omega^2\cos(\Omega t+\alpha) + (J_{xz}\cos\Omega t - J_{yz}\sin\Omega t)\Omega^2,\\
lF_{hB} &= -ml_Cr_C\Omega^2\sin(\Omega t+\alpha) + (J_{xz}\sin\Omega t + J_{yz}\cos\Omega t)\Omega^2.
\end{aligned} \tag{3.18}$$

Vom festen System her gesehen, führen die Unwuchten zu Wechsellasten.

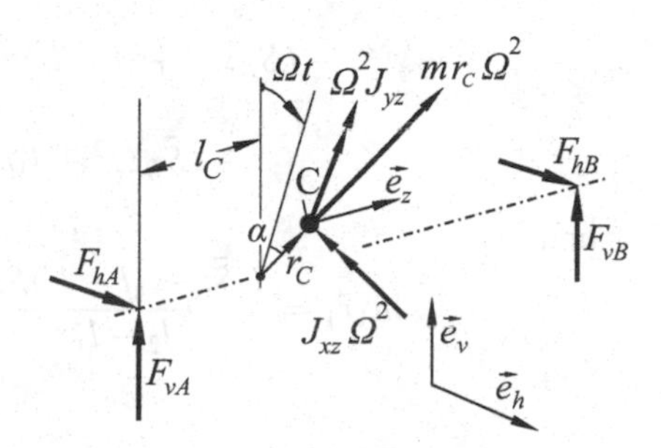

Abb. 3.7 Starrer Rotor: Lagerkräfte in nichtdrehendem Bezugssystem auf die Lagerzapfen wirkend

3.5 Das Wuchten

Durch das Anbringen – oder Wegnehmen – von *Ausgleichsmassen* versucht man, die Unwuchtlasten zu verringern. (Das Wegnehmen – durch Bohren, Fräsen usw. – von Ausgleichsmassen sehen wir als Hinzufügen von *negativen* Ausgleichsmassen.) Man spricht vom *Wuchten*.

Es gibt zwei Sichtweisen des Wuchtens:

1. Fliehkräfte der hinzugefügten Massen heben die Lagerkräfte auf.
2. Hinzugefügte Massen verschieben den Schwerpunkt auf die Drehachse und drehen die Hauptachse in die Drehachse.

Vorgehen Bei der Konstruktion von Rotoren sieht man Plätze zum Anbringen von Ausgleichsmassen (*Wuchtgewichten*) vor. (Beim Kfz-Rad z. B. die beiden Felgenränder.) Im Allgemeinen muss man mindestens zwei Punktmassen m_1 und m_2 in unterschiedlichen Abständen von den Lagern anbringen, z. B. in den Wuchtebenen 1 und 2, an den Enden des Rotorballens bei l_1 und l_2 in Abb. 3.2.

Nimmt man an, dass diese Massen, analog zu $\vec{r}_C$ für den Schwerpunkt C, auf den *Spitzen* der Vektoren $\vec{r}_1$ und $\vec{r}_2$ sitzen, so kann man (3.13) und (3.14) um die entsprechenden Glieder ergänzen und erhält

$$\begin{aligned} l\vec{F}_A + (l - l_C)m\Omega^2\vec{r}_C + (J_{xz}\vec{e}_x + J_{yz}\vec{e}_y)\Omega^2 \\ + (l - l_1)m_1\Omega^2\vec{r}_1 + (l - l_2)m_2\Omega^2\vec{r}_2 = \vec{0}, \end{aligned} \tag{3.19}$$

$$l\vec{F}_B + l_C m\Omega^2\vec{r}_C - (J_{xz}\vec{e}_x + J_{yz}\vec{e}_y)\Omega^2 + l_1 m_1\Omega^2\vec{r}_1 + l_2 m_2\Omega^2\vec{r}_2 = \vec{0}. \tag{3.20}$$

Hieraus folgen *zwei Vorgehensweisen*:

1. Man fordert formal $\vec{F}_A = \vec{0}$, $\vec{F}_B = \vec{0}$ und erhält aus (3.19) und (3.20) zwei Gleichungen für $m_1\vec{r}_1$ und $m_2\vec{r}_2$ (das sind *statische Momente*). Hierzu ist allerdings die Kenntnis der Schwerpunktlage sowie von J_{xz}, J_{yz} erforderlich.
2. Man hat zunächst $\vec{F}_A =: \vec{S}_A\Omega^2$, $\vec{F}_B =: \vec{S}_B\Omega^2$ – gewissermaßen als Lösungen von (3.13) und (3.14) – die statischen Momente $\vec{S}_A$, $\vec{S}_B$ gemessen. Dann folgen aus (3.19), (3.20) für verschwindende (resultierende) Lagerkräfte

$$-l\vec{S}_A\Omega^2 + (l - l_1)m_1\Omega^2\vec{r}_1 + (l - l_2)m_2\Omega^2\vec{r}_2 = \vec{0}, \tag{3.21}$$

$$-l\vec{S}_B\Omega^2 + l_1 m_1\Omega^2\vec{r}_1 + l_2 m_2\Omega^2\vec{r}_2 = 0 \tag{3.22}$$

und

$$m_1\vec{r}_1 = \frac{l_2\vec{S}_A - (l - l_2)\vec{S}_B}{l_2 - l_1}, \quad m_2\vec{r}_2 = \frac{-l_1\vec{S}_A + (l - l_1)\vec{S}_B}{l_2 - l_1}. \tag{3.23}$$

Aus diesen Gleichungen liest man sofort ab: Sollen die Ausgleichsmassen klein sein, müssen die Wuchtebenen einen möglichst großen Abstand $(l_2 - l_1)$ haben und die Wuchtradien $\|\vec{r}_1\|$ und $\|\vec{r}_2\|$ möglichst groß sein.

Achtung auf Vorzeichen: Am Lager misst man die Reaktionskräfte $-\vec{F}_A$ und $-\vec{F}_B$!

3.6 Aufgaben

Aufgabe 3.1 Für das praktisch *ebene* Speichenrad nach Abb. 3.8, Masse $m = 50$ kg, Durchmesser 1 m, wurde $\vec{S} = (25.0\vec{e}_x + 17.0\vec{e}_y)$ gm gemessen ($\vec{e}_x, \vec{e}_y$ körperfest). Die Ausgleichsmassen dürfen nur (in Nuten) auf den drei Speichen angebracht werden. Zur Verfügung stehen Passstücke von 20 g. Wie gleichen Sie die Unwucht aus?

Aufgabe 3.2 Zum Wuchten wird das Speichenrad aus Aufgabe 3.1 auf die Welle nach Abb. 3.9 gesteckt ($l = 800\,\text{mm}, l_C = 1100\,\text{mm}$). Bei der Winkelgeschwindigkeit $\Omega = 20\,\text{rad/s}$ wird, von der Welle auf das Lager B wirkend, horizontal der Kraftverlauf $F_{hB} = \hat{F}\cos(\Omega t + \varphi_0)$ gemessen (Orientierung vgl. Abb. 3.7), mit $\hat{F} = 21.0\,\text{N}, \varphi_0 = 30°$. (Zur Zeit $t = 0$ weise $\vec{e}_x$ senkrecht nach oben, vgl. Abb. 3.8.) Wie gleichen Sie die Unwucht aus?

Aufgabe 3.3 Der Rotor nach Abb. 3.10, $l = 700\,\text{mm}$, hat bei $(r_1, l_1) = (200\,\text{mm}, 250\,\text{mm})$ eine Fehlstelle mit $\Delta m_1 = -20\,\text{g}$ und bei $(r_2, l_2) = (320\,\text{mm}, 480\,\text{mm})$ eine mit $\Delta m_2 = -15\,\text{g}$. Dabei ist Δm_2 gegenüber Δm_1 in positive Drehrichtung um 60° versetzt. Welche Zusatzmassen muss man in Schwalbenschwanznuten ($r = 350\,\text{mm}$) bringen, um den Rotor auszuwuchten? (Stückelung der Massen 10 g.)

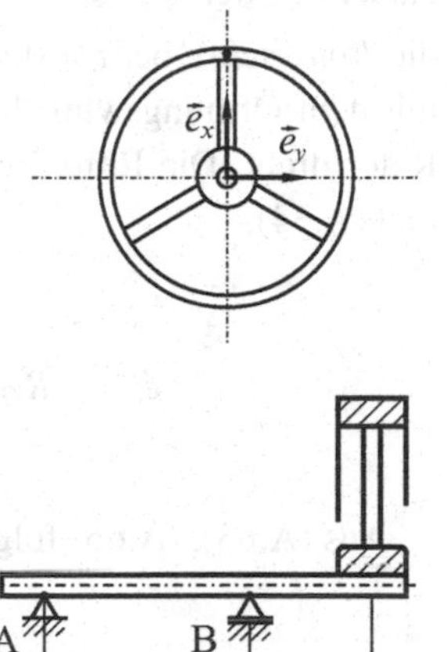

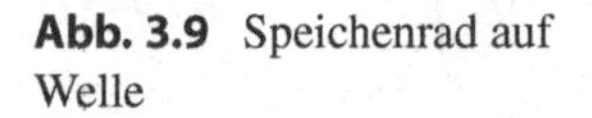

Abb. 3.8 Speichenrad

Abb. 3.9 Speichenrad auf Welle

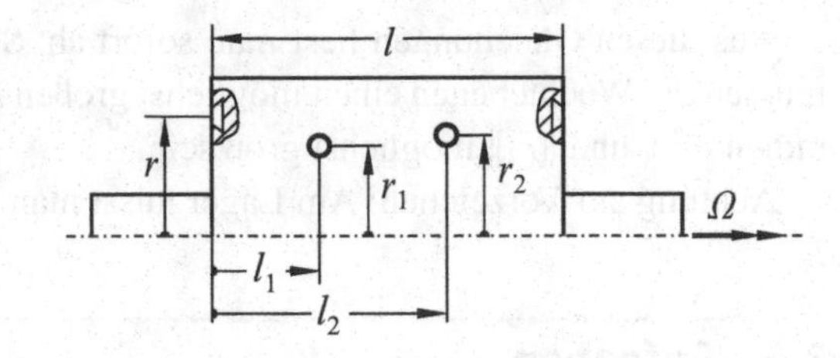

Abb. 3.10 Rotor mit Fehlstellen

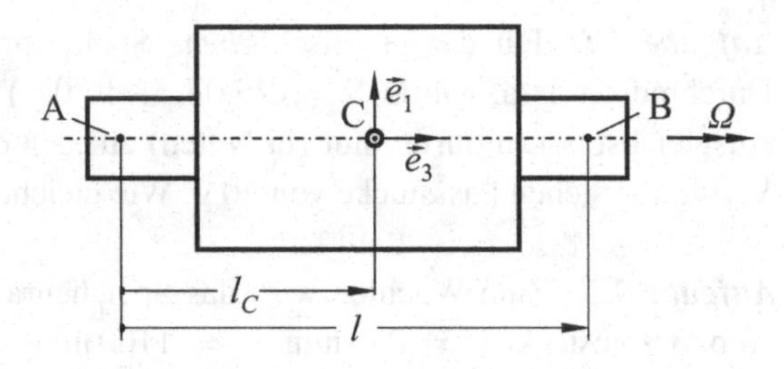

Abb. 3.11 Rotor in unrundem Laufring

Aufgabe 3.4 Der Rotor nach Abb. 3.11 sei rotationssymmetrisch und bereits ideal ausgewuchtet (Masse m, Massenmomente $J_1 = J_2$, J_3; Längen l_C, l). Wegen eines exzentrischen inneren Laufrings im rechten Wälzlager läuft der Zapfen B jedoch auf einem Kreis mit dem Radius $r(r/l \ll 1)$ um. Welche Kräfte wirken auf die Lager?

Lösungshinweis Es ist zweckmäßig, das linke Lager A als *festen Bezugspunkt* zu wählen. Wir arbeiten mit den Kippwinkeln nach Anhang A.1.3.6. Die rotorfeste Basis $(\mathrm{A}, \vec{e}_1^A, \vec{e}_2^A, \vec{e}_3^A)$ falle mit $(\mathrm{O}, \vec{e}_1^3, \vec{e}_2^3, \vec{e}_3^3)$ nach Abb. A.7 zusammen, vgl. auch Abb. A.8; $\vec{\boldsymbol{e}}^A$ dreht gegenüber $\vec{\boldsymbol{e}}^0$, vgl. Abb. 3.1. Für den Neigungswinkel ϑ gilt $\sin\vartheta := r/l$, in linearer Näherung, bei $r/l \ll 1$, $\vartheta = r/l$, $\cos\vartheta \to 1$. Mit dem Knotenwinkel $\psi := \frac{\pi}{2} + \Omega t$ kippt die *Rotorachse* bei $t = 0$ mit dem Winkel ϑ um $\vec{e}_1^1 = \vec{k}k$ und läuft dann auf dem Kegel mit dem Öffnungswinkel 2ϑ um die Lagerachse $\overline{\mathrm{AB}}$, den Einsvektor $\vec{e}_3^0$, ohne dass der Rotor dreht. Die Rotordrehung folgt mit $\varphi_K := \Omega t$. Dann folgt aus (A.18), mit (A.36) und (A.34),

$$\vec{\boldsymbol{e}}^A = \boldsymbol{R}_G \vec{\boldsymbol{e}}^0, \text{ mit } \boldsymbol{R}_G = \begin{pmatrix} \cos\Omega t & \sin\Omega t & -\vartheta \\ -\sin\Omega t & \cos\Omega t & 0 \\ \vartheta\cos\Omega t & \vartheta\sin\Omega t & 1 \end{pmatrix}. \tag{3.24}$$

Aus (A.63), (A.65) folgen mit $(\dot{\psi}, \dot{\vartheta}, \dot{\varphi}_K) = (\Omega, 0, \Omega)$

$$\vec{\omega} = -\vec{\boldsymbol{e}}_1^A \vartheta\Omega + \vec{\boldsymbol{e}}_3^A \Omega. \tag{3.25}$$

Der auf A bezogene Trägheitstensor lautet

$$\vec{\vec{J}}^A = \vec{e}_1^A J_{11}^A \vec{e}_1^A + \vec{e}_2^A J_{22}^A \vec{e}_2^A + \vec{e}_3^A J_{33}^A \vec{e}_3^A, \tag{3.26}$$

wo (nach Steiner)

$$J_{11}^A = J_{22}^A = J_{11} + m l_C^2. \tag{3.27}$$

Aufgabe 3.5 Formulieren Sie die Lösungsansätze zu Aufgabe 3.4 mit Hilfe von Euler- und von Kardanwinkeln.

Teil II
Schwinger mit einem Freiheitsgrad

Lineare Schwinger mit einem Freiheitsgrad stehen am Anfang der Schwingungslehre. Deren Begriffe bauen weitgehend auf der systematischen Untersuchung des Einmassenschwingers auf. Aber auch über das Schwingungsverhalten technischer Systeme kann man oft mit einem Modell von einem Freiheitsgrad einen Überblick gewinnen, der Beobachtungen an der Maschine erklärt und Eingriffe nahelegt, zum Beispiel, um unerwünschte Schwingungen zu verringern.

In Kap. 4 führt eine maschinendynamische Aufgabe auf einen Einmassenschwinger, der anschließend in den Kap. 5, 6 und 7 systematisch abgehandelt wird.

Ausgehend von der aufgestellten Bewegungsgleichung enthält Abschn. 4.6 Aussagen zur Terminologie, zum Lösungsvorgehen und auch Ergänzungen.

4 Vertikalschwingungen eines Paares gekoppelter Exzenterpressen

Zusammenfassung

Behandelt wird eine maschinendynamische Aufgabe mit Praxisbezug. Ziele sind das Vermitteln des methodischen Vorgehens und das Kennenlernen der Fachbegriffe. Im Vordergrund steht die Modellbildung mit Überlegungen zu nachgiebigen Abstützungen von Maschinen und vereinfachenden Symmetrieannahmen. Aus den Arbeitsbewegungen folgen unter geeigneten Annahmen vorab zu berechnende Massenkräfte, die als Schwingungserregung wirken. Ergebnis ist die lineare Bewegungsdifferentialgleichung des Ersatzsystems. Sie wird am Ende mathematisch eingeordnet und Bewegungsgleichungen anderer Schwinger gegenübergestellt.

4.1 Aufgabenstellung

Abb. 4.1 zeigt zwei Exzenterpressen 1, 2 auf einem gemeinsamen Rahmen 3, der auf 8 nachgiebigen Stützelementen 5 auf dem Maschinenhausboden 4 steht.

Die beiden Pressen werden von einem gemeinsamen Motor über Zahnriemen mit $\varphi(t)$ gegenläufig so angetrieben, dass sich die Massenmomente und horizontalen Massenkräfte ausgleichen (s. Abb. 4.1). In vertikaler Richtung verbleiben die Massenkräfte von Kurbel, Pleuel und Stößel (Kolben). Außerdem wird dem Maschinenhausboden von Nachbarmaschinen eine Vertikalbewegung $u(t)$ aufgezwungen.

Gesucht sind die Vertikalbewegungen des Rahmens und die Kräfte auf die Federelemente.

Ergänzende Information Die elektronische Version dieses Kapitels enthält Zusatzmaterial, auf das über folgenden Link zugegriffen werden kann https://doi.org/10.1007/978-3-658-38123-3_4.

E. Brommundt und D. Sachau, *Schwingungslehre mit Maschinendynamik*,
https://doi.org/10.1007/978-3-658-38123-3_4

4.2 Modell

4.2.1 Vereinfachende Annahmen

In Abb. 4.1 ist das System bereits aus seiner Umgebung herausgeschnitten (die am Maschinenhausboden angreifenden Schnittkräfte sind nicht angezeigt).

Die Biegeverformungen von Bodenplatte und Rahmen sollen in dem betrachteten Frequenzbereich vernachlässigbar klein sein, beide werden als starre Körper angesehen. Wegen der gegenläufigen Arbeitsweise der Pressen entfällt ein Kippeln. Dann können wir die Vertikalbewegung der Bodenplatte mit $u(t)$ messen und die Absenkung des Rahmens mit $x(t)$ erfassen. Sowohl $u(t)$ als auch $x(t)$ seien Auslenkungen in einem Inertialsystem, bei $x \equiv 0, u \equiv 0$ seien die Federelemente entspannt.

Für den Antrieb nehmen wir einen *idealen* Motor mit $\varphi = \Omega t, \Omega = const.$, unabhängig von den jeweils wirkenden Massen- und Presskräften an.

Hinweis Der zum Aufrechterhalten der als zeitunabhängig (fest) angenommenen Drehfrequenz Ω erforderliche „ideale Antrieb" muss ein Moment $M = M(t)$ aufbringen, das im Allgemeinen zeitabhängig ist. Es besteht erstens aus einem Nutz- oder Arbeitsanteil, der – obwohl groß – vorab betrachtet und bei der Schwingungsuntersuchung selbst außer Acht gelassen werden kann. Zweitens entstehen Beiträge zu $M(t)$ aus ungleichförmigen Bewegungen (von Teilen) der Maschine. Bei den in den Kap. 12 bis 14 behandelten Rotor-Biegeschwingungen, zum Beispiel, wo die konstante Drehfrequenz Ω als Erregerfrequenz auftritt, sind solche Beiträge in der Regel klein gegenüber dem Nutzanteil und bleiben deshalb sowohl in Schnittbildern als auch bei den Bewegungsgleichungen (s. zum Beispiel Abschn. 12.3) *gänzlich unbeachtet*. – Beide Annahmen können kritisch sein.

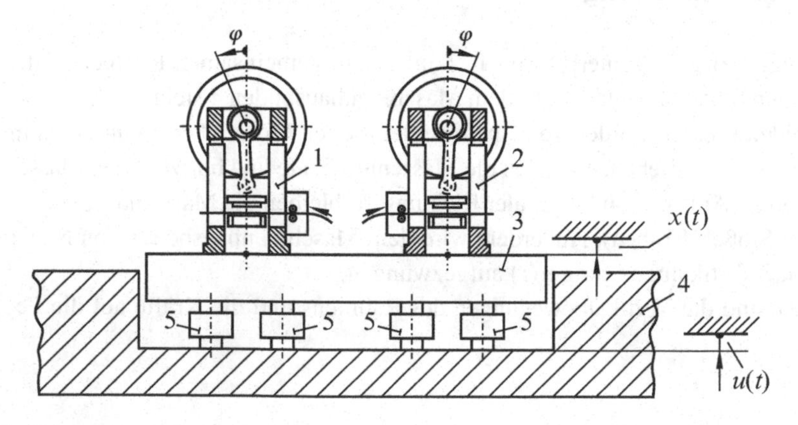

Abb. 4.1 Exzenterpressen auf gemeinsamem Rahmen; Auslenkungen $x(t)$ und $u(t)$

4.2.2 Die Stütz- oder Federelemente

Die *Stütz-* oder *Federelemente* bestehen im Allgemeinen aus Paketen von Schraubenfedern, Tellerfedern, auch Ringfedern, irgendwelchen gummielastischen Elementen und Dämpfern (z. B. Reib-Elementen). Ihr *Verhalten* erfasst man häufig durch eine (gemessene) Kennlinie, vgl. Abb. 4.2.

Da eine solche Kennlinie die *parallele* Wirkung von Federn und Dämpfern (*Reibern*) erfasst, kann man die Kraft F_1 nicht einfach als Funktion der Auslenkung x_1 angeben. Man muss für das Federelement ein *Strukturmodell* entwickeln, das seinen *Aufbau*, die parallele Wirkung von Feder und Dämpfer wiedergibt. Abb. 4.3 zeigt den einfachsten Fall, dass sich $F_1 = F_1(x_1, \dot{x}_1)$ als Summe

$$F_1 = F_{F1}(x_1) + F_{D1}(\dot{x}_1) \tag{4.1}$$

schreiben lässt, wo $F_{F1}(x_1)$ und $F_{D1}(\dot{x}_1)$ je für sich die *Verhaltensmodelle* für *Feder* und *Reiber* (Dämpfer) in Form der vom Hersteller gelieferten Kennlinien nach Abb. 4.4a bzw. b sind.

Kann man sich keine Kennlinien $F_{F1}(x_1)$ oder $F_{D1}(\dot{x}_1)$ beschaffen, muss man erneut – und feiner – strukturieren, bei der Feder, zum Beispiel, auf Einzelheiten der Form und Abmessungen sowie auf das Hookesche Gesetz (als Verhaltensmodell) zurückgreifen; eine *Formel* mag helfen, wenn man sie durchschaut und ihr traut.

Untersuchungen mit *nichtlinearen* Kennlinien nach Abb. 4.4 wird man nur durchführen, wenn man es unbedingt muss, *denn*

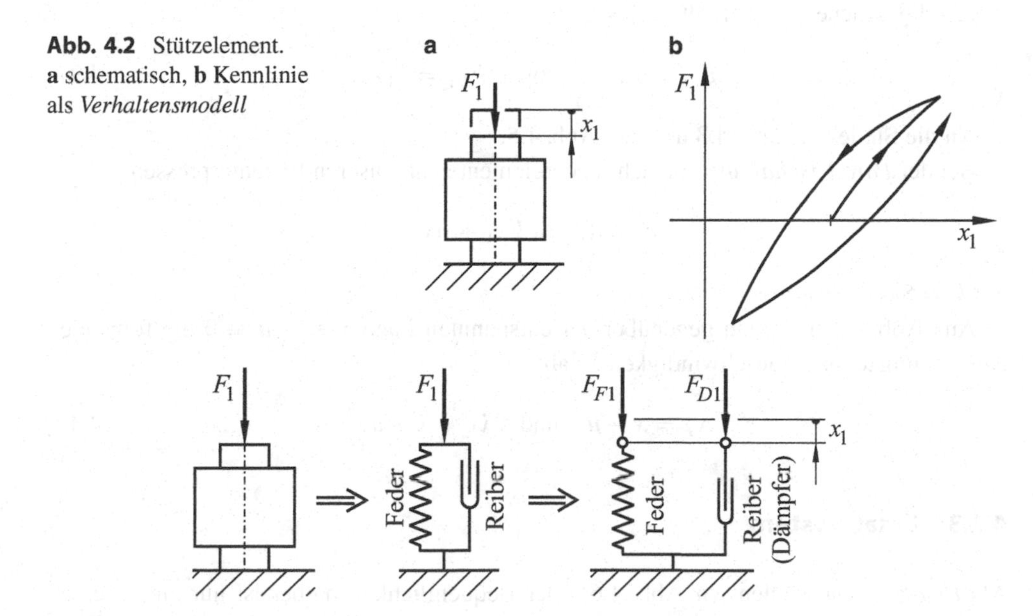

Abb. 4.2 Stützelement. **a** schematisch, **b** Kennlinie als *Verhaltensmodell*

Abb. 4.3 Strukturiertes Federelement

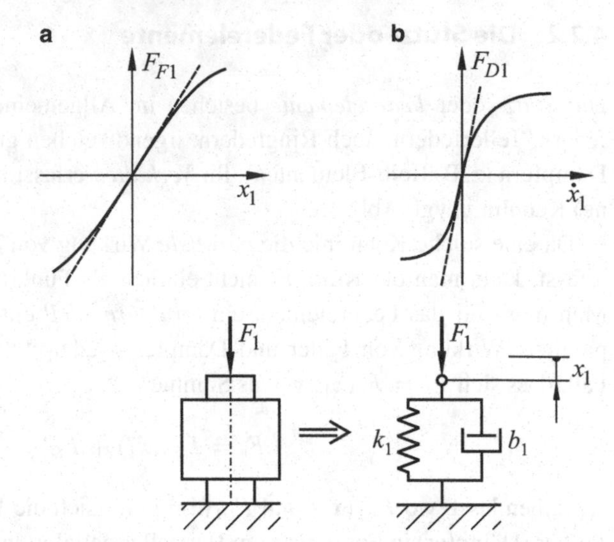

Abb. 4.4 Nichtlineare Kennlinien. **a** Feder, **b** Dämpfer

Abb. 4.5 Lineares Stützelement, k_1 – Federsteifigkeit, b_1 – Dämpfungskoeffizient

1. die Untersuchungen nichtlinearer Systeme sind sehr mühselig und praktisch nur mit Computer möglich,
2. die Ergebnisse sind sehr schwer zu durchschauen und erfordern Vertrautheit mit solchen Aufgaben.

Deshalb *linearisiert* man (oft um den Nullpunkt), d. h., man legt bei $x_1 = 0$ bzw. $\dot{x}_1 = 0$ eine Tangente an die *Federkennlinie* $F_{F1}(x_1)$ bzw. die *Dämpferkennlinie* $F_{D1}(\dot{x}_1)$, in Abb. 4.4 gestrichelt, und erhält

$$F_{F1} = k_1 x_1 \quad \text{bzw.} \quad F_{D1} = b_1 \dot{x}_1. \tag{4.2}$$

An die Stelle von Abb. 4.3 tritt nun Abb. 4.5.

Bei der *Parallelschaltung* von acht Federelementen an unseren Exzenterpressen gilt

$$F = 8F_1 = kx_1 + b\dot{x}_1 \tag{4.3}$$

mit $k = 8k_1, b = 8b_1$.

Aus Abb. 4.1 liest man gegenüber der entspannten Lage $x \equiv 0, u \equiv 0$ die folgende Auslenkung x_1 bzw. Geschwindigkeit $\dot{x}_1$ ab:

$$x_1 = x - u \quad \text{und} \quad \dot{x}_1 = \dot{x} - \dot{u}. \tag{4.4}$$

4.2.3 Ersatzsystem

Als *Ersatzsystem* wählen wir Abb. 4.6. (Der Bequemlichkeit halber ist nur eine Presse gezeichnet. Die erforderlichen Maschinenparameter folgen unten.)

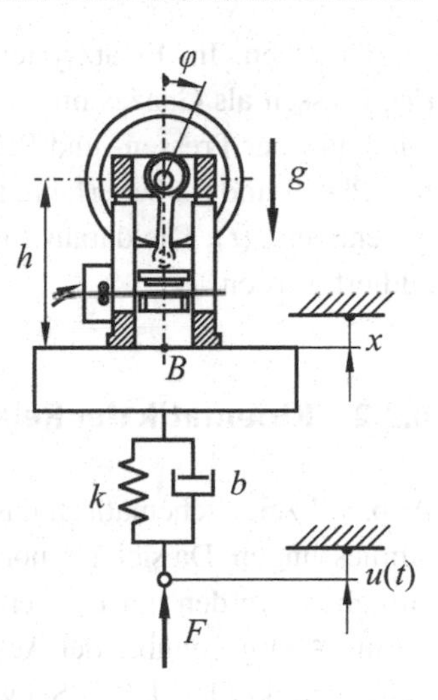

Abb. 4.6 Exzenterpresse: Ersatzsystem

Zunächst werden nun die Massenkräfte infolge der Arbeitsbewegung angesetzt und abgehandelt, die Bewegungsgleichung wird in Abschn. 4.5 aufgestellt.

4.3 Massenkräfte

4.3.1 Allgemeine Bemerkungen zu den Massenkräften

Das Ersatzsystem nach Abb. 4.6 enthält Teile, nennen wir sie Massen m_i, die mit dem Rahmen direkt oder indirekt *fest* verbunden sind, sich also mit $x(t)$ auf und ab bewegen. Nach Anhang A.4.3 erfahren sie jeweils die d'Alembert'sche Kraft $-m_i\ddot{x}$; gegen x orientiert! Andere Massen m_j, die Kurbel, das Pleuel, der Stößel (vgl. Abb. 4.7) *bewegen sich* – zusätzlich – *gegenüber dem Rahmen.* In Abb. 4.7 sind für die *relativen vertikalen Schwerpunktauslenkungen* die Koordinaten ξ_j eingeführt. Dann beträgt die (absolute) Beschleunigung der Masse m_j gegenüber dem Inertialsystem

$$\ddot{x}_j = \ddot{x} + \ddot{\xi}_j. \tag{4.5}$$

Mithin lautet ihre Trägheitskraft

$$-m_j(\ddot{x} + \ddot{\xi}_j) = -m_j\ddot{x} - m_j\ddot{\xi}_j. \tag{4.6}$$

Der erste Anteil rechts kann zu den Trägheitskräften der mit dem Rahmen fest verbundenen Teile, der Massen m_i, geschlagen werden. Nur der zweite Anteil muss je gesondert betrachtet werden.

Wir sehen: Im Ersatzsystem nach Abb. 4.6 bewegen sich der Rahmen und die *beiden* Pressen als Ganzes mit $x(t)$ auf und ab. Dem entspricht eine d'Alembert'sche Kraft $-m\ddot{x}$ mit der Pressen- und Rahmen-Gesamtmasse m, vertikal nach oben gerichtet. Kurbel, Pleuel und Stößel erfahren zusätzliche Trägheitskräfte infolge ihrer *Relativbewegung* gegenüber $x(t)$. Die daraus folgenden Massenkräfte müssen separat berechnet und dann addiert werden.

4.3.2 Kinematik der Relativbewegungen

Abb. 4.7 zeigt schematisch das *Ersatzsystem* für das *Pressengetriebe* mit den benötigten Abmessungen. Da sich die horizontalen Trägheitskräfte der beiden Pressen wechselseitig aufheben, werden nur die vertikalen Schwerpunktauslenkungen gebraucht. Wir messen sie mit $\xi(t)$ gegenüber der Achsmitte 0 der Kurbelwelle: ξ_k – Schwerpunkt Kurbel, ξ_p – Schwerpunkt Pleuel, ξ_s – Schwerpunkt Stößel.

Aus Abb. 4.7 liest man ab

$$\xi_k = -r_k \cos\varphi, \quad \xi_p = -r\cos\varphi + l_1 \cos\beta, \quad \xi_s = -r\cos\varphi + l\cos\beta, \tag{4.7}$$

wo $\varphi = \Omega t$ als Abkürzung steht. Der Winkel β ist hier eine Hilfskoordinate.

Nach Abb. 4.7 gilt

$$l\sin\beta = r\sin\varphi, \quad \text{also} \quad \cos\beta = \sqrt{1-(r/l\cdot\sin\varphi)^2}. \tag{4.8}$$

Wegen $r/l < 1$ lässt sich (4.8) stets eindeutig auflösen. (Bei $r/l > 1$ würde die Kurbel sperren.)

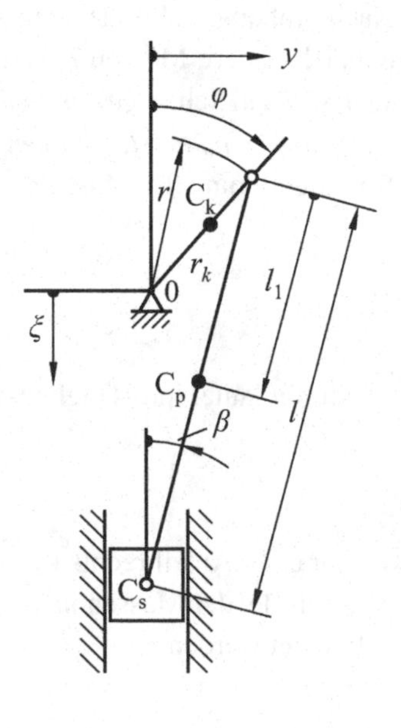

Abb. 4.7 Pressengetriebe: Kinematik

Die Beschleunigungen $\ddot{\xi}_k, \ddot{\xi}_p, \ddot{\xi}_s$ folgen durch Differenzieren von (4.7) zu

$$\ddot{\xi}_k = r_k \Omega^2 \cos\varphi, \tag{4.9}$$

$$\ddot{\xi}_p = r\Omega^2 \cos\varphi - l_1 \ddot{\beta} \sin\beta - l_1 \dot{\beta}^2 \cos\beta, \tag{4.10}$$

$$\ddot{\xi}_s = r\Omega^2 \cos\varphi - l \ddot{\beta} \sin\beta - l \dot{\beta}^2 \cos\beta. \tag{4.11}$$

Darin stehen

$$\dot{\beta}\cos\beta = \frac{r}{l}\Omega\cos\varphi \quad \text{und} \quad \ddot{\beta} = -\frac{r}{l}\Omega^2 \frac{\sin\varphi}{\cos\beta}\left(1 - \left(\frac{r}{l}\right)^2 \frac{\cos^2\varphi}{\cos^2\beta}\right) \tag{4.12}$$

als Hilfsgrößen, mit $\cos\beta$ aus (4.8).

4.3.3 Kinetik der Relativbewegungen

Abb. 4.8 zeigt die *Trägheitskräfte* und das *Moment infolge der Relativbewegungen*

an der Kurbel der Masse m_k: $-m_k\ddot{\xi}_k, -m_k\ddot{y}_k$,
am Pleuel durch die Masse m_p: $-m_p\ddot{\xi}_p, -m_p\ddot{y}_p$, durch das Trägheitsmoment J_p: $-J_p\,\ddot{\beta}$,
am Stößel der Masse m_s: $-m_s\,\ddot{\xi}_s$, $-m_s\,\ddot{y}_s$

jeweils gegen die (positive) Orientierung der Koordinaten ξ, y und β aus Abb. 4.7 eingetragen (vgl. Anhang A.4.3).

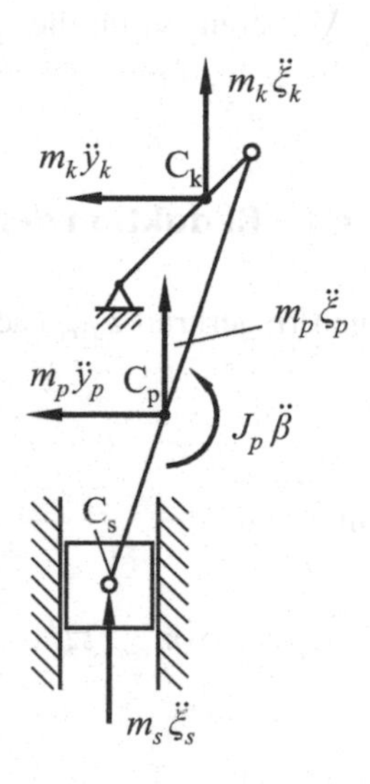

Abb. 4.8 Pressengetriebe mit d'Alembert'schen Kräften

Die Summe der Relativ-Trägheitskräfte an *einer Maschine* lautet

$$F_{Trel} = -(m_k \ddot{\xi}_k + m_p \ddot{\xi}_p + m_s \ddot{\xi}_s). \tag{4.13}$$

Mit den oben berechneten Beschleunigungen erhält man

$$\begin{aligned} F_{Trel} &= -\left(\frac{r_k}{r} m_k + m_p + m_s\right) r\Omega^2 \cos\varphi + \left(\frac{l_1}{l} m_p + m_s\right) l(\dot{\beta}^2 \cos\beta + \ddot{\beta}\sin\beta) \\ &= -\left(\frac{r_k}{r} m_k + m_p + m_s\right) r\Omega^2 \cos\varphi \\ &\quad + \left(\frac{l_1}{l} m_p + m_s\right) \frac{r\Omega^2}{\cos\beta} \frac{r}{l} \left[\cos^2\varphi - \sin^2\varphi \left(1 - \left(\frac{r}{l}\right)^2 \frac{\cos^2\varphi}{\cos^2\beta}\right)\right]. \end{aligned} \tag{4.14}$$

Hiermit sind alle auf das Ersatzsystem nach Abb. 4.6, ergänzt um die zweite Maschine, wirkenden Kräfte durch gegebene Größen oder die Koordinaten und ihre Zeitableitungen ausgedrückt. Aus dem Kräftegleichgewicht in vertikaler Richtung folgt in Abschn. 4.5 die Bewegungsgleichung. Zuvor ziehen wir, *ohne Kenntnis der Bewegungsgleichung*, aus der Form (4.14) der Trägheitskräfte F_{Trel} einige technisch relevante Schlüsse.

4.4 Schwingungserregung durch bewegte Massen

Die Trägheitskräfte F_{Trel} hängen gemäß (4.14) explizit von der Zeit ab. Mit $\varphi = \Omega t$ bilden sie eine T-periodische Erregung des Systems, $T = 2\pi/\Omega$. Zwei Fragen treten auf:

1. Wie kann man die Erregungen im Rahmen des vorliegenden Modells, also durch Wahl der Parameter, gezielt beeinflussen, zum Beispiel verringern?
2. Vorbereitend für die spätere Schwingungsuntersuchung: Wie sieht der Zeitverlauf der Erregung im Einzelnen aus?

4.4.1 Reduktion der Erregerkräfte

Die Erregerkraft F_{Trel} nach (4.14) zerlegt man zweckmäßig in zwei Anteile

$$F_{Trel} = F^*_{Trel} + F^{**}_{Trel}, \tag{4.15}$$

mit

$$F^*_{Trel} = -m^*_{red} r\Omega^2 \cos\varphi, \quad F^{**}_{Trel} = m^{**}_{red} r\Omega^2 \frac{\lambda}{\cos\beta}\left[\cos 2\varphi + \lambda^2 \frac{\sin^2(2\varphi)}{4\cos^2\beta}\right], \tag{4.16}$$

$\lambda := r/l$ – *Stangenverhältnis*, und den *reduzierten Massen*

$$m^*_{red} := m_s + m_p + \frac{r_k}{r} m_k = m_s\left(1 + \frac{m_p}{m_s} + \frac{r_k}{r}\frac{m_k}{m_s}\right),$$
$$m^{**}_{red} := m_s + \frac{l_1}{l} m_p = m_s\left(1 + \frac{l_1}{l}\frac{m_p}{m_s}\right). \tag{4.17}$$

Ganz rechts wurde m_s als größte Masse angenommen und als Referenzgröße für m_p, m_k benutzt (vgl. Abschn. 1.2.2). Die relativen Massen lassen sich bei etwas Erfahrung leichter abschätzen als die absoluten.

Für das Beispiel unten und die Aufgaben seien die *numerischen* Parameter wie folgt gegeben: $m_k/m_s = 0.2, m_p/m_s = 0.9, r_k/r = 0.5, l_1/l = 0.4, \lambda = r/l = 0.3$.

Um die Erregerkräfte F^*_{rel}, F^{**}_{rel} bei gegebenen Kurbelradius r und Drehfrequenz Ω klein zu halten, muss man die reduzierten Massen klein halten, also möglichst leicht bauen. Man kann jedoch auch, durch Anbringen von Zusatz- oder Ausgleichsmassen am Achsende von Kurbelarm (oder -wange) bzw. am unteren Ende des Pleuels die *Produkte* $(r_k m_k)$ bzw. $(l_1 m_p)$ minimieren. (Bei der Kurbel lässt sich die Ausgleichsmasse evtl. so wählen, dass $r_k m_k$ negativ und $m^*_{red} = 0$ wird.) Geringer Bauraum, die Forderung nach geringem Gewicht, aber auch durch die Zusatzmassen erhöhte innere Kräfte auf Lager usw. können einen Massenausgleich einschränken.

Bemerkung: Die vorstehende kurze Diskussion soll (auch) andeuten, dass schon eine sorgfältige Analyse des Systems auf dem Wege zu den Bewegungsgleichungen auf nutzbringende Zusammenhänge und Einsichten führen kann.

4.4.2 Zeitverlauf der Erregung; Fourier-Zerlegung

Aus (4.16) liest man ab

$$F^*_{Trel}(t + T) = F^*_{Trel}(t), \quad F^{**}_{Trel}(t + T/2) = F^{**}_{Trel}(t). \tag{4.18}$$

F^*_{Trel} regt das System also mit der *einfachen* Drehfrequenz Ω, F^{**}_{Trel} regt mit der *doppelten* Drehfrequenz 2Ω und deren Oberschwingungen an. Die Einzelheiten des Zeitverlaufs erfasst man zweckmäßig mit einer Fourier-Reihe oder -Zerlegung. Zweckmäßigerweise zieht man dazu, wie in (4.17), die Stößelmasse m_s auf der rechten Seite von (4.17) heraus, dividiert durch $m_s r \Omega^2$ und betrachtet die (bezogene, d. h.) dimensionslose Erregung

$$f(t) := \frac{F_{Trel}}{m_s r \Omega^2} = -\left(1 + \frac{m_p}{m_s} + \frac{r_k}{r}\frac{m_k}{m_s}\right)\cos\varphi$$
$$+ \left(1 + \frac{l_1}{l}\frac{m_p}{m_s}\right)\frac{\lambda}{\sqrt{1 - \lambda^2 \sin^2\varphi}}\left[\cos 2\varphi + \lambda^2 \frac{\sin^2(2\varphi)}{4(1 - \lambda^2 \sin^2\varphi)}\right]. \tag{4.19}$$

In allgemeiner Form lautet die Fourierreihe für $f(t)$, vgl. Abschn. 1.3.4 mit $\omega = \Omega$:

$$f(t) = \frac{\hat{f}_0}{2} + \sum_{n=1}^{\infty}\Big(\hat{f}_{cn}\cos n\Omega t + \hat{f}_{sn}\sin n\Omega t\Big) = \frac{\hat{f}_0}{2} + \sum_{n=1}^{\infty}\Big(\hat{f}_{cn}\cos n\varphi + \hat{f}_{sn}\sin n\varphi\Big). \tag{4.20}$$

Zur Bestimmung der Fourierkoeffizienten $\hat{f}_0, \hat{f}_{cn}, \hat{f}_{sn}$ dienen die Formeln (1.47), (1.48). Hier kann man besondere Eigenschaften von $f(t) = f(\varphi)$ zum Vereinfachen der Rechnungen ausnutzen (vgl. die Hinweise in Abschn. 1.3.4). Wegen $f(\varphi) = f(-\varphi)$, die Funktion $f(\varphi)$ ist gerade bezüglich $\varphi = 0$, entfallen in (4.20) die (ungeraden) Sinusglieder. Wegen $f(\varphi - \pi/2) = -f(-(\varphi - \pi/2))$, die Funktion $f(\varphi)$ ist ungerade bezüglich $\pi/2$, entfällt das konstante Glied $\hat{f}_0$; vgl. auch Aufgabe 4.8. Da die zweite Zeile von (4.19) – bezüglich φ – π-periodisch ist, folgt aus der ersten

$$\hat{f}_{c1} = -\left(1 + \frac{m_p}{m_s} + \frac{r_k}{r}\frac{m_k}{m_s}\right), \tag{4.21}$$

und es gilt $\hat{f}_{cn} = 0$ für die *ungeraden* $n > 1$. Die $\hat{f}_{cn}$ zu geradzahligem Index n müssen im allgemeinen gemäß (1.48) aus

$$\hat{f}_{cn} = \frac{1}{\pi}\int_{\varphi_0}^{\varphi_0+2\pi} f(\varphi)\cos(n\varphi)d\varphi \tag{4.22}$$

numerisch berechnet werden.

Alternativ kann man für *kleine Stangenverhältnisse* $r/l = \lambda \ll 1$ die Funktion $f(\varphi, \lambda)$ bezüglich λ in eine Taylorreihe entwickeln. Mit den Gliedern bis λ^5 erhält man

$$\begin{aligned} f(t) = &-\left(1 + \frac{m_p}{m_s} + \frac{r_k}{r}\frac{m_k}{m_s}\right)\cos\varphi \\ &+ \left(1 + \frac{l_1}{l}\frac{m_p}{m_s}\right)\lambda\Bigg[\left(1 + \frac{1}{4}\lambda^2 + \frac{15}{128}\lambda^4 + \cdots\right)\cos 2\varphi \\ &-\frac{1}{4}\lambda^2\left(1 + \frac{3}{4}\lambda^2 + \cdots\right)\cos 4\varphi + \frac{9}{128}\lambda^4(1 + \cdots)\cos 6\varphi + \cdots\Bigg]. \end{aligned} \tag{4.23}$$

Mit den bei (4.17) angegebenen Parametern erhält man die Zahlenwerte

$$\hat{f}_0 = 0, \quad \hat{f}_{c1} = -2.0, \quad \hat{f}_{c2} = 0.426\ldots, \quad \hat{f}_{c4} = -0.0097\ldots, \quad \hat{f}_{c6} = 0.00023\ldots$$

Abb. 4.9 zeigt das *Linienspektrum* der vier ersten cos-Koeffizienten ($\hat{f}_{c4}, \hat{f}_{c6}$ fallen in die Strichstärke der Abszisse).

Abb. 4.10 zeigt $f(\varphi)$ für $0 \le \varphi \le 2\pi$. Zum Vergleich ist $\hat{f}_{c1}\cos\varphi$ eingetragen.

Abb. 4.9 Linienspektrum

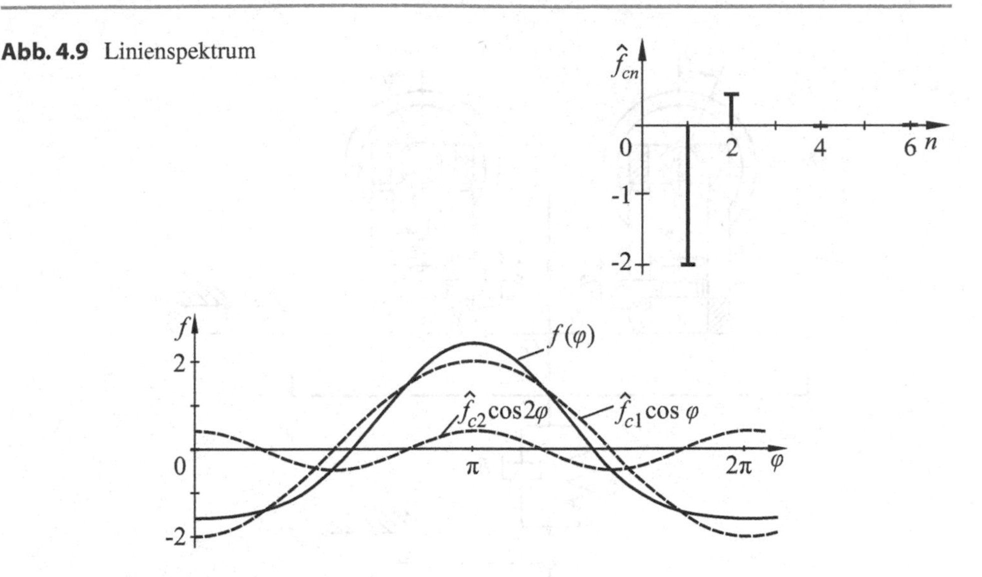

Abb. 4.10 Funktionsverlauf

Allgemeine Bemerkungen zu zeitabhängigen Erregungen Genauso wie die periodischen Erregerkräfte aus hin- und hergehenden oder umlaufenden Massen wird man periodische Fundamentbewegungen $u(t)$ usw. in Fourierreihen entwickeln. Die Fourierentwicklung ist nicht nur zweckmäßig für die unten folgenden Untersuchungen der erzwungenen Schwingungen, sie ermöglicht als Ergebnis einer Messung nicht nur, die Quellen der häufig unerwünschten Schwingungen auszumachen und Abhilfen zu entwickeln, sondern gestattet auch, Schwingungen auf ihre Gefährlichkeit hin zu beurteilen.

4.5 Gleichgewichtsbedingungen und Bewegungs-Differentialgleichung

4.5.1 Gleichgewicht

Abb. 4.11 zeigt das freigeschnittene Ersatzsystem mit der Stützkraft $F = k(x-u) + b(\dot{x} - \dot{u})$ nach (4.3), (4.4), dem Gesamtgewicht $G = mg$, der Gesamt-Trägheitskraft $F_{Tges} = -m\ddot{x} + 2F_{Trel}$, vgl. Abschn. 4.3.3 und (4.14).

In x-Richtung muss Gleichgewicht herrschen, $\sum F_{xi} = 0$:

$$F_{Tges} + G - F = 0. \tag{4.24}$$

Einsetzen obiger Einzelterme und Ordnen der Glieder liefert

$$m\ddot{x} + b\dot{x} + kx = mg + 2F_{Trel}(t) + ku(t) + b\dot{u}(t). \tag{4.25}$$

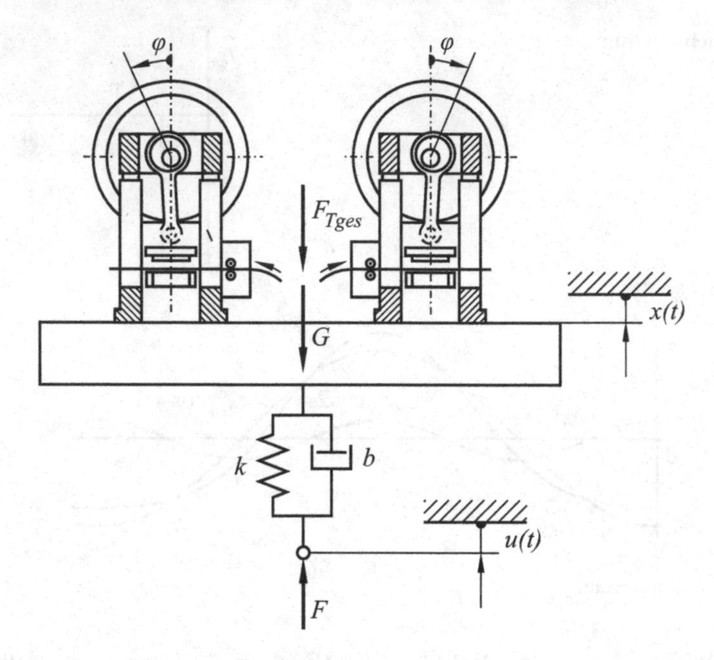

Abb. 4.11 Exzenterpresse: Freigeschnittenes Ersatzsystem mit Trägheitskräften und Gewicht

4.5.2 Die Bewegungs-(Differential-)Gleichung

Die Differentialgleichung 2. Ordnung (4.25) für die Bewegung $x(t)$ heißt *Bewegungsgleichung*. Man kürzt sie mit

$$m\ddot{x} + b\dot{x} + kx = F_e(t) \tag{4.26}$$

ab. Auf der rechten Seite steht die *allgemeine Erregerkraft* $F_e(t)$, in unserem Fall also

$$F_e(t) = mg + 2F_{Trel} + ku(t) + b\dot{u}(t). \tag{4.27}$$

Da die Bewegungsgleichung *dimensionsrichtig* ist (sein muss!), haben alle Glieder dieselbe Dimension, hier die einer Kraft. Der physikalische Charakter der Glieder, Federkraft, Dämpferkraft usw., ist jetzt nebensächlich.

In Handbüchern, Formelsammlungen usw. findet man zu (4.26) das System nach Abb. 4.12, den Einmassenschwinger. An diesem Bild werden dann auch die Lösungen gedeutet. Nur im günstigen (Ausnahme-)Fall passen die Deutungen unmittelbar zum eigenen System.

In der Regel braucht man zur Schwingungsuntersuchung ein eigenes Schnittbild (z. B. wie Abb. 4.11), das zum System passt.

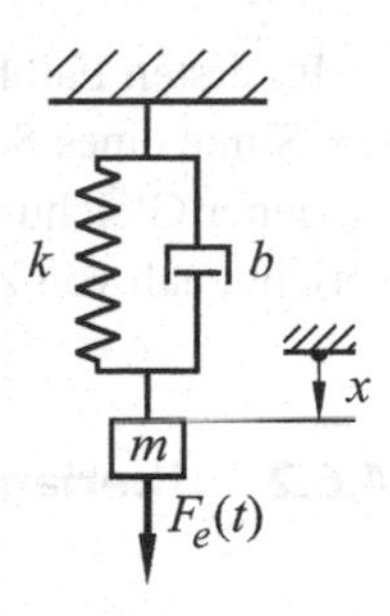

Abb. 4.12 Einmassenschwinger

4.6 Allgemeine Aussagen; Ergänzende Hinweise

4.6.1 Benennungen

Eine Differentialgleichung (Dgl) der Form

$$m\ddot{x} + b\dot{x} + kx = F_e(t), \tag{4.28}$$

mit der *linearen* linken Seite

$$L(\ddot{x}, \dot{x}, x) = m\ddot{x} + b\dot{x} + kx, \tag{4.29}$$

heißt *lineare Differentialgleichung*.

Die Funktion $L(\ddot{x}, \dot{x}, x)$ der drei Variablen $(\ddot{x}, \dot{x}, x)$ ist *homogen*, d. h.

$$L(\alpha\ddot{x}, \alpha\dot{x}, \alpha x) = \alpha L(\ddot{x}, \dot{x}, x), \tag{4.30}$$

und *additiv*, d. h.

$$L(\ddot{x}_1 + \ddot{x}_2, \dot{x}_1 + \dot{x}_2, x_1 + x_2) = L(\ddot{x}_1, \dot{x}_1, x_1) + L(\ddot{x}_2, \dot{x}_2, x_2). \tag{4.31}$$

Die (lineare) Differentialgleichung (4.26) – als Funktion der vier Variablen $(\ddot{x}, \dot{x}, x, F_e)$ angesehen – ist für $F_e \neq 0$ bezüglich $(\ddot{x}, \dot{x}, x)$ nicht homogen. Deshalb *unterscheidet* man die *inhomogene lineare Differentialgleichung* (4.26) von der *homogenen linearen Differentialgleichung*

$$m\ddot{x} + b\dot{x} + kx = 0, \tag{4.32}$$

(die die Bedingungen (4.30), (4.31) erfüllt). Oft braucht man zur inhomogenen Differentialgleichung (4.26) die zugehörige oder zugeordnete homogene Gleichung (4.32), in der man dann – zur Unterscheidung – gelegentlich x_h statt x schreibt.

Aus Sicht der Schwingungslehre beschreibt die lineare inhomogene Differentialgleichung die erzwungenen oder erregten Schwingungen (eines linearen Schwingers), während die homogene Gleichung freie (d. h. nicht erzwungene) Schwingungen erfasst.

Im ersten Fall hängt die Dgl explizit von der Zeit ab, das Schwingungssystem ist also (im Sinne eines Schnittbildes) von *außen beeinflusst* und deshalb *nicht autonom*. Bei homogener Gleichung entfällt die *explizite Zeitabhängigkeit*, das System ist *autonom*. Man spricht auch von *Zeit-varianten* bzw. *Zeit-invarianten Systemen*.

4.6.2 Überlagerung von Lösungen

Ohne Lösungen der linearen Dgl (4.26) *zu kennen*, folgt aus der Additivität nach (4.31):

1. Ist $x(t)$ eine beliebige Lösung der inhomogenen Dgl (4.26) und $x_h(t)$ eine (beliebige) Lösung der (4.26) zugeordneten homogenen Dgl (4.32), so ist (auch)

$$x_{ges} = x(t) + x_h(t) \tag{4.33}$$

   eine Lösung von (4.26).
2. Sind $x_1(t)$ und $x_2(t)$ beliebige Lösungen von

$$m\ddot{x}_1 + b\dot{x}_1 + kx_1 = F_{e1}(t) \quad \text{bzw.} \quad m\ddot{x}_2 + b\dot{x}_2 + kx_2 = F_{e2}(t), \tag{4.34}$$

   so löst

$$x = x_1(t) + x_2(t) \quad \text{die Dgl } m\ddot{x} + b\dot{x} + kx = F_{e1}(t) + F_{e2}(t). \tag{4.35}$$

Auf diesen beiden *Überlagerungssätzen*, auch *Superpositionsprinzip* genannt, beruht – nach analoger Erweiterung auf umfangreichere Systeme – ein großer Teil der Theorie der linearen Schwingungen.

4.6.3 Schwinger mit negativer Dämpfung[1]

Abb. 4.13 zeigt einen Reibschwinger, Masse m, Gewicht G, an der Wand C mit einem Feder-Dämpferelement (Parameter k, b_1) aufgehängt, der auf einem schnell laufenden rauen Band, $v \gg \|\dot{x}\|$, Reibungszahl μ, liegt. Zusätzlich ist ein schräger auf das System wirkender Dämpfer, Dämpfungskoeffizient b_2, angebracht, sodass die *horizontale* Bewegung des Klotzes Einfluss auf die *Normalkraft* zwischen Klotz und Band hat. Im Ausgangszustand, bei $x = 0$, sei die Feder entspannt, die Dämpferstange habe die Länge l und sei unter dem Winkel α geneigt.

Bleibt die Auslenkung *x klein* gegenüber der Länge l, $\|x\| \ll l$, behält der Zusatzdämpfer am ausgelenkten Klotz (näherungsweise) seine Richtung α. Dann lautet die (lineare) Bewegungsgleichung

$$m\ddot{x} + b\dot{x} + kx = \mu G, \tag{4.36}$$

[1] Nach Dr.-Ing. Heinz Waltermann, Remscheid.

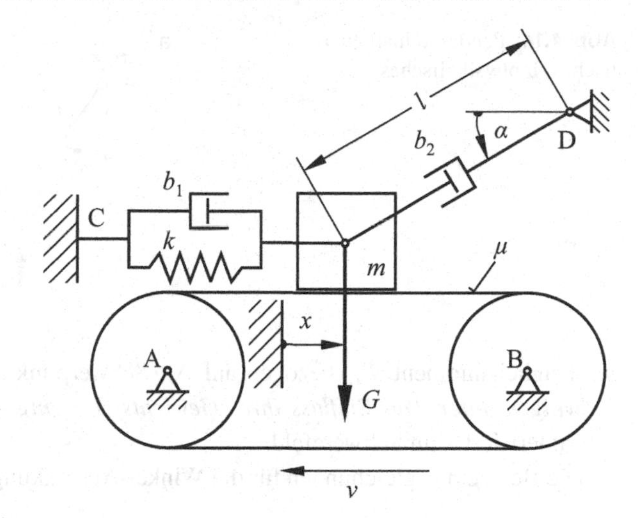

Abb. 4.13 Reibschwinger mit Laufband

wo

$$b = b_1 + b_2 \cos\alpha(\cos\alpha - \mu \sin\alpha). \tag{4.37}$$

Mit dem *Reibungswinkel* $\varrho = \arctan\mu$ kann man (4.37) umformen:

$$b = b_1 + b_2(\cos\varrho + \cos(2\alpha + \varrho))/2\cos\varrho. \tag{4.38}$$

Da α beliebig ist, darf man in (4.38) $(2\alpha + \varrho) = \pm\pi$ setzen und erhält

$$b = b_1 - b_2 \frac{(1 - \cos\varrho)}{2\cos\varrho}. \tag{4.39}$$

Für $b_2 > 2b_1 \cos\varrho/(1 - \cos\varrho)$ wird b also negativ.

Bemerkung Der Dämpfer eines mechanischen Systems *vernichtet* Energie, er *dissipiert*, d. h. zerstreut sie (letztlich wird sie in Wärme umgewandelt). Ein *negativer* Dämpfungskoeffizient b erfordert *Energiezufuhr*, also eine *Energiequelle*. In obigem Beispiel stammt die – bei negativem b – erforderliche Energie aus dem Antrieb des Bandes. Die beiden Dämpfer selbst dissipieren Energie!

4.6.4 Pendel als nichtlineare Schwinger

Das *mathematische* und das *physikalische Pendel* nach Abb. 4.14a bzw. b sind die Prototypen nichtlinearer Schwinger.

Beim mathematischen Pendel hängt eine Punktmasse m mit einer masselosen Stange der Länge l am Aufhängepunkt A, beim physikalischen Pendel ist es ein Körper der Masse

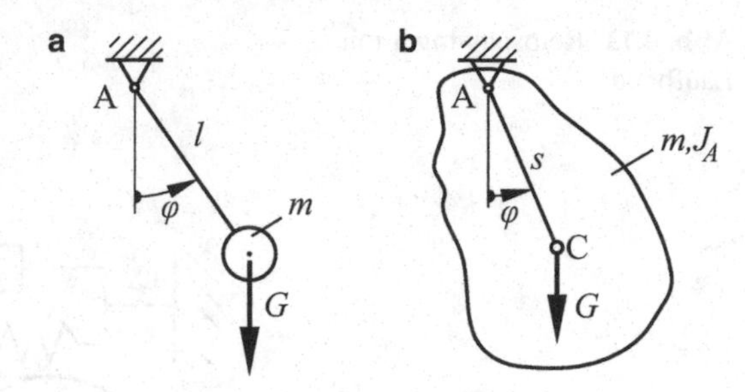

Abb. 4.14 Pendel. **a** mathematisches, **b** physikalisches

m, Trägheitsmoment J_A (bezogen auf A), Schwerpunktabstand $s = \overline{AS}$. Beide Pendel *schwingen unter dem Einfluss ihres Gewichts $G = mg$* – so ist Pendeln in der Physik charakterisiert – im Schwerefeld.

Die Bewegungsgleichungen für die Winkel-Auslenkung $\varphi = \varphi(t)$ lauten

$$ml^2\ddot{\varphi} + mlg \cdot \sin\varphi = 0 \quad \text{bzw.} \quad J_A\ddot{\varphi} + msg\sin\varphi = 0. \tag{4.40}$$

Die Pendelgleichungen (4.40) sind *nichtlinear* (vgl. Aufgabe 4.19), die Überlagerung von (Teil-)Lösungen ist *nicht* möglich (vgl. Abschn. 4.6.2).

Die Pendelgleichungen (4.40) sind *konservativ* (vgl. Aufgabe 4.18), gemäß diesen Gleichungen würde ein einmal angestoßenes Pendel dauernd weiter schwingen. Die Modelle taugen also nicht für reale Pendel.

Beim mathematischen Pendel liegt es nahe, einen dem Geschwindigkeitsquadrat proportionalen *Luftwiderstand* einzuführen:

$$ml^2\ddot{\varphi} + b^*lv\|v\| + mgl \cdot \sin\varphi = 0, \tag{4.41}$$

mit $v = l\dot{\varphi}$, und b^* ist proportional zu Querschnittsfläche und Luftdichte. Mit $b := b^*l$ lautet (4.41) nach Division durch (ml^2):

$$\ddot{\varphi} + \frac{b}{m}\dot{\varphi}\|\dot{\varphi}\| + g/l \cdot \sin\varphi = 0. \tag{4.42}$$

4.6.5 Allgemeine Bewegungsgleichung

Die vorangehenden Überlegungen und Beispiele legen für den Schwinger von einem Freiheitsgrad (nach Division durch m) die allgemeine Form

$$\ddot{x} = f(x, \dot{x}, t) \tag{4.43}$$

nahe. Dabei müssen $\ddot{x}$ und f *dimensionsgleich* sein! (Eine dimensionslose, bezogene, Schreibweise ist stets zweckmäßig.) Gelegentlich schreibt man auch

$$\ddot{x} + f^*(x, \dot{x}, t) = 0 \quad \text{mit } f^* = -f. \tag{4.44}$$

Hängt $f(x, \dot{x}, t)$, wie in dieser allgemeinen Form, explizit von der Zeit ab, heißen System wie Bewegungsgleichung *nicht-autonom*. Wird $f(x, \dot{x}, t) \Rightarrow f(x, \dot{x})$ zeitunabhängig, sind sie *autonom*.

Für *numerische* Lösungen muss in der Regel eine Differentialgleichung *zweiter* Ordnung durch ein System von zwei Gleichungen *erster Ordnung* ersetzt werden. Mit

$$y = \dot{x} \tag{4.45}$$

entsteht aus (4.43) – in Matrixschreibweise – das System

$$\begin{pmatrix} \dot{x} \\ \dot{y} \end{pmatrix} = \begin{pmatrix} y \\ f(x, y, t) \end{pmatrix}, \tag{4.46}$$

was man mit $\boldsymbol{x} = (x, y)^{\mathrm{T}}$, $\boldsymbol{f} = (y, f)^{\mathrm{T}}$ durch

$$\dot{\boldsymbol{x}} = \boldsymbol{f}(\boldsymbol{x}, t) \tag{4.47}$$

abkürzt.

4.7 Dimensionslose Schreibweise von Differentialgleichungen

Die dimensionslose Schreibweise ist vorteilhaft wegen:

1. Dimensionsloser Rechnung mit Digitalrechner
2. Rechnen mit systemeigenen „Maßstäben" (Referenzgrößen, Einheiten) bringt vielfach anschauliche Interpretationsmöglichkeit für dimensionslose Parameter und Ergebnisse.
3. Die Anzahl der Parameter wird verringert, nur die verbleibenden *wesentlichen Parameter* gehen in die Lösung ein.

Zwei Vorgehensweisen sind möglich, Wir erläutern sie am Beispiel der Bewegungsgleichung (4.28) mit $F_e(t) = F_0 \cos \Omega t$:

$$m\ddot{x} + b\dot{x} + kx = F_0 \cos \Omega t \tag{4.48}$$

Diese Gleichung enthält *fünf* dimensionsbehaftete Parameter, m, b, k, F_0 und Ω. Variabel sind x und t, x steht für eine Länge, t steht für die Zeit; (4.48) entstand aus einem Kräftegleichgewicht.

4.7.1 Vorgabe von Bezugsgrößen

Um die Auslenkung x und die Zeit t dimensionslos zu machen, kann man *beliebig* zwei günstige Referenzgrößen wählen, z. B. L_R als Bezugslänge und T_R als Bezugszeit. (T_R

braucht keine Periode zu sein.) Mit L_R und T_R werden definiert: $\tilde{x} := x/L_R$ – dimensionslose Auslenkung, $\tilde{t} := t/T_R$ – dimensionslose Zeit, also gelten

$$x = \tilde{x}L_R, t = \tilde{t}T_R. \tag{4.49}$$

Für die Ableitung $\dot{x}$ folgt

$$\dot{x} = \frac{dx}{dt} = \frac{d(\tilde{x}L_R)}{d(\tilde{t}T_R)} = \frac{d\tilde{x}}{d\tilde{t}}\frac{L_R}{T_R} = \overset{\circ}{\tilde{x}}\frac{L_R}{T_R} \quad \text{mit}\ \overset{\circ}{\tilde{x}} := \frac{d\tilde{x}}{d\tilde{t}} \tag{4.50}$$

Analog bildet man

$$\ddot{x} = \overset{\circ\circ}{\tilde{x}}\frac{L_R}{T_R^2} \tag{4.51}$$

Einsetzen der Größen aus (4.49)–(4.51) in die Bewegungsgleichung (4.48) und Division durch mL_R/T_R^2 liefert

$$\overset{\circ\circ}{\tilde{x}} + \frac{b}{m}T_R\overset{\circ}{\tilde{x}} + \frac{k}{m}T_R^2\tilde{x} = \frac{F_0}{m}\frac{T_R^2}{L_R}\cos(\Omega T_R\tilde{t}). \tag{4.52}$$

Alle vier hier auftretenden Koeffizienten (Parameter) und die Variablen $\tilde{x}, \tilde{t}$ sind *dimensionslos*. Man kann setzen

$$p_1 := \frac{b}{m}T_R, \quad p_2 := \frac{k}{m}T_R^2, \quad p_3 := \frac{F_0}{m}\frac{T_R^2}{L_R}, \quad p_4 := \Omega T_R \tag{4.53}$$

und erhält

$$\overset{\circ\circ}{\tilde{x}} + p_1\overset{\circ}{\tilde{x}} + p_2\tilde{x} = p_3\cos(p_4\tilde{t}). \tag{4.54}$$

Hier sind die Referenzgrößen also willkürlich vorgegeben.

4.7.2 Systematische Bestimmung systemeigner Bezugsgrößen

Seien die Referenzgrößen L_R und T_R in (4.49) zunächst nicht festgelegt. Dann darf man in (4.52) zwei – einander nicht widersprechende – Bedingungen stellen und L_R, T_R daraus ermitteln. Damit (4.52) einfach wird – wenige Parameter enthält – fordern wir:

$$\frac{k}{m}T_R^2 = 1, \quad \frac{F_0}{m}\frac{T_R^2}{L_R} = 1 \tag{4.55}$$

Dies führt auf

$$L_R = \frac{F_0}{k}, \quad T_R = \sqrt{\frac{m}{k}} =: \frac{1}{\omega_0}; \tag{4.56}$$

L_R ist also die statische Absenkung der Masse, Dehnung der Feder, unter der „Last" F_0, $1/T_R = \omega_0$ ist die Eigenfrequenz des ungedämpften Schwinger; vgl. $(5.3)_1$. Beide kann man als systemeigene Einheiten ansehen.

Gl. 4.52 erhält die Form

$$\overset{\circ\circ}{\tilde{x}} + \frac{b}{\sqrt{km}} \overset{\circ}{\tilde{x}} + \tilde{x} = \cos(\tilde{\Omega}\tilde{t}), \quad \text{mit } \tilde{\Omega} := \Omega/\omega_0; \tag{4.57}$$

üblicherweise wird $b/\sqrt{km} =: 2D$ gesetzt, vgl. $(5.3)_2$. Für den Einmassenschwinger nach Abb. 4.12 mit sinusförmiger Krafterregung gibt es also nur zwei wesentliche Parameter (alle weiteren lassen sich darin aufnehmen).

Statt (4.56) zu fordern, hätte man eine dieser Forderungen durch $bT_R/m = kT_R^2/m$ oder durch $bT_R/m = 1$ ersetzen können und andere wesentliche Parameter behalten. Günstig erscheint auch die Wahl einer festen Anregungsperiode

$$\Omega T_R = 1. \tag{4.58}$$

Ein Blick auf (4.52) zeigt, dass dann nur noch $F_0 T_R^2/(mL_R) = 1$ gesetzt werden kann. Man erhält statt (4.48) die 2π-periodische Gleichung

$$\overset{\circ\circ}{\tilde{x}} + \frac{2D}{\tilde{\Omega}} \overset{\circ}{\tilde{x}} + \frac{1}{\tilde{\Omega}^2} \tilde{x} = \cos \tilde{t}, \tag{4.59}$$

nach Multiplikation mit $\tilde{\Omega}^2$, gleichbedeutend:

$$\tilde{\Omega}^2 \overset{\circ\circ}{\tilde{x}} + 2D\tilde{\Omega} \overset{\circ}{\tilde{x}} + \tilde{x} = \tilde{\Omega}^2 \cos \tilde{t}. \tag{4.60}$$

Welche Bezugsgrößen man wählt, welche Bedingungen für die Parameter setzt, hängt auch davon ab, was man in der Lösung variieren will. Soll zum Beispiel b „frei" diskutiert werden, darf man nicht $bT_R/m = 1$ setzen, denn damit ist $b = 0$ ausgeschlossen.

Die Anzahl der übrig bleibenden, der wesentlichen Parameter ist unabhängig davon, welche Bedingungen man setzt. Für jede Variable kann man eine freie Referenzgröße einführen, jede Gleichung kann man durch eine Konstante dividieren. Bei M Variablen und N Gleichungen kann man also bis zu $M + N$ Parameter „eliminieren", also unwesentliche Parameter in die Variablen oder die verbleibenden (wesentlichen) aufnehmen.

4.8 Aufgaben

Aufgabe 4.1 Für das Modell zum Stützelement nach Abb. 4.3, 4.4 mit (4.1) nehme man an: $F_{F1} = k_1 x_1 + k_1^* x_1^2$, $F_{D1} = F_R \tanh(\alpha \dot{x}_1)$ mit den Parametern $k_1 = 250$ N/mm, $k_1^* = 50$ N/mm^2, $F_R = 200$ N, $\alpha = 0.05$ s/mm. Berechnen Sie die Kennlinien nach Abb. 4.4 und für $x_1 = \hat{x}_1 \cos \Omega t$, mit $\hat{x}_1 = 1$ mm, $\Omega = 50$ rad/s, einen Stützkraftverlauf wie in Abb. 4.2b.

Aufgabe 4.2 Man variiere die Parameter in Aufgabe 4.1, zum Beispiel $\hat{x}_1 = 0.5\,\text{mm}$, 2 mm; $\Omega = 25\,\text{rad/s}$, 75 rad/s (Computer!)

Aufgabe 4.3 *Linearisieren* Sie die Modelle in Aufgabe 4.1 und Aufgabe 4.2, indem Sie $F_{K1} = k_1 \cdot x_1$, $F_{D1} = F_R \alpha \dot{x}_1$ setzen. Berechnen Sie die Linien analog zu Aufgabe 4.1. Wie unterscheiden sich die neuen Kennlinien von den alten? (Computer!)

Aufgabe 4.4 Nehmen Sie in den voranstehenden Aufgaben $x_1 = \hat{x}_1 \cos \Omega t + \hat{x}_3 \cos(3\Omega t)$ mit $\hat{x}_3 = \hat{x}_1$ an und berechnen Sie den Verlauf F_1 analog zu Abb. 4.2b.

Aufgabe 4.5 Kontrollieren Sie die Beschleunigungen $\ddot{\xi}_k, \ddot{\xi}_p, \ddot{\xi}_s, \ddot{\beta}$ in Abschn. 4.3.2.

Aufgabe 4.6 Wenn man die Standsicherheit der einzelnen Presse untersuchen will, braucht man auch die horizontalen Trägheitskräfte und das d'Alembert'sche Moment des Pleuels, vgl. Abb. 4.8. Schreiben Sie die erforderlichen Schwerpunktauslenkungen y_k, y_p, y_s an und berechnen Sie $\ddot{y}_k, \ddot{y}_p, \ddot{y}_s$.

Aufgabe 4.7 Welches dynamische (Kipp-)Moment um den Mittelpunkt B der Bodenplatte *einer* Maschine tritt auf? (Kurbel-Welle hat Höhe h gegen Bodenplatte, s. Abb. 4.6.) Geht auch $\ddot{x}(t)$ in das Moment ein?

Aufgabe 4.8 Untersuchen Sie die Periodizität der einzelnen Glieder von $f(t)$ nach (4.19). Zeigen Sie mit $\varphi = \Omega t$, dass $f(\varphi) = f(-\varphi)$, $f(\varphi)$ ist gerade bezüglich $\varphi = 0$ (oder $t = 0$). Ferner $f(\varphi - \pi/2) = -f(-(\varphi - \pi/2))$, $f(\varphi)$ ist ungerade bezüglich $\varphi = \pi/2$ (oder $t = T/4$).

Aufgabe 4.9 Führen Sie für $f(\varphi, \lambda)$ nach (4.19) die Taylorentwicklung nach λ aus, die auf (4.23) führt.

Aufgabe 4.10 Für die Kraft $F(t)$ von der Decke auf den Maschinenrahmen (s. Abb. 4.11) gilt laut (4.3), (4.4) $F(t) = b(\dot{x} - \dot{u}) + k(x - u)$, wobei $x(t)$ die Dgl (4.25) erfüllt: $m\ddot{x} + b\dot{x} + kx = mg + 2F_{Trel} + ku + b\dot{u}$. Eliminieren Sie aus diesen beiden Gleichungen $x, \dot{x}, \ddot{x}$ und schreiben Sie eine Dgl für $F(t)$ an. (*Hinweis*: Um $x, \dot{x}, \ddot{x}$ zu eliminieren, muss man die Gleichung für $F(t)$ ein- und zweimal nach t differenzieren; $\dot{u}, \ddot{u}, \dddot{u}$ sind mit $u(t)$ bekannt.)

Aufgabe 4.11 Schreiben Sie für die linke Seite $L(\ddot{x}, \dot{x}, x)$ der linearen Dgl (4.26) die Beziehungen (4.30), (4.31) im Einzelnen an.

Aufgabe 4.12 Verfolgen Sie – durch ausführliches Anschreiben der Gleichungsterme – die Überlagerungsaussagen in Abschn. 4.6.2.

Aufgabe 4.13 Setzen Sie die lineare Bewegungsgleichung (4.36), (4.37) für den Reibschwinger aus Abschn. 4.6.3, Abb. 4.13 an. (*Hinweis*: Bei $|x| \ll l$ wird der Zusatzdämpfer bei Auslenkung $x(t)$ mit der Geschwindigkeit $v_D = \dot{x} \cos \alpha$ zusammengepresst.)

Aufgabe 4.14 Führen Sie für den Reibschwinger aus *Aufgabe 4.13* die Umformungen von Gl. (4.36), (4.37) nach (4.38),(4.39) durch. Nehmen Sie zum Beispiel $\mu = 0.75$ an und skizzieren Sie für das System die Dämpferlagen $\alpha = (-\varrho \pm \pi)/2$.

Aufgabe 4.15 Schreiben Sie für den Bandantrieb des Reibschwingers aus Aufgabe 4.13 eine Leistungsbilanz an. (Nehmen Sie dabei $x = x(t)$, also auch $\dot{x}$ als bekannt an.)

Aufgabe 4.16 Bei größeren Auslenkungen $x(t)$ ändert sich in Aufgabe 4.13 die Stangenlänge $l = l(t)$ abhängig von $x(t)$. Für den Dämpferzug gilt dann $F_D = b_2 \dot{l}$; auch der Winkel $\alpha = \alpha(t)$ hängt dann von $x(t)$ ab. Setzen Sie die, nun *nichtlineare,* Bewegungsgleichung für $x(t)$ an.

Aufgabe 4.17 Stellen Sie die Bewegungsgleichungen für die Pendel in Abschn. 4.6.4 auf.

Aufgabe 4.18 Multiplizieren Sie die Bewegungsgleichungen (4.40) der Pendel mit $\dot{\varphi}$. Wie können Sie das Resultat als Leistungsaussage lesen? Integrieren Sie unter Beachtung von $d\varphi = \dot{\varphi} dt$ und $d\dot{\varphi} = \ddot{\varphi} dt$ über die Zeit und zeigen Sie, dass die Pendel konservativ sind: Die Summe von kinetischer und potenzieller Energie bleibt erhalten.

Aufgabe 4.19 Zeigen Sie, dass die Gleichungen (4.40) weder *homogen* noch *additiv* sind; vgl. (4.30), (4.31).

Aufgabe 4.20 Kontrollieren Sie in den Pendelgleichungen (4.41), (4.42) die Dimensionen der Koeffizienten und der Gleichungsterme sowie die Richtung des *Luftwiderstandes*.

Aufgabe 4.21 Bringen Sie die Bewegungsgleichung (4.40) des physikalischen Pendels auf die Form (4.42); dabei wird l zu einer durch die Parameter J_A, m, s ausgedrückten reduzierten Länge l_{red}. Wie verfahren Sie mit dem Luftwiderstand?

Aufgabe 4.22 Wie sieht die Leistungsbilanz und die Energieaussage von Aufgabe 4.18 aus, wenn Sie, wie in (4.41), (4.42) den Luftwiderstand berücksichtigen?

Aufgabe 4.23 Schreiben Sie einige der in diesem Kapitel behandelten Bewegungsgleichungen in den Formen (4.43) bis (4.47) an.

Freie Schwingungen

5

Zusammenfassung

Der Feder-Masse-Dämpfer-Schwinger ist in der Schwingungslehre ein allgegenwärtiges Vergleichsmodell für mannigfache Untersuchungen. Seine freien Schwingungen werden durch nicht explizit von der Zeit abhängige Bewegungsdifferentialgleichungen erfasst. Für den Schwinger gilt die einfachste Bewegungsgleichung dieser Art, die lineare homogene Differentialgleichung zweiter Ordnung. Die in der Schwingungslehre üblichen bezogenen Parameter und Schreibweisen werden eingeführt. Die Lösung der Differentialgleichung erfolgt komplex über einen Exponentialansatz. Das Eigenwertproblem führt zu Eigenfrequenz(en) bzw. Eigenwert(e). Die Zeitverläufe der ungedämpften und der gedämpften Schwingungen werden ausgedeutet und begrifflich gefasst.

5.1 Bewegungsgleichung; Bemerkungen zur Nomenklatur

Die Bewegungsgleichung für die *freien Schwingungen* des Schwingers vom Freiheitsgrad eins lautet

$$m\ddot{x} + b\dot{x} + kx = 0. \tag{5.1}$$

Meistens sieht man sie als Bewegungsgleichung des Einmassenschwingers nach Abb. 5.1 an, vgl. Abb. 4.12 und (4.26) ohne Erregerkraft: $F_e(t) \equiv 0$, (Aufgabe 5.1).

In (5.1) stehen (noch) die allgemein mechanischen Parameter m – Trägheit (Masse), b – Dämpfungskoeffizient, k – (Feder-)Steifigkeit. Für die Schwingungslehre dividiert

Ergänzende Information Die elektronische Version dieses Kapitels enthält Zusatzmaterial, auf das über folgenden Link zugegriffen werden kann https://doi.org/10.1007/978-3-658-38123-3_5.

E. Brommundt und D. Sachau, *Schwingungslehre mit Maschinendynamik*,
https://doi.org/10.1007/978-3-658-38123-3_5

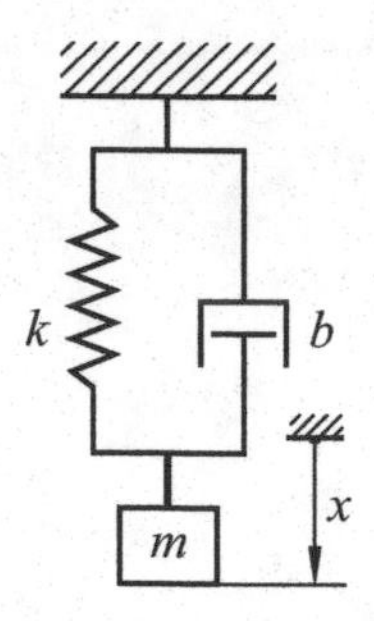

Abb. 5.1 Feder-Masse-Dämpfer-Schwinger

man (5.1) durch m und setzt (für $k > 0$)

$$\frac{k}{m} = \omega_0^2, \quad \frac{b}{m} = \frac{b}{m\omega_0}\omega_0 = 2D\omega_0, \tag{5.2}$$

wo

$$\omega_0 := \sqrt{\frac{k}{m}}, \quad D := \frac{b}{2\sqrt{km}} \tag{5.3}$$

für die *Eigen(kreis)frequenz* des *ungedämpften Schwingers* (mit $b = 0$) bzw. den *Dämpfungsgrad* (auch Lehr'sches Dämpfungsmaß) stehen, die unten unmittelbar in die Schwingungen eingehen. Aus (5.1) folgt damit (Aufgabe 5.2):

$$\ddot{x} + 2D\omega_0\dot{x} + \omega_0^2 x = 0. \tag{5.4}$$

Führt man in (5.4) mit $t_R = 1/\omega_0$, vgl. Abschn. 1.2.1, die dimensionslose Zeit $\tilde{t} = \omega_0 t$ ein, setzt $\dot{x} = dx/dt = \omega_0 dx/d\tilde{t} =: \omega_0 \mathring{x}$, so entsteht aus (5.4) nach Division durch ω_0^2

$$\overset{\circ\circ}{x} + 2D\mathring{x} + x = 0. \tag{5.5}$$

In dieser Gleichung haben alle Glieder die Dimension $\dim(x)$, die man auch heraus dividieren könnte, vgl. (4.30).

5.2 Lösen der Differentialgleichung

Eine homogene lineare Differentialgleichung (beliebiger Ordnung) mit konstanten Koeffizienten löst man mit einem $e^{\lambda t}$-Ansatz:

$$x = x(t) = Ce^{\lambda t}, \tag{5.6}$$

$C, \lambda-$ freie Konstanten (komplexe). Aus (5.6) folgen

$$\dot{x} = C\lambda e^{\lambda t}, \quad \ddot{x} = C\lambda^2 e^{\lambda t}. \tag{5.7}$$

Einsetzen von $x, \dot{x}, \ddot{x}$ aus (5.6), (5.7) in (5.4) und geeignetes Zusammenfassen liefert

$$\begin{aligned} C\lambda^2 e^{\lambda t} + C2D\omega_0\lambda e^{\lambda t} + C\omega_0^2 e^{\lambda t} &= 0 \quad \text{und} \\ (\lambda^2 + 2D\omega_0\lambda + \omega_0^2)Ce^{\lambda t} &= 0. \end{aligned} \tag{5.8}$$

Wegen $e^{\lambda t} \neq 0$ kann man (5.8) durch $e^{\lambda t}$ dividieren:

$$(\lambda^2 + 2D\omega_0\lambda + \omega_0^2)C = 0. \tag{5.9}$$

Dies ist ein (sehr einfaches) *Eigenwertproblem* mit zwei prinzipiell verschiedenen Lösungen:

a) $C = 0$: Dies ist die *triviale Lösung* $x \equiv 0$, das System steht still! (Für Schwingungslehre ist sie uninteressant, doch für Gebäude *wichtig*.)
b) Für $C \neq 0$:

$$\lambda^2 + 2D\omega_0\lambda + \omega_0^2 = 0. \tag{5.10}$$

Diese Gleichung heißt *charakteristische Gleichung*, in der Schwingungslehre auch *Frequenzgleichung*.

Aus (5.10) folgen die beiden *Eigenwerte*

$$\lambda_{1/2} = -D\omega_0 \pm \omega_0\sqrt{D^2 - 1}. \tag{5.11}$$

Im Regelfall, bei *unterkritischer Dämpfung* $\|D\| < 1$, sind die beiden Eigenwerte zueinander konjugiert komplex: $\lambda_2 = \bar{\lambda}_1$, bei $\|D\| = 1$ fallen sie zusammen, bei $D > 1$ sind sie reell negativ, bei $D < -1$ reell positiv.

Mit den beiden Eigenwerten λ_1, λ_2 lautet die *allgemeine Lösung* von (5.4) (Aufgaben 5.4, 5.5)

$$x(t) = C_1 e^{\lambda_1 t} + C_2 e^{\lambda_2 t}. \tag{5.12}$$

5.3 Ausdeuten der Lösung

Wir unterscheiden zwischen der *ungedämpften Schwingung*, der *gedämpften Schwingung* mit $b > 0$, also $D > 0$, und der *angefachten* mit $b < 0$, also $D < 0$.

5.3.1 Ungedämpfte Schwingung

Bei fehlender Dämpfung lauten die Bewegungsgleichungen (5.1) bzw. (5.4)

$$m\ddot{x} + kx = 0, \ddot{x} + \omega_0^2 x = 0 \tag{5.13}$$

und die allgemeine Lösung (5.12), mit $\lambda_{1/2} = \pm j\omega_0$ aus (5.11):

$$x = C_1 e^{\lambda_1 t} + C_2 e^{\lambda_2 t} = C_1 e^{j\omega_0 t} + C_2^{-j\omega_0 t}. \tag{5.14}$$

Die komplexe Form schreibt man um:

$$\begin{aligned} x &= C_1 e^{j\omega_0 t} + C_2 e^{-j\omega_0 t} \\ &= \underbrace{(C_1 + C_2)}_{\hat{x}_c} \frac{e^{j\omega_0 t} + e^{-j\omega_0 t}}{2} + \underbrace{j(C_1 - C_2)}_{\hat{x}_s} \frac{e^{j\omega_0 t} - e^{-j\omega_0 t}}{2j} \\ &= \hat{x}_c \cos\omega_0 t + \hat{x}_s \sin\omega_0 t. \end{aligned} \tag{5.15}$$

Anpassen der allgemeinen Lösung an die Anfangsbedingungen (Aufgabe 5.6)

$$x(0) = x_0, \quad \dot{x}(0) = v_0 \tag{5.16}$$

liefert

$$x = x(t) = x_0 \cos\omega_0 t + \frac{v_0}{\omega_0} \sin\omega_0 t. \tag{5.17}$$

Auch dies ist eine Form der allgemeinen Lösung von (5.13), denn x_0 und v_0 sind (physikalisch leicht interpretierbare) freie Konstanten.

Gemäß Abschn. 1.2.1 schreibt man (5.15) und (5.17) als harmonische Schwingung

$$x = \hat{x} \cos(\omega_0 t + \varphi_0) \tag{5.18}$$

mit der Amplitude $\hat{x}$ und dem Nullphasenwinkel φ_0 (Aufgaben 5.7 bis 5.10).

Darstellung des Zeitverlaufs Man stellt $x(t)$ als Sinuslinie, den Zeitverlauf nach Abb. 1.3, 1.4 sowie durch den (komplexen) Drehzeiger, Abb. 1.5, 1.8, dar. Man trägt auch $\dot{x}(t)$ über $x(t)$ in einer *Phasenebene* – mit der Zeit t als Kurvenparameter auf, Abb. 5.2 (Aufgabe 5.11).

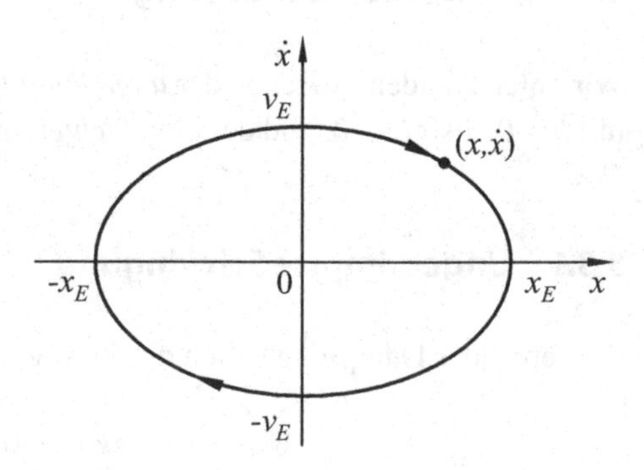

Abb. 5.2 Phasenebene

Abb. 5.3 Phasenkurve dimensionslos

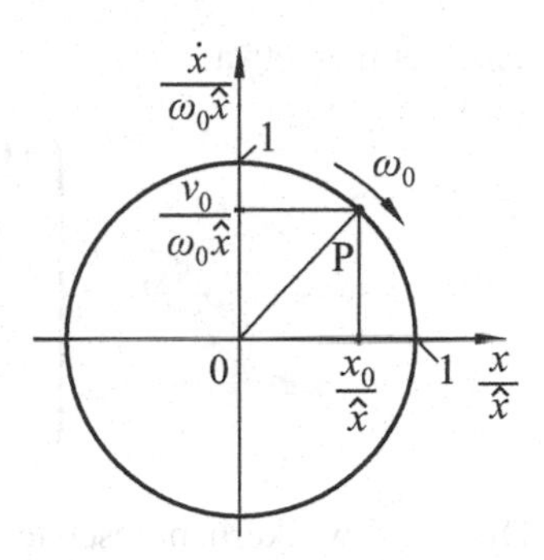

Der Punkt $(x, \dot{x})$ läuft darin während der Periode $T = 2\pi/\omega_0$ einmal um:

$$x(t + T) = x(t), \quad \dot{x}(t + T) = \dot{x}(t). \tag{5.19}$$

Die Auslenkung $x(t)$ schwankt in der Phasenebene zwischen den Extremwerten $-x_E$ und x_E, die Geschwindigkeit $\dot{x}(t)$ zwischen $-v_E$ und v_E.

Bezieht man in der Phasenebene $x(t)$ auf die Amplitude $\hat{x}$ und $\dot{x}(t)$ auf $(\hat{x}\omega_0)$, so erhält man als *Phasenkurve* den Einskreis nach Abb. 5.3. Darin läuft der *Phasenpunkt* $(x/\hat{x}, \dot{x}/(\hat{x}\omega_0))$ *rechtsdrehend* mit der *Winkelgeschwindigkeit* ω_0 – der *Kreisfrequenz* oder *Winkelfrequenz* – um (Aufgabe 5.12).

Hinweis Die Darstellung des Verlaufs des *System-Zustandes* $(x, \dot{x})$ in der Phasenebene bringt hier wenig zusätzlichen Nutzen (Aufgabe 5.13). Bei nichtlinearen Schwingungen (vom Freiheitsgrad 1) bilden Phasenkurven oft den einzigen einfachen Zugang.

5.3.2 Gedämpfte Schwingungen

Man wählt den ungedämpften Schwinger nach $(5.13)_1$ als gedanklichen Ausgangspunkt und schreibt diese Bewegungsgleichung – nach Division durch m und mit $\omega_0^2 = k/m$ vgl. (5.2) – in der Form $(5.13)_2$. Jetzt sieht man ω_0, die *Kreisfrequenz der ungedämpften Schwingung*, als unmittelbar gegebenen (z. B. gemessenen, also bekannten) Parameter an.

Die in Abschn. 5.1 entsprechend umgeformte Bewegungsgleichung des gedämpften Schwingers lautet, vgl. (5.4),

$$\ddot{x} + 2D\omega_0\dot{x} + \omega_0^2 x = 0. \tag{5.20}$$

In dieser Form ist die Bewegungsgleichung für Schwingungsuntersuchungen besonders geeignet, weil die Parameter leicht interpretiert werden können. Für positive D unterscheidet man etwa

$$D = \begin{cases} 0.001\text{–}0.01 & \text{sehr schwache Dämpfung} \\ 0.01\text{–}0.1 & \text{schwache Dämpfung} \\ 0.1\text{–}0.2 & \text{mittlere Dämpfung} \\ 1 & \text{kritische Dämpfung} \\ > 1 & \text{Kriechfälle} \end{cases} \tag{5.21}$$

Dies sind willkürlich gesetzte grobe Anhaltswerte. (Dämpfungszahlen lassen sich ebensowenig allgemein vorhersagen wie Reibungszahlen.)

Mit den Parametern ω_0 und D nach (5.3) folgen die Eigenwerte λ_1, λ_2 aus (5.11):
Für $\|D\| < 1$ erhält man

$$\lambda_{1/2} = -D\omega_0 \pm j\omega_0\sqrt{1-D^2}. \tag{5.22}$$

Man setzt

$$\lambda_{1/2} = -\delta \pm j\omega \tag{5.23}$$

mit $\delta := D\omega_0$ – *Abklingkoeffizient* und $\omega := \omega_0\sqrt{1-D^2}$ – *Kreisfrequenz der gedämpften Schwingung*.

Für $D = 1$ erhält man den *aperiodischen Grenzfall* (Aufgabe 5.5), für $D > 1$ sind beide Eigenwerte $\lambda_{1/2}$ reell, man erhält *Kriechbewegungen* (vgl. Aufgabe 5.14).

Für $0 \le D < 1$ gewinnen wir die reelle Lösung $x(t)$ durch Projektion (= Realteil-Bildung) einer der komplexen Lösungen aus (5.12), (5.23), vgl. Abschn. 1.2.3. Mit $C = Ae^{j\varphi_0}$, reell, gilt

$$\underline{x} = Ce^{\lambda_1 t} = Ae^{j\varphi_0}e^{(-\delta+j\omega)t} = Ae^{-\delta t}e^{j(\omega t+\varphi_0)} \tag{5.24}$$

und

$$x(t) = Ae^{-\delta t}\,\mathrm{Re}\,e^{j(\omega t+\varphi_0)} \quad \text{also} \quad x(t) = Ae^{-\delta t}\cos(\omega t+\varphi_0), \tag{5.25}$$

gemäß Abschn. 1.2.1 umgeformt (Aufgabe 5.15)

$$x(t) = e^{-\delta t}(A_c\cos\omega t + A_s\sin\omega t). \tag{5.26}$$

(Es ist unzweckmäßig, die *Koeffizienten* A, A_c, A_s Amplituden zu nennen.)

Anpassen an die *Anfangsbedingungen* $x(0) = x_0, \dot{x}(0) = v_0$ liefert (Aufgabe 5.16)

$$x(t) = e^{-\delta t}\left[x_0\cos\omega t + \frac{v_0 + \delta\cdot x_0}{\omega}\sin\omega t\right]. \tag{5.27}$$

Den Zeitverlauf $x(t)$ nach (5.27) kann man als modulierte Schwingung ansehen, vgl. Abschn. 1.4.4.

Abb. 1.22b zeigt den Zeitverlauf $x(t)$ gemäß (5.25). Zum besseren Verständnis sind dort auch $\pm Ae^{-\delta t}$ und $\cos(\omega t + \varphi_0)$ eingetragen. Die Lösung $x(t)$ *schwingt unperiodisch*, sie klingt exponentiell ab. Die *gleichsinnigen* Nulldurchgänge, die Extrema E_1, E_2 und die Berührpunkte von $x(t)$ mit $Ae^{-\delta t}$ haben den Abstand $2\pi/\omega$. Man kann ω also aus einem gemessenen Verlauf $x(t)$ gewinnen. (Aufgaben 5.16 und 5.17).

5.4 Aufgaben

Aufgabe 5.1 In der Bewegungsgleichung $(4.40)_1$ des Pendels setzt man $\sin\varphi \approx \varphi$ für kleine Auslenkungen $\|\varphi\| \ll 1$. Führen Sie unter dieser Annahme in $(4.40)_1$ eine lineare Dämpfung ein und bringen Sie die dann lineare Bewegungsgleichung auf die Form (5.1).

Aufgabe 5.2 Führen Sie den Übergang von der Bewegungsgleichung (5.1) nach (5.4) durch und kontrollieren Sie die Dimensionen.

Aufgabe 5.3 Setzen Sie den Ansatz (5.6) in die Ausgangsform (5.1) der Bewegungsgleichung ein und ermitteln Sie daraus die Eigenwerte λ_1, λ_2.

Aufgabe 5.4 Passen Sie die allgemeine Lösung (5.12) an die *Anfangsbedingungen* $x(0) = x_0,\ \dot{x}(0) = v_0$ an, (x_0, v_0) gegeben.

Aufgabe 5.5 Zeigen Sie, dass die beiden Teillösungen in (5.12) für $\lambda_1 \neq \lambda_2$ linear unabhängig sind. Bei $D \to \pm 1$ gilt $\lambda_2 \to \lambda_1$, dann sind $e^{\lambda_1 t}$ und $e^{\lambda_2 t}$ nicht mehr linear unabhängig. Man kann die allgemeine Lösung (5.12) aber auch in der Form

$$x(t) = C_1 e^{\lambda_1 t} + C_2 \frac{e^{\lambda_2 t} - e^{\lambda_1 t}}{\lambda_2 - \lambda_1} \tag{5.28}$$

schreiben. (Passen Sie diese Lösung an die Anfangsbedingungen von Aufgabe 5.4 an.)

Die Lösung (5.28) gestattet den Grenzübergang $\lambda_2 \to \lambda_1$ und liefert auch für $\lambda_1 \to \lambda_2$ die zwei linear unabhängigen Teillösungen (einer Dgl 2. Ordnung). Ein alter (und nicht sehr treffender) Name des Sonderfalles $\lambda_1 = \lambda_2$ ist *aperiodischer Grenzfall.*

Aufgabe 5.6 Passen Sie die allgemeine Lösung (5.15) an die *Anfangsbedingungen* $x(0) = x_0, \dot{x}(0) = v_0$ an; vgl. (5.17).

Aufgabe 5.7 Welches sind die freien Konstanten in der allgemeinen Lösung (5.18)? Passen Sie (5.18) an die Anfangsbedingungen (5.16) an.

Aufgabe 5.8 Viele Taschenrechner haben ein Tastenpaar, in dem die Umformungen (5.15), (5.17) $\leftrightarrow$ (5.18) numerisch durchgeführt werden können. Nutzen Sie dies für das Umformen der folgenden Ausdrücke: a) $3\sin\omega_0 t \pm 4\cos\omega_0 t$, b) $5\cos(\omega_0 t + 120°)$, c) $2\sin(\omega_0 t + 5)$, d) $3\cos\omega_0 t + 4\sin\omega_0 t + 5\cos(\omega_0 t - \pi/6)$.

Aufgabe 5.9 Skizzieren Sie den einen oder anderen Schwingungsverlauf aus Aufgabe 5.8 ohne besondere Rechnung grob.

Aufgabe 5.10 Berechnen Sie zu $x(t)$ nach (5.18) die Funktionen $v(t) := \dot{x}(t)$ und $a(t) := \ddot{x}(t)$ und zeigen Sie für die Amplituden $\hat{v} = \hat{x}\omega_0$ und $\hat{a} = \hat{x}\omega_0^2$. Wie unterscheiden sich die Nullphasenwinkel von x, v, a (vgl. Abschn. 1.2.4)?

Aufgabe 5.11 Zeigen Sie, dass die Phasenkurve $(x(t), \dot{x}(t))$ in Abb. 5.2 eine Ellipse mit der Zeit als Kurvenparameter ist. (Eliminieren Sie dazu die Zeit.) Drücken Sie die Halbachsen, die *Extremwerte* x_E und v_E durch die Anfangswerte x_0, v_0 aus.

Aufgabe 5.12 Zeigen Sie, dass längs der elliptischen Phasenkurve in Abb. 5.2 Energieerhaltung gilt, d. h. die Summe von kinetischer und potenzieller Energie ist konstant.

Aufgabe 5.13 Zeigen Sie, dass die Ellipse nach Abb. 5.2 mit der Transformation $x/\hat{x}, \dot{x}/(\hat{x}\omega_0)$ in den Einskreis nach Abb. 5.3 übergeht und dass am Einskreis deren Phasenpunkt P mit ω_0 umläuft.

Aufgabe 5.14 Schreiben Sie ein Rechnerprogramm, dass für $D > 1$ die Lösung $x(t)$ gemäß Aufgabe 5.4 – und auch $\dot{x}(t)$ – zu gegebenen Anfangswerten (x_0, v_0) zeichnet und erläutern Sie die Bezeichnung *Kriechbewegungen* an einigen Beispielen.

Aufgabe 5.15 Formen Sie $x(t)$ von (5.25) nach (5.26) und umgekehrt um.

Aufgabe 5.16 Kontrollieren Sie die Lösung (5.27).

Aufgabe 5.17 Nehmen Sie in Abb. 1.22b die Zeit t_3 mit 11.4 s an. (Das Bild ist maßstäblich gezeichnet.) Berechnen Sie ω und D, indem Sie die erforderliche Zusatzinformation aus dem Bild herausmessen. Wie groß sind Dämpfungskoeffizient b und Federsteifigkeit k, wenn der Schwinger eine Masse von 3.7 kg hat?

Aufgabe 5.18 Wie sieht die Phasenkurve $(x(t), \dot{x}(t))$ zu einer gedämpften Schwingung aus – vgl. Abb. 5.2 – und wie sieht das Zeigerdiagramm – vgl. Abb. 1.6 – aus? (Beide Darstellungen sind wenig üblich.)

Aufgabe 5.19 Im Fall negativer Dämpfung $b < 0$ (vgl. das System in Abschn. 4.6.3) *wachsen* oder *schwellen die Schwingungen an*, sie werden *angefacht*. Was ändert sich in Abschn. 5.3.2 (vgl. Abschn. 1.4.4)?

Erzwungene Schwingungen 6

Zusammenfassung

Auf die Masse des Feder-Masse-Dämpfer-Schwingers wirkt eine sinusförmig schwingende Erregerkraft. Daraus kann man andere periodische Erregungen zusammensetzen. Der reellen Berechnung der ebenfalls sinusförmigen erzwungenen Schwingung ist leicht zu folgen. Diagramme mit Vergrößerungsfunktionen zeigen, wie die Wirkung einer statischen Kraft vergrößert wird, wenn sie schwingt. Liegt die Erregerfrequenz nahe der Eigenfrequenz, treten starke Überhöhungen auf. Das Untersuchen von Schwingungen im Komplexen bietet den Vorteil, dass man die Wirkungen der Kräfte auf den Schwinger als Produkt schreiben kann. Dies nutzt man zum Beispiel in Blockschaltbildern der Regelungstechnik, um Wirkungs- und Signalketten anzuschreiben. Es wird hier eingeführt und bei einem seismischen Schwingungsaufnehmer angewendet. Abschließend wird eine nichtperiodische Schwingungsanregung als Folge kurzzeitiger Stöße betrachtet. Dies eignet sich auch zur experimentellen Analyse von Systemen.

6.1 Allgemeine Aussagen

Gegeben sei die Bewegungsgleichung (4.26) aus Abschn. 4.5.2 bzw. 4.6.1 für den Einmassenschwinger nach Abb. 4.12,

$$m\ddot{x} + b\dot{x} + kx = F_e(t), \tag{6.1}$$

mit beliebiger Erregerkraft $F_e(t)$. Eine (spezielle) Lösung $x(t)$ von (6.1) zu einem gegebenen $F_e(t)$ nennt man allgemein *erzwungene Schwingung*. Dabei kümmert man sich zunächst nicht um (oft unbekannte und unwichtige) Anfangsbedingungen (s. Kap. 8). Die

Ergänzende Information Die elektronische Version dieses Kapitels enthält Zusatzmaterial, auf das über folgenden Link zugegriffen werden kann https://doi.org/10.1007/978-3-658-38123-3_6.

E. Brommundt und D. Sachau, *Schwingungslehre mit Maschinendynamik*,
https://doi.org/10.1007/978-3-658-38123-3_6

spezielle Lösung nennt man dann auch *Partikularlösung* (oder *Partikularintegral*) und schreibt x_p, um sie von der Lösung x_h der zugeordneten homogenen Gleichung (4.32) bzw. (5.1), (5.4) zu unterscheiden.

Die große Mannigfaltigkeit möglicher Erregerfunktionen $F_e(t)$ setzt man aus wenigen typischen Erregungen zusammen. Prototyp aller T-periodischen Erregungen ist die *harmonische Erregung*

$$F_e = \hat{F}_e \cos \Omega t \tag{6.2}$$

mit der Erregeramplitude $\hat{F}_e$ und der Erregerfrequenz $\Omega = 2\pi/T$. Über die Fouriersynthese (s. Abschn. 1.3.3) setzt man beliebige T-periodische Erregungen aus harmonischen zusammen. (Mit Hilfe des hier nicht behandelten Fourier-Integrals gelingt das auch für unperiodische Erregungen mit verschwindendem Mittelwert.) Wenn dann auf der rechten Seite von (6.1) eine Fouriersumme als Erregung steht, berechnet man die durch die einzelnen Summanden erzwungenen Schwingungen und *überlagert* sie gemäß Abschn. 4.6.2.

Weiter lässt sich *jeder* (stetige) *Kraftverlauf* als Folge unendlich kurzer Stöße auffassen. Deshalb führt man einen *Kraftstoß* $I \cdot \delta(t - \tau)$ ein, der zum Zeitpunkt τ wirkt, s. Abb. 6.15a, und berechnet die durch ihn erzwungene Schwingung. Aus der *Überlagerung* der Wirkungen der Einzelstöße wird dann ein Integral (s. Abschn. 6.3.3). Weitere typische Erregungen lassen sich daraus ableiten.

6.2 Erzwungene harmonische Schwingungen

6.2.1 Komplexe Schreibweise der Bewegungsgleichung

Mit (6.2) lautet die Bewegungsgleichung (6.1)

$$m\ddot{x} + b\dot{x} + kx = \hat{F}_e \cos \Omega t. \tag{6.3}$$

Es ist wichtig, die *erzwungene Schwingung* in einer möglichst übersichtlichen und manipulierbaren Form zu gewinnen. Das gelingt in komplexer Schreibweise mit Hilfe von Drehzeigern, wie wir sie in Abschn. 1.2.3 eingeführt haben.

Analog zu (6.3) gelte die Gleichung

$$m\ddot{y} + b\dot{y} + ky = \hat{F}_e \sin \Omega t. \tag{6.4}$$

Addiert man zu (6.3) die mit der imaginären Einheit $j := \sqrt{-1}$ multiplizierte (6.4), so folgt

$$m(x + jy)^{\cdot\cdot} + b(x + jy)^{\cdot} + k(x + jy) = \hat{F}_e(\cos \Omega t + j \sin \Omega t). \tag{6.5}$$

Mit der *komplexen Auslenkung*

$$\underline{x} := x + jy \quad \text{sowie} \quad (\cos \Omega t + j \sin \Omega t) = e^{j\Omega t} \tag{6.6}$$

Abb. 6.1 Erregerkraft als Zeiger

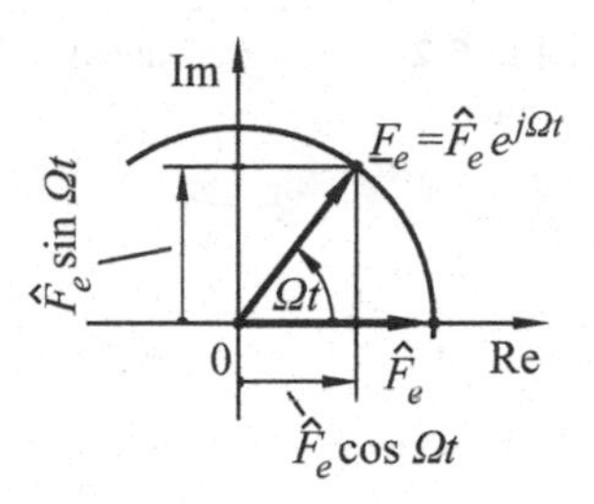

entsteht aus (6.5) die *komplexe (Form der) Bewegungsgleichung*:

$$m\ddot{\underline{x}} + b\dot{\underline{x}} + k\underline{x} = \hat{F}_e e^{j\Omega t}. \tag{6.7}$$

Wie wir in Abschn. 6.2.2 sehen, lässt sie sich einfacher lösen als (6.3). Kennt man ihre Lösung $\underline{x}(t)$, so gelangt man gemäß (6.6) durch Bilden des Realteils oder des Imaginärteils (Operationen Re bzw. Im, d. h. Projektionen auf die reelle Achse Re bzw. imaginäre Achse Im in Abb. 6.1) zurück zu

$$x(t) = \mathrm{Re}\underline{x}(t) \quad \text{bzw.} \quad y(t) = \mathrm{Im}\underline{x}(t). \tag{6.8}$$

Hinweis 1 Unterwirft man die ganze (6.7) diesen Operationen (*Projektionen* Re *oder* Im), so erhält man (wieder) die (6.3) bzw. (6.4).

Hinweis 2 Man nutzt Hinweis 1 zum Übergang von einer reellen Dgl – z. B. (6.3) – zur zugehörigen komplexen – hier (6.7) – aus, indem man die komplexe Form errät und durch Bilden des Realteils überprüft, ob man richtig geraten hat, (s. Aufgaben 6.1/2/3).

Hinweis 3 Wenn man häufig mit komplexen Gleichungen umgeht, *vergisst* man auch, zwischen x und $\underline{x}$ zu unterscheiden und erschließt aus dem Zusammenhang, was gemeint ist.

Mit den bezogenen Größen aus Abschn. 5.1 lautet die komplexe Bewegungsgleichung (6.7), vgl. Aufgabe 6.4,

$$\ddot{\underline{x}} + 2D\omega_0\dot{\underline{x}} + \omega_0^2\underline{x} = \omega_0^2 \frac{\hat{F}_e}{k} e^{j\Omega t}. \tag{6.9}$$

6.2.2 Berechnen der erzwungenen Schwingung

Gesucht ist die erzwungene Schwingung der komplexen Dgl (6.7)[1]

$$m\ddot{\underline{x}} + b\dot{\underline{x}} + k\underline{x} = \hat{F}_e e^{j\Omega t}. \tag{6.10}$$

[1] Die freie Schwingung, die Lösung der zugeordneten homogenen Dgl haben wir in Kap. 5 bestimmt. Die nun komplexe Schreibweise ändert nichts daran.

Abb. 6.2 Lösungsansatz als Zeiger

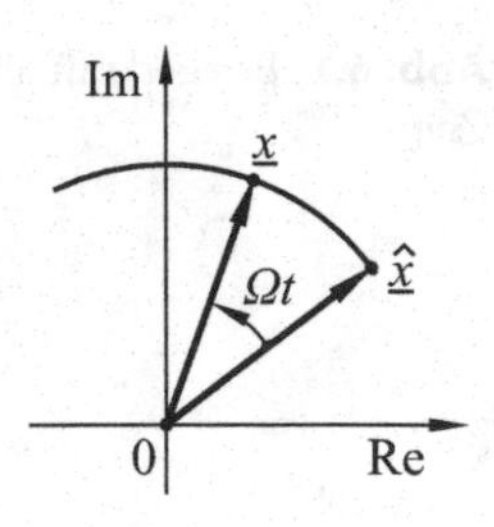

Hinweis Man löst eine inhomogene lineare Dgl mit konstanten Koeffizienten durch einen *Ansatz vom Typ der rechten Seite* (s. auch Aufgabe 6.18).

In Dgl (6.10) ist die rechte Seite vom Typ *linksdrehender Zeiger*, vgl. Abschn. 1.2.3 und Abb. 6.1. Dementsprechend setzt man an, vgl. Abb. 6.2,

$$\underline{x} = \underline{\hat{x}} e^{j\Omega t}. \tag{6.11}$$

Daraus folgen

$$\underline{\dot{x}} = j\Omega \underline{\hat{x}} e^{j\Omega t}, \quad \underline{\ddot{x}} = -\Omega^2 \underline{\hat{x}} e^{j\Omega t}. \tag{6.12}$$

Einsetzen von $\underline{x}, \underline{\dot{x}}, \underline{\ddot{x}}$ in (6.10) liefert

$$\begin{aligned} -m\Omega^2 \underline{\hat{x}} e^{j\Omega t} + bj\Omega \underline{\hat{x}} e^{j\Omega t} + k\underline{\hat{x}} e^{j\Omega t} &= \hat{F}_e e^{j\Omega t}, \\ \text{also } (k - m\Omega^2 + bj\Omega)\underline{\hat{x}} \cancel{e^{j\Omega t}} &= \hat{F}_e \cancel{e^{j\Omega t}} \end{aligned} \tag{6.13}$$

und

$$\underline{\hat{x}} = \frac{\hat{F}_e}{k - m\Omega^2 + bj\Omega}. \tag{6.14}$$

Dieses $\underline{\hat{x}}$ ist der Zeiger, der in Abb. 6.2 umläuft:

$$\underline{x} = \underline{x}(t) = \frac{\hat{F}_e e^{j\Omega t}}{k - m\Omega^2 + bj\Omega}. \tag{6.15}$$

Man definiert die komplexwertige *Übertragungsfunktion* (meistens ohne Unterstrich geschrieben)

$$H(j\Omega) := \frac{1}{k - m\Omega^2 + bj\Omega}, \tag{6.16}$$

weil sie mit der Frequenz *geht* (sich ändert), oft kurz *Frequenzgang* genannt, und erhält aus (6.15)

$$\underline{x} = \underline{\hat{x}} e^{j\Omega t} = H(j\Omega)\hat{F}_e e^{j\Omega t}. \tag{6.17}$$

Der *Regelungstechnik* folgend zeichnet man für den Wirk-Zusammenhang zwischen $\underline{F}(t) = \hat{F}_e e^{j\Omega t}$ und $\underline{x} = \underline{\hat{x}} e^{j\Omega t}$ den *Signalflussplan* nach Abb. 6.3.

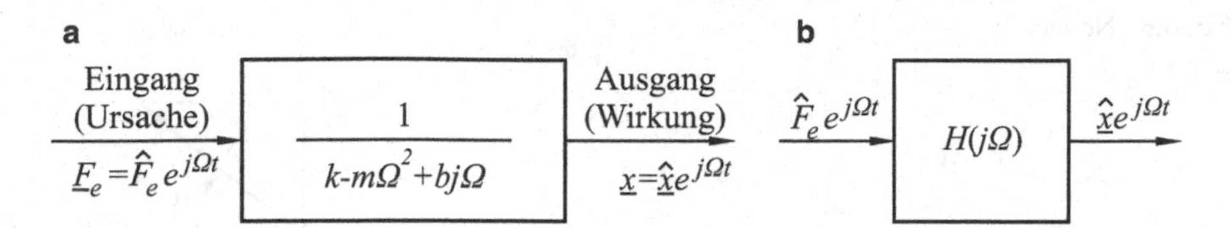

Abb. 6.3 Signalflussplan

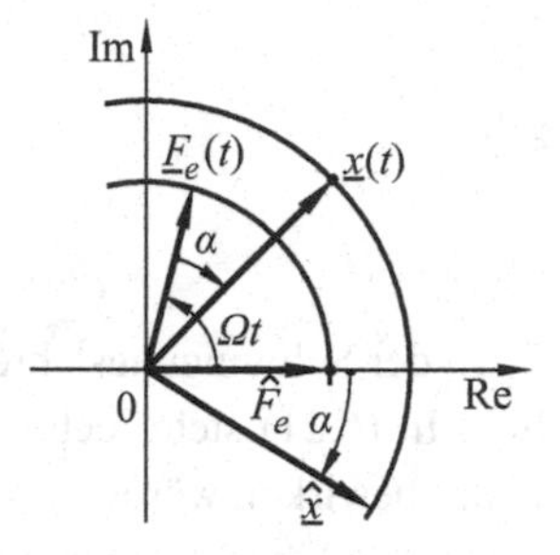

Abb. 6.4 Drehzeiger-Diagramm

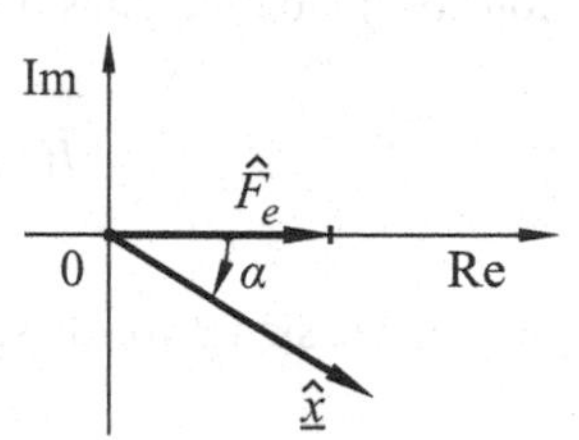

Abb. 6.5 Zeiger-Diagramm

Das Ergebnis – am *Ausgang* des Blocks – ist das *Produkt* aus *Eingang* mal *Frequenzgang* – dem *Inhalt* des Blocks. Man spricht vom *Übertragungssystem* und *Übertragungsverhalten*, skizziert gelegentlich auch das Ersatzsystem aus Abb. 4.12 in den Block. Zeichnet man die beiden Drehzeiger in ein Diagramm, so laufen sie dort *gemeinsam* mit einem *festen* (zeitunabhängigen) Winkel α um, Abb. 6.4. Deshalb genügt es auch, statt der Drehzeiger $\underline{F}_e$ und $\underline{x}$ die Zeiger $\hat{F}_e$ und $\hat{\underline{x}}$ aufzuzeichnen, Abb. 6.5, (s. Aufgabe 6.5).

Der Zeiger $\hat{\underline{x}}$ eilt dem Zeiger $\hat{F}_e$ um den Winkel α nach.

Um den Zusammenhang (6.14) zwischen $\hat{F}_e$ und $\hat{\underline{x}}$ besser diskutieren zu können, zieht man aus dem Nenner die Steifigkeit k heraus und erhält mit ω_0 und D aus (5.2), (5.3)

$$\omega_0 = \sqrt{k/m}, \quad D = b/(2m\omega_0) \tag{6.18}$$

zunächst

$$\hat{\underline{x}} = \frac{\hat{F}_e}{k} \cdot \frac{1}{1 - \frac{m}{k}\Omega^2 + 2Djm\omega_0\Omega/k} = \frac{\hat{F}_e}{k} \frac{1}{1 - \frac{\Omega^2}{\omega_0^2} + 2Dj\frac{\Omega}{\omega_0}}. \tag{6.19}$$

Mit der auf die Eigenfrequenz ω_0 bezogenen Erregerfrequenz

$$\tilde{\Omega} := \Omega/\omega_0, \quad \text{auch} \quad \eta := \Omega/\omega_0, \tag{6.20}$$

Abb. 6.6 Nenner $\underline{N}$

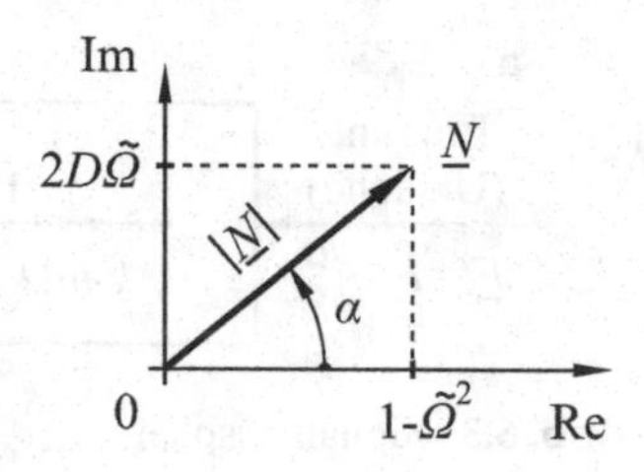

gilt

$$\underline{\hat{x}} = \frac{1}{1 - \tilde{\Omega}^2 + 2Dj\tilde{\Omega}} \frac{\hat{F}_e}{k}. \tag{6.21}$$

In der Schwingungslehre ist statt $\tilde{\Omega}$ (leider der weniger einprägsame) Buchstabe η üblich. In (6.21) steht rechts mit $\hat{F}_e/k$ die Auslenkung, die eine *statische Last* $\hat{F}_e$ an der Feder bewirken würde. Der komplexe Faktor $1/(1 - \tilde{\Omega}^2 + 2Dj\tilde{\Omega})$ die bezogene (dimensionslose) Übertragungsfunktion

$$\tilde{H}(j\tilde{\Omega}) := kH(j\Omega) = \frac{1}{1 - \tilde{\Omega}^2 + 2Dj\tilde{\Omega}} \tag{6.22}$$

gibt an, wie sich $\underline{\hat{x}}$ von dieser Auslenkung unterscheidet. Der Nenner von $\tilde{H}$, vgl. Abb. 6.6,

$$\underline{N} = 1 - \tilde{\Omega}^2 + 2Dj\tilde{\Omega}, \tag{6.23}$$

lautet in Polarform

$$\begin{aligned} \underline{N} &= \|\underline{N}\| e^{j\alpha}, \quad \text{wo} \\ \|\underline{N}\| &= \sqrt{\left(1 - \tilde{\Omega}^2\right)^2 + 4D^2\tilde{\Omega}^2}, \\ \tan\alpha &= 2D\tilde{\Omega}/(1 - \tilde{\Omega}^2), \quad 0 \leq \alpha < \pi. \end{aligned} \tag{6.24}$$

Dann lauten (6.15), (6.19) oder (6.21)

$$\underline{x}(t) = \frac{\hat{F}_e e^{j\Omega t}}{k - m\Omega^2 + bj\Omega} = \frac{\hat{F}_e}{k} \frac{e^{j\Omega t}}{\underline{N}} = \frac{\hat{F}_e}{k} \frac{1}{\sqrt{\left(1 - \tilde{\Omega}^2\right)^2 + 4D^2\tilde{\Omega}^2}} e^{j(\Omega t - \alpha)}. \tag{6.25}$$

Bilden des Realteils liefert die (reelle) Lösung, die erzwungene Schwingung

$$x_p = x_p(t) = \hat{x}_p \cos(\Omega t - \alpha) \tag{6.26}$$

mit der *Amplitude* (Index p: *Partikularlösung*!)

$$\hat{x}_p = \frac{\hat{F}_e}{k} \frac{1}{\sqrt{\left(1 - \tilde{\Omega}^2\right)^2 + 4D^2\tilde{\Omega}^2}} \tag{6.27}$$

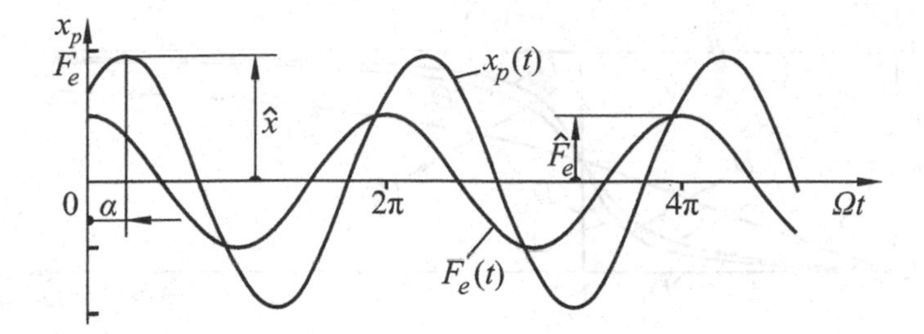

Abb. 6.7 Zeitverläufe $F_e(t)$ und $x_p(t)$ bei harmonischer Erregung

und dem *Phasenverschiebungswinkel* (vgl. 6.24)

$$\alpha = \arctan \frac{2D\tilde{\Omega}}{1-\tilde{\Omega}^2}, \quad 0 \leq \alpha < \pi. \tag{6.28}$$

Abb. 6.7 stellt die Zeitverläufe $F_e(t)$ und $x_p(t)$ einander gegenüber; man vergleiche mit den so viel einfacher zu überschauenden Zeigerdarstellungen in Abb. 6.4 und 6.5.

6.2.3 Diagramme für Amplitudengang, Phasengang, Vergrößerungsfunktion

Abb. 6.8 und 6.9 zeigen den *Amplituden-Frequenzgang* $\hat{x}_p(\tilde{\Omega})$ – früher auch *Resonanzkurve* genannt – und den *Phasen-Frequenzgang* $\alpha(\tilde{\Omega})$ nach (6.27) bzw. (6.28).

Aufgetragen wurden in den Bildern bezogene (dimensionslose) Größen, nämlich

$$\hat{x}_p/(\hat{F}_e/k), \quad \alpha/\pi, \quad \Omega/\omega_0 =: \tilde{\Omega}, \tag{6.29}$$

für vier Dämpfungsgrade ($D = 0, 0.1, 0.16, 1/\sqrt{2}$).

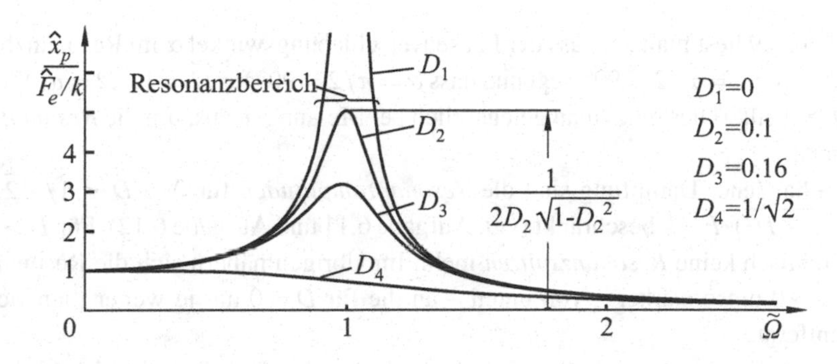

Abb. 6.8 Amplituden-Frequenzgang

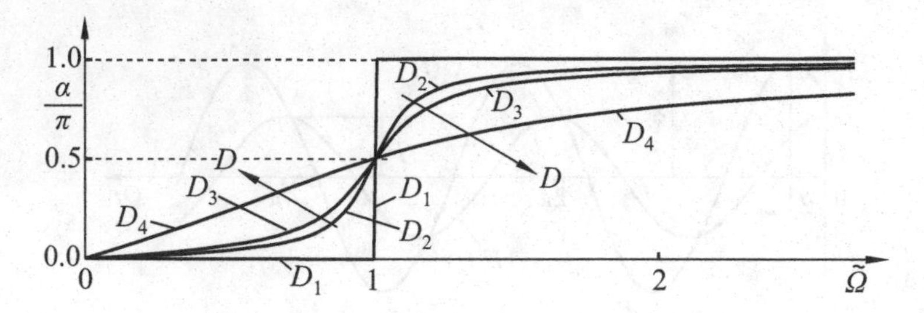

Abb. 6.9 Phasen-Frequenzgang

Man sieht: In der Umgebung von $\tilde{\Omega} = 1$ – also bei $\Omega \approx \omega_0$, die Erreger- liegt nahe der *Eigenfrequenz* – treten bei kleinem D sehr große Amplituden auf; man spricht von *Resonanz* (Widerhall) und nennt die Umgebung von ω_0 *Resonanzbereich.*

Für den Fall verschwindender Dämpfung $D \to 0$ entstehen aus (6.27), (6.28) für $\tilde{\Omega} \neq 1$:

$$\hat{x}_p = \frac{\hat{F}_e/k}{\|1 - \tilde{\Omega}^2\|}, \quad \alpha = \begin{cases} 0 & \text{für } \tilde{\Omega} < 1 \\ \pi & \text{für } \tilde{\Omega} > 1. \end{cases} \tag{6.30}$$

Bei fehlender Dämpfung wächst $\hat{x}_p$ für $\tilde{\Omega} \to 1$ über alle Grenzen. Deshalb hört man gelegentlich, Resonanz führe bei fehlender Dämpfung zu unendlich großen Amplituden. Das trifft in dreierlei Hinsicht praktisch nicht zu.

- *Erstens* gibt es keine Schwinger ohne Dämpfung, sondern allenfalls solche mit sehr schwacher Dämpfung – und dann großen Amplituden.
- *Zweitens* gelten die angesetzten Bewegungsgleichungen nur für beschränkte Auslenkungen. Bei (zu) großen Auslenkungen ändern die Schwinger ihr Verhalten (es gelten nichtlineare Bewegungsgleichungen) oder sie brechen und ändern damit ihr Verhalten drastisch.
- *Drittens* wachsen die Amplituden *langsam* mit der Zeit (vgl. Aufgabe 6.15), der Erreger muss ja die Energie für den Schwinger liefern.

Aus Abb. 6.9 liest man ab, dass der Phasenverschiebungswinkel α im Resonanzbereich in der Nähe von $\alpha = \pi/2 = 90°$ liegt und dass $\alpha = \pi/2 = 90°$ für $\tilde{\Omega} = 1$, $(\Omega = \omega_0)$, für alle Werte $D \geq 0$ gilt. (Dies nutzt man gelegentlich bei Messungen aus, um die *Resonanzstelle* zu erkennen.)

Bei vorhandener Dämpfung sind die *Resonanzamplituden* für $0 < D < 1/\sqrt{2}$ durch $1/(2D\sqrt{1-D^2}) \cdot \hat{F}_e/k$ beschränkt (vgl. Aufgabe 6.11 und Aufgabe 6.12). Für $D > 1/\sqrt{2}$ gibt es praktisch keine *Resonanzspitzen* mehr. Im Übrigen nähern sich die Resonanzkurven für $D > 0$ umso stärker – von unten – an die für $D = 0$ an, je weiter man sich von $\tilde{\Omega} = 1$ entfernt.

Bei kleiner Erregerfrequenz, $0 < \tilde{\Omega} \ll 1$, ist die Amplitude etwa gleich der Auslenkung der Feder unter der Last $\hat{F}_e$, denn die wirkende Trägheitskraft wächst mit Ω^2, ist also noch klein, vgl. (6.27). Mit zunehmendem Ω wird der Einfluss der Trägheitskraft größer, die Amplitude nimmt zu, bei strenger Resonanz heben sich Feder- und Trägheitskraft auf, der Dämpfer allein hält der Erregung das (dynamische) Gleichgewicht. Oberhalb $\tilde{\Omega} = 1$ übertrifft die Trägheitskraft die Federkraft, sie übernimmt zunehmend die Erregerkraft, für $\tilde{\Omega} \to \infty$ gilt $\hat{x}_p \to 0$. Damit dieses (dynamische) Gleichgewicht möglich ist, steigt der Phasenverschiebungswinkel α für $0 < \tilde{\Omega} < 1$ zunächst langsam, dann sehr rasch von 0 auf 90°, für $\tilde{\Omega} > 1$ nähert er sich zunächst rasch, dann langsam werdend asymptotisch dem Wert $\alpha = \pi$ (von unten).

Vergrößerungsfunktion Schreibt man die erzwungene Schwingung $x_p(t)$ gemäß (6.26) mit $\hat{x}_p$ nach (6.27) und α nach (6.28) in der Form

$$x_p = \frac{\hat{F}_e}{k} \cdot \frac{1}{\sqrt{(1-\tilde{\Omega}^2)^2 + 4D^2\tilde{\Omega}^2}} \cos(\Omega t - \alpha), \tag{6.31}$$

so steht $\hat{F}_e/k$ als *statische Auslenkung* und $1/\sqrt{(1-\tilde{\Omega}^2)^2 + 4D^2\tilde{\Omega}^2}$ als eine Einflussfunktion, die die Wirkung des Schwingens berücksichtigt. Man nennt

$$V_1 := \frac{1}{\sqrt{(1-\tilde{\Omega}^2)^2 + 4D^2\tilde{\Omega}^2}} \tag{6.32}$$

Vergrößerungsfunktion[2] und schreibt statt (6.31)

$$x_p = \frac{\hat{F}_e}{k} V_1(\tilde{\Omega}) \cos(\Omega t - \alpha). \tag{6.33}$$

Für α gilt nach wie vor $(6.24)_3$ bzw. (6.28):

$$\tan \alpha = \frac{2D\tilde{\Omega}}{1-\tilde{\Omega}^2}, \quad 0 \le \alpha < \pi. \tag{6.34}$$

Das Diagramm für $V_1(\tilde{\Omega})$ unterscheidet sich praktisch nicht von Abb. 6.8. Es ist allerdings üblich, auf der Abszisse ($\tilde{\Omega}$-Achse) für $\tilde{\Omega} \ge 1$ statt $\tilde{\Omega}$ den transformierten Wert

$$a(\tilde{\Omega}) := 2 - 1/\tilde{\Omega} \tag{6.35}$$

aufzutragen, vgl. Abb. 6.10.

[2] V_2 vgl. Abb. 7.3, V_3 vgl. Abb. 7.1.

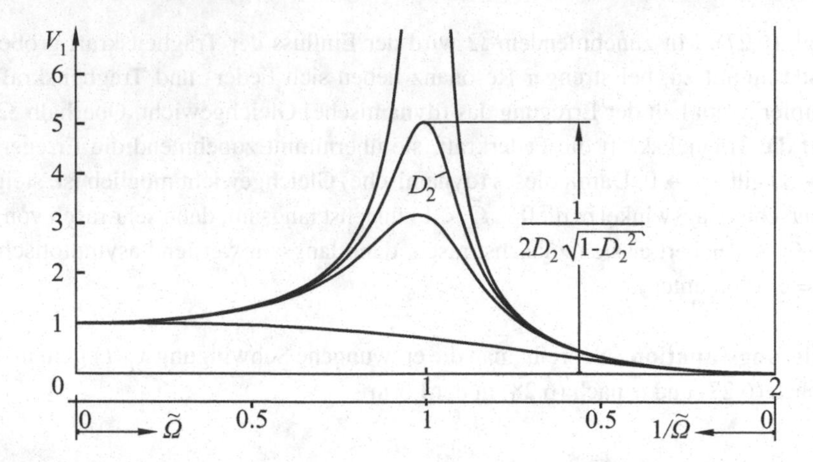

Abb. 6.10 Vergrößerungsfunktion V_1

6.2.4 Der Frequenzgang der Übertragungsfunktion

Die *Produktdarstellung* der erzwungenen Schwingung – in der *komplexen Form* bzw. Sichtweise von Abschn. 6.2.2 – als *Eingang × Übertragungsfunktion* (s. Abb. 6.3) ist besonders wichtig, weil sie den Zugang zu theoretischen und messtechnischen Methoden der *Signalverarbeitung* eröffnet. (In reeller Form, vgl. Aufgabe 6.18, ist das nicht möglich.)

Die Darstellung der *Übertragungsfunktion* $H(j\Omega)$, die man dazu braucht, nennt man *Ortskurve*, sie zeigt H oder $\tilde{H}$ in der komplexen Ebene mit Ω oder $\tilde{\Omega}$ als Kurvenparameter.

Der Vergleich von (6.22), (6.25), (6.32), (6.34) liefert

$$\tilde{H}(j\tilde{\Omega}) = \frac{1}{1-\tilde{\Omega}^2+2Dj\tilde{\Omega}} = \frac{e^{-j\alpha}}{\sqrt{(1-\tilde{\Omega}^2)^2+4D^2\tilde{\Omega}^2}} = V_1(\tilde{\Omega})e^{-j\alpha(\tilde{\Omega})}. \quad (6.36)$$

Zur Veranschaulichung ist $\tilde{H}(j\tilde{\Omega})$ für $D=0.2$ in Abb. 6.11a als dreidimensionale Raumkurve dargestellt. (Aus dem Diagramm lassen sich nur schwer Daten abgreifen.) Abb. 6.11b zeigt die zugehörige Ortskurve.

6.2.5 Seismische Schwingungsaufnehmer

Die Arbeitsweise eines seismischen Schwingungsaufnehmers als Bewegungssensor diene als Anwendungsbeispiel für Übertragungsfunktionen. Bewegungen von Gebäuden, Maschinenfundamenten, Schiffen, Flugzeugen, Fahrzeugen usw. misst man gegen eine mitgeführte träge Masse, die im Raum möglichst in Ruhe bleibt. Damit das Gewicht dieser Masse aufgenommen werden kann und sich eine Nulllage definieren lässt, fesselt man

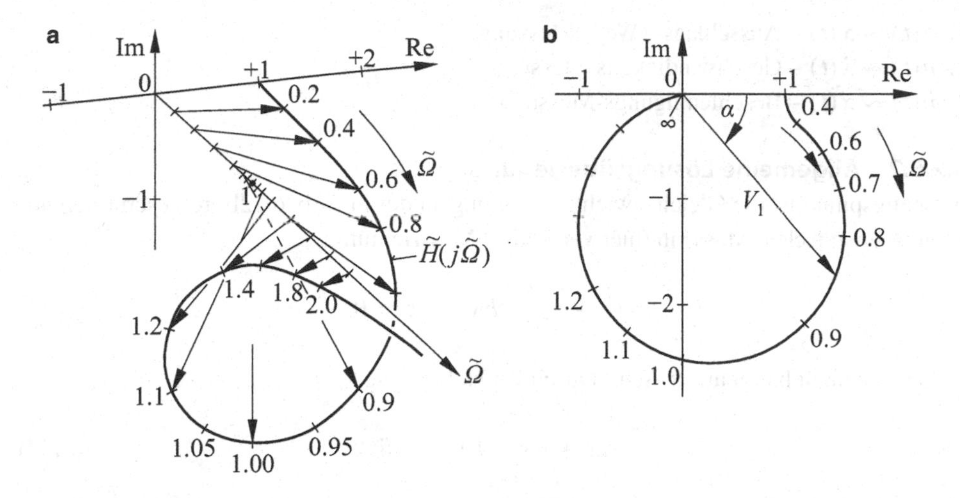

Abb. 6.11 Frequenzgang der Übertragungsfunktion $\tilde{H}(j\tilde{\Omega})$ für $D = 0.2$. **a** dreidimensional, in perspektivischer Darstellung, **b** als Ortskurve

die Masse über eine Feder an das bewegte Gebilde (federgefesselter Aufnehmer). Man kann die Parameter des angehängten Schwingers (Masse, Federsteifigkeit, Dämpfung) so wählen, dass sein – leicht messbarer – Relativausschlag gegen das Messobjekt direkt proportional zu der gesuchten Größe (Auslenkung, Geschwindigkeit oder Beschleunigung des Messobjekts) ist. Das gemessene Signal ist heute in der Regel Eingang in eine analoge oder digitale Signalverarbeitung.

6.2.5.1 Prinzipmodell des Messgeräts und Aufgabe

Abb. 6.12a zeigt das Schema des Messaufnehmers: Die seismische Masse m hängt über ein Feder-Dämpfer-Element, Steifigkeit k, Dämpferkonstante b, am Galgen, dessen Grundplatte festen Kontakt mit dem Messobjekt hat. Der Zeitverlauf der Auslenkung $u(t)$ – oder dessen erste bzw. Zeitableitung – gegen das durch Schraffur angedeutete Inertialsystem soll gemessen werden. „Abgelesen“ wird der Zeitverlauf $x(t)$ der Relativauslenkung; das ist der Eingang in die Signalverarbeitung.

Wie müssen m, b, k gewählt werden, damit die folgenden Proportionalitäten gelten?

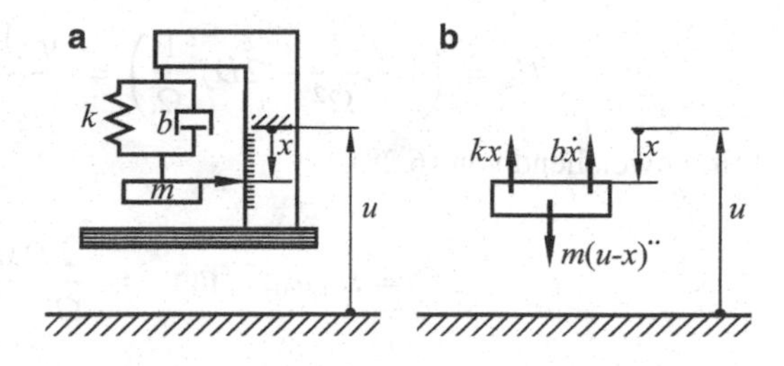

Abb. 6.12 *Messgerät.* **a** Schemaskizze **b** Schnittbild für die „seismische“ Masse

1. $u(t) \sim x(t)$ – Ausschlags- (Weg-)Messung
2. $\dot{u}(t) \sim \dot{x}(t)$ – Geschwindigkeits-Messung
3. $\ddot{u}(t) \sim \ddot{x}(t)$ – Beschleunigungs-Messung

6.2.5.2 Allgemeine Lösungsüberlegungen

Ausgangspunkt ist die Gleichgewichtsbedingung an der in Abb. 6.12b freigeschnitten gezeigten seismischen Masse in (hier vertikaler) Messrichtung:

$$m(u - x)^{\cdot\cdot} - b\dot{x} - kx = 0. \tag{6.37}$$

Das Gewicht bleibt außer Acht. Durch Umstellen folgt

$$m\ddot{x} + b\dot{x} + kx = m\ddot{u}. \tag{6.38}$$

Komplex und mit $\omega_0^2 = k/m$, $2D\omega_0 = b/m$:

$$\underline{\ddot{x}} + 2D\omega_0\underline{\dot{x}} + \omega_0^2\underline{x} = \underline{\ddot{u}}. \tag{6.39}$$

Aus (6.38) bzw. (6.39) sollen die Zusammenhänge zwischen $x(t)$ und $u(t)$ erschlossen werden.

Führt die Grundplatte des Geräts periodische Schwingungen, sagen wir mit der Periode $T = 2\pi/\Omega$, Ω eine Erregerfrequenz, aus, so lässt sich $u(t)$ in eine *Fourier-Reihe* zerlegen, deren Glieder mit ganzen Vielfachen von Ω schwingen; vgl. Abschn. 6.1. Gemäß den Überlagerungsaussagen aus Abschn. 4.6.2 können wir die Lösung $x(t)$ aus harmonischen Bewegungen zusammensetzen. Es genügt also, den Zusammenhang zwischen u und x für harmonische Bewegungen zu studieren, also zwischen

$$\underline{x} = \hat{x}e^{j\Omega t} \quad \text{und} \quad \underline{u} = \underline{\hat{u}}e^{j\Omega t}. \tag{6.40}$$

Mit (6.40) gewinnt man aus (6.39) die *Übertragungen*

$$\underline{\hat{u}} = H_u\hat{x}, \quad j\Omega\underline{\hat{u}} = H_{\dot{u}}\hat{x}, \quad -\Omega^2\underline{\hat{u}} = H_{\ddot{u}}\hat{x}, \tag{6.41}$$

wo

$$H_u = \left(1 - \frac{1}{\tilde{\Omega}^2} - 2Dj\frac{1}{\tilde{\Omega}}\right) = \frac{\sqrt{(1-\tilde{\Omega}^2)^2 + 4D^2\tilde{\Omega}^2}}{\tilde{\Omega}^2}e^{-j\alpha} \tag{6.42}$$

mit, abweichend von (6.28),

$$\tilde{\Omega} = \Omega/\omega_0, \quad \tan\alpha = \frac{2D\tilde{\Omega}}{\tilde{\Omega}^2 - 1}, \quad 0 \le \alpha \le \pi, \tag{6.43}$$

und

$$H_{\dot{u}} = j\Omega H_u = \omega_0 \left(2D - j\frac{1-\tilde{\Omega}^2}{\tilde{\Omega}} \right) = \omega_0 \frac{\sqrt{(1-\tilde{\Omega}^2)^2 + 4D^2\tilde{\Omega}^2}}{\tilde{\Omega}} e^{j(\frac{\pi}{2}-\alpha)} \tag{6.44}$$

sowie

$$H_{\ddot{u}} = -\Omega^2 H_u = \omega_0^2(1-\tilde{\Omega}^2 + 2Dj\tilde{\Omega}) = \omega_0^2 \sqrt{(1-\tilde{\Omega}^2)^2 + 4D^2\tilde{\Omega}^2} e^{j(\pi-\alpha)}. \tag{6.45}$$

6.2.5.3 Wahl der Aufnehmer-Parameter

Die Parameter der jeweiligen Aufnehmer müssen so gewählt werden, dass die zugehörige Übertragungsfunktion im Messbereich $\Omega_{min} < \Omega < \Omega_{max}$ möglichst gleichbleibende Zahlenwerte annimmt, sich dort also nur schwach mit der Erregerfrequenz Ω ändert.

Weg-Messung Aus (6.42) folgt die Forderung $\tilde{\Omega} \gg 1$, also $\Omega > \Omega_{min} \gg \omega_0$. Die Eigenfrequenz $\omega_0 = \sqrt{k/m}$ des angehängten Wegaufnehmers muss möglichst klein, also die Federsteifigkeit k klein und die Masse m groß sein.

Andererseits ruft das Gewicht $G = mg$ die statische Auslenkung $x_{stat} = mg/k = g/\omega_0^2$ hervor. Sie begrenzt ω_0^2 nach unten. Der Messbereich von Wegaufnehmern ist vor allem nach unten begrenzt.

Mit $\tilde{\kappa} := 1/\tilde{\Omega}$ folgen aus (6.42), (6.43) für kleine Werte $\tilde{\kappa}$

$$\|H_u\| \approx 1 - \tilde{\kappa}^2(1-2D^2), \quad \alpha \approx 2D\tilde{\kappa}. \tag{6.46}$$

Das Dämpfungsmaß D darf einerseits nicht zu groß sein, damit die Phasenwinkel der Harmonischen möglichst übereinstimmen, andererseits müssen Eigenschwingungen des Messaufnehmers hinreichend schnell abklingen (vgl. Kap. 8).

Geschwindigkeits-Messung Die Forderung nach möglichst konstantem $H_{\dot{u}}$ lässt sich nur in einem engen Bereich $\tilde{\Omega}_{min} < 1 < \tilde{\Omega}_{max}$ erfüllen. Mit $\tilde{\nu} := \tilde{\Omega} - 1$ folgt aus (6.44)

$$\frac{\|H_{\dot{u}}\|}{\omega_0} \approx 2D + \frac{\tilde{\nu}^2}{D} - \frac{\tilde{\nu}^3}{D}, \quad (\pi/2 - \alpha) \approx \frac{\tilde{\nu}}{D} - \frac{\tilde{\nu}^2}{2D}. \tag{6.47}$$

Man sieht: Das Dämpfungsmaß muss hinreichend groß gewählt werden. Der Messbereich liegt etwa symmetrisch um ω_0.

Geschwindigkeitsaufnehmer werden selten eingesetzt. Ein Anwendungsfeld sind „Schnelle"-Messungen, weil der Mensch bei Schwingungen im Bereich von etwa 10 Hz bis 100 Hz die Schnelle (= Geschwindigkeit) fühlt, sein Körper auf hohe Schnelle empfindlich reagiert. Auch Schnellemessungen erfordern eine Signalverarbeitung.

Beschleunigungs-Messung Die Forderung $H_{\ddot{u}} \approx$ konstant führt zu einem nach oben beschränkten Messbereich $\tilde{\Omega} \ll 1$, also $\Omega_{max} \ll \omega_0$, die Federsteifigkeit $k = \omega_0^2 m$ muss also groß, die Masse m klein sein. Für $\tilde{\Omega} \ll 1$ folgt aus (6.45)

$$\frac{\|H_{\ddot{u}}\|}{\omega_0^2} \approx 1 - \tilde{\Omega}^2(1 - 2D^2), \quad (\pi - \alpha) \approx 2D\tilde{\Omega}. \tag{6.48}$$

Diese Bedingungen sind am leichtesten zu erfüllen. Deshalb sind Beschleunigungsmessungen allgemein bevorzugt. Kleine Messsignale $\sim x(t)$ kann man analog oder digital verarbeiten, dass heißt verstärken, auch ein- oder zweimal integrieren, um den Geschwindigkeitsverlauf $\dot{u}(t)$ bzw. den Wegverlauf $u(t)$ zu gewinnen.

6.3 Das Arbeiten mit Stoßerregung und Stoßantwort

Statt *Stoßerregung* und *Stoßantwort* sagt man nach ISO 31-3 *Impulserregung* bzw. *Impulsantwort* (vgl. die Bemerkung in A.3.1).

6.3.1 Die Delta-Funktion

Man kann – mit einiger Vorsicht – die Delta-Funktion $\delta(t - \tau)$ als einen sehr kurzen *Einsstoß* ansehen. Mit Abb. 6.13a gelten bei $\varepsilon \to 0$

$$\delta(t - \tau) \equiv 0 \quad \text{für } \|t - \tau\| > \varepsilon, \tag{6.49}$$

$$\int_{-\infty}^{\infty} \delta(t - \tau) dt = \int_{\tau-\varepsilon}^{\tau+\varepsilon} \delta(t - \tau) dt = A \stackrel{!}{=} 1. \tag{6.50}$$

Bemerkungen

1. Man nennt $\delta(t - \tau)$ auch *Dirac-Funktion*, aus mathematischer Sicht handelt es sich um eine *Distribution* (nach L. Schwartz[3]).
2. Im Intervall $\|t - \tau\| < \varepsilon$ darf $\delta(t - \tau)$ auch negative Werte annehmen, s. Abb. 6.13b, doch muss die, unter Beachtung der Vorzeichen, berechnete Fläche die Bedingung (6.50) erfüllen.
3. Dimensionen: Für die Fläche A gilt $\dim(A) = 1$, für die Delta-Funktion $\dim \delta = 1/\text{Zeit}$; beim Einführen einer dimensionslosen Zeit muss $\delta(t - \tau)$ also (mit)transformiert werden.

[3] Laurent Schwartz, *1915–2002*, französischer Mathematiker.

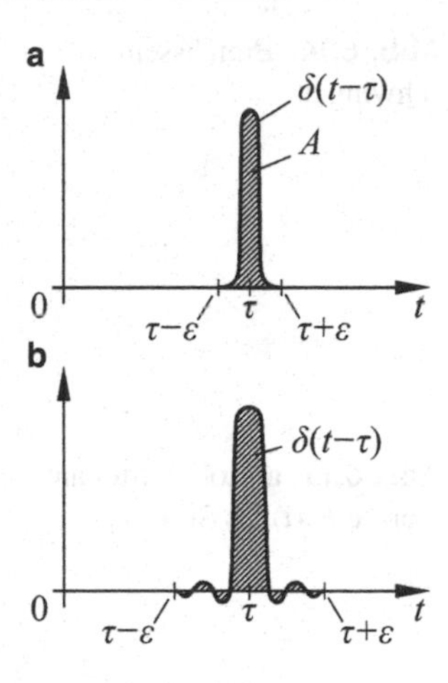

Abb. 6.13 Delta Funktionen

4. Damit $\delta(t-\tau)$ nicht mit dem Abklingkoeffizienten δ, s. zum Beispiel (1.92), verwechselt wird, bezeichnen wir letzteren mit δ^*, soweit er parallel zur Delta-Funktion vorkommt.
5. Zur Vereinfachung schreiben wir unten

$$\tau^- := \tau - \varepsilon, \quad \tau^+ := \tau + \varepsilon. \tag{6.51}$$

6. Überlegungen mit Hilfe von Delta-Funktionen führen stets auf Integrale der Art (6.50), wo jedoch die Delta-Funktion im Integranden mit einer *stetigen* Funktion $f(t)$ multipliziert ist. Dann gilt (vgl. Aufgabe 6.21):

$$\int_{-\infty}^{\infty} f(t)\delta(t-\tau)dt = \int_{\tau^-}^{\tau^+} f(t)\delta(t-\tau)dt = f(\tau). \tag{6.52}$$

6.3.2 Erregung durch einen Kraftstoß

Auf den Einmassenschwinger nach Abb. 6.14 (vgl. Abb. 4.12) wirkt zur Zeit $t = \tau$ als „Erregerkraft F_e" der Stoß $I \cdot \delta(t-\tau)$, vgl. Abb. 6.15a. Die Bewegungsgleichung (6.1) lautet dann (Aufgabe 6.24):

$$m\ddot{h} + b\dot{h} + kh = I \cdot \delta(t-\tau), \tag{6.53}$$

wobei wir – um Dimensions-Wirrwarr zu vermeiden – die Auslenkung $x(t)$ durch die *Stoßantwort* $h(t)$ ersetzen.

Sei der Schwinger bis zum Zeitpunkt τ^- in Ruhe: $h(t) \equiv 0$ für $t \leq \tau^-$. Wir integrieren linke wie rechte Seite von (6.53) über das Intervall $\tau^- \leq t \leq \tau^+$ nach der Zeit t und erhalten

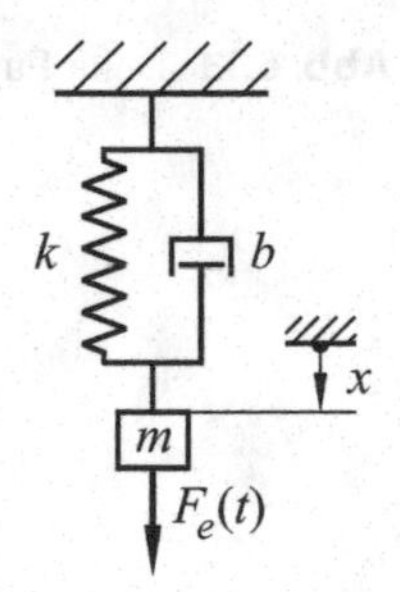

Abb. 6.14 Einmassenschwinger

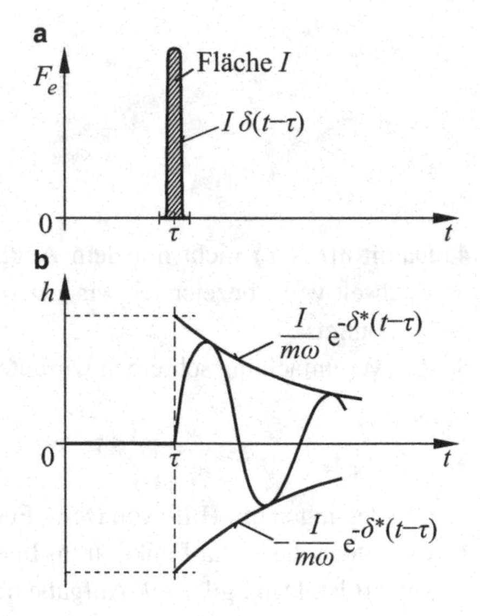

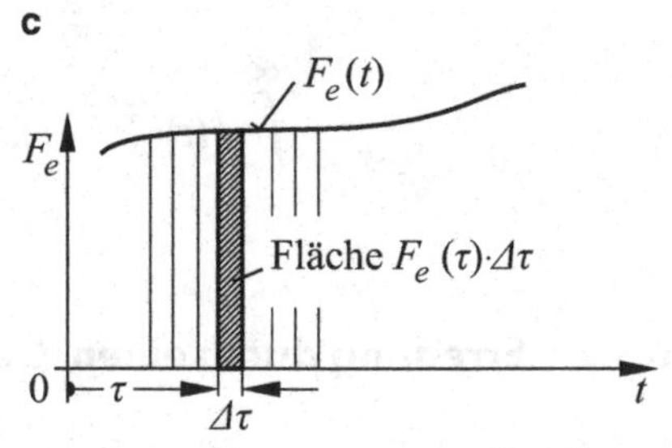

Abb. 6.15 **a** Stoß, **b** Stoßantwort, **c** $F_e(t)$ als Stoßfolge

(vgl. 6.50, 6.52):

$$m(\dot{h}(\tau^+) - \dot{h}(\tau^-)) + b(h(\tau^+) - h(\tau^-)) + k\int_{\tau^-}^{\tau^+} h(t)dt = I. \qquad (6.54)$$

Die Stoßantwort $h(t)$ muss stetig sein: Wegen $h = 0$ für $t < \tau^-$ und $\varepsilon \to 0$ gelten dann

$$\dot{h}(\tau^-) = 0, \quad h(\tau^+) \to 0, \quad h(\tau^-) = 0, \quad \int_{\tau^-}^{\tau^+} h(t)dt = 0, \qquad (6.55)$$

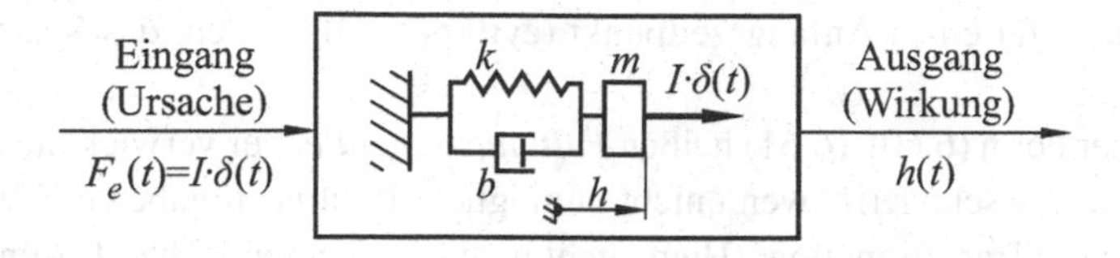

Abb. 6.16 Wirkungsplan für Kraftstoß $I \cdot \delta(t)$ und Stoßantwort $h(t)$

und (6.54) liefert

$$\dot{h}(\tau^+) = I/m. \tag{6.56}$$

Die für $t \leq \tau$ verschwindende Stoßantwort $h(t)$ genügt *unmittelbar nach dem Kraftstoß* also den Anfangsbedingungen

$$h(\tau^+) = 0, \quad \dot{h}(\tau^+) = I/m. \tag{6.57}$$

Nach dem Stoß gilt anstelle von (6.53) die zugeordnete homogene Dgl

$$m\ddot{h} + b\dot{h} + kh = 0. \tag{6.58}$$

Die Stoßantwort $h(t)$ ist für $t > \tau$ also als Lösung von (6.58) zu den Anfangsbedingungen (6.57) definiert. Aus (5.27) folgt für $t > \tau$

$$h(t - \tau) = \frac{I}{m\omega} e^{-\delta^*(t-\tau)} \sin \omega(t - \tau). \tag{6.59}$$

Abb. 6.15b zeigt den Verlauf; s. auch Abb. 1.22b.

Meistens setzt man bei der Darstellung $\tau = 0$ und nennt $h(t)$ Stoßantwort zum Einsstoß $I\delta(t)$. Parallel zum Signalflussplan nach Abb. 6.3 zeichnet man für lineare Schwingungssysteme (mit konstanten Koeffizienten) den Wirkungsplan nach Abb. 6.16.

6.3.3 Erregerkraft als Stoßfolge

Eine stetige Erregerkraft $F(t)$ kann man als Folge von Stößen mit $I = F(\tau) \cdot \Delta\tau$ ansehen, vgl. Abb. 6.15c. Wir dürfen die Wirkungen der Folge von Einzelstößen überlagern, vgl. Abschn. 4.6.2. Da die Einzelstöße – wegen $\varepsilon \to 0$ bzw. $\Delta\tau \to 0$ – jeweils unendlich kurz werden, müssen wir integrieren und erhalten für $t \geq \tau$

$$x(t) = \frac{1}{m\omega} \int_{t_A}^{t} F(\tau) e^{-\delta^*(t-\tau)} \sin \omega(t - \tau) d\tau, \tag{6.60}$$

in allgemeiner Form

$$x(t) = \int_{t_A}^{t} F(\tau) h(t - \tau) d\tau. \tag{6.61}$$

Darin steht t_A für einen Anfangszeitpunkt (evtl. $t_A < 0$), zu dem das System in Ruhe war.

Integrale der Form (6.60), (6.61) heißen *Faltungsintegrale*. Für verwickelte Funktionen ist ihre Auswertung schwierig, wenn nicht unmöglich. Routineaufgaben erledigt man mit Hilfe der Laplace-Transformation. (Heute geht man oft zu numerischen Lösungen über.)

Ersetzt man in (6.61) die Integrationsvariable τ durch

$$\sigma = t - \tau, \tag{6.62}$$

so liefert die entsprechende Transformation

$$x(t) = \int_0^{t-t_A} F(t-\sigma)h(\sigma)d\sigma. \tag{6.63}$$

Dies ist eine andere Lesart obiger Überlagerung.

6.4 Aufgaben

Aufgabe 6.1 Schreiben Sie die komplexe Form zur Dgl $m\ddot{x} + b\dot{x} + kx = \hat{F}_1 \cos \Omega t + \hat{F}_2 \sin \Omega t$ an.

Aufgabe 6.2 Schreiben Sie die komplexe Form zur Dgl $m\ddot{x} + b\dot{x} + kx = b\dot{u} + ku$ mit $u(t) = \hat{u} \cos \Omega t$ an.

Aufgabe 6.3 Gegeben sei die *nichtlineare* Bewegungsgleichung $m\ddot{x} + b\dot{x} + kx + cx^3 = \hat{F}_e \cos \Omega t$, $\dim c = \text{Kraft/Länge}^3$. Zeigen Sie, dass die nichtlineare komplexe Dgl $m\ddot{\underline{x}} + b\dot{\underline{x}} + k\underline{x} + c\underline{x}^3 = \hat{F}_e e^{j\Omega t}$ *nicht* durch Realteilbildung in die reelle übergeht.

Aufgabe 6.4 Überführen Sie die Dgln (6.3) und (6.7) in die Formen $\ddot{x} + 2D\omega_0\dot{x} + \omega_0^2 x = \omega_0^2 \hat{F}_e/k \cdot \cos \Omega t$ bzw. $\ddot{\underline{x}} + 2D\omega_0\dot{\underline{x}} + \omega_0^2\underline{x} = \omega_0^2 \hat{F}_e/k \cdot e^{j\Omega t}$ mit *leicht interpretierbaren Parametern*.

Aufgabe 6.5 Berechnen Sie die erzwungene Schwingung für die Bewegungsgleichung aus Aufgabe 6.1.

Aufgabe 6.6 Zeigen Sie, dass aus der Dgl (6.9) unmittelbar die Form (6.19), (6.21) der (komplexen) Amplitude der erzwungenen Schwingung folgt.

Aufgabe 6.7 Setzen Sie den Zeiger (die komplexe Amplitude) zu Aufgabe 6.5 entsprechend Abb. 6.5 grafisch aus zwei Anteilen – für F_1 und F_2 – zusammen.

Aufgabe 6.8 Schreiben Sie für den in Abschn. 6.2.2 untersuchten Schwinger für die Geschwindigkeit $v_p := \dot{x}_p$ und die Beschleunigung $a_p := \ddot{x}_p$ die (komplexen) Ausdrücke für die Drehzeiger $\underline{v}_p, \underline{a}_p$ und Zeiger $\underline{\hat{v}}, \underline{\hat{a}}_p$ an. Tragen Sie die Zeiger jeweils gemeinsam in Diagramme entsprechend Abb. 6.4 und 6.5 ein.

Aufgabe 6.9 Deuten Sie (6.13) grafisch als *geometrische Summe* von (Dreh-)Zeigern.

Aufgabe 6.10 Bringen Sie die rechte Seite der (6.21) auf eine Form mit reellem Nenner und schreiben daraus (6.25) an.

Aufgabe 6.11 Zeigen Sie, dass die Amplituden $\hat{x}_p(\tilde{\Omega})$ für $0 < D < 1/\sqrt{2}$ ihren Maximalwert bei $\tilde{\Omega} = \sqrt{1 - 2D^2}$ annehmen (*Resonanzstelle*) und dass der Maximalwert $\hat{x}_p/(\hat{F}_e/k)$ bei $1/(2D\sqrt{1 - D^2})$ liegt.

Aufgabe 6.12 Zeigen Sie, dass für $\tilde{\Omega} = 1$, (also $\Omega = \omega_0$), $\hat{x} = \hat{F}_e/(2Dk)$ gilt (vgl. Aufgabe 6.11 für $0 < D < 1/\sqrt{2}$).

Aufgabe 6.13 Leiten Sie durch Grenzübergang $D \to 0$ (6.30) aus (6.28) her.

Aufgabe 6.14 Ermitteln Sie für den Fall verschwindender Dämpfung die erzwungenen Schwingungen für $m\ddot{x} + kx = \hat{F}_e \cos \Omega t$, vgl. (6.3), mit dem *Gleichtakt-Ansatz* $x_p = \hat{\hat{x}} \cos \Omega t$ und weisen Sie nach, dass dieses x_p für $\Omega \neq \omega_0$ mit dem nach (6.26), (6.30) übereinstimmt.

Aufgabe 6.15 Zeigen Sie, dass die Dgl $\ddot{x} + \omega_0^2 x = \hat{F}_e/k \cdot \omega_0^2 \cos \omega_0 t$ die Lösung $x_p = 1/2 \cdot \hat{F}_e/k \cdot (\omega_0 t) \cdot \sin \omega_0 t$ hat.

Aufgabe 6.16 Zeigen Sie, dass in den Kurven $V_1(\tilde{\Omega})$ von Abb. 6.10 durch die Verzerrung gemäß (6.35) bei $\tilde{\Omega} = 1$ keine Knicke entstehen.

Aufgabe 6.17 Verzerren Sie in Abb. 6.10 die Ordinate der Vergrößerungsfunktion $V_1(\tilde{\Omega})$ für $V_1 \geq 1$ gemäß $b(V_1) = 2 - 1/V_1$ und zeichnen Sie das entsprechende Diagramm.

Aufgabe 6.18 Gesucht ist die Lösung der Dgl aus Aufgabe 6.1 auf *reellem* Wege mit einem Ansatz vom *Typ der rechten Seite*: dort ist das $x_p = A \cos \Omega t + B \sin \Omega t$. Bestimmen Sie die zunächst freien Konstanten *A, B* durch Abgleich der Sinus- und Kosinus-Terme.

Aufgabe 6.19 Vergleichen Sie die Diagramme in Abb. 6.8 (bzw. 6.10) und 6.9 mit der Ortskurve in Abb. 6.11a. Versuchen Sie jeweils $V_1(\tilde{\Omega}), \alpha(\tilde{\Omega})$ aus $\tilde{H}(j\tilde{\Omega})$ und umgekehrt zu skizzieren.

Aufgabe 6.20 Schreiben Sie für die Aufhängekraft $F = kx + b\dot{x}$, vgl. Abb. 4.12, zu gegebener harmonischer Erregung, vgl. (6.2), (6.3), eine Übertragungsfunktion $H(j\Omega)$ vom Eingang $\hat{F}_e \exp(j\Omega t)$ zum Ausgang $\hat{F} \exp(j\Omega t)$ an, machen Sie sie dimensionslos und entwerfen Sie eine Vergrößerungsfunktion sowie eine Ortskurve des Frequenzgangs $\tilde{H}(j\tilde{\Omega})$.

Aufgabe 6.21 Für den Wegaufnehmer nach Abschn. 6.2.5 sei ω_0 gegeben. Wie groß ist Ω_{min}, wenn eine Amplitudenabweichung von 3% und ein Phasenfehler von 5 Grad zulässig sein soll. Wie groß darf D sein, wenn beide Bedingungen auf das gleiche Ω_{min} führen sollen?

Aufgabe 6.22 Für den Beschleunigungsaufnehmer nach Abschn. 6.2.5 sei eine obere Grenze Ω_{max} für den Messbereich gegeben. Wie groß müssen ω_0 und D gewählt werden, damit im Messbereich die Amplitudenabweichung von 2% und ein Phasenfehler von 3 Grad zulässig sein soll? Wie groß muss das Dämpfungsmaß D gewählt werden, damit Eigenschwingungen des Aufnehmers innerhalb eines Zeitintervalls $0 \leq t \leq N \cdot 2\pi/\Omega_{max}$ mit $N = 10$ auf 2% abgeklungen sind?

Aufgabe 6.23 Wählen Sie als Delta-Funktion $\delta(t)$ im Intervall $-\varepsilon < t < \varepsilon$ zum Beispiel $\delta(t) = 1/(2\varepsilon)$ oder $\delta(t) = (\pi/4\varepsilon) \cdot \cos(\pi t/2\varepsilon)$ und als $f(t)$ ein Polynom oder eine trigonometrische Funktion. Werten Sie damit die Integrale (6.50), (6.52) aus und führen die Grenzübergänge $\varepsilon \to 0$ durch.

Aufgabe 6.24 Welche Dimensionen haben die Stoßantwort $h(t)$, die Delta-Funktion $\delta(t)$, der Stoß $I \cdot \delta(t-\tau)$ und der Kraftstoß (engl. impulse) I in der Dgl. (6.53)?

Aufgabe 6.25 Nehmen Sie an, dass auf einen Schwinger als Erregung eine Stoßfolge der Periode T jeweils mit den Kraftstößen $\hat{I}$, $\dim(\hat{I}) = \text{Masse} \cdot \text{Geschwindigkeit}$ wirkt. Setzen Sie die Bewegung aus Stoßantworten zusammen.

Aufgabe 6.26 Der Schwinger nach Abb. 6.14 sei zunächst in Ruhe. Zum Zeitpunkt $t = 0$ wird als konstante Last das Gewicht G aufgebracht. Berechnen Sie $x(t)$ für $t > 0$ nach (6.60).

Aufgabe 6.27 Auf den Schwinger nach Aufgabe 6.26 wirkt die konstante Kraft $F_e(t) = F_c$ stufenförmig, d. h. nur im Intervall $0 \leq t \leq T_1$. Wie lautet $x(t)$ für $t > T_1$?

Aufgabe 6.28 Die stufenförmige Kraft aus Aufgabe 6.27 wird durch eine bei $t = T_1$ abbrechende Rampe $F(t) = (t/T_1) \cdot F_c$ ersetzt. Wie lautet $x(t)$ für $0 \leq t \leq T_1$ und für $t > T_1$?

Aufgabe 6.29 Kontrollieren Sie die Transformation (6.62), (6.63) und vergleichen Sie die Lesarten von (6.60), (6.61) mit der von (6.63) an Hand von Abb. 6.15.

Erzwungene Schwingungen der Exzenterpressen 7

Zusammenfassung

Das Ersatzsystem der Exzenterpresse aus Kapitel 4 wird gemäß den Überlegungen aus Kapitel 6 untersucht. Erregungen sind einerseits die Bewegungen des Bodens und andererseits die in Kapitel 4 ermittelten Massenkräfte. In beiden Fällen handelt es sich um erzwungene Schwingungen, die Gleichungen werden aber unterschiedlich angeschrieben und aufgelöst, die Lösungen sachgerecht gelesen. Es wird reell gerechnet, neue Vergrößerungsfunktionen tauchen auf. Kritischer Punkt ist stets die Eigenfrequenz des Einmassenschwingers, auf den die federnd gelagerten Pressen abgebildet sind. Je nach Aufgabe kann eine Erregerfrequenz unter- oder oberhalb der Resonanzstelle günstig sein, evtl. also Parameteränderungen erfordern. Aktivisolierung zum Schutz der Umgebung vor einer schwingenden Maschine und Passivisolierung zum Abschirmen einer Maschine gegen eine schwingende Umgebung erfordern beide eine tiefe Abstimmung. Dazu muss die Eigenfrequenz der Maschine klein, die Federung also weich sein.

Die Bewegungsgleichung (4.25) bzw. (4.26), (4.27) ist linear, die Wirkungen der einzelnen Erregerterme auf der rechten Seite, vgl. (4.27), können gemäß Abschn. 4.6.2 getrennt untersucht und dann einander überlagert werden. (In Kap. 8 kommen dann noch Wirkungen aus der zugeordneten homogenen Gleichung hinzu, die die Anfangsbedingungen erfassen; sie klingen in der Regel rasch ab.)

Das Überlagern gilt allerdings nur für das Auffinden der Lösungen. Bewerten muss man oft die Summe. Das gilt besonders für das Erreichen und *Überschreiten* von *zulässigen Lasten* oder *Auslenkungen*. In Grenzfällen sind für solche Untersuchungen umständliche numerische Rechnungen erforderlich.

Ergänzende Information Die elektronische Version dieses Kapitels enthält Zusatzmaterial, auf das über folgenden Link zugegriffen werden kann https://doi.org/10.1007/978-3-658-38123-3_7.

E. Brommundt und D. Sachau, *Schwingungslehre mit Maschinendynamik*,
https://doi.org/10.1007/978-3-658-38123-3_7

7.1 Wirkung der relativ bewegten Massen auf die Rahmenauslenkung

Berücksichtigt man in der Bewegungsgleichung (4.25) allein die Erregerkräfte $2F_{Trel}$ aus der Relativbewegung von Kurbel, Pleuel und Stößel, so lautet sie

$$m\ddot{x} + b\dot{x} + kx = F_e \tag{7.1}$$

mit

$$F_e = 2F_{Trel} = 2m_s r\Omega^2\{\hat{f}_{c1}\cos\varphi + \hat{f}_{c2}\cos 2\varphi + \hat{f}_{c4}\cos 4\varphi + \ldots\}, \tag{7.2}$$

wo $\varphi = \Omega t$, vgl. (4.7), (4.15)–(4.23).

Man setzt die erzwungenen Schwingungen aus den Lösungen der Dgl

$$m\ddot{x} + b\dot{x} + kx = 2m_s r\Omega^2 \hat{f}_{cn}\cos n\Omega t \tag{7.3}$$

zusammen für die einzelnen Erregungen ... $\cos n\Omega t$. In der bezogenen Schreibweise aus Abschn. 5.1, vgl. auch (6.9), lautet (7.3)

$$\ddot{x} + 2D\omega_0\dot{x} + \omega_0^2 x = 2r\frac{m_s}{m}\hat{f}_{cn}\omega_0^2\tilde{\Omega}^2\cos n\Omega t, \tag{7.4}$$

komplex, vgl. Abschn. 6.2.1.

$$\ddot{\underline{x}} + 2D\omega_0\dot{\underline{x}} + \omega_0^2\underline{x} = 2r\frac{m_s}{m}\hat{f}_{cn}\omega_0^2\tilde{\Omega}^2 e^{jn\Omega t}. \tag{7.5}$$

Der Lösungsansatz

$$\underline{x} = \hat{\underline{x}}e^{jn\Omega t}, \tag{7.6}$$

vgl. Abschn. 6.2.2, führt auf

$$\hat{\underline{x}} = 2r\frac{m_s}{m}\hat{f}_{cn}\frac{\omega_0^2\tilde{\Omega}^2}{\omega_0^2 - n^2\Omega^2 + 2Dn\omega_0 j\Omega} = 2r\frac{m_s}{m}\hat{f}_{cn}\frac{\tilde{\Omega}^2}{1 - n^2\tilde{\Omega}^2 + 2jnD\tilde{\Omega}}. \tag{7.7}$$

Ähnlich Abschn. 6.2.2 gelangt man zu

$$\hat{\underline{x}} = 2r\frac{m_s}{m}\hat{f}_{cn}\frac{\tilde{\Omega}^2 e^{-j\alpha}}{\sqrt{\left(1 - n^2\tilde{\Omega}^2\right)^2 + 4D^2n^2\tilde{\Omega}^2}}, \quad \text{wo } \tan\alpha = \frac{2Dn\tilde{\Omega}}{1 - n^2\tilde{\Omega}^2}, 0 \le \alpha < \pi. \tag{7.8}$$

Hier wird die neue *Vergrößerungsfunktion*

$$V_3(n\tilde{\Omega}) := \frac{\tilde{\Omega}^2}{\sqrt{\left(1 - n^2\tilde{\Omega}^2\right)^2 + 4D^2n^2\tilde{\Omega}^2}} \tag{7.9}$$

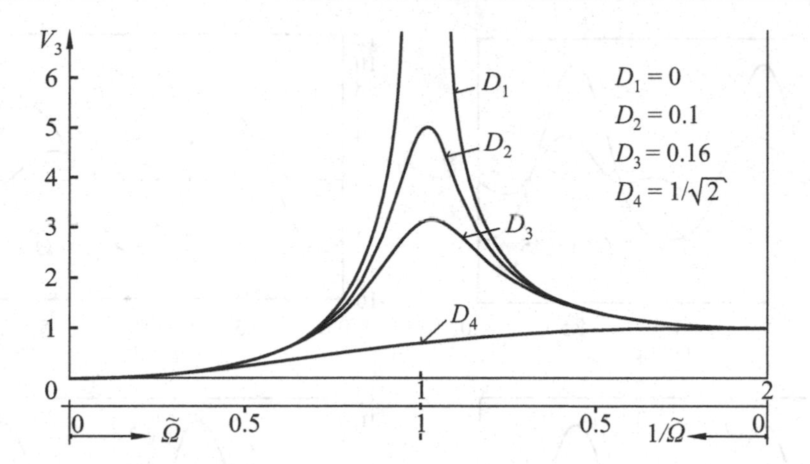

Abb. 7.1 Vergrößerungsfunktion V_3

eingeführt; für den *Phasenverschiebungswinkel* gilt (6.28). Abb. 7.1 zeigt $V_3(\tilde{\Omega})$ mit $n = 1$; für $\alpha(\tilde{\Omega})$ gilt Abb. 6.9.

Überlagert man die Wirkungen der einzelnen Terme von (7.2) gemäß (7.8), so erhält man – in reeller Form – die erzwungene Schwingung

$$\begin{aligned} x_p(t) = 2r\frac{m_s}{m}\Bigg\{&\hat{f}_{c1} V_3(\tilde{\Omega})\cos(\Omega t - \alpha(\tilde{\Omega})) \\ &+ \frac{\hat{f}_{c2}}{2^2} V_3(2\tilde{\Omega})\cos(2\Omega t - \alpha(2\tilde{\Omega})) \\ &+ \frac{\hat{f}_{c4}}{4^2} V_3(4\tilde{\Omega})\cos(4\Omega t - \alpha(4\tilde{\Omega})) + \ldots\Bigg\}. \end{aligned} \tag{7.10}$$

Man liest aus (7.10) ab:

1. Die erzwungenen Schwingungen werden umso kleiner, je kleiner das Verhältnis $2m_s/m$ ist, je kleiner also die bewegten Massen im Verhältnis zur Gesamtmasse sind. (Ein schweres Fundament ist günstig.)
2. Durch die Faktoren $\hat{f}_{cn}/n^2$ wird die Wirkung der höheren Harmonischen ($n > 1$) abgemindert. Für die $\hat{f}_{cn}$ gilt das Linienspektrum nach Abb. 4.9.
3. In $V_3(n\tilde{\Omega})$ trifft man auf Resonanz, wenn $n\tilde{\Omega} = n\Omega/\omega_0 \approx 1$ ist. Man kann Resonanz vermeiden, wenn man $\tilde{\Omega} > 1$ wählt, also $\omega_0 < \Omega$ *tief abstimmt*. Dann ist man allerdings in einem Bereich $V_3 \approx 1$.
4. Da die $\hat{f}_{cn}$ mit steigendem n rasch abnehmen, vgl. Abb. 4.9, kann man hier auch $\tilde{\Omega} < 1$ wählen und braucht nur darauf zu achten, z. B. $2\tilde{\Omega} \approx 1$ zu vermeiden.

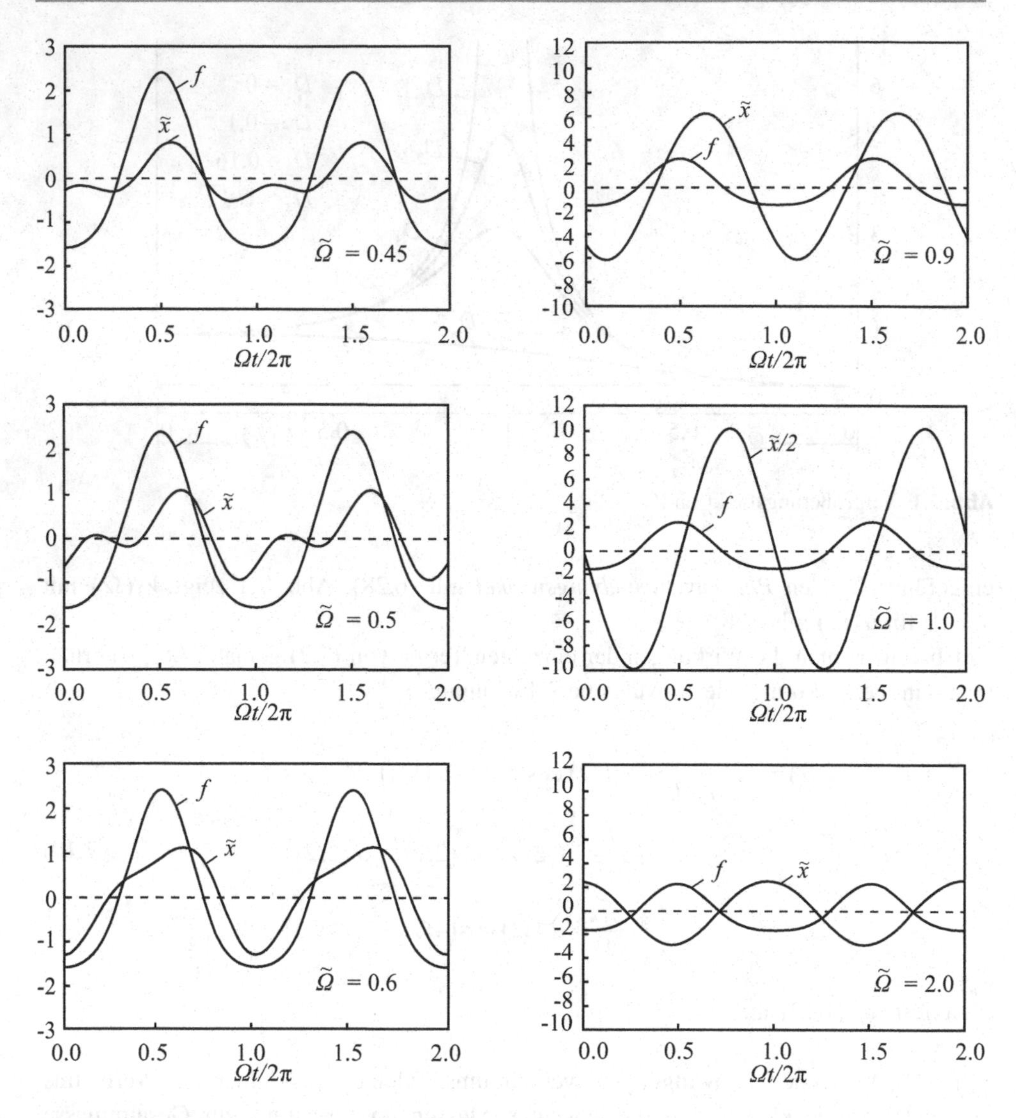

Abb. 7.2 Exzenterpresse: Zeitverläufe der bezogenen Erregerkraft $f(t)$ und bezogener Auslenkungen $\tilde{x}(t)$ zu verschiedenen Erregerfrequenzen $\tilde{\Omega} = \Omega/\omega_0$ mit $D = 0.05$

In Abb. 7.2 ist die (bezogene) Erregerkraft $f(t)$ gemäß (4.23) – vgl. auch Abb. 4.10 – gemeinsam mit der bezogenen Auslenkung

$$\tilde{x}(t) := \frac{1}{2rm_s/m} x_p(t) \tag{7.11}$$

mit $D = 0.05$ für 6 verschiedene Werte $\tilde{\Omega}$ dargestellt.

Die ersten 3 (untereinander stehenden) Teilbilder zeigen das Schwingungsverhalten $\tilde{x}(t)$ für $\tilde{\Omega} = 0.45, 0.5$ und 0.6, also in der Umgebung der Resonanz mit $\hat{f}_{c2} \cos 2\Omega t$ (bei $\tilde{\Omega} = 0.5$). Man beachte den sich stark mit $\tilde{\Omega}$ ändernden Zeitverlauf!

Die zwei oberen Bilder in der 2. Spalte zeigen $\tilde{x}(t)$ bei $\tilde{\Omega} = 0.9$ und 1.0, also in der Nähe der Resonanz mit $\hat{f}_{c1} \cos \Omega t$ (bei $\tilde{\Omega} = 1$). Das letzte Bild, für $\tilde{\Omega} = 2.0$, zeigt fast schon den *asymptotischen* Wert (für $\tilde{\Omega} \to \infty$), vgl. $V_3 \approx 1$ in Abb. 7.1.

7.2 Wirkung der bewegten Bodenplatte

Lässt man nun in der Bewegungsgleichung (4.25) $2F_{Trel}$ und G weg und nimmt für die *Fußpunkterregung* durch die Bodenplatte eine (komplexe) Bewegung

$$\underline{u}(t) = \hat{u}e^{j\Omega t} \tag{7.12}$$

an, so erhält man (komplex) die Gleichung[1]

$$m\underline{\ddot{x}} + b\underline{\dot{x}} + k\underline{x} = b\underline{\dot{u}} + k\underline{u}. \tag{7.13}$$

Will man (anschließend) auch die Kraft $\underline{F}(t)$ auf den Boden berechnen, gilt dafür, vgl. (4.3), (4.4),

$$\underline{F}(t) = b(\underline{\dot{x}} - \underline{\dot{u}}) + k(\underline{x} - \underline{u}). \tag{7.14}$$

Mit den Lösungsansätzen

$$\underline{x} = \underline{\hat{x}}e^{j\Omega t}, \quad \underline{F} = \underline{\hat{F}}e^{j\Omega t} \tag{7.15}$$

erhalten wir aus (7.13) und (7.14)

$$\underline{\hat{x}} = \frac{k + jb\Omega}{k - m\Omega^2 + jb\Omega}\hat{u}, \tag{7.16}$$

$$\underline{\hat{F}} = (k + jb\Omega)(\underline{\hat{x}} - \hat{u}) = \frac{(k + jb\Omega)m\Omega^2}{k - m\Omega^2 + jb\Omega}\hat{u}. \tag{7.17}$$

Zieht man in (7.16) und (7.17) in Zähler und Nenner das k heraus, so ergeben sich mit $\omega_0 = \sqrt{k/m}$, $b = 2D\omega_0 m$, $\tilde{\Omega} = \Omega/\omega_0$, vgl. Abschn. 5.1 und 6.2.2,

$$\underline{\hat{x}} = \frac{1 + 2Dj\tilde{\Omega}}{1 - \tilde{\Omega}^2 + 2Dj\tilde{\Omega}}\hat{u}, \tag{7.18}$$

und

$$\underline{\hat{F}} = \frac{\left(1 + 2Dj\tilde{\Omega}\right)\tilde{\Omega}^2}{1 - \tilde{\Omega}^2 + 2Dj\tilde{\Omega}}k\hat{u}. \tag{7.19}$$

[1] Wegen der Gleichbehandlung von $F(t)$ und $x(t)$ schreiben wir komplex $\underline{F}(t)$ und $\underline{x}(t)$.

Man setzt

$$\frac{1 + 2Dj\tilde{\Omega}}{1 - \tilde{\Omega}^2 + 2Dj\tilde{\Omega}} = V_2(\tilde{\Omega})e^{-j\alpha_2(\tilde{\Omega})}, \tag{7.20}$$

$$\frac{(1 + 2Dj\tilde{\Omega})\tilde{\Omega}^2}{1 - \tilde{\Omega}^2 + 2Dj\tilde{\Omega}} = \tilde{\Omega}^2 V_2(\tilde{\Omega})e^{-j\alpha_2(\tilde{\Omega})}, \tag{7.21}$$

wo

$$V_2(\tilde{\Omega}) = \frac{\sqrt{1 + 4D^2\tilde{\Omega}^2}}{\sqrt{(1 - \tilde{\Omega}^2)^2 + 4D^2\tilde{\Omega}^2}} \quad \text{und} \quad \alpha_2 = \alpha - \beta, \tag{7.22}$$

mit α aus (6.28), vgl. Abb. 6.9, und β aus

$$\tan\beta = 2D\tilde{\Omega}, \quad 0 \leq \beta < \pi/2. \tag{7.23}$$

Dann lauten (7.18) und (7.19)

$$\underline{\hat{x}} = \hat{u}V_2 e^{-j\alpha_2}, \quad \underline{\hat{F}} = k\hat{u}\tilde{\Omega}^2 V_2 e^{-j\alpha_2}. \tag{7.24}$$

Abb. 7.3, 7.4 und 7.5 zeigen $V_2(\tilde{\Omega}), \alpha_2(\tilde{\Omega}), \tilde{\Omega}^2 V_2(\tilde{\Omega})$.

Passivisolierung Man spricht von *Passivisolierung*, wenn man ein schwingungsfähiges System durch geeignet gewählte Parameter vor starken Auswirkungen durch Erregungen von außen bewahren will, hier ist das die Bewegung der Bodenplatte. Man verlangt kleine Bewegungen, also kleine Amplituden $|\underline{\hat{x}}|$, also muss $V_2(\tilde{\Omega})$ klein sein, vgl. (7.24) und Abb. 7.3, $\tilde{\Omega} = \Omega/\omega_0$ muss danach groß, bei gegebener Erregerfrequenz Ω also $\omega_0^2 = k/m$ klein sein. Dies ist wieder eine *tiefe Abstimmung*, die man durch weiche Federn und große Masse erreicht. Dabei sollen die Kräfte, also die Beschleunigungen $|\Omega^2\underline{\hat{x}}|$, also

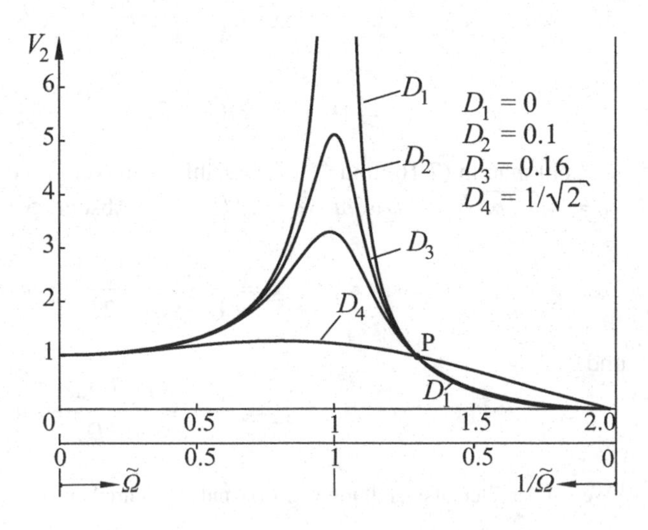

Abb. 7.3 Vergrößerungsfunktion V_2

Abb. 7.4 Phasengang α_2

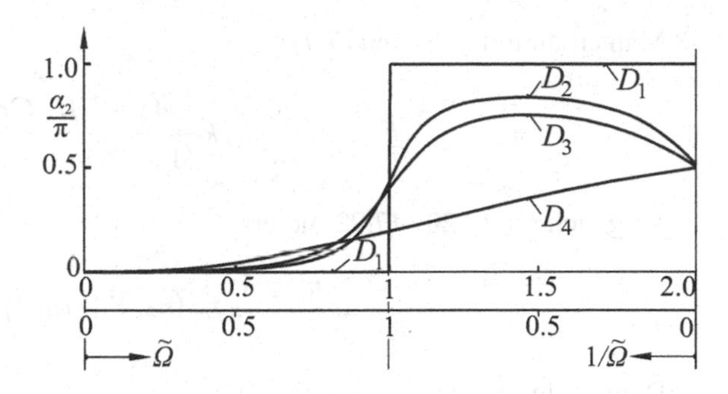

Abb. 7.5 Vergrößerungsfunktion $\tilde{\Omega}^2 V_2$

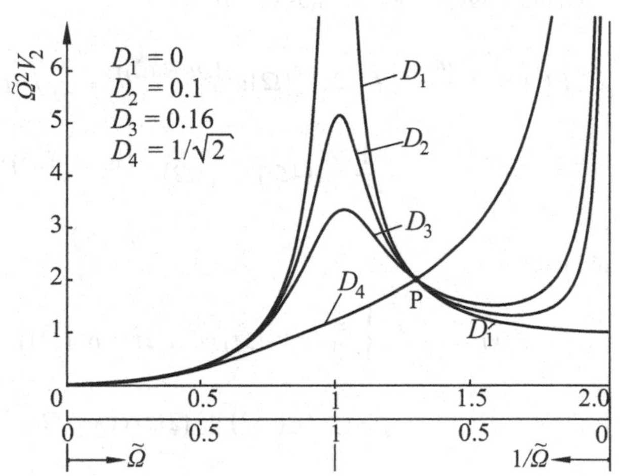

auch $\tilde{\Omega}^2 V_2(\tilde{\Omega})$ möglichst klein bleiben. Demnach darf, vgl. Abb. 7.5, das Dämpfungsmaß D nicht zu groß sein; vgl. die Aufgaben 7.6 und 7.7 zur Bedeutung des Punktes P.

7.3 Wirkung der bewegten Massen auf den Boden

Infolge der Erregerkräfte F_{Trel} bewegt sich der *Maschinensatz* mit $x_p(t)$, vgl. Abschn. 7.1. Gemäß (4.3), (4.4) übt er auf den Boden die Kraft

$$F(t) = b(\dot{x}_p - \dot{u}) + k(x_p - u) \tag{7.25}$$

aus. Bleibt die Bodenplatte in Ruhe, gilt also $u(t) \equiv 0$, so folgt aus (7.25)

$$F(t) = b\dot{x}_p + kx_p. \tag{7.26}$$

Schreibt man $x_p(t)$ wieder komplex, vgl. (7.5), so liefert (7.26) für die *n-te* Harmonische

$$\underline{F} = b\dot{\underline{x}} + k\underline{x} = (k + bj\Omega n)\hat{x}e^{jn\Omega t} =: \underline{\hat{F}}e^{jn\Omega t}. \tag{7.27}$$

Man erhält mit (5.3) und (7.7)

$$\underline{\hat{F}} = 2r\frac{m_s}{m}\hat{f}_{cn}k\frac{(1+2Dj\tilde{\Omega}n)\tilde{\Omega}^2}{(1-\tilde{\Omega}^2n^2)+2Dj\tilde{\Omega}n}. \tag{7.28}$$

Vergleich mit (7.20)–(7.22) liefert

$$\underline{\hat{F}} = 2r\frac{m_s}{m}k\frac{1}{n^2}\hat{f}_{cn}\left(n\tilde{\Omega}\right)^2 V_2\left(n\tilde{\Omega}\right)e^{-j\alpha_2\left(n\tilde{\Omega}\right)}. \tag{7.29}$$

Damit folgt mit den $\hat{f}_{cn}$ aus (4.23)

$$\begin{aligned}\underline{F}(t) = 2r\frac{m_s}{m}k\Bigg\{&\hat{f}_{c1}\tilde{\Omega}^2V_2(\tilde{\Omega})e^{j\left(\Omega t-\alpha_2(\tilde{\Omega})\right)} + \frac{1}{2^2}\hat{f}_{c2}(2\tilde{\Omega})^2V_2(2\tilde{\Omega})e^{j\left(2\Omega t-\alpha_2(2\tilde{\Omega})\right)}\\ &+\frac{1}{4^2}\hat{f}_{c4}(4\tilde{\Omega})^2V_2(4\tilde{\Omega})e^{j\left(4\Omega t-\alpha_2(4\tilde{\Omega})\right)}+\ldots\Bigg\},\end{aligned} \tag{7.30}$$

und reell

$$\begin{aligned}F(t) = r\frac{m_s}{m}k\Bigg\{&\hat{f}_{c1}\tilde{\Omega}^2V_2(\tilde{\Omega})\cos\left(\Omega t-\alpha_2(\tilde{\Omega})\right)\\ &+\frac{1}{2^2}\hat{f}_{c2}(2\tilde{\Omega})^2V_2(2\tilde{\Omega})\cos\left(2\Omega t-\alpha_2(2\tilde{\Omega})\right)\\ &+\frac{1}{4^2}\hat{f}_{c4}(4\tilde{\Omega})^2V_2(4\tilde{\Omega})\cos\left(4\Omega t-\alpha_2(4\tilde{\Omega})\right)+\ldots\Bigg\}.\end{aligned} \tag{7.31}$$

Aktivisolierung Man spricht von *Aktivisolierung*, wenn man die Umgebung eines schwingenden Systems durch geeignet gewählte Parameter vor der Auswirkung der über die Anschlusspunkte wirkenden Kräfte bewahren will.

Bei den Exzenterpressen sind die Wirkungen der (relativ) bewegten Massen auf den Boden durch (7.30) bzw. (7.31) gegeben. In der Regel wird es nicht gelingen, $\tilde{\Omega} = \Omega/\omega_0 \ll 1$ zu wählen, sodass man im Bereich $\tilde{\Omega}^2V_2(\tilde{\Omega}) < 1$ liegt, vgl. Abb. 7.5 und den Hinweis auf die statische Absenkung $x_{stat} = g/\omega_0^2$ in Aufgabe 7.11. Also muss man wieder, wie bei der Passivisolierung in Abschn. 7.2, *tief abstimmen*, $\omega_0^2 = k/m$ *und D* jetzt also möglichst *klein* wählen. (Ein Beispiel dafür ist die Waschmaschine.)

7.4 Aufgaben

Aufgabe 7.1 Zeigen Sie $V_3(\tilde{\Omega}) = \tilde{\Omega}^2V_1(\tilde{\Omega}) = V_1(1/\tilde{\Omega})$; – vgl. (7.9) mit (6.32).

Aufgabe 7.2 Nehmen Sie für $2rm_s/m$, D und $\tilde{\Omega}$ Zahlenwerte an und berechnen Sie mit den Daten von Abb. 4.9 das Linienspektrum von (7.8). Variieren Sie $\tilde{\Omega}$.

Aufgabe 7.3 Schreiben Sie ein Rechnerprogramm, das – etwa zu den Daten gemäß Aufgabe 7.2 – die Funktionsverläufe $x_p(\varphi), \varphi = \Omega t$ zur erzwungenen Schwingung (7.10) zeichnet. Wie sehen die Funktionsverläufe $x_p(\varphi)$ im Vergleich zu Abb. 4.10 aus, wenn man in die Resonanzen $\tilde{\Omega} = 1$ und $\tilde{\Omega} = 0.5$ hineinfährt? Was muss man also beachten, wenn man die Pressen mit veränderlicher Drehzahl betreiben will? – vgl. Abb. 7.2.

Aufgabe 7.4 Welche Phasen(winkel)-Beziehungen können Sie aus den Einzelbildern von Abb. 7.2 ablesen?

Aufgabe 7.5 Schreiben Sie die linke Seite der (7.20) durch Vergleich mit (6.36) in der Form

$$\left(1 + 2Dj\tilde{\Omega}\right)/\left(1 - \tilde{\Omega}^2 + 2Dj\tilde{\Omega}\right) = \left(1 + 2Dj\tilde{\Omega}\right)V_1 e^{-j\alpha} =: \sqrt{1 + 4D^2\tilde{\Omega}^2}e^{j\beta}V_1 e^{-j\alpha}$$

und verifizieren Sie damit (7.20), (7.22), (7.23).

Aufgabe 7.6 Bei welchem Wert $\tilde{\Omega}$ liegt der Punkt P in Abb. 7.3 und 7.5, bei dem die Dämpfung D die Wirkung umkehrt?

Aufgabe 7.7 Wie erklären Sie physikalisch anschaulich den Umschlag der Wirkungsrichtung der Dämpfung D bei P? Vgl. Abb. 7.3, 7.4 und Aufgabe 7.8; links von P wirkt größere Dämpfung mindernd, rechts von P verstärkt größere Dämpfung.

Aufgabe 7.8 Berechnen Sie zu Abb. 7.3 und 7.5 die Lage der Extrema.

Aufgabe 7.9 Nehmen Sie Zahlenwerte für die Parameter in (7.30) an und zeichnen Sie parallel zu Aufgabe 7.2 das Linienspektrum zu $F(t)$.

Aufgabe 7.10 Schreiben Sie ein Rechnerprogramm, das Ihnen die Zeitverläufe $F(t)$ gemäß (7.31) berechnet, vgl. Abb. 7.2.

Aufgabe 7.11 Denken Sie über die Wahl der Parameter m und k nach, wenn die Drehzahl Ω, der Kurbelradius r, die Masse m_s und die $\hat{f}_c$ gegeben sind und Sie $x_p(t)$ oder $F(t)$ – am besten beide – klein halten wollen. (Wie kann man m und k beeinflussen?) Beachten Sie $\tilde{\Omega} = \Omega/\sqrt{k/m}$; auch ist die statische Absenkung durch das Gewicht $x_{stat} = G/k = mg/k = g/\omega_0^2$, meistens durch die Nutzung der Maschine beschränkt.

8 Einschwing- und Anlaufvorgänge

Zusammenfassung

Unmittelbar nach dem Einschalten einer Schwingungserregung - während ihres Anlaufs und einer Weile danach - schwingt das erregte System instationär, d. h. die momentane Amplitude und die momentane Kreisfrequenz ändern sich. Nach dem Übergang der Erregung in den periodischen Verlauf oder auch nach dem Aufhören der Erregungen klingen die Anfangsstörungen je nach Größe der Dämpfung mehr oder minder rasch ab.

Einschwingvorgänge werden selten untersucht, denn quantitative Aussagen lassen sich in der Regel nur numerisch für ein vorliegendes System mit konkreten Parametern gewinnen. Hier stellen wir die allgemeinen Überlegungen zusammen und beispielhaft einen numerischen Berechnungsweg vor.

Unmittelbar nach dem Einschalten einer Schwingungserregung, während ihres Anlaufs und einer Weile danach schwingt das erregte System *instationär*, d. h. die momentane Amplitude und die momentane Kreisfrequenz (vgl. Abschn. 1.4.2) ändern sich, sind evtl. gar nicht definiert (vgl. Abb. 8.1). Nach dem Übergang der Erregung in den periodischen Verlauf, oder auch nach dem Aufhören der Erregungen, klingen die Anfangsstörungen je nach Größe der Dämpfung mehr oder minder rasch ab (vgl. Abb. 8.1). Hier stellen wir allgemeine Überlegungen zusammen. Quantitative Aussagen lassen sich in der Regel nur numerisch – für ein vorliegendes System mit konkreten Parametern – gewinnen.

Ergänzende Information Die elektronische Version dieses Kapitels enthält Zusatzmaterial, auf das über folgenden Link zugegriffen werden kann https://doi.org/10.1007/978-3-658-38123-3_8.

E. Brommundt und D. Sachau, *Schwingungslehre mit Maschinendynamik*,
https://doi.org/10.1007/978-3-658-38123-3_8

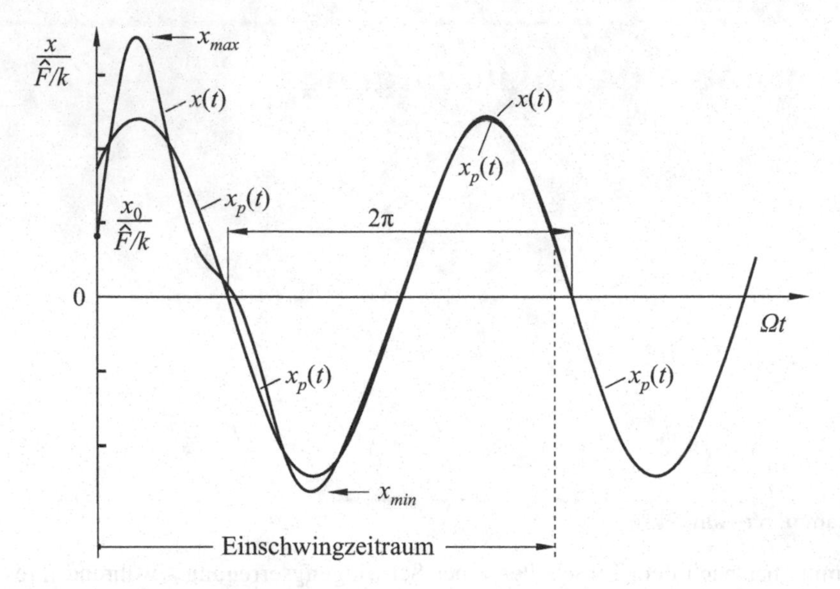

Abb. 8.1 Einschwingvorgang

8.1 Einschwingvorgänge

Gegeben sei die Bewegungsgleichung (4.26):

$$m\ddot{x} + b\dot{x} + kx = F_e(t). \tag{8.1}$$

Die Erregerkraft $F_e(t)$ ist gemäß (4.27) aus konstanten und harmonisch schwingenden Anteilen zusammengesetzt. Die dadurch hervorgerufenen erzwungenen Schwingungen $x_p(t)$ wurden in den Abschn. 6.2, 6.3, auch 7.1, 7.2 angeschrieben, dort der Einfachheit halber zum Teil ohne den Index p, sind also *bekannt*. Man stellt sich nun vor, dass die Erregerkraft $F_e(t)$ schon auf das System wirkt, der Schwinger jedoch bis zu einem Zeitpunkt t_0 festgehalten wird – oft setzt man $t_0 = 0$ – und mit einer Anfangsauslenkung x_0 sowie einer Anfangsgeschwindigkeit v_0 losgelassen wird; das führt auf die *Anfangsbedingungen*

$$x(t_0) = x_0, \quad \dot{x}(t_0) = v_0. \tag{8.2}$$

8.1.1 Allgemeine Lösung der Bewegungsgleichung; Anpassen an die Anfangsbedingungen

Die *allgemeine Lösung* $x(t)$ der Bewegungsgleichung (8.1) setzt sich aus einem *Partikularintegral* $x_p(t)$ der *inhomogenen* Gleichung und der *allgemeinen Lösung* $x_h(t)$ der (zugeordneten) *homogenen* Gleichung (4.32) zusammen:

$$x(t) = x_h(t) + x_p(t). \tag{8.3}$$

Mit $x_h(t)$ nach (5.26) folgt

$$x(t) = e^{-\delta t}(A_c \cos \omega t + A_s \sin \omega t) + x_p(t); \tag{8.4}$$

die beiden Konstanten A_c und A_s sind frei. *Anpassen* der allgemeinen Lösung (8.3) bzw. (8.4) an die *Anfangsbedingungen* (8.2) liefert

$$x_0 = x_h(t_0) + x_p(t_0), \quad v_0 = \dot{x}_h(t_0) + \dot{x}_p(t_0). \tag{8.5}$$

Zu (8.4) folgen hieraus die Bestimmungsgleichungen für A_c und A_s und damit – auf umständlichem Wege (vgl. Aufgabe 8.1) – für $t \geq t_0$

$$\begin{aligned} x(t) = e^{-\delta(t-t_0)}\Big[&(x_0 - x_p(t_0)) \cos \omega(t - t_0) \\ &+ \frac{(v_0 - \dot{x}_p(t_0)) + \delta \cdot (x_0 - x_p(t_0))}{\omega} \sin \omega(t - t_0)\Big] + x_p(t). \end{aligned} \tag{8.6}$$

Hinweise

1. *Allgemeine Lösung* heißt, dass man jede (denkbare Form einer) Lösung von (8.1) durch (8.3) und (8.4) ausdrücken kann.
2. Die *zwei freien Konstanten* A_c und A_s werden durch die *zwei Anfangsbedingungen* (8.2) bestimmt. Damit wird die Lösung der Bewegungsgleichung *eindeutig festgelegt.*
3. Die Eindeutigkeitsaussage bietet die Möglichkeit, Lösungen zu *raten*: Eine geratene Lösung, die die Differentialgleichung und die Anfangsbedingungen erfüllt, ist die gesuchte Lösung (vgl. Aufgabe 8.2).
4. In (8.6) erscheint die Lösung $x_h(t)$ aus (4.32) mit $x_h(t - t_0)$ als längs der Zeitachse verschoben. Das ist möglich, weil die homogene Dgl nicht explizit von der Zeit abhängt, weil sie autonom ist.
5. Je nach vorliegender Dämpfung, $D > 0$ bzw. $\delta > 0$, klingt der Lösungsanteil $x_h(t)$, also der Einfluss der Anfangsbedingungen mehr oder minder rasch ab, vgl. Abschn. 8.1.2.

8.1.2 Einschwingvorgang

Sei in (8.1) die Erregerkraft $F_e(t)$ harmonisch, vgl. (6.3). Dann lautet (8.6) mit $x_p(t)$ nach (6.31)–(6.34)

$$\begin{aligned} x = e^{-\delta(t-t_0)}\Bigg[&(x_0 - x_{p0}) \cos \omega(t - t_0) \\ &+ \frac{(v_0 - \dot{x}_{p0}) - \delta \cdot (x_0 - x_{p0})}{\omega} \sin \omega(t - t_0)\Bigg] \\ &+ \frac{\hat{F}_e}{k} V_1(\tilde{\Omega}) \cos(\Omega t - \alpha), \end{aligned} \tag{8.7}$$

wo

$$x_{p0} = \frac{\hat{F}_e}{k} \cdot V_1(\tilde{\Omega}) \cos(\Omega t_0 - \alpha), \quad \dot{x}_{p0} = -\Omega \frac{\hat{F}_e}{k} \cdot V_1(\tilde{\Omega}) \sin(\Omega t_0 - \alpha). \tag{8.8}$$

Abb. 8.1 zeigt zu angenommenen Parametern einen *Einschwingvorgang* $x(t)$ gemäß (8.7). Innerhalb der *Einschwingdauer* ist der erzwungenen Schwingung $x_p(t)$ die freie $x_h(t)$ überlagert, vgl. (8.3), (8.4) und (8.6).

Bei vorhandener Dämpfung ($b > 0$, also $D > 0, \delta > 0$) klingt die freie Schwingung exponentiell – also asymptotisch für $t \to \infty$ – ab; das Einschwingen dauert (theoretisch) unendlich lange. (In Abb. 8.1 wurde δ recht groß gewählt, sodass x_h nach kurzer *Einschwingdauer* innerhalb der Strichstärke liegt.) In realen Systemen stets vorhandene Coulombsche Reibungsanteile bewirken abbrechende Einschwingvorgänge. Die Einschwingdauer ist bei praktischen Problemen deshalb endlich, meistens aber nicht genau erfassbar. Am Ende des Einschwingvorgangs verbleibt die (stationäre) erzwungene Schwingung (ggf. auch die Gleichgewichtslage, vgl. Aufgaben 8.3/8.4).

Des Aufwandes halber berechnet man häufig nur die Partikularlösung $x_p(t)$ und verlässt sich darauf, dass die „stets vorhandene kleine Dämpfung" für das Abklingen der Eigenschwingung $x_h(t)$ sorgt. (Das gilt jedoch nicht immer: bei einer rotierenden Welle kann die „innere" Werkstoffdämpfung anfachend wirken; vgl. auch das System aus Abschn. 4.6.3.) Weglassen von $x_h(t)$ bedeutet nach (8.5) die Wahl der Anfangsbedingungen

$$x_0 = x_p(t_0) \quad \text{und} \quad v_0 = \dot{x}_p(t_0). \tag{8.9}$$

(Weglassen von $x_h(t)$ bedeutet also *nicht*, dass *keine* Anfangsbedingungen vorgegeben wurden.) Bei Rechnungen mit dem Faltungsintegral (6.60) kann man den Anfangszeitpunkt $t_0 = t_A \to -\infty$ schieben, um sicher zu gehen, dass (bei $D > 0$) alle Einschwingvorgänge abgeklungen sind (Aufgabe 8.5).

8.2 Anlauf einer Erregung

8.2.1 Vorüberlegungen

Sowohl in der Schwingungslehre als auch in der Maschinendynamik werden die Grundbegriffe der erzwungenen Schwingungen an Hand von Schwingern bzw. von Modellen entwickelt, die mit (vorgegebener) fester Frequenz erregt werden. Hierzu gibt es Standarduntersuchungsmethoden, man gewinnt allgemeine Aussagen, wie wir schon einige kennengelernt haben. Bei experimenteller Überprüfung muss man sicherstellen, dass die Annahme eines gleichförmigen *Rundlaufs* des Phasenwinkels $\varphi(t)$ und einer festen Amplitude *trotz der Rückwirkung des Schwingers auf den Erreger* genügend genau erfüllt sind. (Vor der Untersuchung des aus Erreger und Schwinger bestehenden dynamischen

Systems scheut man an dieser Stelle zurück, weil der dazu erforderliche Aufwand zu hoch ist.)

Unabhängig von eventuellen Rückwirkungen fragen wir uns, wie sich ein Schwinger

$$m\ddot{x} + b\dot{x} + kx = \hat{F}_e \cos\varphi(t) \tag{8.10}$$

verhält, wenn die momentane Erregerfrequenz

$$\Omega = \dot{\varphi}(t) \tag{8.11}$$

nicht konstant ist, sondern sich mit der Zeit ändert, weil der Erreger anläuft oder die Maschine eine Drehzahländerung erfährt. Die Änderung der Erregerfrequenz beginne zur Zeit t_0 mit einer gegebenen Winkelbeschleunigung

$$\ddot{\varphi} = \dot{\Omega} = \varepsilon(t) \tag{8.12}$$

für $t \geq t_0$. Ausgangspunkt der Änderung seien die vorgeschriebenen (Anfangs-)Bedingungen

$$\varphi(t_0) = \varphi_0, \quad \Omega(t_0) = \Omega_0. \tag{8.13}$$

Gewinnt man $\varphi(t)$ aus der Dgl (8.12), zum Beispiel numerisch, und setzt es auf der rechten Seite von (8.10) ein, kann man auch diese Dgl – parallel zu (8.12) – *numerisch* lösen. Dabei ist eine geringe Anzahl von Systemparametern von Vorteil. Mit $\omega_0 = \sqrt{k/m}$, $D = b/(2\sqrt{km})$, vgl. (5.2), (5.3), und der dimensionslosen Zeit

$$\tilde{t} := \omega_0 t, \quad \dot{x} = dx/dt = \omega_0 dx/d\tilde{t} =: \omega_0 \overset{\circ}{x} \tag{8.14}$$

sowie

$$\tilde{x} := x/(\hat{F}_e/k), \quad \tilde{\Omega} := \Omega/\omega_0, \quad \tilde{\varepsilon} := \varepsilon/\omega_0^2 \tag{8.15}$$

lauten (8.10) und (8.12)

$$\overset{\circ\circ}{\tilde{x}} + 2D\overset{\circ}{\tilde{x}} + \tilde{x} = \cos\varphi(\tilde{t}), \tag{8.16}$$

$$\overset{\circ\circ}{\varphi} = \overset{\circ}{\tilde{\Omega}} = \tilde{\varepsilon}(\tilde{t}). \tag{8.17}$$

8.2.2 Berechnen einer Einhüllenden

Erwünscht ist die Lösung $\tilde{x}(t)$ in einer Form, die – obwohl nur numerisch bestimmt – leicht interpretierbar ist. Dazu schreiben wir (8.16) analog zu (6.3), (6.7) komplex:

$$\overset{\circ\circ}{\underline{\tilde{x}}} + 2D\overset{\circ}{\underline{\tilde{x}}} + \underline{\tilde{x}} = e^{j\varphi(\tilde{t})}. \tag{8.18}$$

Das Vorgehen in Abschn. 6.2.2 legt den Ansatz

$$\underline{\tilde{x}} = \hat{\tilde{x}}(\tilde{t})e^{j(\varphi(\tilde{t})-\alpha(\tilde{t}))} \tag{8.19}$$

nahe. Für reelles $\hat{\tilde{x}}(\tilde{t}) > 0$ und $\alpha(\tilde{t}) \neq 0$ steht hier auf der rechten Seite der Drehzeiger $\exp(j\varphi(\tilde{t}))$, der um die Zeitachse $\tilde{t}$ in einem „Schlauch" vom Radius $\hat{\tilde{x}}(\tilde{t})$ umläuft. (Solange die Beschleunigung $\varepsilon(t)$ klein bleibt, $\|\varepsilon/\omega_0^2\| \ll 1$, werden sich $\hat{\tilde{x}}(\tilde{t})$ und $\alpha(\tilde{t})$ nur langsam ändern.) Der Schlauch bildet eine *Einhüllende* der Schwingung $x(t)$.

Die Funktionen $\hat{\tilde{x}}(\tilde{t})$ und $\alpha(\tilde{t})$ lassen sich am einfachsten berechnen. Sei

$$\underline{\tilde{X}} := \hat{\tilde{x}}(\tilde{t})e^{-j\alpha(\tilde{t})}, \tag{8.20}$$

dann lautet (8.19)

$$\underline{\tilde{x}} := \underline{\tilde{X}}e^{j\varphi}. \tag{8.21}$$

Einsetzen von $\underline{\tilde{x}}$ gemäß (8.21) in (8.18) liefert, nach Herauskürzen von $\exp(j\varphi)$,

$$\overset{\circ\circ}{\underline{\tilde{X}}} + 2\left(D + j\overset{\circ}{\varphi}\right)\overset{\circ}{\underline{\tilde{X}}} + \left(1 - \overset{\circ}{\varphi}^2 + 2Dj\overset{\circ}{\varphi} + j\overset{\circ\circ}{\varphi}\right)\underline{\tilde{X}} = 1. \tag{8.22}$$

Bei den Anfangsbedingungen unterscheiden wir die Anfahrt aus dem Stillstand und die Beschleunigung (oder Verzögerung) aus dem stationären Lauf mit $\tilde{\Omega}_0$ ab dem Zeitpunkt $\tilde{t}_0$, vgl. (8.13).

Für die Anfahrt aus dem Stillstand gelten die Anfangsbedingungen

$$\varphi_0 = \varphi(0) = 0, \quad \tilde{\Omega}_0 = \tilde{\Omega}(0) = 0, \quad \underline{\tilde{X}}_0 = \underline{\tilde{X}}(0) = 1, \quad \overset{\circ}{\underline{\tilde{X}}}_0 = \overset{\circ}{\underline{\tilde{X}}}(0) = 0. \tag{8.23}$$

Diese Bedingungen sind so gesetzt, dass zum Zeitpunkt $\tilde{t} = 0$ am System Gleichgewicht herrscht, vgl. (8.16), (8.18), (8.21).

Im zweiten Fall ist der Endpunkt $\tilde{t}_0$ des stationären Laufs gleich dem Anfangspunkt $\tilde{t}_0$ des instationären. Also müssen – komplex! – übereinstimmen, vgl. (6.36),

$$\begin{aligned} &\tilde{\Omega}_0 = \tilde{\Omega}(\tilde{t}_0), \quad \varphi_0 = \tilde{\Omega}_0\tilde{t}_0 = \varphi(\tilde{t}_0), \\ &\underline{\tilde{X}}_0 = \underline{\tilde{X}}(\tilde{t}_0) = V_1(\tilde{\Omega}_0)e^{-j\alpha(\tilde{t}_0)} = 1/(1 - \tilde{\Omega}_0^2 + 2Dj\tilde{\Omega}_0), \\ &\overset{\circ}{\underline{\tilde{X}}}_0 = \overset{\circ}{\underline{\tilde{X}}}(\tilde{t}_0) = 0. \end{aligned} \tag{8.24}$$

Mit den Anfangsbedingungen (8.23) oder (8.24) kann man die Dgln (8.17) und (8.22) gemeinsam numerisch lösen. Dazu müsste man die komplexe Gleichung (8.22) als gekoppeltes System aus ihren Real- und Imaginärteilen schreiben. Bei Verwendung von Matlab geschieht das im Rechnerprogramm.

Kennt man $\underline{\tilde{X}}(\tilde{t})$ numerisch, folgt aus (8.20)

$$\hat{\tilde{x}}(\tilde{t}) = \|\underline{\tilde{X}}\|, \quad \alpha(\tilde{t}) = -\mathrm{Arg}(\underline{\tilde{X}}), \tag{8.25}$$

in MATLAB: $\alpha = -\text{angle}(\underline{\tilde{X}})$. Die Funktion $\hat{\tilde{x}}(\tilde{t})$ ist die gesuchte *Einhüllende*, der Winkel $\alpha(\tilde{t})$ gibt die Phasenlage relativ zur Erregerphase $\varphi(\tilde{t})$ an. Projektion von $\underline{\tilde{X}}(\tilde{t})$ auf die reelle Achse liefert

$$\tilde{x}(\tilde{t}) = \hat{\tilde{x}}(\tilde{t}) \cos(\varphi(\tilde{t}) - \alpha(\tilde{t})). \tag{8.26}$$

8.2.3 Erregeranlauf mit Resonanzdurchfahrt

Auf ein zunächst stillstehendes System wirke während einer Anlaufzeit $0 \leq \tilde{t} \leq \tilde{T}_A$ die (Winkel-)Beschleunigung

$$\tilde{\varepsilon} = \tilde{\varepsilon}_0 \tilde{t}/\tilde{T}_A. \tag{8.27}$$

Im Anschluss laufe der Erreger mit der bei $\tilde{t} = \tilde{T}_A$ erreichten Winkelgeschwindigkeit $\tilde{\Omega}_A = \tilde{\varepsilon}_0 \tilde{T}_A/2$. Gegeben sind die Parameter $D = 0.05,\ \tilde{T}_A = 600,\ \tilde{\varepsilon}_0 = 0.005$.

Zur Lösung (mit Matlab) werden die Dgln (8.17), (8.22) als System erster Ordnung geschrieben, vgl. (4.45) bis (4.47):

Mit

$$\begin{aligned} \boldsymbol{u} &= (u_1, u_2, u_3, u_4)^{\mathrm{T}} := \left(\tilde{\Omega}, \varphi, \mathring{\underline{\tilde{X}}}, \underline{\tilde{X}}\right)^{\mathrm{T}}, \\ \boldsymbol{f} &= (f_1, f_2, f_3, f_4)^{\mathrm{T}} := \left(\tilde{\varepsilon}(\tilde{t}), \tilde{\Omega}, f_3, \mathring{\underline{\tilde{X}}}\right)^{\mathrm{T}}, \\ f_3 &:= 1 - 2(D + j\tilde{\Omega})\mathring{\underline{\tilde{X}}} - (1 - \tilde{\Omega}^2 + 2Dj\tilde{\Omega} + j\tilde{\varepsilon}(\tilde{t}))\underline{\tilde{X}}, \end{aligned} \tag{8.28}$$

lautet es

$$\mathring{\boldsymbol{u}} = \boldsymbol{f}(\boldsymbol{u}, \tilde{t}). \tag{8.29}$$

Dazu gehören die Anfangsbedingungen (8.23):

$$\boldsymbol{u}(0) = (0, 0, 0, 1)^{\mathrm{T}}.$$

Abb. 8.2 zeigt für das Zeitintervall $0 \leq \tilde{t} = \omega_0 t \leq 700$ (entspricht etwa 110 Perioden der Eigenschwingung) a den Verlauf von $\tilde{\varepsilon}(\tilde{t})$, b den Verlauf von $\tilde{\Omega}(\tilde{t})$, c den Verlauf von $\tilde{x}(\tilde{t})$ sowie die Einhüllenden $\pm\hat{\tilde{x}}(\tilde{t})$. Die Erregerfrequenz $\Omega = \omega_0 \tilde{\Omega}$ erreicht die Eigenfrequenz ω_0 bei $\approx \tilde{t} = 490$, vgl. die vertikalen strichpunktierten Linien in Abb. 8.2b und c. Am Ende des Anlaufs, bei $\tilde{T}_A = 600$ liegt Ω um 50 % über der Eigenfrequenz (gestrichelte Vertikalen).

In Abb. 8.3 wurden die Einhüllende $\hat{\tilde{x}}(\tilde{t})$ und der Phasenverschiebungswinkel $\alpha(\tilde{t})$ über der momentanen Frequenz $\tilde{\Omega}(\tilde{t})$ und, zum Vergleich, die (stationäre) Vergrößerungsfunktion $V_1(\tilde{\Omega})$ sowie der Phasenverschiebungswinkel $\alpha_1(\tilde{\Omega})$ nach (6.30) bzw. (6.32) aufgetragen.

Über gut die Hälfte des betrachteten Zeitintervalls, solange $\tilde{\Omega}(\tilde{t}) < 0.5$, folgt $\hat{\tilde{x}}(\tilde{t})$ nahezu quasi-statisch der anlaufenden Oszillation von $F_e(\tilde{t})$. Bei Annäherung von $\tilde{\Omega}$ an den Resonanzbereich, $\tilde{\Omega} \approx 1$, erscheint die Reaktion des Systems gegenüber dem stationären

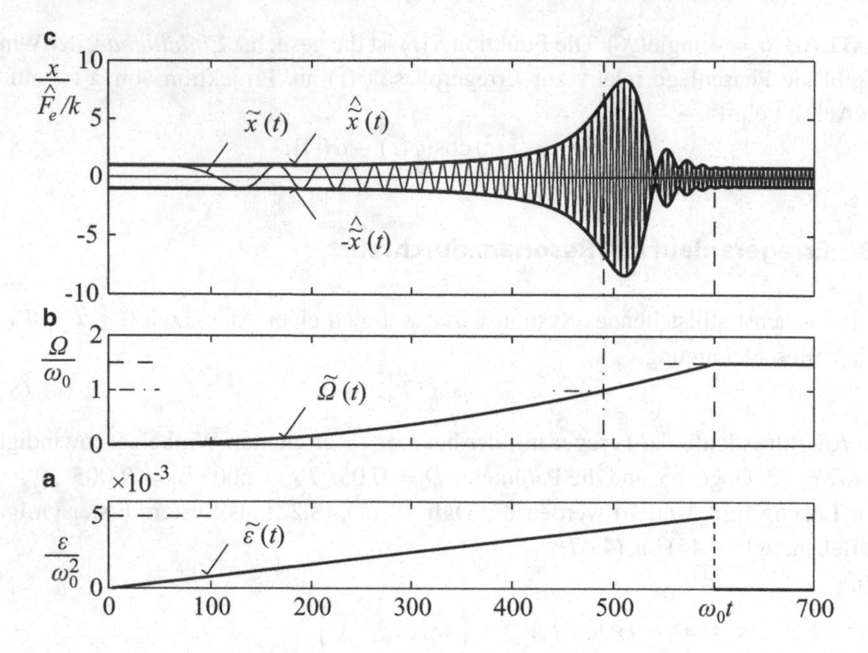

Abb. 8.2 Erzwungene Schwingung: Anlauf und Resonanzdurchfahrt. **a** Winkelbeschleunigung $\tilde{\varepsilon}(t)$, **b** Winkelgeschwindigkeit $\tilde{\Omega}(t)$, **c** Auslenkung $\tilde{x}(t)$ und Einhüllende $\pm\hat{\tilde{x}}(t)$

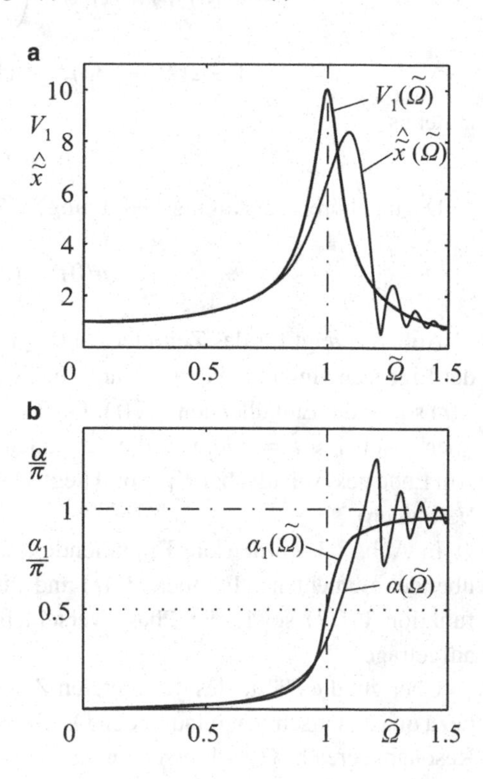

Abb. 8.3 Erzwungene Schwingung: Anlauf und Resonanzdurchfahrt von stationären und instationären Verläufen (*dicke* bzw. *dünne Linie*). **a** Vergrößerungsfunktion V_1 und Einhüllende $\hat{\tilde{x}}$, **b** Phasenverschiebungswinkel α_1 und α

Verhalten *verzögert*, die Erregung braucht Zeit, um dem Schwinger Energie zuzuführen. Da die Zeit fehlt, bleibt $\hat{\tilde{x}}(\tilde{t})$ unterhalb der Resonanzspitze von V_1. Andererseits enthält der Schwinger kurz oberhalb $\tilde{\Omega} > 1$ noch mehr Energie als es dem stationären Lauf entspricht. Die steckt, aus einer Sicht ähnlich Abschn. 6.3, in einer beim Resonanzdurchgang „angestoßenen" Eigenschwingung. Die Schwingung $\tilde{x}(\tilde{t})$ setzt sich in diesem Frequenzbereich also aus der mit $\Omega(\tilde{t}) > \omega_0$ erregten Schwingung und der (abklingenden) Eigenschwingung mit einer Frequenz $\approx \omega_0$ zusammen, es entsteht eine *Schwebung*, s. Abschn. 1.4.3, mit der Differenzfrequenz $\omega_d = \Omega - \omega_0$. Wächst $\Omega(\tilde{t})$ mit $\tilde{t}$ weiter, nimmt die Schwebungsfrequenz zu, deren Amplitude jedoch wegen der schwindenden Eigenschwingung ab. Bei kleinem Dämpfungsgrad D können recht weit außerhalb $\tilde{\Omega} = 1$ noch große Amplituden auftreten.

8.2.4 Anlauf bei Unwuchterregung

Bei der Rüttelmaschine aus Kap. 2 seien die Transportbolzen T entfernt, die Federn haben die Gesamtsteifigkeit k, sie werden um einen Dämpfer mit der Konstanten b ergänzt. Die Unwuchträder laufen mit $\varphi_1(t) = \varphi_2(t) = \varphi(t)$ gemäß den Überlegungen in Abschn. 8.2.1 an. Die Bodenplatte möge zunächst nicht abheben. Wie läuft die Rüttelmaschine an? (Zusatzfrage: Zu welchem Zeitpunkt t_A wird die Bodenpressung erstmals gerade aufgehoben?)

Die Bewegungsgleichung Zunächst brauchen wir eine Bewegungsgleichung. Die Auslenkung x, nach oben positiv, s. Abb. 8.4, wird gegenüber der statischen Ruhelage gemessen. Die Federn sind dann bereits durch das Gewicht

$$G = (m_2 + 2m_u)g \quad \text{um} \quad x_{stat} = -G/k \tag{8.30}$$

ausgelenkt.

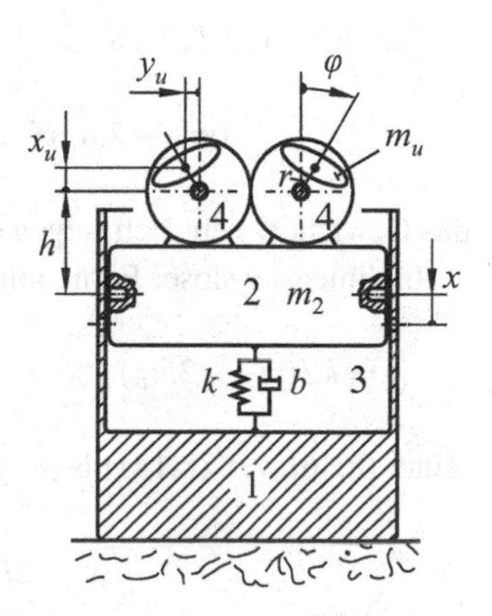

Abb. 8.4 Rüttler nicht arretiert

Wir stellen die Bewegungsgleichung für $x(t)$ nach Lagrange auf. Dazu braucht man die kinetische Energie T, das Potenzial U und die Rayleighsche Dissipationsfunktion R, ausgedrückt durch $x, \dot{x}$ und bekannte Funktionen der Zeit; hier ist das $\varphi(t)$.

Mit den Unwucht-Geschwindigkeiten

$$\begin{aligned} v_{xu} &= \frac{\mathrm{d}}{\mathrm{d}t}(x + h + x_u) = \frac{\mathrm{d}}{\mathrm{d}t}(x + h + r\cos\varphi) = \dot{x} - r\dot{\varphi}\sin\varphi, \\ v_{yu} &= \frac{\mathrm{d}}{\mathrm{d}t}(y_u) \qquad\quad = \frac{\mathrm{d}}{\mathrm{d}t}(r\sin\varphi) \qquad\quad = r\dot{\varphi}\cos\varphi \end{aligned} \tag{8.31}$$

erhält man die kinetische Energie

$$\begin{aligned} T &= \frac{1}{2}m_2\dot{x}^2 + 2\left[\frac{1}{2}m_u(v_{xu}^2 + v_{yu}^2)\right] \\ &= \frac{1}{2}m_2\dot{x}^2 + 2\left[\frac{1}{2}m_u(\dot{x}^2 - 2\dot{x}r\dot{\varphi}\sin\varphi + r^2\dot{\varphi}^2)\right]. \end{aligned} \tag{8.32}$$

Das Potenzial, bezogen auf die entlastete Feder, lautet

$$U = \frac{1}{2}k(x + x_{stat})^2 + G(x + x_{stat}) + 2m_u g r\cos\varphi. \tag{8.33}$$

Für die Dissipationsfunktion gilt

$$R = \frac{1}{2}b\dot{x}^2. \tag{8.34}$$

Die Lagrange-Gleichung (C.25) lautet mit $q = x$ und hinzugefügtem Dissipationsterm:

$$\frac{d}{dt}\left(\frac{\partial T}{\partial \dot{x}}\right) - \frac{\partial T}{\partial x} + \frac{\partial U}{\partial x} + \frac{R}{\partial \dot{x}} = 0. \tag{8.35}$$

Einsetzen von T, U, R aus (8.32) bis (8.34) ergibt

$$(m_2 + 2m_u)\ddot{x} + b\dot{x} + kx = 2m_u r(\ddot{\varphi}\sin\varphi + \dot{\varphi}^2\cos\varphi); \tag{8.36}$$

das Gewicht G hebt sich wegen $(8.30)_2$ heraus.

In dimensionsloser Form, mit

$$\omega_0^2 = k/(m_2 + 2m_u), \quad \tilde{t} = \omega_0 t, \quad 2D\omega_0 = b, \quad x = \tilde{x}2m_u r/(m_2 + 2m_u), \tag{8.37}$$

lautet (8.36), vgl. (8.14) bis (8.16)

$$\overset{\circ\circ}{\tilde{x}} + 2D\overset{\circ}{\tilde{x}} + \tilde{x} = \left(\tilde{\varepsilon}\sin\varphi + \tilde{\Omega}^2\cos\varphi\right). \tag{8.38}$$

Die komplexe Form der Bewegungsgleichung Parallel zum Übergang von (8.16) zu (8.18) folgt hier aus (8.38), analog zu (6.3) bis (6.7),

$$\overset{\circ\circ}{\underline{\tilde{x}}} + 2D\overset{\circ}{\underline{\tilde{x}}} + \underline{\tilde{x}} = \left(\tilde{\Omega}^2 - j\,\tilde{\varepsilon}\right)e^{j\varphi(\tilde{t})}. \tag{8.39}$$

Der Ansatz $\underline{\tilde{x}} = \underline{\tilde{X}}\exp(j\varphi)$ liefert

$$\overset{\circ\circ}{\underline{\tilde{X}}} + 2\left(D + j\,\tilde{\Omega}\right)\overset{\circ}{\underline{\tilde{X}}} + \left(1 - \tilde{\Omega}^2 + 2Dj\,\tilde{\Omega} + j\,\tilde{\varepsilon}\right)\underline{\tilde{X}} = \left(\tilde{\Omega}^2 - j\,\tilde{\varepsilon}\right). \tag{8.40}$$

Wenn man – ähnlich wie in Abschn. 8.2.2 – aus dem Stillstand ($\tilde{t}_0 = 0$) anfahren will, kann man

$$\varphi_0 = \varphi(0) = 0, \quad \tilde{\Omega}_0 = \tilde{\Omega}(0) = 0, \quad \overset{\circ}{\underline{\tilde{X}}}_0 = \overset{\circ}{\underline{\tilde{X}}}(0) = 0 \tag{8.41}$$

aus (8.23) übernehmen. Ein stoßfreier Anlauf des Schwingers erfordert jedoch, falls $\tilde{\varepsilon}(0) \neq 0$,

$$\underline{\tilde{X}}_0 = \underline{\tilde{X}}(0) = -j\frac{\tilde{\varepsilon}(0)}{1 + \tilde{\varepsilon}(0)}. \tag{8.42}$$

Das übrige Vorgehen entspricht dem von Abschn. 8.2.2.

8.3 Aufgaben

Aufgabe 8.1 Schreiben Sie mit (8.5) die Bestimmungsgleichungen für A_c, A_s an, lösen Sie sie, setzen Ihr Ergebnis in (8.4) ein und bringen es auf die Form (8.6).

Aufgabe 8.2 Die Lösung (5.27) legt zu den Anfangsbedingungen (8.2) die Form $x_h(t - t_0)$ nahe, wobei in (5.27) $x_0 \to x_0 - x_p(t_0)$, $\quad v_0 \to v_0 - \dot{x}_p(t_0)$ gesetzt wird. Zeigen Sie, dass die so „geratene" Lösung die gesuchte Lösung ist.

Aufgabe 8.3 Nehmen Sie an, dass die Federn der Exzenterpressen bei der Montage (bewegliche Maschinenteile arretiert) gerade entspannt waren, die Stützklötze zur Zeit $t_0 = 0$ plötzlich weggeschlagen werden und damit das Gewicht mg in (4.26), (4.27) wirksam wird. Berechnen Sie $x(t)$ unter der Annahme verschwindender Bodenauslenkung, $u \equiv 0$.

Aufgabe 8.4 Wie verläuft der „Fall" der Exzenterpressen von Aufgabe 8.3, wenn bei aufgestützten Maschinen zwischen Feder und Federabstützung ein (kleiner) Spalt der Höhe h vorliegt?

Aufgabe 8.5 Sei $x_p(t)$ durch das Faltungsintegral (6.60) gegeben. Welche Anfangsbedingungen (8.8) erfüllt es?

Aufgabe 8.6 Auf einen zunächst ruhenden Schwinger ($x_0 = 0, v_0 = 0$) wird eine Erregung $\hat{F}_e \cos \Omega t$ *aufgeschaltet*, vgl. (8.1). Zu welchem Zeitpunkt $t^*(> 0)$ muss die Erregung auf den Schwinger gegeben werden, damit möglichst geringe freie Schwingungen angestoßen werden?

Aufgabe 8.7 Was wäre in Aufgabe 8.6 ein sehr ungünstiger Einschaltzeitpunkt t^{**}?

Aufgabe 8.8 Für einen Schwinger nach (8.1) sei der Einschwingvorgang zur Zeit $t =$ 0 bereits abgeklungen (vgl. Abb. 8.1). Wann (t^* =?) muss man abschalten, damit freie Schwingungen klein bleiben?

Aufgabe 8.9 Überprüfen Sie die Anfangsbedingungen (8.23) und (8.24).

Aufgabe 8.10 Setzen Sie ausgehend von (8.36) unter der Annahme, dass $x(t)$ bekannt ist, eine Gleichung für die Bodenkraft $F_B(t)$ an, vgl. Abb. 2.3b.

Aufgabe 8.11 Verifizieren Sie die dimensionslose Form (8.38) der Bewegungsgleichung (8.36).

Aufgabe 8.12 Kontrollieren Sie die Übergänge von (8.38) zu (8.39) und von (8.39) zu (8.40).

Aufgabe 8.13 Lesen Sie die Bedingung (8.42) für stoßfreien Anlauf aus den vorangehenden Gleichungen ab.

Aufgabe 8.14 Schreiben Sie parallel zu (8.28), (8.29) die Dgln (8.17) und (8.40) als Differentialgleichungssystem 1. Ordnung an.

Aufgabe 8.15 Entwickeln Sie ein Matlab®-Programm zum Lösen der Dgl aus Aufgabe 8.14.

Aufgabe 8.16 Arbeiten Sie die numerische Lösung aus Aufgabe 8.15 in die Gleichung für die Bodenkraft F_B aus Aufgabe 8.10 ein (Abspaltung $(8.30)_2$ beachten!) und berechnen Sie – zu gewählten Parameterwerten – den Abhebeaugenblick t_A.

Aufgabe 8.17 Formulieren Sie, analog zu (8.24), die Anfangsbedingung für einen unwuchterregten Schwinger, der bis zum Zeitpunkt t_0 stationär betrieben wird, und dessen Erregung sich ab t_0 beschleunigt.

Teil III
Diskrete Schwinger mit zwei und mehr Freiheitsgraden

Statt von *Schwingungen mit mehreren Freiheitsgraden* spricht man auch von *Koppelschwingungen* und versteht darunter Bewegungen mechanischer Systeme, bei denen mehrere starre Körper – Klötze, Scheiben, Räder – durch elastische Elemente – Dehn-, Torsions-, Biegefedern – miteinander oder mit der festen Umgebung verbunden – *gekoppelt* – sind. Ziel der folgenden Untersuchungen ist es, die Überlegungen vom Schwinger mit einem Freiheitsgrad hierher zu übertragen und zu erweitern.

9 Schwinger mit zwei Freiheitsgraden

Zusammenfassung

Mit Zweimassen-Dehnschwinger, Zweimassen-Torsionsschwinger und parallel zu einer Ebene schwingender Punktmasse, alles drei Beispiele für ungedämpfte Schwinger vom Freiheitsgrad zwei, wird gezeigt, dass ihre jeweils zwei linearen Bewegungsgleichungen in einheitlicher Form geschrieben werden können. Besonders deutlich wird die gemeinsame Struktur, wenn man die Auslenkungen in Spaltenmatrizen und die Koeffizienten in Matrizen zusammenfasst. Stellt man die skalare Bewegungsgleichung des Feder-Masse-Schwingers neben die Matrixgleichung, unterscheiden sie sich äußerlich nur durch die Formelzeichen. Das Lösungsvorgehen ist ähnlich wie beim Schwinger mit einem Freiheitsgrad in den Kapiteln 5 und 6.

Freie Schwingungen: Der Weg lautet jetzt: Exponentialansatz → Eigenwertproblem → Eigenfrequenzen → Eigenvektoren. Für die Eigenfrequenzen muss eine biquadratische Gleichung gelöst werden, die zugehörigen Bewegungsformen erhält man mit Hilfe der Ausgangs-Bewegungsgleichung.

Erzwungene Schwingungen: Der Struktur nach einfach, im Detail schwierig wird das Lösen, weil inverse Matrizen an die Stelle von skalaren Teilern treten. Numerisch ermittelte Resonanzstellen liegen bei den beiden Eigenfrequenzen. Sehr wichtig ist hier, dass der Leser mit den Darstellungen der Lösungen in Diagrammen und deren Ausdeutungen vertraut gemacht wird.

Die Matrizengleichungen sind so geschrieben, dass sie für Schwinger mit höherem Freiheitsgrad, $n > 2$, direkt übernommen werden können.

Ergänzende Information Die elektronische Version dieses Kapitels enthält Zusatzmaterial, auf das über folgenden Link zugegriffen werden kann https://doi.org/10.1007/978-3-658-38123-3_9.

E. Brommundt und D. Sachau, *Schwingungslehre mit Maschinendynamik*,
https://doi.org/10.1007/978-3-658-38123-3_9

Die folgenden Darlegungen sind an Hand einfacher Beispiele so geführt, dass man die Untersuchung von Schwingern mit einem höherem Freiheitsgrad n daran anlehnen kann. Dämpfung wird zunächst ausgeschlossen.

Nach dem Einführen dreier Beispiel-Schwinger in Abschn. 9.1 geht es in den Abschn. 9.2 und 9.3 um *freie Schwingungen*, *erzwungene Schwingungen* folgen in Abschn. 9.4.

9.1 Beispiele für Schwinger mit zwei Freiheitsgraden

Ausgangspunkt sind die drei Schwinger vom Freiheitsgrad $n = 2$ in Abb. 9.1. (Gewicht und Dämpfung sind zunächst ausgeschlossen.)

Abb. 9.1a zeigt einen *Dehnschwinger* mit zwei Massen m_1, m_2 („Zweimassenschwinger"), zwei Federn 1, 2 der Steifigkeiten k_1, k_2, Längen (unbelastet) l_1 bzw. l_2.

Als *Koordinaten* x_1, x_2 werden die vertikalen Auslenkungen der Massen m_1, m_2 gegenüber der Lage bei entspannten Federn (Ausgangs- oder Ruhelage) gewählt. Die *Hilfsko-*

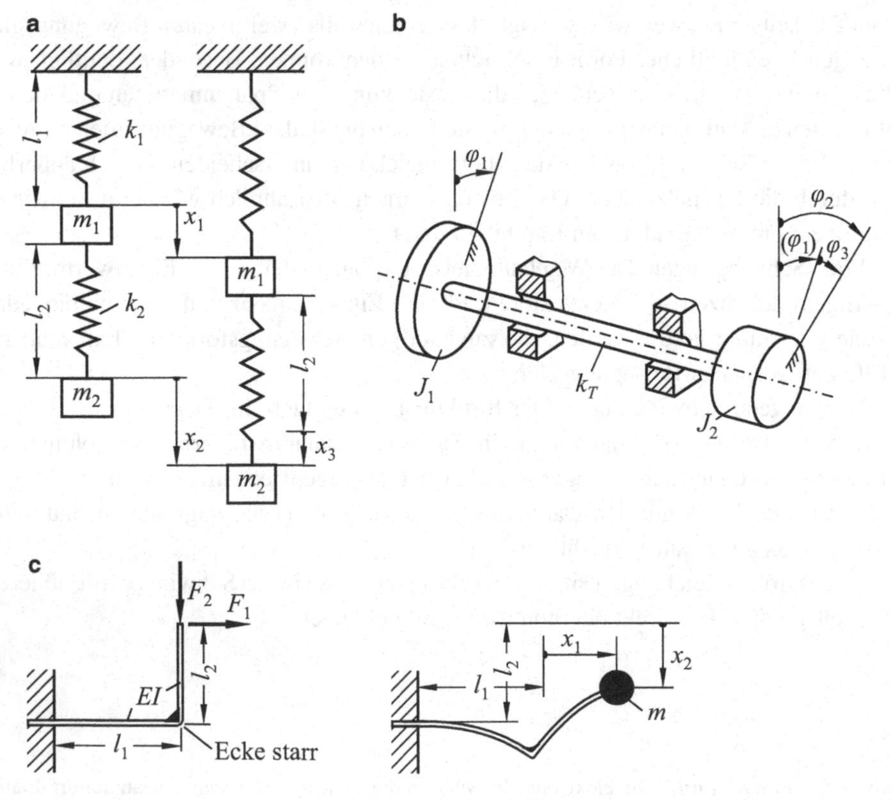

Abb. 9.1 Schwinger mit Freiheitsgrad zwei. **a** Dehnschwinger (Zweimassenschwinger), **b** Torsionsschwinger, **c** Biegeschwinger

ordinate x_3 erfasst die Verlängerung der Feder 2 unter Last. Es gilt

$$x_3 = x_2 - x_1. \tag{9.1}$$

Abb. 9.1b zeigt einen *Torsionsschwinger* mit zwei Drehkörpern (Scheiben) der Trägheitsmomente J_1, J_2 die auf den Enden einer (horizontal gelagerten) Welle der Torsionssteifigkeit k_T sitzen.

Als *Koordinaten* werden die beiden Drehwinkel φ_1, φ_2 gewählt, die die Winkel zwischen der Vertikalen und (zu Messzwecken) auf den Drehkörpern angebrachten Markierungen erfassen; bei $\varphi_1 = \varphi_2$ sei die Welle torsionsfrei. Die *Hilfskoordinate* φ_3 misst die Torsion der Welle:

$$\varphi_3 = \varphi_2 - \varphi_1. \tag{9.2}$$

Abb. 9.1c zeigt eine *Einzelmasse m*, die auf einem ausgelenkten, zunächst *rechtwinklig* gekröpften *Biegewinkel* sitzt (vgl. Teilbild mit Kräften F_1, F_2) und parallel zur Zeichenebene schwingt; Schenkellängen l_1, l_2 Biegesteifigkeit EI.

Als *Koordinaten* werden die Auslenkungen x_1, x_2 horizontal bzw. vertikal gegenüber der entspannten Ausgangslage gewählt.

Hinweis 1 Im Rahmen der Linearen Schwingungen müssen die *Auslenkungen* in der Regel *klein* gegenüber den Abmessungen des betrachteten Gebildes sein. (In Planskizzen übertrieben groß gezeichnete Verformungen dienen nur der deutlichen Darstellung.) Desgleichen müssen die (dynamischen) *Kräfte klein* sein. „Klein" heißt hier, zum Beispiel, im Vergleich zu Kipp- oder Knicklasten. Unter diesen Voraussetzungen darf man *Gleichgewichtsbedingungen am unverformten System* ansetzen.

Entstehen die Bewegungsgleichungen durch *Linearisieren*, zum Beispiel von Kennlinien um einen „Arbeitspunkt", gelten obige Aussagen für die „Zusatz"-Auslenkungen und „Zusatz"-Kräfte.

9.2 Freie Schwingungen

9.2.1 Aufstellen der Bewegungsgleichungen

Bei den gezeigten Schwingern vom Freiheitsgrad $n = 2$ genügen je zwei Gleichgewichtsbedingungen zum Anschreiben der Bewegungsgleichungen.

Für den *Dehnschwinger*, Abb. 9.1a, folgen mit den Federverlängerungen x_1 und x_3 die Federkräfte $F_1 = k_1 x_1$ bzw. $F_2 = k_2 x_3$ und aus den Gleichgewichtsbedingungen an den *freigeschnittenen* Massen die beiden Gleichungen (Aufgabe 9.1)

$$\begin{aligned} m_1\ddot{x}_1 + k_1 x_1 - k_2 x_3 &= 0, \\ m_2\ddot{x}_2 \qquad\qquad + k_2 x_3 &= 0. \end{aligned} \tag{9.3}$$

Elimination der Hilfskoordinate x_3 mit der „Bindungsgleichung" (9.1) – hier eine geometrische Beziehung zwischen x_1, x_2, x_3 – führt auf

$$\begin{aligned} m_1\ddot{x}_1 + (k_1 + k_2)x_1 - k_2x_2 &= 0, \\ m_2\ddot{x}_2 - \quad k_2x_1 + k_2x_2 &= 0. \end{aligned} \tag{9.4}$$

Für den *Torsionsschwinger*, Abb. 9.1b, folgen mit der Wellenverwindung φ_3 das Torsionsmoment $M_T = k_T\varphi_3$ und aus den Drehmoment-Gleichgewichtsbedingungen an den *freigeschnittenen* Drehkörpern (Aufgabe 9.2)

$$\begin{aligned} J_1\ddot{\varphi}_1 - k_T\varphi_3 &= 0, \\ J_2\ddot{\varphi}_2 + k_T\varphi_3 &= 0. \end{aligned} \tag{9.5}$$

Elimination von φ_3 mit (9.2) liefert

$$\begin{aligned} J_1\ddot{\varphi}_1 + k_T\varphi_1 - k_T\varphi_2 &= 0, \\ J_2\ddot{\varphi}_2 - k_T\varphi_1 + k_T\varphi_2 &= 0. \end{aligned} \tag{9.6}$$

Beim *Biegeschwinger*, Abb. 9.1c, ist das Berechnen der durch die Auslenkungen x_1, x_2 hervorgerufenen Kräfte F_1, F_2 verwickelter: Man kehrt die Aufgabe um, gibt die Kräfte vor und berechnet (dazu) die Auslenkungen. Hier erhält man, zum Beispiel durch Aneinanderstückeln von Biegelinien (Aufgabe 9.3),

$$x_1 = \frac{3l_1l_2^2 + l_2^3}{3EI}F_1 + \frac{l_1^2l_2}{2EI}F_2, \quad x_2 = \frac{l_1^2l_2}{2EI}F_1 + \frac{l_1^3}{3EI}F_2. \tag{9.7}$$

Setzt man jetzt rechts als Kräfte die d'Alembert'schen Trägheitskräfte der Masse in die Richtungen von, nämlich $F_1 = -m\ddot{x}_1$, $F_2 = -m\ddot{x}_2$ ein und stellt die rechten Seiten nach links, erhält man die Bewegungsgleichungen in der „unüblichen" Form

$$\begin{aligned} \frac{3l_1l_2^2 + l_2^3}{3EI}m\ddot{x}_1 + \frac{l_1^2l_2}{2EI}m\ddot{x}_2 + x_1 &= 0, \\ \frac{l_1^2l_2}{2EI}m\ddot{x}_1 + \frac{l_1^3}{3EI}m\ddot{x}_2 + x_2 &= 0. \end{aligned} \tag{9.8}$$

Besser, man löst zuerst (9.7) nach F_1, F_2 auf und setzt die d'Alembert'schen Kräfte ins Ergebnis ein (Aufgabe 9.4).

9.2.2 Matrizenschreibweise der Bewegungsgleichungen

Beide Bewegungsgleichungen (9.4) und (9.6) haben dieselbe Struktur. Dies wird besonders deutlich, wenn man zur Matrizenschreibweise übergeht. Man erhält so:

$$\begin{pmatrix} m_1 & 0 \\ 0 & m_2 \end{pmatrix}\begin{pmatrix} \ddot{x}_1 \\ \ddot{x}_2 \end{pmatrix} + \begin{pmatrix} k_1 + k_2 & -k_2 \\ -k_2 & k_2 \end{pmatrix}\begin{pmatrix} x_1 \\ x_2 \end{pmatrix} = 0, \tag{9.9}$$

$$\begin{pmatrix} J_1 & 0 \\ 0 & J_2 \end{pmatrix}\begin{pmatrix} \ddot{\varphi}_1 \\ \ddot{\varphi}_2 \end{pmatrix} + \begin{pmatrix} k_T & -k_T \\ -k_T & k_T \end{pmatrix}\begin{pmatrix} \varphi_1 \\ \varphi_2 \end{pmatrix} = 0. \tag{9.10}$$

Symbolisch abgekürzt:

$$\boldsymbol{M}\ddot{\boldsymbol{x}} + \boldsymbol{K}\boldsymbol{x} = 0. \tag{9.11}$$

Dabei steht $\boldsymbol{M}$ als *Massen-* (oder *Trägheits-*)*Matrix*, $\boldsymbol{K}$ als *Steifigkeits-* (oder *Feder-*)*Matrix*, $\boldsymbol{x} = \boldsymbol{x}(t)$ ist die Spaltenmatrix der Auslenkungen:

$$\begin{aligned} \boldsymbol{M} &= \begin{pmatrix} m_{11} & m_{12} \\ m_{21} & m_{22} \end{pmatrix}, \quad \boldsymbol{K} = \begin{pmatrix} k_{11} & k_{12} \\ k_{21} & k_{22} \end{pmatrix}, \\ \boldsymbol{x} &= \boldsymbol{x}(t) = (x_1, x_2)^{\mathrm{T}} = (x_1(t), x_2(t))^{\mathrm{T}}. \end{aligned} \tag{9.12}$$

Im Allgemeinen sind $\boldsymbol{M}$ und $\boldsymbol{K}$ voll besetzt. Massen- und Steifigkeitsmatrix sind stets *konstant*, sie lassen sich auf eine, für viele Untersuchungen vorteilhafte, *symmetrische* Form bringen:

$$\boldsymbol{M} = \boldsymbol{M}^{\mathrm{T}}, \quad \boldsymbol{K} = \boldsymbol{K}^{\mathrm{T}}. \tag{9.13}$$

Nach Lagrange aufgestellte Bewegungsgleichungen sind von vornherein symmetrisch, aus Gleichgewichtsaussagen gewonnene schreibt man zweckmäßig um.

9.2.3 Koppelglieder in den Bewegungsgleichungen

Die *diagonalen* Massenmatrizen $\boldsymbol{M}$ in (9.9) und (9.10) machen besonders deutlich, dass bei beiden Schwingern die Auslenkungen x_1 mit x_2 bzw. φ_1 mit φ_2 jeweils nur *über die Steifigkeiten gekoppelt* sind. Man spricht auch vom *federgekoppelten Schwinger*.

Das ist keine Systemeigenschaft! – Die Kopplung hängt von der Koordinatenwahl ab!

Wir eliminieren aus (9.3) mit (9.1) anstatt der Koordinate x_3 die Koordinate x_2, ersetzen also in (9.3) überall x_2 gemäß $x_2 = x_1 + x_3$. In Matrixschreibweise bedeutet das die *Koordinatentransformation*

$$\begin{pmatrix} x_1 \\ x_2 \end{pmatrix}^K = \begin{pmatrix} 1 & 0 \\ 1 & 1 \end{pmatrix}\begin{pmatrix} x_1 \\ x_3 \end{pmatrix}^M, \quad \text{abgekürzt als } \boldsymbol{x}^K = \boldsymbol{T}\boldsymbol{x}^M, \tag{9.14}$$

wo $\boldsymbol{x}^K$ und $\boldsymbol{x}^M$ die Spaltenmatrizen der Koordinaten für *Feder-* bzw. (das Ergebnis vorwegnehmend) *Trägheitskopplungen* sind; die Matrix $\boldsymbol{T}$ ist eine zeitunabhängige (konstante, nicht-singuläre) *Transformationsmatrix*.

Gl. 9.9 lautet mit den hochgestellten K: $\boldsymbol{M}^K\ddot{\boldsymbol{x}}^K + \boldsymbol{K}^K\boldsymbol{x}^K = 0$. Einsetzen von $(9.14)_2$ liefert

$$\boldsymbol{M}^K\boldsymbol{T}\ddot{\boldsymbol{x}}^M + \boldsymbol{K}^K\boldsymbol{T}\boldsymbol{x}^M = 0, \tag{9.15}$$

ausgeschrieben:

$$\begin{pmatrix} m_1 & 0 \\ m_2 & m_2 \end{pmatrix}^{KM} \begin{pmatrix} \ddot{x}_1 \\ \ddot{x}_3 \end{pmatrix} + \begin{pmatrix} k_1 & -k_2 \\ 0 & k_2 \end{pmatrix}^{KM} \begin{pmatrix} x_1 \\ x_3 \end{pmatrix} = 0. \tag{9.16}$$

Diese Gleichung ist *richtig*, doch zeigt sie eine „gemischte Kopplung“, auch sind die Matrizen unsymmetrisch.

Eine zweite Multiplikation, jetzt von (9.15) *von links* mit $\boldsymbol{T}^{\mathrm{T}}$ liefert

$$\boldsymbol{T}^{\mathrm{T}} \boldsymbol{M}^{K} \boldsymbol{T} \ddot{\boldsymbol{x}}^{M} + \boldsymbol{T}^{\mathrm{T}} \boldsymbol{K}^{K} \boldsymbol{T} \boldsymbol{x}^{M} = 0, \tag{9.17}$$

ausgeschrieben:

$$\begin{pmatrix} m_1 + m_2 & m_2 \\ m_2 & m_2 \end{pmatrix}^{M} \begin{pmatrix} \ddot{x}_1 \\ \ddot{x}_3 \end{pmatrix}^{M} + \begin{pmatrix} k_1 & 0 \\ 0 & k_2 \end{pmatrix}^{M} \begin{pmatrix} x_1 \\ x_3 \end{pmatrix}^{M} = 0. \tag{9.18}$$

Bezüglich des Koordinatenpaars $\boldsymbol{x}^M = (x_1, x_3)^{\mathrm{T}}$ ist der Feder-Masse-Schwinger nach Abb. 9.1a also *Trägheitsgekoppelt,* (Aufgabe 9.5).

Hinweis Hinter der Multiplikation „von links“ mit $\boldsymbol{T}^{\mathrm{T}}$ steckt das Prinzip der virtuellen Verrückungen, vgl. zum Beispiel (C.29). Stellt man die Bewegungsgleichungen nach Lagrange auf, so kann man in einfach strukturierten Systemen wie hier Kopplung und Entkopplung in gewissem Rahmen gezielt ansteuern.

9.3 Lösen der Bewegungsgleichungen

Das Vorgehen ist so gefasst, dass man es leicht vom Freiheitsgrad $n = 2$ auf $n > 2$ übertragen kann. Wir arbeiten hier mit dem allgemeinen (komplexen) $e^{\lambda t}$-Ansatz, weil er später auf gedämpfte Schwingungen unmittelbar übertragbar ist. Ohne Dämpfung kann man jedoch auch rein reell arbeiten; siehe Aufgabe 9.15.

9.3.1 Formelmäßiges Vorgehen

Die Bewegungsgleichung (9.11),

$$\boldsymbol{M} \ddot{\boldsymbol{x}} + \boldsymbol{K} \boldsymbol{x} = 0, \tag{9.19}$$

ist ein lineares Differentialgleichungssystem $2n = 4$-ter Ordnung mit konstanten Koeffizienten, vgl. Abschn. 5.2 für $n = 1$. Dem $e^{\lambda t}$-Ansatz (5.6) dort entspricht hier

$$\boldsymbol{x} = \boldsymbol{x}(t) = \hat{\boldsymbol{x}} e^{\lambda t}, \tag{9.20}$$

wo λ und $\hat{\boldsymbol{x}} = (\hat{x}_1, \hat{x}_2)^{\mathrm{T}}$ *freie*, reelle oder komplexe Konstanten sind. (Komplexe Größen werden nur in Zweifelfällen unterstrichen.)

Einsetzen von $\boldsymbol{x}$ nach (9.20) in (9.19) führt nach Division durch $e^{\lambda t} \neq 0$ auf

$$(\boldsymbol{M}\lambda^2 + \boldsymbol{K})\hat{\boldsymbol{x}} = 0. \tag{9.21}$$

Zur besseren Übersicht kürzen wir ab:

$$\lambda^2 = -\Lambda. \tag{9.22}$$

Dann lautet das homogene Gleichungssystem (9.21) mit dem Parameter Λ, das *Eigenwertproblem*:

$$(-\boldsymbol{M}\Lambda + \boldsymbol{K})\hat{\boldsymbol{x}} = \boldsymbol{0}. \tag{9.23}$$

Für *allgemeine Parameterwerte* Λ ist das Gleichungssystem (9.23) *regulär*, für seine Koeffizientendeterminante

$$\Delta(\Lambda) := \det(-\boldsymbol{M}\Lambda + \boldsymbol{K}) \tag{9.24}$$

gilt $\Delta(\Lambda) \neq 0$, es hat nur die *triviale Lösung* $\hat{\boldsymbol{x}} = \boldsymbol{0}$, die der (statischen) Ruhe- oder Gleichgewichtslage des Systems entspricht.

Damit (9.23) eine nicht-triviale Lösung $\hat{\boldsymbol{x}} \neq \boldsymbol{0}$ besitzt, muss seine Koeffizientendeterminante $\Delta(\Lambda)$ verschwinden. Diese Bedingung führt auf die *charakteristische Gleichung*

$$\Delta(\Lambda) = 0, \tag{9.25}$$

in der Schwingungslehre auch *Frequenzgleichung* (für λ oder ω, siehe unten) genannt.

Die charakteristische Gleichung ist eine algebraische Gleichung $n = 2$-ten Grades in Λ. Ihre $n = 2$ Wurzeln $\Lambda = \Lambda_1$ und $\Lambda = \Lambda_2$ heißen *Eigenwerte* (ebenso λ oder ω).

Für die Eigenwerte $\Lambda = \Lambda_k, k = 1, 2$, verschwindet die Determinante, $\Delta(\Lambda_k) = 0$, das Gleichungssystem (9.23) wird *singulär*, aus

$$(-\boldsymbol{M}\Lambda_k + \boldsymbol{K})\hat{\boldsymbol{x}}_k = \boldsymbol{0} \tag{9.26}$$

berechnet man die Spaltenmatrizen $\hat{\boldsymbol{x}}_k \neq \boldsymbol{0}$, die *Eigenvektoren* $\hat{\boldsymbol{x}}_k, k = 1, 2$.

Eigenwerte und Eigenvektoren sind dem System eigen!

Rechengang zum Lösen des Eigenwertproblems:

1. Die n Eigenwerte Λ_k aus der charakteristischen Gleichung gewinnen; d-fach Wurzeln werden d-fach gezählt.
2. Bei Λ_k ist in (9.26) eine Gleichungszeile von den $(n-1)$ übrigen linear abhängig, kann also gestrichen werden. – Bei $n = 2$ bleibt nur eine Gleichung übrig. – Vom gesuchten Eigenvektor $\hat{\boldsymbol{x}}_k$ wird zuerst ein Element, nennen wir es $\hat{x}_{ik}$, z. B. $= 1$ gesetzt, die übrigen $\hat{x}_{lk}$ folgen aus den „übrigen Gleichungen" – bei $n = 2$ eine. (Im folgenden Beispiel liest man die Lösung von (9.26) unmittelbar ab.)

3. Ist – bei semidefinitem $\boldsymbol{K}$ – Λ_k eine d-fach-Wurzel der charakteristischen Gleichung, so sind d Zeilen von (9.26) Linearkombinationen der übrigen. Das Vorgehen nach Punkt 2, entsprechend abgewandelt, führt auf d linear unabhängige Eigenvektoren $\hat{\boldsymbol{x}}_k, \hat{\boldsymbol{x}}_{k+1}, \ldots, \hat{\boldsymbol{x}}_{k+d-1}$.
4. Des knappen Ausdrucks halber werden Eigenwert Λ_k und Eigenvektor $\hat{\boldsymbol{x}}_k$ jeweils zur *Eigenlösung* $(\Lambda_k, \hat{\boldsymbol{x}}_k)$ zusammengefasst.

9.3.2 Freie Schwingungen: Zweimassenschwinger

Vorgehen gemäß Abschn. 9.3.1: Aus der Bewegungsgleichung (9.4) folgen mit $\boldsymbol{x} = \hat{\boldsymbol{x}}e^{\lambda t}$ und $\Lambda = -\lambda^2$ das homogene Gleichungssystem

$$\begin{pmatrix} -m_1\Lambda + k_1 + k_2 & -k_2 \\ -k_2 & -m_2\Lambda + k_2 \end{pmatrix} \begin{pmatrix} \hat{x}_1 \\ \hat{x}_2 \end{pmatrix} = \boldsymbol{0}, \tag{9.27}$$

seine charakteristische Determinante:

$$\Delta(\Lambda) = \begin{vmatrix} -m_1\Lambda + k_1 + k_2 & -k_2 \\ -k_2 & -m_2\Lambda + k_2 \end{vmatrix} \tag{9.28}$$

und die charakteristische Gleichung für Λ,

$$\begin{aligned} \Delta(\Lambda) &= m_1 m_2 \Lambda^2 - (m_1 k_2 + m_2(k_1 + k_2))\Lambda + k_1 k_2 = 0 \\ \text{oder} \quad \Lambda^2 &- \left(\frac{k_1 + k_2}{m_1} + \frac{k_2}{m_2}\right)\Lambda + \frac{k_1}{m_1}\frac{k_2}{m_2} = 0, \end{aligned} \tag{9.29}$$

mit den Lösungen, den *Eigenwerten* Λ_1, Λ_2,

$$\Lambda_{1,2} = \frac{1}{2}\left(\frac{k_1 + k_2}{m_1} + \frac{k_2}{m_2} \mp \sqrt{\left(\frac{k_1 + k_2}{m_1} + \frac{k_2}{m_2}\right)^2 - 4\frac{k_1}{m_1}\frac{k_2}{m_2}}\right). \tag{9.30}$$

Beide, Λ_1 und Λ_2 sind reell, positiv, es gilt $\Lambda_2 > \Lambda_1$, (Aufgabe 9.6).

Aus $\lambda^2 = -\Lambda$, vgl. (9.22), erhält man die zwei zueinander konjugiert komplexen Paare

$$\begin{aligned} \lambda_1 &= j\omega_1, \lambda_{-1} = -j\omega_1, \quad \text{mit } \omega_1 = \sqrt{\Lambda_1}, \\ \lambda_2 &= j\omega_2, \lambda_{-2} = -j\omega_2, \quad \text{mit } \omega_2 = \sqrt{\Lambda_2}; \end{aligned} \tag{9.31}$$

ω_1 und ω_2 sind die *zwei Eigenfrequenzen.* (Die Indizes $\pm k$ vereinfachen die Zuordnung.)

Zu den bekannten Eigenwerten $\Lambda = \Lambda_k$ berechnet man die *Eigenvektoren* $\hat{\boldsymbol{x}}_k$ aus dem homogenen Gleichungssystem

$$\begin{pmatrix} -m_1\Lambda_k + k_1 + k_2 & -k_2 \\ -k_2 & -m_2\Lambda_k + k_2 \end{pmatrix} \begin{pmatrix} \hat{x}_1 \\ \hat{x}_2 \end{pmatrix}_k = \boldsymbol{0}. \tag{9.32}$$

Beide Zeilen 1), 2) von (9.32) sind linear abhängig, also austauschbar. Man hat die Wahl, mit welcher man arbeiten will: Als *Zeilenmatrix* $\times\hat{\boldsymbol{x}}_k$ geschrieben lauten die Alternativen 1) und 2) – entsprechend (9.29) umgestellt:

$$1): \quad \begin{pmatrix} \frac{k_1+k_2}{m_1} - \Lambda_k & -\frac{k_2}{m_1} \end{pmatrix} \hat{\boldsymbol{x}}_k = 0, \quad 2): \quad \begin{pmatrix} -\frac{k_2}{m_2} & \frac{k_2}{m_2} - \Lambda_k \end{pmatrix} \hat{\boldsymbol{x}}_k = 0. \quad (9.33)$$

Daraus liest man die *Eigenvektoren* (bis auf multiplikative Konstanten) ab,

$$1): \quad \hat{\boldsymbol{x}}_k = \begin{pmatrix} \frac{k_2}{m_1} & \frac{k_1+k_2}{m_1} - \Lambda_k \end{pmatrix}, \quad 2): \quad \hat{\boldsymbol{x}}_k = \begin{pmatrix} \frac{k_2}{m_2} - \Lambda_k & \frac{k_2}{m_2} \end{pmatrix}, \quad (9.34)$$

wo die $\Lambda_k, k = 1, 2$, aus (9.30) einzusetzen sind. Die Vorzeichen der Elemente $\hat{x}_{lk}$ aus $\hat{\boldsymbol{x}}_k = (\hat{x}_{1k}, \hat{x}_{2k})^{\mathrm{T}}$ sind zu $k=1$ gleich, $\hat{x}_{11} \cdot \hat{x}_{21} > 0$, zu $k=2$ verschieden, $\hat{x}_{12} \cdot \hat{x}_{22} < 0$, (Aufgabe 9.7).

Damit sind die Eigenlösungen in den Formen $(\Lambda_k, \hat{\boldsymbol{x}}_k)$ und $(\omega_k, \hat{\boldsymbol{x}}_k)$ bekannt.

Einsetzen der Eigenlösung $(\omega_k, \hat{\boldsymbol{x}}_k)$ in den $e^{\lambda t}$-Ansatz (9.20) liefert mit Rücksicht auf (9.31) die *Eigenschwingung* $\boldsymbol{x}_k(t)$. Je nach Fragestellung ist eine der folgenden vier Formen günstig:

$$\begin{aligned} \text{komplex:} \quad \boldsymbol{x}_k &= \boldsymbol{x}_k(t) = c_k \hat{\boldsymbol{x}}_k e^{\lambda_k t} + c_{-k} \hat{\boldsymbol{x}}_k e^{\lambda_{-k} t}, \\ \text{oder} \quad \boldsymbol{x}_k &= \boldsymbol{x}_k(t) = c_k \hat{\boldsymbol{x}}_k e^{j\omega_k t} + c_{-k} \hat{\boldsymbol{x}}_k e^{-j\omega_k t}, \\ \text{reell:} \quad \boldsymbol{x}_k &= \boldsymbol{x}_k(t) = (a_{ck} \cos(\omega_k t) + a_{sk} \sin(\omega_k t)) \hat{\boldsymbol{x}}_k, \\ \text{oder} \quad \boldsymbol{x}_k &= \boldsymbol{x}_k(t) = a_k \hat{\boldsymbol{x}}_k \cos(\omega_k t + \varphi_{0k}). \end{aligned} \quad (9.35)$$

Stets enthält die Eigenlösung zwei *freie* Konstanten: (c_k, c_{-k}), (a_{ck}, a_{sk}) bzw. (a_k, φ_{0k}), (Aufgabe 9.8).

In der *Eigenschwingung* $\boldsymbol{x}_k = \boldsymbol{x}_k(t)$ schwingt das mechanische System – seine Elemente – (synchron) sinusförmig mit der Frequenz ω_k in der *Schwingungsform* $\hat{\boldsymbol{x}}_k$. Die Elemente $\hat{x}_{lk}$ messen die *relativen* Amplituden in Richtung der Koordinaten $\boldsymbol{x}_l$, die Vorzeichen der $\hat{x}_{lk}$ erfassen den Richtungssinn, zeigen, wie die Systemelemente (momentan) gegensinnig, gleich- oder gegenläufig, im Gleich- oder Gegentakt, in Gleich- oder Gegenphase schwingen. In der Form $(9.35)_4$ erfasst die Konstante a_k die (gemeinsame) Stärke (Höhe, „Amplitude“) der Eigenschwingung $\boldsymbol{x}_k$, φ_{0k} ist ihr (Null-)Phasenwinkel.

Die *allgemeine Lösung* der Bewegungsgleichung (9.19) setzt sich aus den $n = 2$ Eigenschwingungen zusammen, mit $(9.35)_4$ erhält man: (Aufgabe 9.9)

$$\boldsymbol{x} = \boldsymbol{x}(t) = \sum_{k=1}^{n=2} a_k \hat{\boldsymbol{x}}_k \cos(\omega_k t + \varphi_{0k}). \quad (9.36)$$

Die allgemeine Lösung wird an gegebene Anfangsbedingungen angepasst: Seien für den Anfangszeitpunkt $t_0 = 0$ gegeben:

$$\begin{aligned} &\text{die Anfangsauslenkung} && \boldsymbol{x}(t_0) = \boldsymbol{x}_0, \\ &\text{die Anfangsgeschwindigkeit} && \dot{\boldsymbol{x}}(t_0) = \boldsymbol{v}_0. \end{aligned} \quad (9.37)$$

Einsetzen dieser Bedingungen in die allgemeine Lösung der Form $(9.35)_3$ liefert

$$
\begin{aligned}
\boldsymbol{x}_0 &= \sum_{k=1}^{n=2} a_{ck}\hat{\boldsymbol{x}}_k &&= a_{c1}\hat{\boldsymbol{x}}_1 + a_{c2}\hat{\boldsymbol{x}}_2, \\
\boldsymbol{v}_0 &= \sum_{k=1}^{n=2} a_{sk}\omega_k\hat{\boldsymbol{x}}_k &&= a_{s1}\omega_1\hat{\boldsymbol{x}}_1 + a_{s2}\omega_2\hat{\boldsymbol{x}}_2.
\end{aligned}
\tag{9.38}
$$

Dies sind $n \times n = 2\times 2 = 4$ Gleichungen für die vier Unbekannten a_{ck} und a_{sk}, $k = 1, 2$.

9.3.3 Zahlenbeispiel

Wir arbeiten dimensionslos mit den Bezugsgrößen Masse m_1 und Steifigkeit k_1:

$$
\begin{aligned}
m_R = m_1, \quad k_R = k_1, \quad \omega_R = \sqrt{k_R/m_R}, \quad \tilde{t} = \omega_R t, \\
m_l = \tilde{m}_l \cdot m_R, \quad k_l = \tilde{k}_l \cdot k_R.
\end{aligned}
\tag{9.39}
$$

Gewählte Zahlenwerte: $\tilde{m}_1 = 1, \tilde{m}_2 = 0.8; \tilde{k}_1 = 1, \tilde{k}_2 = 0.8$.

Damit folgen für den Zweimassenschwinger die Eigenlösungen (gemäß (10.16) normiert, gerundet):

$$
\begin{aligned}
\tilde{\omega}_1 &= 0.648, \quad \hat{\boldsymbol{x}}_1 = (0.544; 0.938)^{\mathrm{T}} \quad \text{und} \\
\tilde{\omega}_2 &= 1.543, \quad \hat{\boldsymbol{x}}_2 = (0.839; -0.603)^{\mathrm{T}}.
\end{aligned}
\tag{9.40}
$$

Abb. 9.2a, b zeigt die Eigenschwingungsformen $\hat{\boldsymbol{x}}_1$ bzw. $\hat{\boldsymbol{x}}_2$, in die Systemskizze nach Abb. 9.1a *geklappt* eingetragen, Massen durch Punkte ersetzt; die Verbindungsgeraden interpolieren Federauslenkungen. Entspräche die gezeigte Form, z. B. $\hat{\boldsymbol{x}}_1$, dem positiven Maximalausschlag der Schwingung, würden – bei Animation des Bildes – die Auslenkungen $x_1(t), x_2(t)$ zu $\hat{\boldsymbol{x}}_1$ über das schraffierte Feld mit der Eigenfrequenz ω_1 zwischen positivem und negativem Maximalausschlag hin und her schwingen.

In der ersten Eigenform schwingen die beiden Massen im Gleichtakt, in der zweiten im Gegentakt. Beim Gegentakt gibt es in der Feder 2 einen *Schwingungsknoten* K, an dem der Federpunkt K ruht. Hält man den Knotenpunkt der Feder fest, ändert sich an der zugehörigen Eigenschwingung nichts, (Aufgabe 9.12).

Abb. 9.2c zeigt die Eigenvektoren $\hat{\boldsymbol{x}}_1$ und $\hat{\boldsymbol{x}}_2$ als Pfeile in der (kartesischen) x_1, x_2-*Bewegungsebene* (man denke z. B. an ein Oszillografenbild). In der Eigenschwingung, z. B. $\boldsymbol{x}_1(t)$, schwingt der zugehörige *Bildpunkt* auf der durch den Pfeil $\hat{\boldsymbol{x}}_1$ festgelegten strichpunktierten Geraden symmetrisch zum Nullpunkt hin und her. – Nur die Richtung der Pfeile ist hier wesentlich, denn sie gibt die Schwingungsform wieder, (Aufgabe 9.13).

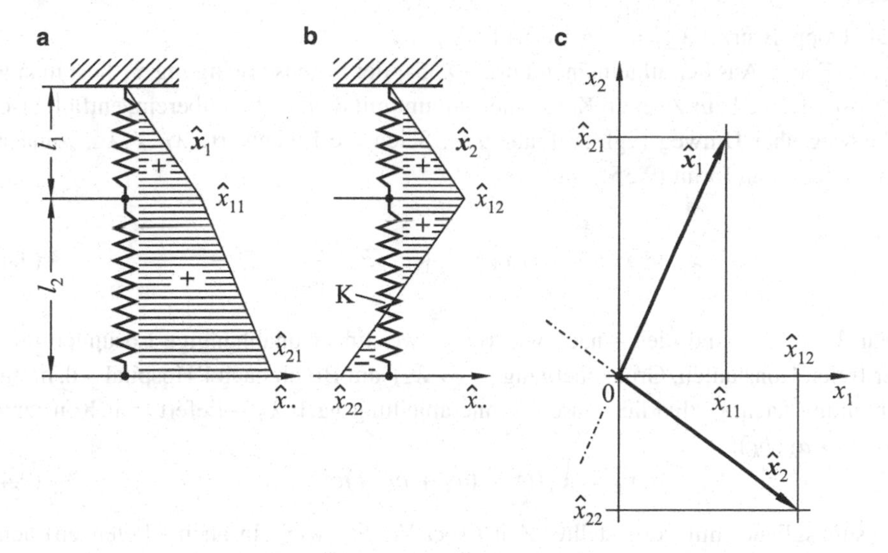

Abb. 9.2 Zweimassenschwinger. **a**, **b** Auslenkungen zu $\hat{\boldsymbol{x}}_1$ bzw. $\hat{\boldsymbol{x}}_2$ geklappt in Systemschema eingetragen; K-Knoten, **c** Eigenvektoren $\hat{\boldsymbol{x}}_1, \hat{\boldsymbol{x}}_2$ in x_1, x_2-Bewegungs-Ebene

9.3.4 Freie Schwingungen: Torsionsschwinger

Der Torsionsschwinger, wie seine Bewegungsgleichung (9.10), ist sehr einfach aufgebaut. Seine Besonderheit liegt in der *singulären Steifigkeitsmatrix* $\boldsymbol{K}$, denn $\det(\boldsymbol{K}) = 0$.

Gemäß Abschn. 9.3.1, parallel zum Zweimassenschwinger, Abschn. 9.3.2, folgen für die Bewegungsgleichung (9.10) mit der *Umbenennung* $(\varphi_1, \varphi_2) \rightarrow (x_1, x_2)$ das Eigenwertproblem

$$\begin{pmatrix} -\Lambda J_1 + k_T & -k_T \\ -k_T & -\Lambda J_2 + k_T \end{pmatrix} \begin{pmatrix} x_1 \\ x_2 \end{pmatrix} = \begin{pmatrix} 0 \\ 0 \end{pmatrix}, \tag{9.41}$$

die charakteristische Gleichung

$$\Delta(\Lambda) = -J_1 J_2 \Lambda^2 + (J_1 + J_2) k_T \Lambda = 0, \tag{9.42}$$

deren zwei Wurzeln

$$\Lambda_1 = 0, \quad \Lambda_2 = \frac{J_1 + J_2}{J_1 \cdot J_2} k_T, \tag{9.43}$$

und vier Eigenwerten $\lambda_{\pm k}, k = 1, 2$,

$$\lambda_{\pm 1} = \pm j\omega_1 = 0\text{- Doppelwurzel!}, \quad \lambda_2 = j\omega_2, \quad \lambda_{-2} = -j\omega_2, \quad \text{mit } \omega_2 = \sqrt{\Lambda_2}, \tag{9.44}$$

sowie den beiden Eigenvektoren

$$\hat{\boldsymbol{x}}_1 = (1, 1), \quad \hat{\boldsymbol{x}}_2 = (J_2, -J_1). \tag{9.45}$$

Die Doppelwurzel $\lambda_{\pm 1} = 0$ hat zwei Folgen:

Erste Folge: Aus der allgemeinen Form $(9.35)_1$ der Eigenschwingung $\hat{\boldsymbol{x}}_1$ liest man ab: Der Lösungsanteil zur zweiten Konstanten stimmt mit dem erstem überein, entfällt also.

Ausweg über Umweg (vgl. Aufgabe 9.5): Seien die Eigenwerte $\lambda_k \neq \lambda_{-k}$ zunächst verschieden. Man formt $(9.35)_1$ um:

$$\boldsymbol{x}_k = \boldsymbol{x}_k(t) = c_k \hat{\boldsymbol{x}}_k e^{\lambda_k t} + c_{-k} \hat{\boldsymbol{x}}_k \frac{e^{\lambda_{-k} t} - e^{\lambda_k t}}{\lambda_{-k} - \lambda_k}. \tag{9.46}$$

Für $\lambda_k \neq \lambda_{-k}$ sind dies – nach wie vor – zwei linear unabhängige Lösungen mit je einer freien Konstanten. Grenzübergang $\lambda_k \to \lambda_{-k}$ am Bruch nach l'Hospital – d. h. Zählerableitung nach λ_k dividiert durch Nennerableitung nach λ_k – liefert (mit Konstanten $c_k, c_{-k} \to a_k, b_k$):

$$\boldsymbol{x}_k = \boldsymbol{x}_k(t) = (a_k + b_k \cdot t) e^{\lambda_k t} \hat{\boldsymbol{x}}_k. \tag{9.47}$$

Lösungsglieder mit vorgestellter Zeit t (bei Vielfachwurzeln auch t-Potenzen) nennt man säkulare Glieder.

Zweite Folge: Mit $\lambda_1 = j\omega_1 = 0$ *verliert* $\boldsymbol{x}_1(t)$ *den Charakter einer Schwingung*, vgl. (9.47):

$$\boldsymbol{x}_1 = \boldsymbol{x}_1(t) = (a + b \cdot t) \hat{\boldsymbol{x}}_1. \tag{9.48}$$

Die Lösung $\boldsymbol{x}_1(t)$ beschreibt eine *Starrkörperbewegung*, nämlich die gleichförmige Drehung der Welle mit der Winkelgeschwindigkeit $b = \boldsymbol{\Omega}$ aus der Ausgangslage $\varphi_1(0) = \varphi_2(0) = a$.

Die allgemeine Lösung in der Form (9.36) enthält hier also zuerst $\boldsymbol{x}_1(t)$ gemäß (9.48); die Eigenschwingung $\boldsymbol{x}_2(t)$ ist der gleichförmigen Drehung überlagert. (Aufgabe 9.14)

9.4 Erzwungene Schwingungen

9.4.1 Aufstellen der Bewegungsgleichungen

Auf den Zweimassenschwinger und den Torsionsschwinger nach Abb. 9.1a bzw. b wirken nun die *Erregerkräfte* $F_1(t)$, $F_2(t)$ bzw. *Erregermomente* $M_1(t)$, $M_2(t)$, vgl. Abb. 9.3a, b. Das Ersatzsystem nach Abb. 9.3b ist gegenüber Abb. 9.1b symbolisch vereinfacht, die Orientierungen (die Vorzeichen) der Winkel φ_1, φ_2 sind umgekehrt.

Beim Aufstellen der *Bewegungsgleichungen* für die *erzwungenen Schwingungen* muss man in den Gleichgewichtsbedingungen, die zu (9.4) und (9.6) führten, nun die Erregerkräfte $F_1(t)$, $F_2(t)$ bzw. Momente $M_1(t)$, $M_2(t)$ berücksichtigen. Hier führt das gegenüber (9.4) und (9.6) zu den rechten Seiten:

$$\begin{aligned} m_1 \ddot{x}_1 + (k_1 + k_2) x_1 - k_2 x_2 &= F_1, \\ m_2 \ddot{x}_2 - \qquad k_2 x_1 + k_2 x_2 &= F_2, \end{aligned} \tag{9.49}$$

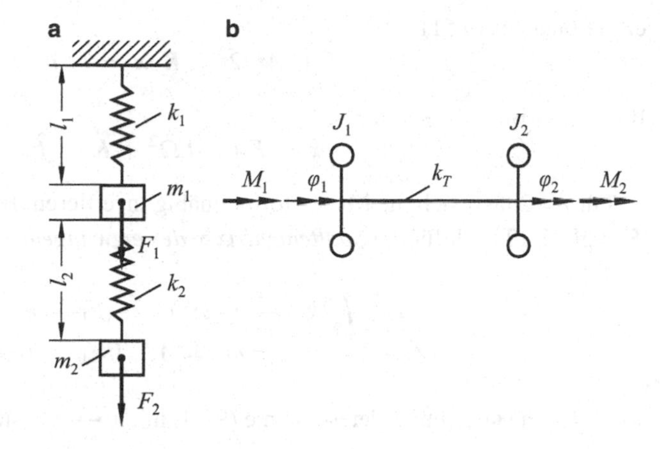

Abb. 9.3 Erzwungene Schwingungen. **a** Dehnschwinger mit Erregerkräften $F_1(t)$, $F_2(t)$, **b** Drehschwinger mit Erregermomenten $M_1(t)$, $M_2(t)$

bzw.

$$\begin{aligned} cJ_1\ddot{\varphi}_1 + k_T\varphi_1 - k_T\varphi_2 &= M_1, \\ J_2\ddot{\varphi}_2 - k_T\varphi_1 + k_T\varphi_2 &= M_2. \end{aligned} \tag{9.50}$$

In Matrix-Schreibweise abgekürzt, vgl. (9.11), (9.12),

$$\boldsymbol{M}\ddot{\boldsymbol{x}} + \boldsymbol{K}\boldsymbol{x} = \boldsymbol{F}_e(t), \tag{9.51}$$

$$\text{mit } \boldsymbol{F}_e = (F_1, F_2)^{\mathrm{T}}, \quad \text{auch } \boldsymbol{M}_e = (M_1, M_2)^{\mathrm{T}}, \tag{9.52}$$

als Spaltenmatrix der Erregungen.

9.4.2 Erzwungene Schwingungen bei harmonischer Erregung

Die Aussagen zur Überlagerung von Lösungen in Abschn. 4.6.2 und zum Zusammensetzen von erzwungenen Schwingungen aus harmonischen Teilen in Abschn. 6.1 gelten auch hier.

Demnach genügt es, die Erregung in der Form

$$\boldsymbol{F}_e = \hat{\boldsymbol{F}} \cos \Omega t \quad \text{oder} \quad \boldsymbol{F}_e = F_e \hat{\boldsymbol{f}} \cos \Omega t \tag{9.53}$$

anzusetzen, mit

$$\hat{\boldsymbol{F}}_e = (\hat{F}_1, \hat{F}_2)^{\mathrm{T}} \quad \text{oder} \quad \hat{\boldsymbol{f}} = (\hat{f}_1, \hat{f}_2)^{\mathrm{T}}, \tag{9.54}$$

wo die $\hat{f}_i$ reine Zahlenwerte sind und F_e eine zweckmäßig herausgezogene Kraft ist.

Mit dem Gleichtakt-Ansatz

$$\boldsymbol{x} = \boldsymbol{x}(t) = \hat{\boldsymbol{x}}_c \cos \Omega t, \quad \text{kurz: } \boldsymbol{x} = \hat{\boldsymbol{x}} \cos \Omega t \tag{9.55}$$

erhält man aus (9.51)

$$(-\boldsymbol{M}\Omega^2 + \boldsymbol{K})\hat{\boldsymbol{x}} = F_e\hat{\boldsymbol{f}}, \tag{9.56}$$

formal gelöst:

$$\hat{\boldsymbol{x}} = F_e(-\boldsymbol{M}\Omega^2 + \boldsymbol{K})^{-1}\hat{\boldsymbol{f}}, \tag{9.57}$$

Für $n=2$ lässt sich die Matrix formelmäßig invertieren: Bei „vollen" Matrizen $\boldsymbol{M}$ und $\boldsymbol{K}$, vgl. (9.12), gilt für die *Spaltenmatrix* $\hat{\boldsymbol{x}}$ *der erzwungenen Schwingungen*

$$\hat{\boldsymbol{x}} = \frac{F_e}{\Delta(\Omega)}\begin{pmatrix} (k_{22} - m_{22}\Omega^2) & -(k_{12} - m_{12}\Omega^2) \\ -(k_{21} - m_{21}\Omega^2) & (k_{11} - m_{11}\Omega^2) \end{pmatrix}\begin{pmatrix} \hat{f}_1 \\ \hat{f}_2 \end{pmatrix}, \tag{9.58}$$

wo Δ für die Gleichungsdeterminante (9.24) mit $\lambda \to j\Omega$ steht:

$$\Delta = \left(k_{11} - m_{11}\Omega^2\right)\left(k_{22} - m_{22}\Omega^2\right) - \left(k_{12} - m_{12}\Omega^2\right)\left(k_{21} - m_{21}\Omega^2\right) \tag{9.59}$$

(Aufgaben 9.16, 9.17).

Im Unterschied zu den Eigenschwingungsformen $\hat{\boldsymbol{x}}_k$ der freien (Eigen-)Schwingungen erfassen die Elemente der Spaltenmatrix $\hat{\boldsymbol{x}}$ der erzwungenen Schwingungen nicht nur die *Schwingungsform* – die Auslenkungsverhältnisse –, sondern auch die Größe der Auslenkungen, deren *Amplituden*, beide hängen von der Erregerfrequenz Ω ab.

Resonanznenner Ohne weiter Rechnung zeigt der Vergleich von $\lambda = j\Omega$ mit $\lambda_k = j\omega_k$, zum Beispiel in Abschn. 9.3.2: Für $\Omega \to \omega_k$ gilt $\Delta(\Omega) \to \Delta(\omega_k) = 0$, der *Nenner* von (9.58) strebt gegen null, die Elemente $\hat{x}_l$ von $\hat{\boldsymbol{x}}$ wachsen dem Betrage nach über alle Grenzen, es herrscht *Resonanz*. (Vgl. die Erklärungen in Abschn. 6.2.3 und Aufgabe 9.15). Für $|1 - \Omega/\omega_k| \ll 1$ ist man in der *Resonanzumgebung* oder im *Resonanzbereich*; vgl. Frequenzgänge in Abb. 9.4.

9.4.3 Erzwungene Schwingungen: Zweimassenschwinger

Zahlenbeispiel Wir übernehmen aus Abschn. 9.2.2 die Matrizen $\boldsymbol{M}, \boldsymbol{K}$, (9.9), aus Abschn. 9.3.3 die Bezugsgrößen m_R, k_R, ω_R und die Zahlenwerte der Parameter, (9.39) usw. Sei

$$\tilde{\Omega} = \Omega/\omega_R \tag{9.60}$$

die bezogene Erregerfrequenz. Dann lautet (9.56) für den Zweimassenschwinger

$$\begin{gathered} k_R\left(-\tilde{\boldsymbol{M}}\tilde{\Omega}^2 + \tilde{\boldsymbol{K}}\right)\hat{\boldsymbol{x}} = F_e\hat{\boldsymbol{f}} \quad \text{und} \quad \left(-\tilde{\boldsymbol{M}}\tilde{\Omega}^2 + \tilde{\boldsymbol{K}}\right)\hat{\tilde{\boldsymbol{x}}} = \hat{\boldsymbol{f}}, \\ \text{wo} \quad \tilde{\boldsymbol{x}} = \boldsymbol{x}/x_R \quad \text{auf} \quad x_R = F_e/k_R, \end{gathered} \tag{9.61}$$

die Verlängerung der Feder k_R durch die Kraft F_e ist, d. h. $F_e = k_R x_R$, (Aufgabe 9.18).

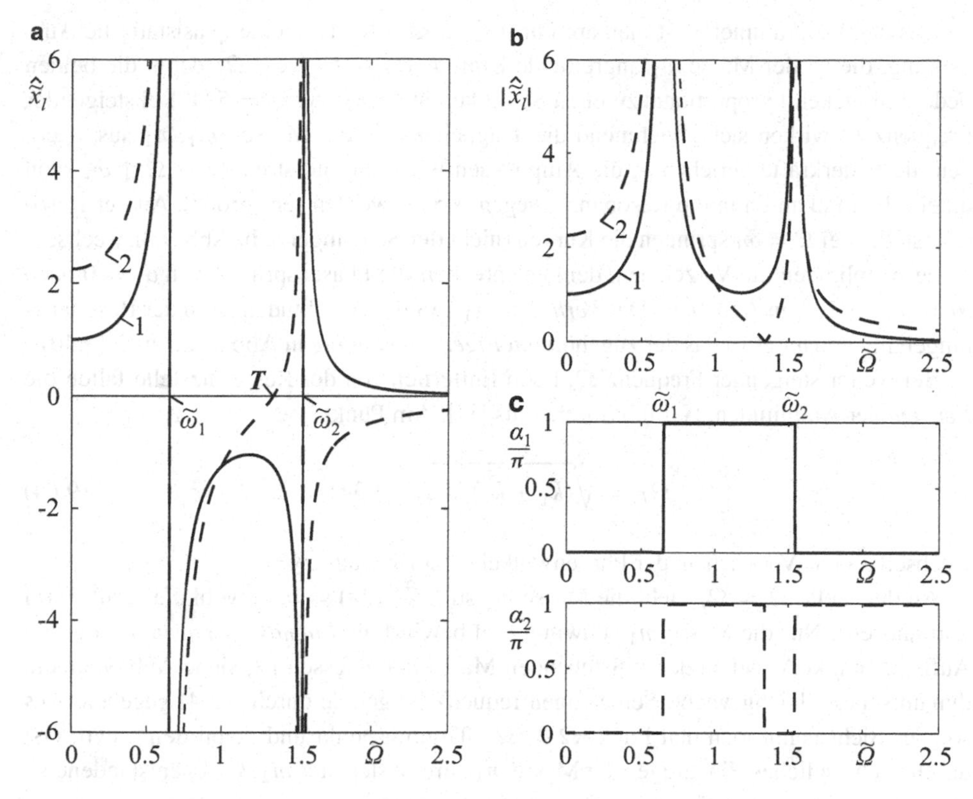

Abb. 9.4 Zweimassenschwinger Amplituden- und Phasenfrequenzgänge (Resonanzkurven). **a** Amplituden $\hat{\tilde{x}}_l(\tilde{\Omega})$, $l = 1, 2$, **b** Amplitudenbeträge $|\hat{\tilde{x}}_l(\tilde{\Omega})|$, **c** Phasenwinkel $\alpha_l(\tilde{\Omega})$

Abb. 9.4 zeigt für den Zweimassenschwinger zu den oben angegebenen Parametern nach (9.57) numerisch berechnete Frequenzgänge zur Erregung

$$\hat{f}^{\mathrm{T}} = (f_1, f_2) = (0, 1) \text{ für den Frequenzbereich } 0 \leq \tilde{\Omega} \leq 2.5. \tag{9.62}$$

Dargestellt sind Amplituden-Frequenzgänge und Phasen-Frequenzgänge für die erzwungenen Schwingungen $\boldsymbol{x}(t)$, auf x_R und t_R bezogen, in den beiden Formen, vgl. (9.55),

$$\tilde{x}_l(\tilde{t}) = \hat{\tilde{x}}_l \cos \tilde{\Omega}\tilde{t} \quad \text{und} \quad \tilde{x}_l(\tilde{t}) = |\hat{\tilde{x}}_l| \cos(\tilde{\Omega}\tilde{t} - \alpha_l), \quad l = 1, 2. \tag{9.63}$$

Abb. 9.4a zeigt die Amplitudenfrequenzgänge $\hat{\tilde{x}}_l(\tilde{\Omega})$ mit Vorzeichen, Abb. 9.4b, c die Frequenzgänge der Amplitudenbeträge, $|\hat{\tilde{x}}_l(\tilde{\Omega})|$, bzw. der Phasenwinkel $\alpha_l(\tilde{\Omega})$. Eingetragen sind auch die Eigenfrequenzen $\tilde{\omega}_1 = 0.648$, $\tilde{\omega}_2 = 1.543$ aus (9.40); vergleiche auch Abb. 9.1a und 9.3a, b.

Aus den Diagrammen liest man ab: Für $0 \leq \tilde{\Omega} \ll 1$ hat man eine quasistatische Auslenkung, die an der Masse m_2 angreifende Kraft $F_2(t) = F_e \hat{f}_2 \cos \Omega t$ dehnt die beiden Federn umgekehrt proportional zu ihren Steifigkeiten $k_1, k_2; k_1/k_2 = 5/4$. Bei steigender Frequenz $\tilde{\Omega}$ wirken sich zunehmend die Trägheitskräfte der Massen m_1, m_2 aus, – gegen die Federkräfte gerichtet –, die Amplituden wachsen und streben für $\tilde{\Omega} \uparrow \tilde{\omega}_1$ (von unten), beim „Fahren in die Resonanz", gegen $+\infty$ („werden sehr groß"). An der Resonanzstelle, bei $\tilde{\Omega} = \tilde{\omega}_1$ springen die Kurven (nicht der Schwinger!). In Abb. 9.4a wechseln beide Amplituden die Vorzeichen, dem entsprechen die Phasensprünge von $\alpha_l = 0$ nach $\alpha_l = \pi, l = 1, 2$, in Abb. 9.4c. Das *Verhältnis* $\hat{\tilde{x}}_1 : \hat{\tilde{x}}_2$ der Amplituden ist in der Resonanzumgebung von $\tilde{\omega}_1$ etwa das der zugehörigen *Eigenschwingung* in Abb. 9.2a, auch $(9.40)_2$.

Bei weiter steigender Frequenz $\tilde{\Omega}$, beim Entfernen von der Resonanzstelle fallen die *Beträge* der Amplituden, $|\hat{\tilde{x}}_2|$ fällt rascher als $|\hat{\tilde{x}}_1|$. Am Punkt

$$\tilde{\Omega}_T = \sqrt{(\tilde{k}_1 + \tilde{k}_2)/\tilde{m}_1} = 1.341 \tag{9.64}$$

wechselt $\hat{\tilde{x}}_2$ das Vorzeichen, der Phasenwinkel α_2 springt auf $\alpha_2 = 0$.

An der Stelle $\tilde{\Omega} = \tilde{\Omega}_T$ steht die Masse m_2 still, $\hat{\tilde{x}}_2(\tilde{\Omega}_T) = 0$, obwohl die Kraft $F_2(t)$ dort angreift. Nur die Masse m_1 schwingt und bewirkt als *Einmassenschwinger*, der am Aufhängepunkt A und an der stillstehenden Masse m_2 gefesselt ist, siehe Abb. 9.3a, ein dynamisches Gleichgewicht. Seine Eigenfrequenz ist gerade durch (9.64) gegeben. Aus solcher Sicht nennt man den Punkt $\tilde{\Omega} = \tilde{\Omega}_T$ Tilgungspunkt und nennt den – evtl. erst durch nachträgliches Hinzufügen der Masse m_1 zum System aus m_2, k_1, k_2 entstandenen – „Einmassenschwinger" *Tilger*.

Man kann $\tilde{\Omega}_T$ jedoch auch als die Stelle auf der Frequenzachse ansehen, ab der ein Knotenpunkt von unten auf die Feder k_2 wandert, vgl. Abb. 9.2b. Bei der weiteren Annäherung von $\tilde{\Omega}$ an $\tilde{\omega}_2$, die zweite Eigenfrequenz, nähert man sich der zweiten Resonanzspitze, wo die zweite Eigenform nach Abb. 9.2b bestimmend wird; Interpretation ähnlich wie bei $\tilde{\Omega} \approx \tilde{\omega}_1$.

9.4.4 Erzwungene Schwingungen: Torsionsschwinger

Wie wirkt sich die doppelte Nullstelle bei den Eigenwerten des Torsionsschwingers nach Abb. 9.1b bei den erzwungenen Schwingungen aus?

Zahlenbeispiel Wir gehen analog zum Zweimassenschwinger vor. Gewählt werden die Referenzwerte

$$J_R = J_1, \quad k_{TR} = k_{T1}, \quad \omega_R = \sqrt{k_{TR}/J_R}, \quad \varphi_R = M_e/k_{TR}, \tag{9.65}$$

und die numerischen Werte $\tilde{J}_1 = 1, \tilde{J}_2 = 0.5, \tilde{k}_T = 1$. Das Erregermoment $M_1(t) = M_e \hat{f}_2 \cos \Omega t$ wirkt mit $(\hat{f}_1, \hat{f}_2) = (1, 0)$ auf die Drehmasse J_1.

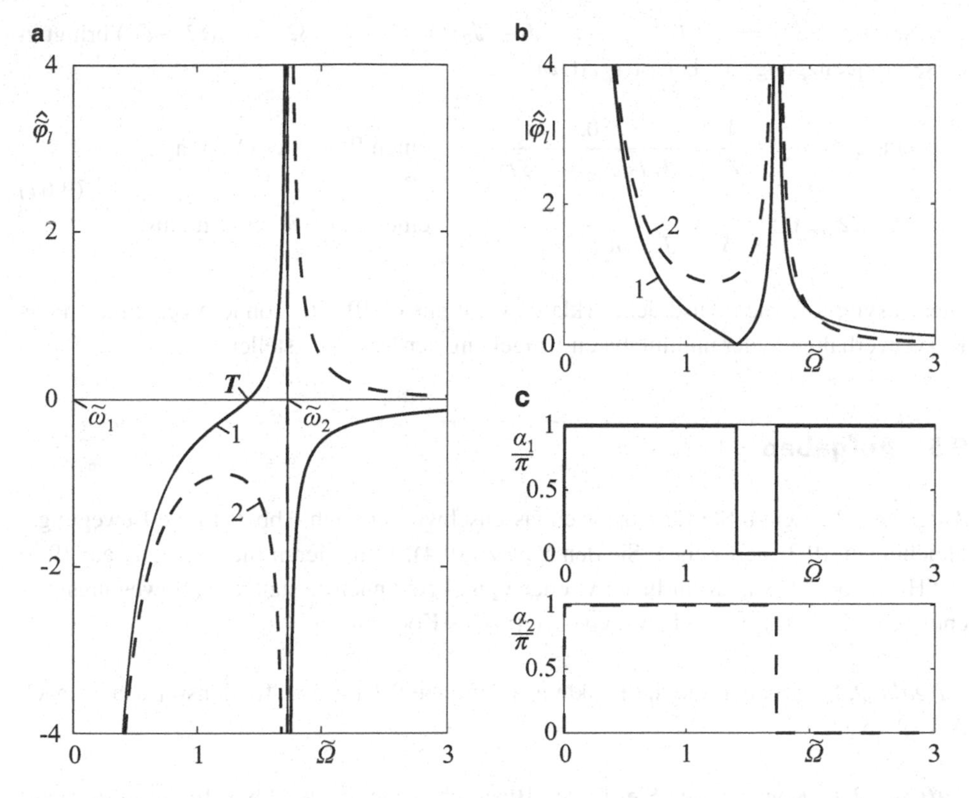

Abb. 9.5 Torsionsschwinger Amplituden- und Phasenfrequenzgänge. **a** Amplituden $\hat{\hat{\varphi}}_l(\tilde{\Omega}), l = 1, 2$, **b** Amplitudenbeträge $|\hat{\hat{\varphi}}_l(\tilde{\Omega})|$, **c** Phasenwinkel $\alpha_l(\tilde{\Omega})$

Abb. 9.5 zeigt, parallel zu Abb. 9.4, die nach (9.57) numerisch berechneten Frequenzgänge $\hat{\hat{\varphi}}_l(\tilde{\Omega})$ für die Drehwinkel φ_1 und φ_2.

Gegenüber Abb. 9.4 überrascht zuerst der Start der Frequenzgänge mit negativen Amplituden $\hat{\hat{\varphi}}_l < 0$ bzw. Phasenwinkeln $\alpha_l = \pi$. Außerdem ist die „Resonanzstelle" bei $\omega_1 = 0$ sehr breit.

Beides rührt von der möglichen freien Drehbewegung her. Bei kleinen Erregerfrequenzen $\tilde{\Omega}$ verhält der Drehschwinger sich wie starr. Setzt man dafür $(J_1 + J_2)\ddot{\varphi} = \hat{M} \cos \Omega t$ und $\varphi = \hat{\varphi} \cos \Omega t$ an, so folgt $\hat{\varphi} < 0$. Die Breite lesen wir aus (9.58) ab. Zu $\hat{\boldsymbol{f}} = (\hat{f}_1, \hat{f}_2)$ folgt nach Umformung

$$\hat{\hat{\varphi}}(\tilde{\Omega}) = \frac{1}{\Delta(\tilde{\Omega})} \begin{pmatrix} k_T - J_2\tilde{\Omega}^2 & k_T \\ k_T & k_T - J_2\tilde{\Omega}^2 \end{pmatrix} \begin{pmatrix} \hat{f}_1 \\ \hat{f}_2 \end{pmatrix}. \tag{9.66}$$

Der Nenner $\Delta(\tilde{\Omega}) = \tilde{\Omega}^2(\tilde{J}_1\tilde{J}_2\tilde{\Omega}^2 - \tilde{k}_T(\tilde{J}_1 + \tilde{J}_2)) = \tilde{J}_1\tilde{J}_2\tilde{\Omega}^2(\tilde{\Omega} - \tilde{\omega}_2)(\tilde{\Omega} + \tilde{\omega}_2)$ bringt in diese Frequenzgänge als Faktor $1/\Delta(\tilde{\Omega})$

$$\begin{aligned} &\text{bei } \tilde{\Omega} \approx \omega_2: \quad \frac{1}{\Delta} = \frac{0.5}{J_1 J_2 \omega_2^3 (\omega_2 - \tilde{\Omega})^1} \quad &&\text{einen Pol erster Ordnung,} \\ &\text{bei } \tilde{\Omega} \approx 0: \quad \frac{1}{\Delta} = \frac{-1}{J_1 J_2 \omega_2^2 \tilde{\Omega}^2} \quad &&\text{einen Pol zweiter Ordnung.} \end{aligned} \tag{9.67}$$

Diese asymptotischen Ausdrücke erklären nicht nur die Breite, sondern zeigen auch das Kurvenverhalten in der unmittelbaren Umgebung der Resonanzstellen.

9.5 Aufgaben

Aufgabe 9.1 Leiten Sie für den Zweimassenschwinger nach Abb. 9.1a die Bewegungsgleichungen (9.3) her. Zeigen Sie den Weg zu (9.4). Eliminieren Sie alternativ aus (9.3) mit Hilfe von (9.1) die Koordinate x_1 oder x_2 und gewinnen so statt (9.3) Bewegungsgleichungen mit $(x_2(t), x_3(t))$ bzw. $(x_1(t), x_3(t))$ als Koordinaten.

Aufgabe 9.2 Arbeiten Sie die Punkte aus Aufgabe 9.1 für den Torsionsschwinger nach Abb. 9.1b ab.

Aufgabe 9.3 Kontrollieren Sie für den Biegeschwinger nach Abb. 9.1c die in (9.7) angegeben Auslenkungen, a) mit Hilfe von Balkenbiegeformeln, b) nach (dem ersten Satz von) Castigliano (vgl. Abschn. B.4).

Aufgabe 9.4 Lösen Sie für den Biegeschwinger nach Abb. 9.1c die (9.7) nach den Kräften auf und schreiben Sie seine Bewegungsgleichungen in der „üblichen“ Form von (9.4), (9.6) an.

Aufgabe 9.5 Wenden Sie die Vorgehensweise aus Abschn. 9.2.3 auf die Transformationen in Aufgaben 9.1 und 9.2 an.

Aufgabe 9.6 (eher mathematisch): Zeigen Sie an Hand von (9.29) und (9.30), dass $\Lambda_{1,2}$ reell und positiv sind.

Aufgabe 9.7 (eher mathematisch): Zeigen Sie an Hand einer der beiden Formen (9.34) und von (9.29), (9.30) die Vorzeichengleichheit von bzw. den Vorzeichenwechsel bei $\hat{x}_{1k} \cdot \hat{x}_{2k}$.

Aufgabe 9.8 Schreiben Sie für sich eine Formelsammlung zum Umrechnen der Konstanten der vier Lösungsformen (9.35).

Aufgabe 9.9 Wenn Sie die vier Lösungsformen (9.35) vergleichen: Welche ist am Anschaulichsten, mit welcher kann man gut rechnen?

Aufgabe 9.10 Geben Sie zum Zahlenbeispiel 9.3.3 die vier Anfangsbedingungen $\boldsymbol{x}_0^{\mathrm{T}} = (1,0)$, $\boldsymbol{x}_0^{\mathrm{T}} = (0,1)$, $\boldsymbol{v}_0^{\mathrm{T}} = (1,0)$, $\boldsymbol{v}_0^{\mathrm{T}} = (0,1)$ zum Zeitanfang $t_0 = 0$ vor und berechnen Sie dazu numerisch mit den Zahlenwerten der Eigenlösungen $(\omega_1, \hat{\boldsymbol{x}}_1)$, $(\omega_2, \hat{\boldsymbol{x}}_2)$ nach (9.40) die vier Konstanten $a_{ck}, a_{sk}, k = 1, 2$.

Aufgabe 9.11 Lösen Sie die Anfangswert-Aufgabe 9.10 mit den dort angegebenen Daten für den Zeitanfang $t_0 = 0.5$.

Aufgabe 9.12 Skizzieren Sie ein Bild entsprechend Abb. 9.2a, b mit den Koordinaten x_1, x_3, (vgl. Aufgabe 9.1); tragen Sie x_3 anstelle x_2 über m_2 auf.

Aufgabe 9.13 Skizzieren Sie ein Bild entsprechend Abb. 9.2c mit den Koordinaten x_2, x_3 bzw. x_1, x_3, vgl. Aufgabe 9.1.

Aufgabe 9.14 Skizzieren Sie für die am Ende von Abschn. 9.3.3 und 9.3.4 genannten Überlagerungen qualitativ, doch unter Beachtung der Eigenformen nach (9.40) und (9.45), ein Anfangsstück der Zeitverläufe $x_{1,2}(t)$ und $\varphi_{1,2}(t)$ über einer gemeinsamen Zeitachse. Wählen Sie unterschiedliche Anfangsbedingungen.

Aufgabe 9.15 Ungedämpfte freie Schwingungen kann man (rein reell) mit dem Ansatz $\boldsymbol{x}(t) = \hat{\boldsymbol{x}} \cos(\omega t + \varphi_0)$ untersuchen. Dann tritt ω als freie Konstante an die Stelle von λ vgl. (9.20). Machen Sie diesen Ansatz zur Lösung von (9.19), kürzen $\omega^2 = \Lambda$ statt (9.22) ab und führen die im Text folgenden Überlegungen – mutatis mutandis – bis zum Ende des Abschn. 9.3.3 durch.

Aufgabe 9.16 Passen Sie (9.58), (9.59) an die Bewegungsgleichungen für den Zweimassen- und den Torsionsschwinger an.

Aufgabe 9.17 Passen Sie (9.58), (9.59) an die Bewegungsgleichungen für den Zweimassen- und den Torsionsschwinger mit den Koordinaten nach Aufgabe 9.1, Aufgabe 9.2 an.

Aufgabe 9.18 Überprüfen Sie die Dimensionen in (9.61).

Aufgabe 9.19 Entwickeln Sie aus den Resonanzkurven nach Abb. 9.4a, b, für die Auslenkungen x_1, x_2 solche für die Auslenkungen x_1, x_3 von Aufgabe 9.1.

10 Modaltransformation als Hilfsmittel zur Schwingungsanalyse

Zusammenfassung

In den jeweiligen Eigenfrequenzen bewegt sich ein n-Massenschwinger in den zugehörigen Eigenschwingungsformen (engl. normal modes). Mit Hilfe der Eigenvektoren kann man die Matrix-Bewegungsgleichungen entkoppeln. Hierdurch entstehen n einzelne Bewegungsgleichungen, deren Lösungen überlagert werden. Damit das gelingt, und man analog zu kartesischen Projektionen rechnen und denken kann, wird das Skalarprodukt der Vektorrechnung im dreidimensionalen Raum entsprechend abgewandelt und gezeigt, dass die Eigenvektoren orthogonal sind. Die Transformation auf die Modalkoordinaten lässt sich dann leicht anschreiben. Auch erzwungene Schwingungen werden hiermit erfasst. Die Modaltransformation ist bei der Analyse großer Systeme sehr vorteilhaft. Sie gilt in dieser einfachen Form bei gedämpften Schwingern nur, wenn die Dämpfungsmatrix in eine Linearkombination von Trägheits- und Steifigkeitsmatrix verwandelt wird. Dieses oft nach Rayleigh benannte Vorgehen entspricht einem Wechsel von Stärke und Anordnung der Dämpferelemente.

Ausgangspunkt ist die Bewegungsgleichung (9.51) einschließlich viskoser Dämpfung $\boldsymbol{B}\dot{\boldsymbol{x}}$:

$$\boldsymbol{M}\ddot{\boldsymbol{x}} + \boldsymbol{B}\dot{\boldsymbol{x}} + \boldsymbol{K}\boldsymbol{x} = \boldsymbol{F}_e(t). \tag{10.1}$$

Die Koeffizientenmatrizen $\boldsymbol{M}, \boldsymbol{B}, \boldsymbol{K}$ sind *symmetrisch*, vgl. (9.13),

$$\boldsymbol{M} = \boldsymbol{M}^{\mathrm{T}}, \quad \boldsymbol{B} = \boldsymbol{B}^{\mathrm{T}}, \quad \boldsymbol{K} = \boldsymbol{K}^{\mathrm{T}}, \tag{10.2}$$

Ergänzende Information Die elektronische Version dieses Kapitels enthält Zusatzmaterial, auf das über folgenden Link zugegriffen werden kann https://doi.org/10.1007/978-3-658-38123-3_10.

E. Brommundt und D. Sachau, *Schwingungslehre mit Maschinendynamik*,
https://doi.org/10.1007/978-3-658-38123-3_10

und *positiv definit* bzw. *positiv semidefinit*, das heißt zu allen $\dot{\boldsymbol{x}} \neq 0, \boldsymbol{x} \neq 0$ gilt

$$\dot{\boldsymbol{x}}^{\mathrm{T}} \boldsymbol{M} \dot{\boldsymbol{x}} > 0 \quad \text{bzw.} \quad \dot{\boldsymbol{x}}^{\mathrm{T}} \boldsymbol{B} \dot{\boldsymbol{x}} \geq 0, \quad \boldsymbol{x}^{\mathrm{T}} \boldsymbol{K} \boldsymbol{x} \geq 0; \tag{10.3}$$

(Aufgaben 10.1 und 10.2).

10.1 Orthogonalität der Eigenschwingungsformen

Für ungedämpfte freie Schwingungen, $\boldsymbol{B} = \boldsymbol{0}, \boldsymbol{F}_e = \boldsymbol{0}$, wurde in Abschn. 9.3.1 das Eigenwertproblem $(-\boldsymbol{M}\Lambda + \boldsymbol{K})\hat{\boldsymbol{x}} = \boldsymbol{0}$, (9.23), formuliert und gelöst. Ergebnis sind die Eigenlösungen $(\Lambda_k, \hat{\boldsymbol{x}}_k)$, $k = 1, \ldots, n$, vergl. Abschn. 9.3.2 und 9.3.3 als Beispiele.

Ziel: Auf der Grundlage der Eigenlösungen $(\Lambda_k, \hat{\boldsymbol{x}}_k)$ will man das Schwingungssystem (10.1) durchschauen. Dabei sollen die Eigenfrequenzen $\omega_k = \sqrt{\Lambda_k}$ als Kennfrequenzen und die Eigenvektoren $\hat{\boldsymbol{x}}_k$ als n-dimensionale, orthogonale Basis dienen.

10.1.1 Orthogonalitätsnachweis

Wir zeigen: Sind im Eigenwertproblem (9.23) die Matrizen $\boldsymbol{M}, \boldsymbol{K}$ symmetrisch und definit gemäß (10.2), (10.3), so sind die Eigenlösungen $(\Lambda_k, \hat{\boldsymbol{x}}_k)$ reell. Zu zwei verschiedenen $\Lambda_k = \omega_k^2$ und $\Lambda_l = \omega_l^2$ gehörende Eigenvektoren $\hat{\boldsymbol{x}}_k$bzw. $\hat{\boldsymbol{x}}_l$ sind im verallgemeinerten Sinne orthogonal.

Man definiert mit den Matrizen $\boldsymbol{M}$, $\boldsymbol{I}$-Einsmatrix, $\boldsymbol{K}$ (als Gewichtsfunktionen) für zwei nicht notwendig verschiedene Eigenvektoren $\hat{\boldsymbol{x}}_k, \hat{\boldsymbol{x}}_l$ die *Skalarprodukte*

$$(\hat{\boldsymbol{x}}_k, \hat{\boldsymbol{x}}_l)_{\boldsymbol{M}} := \hat{\boldsymbol{x}}_k^* \boldsymbol{M} \hat{\boldsymbol{x}}_l, \quad (\hat{\boldsymbol{x}}_k, \hat{\boldsymbol{x}}_l)_{\boldsymbol{I}} := \hat{\boldsymbol{x}}_k^* \boldsymbol{I} \hat{\boldsymbol{x}}_l = \hat{\boldsymbol{x}}_k^* \hat{\boldsymbol{x}}_l, \quad (\hat{\boldsymbol{x}}_k, \hat{\boldsymbol{x}}_l)_{\boldsymbol{K}} := \hat{\boldsymbol{x}}_k^* \boldsymbol{K} \hat{\boldsymbol{x}}_l. \tag{10.4}$$

Darin sind (vorübergehend) komplexwertige Eigenvektoren zugelassen und $\hat{\boldsymbol{x}}_k^*$ bedeutet $\bar{\hat{\boldsymbol{x}}}_k^{\mathrm{T}}$, das heißt komplex konjugierte Transposition; vor allem $(\hat{\boldsymbol{x}}_k, \hat{\boldsymbol{x}}_l)_{\boldsymbol{M}}$ ist wichtig, (Aufgabe 10.3).

Gl. 9.23 ist für $(\Lambda_k, \hat{\boldsymbol{x}}_k), (\Lambda_l, \hat{\boldsymbol{x}}_l)$ erfüllt:

$$\boldsymbol{M} \hat{\boldsymbol{x}}_k \Lambda_k = \boldsymbol{K} \hat{\boldsymbol{x}}_k, \quad \boldsymbol{M} \hat{\boldsymbol{x}}_l \Lambda_l = \boldsymbol{K} \hat{\boldsymbol{x}}_l. \tag{10.5}$$

Um das Reell-Sein der Eigenlösungen $(\Lambda_k, \hat{\boldsymbol{x}}_k), (\Lambda_l, \hat{\boldsymbol{x}}_l)$ unter den Bedingungen (10.2), (10.3) zu beweisen, lassen wir sie zunächst komplex zu, multiplizieren $(10.5)_1$ von links mit $\hat{\boldsymbol{x}}_l^*$ und $(10.5)_2$ mit $\hat{\boldsymbol{x}}_k^*$ und erhalten

$$\hat{\boldsymbol{x}}_l^* \boldsymbol{M} \hat{\boldsymbol{x}}_k \Lambda_k = \hat{\boldsymbol{x}}_l^* \boldsymbol{K} \hat{\boldsymbol{x}}_k, \quad \hat{\boldsymbol{x}}_k^* \boldsymbol{M} \hat{\boldsymbol{x}}_l \Lambda_l = \hat{\boldsymbol{x}}_k^* \boldsymbol{K} \hat{\boldsymbol{x}}_l. \tag{10.6}$$

Mit $(\Lambda_k, \hat{\boldsymbol{x}}_k) = (\Lambda_l, \hat{\boldsymbol{x}}_l)$ folgt aus $(10.6)_1$

$$\Lambda_k = \frac{\hat{\boldsymbol{x}}_k^* \boldsymbol{K} \hat{\boldsymbol{x}}_k}{\hat{\boldsymbol{x}}_k^* \boldsymbol{M} \hat{\boldsymbol{x}}_k}, \quad \text{auch} \quad R_A = \frac{\hat{\boldsymbol{x}}^* \boldsymbol{K} \hat{\boldsymbol{x}}}{\hat{\boldsymbol{x}}^* \boldsymbol{M} \hat{\boldsymbol{x}}}; \tag{10.7}$$

rechts steht der *Rayleighsche Quotient*, der häufig zu Abschätzungen genutzt wird.

Aus $(10.7)_1$ folgt mit $(10.3)_{1,3}$, auch Aufgabe 10.3: Alle Eigenlösungen sind reell[1] ($\hat{\boldsymbol{x}}_k^* = \hat{\boldsymbol{x}}_k^{\mathrm{T}}$ ist wieder erlaubt), es gilt überdies $\Lambda_k \geq 0$; einzelne Eigenwerte $\Lambda_k = 0$ nur bei $\det \boldsymbol{K} = 0$; die Eigenwerte λ_k sind rein imaginär, vgl. (9.22).

Zurück zum Gleichungspaar (10.6): Transponiert man $(10.6)_2$, berücksichtigt $\boldsymbol{M} = \boldsymbol{M}^{\mathrm{T}}$, $\boldsymbol{K} = \boldsymbol{K}^{\mathrm{T}}$, und subtrahiert die so entstandene Gleichung von $(10.6)_1$, so heben sich die rechten Seiten weg, es verbleibt (Aufgabe 10.4)

$$(\Lambda_k - \Lambda_l)\hat{\boldsymbol{x}}_l^{\mathrm{T}} \boldsymbol{M} \hat{\boldsymbol{x}}_k = 0. \tag{10.8}$$

Falls $\Lambda_k \neq \Lambda_l$, folgt daraus

$$(\hat{\boldsymbol{x}}_k, \hat{\boldsymbol{x}}_l)_{\boldsymbol{M}} = \hat{\boldsymbol{x}}_k^{\mathrm{T}} \boldsymbol{M} \hat{\boldsymbol{x}}_l = 0. \tag{10.9}$$

Wegen (10.6) gilt dann auch

$$(\hat{\boldsymbol{x}}_k, \hat{\boldsymbol{x}}_l)_{\boldsymbol{K}} = \hat{\boldsymbol{x}}_k^{\mathrm{T}} \boldsymbol{K} \hat{\boldsymbol{x}}_l = 0. \tag{10.10}$$

Eigenvektoren $\hat{\boldsymbol{x}}_k, \hat{\boldsymbol{x}}_l$ zu verschiedenen Eigenwerten, also $\Lambda_k \neq \Lambda_l$, sind im Sinne des Skalarprodukts $(\hat{\boldsymbol{x}}_k, \hat{\boldsymbol{x}}_l)_{\boldsymbol{M}}$ orthogonal.

Hinweis 1 Nur wenn $\boldsymbol{M}$ proportional zu $\boldsymbol{I}$ ist, stimmt diese Orthogonalität mit jener der Vektorrechnung – das ist die $(\hat{\boldsymbol{x}}_k, \hat{\boldsymbol{x}}_l)_{\boldsymbol{I}}$-Orthogonalität – überein.

Im Fall $\Lambda_k = \Lambda_l$ macht (10.8) über $(\hat{\boldsymbol{x}}_k, \hat{\boldsymbol{x}}_l)_{\boldsymbol{M}}$ keine Aussage. Bei $k = l$ geht es um dieselbe (Einfach-)Wurzel, aus $(10.6)_1$ folgt

$$\hat{\boldsymbol{x}}_k^{\mathrm{T}} \boldsymbol{M} \hat{\boldsymbol{x}}_k \Lambda_k = \hat{\boldsymbol{x}}_k^{\mathrm{T}} \boldsymbol{K} \hat{\boldsymbol{x}}_k, \quad \text{gleichwertig} \quad (\hat{\boldsymbol{x}}_k, \hat{\boldsymbol{x}}_k)_{\boldsymbol{M}} \Lambda_k = (\hat{\boldsymbol{x}}_k, \hat{\boldsymbol{x}}_k)_{\boldsymbol{K}}. \tag{10.11}$$

Zu einer d-Fachwurzel Λ_k der charakteristischen Gleichung (9.25), zum Rangabfall, zum Defekt $d > 1$ hat das homogene Gleichungssystem (9.26) $d > 1$ linear unabhängige Eigenvektoren, sagen wir $\hat{\boldsymbol{x}}_k, \hat{\boldsymbol{x}}_{k+1}, \ldots, \hat{\boldsymbol{x}}_{k+d-1}$, die zwar orthogonal zu den $\hat{\boldsymbol{x}}_i$ für $\Lambda_i \neq \Lambda_k$ sind, doch oft untereinander (nachträglich) orthogonalisiert werden müssen; siehe Abschn. 9.3.1 und Aufgabe 10.6.

[1] Λ_k ist reell und damit auch $\hat{\boldsymbol{x}}_k$, siehe (10.5).

10.1.2 Die Modalmatrix

Man fasst die $k = 1, \ldots, n$ Spaltenmatrizen $\hat{\boldsymbol{x}}_k$ der orthogonalen Eigenvektoren zur Modalmatrix $\hat{\boldsymbol{X}}$ und die Eigenwerte Λ_k in der Diagonalmatrix $\boldsymbol{\Lambda}$ zusammen:

$$\hat{\boldsymbol{X}} = (\hat{\boldsymbol{x}}_1, \hat{\boldsymbol{x}}_2, \ldots, \hat{\boldsymbol{x}}_n) = \begin{pmatrix} \hat{x}_{11} & \ldots & \hat{x}_{1n} \\ \vdots & \ddots & \vdots \\ \hat{x}_{n1} & \ldots & \hat{x}_{nn} \end{pmatrix} \quad \text{bzw.}$$
$$\boldsymbol{\Lambda} = \operatorname{diag}(\Lambda_k) = \begin{pmatrix} \Lambda_1 & & \mathbf{0} \\ & \ddots & \\ \mathbf{0} & & \Lambda_n \end{pmatrix}. \tag{10.12}$$

Dann kann man (10.11) für die n Eigenlösungen wie folgt zusammenfassen:

$$\hat{\boldsymbol{X}}^{\mathrm{T}} \boldsymbol{M} \hat{\boldsymbol{X}} \boldsymbol{\Lambda} = \hat{\boldsymbol{X}}^{\mathrm{T}} \boldsymbol{K} \hat{\boldsymbol{X}}. \tag{10.13}$$

Wegen der Orthogonalität (10.9), (10.10) sind $\hat{\boldsymbol{X}}^{\mathrm{T}} \boldsymbol{M} \hat{\boldsymbol{X}}$ und $\hat{\boldsymbol{X}}^{\mathrm{T}} \boldsymbol{K} \hat{\boldsymbol{X}}$ Diagonalmatrizen

$$\underset{\sim}{\boldsymbol{M}} = \operatorname{diag}(\underset{\sim}{m}_k) = \begin{pmatrix} \underset{\sim}{m}_1 & & \mathbf{0} \\ & \ddots & \\ \mathbf{0} & & \underset{\sim}{m}_n \end{pmatrix}, \quad \underset{\sim}{\boldsymbol{K}} = \operatorname{diag}(\underset{\sim}{k}_k) = \begin{pmatrix} \underset{\sim}{k}_1 & & \mathbf{0} \\ & \ddots & \\ \mathbf{0} & & \underset{\sim}{k}_n \end{pmatrix}. \tag{10.14}$$

Die $\underset{\sim}{m}_k = \hat{\boldsymbol{x}}_k^{\mathrm{T}} \boldsymbol{M} \hat{\boldsymbol{x}}_k > 0$ nennt man *modale Massen*, die $\underset{\sim}{k}_k = \hat{x}_k^{\mathrm{T}} K \hat{x}_k \geq 0$ *modale Steifigkeiten*.

Da man jeden einzelnen Eigenvektor $\hat{\boldsymbol{x}}_k$ (individuell) mit einer Konstanten multiplizieren darf, sind modale Massen und Steifigkeiten *nicht* dem System eigentümlich, können (ohne weitere Annahmen) nicht einmal untereinander verglichen werden. Aus (10.13) folgt lediglich

$$\underset{\sim}{m}_k \Lambda_k = \underset{\sim}{k}_k. \tag{10.15}$$

Hinweis 2 Soweit man *nicht* mit dimensionslosen Größen arbeitet, haben die modalen Massen die Dimension von (Massen-)Trägheitsmomenten, die modalen Steifigkeiten die Dimension von Dreh-Steifigkeiten; vorausgesetzt die $\hat{\boldsymbol{x}}_l$ sind Längen oder Winkel.

10.1.3 Normieren

In Lehrbüchern werden die Eigenvektoren $\hat{\boldsymbol{x}}_k$ gemäß dem Skalarprodukt $(\hat{\boldsymbol{x}}_k, \hat{\boldsymbol{x}}_l)_M$ häufig auf

$$(\hat{\boldsymbol{x}}_k, \hat{\boldsymbol{x}}_k)_M = \hat{\boldsymbol{x}}_k^{\mathrm{T}} \boldsymbol{M} \hat{\boldsymbol{x}}_k = 1 \tag{10.16}$$

normiert. Erfüllt $\hat{x}_k$, d. h. seine Vorstufe $\hat{x}_k^v$, mit der wir die modale Masse berechnet haben, die Norm noch nicht, folgen mit dem Ansatz $\hat{x}_k = c \cdot \hat{x}_k^v$ aus (10.16): $(\hat{x}_k, \hat{x}_k)_M = (c\hat{x}_k^v, c\hat{x}_k^v)_M = c^2 \underset{\sim}{m}_k = 1$ und $c = \pm 1/\sqrt{\underset{\sim}{m}_k}$

$$\hat{x}_k = \pm \hat{x}_k^v / \sqrt{\underset{\sim}{m}_k}. \tag{10.17}$$

Das Vorzeichen von $\hat{x}_k$ wählt man zum Beispiel so, dass sein erstes Element oder das dem Betrage nach größte positiv ist.

Hinweis 3 In (10.17) muss man die Wurzel aus einer Masse ziehen. Wenn man alle darauffolgenden Rechnungen konsequent durchführt, hebt sich diese Wurzel am Ende auf. Man kann die (Vorstellungs-)Schwierigkeiten vermeiden, indem man bezogene (dimensionslose) Größen einführt oder nicht normiert und mit modalen Massen und Steifigkeiten rechnet.

10.1.4 Orthogonalisieren

Ist ein Eigenvektor $\hat{x}_k$ gemäß (10.16) genormt, kann man jeden anderen (n-dimensionalen) Vektor $\hat{x}$ bezüglich $\hat{x}_k$ im Sinne des Skalarprodukts $(\hat{x}_k, \hat{x}_l)_M$ *orthogonalisieren*, indem man seine Projektion auf $\hat{x}_k$ von ihm subtrahiert (Aufgabe 10.5):

$$x_{\perp \hat{x}_k} = x - (x, \hat{x}_k)_M \hat{x}_k. \tag{10.18}$$

10.2 Transformation der Schwingungsgleichung auf Modalkoordinaten

Mit den n linear unabhängigen *Modalvektoren* $\hat{x}_k$ (Eigenvektoren) und den *Modalkoordinaten* $q_k = q_k(t)$ – auch *Hauptkoordinaten* genannt – setzt man für die Spaltenmatrix $x = x(t)$ der Auslenkungen die *Koordinatentransformation*

$$x = x(t) = \sum_{k=1}^{n} \hat{x}_k q_k(t) = \hat{X} q; \quad q = (q_1, \ldots, q_n)^{\mathrm{T}} \tag{10.19}$$

an. Einsetzen von (10.19) in die Schwingungsgleichung (10.1) liefert (Aufgabe 10.7)

$$M\hat{X}\ddot{q} + B\hat{X}\dot{q} + K\hat{X}q = F_e. \tag{10.20}$$

Multiplikation dieser Gleichung von links mit $\hat{X}^{\mathrm{T}}$, vgl. (10.13), und anschließendes Umstellen liefert: $\hat{X}^{\mathrm{T}} M\hat{X}\ddot{q} + \hat{X}^{\mathrm{T}} B\hat{X}\dot{q} + \hat{X}^{\mathrm{T}} K\hat{X}q = \hat{X}^{\mathrm{T}} F_e$ und

$$\underset{\sim}{M}\ddot{q} + D\dot{q} + \underset{\sim}{M}\Lambda q = Q_e, \quad \text{mit} \quad D := \hat{X}^{\mathrm{T}} B\hat{X}, \quad Q_e := \hat{X}^{\mathrm{T}} F_e. \tag{10.21}$$

Die gemäß $\boldsymbol{D} = \hat{\boldsymbol{X}}^{\mathrm{T}} \boldsymbol{B} \hat{\boldsymbol{X}}$ von $\boldsymbol{B}$ auf $\boldsymbol{D}$ transformierte Dämpfungsmatrix ist im Allgemeinen keine Diagonalmatrix (s. unten).

Ohne Dämpfung, bei verschwindendem $\boldsymbol{D}$, zerfällt (10.21) in n entkoppelte Einmassenschwinger (Aufgabe 10.7):

$$\ddot{q}_k + \omega_k^2 q_k = Q_{ek}/\underset{\sim}{m}_k, \text{ mit } Q_{ek} := \hat{\boldsymbol{x}}_k^{\mathrm{T}} \boldsymbol{F}_e, k = 1, \ldots, n. \tag{10.22}$$

Das bedeutet: Je nach Aufbau der Dämpfungsmatrix $\boldsymbol{D}$ enthält also (10.21) zusätzlich zum Dämpfungseffekt eine Kopplung.

Hinweis 4 Bei Normierung gemäß (10.17) gilt $\underset{\sim}{m}_k = 1$.

10.3 Anwendungsbeispiel: Dämpfungsfreie erzwungene harmonische Schwingung

Für $Q_{ek} = \hat{Q}_{ek} \cos \Omega t$ folgt zum Lösungsansatz $q_k = \hat{q}_k \cos \Omega t$ die Amplitude

$$\hat{q}_k = \hat{Q}_{ek}/\underset{\sim}{m}_k \frac{1}{\omega_k^2 - \Omega^2} = \frac{\hat{Q}_{ek}}{(\omega_k - \Omega) \cdot (\omega_k + \Omega) \cdot \underset{\sim}{m}_k}. \tag{10.23}$$

Dabei ist die Erregeramplitude

$$\hat{Q}_{ek} = \hat{\boldsymbol{x}}_k^{\mathrm{T}} \hat{\boldsymbol{F}}_e = (\hat{\boldsymbol{x}}_k, \hat{\boldsymbol{F}}_e)_{\boldsymbol{I}} \tag{10.24}$$

die Projektion der Spaltenmatrix $\hat{\boldsymbol{F}}_e$ auf den Eigenvektor $\hat{\boldsymbol{x}}_k$ im Sinne des $(\hat{\boldsymbol{x}}_k, \hat{\boldsymbol{x}}_l)_{\boldsymbol{I}}$ – Skalarprodukts.

Man spricht von *Scheinresonanz*, wenn die Erregerfrequenz Ω nahe einer Eigenfrequenz ω_k liegt und trotzdem keine oder eine nur sehr niedrige *Resonanzspitze* beobachtet wird, weil die zugehörige *Projektion* (10.24) nahezu *verschwindet*.

Beim Lesen und Deuten von *Resonanzkurven* $\hat{\boldsymbol{x}}(\Omega)$, wie zum Beispiel Abb. 9.4a, ist es vorteilhaft, die Beteiligung der Eigenlösungen $(\omega_k, \hat{\boldsymbol{x}}_k)$, vgl. Abschn. 9.3.3, gemäß (10.19) mit (10.23), gedanklich zusammenzusetzen: (Aufgabe 10.8) .

Der Erregung $\boldsymbol{F}_e = \hat{\boldsymbol{F}}_e \cos \Omega t$ folgt die Schwingung $\boldsymbol{x} = \hat{\boldsymbol{x}} \cos \Omega t$ mit

$$\hat{\boldsymbol{x}} = \hat{\boldsymbol{x}}(\Omega) = \sum_{k=1}^{n} \frac{(\hat{\boldsymbol{x}}_k^{\mathrm{T}} \hat{\boldsymbol{F}}_e)}{(\omega_k + \Omega) \cdot (\omega_k - \Omega) \cdot \underset{\sim}{m}_k} \hat{\boldsymbol{x}}_k = \sum_{k=1}^{n} \frac{(\hat{\boldsymbol{x}}_k^{\mathrm{T}} \hat{\boldsymbol{F}}_e)}{(\omega_k^2 - \Omega^2) \cdot \underset{\sim}{m}_k} \hat{\boldsymbol{x}}_k. \tag{10.25}$$

Die Nennerschreibweise, $N_k = (\omega_k + \Omega) \cdot (\omega_k - \Omega) \cdot \underset{\sim}{m}_k$, hebt die mit $2\omega_k$ fallenden Breiten der Resonanzkurven der höheren Eigenfrequenzen hervor.

10.4 Anwendungsbeispiel Rayleigh-Dämpfung

Eine allgemeine Dämpfungsmatrix $\boldsymbol{B}$ koppelt die Modalkoordinaten, vgl. (10.20), (10.21). Um die Kopplung zu vermeiden, setzt man an:

$$\boldsymbol{B} = \alpha \boldsymbol{M} + \beta \boldsymbol{K}. \tag{10.26}$$

Darin sind α und β freie (dimensionsbehaftete) Parameter. Anschaulich interpretiert man $\alpha\boldsymbol{M}$ als Wirkung von äußerer Dämpfung und $\beta\boldsymbol{K}$ als Folge innerer Dämpfung. (Dieser Ansatz ist bequem, weil er $\boldsymbol{D}$ diagonalisiert, vgl. (10.27). Deshalb nennt man ihn oft *Bequemlichkeitshypothese*; (*Rayleigh-Dämpfung* ist kürzer). Einsetzen von (10.26) in (10.21) führt auf (Aufgabe 10.9)

$$\ddot{\boldsymbol{q}} + (\alpha \boldsymbol{I} + \beta \boldsymbol{\Lambda})\dot{\boldsymbol{q}} + \boldsymbol{\Lambda} \boldsymbol{q} = \underset{\sim}{\boldsymbol{M}}^{-1} \boldsymbol{Q}_e, \quad \text{mit} \quad \boldsymbol{Q}_e := \hat{\boldsymbol{X}}^{\mathrm{T}} \boldsymbol{F}_e. \tag{10.27}$$

Die n entkoppelten Einmassenschwinger nach (10.22) lauten nun (mit $\underset{\sim}{m}_k = 1$):

$$\ddot{q}_k + (\alpha + \beta\omega_k^2)\dot{q} + \omega_k^2 q_k = Q_{ek}, \quad \text{mit} \quad Q_{ek} := \hat{\boldsymbol{x}}_k^{\mathrm{T}} \boldsymbol{F}_e, \quad k = 1, \ldots, n. \tag{10.28}$$

Die innere Dämpfung wirkt sich hiernach auf die höheren Eigenschwingungsformen zunehmend stärker aus als auf die tieferen. Nach diesem Muster fügt man gelegentlich in den einzelnen Gleichungen von (10.28) „*modale Dämpfung*“ auf Grund von Erfahrung hinzu.

10.5 Aufgaben

Aufgabe 10.1 Drücken Sie die Definitheitsannahmen $\dot{\boldsymbol{x}}^{\mathrm{T}}\boldsymbol{M}\dot{\boldsymbol{x}} > 0, \dot{\boldsymbol{x}}^{\mathrm{T}}\boldsymbol{B}\dot{\boldsymbol{x}} \geq 0, \boldsymbol{x}^{\mathrm{T}}\boldsymbol{K}\boldsymbol{x} \geq 0$ in (10.3) physikalisch anschaulich als Energie- und Leistungsaussagen aus.

Aufgabe 10.2 Setzen Sie die Energie $E = E(t)$ des hinter (10.1) stehenden mechanischen Systems aus seiner kinetischen Energie, $T = \dot{\boldsymbol{x}}^{\mathrm{T}}\boldsymbol{M}\dot{\boldsymbol{x}}/2$, und der potenziellen, $U = \boldsymbol{x}^{\mathrm{T}}\boldsymbol{K}\boldsymbol{x}/2$, zusammen: $E = T + U$. Bilden Sie die Zeitableitung $\dot{E} = \dot{T} + \dot{U}$ unter Beachtung von (9.19) und eliminieren rechts daraus mit Hilfe der zuvor *von links* mit $\dot{\boldsymbol{x}}^{\mathrm{T}}$ multiplizierten Bewegungsgleichung (10.1) die Glieder mit $\boldsymbol{M}$ und $\boldsymbol{K}$. Welche Aussagen über $\dot{E}$ lesen Sie aus dem Ergebnis ab?

Aufgabe 10.3 Setzen Sie in $(\boldsymbol{x}, \boldsymbol{x})_M = \bar{\boldsymbol{x}}^{\mathrm{T}}\boldsymbol{M}\boldsymbol{x}$ das komplexe $\underline{\boldsymbol{x}} := \boldsymbol{u} + j\boldsymbol{v}; \boldsymbol{u}, \boldsymbol{v} \neq \boldsymbol{0}$, reell, und zeigen Sie mit $(10.4)_1$: $(\boldsymbol{x}, \boldsymbol{x})_M > 0$. Die letzte Aussage gilt auch für $(\boldsymbol{x}, \boldsymbol{x})_I$. Jedoch erfasst $(\boldsymbol{x}, \boldsymbol{x})_K \geq 0$, weil nur indefinit, den n-dimensionalen $\boldsymbol{x}$-Raum nicht sicher, ist deshalb als Orthogonalitätskriterium ungeeignet.

Aufgabe 10.4 Schreiben Sie die Schritte von (10.4) bis (10.11) ausführlich an.

Aufgabe 10.5 Beweisen Sie (10.18).

Aufgabe 10.6 Zu einem dreifachen Eigenwert $\Lambda_{1,2,3}$ gehören die drei noch nicht wechselseitig orthogonalen Eigenvektoren $\hat{\boldsymbol{x}}_1, \hat{\boldsymbol{x}}_2, \hat{\boldsymbol{x}}_3$. Sei $(\hat{\boldsymbol{x}}_1, \hat{\boldsymbol{x}}_1)_M = 1$. Wie müssen Sie $\hat{\boldsymbol{x}}_2, \hat{\boldsymbol{x}}_3$ abwandeln, um ein im Sinne des Skalarprodukts $(\hat{\boldsymbol{x}}_k, \hat{\boldsymbol{x}}_l)_M$ „orthogonales Dreibein" zu erhalten?

Aufgabe 10.7 Schreiben Sie die Transformationen (10.20), (10.21) mit der Summenform aus (10.19) an.

Aufgabe 10.8 Schreiben Sie die Lösung zum Zahlenbeispiel in Abschn. 9.4.3 in der Form (10.25) an.

Aufgabe 10.9 Entwickeln Sie Argumente für und gegen die Interpretation der beiden Glieder der Rayleigh-Dämpfung als äußere bzw. innere Dämpfung.

11 Dreh- und Torsionsschwingungen

Zusammenfassung

Drehschwingung ist der allgemeine Begriff, Torsion wird nur betont, wenn man eine Wellenverformung hervorheben will. An einem Drehschwinger vom Freiheitsgrad drei wird zuerst das Ansetzen einer Bewegungsgleichung nach Lagrange demonstriert. Dabei braucht man keine Schnittbilder, falls sich die Wirkung der elastischen Kräfte und Momente durch Potentiale erfassen lässt. Die Bewegungsgleichung erhält nach diesem Schemaverfahren unmittelbar die günstige Form mit symmetrischen Koeffizientenmatrizen. Beim Schwinger mit Übersetzungsgetriebe vereinfachen sich die Vorzeichenüberlegungen, Fehlerquellen werden vermieden. Das System lässt sich auch auf eine durchlaufende Welle „ohne Getriebe" reduzieren, was die Deutung der Schwingungsformen vereinfacht. An freien Drehschwingern kann man Eigenschwingungsformen besonders anschaulich darstellen, wenn zwischen gegeneinander schwingenden Systemteilen ruhende Schwingungsknoten auftreten. Bei erzwungenen Schwingungen wandern die Knoten mit wechselnder Erregerfrequenz durch das System. Anhand der Modalkoordinaten aus Kapitel 10 lassen sich Einzelheiten, wie beispielsweise Tilgungseffekte, im Einzelnen durchschauen und nachvollziehen.

Wir benutzen *Drehschwingungen* und *Torsionsschwingungen* in der Regel synonym. Bei einer ungleichförmig drehenden Windkraftanlage wird man jedoch von Drehschwingungen sprechen, während man *Torsionsschwingungen* vorzieht, wenn bei dem Vorgang eine Welle tordiert (*verwunden*, *verdreht*) wird. Auch bei Kolbenmaschinen spricht man von Dreh- oder Torsionsschwingungen, wobei die Kurbelwelle in sehr verwickelter Weise verbogen und verwunden wird, was man unter einer *Torsion* näherungsweise (!) zusammen-

Ergänzende Information Die elektronische Version dieses Kapitels enthält Zusatzmaterial, auf das über folgenden Link zugegriffen werden kann https://doi.org/10.1007/978-3-658-38123-3_11.

E. Brommundt und D. Sachau, *Schwingungslehre mit Maschinendynamik*,
https://doi.org/10.1007/978-3-658-38123-3_11

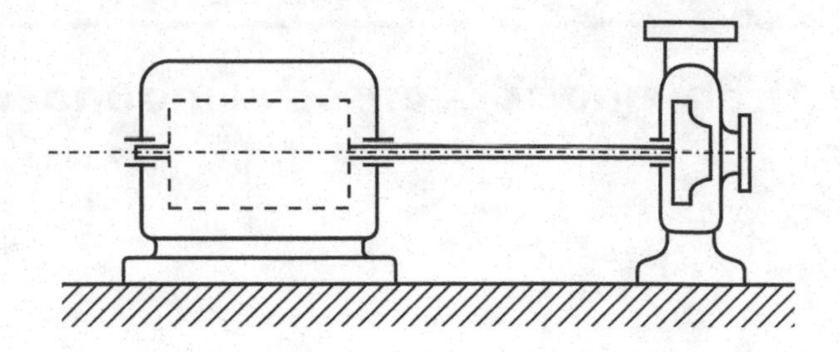

Abb. 11.1 Pumpensatz

fasst. Bei einem Verbrennungsmotor kann ein *Zylinder* – die dazugehörigen beweglichen Teile – unter Umständen gegen den anderen *Zylinder* schwingen. Die Abweichungen der Bewegungen des Kolbens, des Pleuels vom regelmäßigen Lauf infolge der Drehschwingungen „ihres" Kurbelzapfens werden dann einfach als Folge von Drehschwingungen gesehen.

11.1 Aufgabenstellung, Symbole

Drehschwingungen treten bei vielen Maschinen auf. Abb. 11.1 zeigt einen Motor, der über eine (längere) Welle eine Kreiselpumpe antreibt. Hier kann der Anker des Motors gegen den Lauf der Pumpe schwingen, die Welle wirkt als *Torsionsstab* (*Drehfeder*).

Wenn man genauer hinguckt, sieht man, dass die Drehschwingungen des Ankers auch mit der Elektrik des Motors verknüpft sind. Wir gehen darauf nicht ein und lassen diese Wechselwirkungen außer Acht. Ähnlich – fast noch verwickelter – sieht es beim Pumpenläufer aus: Drehschwingungen des Läufers ändern die Anströmwinkel, die gepumpte Flüssigkeit schwingt mit usw. Auch diese Effekte bleiben unbeachtet.

Zur Untersuchung der Drehschwingungen eines solchen Maschinensatzes zeichnet man dann ein Ersatzsystem nach Abb. 11.3a oder b, vgl. Abb. 9.1b.

Dabei steht J für eine Drehträgheit (Trägheitsmoment) und k_T für eine Torsionssteifigkeit.

Beachtet man beim Schiffsantrieb nach Abb. 11.2 nur die Verformungen der Propellerwelle, so erhält man wieder ein Modell nach Abb. 11.3, wobei J_1 die Drehträgheit des Propellers (evtl. mit einem *Wasserzuschlag*) und J_2 die des Motors bezeichnet. Be-

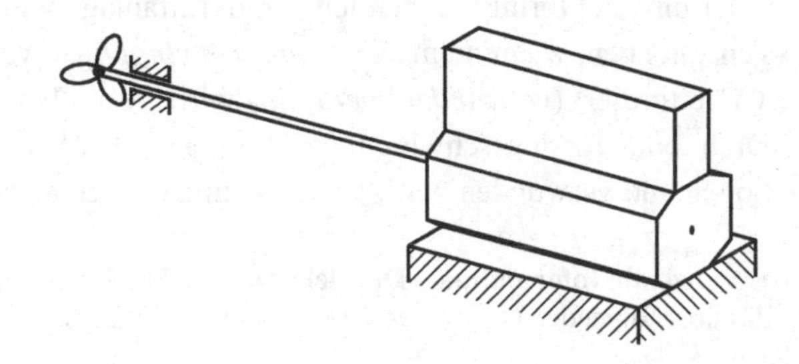

Abb. 11.2 Schiffsantrieb

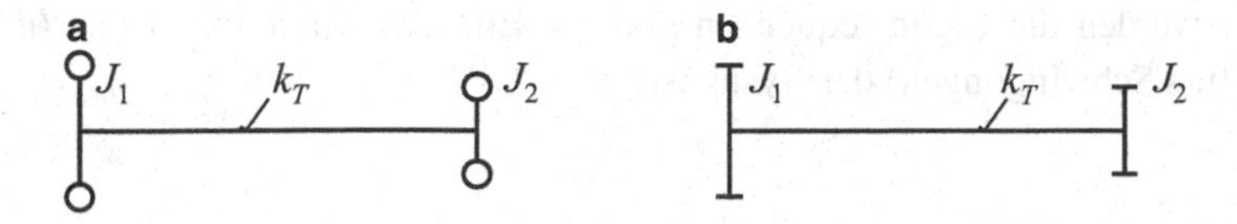

Abb. 11.3 Schematische Darstellungen von Drehschwingern

Abb. 11.4 Ersatzsystem für Schiffsantrieb mit 6-Zylinder-Motor

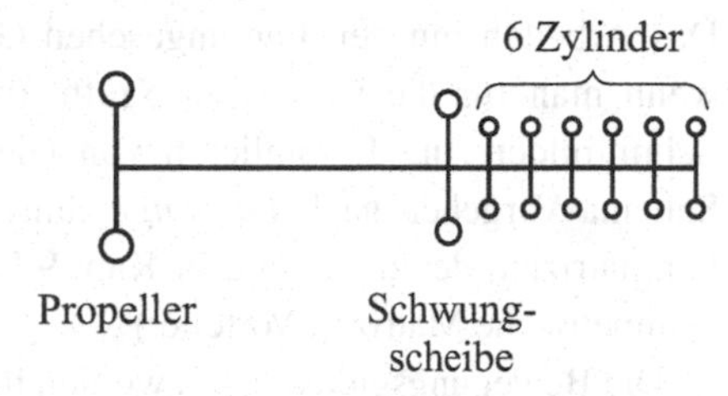

Abb. 11.5 Drehschwinger mit Getriebe

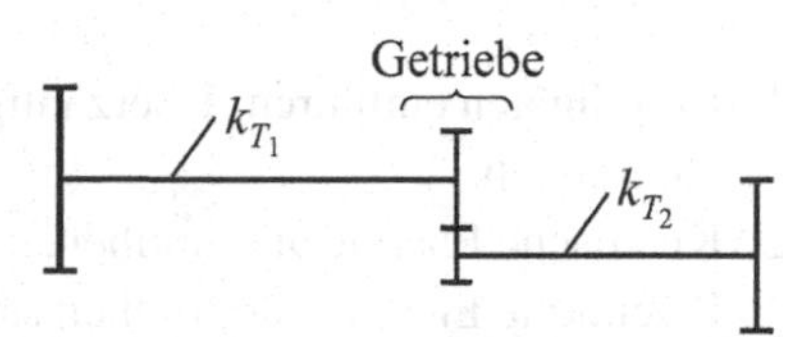

rücksichtigt man dagegen die Verformbarkeit der Kurbelwelle – und das muss man tun, wenn hohe Erregerfrequenzen vorliegen –, so erhält man ein Ersatzsystem nach Abb. 11.4 (6-Zylinder-Motor).

Enthält das Aggregat ein Getriebe, so gilt im einfachen Fall ein Ersatzsystem nach Abb. 11.5, wobei zunächst offen bleibt, ob die Drehträgheiten der Zahnräder beachtet werden oder nicht.

11.2 Drehschwingungen eines Systems mit einer Übersetzung

Das Drehschwingungssystem nach Abb. 11.6 besteht aus zwei Drehmassen J_1, J_4, zwei (Torsions-)Wellen mit den Steifigkeiten k_{T_1}, k_{T_2} und einem Zahnradgetriebe, dessen Räder die (Teilkreis-)Radien r_2, r_3 und die Drehmassen J_2 bzw. J_3 haben.

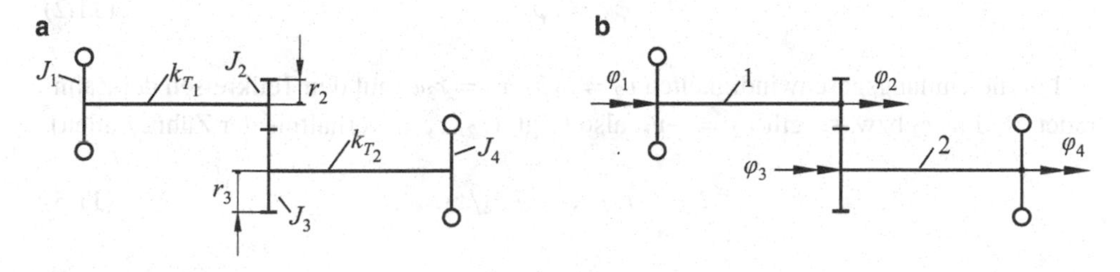

Abb. 11.6 Drehschwingungssystem. **a** Ersatzsystem, **b** Drehwinkel

Gesucht werden die Eigenfrequenzen und die Eigenschwingungsformen (der freien ungedämpften Schwingungen) des Systems.

11.2.1 Aufstellen der Bewegungsgleichungen nach Lagrange

Das Arbeiten mit den Lagrangeschen Gleichungen, vgl. Abschn. C.2.3, ist vorteilhaft, wenn man für die wirkenden Kräfte (und Momente) Potenziale anschreiben und auf Schnittbilder zum Formulieren von Gleichgewichtsbedingungen verzichten kann. Das Schema-Vorgehen nach *Lagrange* führt überdies in der Regel auf symmetrische Systemmatrizen, deren Vorteile in Kap. 9 hervorgehoben wurden. (Auch numerisch bieten symmetrische Matrizen Vorteile.)

Die Bewegungsgleichungen werden in fünf Schritten gewonnen:

1. Koordinaten einführen. Überzählige Koordinaten mit Hilfe von Bindungsgleichungen eliminieren.
2. Kinetische Energie anschreiben.
3. Potentielle Energie anschreiben (Potenzial formulieren).
4. Virtuelle Arbeiten für die Kräfte ohne Potenzial formulieren.
5. Lagrange Formalismus abarbeiten.

Koordinaten Wir führen an den vier Wellenendpunkten l die Drehwinkel φ_l ein, $l = 1, \ldots, 4$, vgl. Abb. 11.6b. Der Systematik halber erhalten alle φ_l die gleiche Drehrichtung als positiv. (Der Doppelpfeil steht für eine Drehung im Sinne einer Rechtsschraube.) In der Referenzlage, bei $\varphi_l = 0$, seien die Wellen momentenfrei.

Übersetzung (Bindungsgleichung) Die Zahnradübersetzung im Getriebe verbindet die Drehwinkel φ_2 und φ_3. Allgemein benennen wir *Übersetzungsverhältnisse* wie folgt:

$$i_{k/l} = \frac{\varphi_k}{\varphi_l} \quad \text{oder} \quad i_{3/2} = \frac{\varphi_3}{\varphi_2}. \tag{11.1}$$

Bei nur einer Übersetzung kann man den Index bei i weglassen:

$$\varphi_3 = i\varphi_2. \tag{11.2}$$

Für die Umfangsgeschwindigkeiten $v_2 = r_2\dot{\varphi}_2$, $v_3 = r_3\dot{\varphi}_3$ auf den Teilkreisen der Zahnräder, Radius r_2 bzw. r_3, gilt $v_2 = -v_3$, also folgt, (z_2/z_3 = Verhältnis der Zähnezahlen),

$$i = -r_2/r_3 = -z_2/z_3. \tag{11.3}$$

Kinetische Energie in Drehträgheiten:

$$T = \frac{1}{2}J_1\dot{\varphi}_1^2 + \frac{1}{2}J_2\dot{\varphi}_2^2 + \frac{1}{2}J_3\dot{\varphi}_3^2 + \frac{1}{2}J_4\dot{\varphi}_4^2. \tag{11.4}$$

Elimination von φ_3 mit (11.2), also $\dot{\varphi}_3 = i\dot{\varphi}_2$:

$$T = \frac{1}{2}J_1\dot{\varphi}_1^2 + \frac{1}{2}(J_2 + J_3 i^2)\dot{\varphi}_2^2 + \frac{1}{2}J_4\dot{\varphi}_4^2. \tag{11.5}$$

Potentielle Energie in Drehfedern:

$$U = \frac{1}{2}k_{T_1}(\varphi_2 - \varphi_1)^2 + \frac{1}{2}k_{T_2}(\varphi_4 - \varphi_3)^2. \tag{11.6}$$

Elimination von φ_3 mit (11.2) liefert

$$U = \frac{1}{2}k_{T_1}(\varphi_2 - \varphi_1)^2 + \frac{1}{2}k_{T_2}(\varphi_4 - \varphi_2 i)^2. \tag{11.7}$$

Das Übersetzungsverhältnis i wird unten gemäß (11.3) durch das Radienverhältnis r_2/r_3 ausgedrückt.

Virtuelle Arbeit entfällt.

Lagrangesche Gleichungen Nachdem φ_3 eliminiert ist, lauten die generalisierten Koordinaten:

$$q_1 = \varphi_1, \quad q_2 = \varphi_2, \quad q_3 = \varphi_4, \quad \text{Freiheitsgrad: } n = 3. \tag{11.8}$$

Man erhält aus $\frac{\mathrm{d}}{\mathrm{d}t}\frac{\partial T}{\partial \dot{q}_k} - \frac{\partial T}{\partial q_k} + \frac{\partial U}{\partial q_k} = 0$, $k = 1, 2, 3$, vgl. (C.26) mit $Q_k = 0$:

$$\begin{aligned}
&\text{für } q_1\text{:} \quad J_1\ddot{\varphi}_1 + k_{T_1}(\varphi_1 - \varphi_2) = 0,\\
&\text{für } q_2\text{:} \quad (J_2 + J_3 i^2)\ddot{\varphi}_2 + k_{T_1}(\varphi_2 - \varphi_1) - i k_{T_2}(\varphi_4 - \varphi_2 i) = 0,\\
&\text{für } q_3\text{:} \quad J_4\ddot{\varphi}_4 + k_{T_2}(\varphi_4 - \varphi_2 i) = 0.
\end{aligned} \tag{11.9}$$

In Matrixschreibweise mit $J_5 := J_2 + i^2 J_3$, $k_{T_3} := k_{T_1} + i^2 k_{T_2}$:

$$\begin{pmatrix} J_1 & 0 & 0 \\ 0 & J_5 & 0 \\ 0 & 0 & J_4 \end{pmatrix}\begin{pmatrix} \ddot{\varphi}_1 \\ \ddot{\varphi}_2 \\ \ddot{\varphi}_4 \end{pmatrix} + \begin{pmatrix} k_{T_1} & -k_{T_1} & 0 \\ -k_{T_1} & k_{T_3} & -k_{T_2} i \\ 0 & -k_{T_2} i & k_{T_2} \end{pmatrix}\begin{pmatrix} \varphi_1 \\ \varphi_2 \\ \varphi_4 \end{pmatrix} = 0, \tag{11.10}$$

symbolisch gemäß (9.11)

$$\boldsymbol{J}\ddot{\boldsymbol{q}} + \boldsymbol{K}\boldsymbol{q} = \boldsymbol{0} \quad \text{mit} \quad \boldsymbol{q} = (\varphi_1, \varphi_2, \varphi_4)^{\mathrm{T}}. \tag{11.11}$$

11.2.2 Lösen des Eigenwertproblems

Parallel zum Vorgehen in Abschn. 9.3 führt der $e^{\lambda t}$-Ansatz auf das *homogene Gleichungssystem*

$$\begin{pmatrix} -J_1\Lambda + k_{T_1} & -k_{T_1} & 0 \\ -k_{T_1} & -J_5\Lambda + k_{T_3} & -k_{T_2}i \\ 0 & -k_{T_2}i & -J_4\Lambda + k_{T_2} \end{pmatrix} \begin{pmatrix} \hat{\varphi}_1 \\ \hat{\varphi}_2 \\ \hat{\varphi}_4 \end{pmatrix} = \mathbf{0}, \tag{11.12}$$

die *charakteristische Gleichung*

$$\Lambda^3 - \left(\frac{k_{T_1}}{J_1} + \frac{k_{T_2}}{J_4} + \frac{k_{T_3}}{J_5}\right)\Lambda^2 + k_{T_1}k_{T_2}\frac{J_1 + J_4 i^2 + J_5}{J_1 J_4 J_5}\Lambda = 0, \tag{11.13}$$

mit den Wurzeln (*Eigenwerten*) $\Lambda_1 = 0$ und

$$\Lambda_{2/3} = \frac{1}{2}\left(\frac{k_{T_1}}{J_1} + \frac{k_{T_2}}{J_4} + \frac{k_{T_3}}{J_5} \mp \sqrt{\left(\frac{k_{T_1}}{J_1} + \frac{k_{T_2}}{J_4} + \frac{k_{T_3}}{J_5}\right)^2 - 4k_{T_1}k_{T_2}\frac{J_1 + J_4 i^2 + J_5}{J_1 J_4 J_5}}\right). \tag{11.14}$$

Aus (9.22), entsprechend (9.31) bzw. (9.44), folgen

$$\omega_1 = 0\text{-Doppelwurzel!}, \quad \omega_2 = \sqrt{\Lambda_2}, \omega_3 = \sqrt{\Lambda_3}. \tag{11.15}$$

Die *Eigenvektoren*

$$\hat{\boldsymbol{q}}_k = (\hat{\varphi}_1, \hat{\varphi}_2, \hat{\varphi}_4)^{\mathrm{T}} \tag{11.16}$$

gewinnt man für $\Lambda = \Lambda_k$, zum Beispiel aus der ersten und dritten Zeile von (11.12) mit $\hat{\varphi}_2 = 1$ zu

$$\begin{aligned} \hat{\boldsymbol{q}}_1 &= (1, 1, i)^{\mathrm{T}}, & &\text{für} \quad \Lambda_1 = 0, \\ \hat{\boldsymbol{q}}_k &= \left(\frac{k_{T_1}}{k_{T_1} - J_1\Lambda_k}, 1, \frac{i k_{T_2}}{k_{T_2} - J_4\Lambda_k}\right)^{\mathrm{T}}, & &\text{für} \quad \Lambda_2 \text{ und } \Lambda_3. \end{aligned} \tag{11.17}$$

Die *allgemeine Lösung* der Bewegungsgleichung (11.9) lautet mit den Eigenlösungen $(\omega_k, \hat{\boldsymbol{q}}_k)$ analog zu (9.36) mit (9.48)

$$\boldsymbol{q}(t) = (a + ct)\hat{\boldsymbol{q}}_1 + (a_{c2}\cos(\omega_2 t) + a_{s2}\sin(\omega_2 t))\hat{\boldsymbol{q}}_2 + (a_{c3}\cos(\omega_3 t) + a_{s3}\sin(\omega_3 t))\hat{\boldsymbol{q}}_3. \tag{11.18}$$

11.2.3 Darstellung der Schwingungsformen

Systemparameter

$$\begin{aligned} &\text{Bezugsgrößen:} && J_R := J_1, \quad k_{TR} := k_{T_1}, \quad \omega_R := \sqrt{k_{TR}/J_R}, \\ &\text{Bezogene Größen:} && \tilde{t} = \omega_R t, \quad J_l = \tilde{J}_l J_R, \quad k_{Tl} = \tilde{k}_{Tl} k_{TR}, \\ &\text{Zahlenwerte:} && \tilde{J}_1 = 1, \quad \tilde{J}_2 = 0.2, \quad \tilde{J}_3 = 0.3, \quad \tilde{J}_4 = 0.666, \\ &&& \tilde{k}_{T_1} = 1, \quad \tilde{k}_{T_2} = 1.8, \quad i = -r_2/r_3 = -0.8. \end{aligned} \tag{11.19}$$

Dazu berechnet man nach (11.14), (11.15) und (11.17) die drei dimensionslosen Eigenlösungen $(\tilde{\omega}_k, \hat{\tilde{q}}_k)$

$$\begin{aligned} \tilde{\omega}_1 &= 0, & \hat{\tilde{q}}_1 &= (1, 1, -0.8)^{\mathrm{T}}, \\ \tilde{\omega}_2 &= 1.290, & \hat{\tilde{q}}_2 &= (-1.505, 1, -2.086)^{\mathrm{T}}, \\ \tilde{\omega}_3 &= 2.743, & \hat{\tilde{q}}_3 &= (-0.153, 1, 0.448)^{\mathrm{T}}. \end{aligned}$$

Gemäß $\hat{\tilde{q}}_k^{\mathrm{T}} \tilde{J} \hat{\tilde{q}}_k = 1$ *normiert*, vgl. (10.16), lauten die $\hat{\tilde{q}}_k$

$$\begin{aligned} \hat{\tilde{q}}_1 &= (0.742, 0.742, -0.593)^{\mathrm{T}}, \\ \hat{\tilde{q}}_2 &= (0.638, -0.424, 0.885)^{\mathrm{T}}, \\ \hat{\tilde{q}}_3 &= (-0.206, 1.349, 0.605)^{\mathrm{T}}. \end{aligned} \tag{11.20}$$

Abb. 11.7 zeigt schematisch die drei Eigenschwingungsformen des Drehschwingers nach Abb. 11.6 zu den Parametern (11.19). Abb. 11.7a bedeutet – abgesehen von der Übersetzung von φ_2 nach φ_3 – eine Starrkörperdrehung in den Lagern, die Welle bewegt sich gemäß (11.18), erstes Glied rechts.

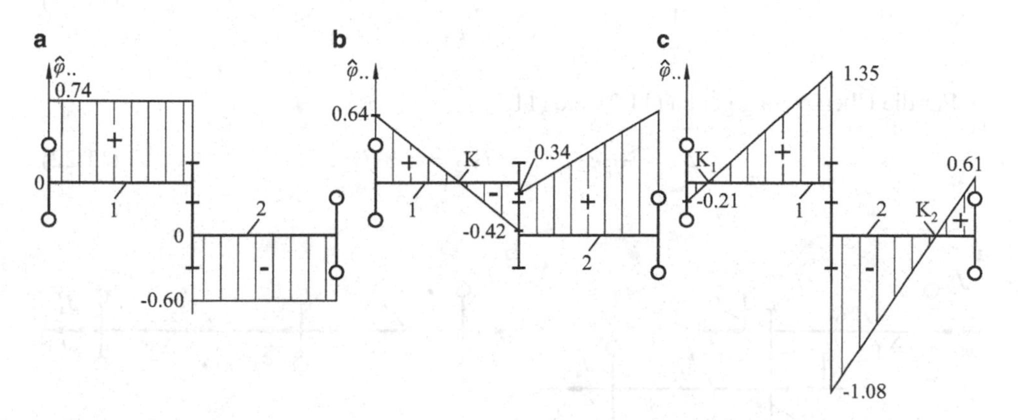

Abb. 11.7 Eigenformen der Drehschwingung. K – Schwingungsknoten. **a** für $\tilde{\omega}_1 = 0$, **b** für $\tilde{\omega}_2 = 1.29$, **c** für $\tilde{\omega}_3 = 2.74$

Bei Abb. 11.7b, der zweiten Eigenform, dem zweiten Glied in (11.18) rechts, schwingt im Wesentlichen die Trägheit J_1 mit $\hat{\varphi}_1$ gegen J_4 mit $\hat{\varphi}_4$. Die Welle bleibt am *Knoten* K in Ruhe, dreht dort nicht, anders gesehen: bei K kehren die jeweiligen Drehrichtungen der Welle 1 um.

In Abb. 11.7c, der dritten Eigenform, schwingt das Getriebe, die beiden Zahnräder J_2, J_3, gegen die beiden äußeren Trägheiten, beide Wellen enthalten Schwingungsknoten K_1, bzw. K_2.

11.3 Reduktion von Drehschwingern mit Übersetzungen auf eine Welle

Vor allem bei Drehschwingern mit mehreren Übersetzungen ist es häufig vorteilhaft, den Schwinger auf *eine der Wellen zu reduzieren*, zum Beispiel ist es nicht immer so leicht wie in Abb. 11.7b, c, zu überschauen welche Systemteile *gegen*-, und welche *miteinander* schwingen.

Als Beispiel wird der Drehschwinger aus dem vorigen Abschnitt auf einen Drehschwinger mit *durchlaufendem Wellenstrang* abgebildet. Abb. 11.8 stellt die beiden Ersatzsysteme mit eingetragenen Drehwinkeln nebeneinander.

11.3.1 Reduktion des Drehschwingers auf die Welle 1

Für den Schwinger nach Abb. 11.8a können die Bezeichnungen und Ansätze aus Abschn. 11.2.1 übernommen werden. Für kinetische und potenzielle Energie gelten, vgl. (11.4) bzw. (11.6),

$$\begin{aligned} T &= \frac{1}{2}J_1\dot{\varphi}_1^2 + \frac{1}{2}J_2\dot{\varphi}_2^2 + \frac{1}{2}J_3\dot{\varphi}_3^2 + \frac{1}{2}J_4\dot{\varphi}_4^2, \\ U &= \frac{1}{2}k_{T_1}(\varphi_2 - \varphi_1)^2 + \frac{1}{2}k_{T_2}(\varphi_4 - \varphi_3)^2, \end{aligned} \tag{11.21}$$

Für die Übersetzung gelten (11.2) und (11.3):

$$\varphi_3 = i_{3/2}\varphi_2, \quad i = i_{3/2} = -r_2/r_3. \tag{11.22}$$

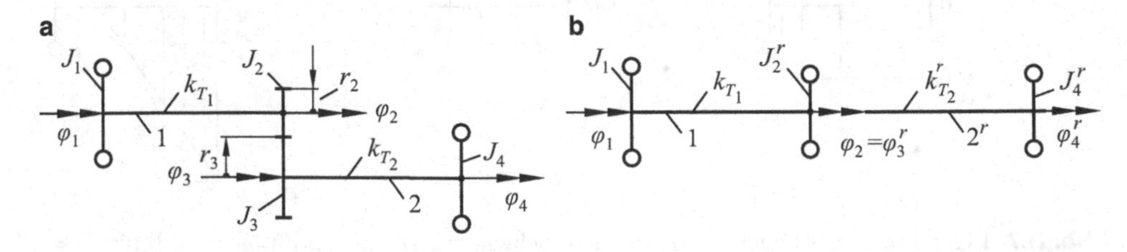

Abb. 11.8 Drehschwinger. **a** mit Übersetzungsgetriebe, **b** Bildwelle mit durchlaufendem Wellenstrang

Falls die Wellen (torsions-)starr sind, sich infolge von Momenten also nicht verformen, ist i das Übersetzungsverhältnis von Welle 2 gegenüber Welle 1. In dem Fall gilt auch $\varphi_4 = \varphi_3 = i\varphi_2 = i\varphi_1$.

Man setzt – *auch bei verformbarer Welle 2* –

$$\varphi_3 = i\varphi_3^r, \; \varphi_4 = i\varphi_4^r; \tag{11.23}$$

dabei sind $\varphi_3^r = \varphi_2$ und φ_4^r *reduzierte Winkel.*

Einsetzen von φ_3, φ_4 gemäß (11.23) in (11.21) liefert

$$T = \frac{1}{2}J_1\dot{\varphi}_1^2 + \frac{1}{2}(J_2 + i^2 J_3)\dot{\varphi}_2^2 + \frac{1}{2}i^2 J_4(\dot{\varphi}_4^r)^2, \tag{11.24}$$

$$U = \frac{1}{2}k_{T_1}(\varphi_2 - \varphi_1)^2 + \frac{1}{2}k_{T_2}i^2(\varphi_4^r - \varphi_2)^2. \tag{11.25}$$

Bei dieser *Reduktion* (oder Abbildung) des Ausgangssystems *auf die Welle 1* bleiben $\varphi_1, \varphi_2, J_1$ und k_{T_1} erhalten. Die Winkel φ_3, φ_4 werden gemäß (11.23) durch $\varphi_3^r (= \varphi_2)$ und φ_4^r ausgedrückt; vgl. (11.24) und (11.25). Es entstehen die *reduzierten* (Drehmassen)

$$J_2^r = J_2 + i^2 J_3 = J_2 + (r_2/r_3)^2 J_3, \quad J_4^r = i^2 J_4 = (r_2/r_3)^2 J_4 \tag{11.26}$$

und die *reduzierte Drehsteifigkeit*

$$k_{T_2}^r = i^2 k_{T_2} = (r_2/r_3)^2 k_{T_2}. \tag{11.27}$$

Für das auf die Welle 1 reduzierte Drehschwingungssystem gemäß Abb. 11.8b erhält man – formal nach Lagrange oder elementar über Gleichgewichtsbedingungen und Verformungsansätze – die Bewegungsgleichungen

$$\begin{pmatrix} J_1 & 0 & 0 \\ 0 & J_2^r & 0 \\ 0 & 0 & J_4^r \end{pmatrix} \begin{pmatrix} \ddot{\varphi}_1 \\ \ddot{\varphi}_2 \\ \ddot{\varphi}_4^r \end{pmatrix} + \begin{pmatrix} k_{T_1} & -k_{T_1} & 0 \\ -k_{T_1} & k_{T_1} + k_{T_2}^r & -k_{T_2}^r \\ 0 & -k_{T_2}^r & k_{T_2}^r \end{pmatrix} \begin{pmatrix} \varphi_1 \\ \varphi_2 \\ \varphi_4^r \end{pmatrix} = 0. \tag{11.28}$$

11.4 Erzwungene Drehschwingungen

Wir nehmen an, dass auf den Drehschwinger nach Abb. 11.9 (im allgemeinen Fall) die vier Erregermomente $M_i(t)$ wirken, wobei – zur Verwirrung! – $M_3(t)$ gegen die positive Orientierung des Drehwinkels φ_3 positiv gezählt wird, vgl. Abb. 11.9a, b; die b_{T_i} bedeuten Dämpfung.

Gesucht sind für das System nach Abb. 11.9 das auf die Welle 1 reduzierte Bildsystem und dazu die Bewegungsgleichungen. Für den Sonderfall $M_2 = 0, M_3 = 0, M_4 = 0$ und $M_1 = \hat{M} \cos \Omega t$ sollen die Amplituden-Frequenzgänge für die Winkelauslenkungen $\varphi_1, \varphi_2, \varphi_4^r$ berechnet werden (Parameter vgl. Abschn. 11.2.3). Die Dämpfungen b_{Ti} seien klein.

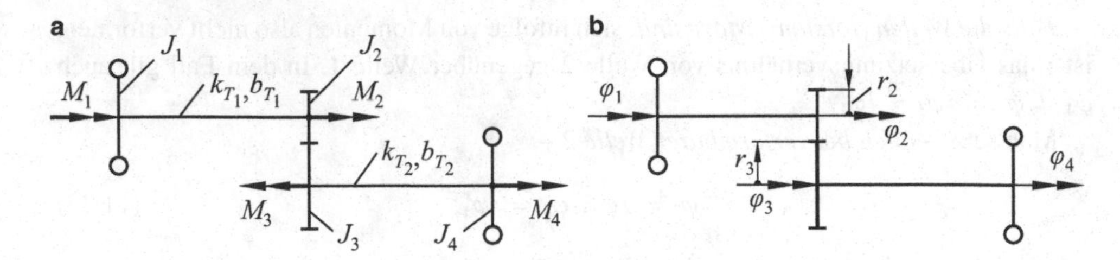

Abb. 11.9 Drehschwinger. **a** Ersatzsystem, **b** Drehwinkel

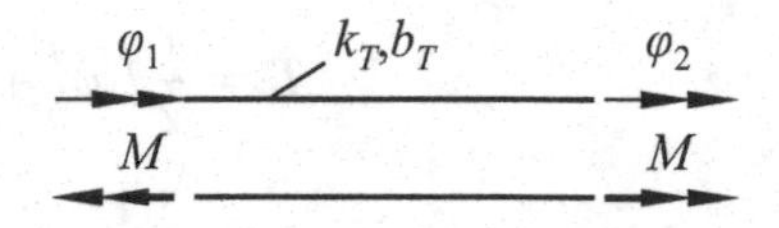

Abb. 11.10 Torsion mit Dämpfung

Hinweis 1 Für das Torsionsmoment M in Abb. 11.10 gilt

$$M = b_T(\dot{\varphi}_2 - \dot{\varphi}_1) + k_T(\varphi_2 - \varphi_1). \tag{11.29}$$

Man kann dieses Moment in elastischen Anteil und Dämpfungsanteil zerlegen:

$$M^k = k_T(\varphi_2 - \varphi_1), \quad M^b = b_T(\dot{\varphi}_2 - \dot{\varphi}_1), \quad M = M^k + M^b. \tag{11.30}$$

11.4.1 Bewegungsgleichungen (nach Lagrange)

Vom Ausgangssystem in 11.2 unterscheidet sich der Schwinger hier nur durch die *Erregermomente* $M_i(t)$, vgl. Abb. 11.9a, und durch *Torsionsdämpfung*, die proportional zur Verwindungsgeschwindigkeit, zum Beispiel $(\dot{\varphi}_2 - \dot{\varphi}_1)$ für Welle 1, angesetzt wird; vgl. Abb. 11.10 und (11.30).

Deshalb sind zusätzlich zu den Überlegungen in Abschn. 11.2.1 und 11.3 nur Terme für die virtuellen Arbeiten zu berücksichtigen.

Virtuelle Arbeiten An der Drehmasse J_1, Drehwinkel φ_1, vgl. Abb. 11.9, greifen neben dem elastischen Anteil des Wellenmoments, der mit der potenziellen Energie U in (11.6) erfasst ist, noch von außen das Moment $M_1(t)$ und der Dämpfungsanteil des Wellenmoments an,

$$M_1^b = b_{T_1}(\dot{\varphi}_2 - \dot{\varphi}_1), \tag{11.31}$$

vgl. Abb. 11.10 und 11.11.

Bei einer virtuellen Drehung $\delta\varphi_1$ wird dem System die *virtuelle Arbeit*

$$\delta W_1 = M_1\delta\varphi_1 + b_{T_1}(\dot{\varphi}_2 - \dot{\varphi}_1)\delta\varphi_1 \tag{11.32}$$

Abb. 11.11 Momente ohne Potenzial an Drehmasse J_1

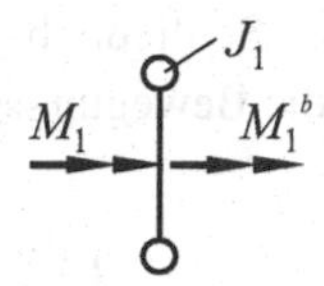

zugeführt. Entsprechend muss man sich die virtuellen Arbeiten zu den Drehungen $\delta\varphi_2, \delta\varphi_3, \delta\varphi_4$ überlegen. Die gesamte virtuelle Arbeit beträgt, zunächst ohne Rücksicht auf die Bindungen (11.2):

$$\begin{aligned}\delta W &= M_1\delta\varphi_1 + M_2\delta\varphi_2 - M_3\delta\varphi_3 + M_4\delta\varphi_4 \\ &\quad - b_{T_1}(\dot\varphi_2 - \dot\varphi_1)(\delta\varphi_2 - \delta\varphi_1) - b_{T_2}(\dot\varphi_4 - \dot\varphi_3)(\delta\varphi_4 - \delta\varphi_3) \\ &=: \sum_{i=1}^{4} Q_i\delta\varphi_i.\end{aligned} \tag{11.33}$$

Einführen der reduzierten Winkel Mit den reduzierten Winkeln $\varphi_2 = \varphi_3^r$ und φ_4^r aus Abschn. 11.3 gilt

$$\begin{aligned}\varphi_3 &= i\varphi_2, \quad \dot\varphi_3 = i\dot\varphi_2, \quad \delta\varphi_3 = i\delta\varphi_2, \\ \varphi_4 &= i\varphi_4^r, \quad \dot\varphi_4 = i\dot\varphi_4^r, \quad \delta\varphi_4 = i\delta\varphi_4^r.\end{aligned} \tag{11.34}$$

Damit erhält man aus (11.24), (11.25) und (11.33)

$$T = \frac{1}{2}J_1\dot\varphi_1^2 + \frac{1}{2}(J_2 + i^2J_3)\dot\varphi_2^2 + \frac{1}{2}i^2J_4(\dot\varphi_4^r)^2, \tag{11.35}$$

$$U = \frac{1}{2}k_{T_1}(\varphi_2 - \varphi_1)^2 + \frac{1}{2}i^2k_{T_2}(\varphi_4^r - \varphi_2)^2, \tag{11.36}$$

$$\begin{aligned}\delta W &= M_1\delta\varphi_1 + (M_2 - iM_3)\delta\varphi_2 + M_4 i\delta\varphi_4^r \\ &\quad - b_{T_1}(\dot\varphi_2 - \dot\varphi_1)(\delta\varphi_2 - \delta\varphi_1) - i^2b_{T_2}(\dot\varphi_4^r - \dot\varphi_2)(\delta\varphi_4^r - \delta\varphi_2).\end{aligned} \tag{11.37}$$

Aus diesen drei Gleichungen ergibt sich die Bildwelle nach Abb. 11.12.

Die Parameter lauten: $J_1, M_1, k_{T_1}, b_{T_1}$ wie bisher,

$$\begin{aligned}J_2^r &= J_2 + i^2J_3, \quad J_4^r = i^2J_4, \quad k_{T_2}^r = i^2k_{T_2}, \quad b_{T_2}^r = i^2b_{T_2}, \\ M_2^r &= M_2 - iM_3, \quad M_4^r = iM_4.\end{aligned} \tag{11.38}$$

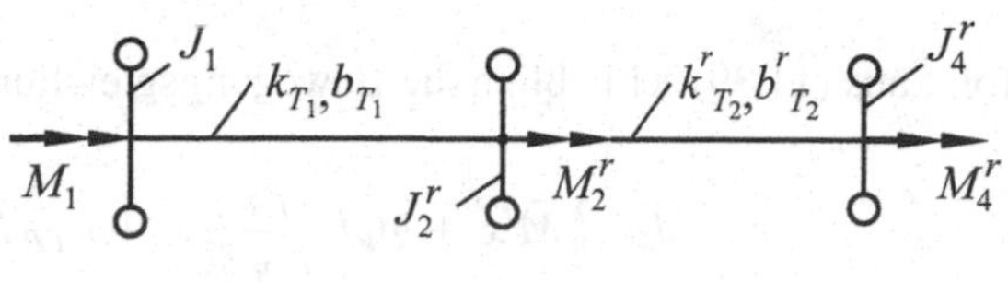

Abb. 11.12 Bildwelle

Schließlich gewinnt man aus (11.35) bis (11.38) nach Lagrange gemäß Abschn. C.2.4 die Bewegungsgleichungen

$$\begin{pmatrix} J_1 & 0 & 0 \\ 0 & J_2^r & 0 \\ 0 & 0 & J_4^r \end{pmatrix} \begin{pmatrix} \ddot{\varphi}_1 \\ \ddot{\varphi}_2 \\ \ddot{\varphi}_4^r \end{pmatrix} + \begin{pmatrix} b_{T_1} & -b_{T_1} & 0 \\ -b_{T_1} & b_{T_1} + b_{T_2}^r & -b_{T_2}^r \\ 0 & -b_{T_2}^r & b_{T_2}^r \end{pmatrix} \begin{pmatrix} \dot{\varphi}_1 \\ \dot{\varphi}_2 \\ \dot{\varphi}_4^r \end{pmatrix}$$
$$+ \begin{pmatrix} k_{T_1} & -k_{T_1} & 0 \\ -k_{T_1} & k_{T_1} + k_{T_2}^r & -k_{T_2}^r \\ 0 & -k_{T_2}^r & k_{T_2}^r \end{pmatrix} \begin{pmatrix} \varphi_1 \\ \varphi_2 \\ \varphi_4^r \end{pmatrix} \tag{11.39}$$
$$= \begin{pmatrix} M_1 \\ M_2^r \\ M_4^r \end{pmatrix}.$$

Hinweis Wenn die Dämpfungen, wie hier, völlig *parallel* zu den Steifigkeiten wirken, kann man, wie zu sehen, in den Bewegungsgleichungen die Dämpfungsterme einfach *parallel* zu den Rückstelltermen anschreiben, ohne den Weg über die virtuelle Arbeit δW zu gehen.

11.4.2 Zahlenbeispiel

Aus Abschn. 11.2.3 übernehmen wir:

die Referenzgrößen $J_R = J_l,\ k_{TR} = k_{T_1},\ \omega_R := \sqrt{k_{TR}/J_R},\ \tilde{t} = \omega_R t$,
die Zahlenwerte $\tilde{J}_1 = 1,\ \tilde{J}_2 = 0.2,\ \tilde{J}_3 = 0.3,\ \tilde{J}_4 = 0.666,\ \tilde{k}_{T_1} = 1,\ \tilde{k}_{T_2} = 1.8, i = -0.8$.

Dazu folgen aus (11.38) $\tilde{J}_2^r = 0.392,\ \tilde{J}_4^r = 0.427, \tilde{k}_{T_2}^r = 1.152$.
Die Dämpfungen setzen wir proportional zu den Steifigkeiten an:

$$\boldsymbol{B} = \tilde{b}\frac{k_{TR}}{\omega_R}\tilde{\boldsymbol{K}}, \quad \text{mit} \quad \tilde{b} = 0.015. \tag{11.40}$$

Mit der Erregung

$$(M_1, M_2^r, M_4^r) = (1, 0, 0) M_e \cos\tilde{\Omega}\tilde{t} =: \hat{\boldsymbol{f}}^{\mathrm{T}} M_e \cos\tilde{\Omega}\tilde{t} \tag{11.41}$$

folgt aus (11.39) schließlich die Bewegungsgleichung in der Form

$$J_R\omega_R^2\tilde{\boldsymbol{M}}\overset{\circ\circ}{\boldsymbol{x}} + \omega_R\tilde{b}\frac{k_{TR}}{\omega_R}\tilde{\boldsymbol{K}}\overset{\circ}{\boldsymbol{x}} + k_{TR}\tilde{\boldsymbol{K}}\boldsymbol{x} = M_e\cos\tilde{\Omega}\tilde{t}\,\hat{\boldsymbol{f}}, \tag{11.42}$$

wo

$$\tilde{\boldsymbol{M}} = \begin{pmatrix} 1.0 & 0 & 0 \\ 0 & 0.392 & 0 \\ 0 & 0 & 0.427 \end{pmatrix}, \quad \tilde{\boldsymbol{K}} = \begin{pmatrix} 1.0 & -1.0 & 0 \\ -1.0 & 2.152 & -1.152 \\ 0 & -1.152 & 1.152 \end{pmatrix},$$
$$\hat{\boldsymbol{f}} = \begin{pmatrix} 1 \\ 0 \\ 0 \end{pmatrix}, \quad \tilde{\boldsymbol{B}} = \tilde{b}\tilde{\boldsymbol{K}}, \quad \boldsymbol{x} = (x_1, x_2, x_3)^{\mathrm{T}} := (\varphi_1, \varphi_2, \varphi_4^r)^{\mathrm{T}}. \tag{11.43}$$

Dimensionslos lautet sie:

$$\tilde{\boldsymbol{M}}\overset{\circ\circ}{\tilde{\boldsymbol{x}}} + \tilde{b}\tilde{\boldsymbol{K}}\overset{\circ}{\tilde{\boldsymbol{x}}} + \tilde{\boldsymbol{K}}\tilde{\boldsymbol{x}} = \hat{\boldsymbol{f}}\cos\tilde{\Omega}\tilde{t} \quad \text{mit} \quad \tilde{\boldsymbol{x}} := \boldsymbol{x}/(M_e/k_{TR}). \tag{11.44}$$

Berechnen der erzwungenen Schwingungen Komplexe Form der Bewegungsgleichung, vgl. (6.7):

$$\tilde{\boldsymbol{M}}\overset{\circ\circ}{\underline{\tilde{\boldsymbol{x}}}} + \tilde{b}\tilde{\boldsymbol{K}}\overset{\circ}{\underline{\tilde{\boldsymbol{x}}}} + \tilde{\boldsymbol{K}}\underline{\tilde{\boldsymbol{x}}} = \hat{\boldsymbol{f}}e^{j\tilde{\Omega}\tilde{t}}. \tag{11.45}$$

Lösungsansatz und Lösungsergebnisse:
Mit $\underline{\tilde{\boldsymbol{x}}} = \hat{\underline{\tilde{\boldsymbol{x}}}}e^{j\tilde{\Omega}\tilde{t}}$, vgl. (6.11), erhält man

$$\left(\tilde{\boldsymbol{K}} - \tilde{\boldsymbol{M}}\tilde{\Omega}^2 + \tilde{b}j\tilde{\Omega}\tilde{\boldsymbol{K}}\right)\hat{\underline{\tilde{\boldsymbol{x}}}} = \hat{\boldsymbol{f}} \quad \text{und} \quad \hat{\underline{\tilde{\boldsymbol{x}}}} = \left(\tilde{\boldsymbol{K}} - \tilde{\boldsymbol{M}}\tilde{\Omega}^2 + \tilde{b}j\tilde{\Omega}\tilde{\boldsymbol{K}}\right)^{-1}\hat{\boldsymbol{f}}. \tag{11.46}$$

Abb. 11.13 und 11.14 zeigen aus (11.46) numerisch berechnete Frequenzgänge zu den Systemdaten nach (11.19) mit $\hat{\boldsymbol{f}}$ nach $(11.43)_3$ für das Frequenzintervall $\mathbf{0} \le \tilde{\Omega} \le 3.5$. Gemäß (11.43) sind die Winkel φ_i den Auslenkungen x_l wie folgt zugeordnet:

$$\varphi_1 = x_1, \quad \varphi_2 = x_2, \quad \varphi_3 = ix_2, \quad \varphi_4 = x_3; \quad i = -0.8. \tag{11.47}$$

Abb. 11.13a und b gilt für die Amplituden $\hat{\tilde{x}}_l(\tilde{\Omega})$ und $|\hat{\tilde{x}}_l(\tilde{\Omega})|$ des ungedämpften Systems:

$$\tilde{x}_l = \hat{\tilde{x}}_l\cos\tilde{\Omega}\tilde{t} \quad \text{bzw.} \quad \tilde{x}_l = |\hat{\tilde{x}}_l|\cos(\tilde{\Omega}\tilde{t} - \alpha_l), \quad \alpha_l = 0, \pi. \tag{11.48}$$

Aus dem Amplitudenverhältnis $\hat{\varphi}_1/\hat{\varphi}_2$ kann man berechnen, ob und wo sich auf der Welle 1 (Länge L_1) ein Knoten befindet: Mit L_K = Knotenabstand von J_1 gilt (Aufgabe 11.14):

$$\xi_1 := L_K/L_1 = \hat{\varphi}_1/(\hat{\varphi}_1 - \hat{\varphi}_2) \quad \text{solange} \quad 0 \le \xi_1 \le 1. \tag{11.49}$$

Abb. 11.13c zeigt, abhängig von $\tilde{\Omega}$, in vertikaler ξ-Richtung die Knotenlagen $0 \le \xi_1 \le 1$ auf Welle 1 und längs $1 \le \xi \le 2$ (gestrichelt) die auf Welle 2.

Die allgemeinen Aussagen in den Abschn. 9.4.3 und 9.4.4 über Amplitudenverhalten in Resonanznähe usw. gelten auch hier. Jetzt wählen wir den Blickwinkel von (10.25), den

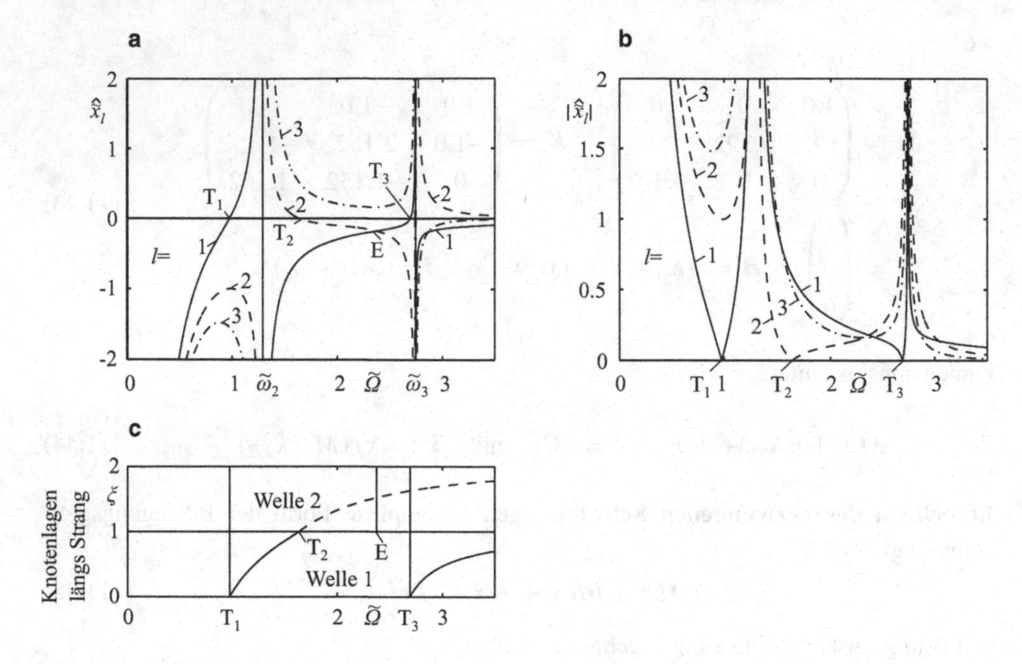

Abb. 11.13 Frequenzgänge ohne Dämpfung. **a** Amplituden $\hat{\hat{x}}_l$, **b** Amplituden $|\hat{\hat{x}}_l|$, **c** Knotenlagen ξ, $0 \leq \xi \leq 1$ – Welle 1, $1 \leq \xi \leq 2$ – Welle 2

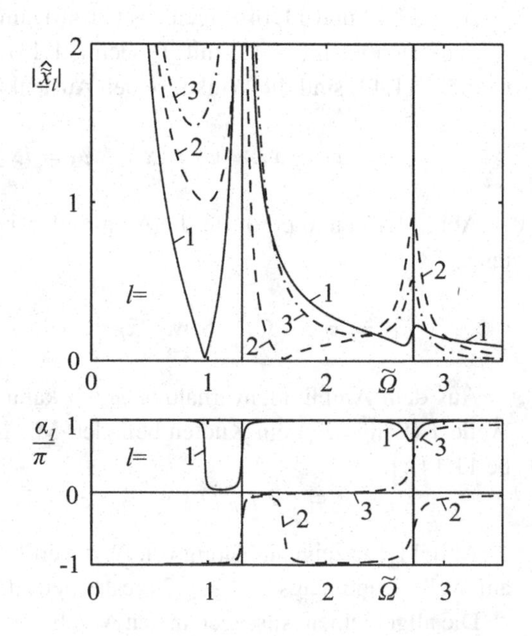

Abb. 11.14 Frequenzgänge mit Dämpfung. **a** Amplituden $|\hat{\underline{x}}_l|$ **b** Phasen α_l

des Aufbaus der erzwungenen Schwingung aus zueinander orthogonalen Komponenten $(\hat{\boldsymbol{x}}_k^{\mathrm{T}} \hat{\boldsymbol{F}}_e)\hat{\boldsymbol{x}}_k / N_k$, wobei der Nenner $N_k = (\omega_k + \Omega) \cdot (\omega_k - \Omega) = (\omega_k^2 - \Omega^2)$ je nach Resonanz-Nähe oder -Entfernung ihr Gewicht individuell erhöht bzw. mindert; vgl. (11.20) und Abb. 11.7.

Steigern wir in Abb. 11.13a $\tilde{\Omega}$ schrittweise längs der Abszisse: Zuerst, in der Nähe von $\hat{\omega}_1$, dominiert die Starrkörperbewegung der Eigenform $\hat{\hat{\boldsymbol{x}}}_1$ gemäß dem ersten Glied von (10.25). Bei Erhöhen von $\tilde{\Omega}$ nähert man sich, zunächst langsam, der Eigenfrequenz $\hat{\omega}_2$, Trägheitskräfte werden wirksam, die Eigenform $\hat{\hat{\boldsymbol{x}}}_2$ gewinnt Gewicht (Glied 2). Bei $\tilde{\Omega} = \tilde{\Omega}_{T_1} \approx 1$ setzt sich der Knoten von $\hat{\hat{\boldsymbol{x}}}_2$ gegen das inzwischen abgeschwächte $\hat{\hat{\boldsymbol{x}}}_1$ durch: Die Drehmasse J_1 kommt zur Ruhe, es liegt ein Tilgerpunkt T_1 vor. Am *nicht* drehenden J_1 halten sich das Erregermoment und das Reaktionsmoment des mit $\tilde{\Omega}_{T_1}$ *frei*, mit passender Amplitude schwingenden J_2, J_3-Drehschwingers Gleichgewicht (Aufgabe 11.15). Oberhalb $\tilde{\Omega}_{T_1}$ schwingt J_1 in Gegenphase zum übrigen System, in Abb. 11.13c bewegt sich der Knoten auf J_2 zu. Das System fährt in den Resonanzbereich von $\hat{\omega}_2$, die Ausschläge werden sehr groß, $\hat{\hat{\boldsymbol{x}}}_2$ dominiert, schließlich folgt der gemeinsame Vorzeichensprung gemäß dem Nenner von Glied 2; die Knotenwanderung (Abb. 11.13c) verläuft stetig. Bei $\tilde{\Omega} = \tilde{\Omega}_{T_2} \approx 1.63$ kommt der Knoten, längs der Welle 1, bei J_2 an und „tilgt" die Getriebe-Drehschwingung: J_1 mit k_{T1} führt gegen J_2 erzwungene Drehschwingungen aus, J_4 mit k_{T2} schwingt frei (Aufgabe 11.16). Oberhalb $\tilde{\Omega}_{T_2}$ wandert der Knoten in die Welle 2, J_1 und J_2 schwingen in Phase. Weil es auf $\tilde{\omega}_3$ zugeht, wo $\hat{\hat{\boldsymbol{x}}}_3$ zwei Knoten wirksam macht, nehmen die Auslenkungen von J_1 ab, die von J_2 zu. Bei $\tilde{\Omega} = \tilde{\Omega}_E \approx 2.3$ stimmen die Amplituden überein, die Welle 1 schwingt entspannt (Aufgabe 11.17). Der weitere Verlauf der Kurven folgt grundsätzlich dem vorangehenden Muster. Kurz vor $\tilde{\Omega} \approx \tilde{\omega}_3$ liegt ein weiterer Tilgerpunkt $\tilde{\Omega} = \tilde{\Omega}_{T_3}$ für J_1, an dem seine Phase um 180° springt, wo abermals ein Knoten in Welle 1 hineinläuft usw. (Aufgabe 11.18).

Nicht zu übersehen (besonders deutlich in Abb. 11.13b): Die Resonanzspitze bei $\tilde{\omega}_3$ ist erheblich schmaler als die bei $\tilde{\omega}_2$, zu schweigen von der bei $\tilde{\omega}_1$; vgl. die Bemerkung im Anschluss an (10.25), Aufgabe 11.19.

Die Frequenzgänge der Amplitudenbeträge in Abb. 11.13b kommen den Frequenzgängen der gedämpften Schwingungen in Abb. 11.14a nahe, bieten also Hilfe beim Übertragen von am ungedämpften Schwinger entdeckter Details auf den gedämpften.

Für gedämpfte erzwungene Schwingungen aus (11.46) komplex berechnete Amplituden $\hat{\underline{\tilde{x}}}_l(\tilde{\Omega})$ werden umgeformt: $\hat{\underline{\tilde{x}}}_l = |\hat{\underline{\tilde{x}}}_l| \exp(-j\alpha_l) = \hat{\tilde{x}}_l \exp(-j\alpha_l)$, vergleiche:

$$\begin{aligned} \text{komplex:} \quad & \underline{\tilde{x}}_l = \underline{\tilde{x}}_l(\tilde{t}) = \hat{\underline{\tilde{x}}}_l e^{j\tilde{\Omega}\tilde{t}} = |\hat{\underline{\tilde{x}}}_l| e^{j(\tilde{\Omega}\tilde{t}-\alpha_l)} = \hat{\tilde{x}}_l e^{j(\tilde{\Omega}\tilde{t}-\alpha_l)}, \\ & -\pi < \alpha_l \leq \pi, \\ \text{reell:} \quad & \tilde{x}_l = \tilde{x}_l(\tilde{t}) = \mathrm{Re}\,\underline{\tilde{x}}_l = |\hat{\underline{\tilde{x}}}_l| \cos(\tilde{\Omega}\tilde{t} - \alpha_l) = \hat{\tilde{x}}_l \cos(\tilde{\Omega}\tilde{t} - \alpha_l). \end{aligned} \tag{11.50}$$

Abb. 11.14a und b zeigt die Frequenzgänge $\hat{\tilde{x}}_l(\tilde{\Omega})$ bzw. $\alpha_l(\tilde{\Omega})$. Die Dämpfungsmatrix wurde mit (11.40) proportional zur Steifigkeitsmatrix angesetzt, was nach (10.26) bis (10.28) einer inneren Dämpfung der Wellen entspricht, die sich in den Resonanzumgebungen der höheren Eigenfrequenzen $\tilde{\omega}_k$ verstärkt auswirkt. Verglichen mit Abb. 11.13b ist dieser Effekt sehr deutlich zu erkennen. Während in der Umgebung von $\tilde{\omega}_2$ die (nicht gezeigten) Resonanzspitzen bei ca. 20 liegen, erreichen sie bei $\tilde{\omega}_3$ nicht einmal 1. Im unteren Bereich sind die *Tilgerpunkte* als Schwingungen geringer Amplitude noch deutlich zu erkennen, im zweiten bemerkt man die *Tilgerstelle* nur, weil man sie aus Abb. 11.13a kennt. Obwohl bei höherer Frequenz gelegen, hat sich der Ort der entspannt umlaufenden Welle praktisch nicht geändert; klar: wo keine Verformung, da keine innere Dämpfung! Bei den auf Dämpfung besonders empfindlich ansprechenden Phasenwinkeln macht sie sich unten nur in Resonanznähe bemerkbar, Abb. 11.14b, erzwingt dort schon Phasendifferenzen von 90°, und wirkt ausgeprägt in der Umgebung von $\tilde{\omega}_3$.

11.5 Aufgaben

Aufgabe 11.1 Leiten Sie die Bewegungsgleichungen (11.9), und damit auch (11.10), auf „konventionelle Weise“ (Verformungsansätze, Momentengleichgewichte) her.

Aufgabe 11.2 Wie sehen die Schwingungsformen für das untersuchte System aus (vgl. Abb. 11.7, wenn man im Getriebe die Zahnräder vertauscht, also $r_2/r_3 = 1.25$ setzt?

Aufgabe 11.3 Welche Eigenfrequenzen erhält man, wenn man a) die Drehmasse J_1, b) die Drehmasse J_4, c) das Getriebe festsetzt?

Aufgabe 11.4 Das Aggregat nach Abb. 11.6 laufe mit der konstanten Drehgeschwindigkeit $\dot{\varphi}_1 = \Omega$. Plötzlich (zur Zeit $t_0 = 0$) bricht ein Zahn im Getriebe und sperrt es. Was geschieht? (Treffen Sie vereinfachende Annahmen, z. B. die, dass die Antriebsmomente vernachlässigt werden können. Wählen Sie evtl. zusätzlich erforderliche Parameter.) Welche Schwingungen stellen sich ein? Welche Momente wirken auf das Getriebe?

Aufgabe 11.5 Reduzieren Sie das System nach Abb. 11.8 auf die Welle 2 (k_{T_2}).

Aufgabe 11.6 Stellen Sie für die Bildwelle gemäß Aufgabe 11.5 die Bewegungsgleichungen (11.26) bis (11.28) nach Lagrange auf.

Aufgabe 11.7 Stellen Sie die Bewegungsgleichungen zu Aufgabe 11.5 mit den Mitteln der Grundvorlesung Technische Mechanik auf.

Aufgabe 11.8 Welche Eigenfrequenzen und welche Eigenschwingungsformen erhält man aus (11.28) mit den Parametern des Zahlenbeispiels nach (11.19)?

Aufgabe 11.9 Rechnen Sie die Eigenschwingungsformen der Bildwelle aus Aufgabe 11.8 auf die Originalwelle nach Abb. 11.8a um.

Aufgabe 11.10 Zeichnen Sie Schnittbilder nach Art von Abb. 11.10 und 11.11 auch für die anderen Drehmassen und kontrollieren Sie (11.33) und (11.37).

Aufgabe 11.11 Stellen Sie für das gemäß Aufgabe 11.5 reduzierte System für erzwungene Schwingungen nach Abb. 11.9a parallel zum Vorgehen in Abschn. 11.4.1 die (11.39) bzw. (11.42) entsprechenden Bewegungsgleichungen auf. (Gibt es eine schnelle Lösung? – vgl. Abschn. 9.2.3)

Aufgabe 11.12 Schreiben Sie ein Matlab®-Programm zum Berechnen der erzwungenen Schwingungen nach (11.43) bis (11.46). Es ist günstig zu *trennen*, und die *ungedämpften* Schwingungen *reell*, die *gedämpften komplex* zu berechnen.

Aufgabe 11.13 Rechnen Sie die Eigenvektoren $\hat{\boldsymbol{x}}_k$, $k=1,2,3$, auf die (zum Teil) gemäß (11.23) reduzierten Koordinaten um und schreiben Sie damit für den vorliegenden Schwinger die zugehörigen drei Glieder von (10.25) einmal in Formelzeichen, einmal mit den zahlenmäßig bekannten Eigenvektoren an. Können Sie die Summanden der Gleichung mit den Resonanzkurven nach Abb. 11.13a in Einklang bringen?

Aufgabe 11.14 Bestätigen Sie (11.49) für den Knotenabstand ξ_1. Ermitteln Sie analog ein ξ_2 für Welle 2, so dass Abb. 11.13c passt.

Aufgabe 11.15 Wo liegt der Tilgerpunkt $\tilde{\Omega}_{T_1}$? Wie groß sind die zugehörigen Tilgeramplituden?

Aufgabe 11.16 Wo liegt der Tilgerpunkt $\tilde{\Omega}_{T_2}$? Wie groß sind die Amplituden der beiden an die ruhende Drehmasse angeschlossenen Drehschwinger vom Freiheitsgrad 1?

Aufgabe 11.17 Gesucht sind gemäß Abb. 11.13a, c die Erregerfrequenz $\tilde{\Omega}_E$ für den Sonderfall der entspannt schwingenden Welle, also für $\hat{\tilde{\varphi}}_1(\tilde{\Omega}_E) = \hat{\tilde{\varphi}}_2(\tilde{\Omega}_E)$. Schreiben Sie die Bewegungsgleichung (11.44) ohne Dämpfungsterme, also für $\tilde{b} = 0$, ausführlich an, z. B. wie (11.39). Führen Sie $\hat{\tilde{\varphi}}_1 = \hat{\tilde{\varphi}}_2$ ein und berechnen mit den Zahlen aus (11.43) die Zahlenwerte von $\tilde{\Omega}_E$, $\hat{\tilde{\varphi}}_1$ und $\hat{\tilde{\varphi}}_4^r$.

Aufgabe 11.18 Wo liegt der Tilgerpunkt $\tilde{\Omega}_{T_3}$? Wer schwingt dort gegen wen? Wie groß sind die Amplituden?

Aufgabe 11.19 Können Sie durch Herausmessen aus Abb. 11.13b die Breiten der zwei (drei?) Resonanzspitzen miteinander vergleichen und formelmäßig Aussagen aus (10.25) gegenüberstellen.

Der starr gelagerte Rotor mit einfacher Durchbiegung

12

Zusammenfassung

Es werden einfache freie und erzwungene Schwingungen eines horizontal starr gelagerten mit Ω = const. drehenden elastischen Rotors mit äußerer und innerer Dämpfung untersucht. Rotor steht für Rotorballen mit Wellenenden, einfache Schwingungen bedeutet: je nur eine Koordinate für die Auslenkungen in vertikaler und horizontaler Richtung, äußere Dämpfung durch das umgebende Medium, innere meint Energiedissipation im Werkstoff des drehend schwingenden Rotors. Mehrere Annahmen führen zum einfachen Modell einer mit einer Scheibe mittig besetzten elastischen Welle. Die Fliehkraft aufgrund der Scheibenexzentrizität bewirkt eine harmonische Erregung. Eigenschwingungen und erzwungenen Schwingungen werden in Abhängigkeit der Dämpfung und Drehfrequenz untersucht. Innere Dämpfung kann zu Instabilität führen. Bei deren Untersuchung arbeiten wir wechselnd mit festem und mit rotorgebunden umlaufenden Koordinatensystem und rechnen komplex.

12.1 Aufgabenstellung

Der Verdichter, den Abb. 12.1 im Schnitt schematisch zeigt, soll auf Schwingungen seines Rotors untersucht werden. Diese Aufgabe stellt sich zum Beispiel während der Konstruktion: Man will wissen, welche Schwingungen man zu erwarten hat, will vielleicht gezielt Änderungen gegenüber einer Vorgängeranlage durchführen, will konstruktiv Eingriffsmöglichkeiten vorsehen, um nachträglich Schwingungen beeinflussen zu können, falls sie sich – nach dem Bau der Maschine – als zu stark erweisen. Ist dic Maschine bereits gebaut, so muss man Schwingungen – messend und rechnend – untersuchen, wenn sie zu

Ergänzende Information Die elektronische Version dieses Kapitels enthält Zusatzmaterial, auf das über folgenden Link zugegriffen werden kann https://doi.org/10.1007/978-3-658-38123-3_12.

E. Brommundt und D. Sachau, *Schwingungslehre mit Maschinendynamik*,
https://doi.org/10.1007/978-3-658-38123-3_12

Abb. 12.1 Verdichter

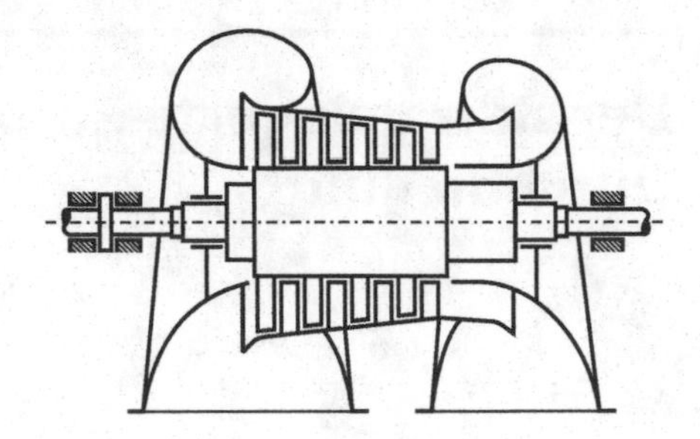

stark schwingt, muss man nach den Ursachen, Erklärungen und nach Abhilfemaßnahmen suchen.

12.2 Modell

Die Maschine nach Abb. 12.1 ist offensichtlich Teil eines Maschinensatzes, steht wahrscheinlich mit der Antriebsmaschine auf einem gemeinsamen Fundament. Falls die Kupplung zum Antrieb relativ *weich* – im Vergleich zur Steifigkeit der Wellenzapfen und Lager – ist, können wir die Wechselwirkung zum Antrieb vernachlässigen und starre Lager annehmen; auch die Nachgiebigkeit des Ölfilms muss klein sein! Weiter lassen wir auch die Kräfte an den Dichtungen außer Acht und nehmen an, dass Gaskräfte auf die Verdichterschaufeln – selbst beim schwingenden Rotor – in jedem Augenblick ausgeglichen sind. Die Schaufeln sollen mit dem Rotorballen als starrer Körper schwingen. (Die Reihe dieser Annahmen zeigt nur, wie gewagt das unten angegebene Modell schon im Hinblick auf das Freischneiden – die Wechselwirkung mit der Umgebung – ist.)

Abb. 12.2 zeigt den im Sinne obiger Annahmen freigeschnittenen Rotor. (Dabei sei die Schaufelmasse zur Ballenmasse addiert.) Wir vereinfachen jetzt weiter, nehmen an, dass sich der Rotorballen praktisch nicht verformt, dass die gesamte Nachgiebigkeit von den *Wellenzapfe*n – den dünneren Rotorteilen in Abb. 12.2 – herrührt.

Wir wählen dann als Ersatzsystem für unseren Rotor die auf einem elastischen Balken sitzende einzelne Punktmasse nach Abb. 12.3, die sich in der Blattebene auf und ab sowie senkrecht zur Blattebene bewegen kann. Mit der Wahl einer Punktmasse als Modellkörper haben wir auch alle Dralleinflüsse vernachlässigt.

Abb. 12.2 Rotor in starren Lagern

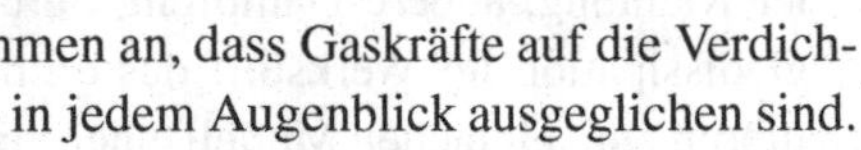

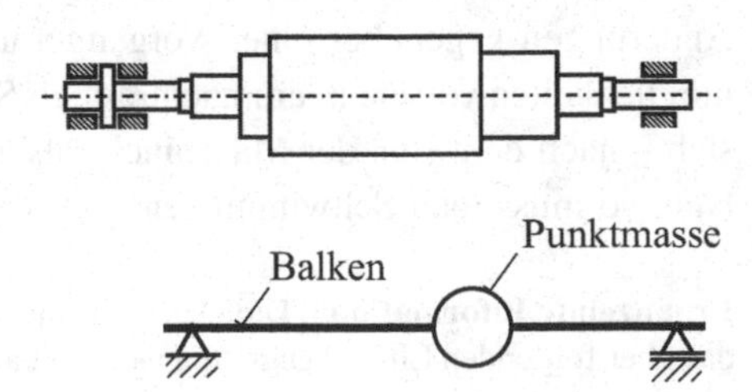

Abb. 12.3 Rotor Ersatzsystem

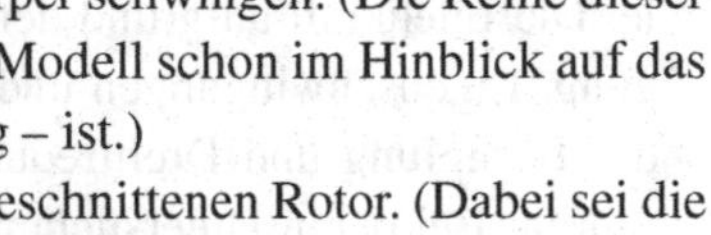

Abb. 12.4 Laval-Welle

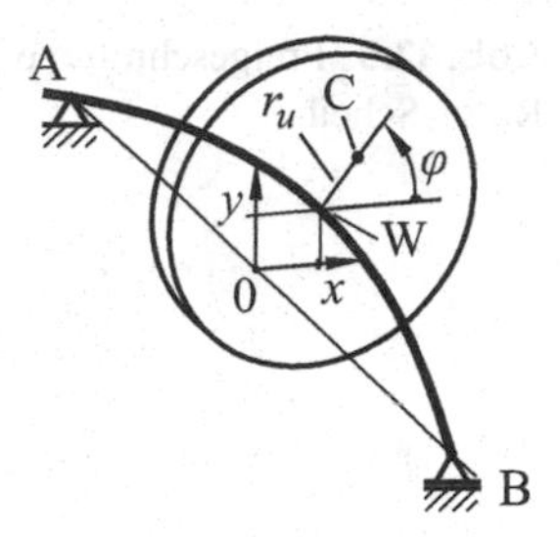

Der größeren Anschaulichkeit halber zeichnet man das Ersatzsystem nach Abb. 12.3 gern mit einer Scheibe als Rotorkörper. Damit man dann in keinen Anschauungskonflikt mit der Vernachlässigung der Dralleinflüsse durch *Kippen* der Scheibe um die Achsen in der Scheibenebene kommt, setzt man die Scheibe in die Mitte zwischen die Lager und spricht von der *mittig besetzten Welle* oder auch *Laval-Welle*, vgl. Abb. 12.4.

In Abb. 12.4 ist die Scheibe ausgelenkt gezeichnet. Es bedeuten:

O – Schnittpunkt der Lagerverbindungsgeraden AB mit Scheiben(mittel)ebene
W – *Wellendurchstoßpunkt* (liegt auf O bei ungebogener gerader Welle)
x, y – Koordinaten von W bei ausgelenkter (gebogener) Welle; auch horizontale bzw. vertikale Wellen-(oder Rotor-)Auslenkung genannt
C – Scheiben- (oder Rotor-)Schwerpunkt
r_u – Exzentrizität (mr_u – Unwucht, m – Masse)
Ω – Drehfrequenz
φ – Drehwinkel ($\varphi := \Omega t$)

12.3 Bewegungsgleichungen

Wir erfassen die Wellen- oder Rotorbewegung durch die in Abb. 12.4 eingeführten Koordinaten x, y. Das Modell hat damit den Freiheitsgrad 2, wir brauchen zwei Bewegungsgleichungen.

Hinweis Die Laval-Welle hat horizontal und vertikal die gleiche Steifigkeit. Deshalb ist (oder läuft) sie *rund* (auch wenn der Querschnitt ein Quadrat oder ein gleichseitiges Dreieck ist). Man kann ihre beiden Bewegungsgleichungen zu *einer komplexen Gleichung* zusammenfassen, vgl. (12.45), und gewinnt daraus auch nur *einen* Wert für die Eigenfrequenz (kritische Drehzahl). Das ist jedoch eine *Doppelwurzel*, denn im Hintergrund bleiben die beiden Bewegungsgleichungen bestehen, wie man sie nach Kap. 9 ansetzen und abhandeln würde. Damit behandelt dieses Kapitel einen *Sonderfall*, das Vorgehen ist *nicht* einfach auf andere Schwinger vom Freiheitsgrad 2 anwendbar; z. B. nicht auf die Schwingungen in der Ebene beim System nach Abb. 9.1c.

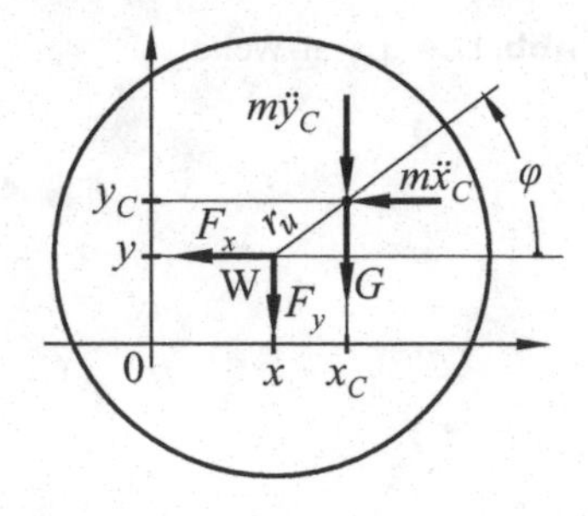

Abb. 12.5 Freigeschnittene Rotor-Scheibe

Abb. 12.5 zeigt die von der Welle freigeschnittene Scheibe mit den (Schwerpunkt-) Hilfskoordinaten

$$x_C = x + r_u \cos\varphi, \quad y_C = y + r_u \sin\varphi, \tag{12.1}$$

den d'Alembert'schen Kräften $-m\ddot{x}_C, -m\ddot{y}_C$, den (Rückstell-)Kräften F_x, F_y von der Welle auf die Scheibe (Masse) und dem Gewicht $G = mg$. Die Gleichgewichtsbedingungen lauten

$$m\ddot{x}_C + F_x = 0, \quad m\ddot{y}_C + F_y + G = 0. \tag{12.2}$$

Mit $\varphi = \Omega t$ und (12.1) erhält man

$$\begin{aligned} m\ddot{x} + F_x &= \phantom{-G +{}} m r_u \Omega^2 \cos\Omega t, \\ m\ddot{y} + F_y &= -G + m r_u \Omega^2 \sin\Omega t. \end{aligned} \tag{12.3}$$

Die Masse m und die Kräfte F_x, F_y werden in den drei folgenden Abschnitten ermittelt.

12.3.1 Rotormasse

Welches m, welche Rotor- (oder auch Wellen-)Masse muss man in die (12.3) einsetzen? Eine Antwort ist: die *(mit)schwingende Masse*. Wie man sie systematisch gewinnen kann, überlegen wir uns unten. Meistens, vor allem bei Überschlagsrechnungen, wählt man die in m zu berücksichtigenden Rotorteile *per Anschauung* oder *gemäß Erfahrung*. Bei dem Rotor nach Abb. 12.2 könnten es zum Beispiel die in Abb. 12.6 schraffierten Teile sein. (In diesem Fall würden die Wellenenden auch nicht viel zur Masse beitragen.) Man berechnet dann diese Masse. (Falls es den Rotor bereits gibt, kann man ihn auch wiegen und die Gewichte der Wellenendteile abziehen.)

Ein systematisches Vorgehen, das auf Energieüberlegungen beruht, zeigen wir anhand von Abb. 12.7. Dort ist für die horizontale Ebene durch die Rotorachse eine Auslenkung

Abb. 12.6 Schwingende Masse des Rotors

Abb. 12.7 Momentane Wellen-Biegelinie

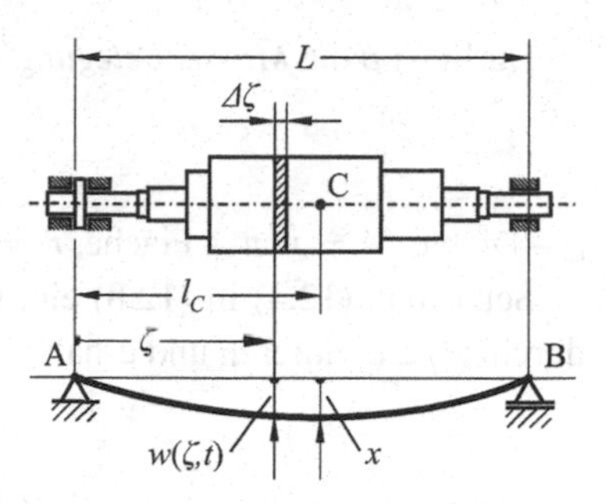

$w(\zeta, t)$ – eine momentane Biegelinie – der Welle gezeichnet. Es gelten ζ – Längskoordinate, t – Zeit, L – Wellenlänge (greift evtl. über Lagerspanne hinaus, falls dort große Massen vorkommen; wir setzen $0 \leq \zeta \leq L$), x – Auslenkung in x-Richtung gemäß Abb. 12.4 und 12.5. Wir nehmen hier an, dass dies die Auslenkung am Schwerpunkt C des *starr gedachten* Rotors ist.

Für die Biegelinie $w(\zeta, t)$ setzen wir an

$$w(\zeta, t) = W(\zeta) \cdot x(t). \tag{12.4}$$

Die Funktion $W(\zeta)$ – die Form der Biegelinie – nennt man auch *Formfunktion*. Diese Funktion muss man *schätzen* – also wählen![1] Im einfachsten Fall kann man zum Beispiel eine Parabel ansetzen, die durch die Lager A und B geht:

$$W(\zeta) = c\zeta(L - \zeta) \tag{12.5}$$

und c wählt man so, dass am Schwerpunkt, bei $\zeta = l_C$, gilt

$$W(l_C) = 1. \tag{12.6}$$

Man erhält

$$W(\zeta) = \frac{\zeta(L - \zeta)}{l_C(L - l_C)}. \tag{12.7}$$

Andere Schätzungen erfordern mehr Mühe (z. B. kann man $W(\zeta)$ proportional zur Biegelinie infolge Eigengewicht wählen).

Man verlangt nun, dass die mit m und $\dot{x}$ angeschriebene kinetische Energie dieselbe ist wie die der gebogenen Welle:

$$\frac{1}{2} m \dot{x}^2 = \frac{1}{2} \int_0^L \mu(\zeta) \dot{w}^2(\zeta, t) d\zeta. \tag{12.8}$$

[1] Bei den *Finiten Elementen* (FE) wählt man *lokale* Formfunktionen, siehe [56].

Darin ist μ die *Massenbelegung*

$$\mu(\zeta) = \varrho A(\zeta); \tag{12.9}$$

ϱ – Dichte, $A = r^2\pi$ – Fläche, $r = r(\zeta)$ – Radius.

Setzt man (12.4) in (12.8) ein, so kann man wegen $\dot{w}(\zeta, t) = \dot{x} \cdot W(\zeta)$ beide Seiten durch $\dot{x}^2/2$ dividieren und erhält

$$m = \int_0^L \varrho A(\zeta) W^2(\zeta) d\zeta. \tag{12.10}$$

Man sieht: Wenn man eine Vorstellung von der Formfunktion (oder Biegelinie) $W(\zeta)$ hat, kann die Masse über den Rotor beliebig verteilt sein. Die *schwingende Masse* oder *Ersatzmasse m* weicht unter Umständen stark von der wahren Masse ab; l_C gibt (nur) an, wo man *x*, *y* misst.

12.3.2 Rotorsteifigkeit

Die in den Bewegungsgleichungen (12.3) auftretenden Kräfte F_x, F_y zwischen Welle und Rotor (vgl. Abb. 12.5) sind in Abb. 12.8 so eingetragen, wie sie auf die Welle wirken und wir nehmen an, dass sie am Rotorschwerpunkt auf die Welle wirken.

Von der Welle her gesehen sind diese Kräfte erforderlich, um die Welle elastisch zu verformen und um etwa vorhandene *innere Dämpfungen* (oder Reibungen) zu überwinden. Zusätzlich wollen wir in F_x und F_y jedoch auch Kräfte aufnehmen, die von außen – über das Arbeitsmedium – auf den Rotor wirken. (Wir werden dafür unten *äußere Dämpfungen* ansetzen.)

In diesem Abschnitt sollen nur elastische Verformungen berücksichtigt werden. Abb. 12.9 zeigt die Verformung in der horizontalen Rotorebene (ein entsprechendes Bild gilt für die vertikale Ebene).

Für die hier vorliegenden kleinen Auslenkungen kann man ein lineares (Hooke'sches) Gesetz annehmen (vgl. Abb. 12.10):

$$F_x = kx. \tag{12.11}$$

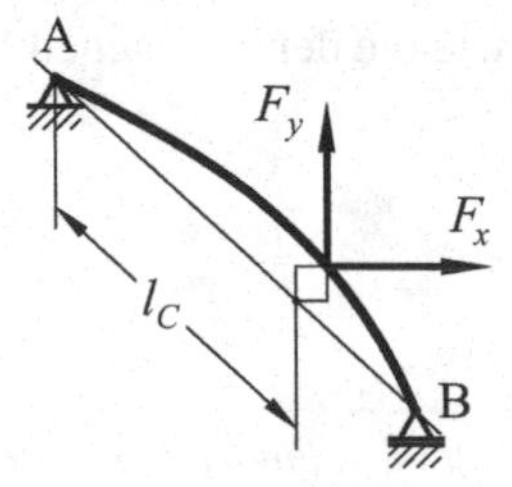

Abb. 12.8 Schnittkräfte Welle – Rotor

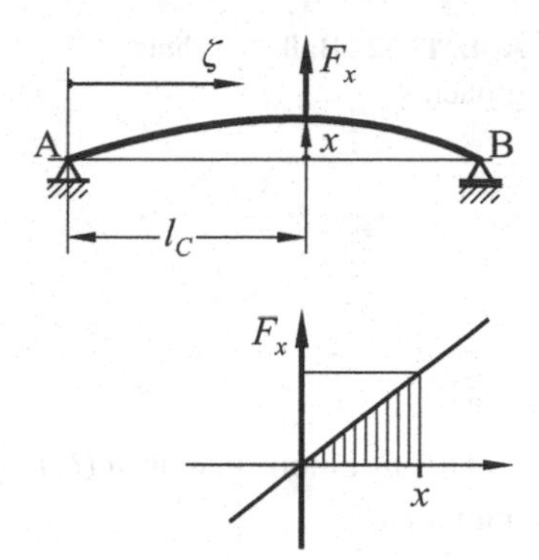

Abb. 12.9 Wellenverformung in horizontaler Rotorebene

Abb. 12.10 Lineares (Verformungs-)Gesetz

Die Wellensteifigkeit k gewinnt man in der Regel mit Hilfe von *Balken-Biegelinien* aus einem Taschenbuch [41] (oder mit einem Rechnerprogramm).

Im einfachsten Fall, bei einer Welle mit konstanter Biegesteifigkeit EI (vgl. Abb. 12.11) berechnet man die Durchbiegung bei $\zeta = l_C$ zu

$$x = \frac{F_x l_C^2 (L - l_C)^2}{3EIL} \tag{12.12}$$

und erhält durch Vergleich mit (12.11) die Steifigkeit k zu

$$k = \frac{3EIL}{l_C^2 (L - l_C)^2}. \tag{12.13}$$

Die meisten Maschinenwellen haben jedoch keinen konstanten Durchmesser, sie sind mehrfach abgesetzt (s. unten). Auch dann kann man (12.13) benutzen, um überschläglich einen groben Anhaltswert für die Steifigkeit zu gewinnen; zum Beispiel um zu entscheiden, ob die Lager(böcke) im Vergleich dazu *weich* oder *hart* sind (s. Abschn. 12.2).

Bei einer abgesetzten Welle kann man k – wie m in Abschn. 12.3.1 – wieder über eine Energiebetrachtung gewinnen.

Abb. 12.12 zeigt das Biegemoment $M(\zeta, t)$ und die Querkraft $Q(\zeta, t)$ an einem Balken mit der Biegesteifigkeit $EI = EI(\zeta)$. Sei $w(\zeta, t)$ die Biegelinie. Dann gilt die Biegedifferentialgleichung ($w' = \partial w / \partial \zeta$ usw.:

$$EIw'' = -M. \tag{12.14}$$

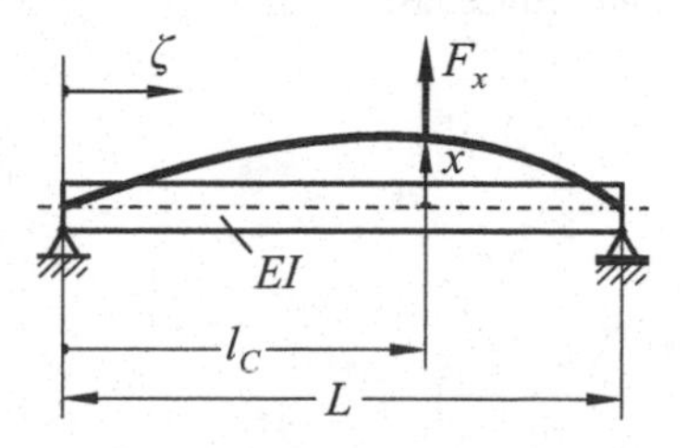

Abb. 12.11 Welle mit konstanter Biegesteifigkeit

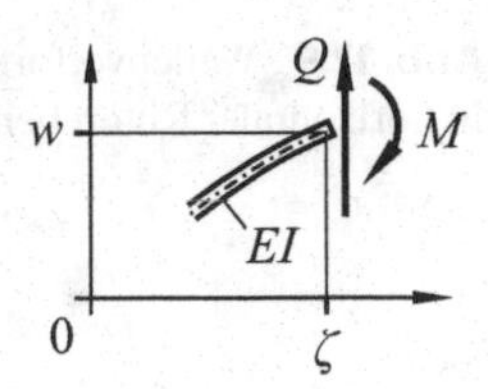

Abb. 12.12 Balken-Schnittgrößen

Die in einem gemäß $w(\zeta, t)$ gebogenen Balken steckende potenzielle Energie erhält man aus

$$E_{pot} = \frac{1}{2} \int_0^L EI(\zeta) \cdot [w''(\zeta, t)]^2 d\zeta. \tag{12.15}$$

Mit (12.14) kann man hierfür auch schreiben

$$E_{pot} = \frac{1}{2} \int_0^L \frac{M^2(\zeta, t)}{EI(\zeta)} d\zeta = E_{pot}(t). \tag{12.16}$$

Diese Energie muss (zu jedem Zeitpunkt *t*) gleich der durch die schraffierte Fläche von Abb. 12.10 wiedergegeben sein:

$$E_{pot} = \frac{1}{2} k x^2 = \frac{1}{2} \frac{F_x^2}{k}. \tag{12.17}$$

Unabhängig von den Wellendurchmessern erzeugt die Last F_x in der Welle nach Abb. 12.9 eine Momentenlinie, wie in Abb. 12.13 gezeigt:

$$M(\zeta, t) = F_x(t) \cdot M_b(\zeta), \tag{12.18}$$

wobei für das bezogene Moment $M_b(\varsigma)$ gilt:

$$M_b(\zeta) = \begin{cases} \zeta \dfrac{(L - l_C)}{L} & \text{für} \quad 0 \leq \zeta \leq l_C, \\ \dfrac{l_C}{L}(L - \zeta) & \text{für} \quad l_C \leq \zeta \leq L. \end{cases} \tag{12.19}$$

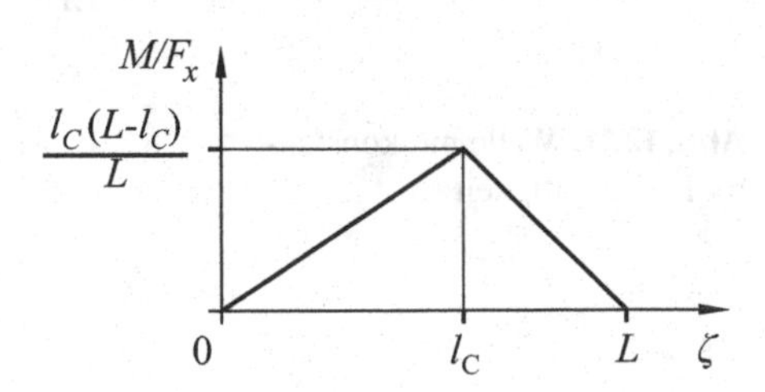

Abb. 12.13 Momentenlinie unter Einzellast

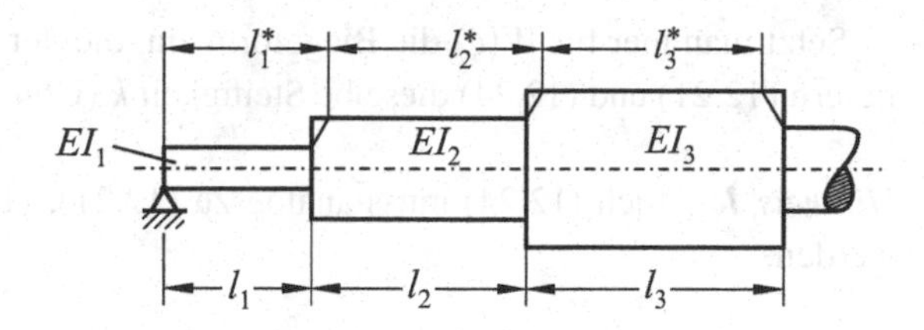

Abb. 12.14 Mehrfach abgesetzte Welle

Setzt man die rechte Form von (12.17) gleich E_{pot} nach (12.16), so erhält man mit (12.18)–(12.19)

$$\frac{1}{2}\frac{F_x^2}{k} = \frac{1}{2}F_x^2 \int_0^L \frac{M_b^2(\zeta)}{EI(\zeta)} d\zeta, \tag{12.20}$$

und (nach Division durch $F_x^2/2$):

$$\frac{1}{k} = \int_0^L \frac{M_b^2(\zeta)}{EI(\zeta)} d\zeta. \tag{12.21}$$

Das rechts stehende Integral wird man im allgemeinen abschnittsweise numerisch auswerten.

Man setzt, vgl. Abb. 12.14,

$$\frac{1}{k} = \int_{(l_1)} \frac{\cdot\cdot}{EI_1} d\zeta + \int_{(l_2)} \frac{\cdot\cdot}{EI_2} d\zeta + \ldots, \tag{12.22}$$

wobei im Zähler die entsprechenden $M_b^2(\zeta)$ eingesetzt werden müssen. Da dünnere Wellenteile an die stärkeren nicht *starr* anschließen, verlängert man die ersten oft zu Lasten der zweiten, vgl. die l^* in Abb. 12.14 oben (in Abb. 12.14 wurde unter 30° abgeschrägt[2]).

Alternative Vorgehensweise Vergleicht man $E_{pot} = kx^2/2$ aus (12.17) mit E_{pot} aus (12.15),

$$\frac{1}{2}kx^2 = \frac{1}{2}\int_0^L EI(\zeta)[w''(\zeta,t)]^2 d\zeta, \tag{12.23}$$

und setzt hier $w(\zeta,t) = W(\zeta)\cdot x(t)$ gemäß (12.4) ein, so erhält man anstelle von (12.21) für die Steifigkeit k den Ausdruck

$$k = \int_0^L EI(\zeta)[W''(\zeta)]^2 d\zeta. \tag{12.24}$$

[2] Natürlich kann man das heute mit Hilfe von Finiten Elementen auch genauer berechnen.

Setzt man hier für $W(\zeta)$ die Biegeform ein, die der Momentenlinie (12.18) entspricht, liefern (12.21) und (12.24) dieselbe Steifigkeit k (Übungsaufgabe!).

Hinweis 1 Auch (12.24) muss analog zu (12.21), (12.22) abschnittsweise ausgewertet werden.

Hinweis 2 Arbeitet man mit m nach (12.10) und k nach (12.24) – beide Male mit demselben $W(\zeta)$ –, so spielt die Schwerpunktlage keine Rolle. Man hat sein System mit dem Ansatz (12.4) *diskretisiert* – das kontinuierliche Gebilde durch eins vom Freiheitsgrad 1 – ersetzt.

Hinweis 3 Setzt man für $W(\zeta)$ eine *Eigenschwingungsform* an – wir kommen später darauf zu sprechen –, so gelangt man mit (12.10) und (12.24) zu einer *strengen Lösung*. (Falls es nicht die Eigenschwingungsform zur tiefsten Eigenfrequenz ist, hat man nicht viel davon.)

12.3.3 Dämpfungen

12.3.3.1 Allgemeine Überlegungen

In Kap. 5 haben wir am Beispiel des Feder-Masse-(Dämpfer)-Schwingers gesehen, dass Federsteifigkeit und Masse die Eigenfrequenz bestimmen. Mit der Eigenfrequenz lagen dann im Kap. 6 (und 7) die Resonanzbereiche fest, die man vermeiden muss. Diese Aussagen gelten recht allgemein: Steifigkeiten (Steifigkeitsverteilungen) und Massen (Masseverteilungen) legen die Eigenfrequenzen und Schwingungsformen fest (das werden wir noch untersuchen).

Die Dämpfung erscheint dagegen in Kap. 5 von nachrangiger Bedeutung. Wesentlich ist es, dass die freien Schwingungen (die Eigenschwingungen) abklingen – und das tun sie anscheinend fast immer. Der Dämpfer entzieht ja – dem im übrigen konservativen System – Energie.

Bei den erzwungenen Schwingungen (Kap. 6 und 7) ist die Wirkung der Dämpfung außerhalb der Resonanzbereiche schwach. In den Resonanzbereichen – wo sich elastische Kräfte und Massenkräfte weitgehend oder vollständig aufheben – begrenzt die Dämpfung die Ausschläge. (Die Ausschläge werden gerade so groß, dass der Dämpfer die vom Erreger zugeführte Energie verzehrt.)

Man braucht also die Dämpfung (wie Reibung und Haftung). Da man – wie oben angedeutet – alle Einflüsse unter Dämpfung zusammenfasst, die mit dem betrachteten System in (nicht zu starker) energetischer Wechselwirkung stehen, gibt es sehr viele *Dämpfungen* (man spricht auch von *Energiedissipation* = *Energiezerstreuung*).

Bewegt sich ein Gebilde, so gibt es Energie an das umgebende Medium (z. B. Luft) ab, über Lager oder vermeintlich feste Einspannungen wandert Energie in die Umgebung, quietschende Systeme strahlen Schall ab. Werkstoffe sind nicht ideal elastisch,

Abb. 12.15 Äußere Dämpfung

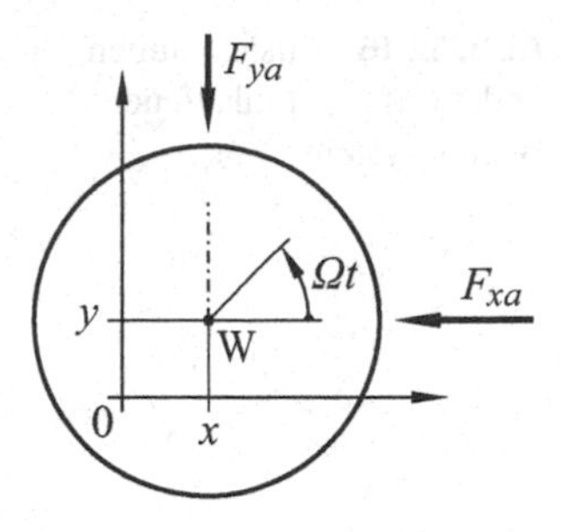

sie haben *innere Reibungen*, Fügestellen reiben aufeinander. Aber auch zwischen dem Arbeitsprozess der Maschine und ihren Schwingungen entstehen energetische Wechselwirkungen, z. B. ändern sich die Anströmwinkel bei Turbinenbeschauflungen, wenn der Rotor schwingt.

Sind die Dämpfungseinwirkungen groß im Verhältnis zu den elastischen Kräften, z. B. bei plastischen Verformungen, muss man sie besonders untersuchen (sie heißen dann auch anders). Sind sie klein, nimmt man sie fast regelmäßig proportional zu einer (Relativ-) Geschwindigkeit an, wie wir es auch mit dem Dämpfer in Kap. 4 taten.

12.3.3.2 Äußere Dämpfung

Wir unterscheiden bei unserem Rotor zwischen einer *äußeren* Dämpfung und einer *inneren*. Die äußere soll die Wechselwirkung mit der Umgebung erfassen, die innere die Wirkung der Rotorverformungen. (Wir behandeln die innere Dämpfung im nächsten Abschnitt separat.)

Für die *äußere* Dämpfung setzen wir mit dem Koeffizienten b_a Abb. 12.15 (vgl. auch Abb. 12.5) geschwindigkeitsproportional an:

$$F_{xa} = b_a \dot{x}, \quad F_{ya} = b_a \dot{y}. \tag{12.25}$$

Dabei lassen wir zum Beispiel den Einfluss der Rotordrehung auf die Wechselwirkung mit dem umgebenden Medium unberücksichtigt. (Auch für die Koeffizienten b_a kann man Energiebetrachtungen wie in den Abschn. 12.3.1 und 12.3.2 anstellen.)

12.3.3.3 Innere Dämpfung

Die Beschauflung des Verdichterrotors nach Abb. 12.1 ist, zum Beispiel, in geeigneten Nuten auf dem Rotor eingesetzt und verkeilt. Bei Rotorbiegungen reiben die Schaufelfüße am Rotor und verhindern damit eine rein elastische Rotorverformung, wie wir sie in Abschn. 12.3.2 angenommen haben. In ähnlicher Weise wirken andere Fügestellen am Rotor (z. B. Schrumpfsitze) aber auch Gefügereibung im Werkstoff (*Werkstoffdämpfung*).

Die Wirkung all dieser im Rotor gelegenen Dämpfungen fassen wir zu einer *inneren Dämpfung* zusammen, die wir geschwindigkeitsproportional ansetzen wollen. Ganz sicher müssen wir sie dann proportional zur Verformungsgeschwindigkeit des Rotors ansetzen. Die erfasst man am einfachsten in einer mit dem Rotor umlaufenden Basis. Abb. 12.16

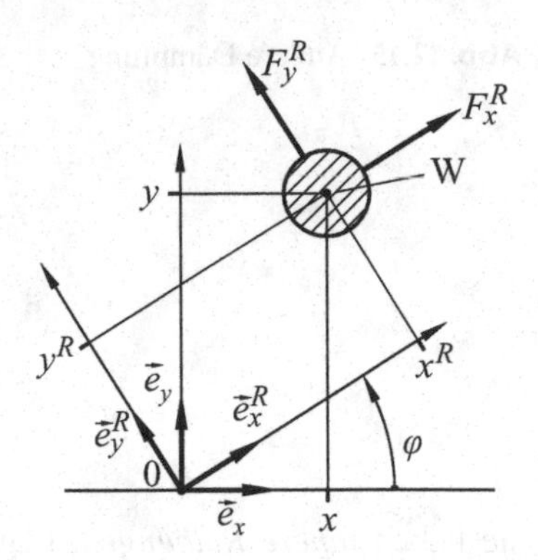

Abb. 12.16 Auslenkungen und Kräfte im umlaufenden Bezugssystem

zeigt neben der *festen* Basis $\vec{e}$ die um die Lagerverbindungslinie A–B mit $\varphi = \Omega t$ *rotierende* Basis $\vec{e}^{\,R}$,

$$\vec{e} = (\vec{e}_x, \vec{e}_y)^{\mathrm{T}} \quad \text{bzw.} \quad \vec{e}^{\,R} = (\vec{e}_x^{\,R}, \vec{e}_y^{\,R})^{\mathrm{T}}. \tag{12.26}$$

(Die Bezeichnungen aus Anhang A.1.2.1, $\vec{e}^{\,0}$ für die *feste* und $\vec{e}$ für die *rotierende* Basis, würden hier schwerfällig wirken. Der Basisvektor $\vec{e}_z = \vec{e}_z^{\,R}$ wird hier nicht gebraucht.)

Bezüglich $\vec{e}$ bzw. $\vec{e}^{\,R}$ lauten die Koordinaten des Wellendurchstoßpunktes W in Matrix-Schreibweise

$$\boldsymbol{x} = (x, y)^{\mathrm{T}} \quad \text{bzw.} \quad \boldsymbol{x}^R = \left(x^R, y^R\right)^{\mathrm{T}}, \tag{12.27}$$

vgl. Abb. 12.16 mit 12.4. Damit lautet der Vektor $\overrightarrow{0\mathrm{W}}$ der Wellenauslenkung, vgl. (A.13),

$$\overrightarrow{0\mathrm{W}} = \vec{x} = \vec{e}^{\,\mathrm{T}} \boldsymbol{x} = \vec{e}^{\,R^{\mathrm{T}}} \boldsymbol{x}^R. \tag{12.28}$$

Von der umlaufenden Basis $\vec{e}^{\,R}$ her gesehen sind zur Rotorverformung die Kräfte F_x^R und F_y^R erforderlich:

$$\begin{aligned} F_x^R &= k x^R + b_i \dot{x}^R, \\ F_y^R &= k y^R + b_i \dot{y}^R. \end{aligned} \tag{12.29}$$

Darin ist k die in Abschn. 12.3.2 berechnete Rotorsteifigkeit und b_i ist der Koeffizient der *inneren* Dämpfung (elastische Kraft und Dämpfungskräfte wirken parallel, vgl. Abb. 4.3, 4.5, 5.1 usw.).

Mit

$$\boldsymbol{F}^R = \left(F_x^R, F_y^R\right)^{\mathrm{T}} \tag{12.30}$$

und (12.27) lautet (12.29) in Matrixschreibweise

$$\boldsymbol{F}^R = k \boldsymbol{x}^R + b_i \dot{\boldsymbol{x}}^R. \tag{12.31}$$

Fasst man auch die auf die feste Basis $\vec{e}$ bezogenen Kräfte F_x, F_y, in der Orientierung von Abb. 12.8, als Spaltenmatrix zusammen,

$$\boldsymbol{F} = (F_x, F_y)^{\mathrm{T}}, \tag{12.32}$$

so gilt, analog zu (12.28), für den Kraftvektor

$$\vec{F} = \boldsymbol{e}^{\mathrm{T}} \boldsymbol{F} = \boldsymbol{e}^{R\mathrm{T}} \boldsymbol{F}^{R}. \tag{12.33}$$

Wenn wir, am Ende, die Bewegungsgleichungen (12.3) bezüglich der festen Basis ansetzen wollen, müssen wir die Beziehung (12.31) auf $\boldsymbol{F}, \boldsymbol{x}, \dot{\boldsymbol{x}}$ umrechnen, also die Basisdrehung mit ihren Auswirkungen verfolgen.

12.3.3.4 Die Basisdrehung und ihre Auswirkungen

Aus Abb. 12.16 liest man ab

$$\begin{pmatrix} \vec{e}_x^{\,R} \\ \vec{e}_y^{\,R} \end{pmatrix} = \begin{pmatrix} \cos\varphi & \sin\varphi \\ -\sin\varphi & \cos\varphi \end{pmatrix} \begin{pmatrix} \vec{e}_x \\ \vec{e}_y \end{pmatrix}, \tag{12.34}$$

kurz, vgl. Anhang A.1.2,

$$\vec{e}^{\,R} = \boldsymbol{R}\vec{e} \quad \text{mit} \quad \boldsymbol{R} = \boldsymbol{R}(\varphi) = \begin{pmatrix} \cos\varphi & \sin\varphi \\ -\sin\varphi & \cos\varphi \end{pmatrix}; \tag{12.35}$$

$\boldsymbol{R} = \boldsymbol{R}_3$ aus (A.20) ohne die 3- bzw. z-Achse. Die Transformation $(12.35)_1$ gilt auch für die Koordinaten,

$$\boldsymbol{x}^{R} = \boldsymbol{R}\boldsymbol{x}, \quad \boldsymbol{F}^{R} = \boldsymbol{R}\boldsymbol{F}, \tag{12.36}$$

vgl. (12.28) bzw. (12.33) mit (A.13)–(A.15). Ableiten von (12.36) nach der Zeit liefert, vgl. A.1.5.1,

$$\dot{\boldsymbol{x}}^{R} = \dot{\boldsymbol{R}}\boldsymbol{x} + \boldsymbol{R}\dot{\boldsymbol{x}}. \tag{12.37}$$

Mit $(12.36)_1$ und (12.37) folgt aus (12.31)

$$\boldsymbol{F}^{R} = (k\boldsymbol{R} + b_i\dot{\boldsymbol{R}})\boldsymbol{x} + b_i\boldsymbol{R}\dot{\boldsymbol{x}}. \tag{12.38}$$

Multiplikation von $(12.36)_2$ mit der Matrix $\boldsymbol{R}^{-1} = \boldsymbol{R}(-\varphi)$ – die Inversion entspricht einem Zurück-Drehen – führt mit (12.38) auf

$$\boldsymbol{F} = \boldsymbol{R}^{-1}\boldsymbol{F}^{R} = (k + b_i\boldsymbol{R}^{-1}\dot{\boldsymbol{R}})\boldsymbol{x} + b_i\dot{\boldsymbol{x}}. \tag{12.39}$$

Mit $\varphi = \Omega t$ erhält man aus $(12.35)_2$

$$\boldsymbol{R}^{-1}\dot{\boldsymbol{R}} = -\Omega \begin{pmatrix} \cos\varphi & -\sin\varphi \\ \sin\varphi & \cos\varphi \end{pmatrix} \begin{pmatrix} \sin\varphi & -\cos\varphi \\ \cos\varphi & \sin\varphi \end{pmatrix} = \Omega \begin{pmatrix} 0 & 1 \\ -1 & 0 \end{pmatrix}. \tag{12.40}$$

Damit lautet die Matrizengleichung (12.39)

$$\begin{pmatrix} F_x \\ F_y \end{pmatrix} = b_i \begin{pmatrix} x \\ y \end{pmatrix}^{\!\cdot} + \begin{pmatrix} k & \Omega b_i \\ -\Omega b_i & k \end{pmatrix} \begin{pmatrix} x \\ y \end{pmatrix}, \tag{12.41}$$

skalar ausgeschrieben:

$$\begin{aligned} F_x &= b_i \dot{x} + kx + \Omega b_i y, \\ F_y &= b_i \dot{y} + ky - \Omega b_i x. \end{aligned} \tag{12.42}$$

Die mitrotierende innere Dämpfung wirkt sich also wegen der Drehung auch mit Termen aus, die – schiefsymmetrisch! – den Auslenkungen selbst proportional sind.

12.3.4 Bewegungsgleichungen

Setzt man alle in den Abschn. 12.3.1 bis 12.3.3 ermittelten Größen in die Bewegungsgleichungen (12.3) ein, so erhält man

$$\begin{aligned} m\ddot{x} + (b_a + b_i)\dot{x} + kx + \Omega b_i y &= m r_u \Omega^2 \cos \Omega t, \\ m\ddot{y} + (b_a + b_i)\dot{y} + ky - \Omega b_i x &= m r_u \Omega^2 \sin \Omega t - G. \end{aligned} \tag{12.43}$$

Auch hier lohnt sich eine komplexe Rechnung: Multiplikation von $(12.43)_2$ mit $j = \sqrt{-1}$ und Addition von $(12.43)_1$ liefert mit

$$z = x + jy \tag{12.44}$$

$$m\ddot{z} + (b_a + b_i)\dot{z} + kz - j\Omega b_i z = -jG + m r_u \Omega^2 e^{j\Omega t}. \tag{12.45}$$

ACHTUNG! Die Dgl (12.45) hat komplexe Koeffizienten. Das hat zur Folge, dass von der komplexen Lösung $z(t)$ NICHT Re $z(t)$ und Im $z(t)$ je für sich Lösungen sind.

12.4 Erzwungene Schwingungen

Wir untersuchen hier den Einfluss des Gewichts und den Einfluss der Unwuchterregung.

12.4.1 Gewichtseinfluss

Die Unwuchterregung bleibt zunächst weg. Dann lautet (12.45):

$$m\ddot{z} + (b_a + b_i)\dot{z} + (k - j\Omega b_i)z = -jG. \tag{12.46}$$

Ansatz vom Typ der rechten Seite,

$$z = z_G = \text{konstant}, \tag{12.47}$$

liefert

$$(k - j\Omega b_i)z_G = -jG \tag{12.48}$$

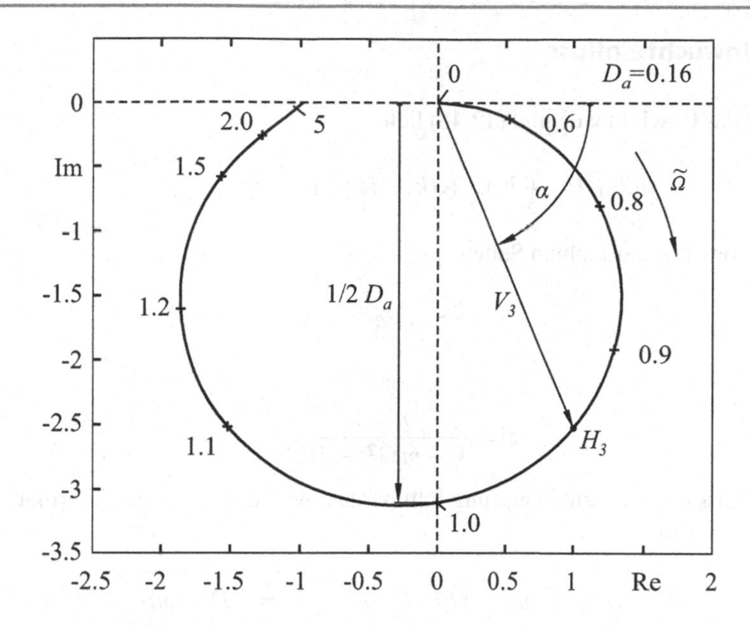

Abb. 12.17 Ortskurve für Frequenzgang

und (vgl. Abb. 12.17)

$$z_G = -j\frac{G}{k - j\Omega b_i} = \frac{G/k}{1 + \left(\frac{\Omega b_i}{k}\right)^2}\left(-j + \frac{\Omega b_i}{k}\right) =: jy_G + x_G. \tag{12.49}$$

Aus Abb. 12.18 liest man den Winkel β ab:

$$\tan\beta = \Omega b_i/k. \tag{12.50}$$

Durch die innere Dämpfung (oder Reibung) erfährt der Rotor neben der Absenkung durch das Gewicht eine Auslenkung aus der vertikalen Ebene in Drehrichtung, – die innere Dämpfung verzögert die Wirkung der elastischen Rückstellkräfte. Der Winkel β ist ein Maß für die innere Dämpfung.

Abb. 12.18 Rotorauslenkung

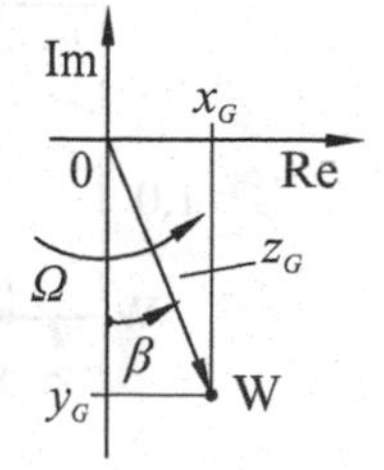

12.4.2 Unwuchteinfluss

Jetzt bleibt das Gewicht weg und (12.45) liefert

$$m\ddot{z} + (b_a + b_i)\dot{z} + (k - j\Omega b_i)z = m r_u \Omega^2 e^{j\Omega t}. \tag{12.51}$$

Ansatz vom Typ der rechten Seite,

$$z = \hat{z} e^{j\Omega t}, \tag{12.52}$$

ergibt

$$\hat{z} = \frac{m r_u \Omega^2}{k - m\Omega^2 + j\Omega b_a}. \tag{12.53}$$

Der Einfluss der inneren Dämpfung fällt heraus, weil der Rotor gewissermaßen *eingefroren* umläuft. Mit

$$\omega_0^2 = k/m, \quad \tilde{\Omega} = \Omega/\omega_0, \quad b_a = 2D_a\omega_0 m \tag{12.54}$$

erhält man aus (12.53), vgl. Abschn. 7.1, (7.8), (7.9),

$$\hat{z} = r_u V_3(\tilde{\Omega}) e^{-j\alpha}. \tag{12.55}$$

Es ist zweckmäßig, die *Ortskurve* für den *Frequenzgang*, die Übertragungsfunktion

$$H_3(\tilde{\Omega}) := \frac{\hat{z}}{r_u} = V_3 e^{-j\alpha} \tag{12.56}$$

aufzutragen, vgl. Abb. 12.17.

Aus Abb. 12.18 liest man ab, wie der Rotor mit der Unwucht umläuft, vgl. Abb. 12.4 und 12.5 mit 12.19a–c.

Man sieht: Die Unwuchtkraft lenkt den Rotor aus und zieht ihn gegen die äußere Dämpfungskraft. Vgl. auch die Diskussion im Abschn. 12.6.

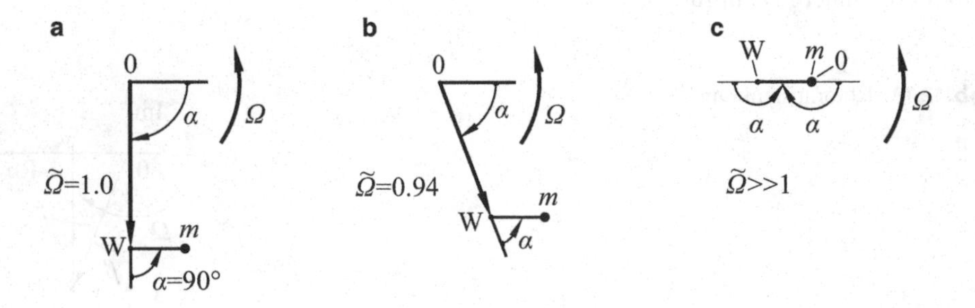

Abb. 12.19 Umlaufender Rotor

12.5 Freie Schwingungen

Die der Bewegungsgleichung (12.45) zugeordnete homogene Differentialgleichung lautet

$$m\ddot{z} + (b_a + b_i)\dot{z} + (k - j\Omega b_i)z = 0. \tag{12.57}$$

Der Lösungsansatz

$$z = Ce^{\lambda t}, \tag{12.58}$$

vgl. (5.6), führt auf das Eigenwertproblem

$$\left(m\lambda^2 + (b_a + b_i)\lambda + k - j\Omega b_i\right)Ce^{\lambda t} = 0 \tag{12.59}$$

und die charakteristische Gleichung

$$m\lambda^2 + (b_a + b_i)\lambda + k - j\Omega b_i = 0. \tag{12.60}$$

Mit

$$\omega_0^2 = k/m, \quad \tilde{\Omega} = \Omega/\omega_0, \quad \tilde{\lambda} = \lambda/\omega_0, \quad b_a = 2D_a\omega_0 m, \quad b_i = 2D_i\omega_0 m, \tag{12.61}$$

lautet sie

$$\tilde{\lambda}^2 + 2(D_a + D_i)\tilde{\lambda} + 1 - 2D_i j\tilde{\Omega} = 0. \tag{12.62}$$

Man erhält die Eigenwerte

$$\tilde{\lambda}_{1/2} = -(D_a + D_i) \pm \sqrt{(D_a + D_i)^2 - 1 + 2D_i j\tilde{\Omega}}. \tag{12.63}$$

Die allgemeine Lösung von (12.57) lautet nun

$$z = C_1 e^{\tilde{\lambda}_1\omega_0 t} + C_2 e^{\tilde{\lambda}_2\omega_0 t} = C_1 e^{\tilde{\lambda}_1\tilde{t}} + C_2 e^{\tilde{\lambda}_2\tilde{t}}, \tag{12.64}$$

mit $\tilde{t} = \omega_0 t$.

Abb. 12.20 zeigt die Lage von $\tilde{\lambda}_1$ und $\tilde{\lambda}_2$ in der komplexen Ebene. Es gilt

$$c^2 = -1 + (D_a + D_i)^2 + 2D_i j\tilde{\Omega} = |c^2|e^{j\gamma} \tag{12.65}$$

mit

$$\tan\gamma = \frac{2D_i\tilde{\Omega}}{-1 + (D_a + D_i)^2}, \quad \pi/2 < \gamma \leq \pi. \tag{12.66}$$

Abb. 12.20 Eigenwerte in komplexer Ebene

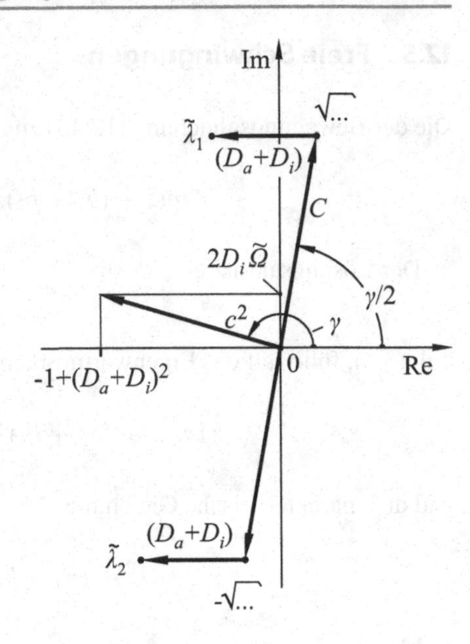

Dann folgt die Wurzel aus (12.63) mit $C = |c|$ zu

$$\sqrt{\ldots} = Ce^{j\gamma/2}, \tag{12.67}$$

vgl. Abb. 12.20, und $\tilde{\lambda}_1, \tilde{\lambda}_2$ liegen an den markierten Stellen.

Die Zerlegungen von $\tilde{\lambda}_1$ und $\tilde{\lambda}_2$ in Real- und Imaginärteil laute

$$\tilde{\lambda}_1 = -\tilde{\delta}_1 + j\tilde{\omega}_1, \quad \tilde{\lambda}_2 = -\tilde{\delta}_2 - j\tilde{\omega}_2. \tag{12.68}$$

Aus Abb. 12.20 liest man ab:

$$\tilde{\omega}_1 = \tilde{\omega}_2 \quad \text{und} \quad \tilde{\delta}_1 < \tilde{\delta}_2. \tag{12.69}$$

Es erhebt sich die Frage, kann $\tilde{\delta}_1$ *negativ* werden? Dann klingt $C_1 e^{\tilde{\lambda}_1 \tilde{t}}$ nicht mehr ab, sondern wächst mit der Zeit (der Rotor wird *instabil!*).

Im Grenzfall muss $\tilde{\delta}_1 = 0$ gelten und (12.63) liefert dafür:

$$j\tilde{\omega}_1 = -(D_a + D_i) + \sqrt{(D_a + D_i)^2 - 1 + 2D_i j\tilde{\Omega}}. \tag{12.70}$$

Addiert man auf beiden Seiten $(D_a + D_i)$ und quadriert dann, so erhält man (für den Grenzfall)

$$\tilde{\omega}_1 = 1 \quad \text{und} \quad D_a = (\tilde{\Omega} - 1)D_i. \tag{12.71}$$

Man sieht: Für $\tilde{\Omega} \leq 1$ ist $(12.71)_2$ nicht mit positiven Dämpfungszahlen D_a, D_i erfüllbar.

Abb. 12.21 Stabilitätskarte

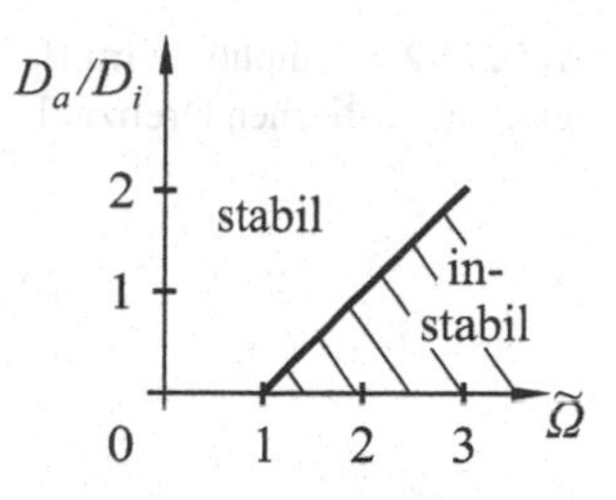

Für $\tilde{\Omega} > 1$ erhält man den Grenzfall, wenn

$$D_a/D_i = \tilde{\Omega} - 1. \tag{12.72}$$

Ist D_i größer als dieser Grenzwert, wird $\tilde{\delta}_1$ negativ. (Übungsaufgabe!) Man zeichnet eine *Stabilitätskarte* (vgl. Abb. 12.21), aus der man ablesen kann, wann – für welche Parameter D_a, D_i – ein stabiler Betrieb der Maschine möglich ist.

12.6 Schlüsse aus den Untersuchungen

Wir haben in diesem Kapitel für die zweifach gelagerte Welle ein einfaches Modell zur Schwingungsuntersuchung hergeleitet. Dabei wurden in horizontaler und vertikaler Richtung je eine Auslenkung (Gesamt-Freiheitsgrad 2) vorgesehen. Das Modell eignet sich zur Untersuchung niederfrequenter Schwingungen – solange die Welle näherungsweise in der angenommenen Form schwingt.

Man erhält für die zwei Auslenkungen zwei Bewegungsgleichungen, die über die innere Dämpfung miteinander gekoppelt sind.

Da in diesem Modell in beiden Gleichungen dieselben Parameter auftreten, braucht man die Bewegungsgleichungen (noch) nicht mit Hilfe von Matrizen zu untersuchen, sondern kann mit der komplexen Ebene arbeiten.

Als Lösung der Bewegungsgleichung(en) fanden wir

- in Abschn. 12.4.1 eine Änderung der stationären Biegung durch das Gewicht infolge innerer Dämpfung und Rotation,
- in Abschn. 12.4.2 erzwungene Schwingungen mit einem Resonanzbereich infolge (unvermeidbarer) Unwucht,
- in Abschn. 12.5 ein mögliches Instabil-Werden der stationären Lösung (das ist Biegung durch Gewicht und erzwungener Schwingung) infolge der inneren Dämpfung bei $\tilde{\Omega} > 1$ (das heißt $\Omega > \omega_0$).

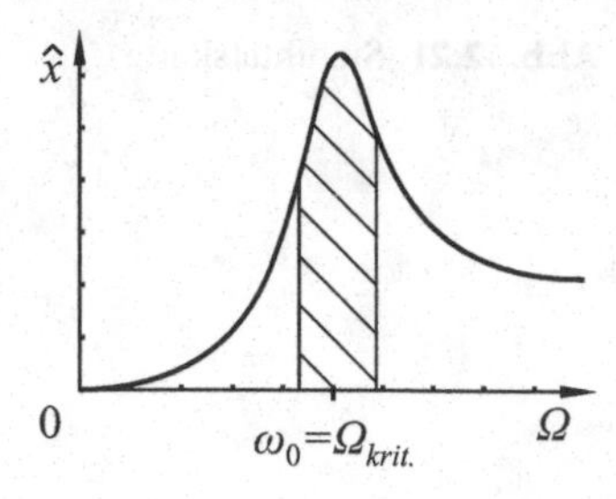

Abb. 12.22 Amplitude im Bereich der kritischen Drehzahl

Welchen Nutzen, welche allgemeinen Schlüsse kann man aus den Ergebnissen ziehen? Wir wollen vorsichtig verallgemeinern:

Falls man bei einer Maschine eine Verlagerung der Wellenachse bei Drehzahländerungen beobachtet, kann man Mechanismen, wie sie hinter der inneren Dämpfung stecken, zur Erklärung heranziehen und muss dann auch mit Instabilität rechnen; vgl. auch Abschn. 14.1.3.5. (Auch der Ölfilm von Gleitlagern kann drehzahlabhängige Wellenverlagerungen und Instabilität bewirken.)

Eine Unwucht erzeugt eine mit der Drehfrequenz Ω (Drehzahl $n = 60\Omega/2\pi$) umlaufende Auslenkung, die bei *isotroper Lagerung* (horizontal und vertikal gleiche Steifigkeit) für den Rotor eine *quasistatische Last,* für die Lager eine *harmonisch schwingende Last* bedeutet.

In der Umgebung von $\tilde{\Omega} = 1$, also in einem Ω-Bereich um die Eigenfrequenz ω_0, treten sehr große Ausschläge auf. Man nennt dann auch $\Omega_{krit} = \omega_0$ eine kritische Drehgeschwindigkeit (*kritische Drehzahl*). Einen fortdauernden Betrieb im Bereich der kritischen Drehzahl – vgl. schraffiertes Gebiet in Abb. 12.22 – muss man vermeiden.

Nach Abb. 12.22 wäre ein Betrieb bei $\Omega \ll \omega_0$ wünschenswert. Das ist heute jedoch nicht möglich, weil erstens die Produktivität der Maschine bei kleinem Ω zu gering ist und zweitens, ebenfalls aus Kostengründen, Maschinen möglichst *leicht* und nicht *steif* (mit großem ω_0) gebaut werden.

Man wählt den Betriebsbereich oberhalb von ω_0, sodass man genügend weit vom kritischen Bereich – bei mehreren Eigenfrequenzen von den kritischen Bereichen – entfernt ist. Den kritischen Bereich – oder die kritischen Bereiche – muss man beim An- oder Abfahren der Maschine möglichst rasch durchlaufen (dazu ist eine Leistungsreserve erforderlich).

Das Instabil-Werden der stationären Lösungen infolge der inneren Dämpfung führt auf sogenannte *Selbsterregte Schwingungen* (bekannt sind solche vor allem als *Ratterschwingungen*). Diese Schwingungen wachsen nur während einer kleinen Zeit exponentiell mit der Zeit, wie in unserem Modell. Sehr rasch werden – bei etwas größeren Auslenkungen – nichtlineare Terme in den Gleichungen wirksam und begrenzen die Amplituden der sich einstellenden Schwingungen.

Von den Unwuchtschwingungen unterscheiden sich die selbsterregten einmal dadurch, dass sie nicht mit der Drehfrequenz Ω ablaufen, sondern weitgehend unabhängig von Ω mit der etwa festen Frequenz $\omega_1 < \Omega$, vgl. Abschn. 12.5. Trägt man die Amplitude $\hat{x}$

Abb. 12.23 Amplitudenverlauf selbsterregte Schwingung

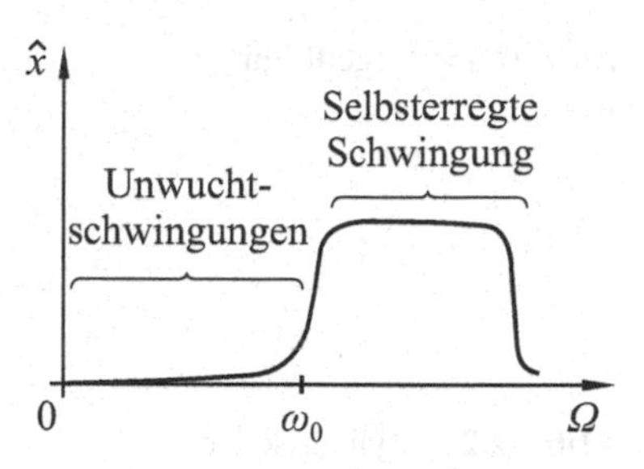

einer selbsterregten Schwingung über der Drehfrequenz Ω auf, so erhält man zum Beispiel einen Verlauf wie in Abb. 12.23, der sich im allgemeinen deutlich von der Resonanzkurve in Abb. 12.22 unterscheidet.

Sieht man sich in Abschn. 12.5 die Terme an, die das Instabil-Werden einer Maschine bei $\Omega > \omega_0$ verhindern – und die meisten Maschinen laufen bei $\Omega > \omega_0$ –, so stößt man auf die äußere Dämpfung als einzigen stabilisierenden Parameter. Zwar bereitet die Instabilität bei sehr hohen Drehzahlen Kopfzerbrechen, und Flugtriebwerke enthalten Quetschöldämpfer, um die äußere Dämpfung zu erhöhen, doch laufen die meisten Maschinen auch so – warum? So beliebt unser Modell ist, es muss einen Mangel haben. – Eine Antwort kann man aus den Stabilitätskarten in Abb. 14.7 ablesen.

12.7 Aufgaben

Aufgabe 12.1 Wie muss man $W(\zeta)$ in (12.10) wählen, damit sich als (Ersatz-)Masse m die Masse der in Abb. 12.6 schraffierten Rotorteile ergibt? (*Hinweis*: Die Teilchen müssen identische Geschwindigkeit haben.)

Aufgabe 12.2 Gegeben sei der in Abb. 12.24 skizzierte Rotor mit den Abmessungen R und l sowie der Dichte ρ. Berechnen Sie m mit Hilfe von (12.10). (Schätzen Sie m vor der Rechnung!)

Aufgabe 12.3 Gegeben sei der in Abb. 12.25 skizzierte Turbinenläufer mit den Abmessungen R und l sowie der Dichte ρ. Berechnen Sie m mit Hilfe von (12.10). (Schätzen Sie m vor der Rechnung!)

Abb. 12.24 Abgesetzte Welle

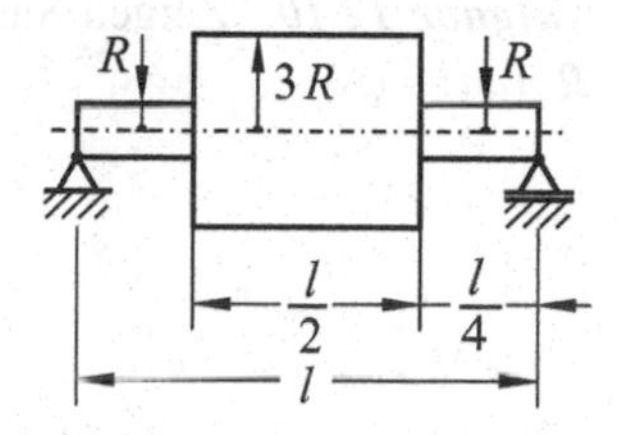

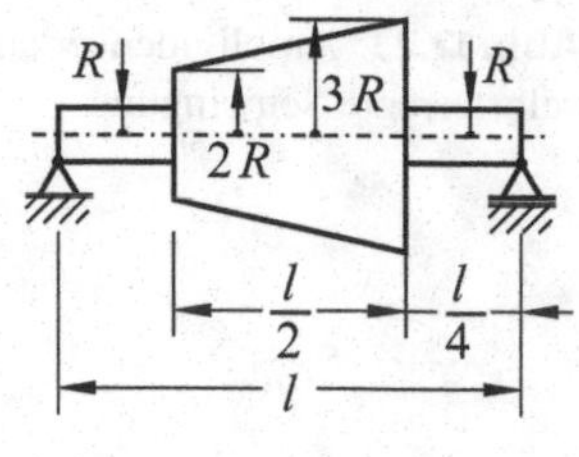

Abb. 12.25 Kegelförmiger Rotor

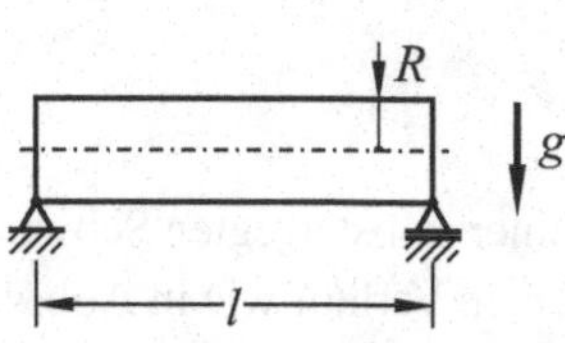

Abb. 12.26 Zylindrischer Rotor

Aufgabe 12.4 Gegeben sei der zylindrische Rotor (Abb. 12.26) mit den Abmessungen R und l sowie der Dichte ρ. Berechnen Sie die (statische) Biegelinie $w(\zeta)$ unter der Einwirkung des Wellengewichtes. Entwickeln Sie die Formfunktion $W(\zeta)$ aus $w(\zeta)$ und setzen Sie sie statt (12.7) in (12.10) ein; berechnen Sie damit m. Wie unterscheidet sich dieses m von einem mit (12.7) gewonnenen?

Aufgabe 12.5 Kontrollieren Sie die Formel (12.12).

Aufgabe 12.6 Die Maschinenwelle nach Abb. 12.11 habe eine Länge $L = 2.0\,\text{m}$, einen Durchmesser $d = 100\,\text{mm}$, es sei $l_C = 1.2\,\text{m}$ und $E = 2.1 \cdot 10^{11}\,\text{N/m}^2$ (Elastizitätsmodul von Stahl). Berechnen Sie die Steifigkeit k nach (12.13) in N/m, N/mm und N/µm. Welche elastische Energie steckt bei einer Durchbiegung von $x = 1$ mm in der Welle? (Vgl. schraffierte Fläche in Abb. 12.10.)

Aufgabe 12.7 Kontrollieren Sie (12.12) mit (12.21).

Aufgabe 12.8 Berechnen Sie die Wellensteifigkeit k gemäß (12.21) für den Rotor aus Abb. 12.24.

Aufgabe 12.9 Berechnen Sie die Steifigkeit der Welle nach Abb. 12.11 mit $W(\zeta)$ gemäß (12.7) nach (12.24).

Aufgabe 12.10 Zeigen Sie für die Drehmatrix $\boldsymbol{R}_z(\varphi)$ nach $(12.35)_2$: $\boldsymbol{R}_z(\varphi_1)\boldsymbol{R}_z(\varphi_2) = \boldsymbol{R}_z(\varphi_1 + \varphi_2)$.

Aufgabe 12.11 Schreiben Sie die Bewegungsgleichungen (12.43) in Matrizenform:

$$\begin{pmatrix} .. & .. \\ .. & .. \end{pmatrix}\begin{pmatrix} \ddot{x} \\ \ddot{y} \end{pmatrix} + \begin{pmatrix} .. & .. \\ .. & .. \end{pmatrix}\begin{pmatrix} \dot{x} \\ \dot{y} \end{pmatrix}$$
$$+ \begin{pmatrix} .. & .. \\ .. & .. \end{pmatrix}\begin{pmatrix} x \\ y \end{pmatrix} = G\begin{pmatrix} .. \\ .. \end{pmatrix} + m r_u \Omega^2 \begin{pmatrix} .. \\ .. \end{pmatrix}.$$

Aufgabe 12.12 Schreiben Sie in (12.49) den Ausdruck $\Omega b_i / k$ mit $b_i =: 2D_i \omega_0 m$ usw. dimensionslos.

Aufgabe 12.13 Passen Sie die allgemeine Lösung (12.64) an die Anfangsbedingungen $x(0) = x_0, y(0) = y_0, \dot{x}(0) = v_{x0}, \dot{y}(0) = v_{y0}$ an; vgl. auch (12.45).

Aufgabe 12.14 Nehmen Sie für die Anfangswerte von Aufgabe 12.3 und für D_a, D_i Zahlenwerte an, z. B. $(D_a, D_i) = (0.1, 0.05), (0.05, 0.1)$ sowie $\tilde{\Omega} = 0.5$; 1.0; 1.5 und berechnen Sie die Bahnkurve $z(t)$ des Wellendurchstoßpunkts W.

13 Anisotrope Lagerungen

Zusammenfassung

Oft sind Rotorlager nicht steif gegenüber der Welle und dürfen dann nicht als starr angenommen werden. Meistens haben Lagerböcke auch vertikal und horizontal unterschiedliche Steifigkeiten, sie sind anisotrop. Es wird ein Modell für einen Lagerbock entwickelt, der selbst zwar starr ist, doch auf einem elastischen Balken so steht, dass Lasten das Lager absenken und horizontal auslenken können. Die linearen Kopplungen zwischen den Lasten und den Auslenkungen werden durch Einflusszahlen, Nachgiebigkeiten oder Steifigkeiten erfasst und als Nachgiebigkeits- bzw. Steifigkeitsmatrix geschrieben. Zusätzlich eingeführte Dämpfungs-Einflusszahlen berücksichtigen die Energiedissipation, z. B. in den Maschinenhausboden. Zum rechnerischen Umgehen mit diesem Modell wird am Lager eine Masse angebracht, dafür Eigen- und erzwungene Schwingungen berechnet. Es werden frequenzabhängige, komplexwertige Übertragungsfunktionen in Matrixschreibweise für dynamische Steifigkeiten und Nachgiebigkeiten eingeführt, die der Sichtweise der Messtechnik entsprechen, wo die Frequenzgänge der erzwungenen Schwingungen als Ortskurven in der komplexen Ebene dargestellt werden; der Zusammenhang mit der reellen Sicht wird aufgezeigt.

Sehr oft sind die Lager von Rotoren gar nicht steif im Verhältnis zur Welle und dürfen dann nicht als *starr* angenommen werden. In der Regel haben sie auch horizontal und vertikal unterschiedliche Steifigkeiten, sie sind *anisotrop*. In diesem Kapitel wollen wir den Einfluss nachgiebiger Lagerböcke auf die Wellenschwingungen untersuchen.

Ergänzende Information Die elektronische Version dieses Kapitels enthält Zusatzmaterial, auf das über folgenden Link zugegriffen werden kann https://doi.org/10.1007/978-3-658-38123-3_13.

E. Brommundt und D. Sachau, *Schwingungslehre mit Maschinendynamik*,
https://doi.org/10.1007/978-3-658-38123-3_13

13.1 Aufgabenstellung

Es gibt keine einheitliche Form der Lagerung von Rotoren. Die Lager können am Gehäuse *angegossen* sein, sie können auf eigenen Böcken vom Gehäuse getrennt stehen. Wir wollen hier annehmen, dass zwei Böcke die beiden Rotorlager und das Gehäuse tragen (Abb. 13.1). Die beiden Böcke stehen auf je einem I-Träger, dessen Enden auf festem Mauerwerk ruhen. Das Maschinengehäuse ist – etwa in Zapfenmitte – an den Böcken aufgehängt und auch dort gegen Verdrehen gesichert.

Wegen der langen Träger ist die Lagerung hier sicher nicht *starr* (selbst wenn die Lagerböcke relativ steif sind).

Gefragt ist nach dem Einfluss der nachgiebigen Lagerung auf die Maschinenschwingungen. Für den Rotor sollen bei der Untersuchung die Annahmen aus Kap. 12 übernommen werden.

13.2 Modell

Wir fragen hier zunächst nach den Nachgiebigkeiten *eines Lagerbocks*. In der Praxis ist das eine sehr schwierige Frage, weil – wie hier – der Bock nicht auf einem starren Fundament ruht. Sehr oft ist die Gründung des Lagerbocks nachgiebiger als dieser selbst.

In unserem Fall nehmen wir an, dass der Lagerbock starr ist und auf einem Balken der Biegesteifigkeit EI steht, der bei A und B gelenkig gelagert ist. Abb. 13.1b zeigt die wesentlichen Abmessungen, es gelte $h \ll l_1, l_2$. Wenn wir die versteifende Wirkung der Grundplatte des Lagerbocks auf den Balken vernachlässigen, können wir ihn als *Durchlaufträger* mit den Lasten F_{xL}, F_{yL} und $M_L := h_1 F_{xL}$ ansehen, vgl. Abb. 13.2.

Dabei sind F_{xL} und F_{yL} die im Zapfenmittelpunkt am Lagerbock angreifend gedachten Kräfte, die vom Rotor und dessen Gehäuse herrühren. Das Gewicht des Lagerbocks und des Trägers lassen wir außer Acht.

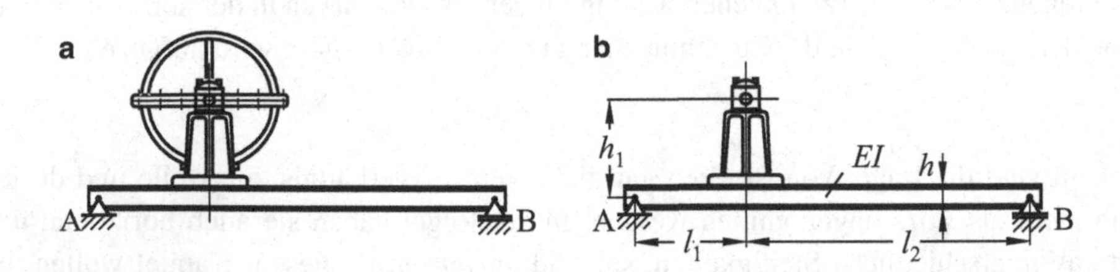

Abb. 13.1 Nachgiebige Lagerung. **a** Schema, **b** Abmessungen

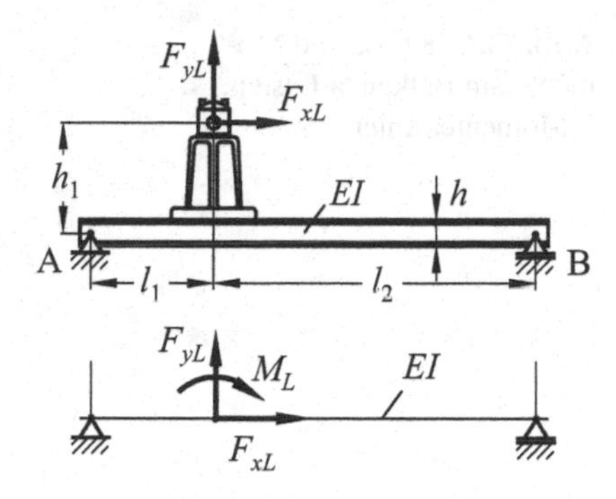

Abb. 13.2 Lagerung Kräfte

13.3 Steifigkeit des Lagerbocks

Abb. 13.3 zeigt am Lagerbock die Auslenkungen x_L, y_L infolge der wirkenden Kräfte F_{xL}, F_{yL}. Gesucht ist der Zusammenhang zwischen (x_L, y_L) und (F_{xL}, F_{yL}).

Hinweis Es ist nur nach dem Zusammenhang zwischen (x_L, y_L) und (F_{xL}, F_{yL}) und nicht nach der Biegelinie des Balkens gefragt. Wenn wir den Zusammenhang finden, ohne die Biegelinie zu berechnen, ist die Frage beantwortet.

13.3.1 Berechnen der Lagersteifigkeiten nach dem ersten Satz von Castigliano (vgl. Anhang, Abschn. B.4)

Um den *ersten Satz von Castigliano* anzuwenden, müssen wir die innere Arbeit W^i im Balken A–B durch die Lasten F_{xL} und F_{yL} ausdrücken, vgl. Abb. 13.4.

Da wir nur Biegeverformungen im Balken berücksichtigen, gilt

$$W^i = \frac{1}{2}\int_0^l \frac{M^2(x)}{EI}dx = \frac{1}{2EI}\int_0^l M^2(x)dx. \tag{13.1}$$

Darin ist $M(x)$ die Momentenlinie nach Abb. 13.4b.

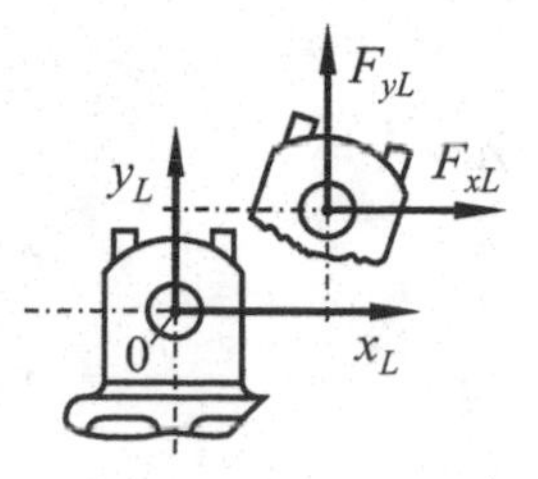

Abb. 13.3 Auslenkungen am Lagerbock

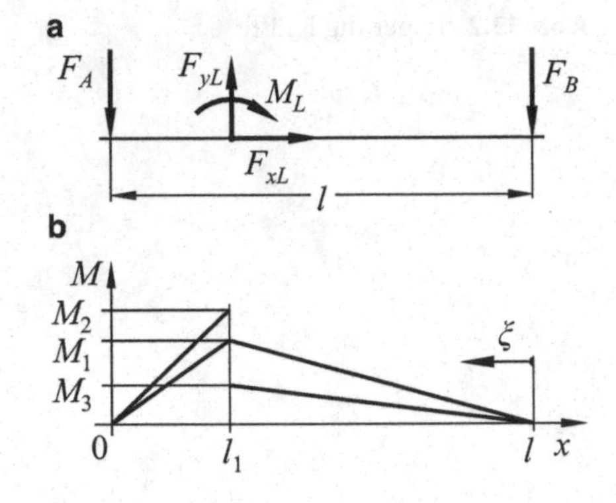

Abb. 13.4 Kräfte und Momente am Balken. **a** Lasten, **b** Momentenlinien

Mit den Parametern aus Abb. 13.2 gelten in Abb. 13.4

$$\text{Lagerkräfte:} \quad F_A = (l_2 F_{yL} + h_1 F_{xL})/l, \quad F_B = (l_1 F_{yL} - h_1 F_{xL})/l, \tag{13.2}$$

$$\begin{aligned} \text{Momente:} \quad & M_1 = l_1 l_2 F_{yl}/l, \quad M_2 = (l_1 l_2 F_{yl} + h_1 l_1 F_{xl})/l, \\ & M_3 = (l_1 l_2 F_{yl} - h_1 l_2 F_{xl})/l. \end{aligned} \tag{13.3}$$

Momentenlinie $M(x)$ – vgl. auch $\xi := l - x$ in Abb. 13.4b

$$\begin{aligned} cM(x) &= F_A x = (l_2 F_{yL} + h_1 F_{xL})/l \cdot x \quad \text{für} \quad 0 \le x \le l_1, \\ M(x) &= F_B \xi = (l_1 F_{yL} - h_1 F_{xL})/l \cdot \xi \quad \text{für} \quad 0 \le \xi \le l_2. \end{aligned} \tag{13.4}$$

Einsetzen von (13.4) in (13.1) liefert

$$\begin{aligned} cW^i &= \frac{1}{2EI}(l_2 F_{yL} + h_1 F_{xL})^2/l^2 \cdot \int_0^{l_1} x^2 dx + \frac{1}{2EI}(l_1 F_{yL} - h_1 F_{xL})^2/l^2 \cdot \int_0^{l_2} \xi^2 d\xi \\ &= \frac{1}{2EI}\left\{\frac{l_1^3}{3}(l_2 F_{yL} + h_1 F_{xL})^2/l^2 + \frac{l_2^3}{3}(l_1 F_{yL} - h_1 F_{xL})^2/l^2\right\} = W^i(F_{xL}, F_{yL}). \end{aligned} \tag{13.5}$$

Nach dem ersten Satz von Castigliano erhält man die Auslenkungen x_L und y_L aus

$$x_L = \frac{\partial W^i}{\partial F_{xL}}, \quad y_L = \frac{\partial W^i}{\partial F_{yL}}. \tag{13.6}$$

zu

$$\begin{aligned} x_L &= \frac{h_1^2(l_1^3 + l_2^3)}{3EIl^2} F_{xL} + \frac{h_1 l_1 l_2 (l_1 - l_2)}{3EIl} F_{yL}, \\ y_L &= \frac{h_1 l_1 l_2 (l_1 - l_2)}{3EIl} F_{xL} + \frac{l_1^2 l_2^2}{3EIl} F_{yL}. \end{aligned} \tag{13.7}$$

Mit den *Verformungseinflusszahlen* oder *Nachgiebigkeiten* h_{kl}, s. Abschn. B.4,

$$\begin{aligned} h_{11} &= \frac{h_1^2(l_1^3 + l_2^3)}{3EIl^2}, \qquad h_{12} = \frac{h_1 l_1 l_2 (l_1 - l_2)}{3EIl}, \\ h_{21} &= \frac{h_1 l_1 l_2 (l_1 - l_2)}{3EIl}, \qquad h_{22} = \frac{l_1^2 l_2^2}{3EIl} \end{aligned} \tag{13.8}$$

lauten die (13.7)

$$\begin{aligned} x_L &= h_{11} F_{xL} + h_{12} F_{yL}, \\ y_L &= h_{21} F_{xL} + h_{22} F_{yL}, \end{aligned} \tag{13.9}$$

in Matrixschreibweise

$$\boldsymbol{x}_L = \boldsymbol{H} \boldsymbol{F}_L, \tag{13.10}$$

mit den Spaltenmatrizen der Auslenkungen, der Kräfte bzw. der *Nachgiebigkeitsmatrix*

$$\boldsymbol{x}_L := \begin{pmatrix} x_L \\ y_L \end{pmatrix}, \quad \boldsymbol{F}_L = \begin{pmatrix} F_{xL} \\ F_{yL} \end{pmatrix}, \quad \boldsymbol{H} = \begin{pmatrix} h_{11} & h_{12} \\ h_{21} & h_{22} \end{pmatrix}. \tag{13.11}$$

Wegen der Symmetrie der Nachgiebigkeitsmatrix, $\boldsymbol{H} = \boldsymbol{H}^{\mathrm{T}}$, also $h_{kl} = h_{lk}$, vgl. (B.21), liest man gelegentlich

$$\boldsymbol{H} = \begin{pmatrix} h_{11} & h_{12} \\ h_{12} & h_{22} \end{pmatrix}. \tag{13.12}$$

Wenn det $\boldsymbol{H} \neq 0$, diese Bedingung ist hier erfüllt, führt die Umkehrung von (13.10) auf

$$\boldsymbol{F}_L = \boldsymbol{H}^{-1} \boldsymbol{x}_L, \quad \text{also} \quad \boldsymbol{F}_L = \boldsymbol{K} \boldsymbol{x}_L, \tag{13.13}$$

mit der *Steifigkeitsmatrix*, Abschn. B.5,

$$\boldsymbol{K} = \boldsymbol{H}^{-1} = \begin{pmatrix} k_{11} & k_{12} \\ k_{21} & k_{22} \end{pmatrix}. \tag{13.14}$$

Auch sie ist symmetrisch, $\boldsymbol{K} = \boldsymbol{K}^{\mathrm{T}}$, ihre Elemente, die *Krafteinflusszahlen* k_{kl} erfüllen $k_{kl} = k_{lk}$; hier gelten, vgl. (13.8),

$$k_{11} = \frac{3EIl}{h_1^2 l_1 l_2}, \quad k_{12} = k_{21} = \frac{3EIl(l_2 - l_1)}{h_1 l_1^2 l_2^2}, \quad k_{22} = \frac{3EIl(l_1^2 - l_1 l_2 + l_2^2)}{l_1^3 l_2^3}. \tag{13.15}$$

Ausführlich lautet $(13.13)_2$, vgl. (13.9),

$$\begin{pmatrix} F_{xL} \\ F_{yL} \end{pmatrix} = \begin{pmatrix} k_{11} & k_{12} \\ k_{21} & k_{22} \end{pmatrix} \begin{pmatrix} x_L \\ y_L \end{pmatrix}. \tag{13.16}$$

13.3.2 Einbau eines Versteifungselements – der zweite Satz von Castigliano

Aufgabe: Man befürchtet, dass der Lagerbock nach Abb. 13.1b zu *weich*, das heißt zu nachgiebig ist (die h_{kl} sind zu groß). Deshalb will man ihn durch eine Stange – einen Stab der Dehnsteifigkeit EA – versteifen, die, wie in Abb. 13.5 gezeigt, mit dem einen Ende am Lager A, mit dem anderen am Lagerbock angelenkt ist. Wie groß muss man EA wählen, damit eine nennenswerte Versteifung (von vielleicht 20 %) erzielt wird?

Wir berechnen die durch die Stange erzeugten Zusatzkräfte (F_{xS}, F_{yS}) (vgl. Abb. 13.5b) und addieren sie zu (F_{xL}, F_{yL}) nach Abb. 13.3.

Wir vernachlässigen die Abmessungen der Anschlussköpfe der Stange und setzen ihre unverformte Länge mit

$$l_{S0} = \sqrt{h_1^2 + l_1^2} \tag{13.17}$$

an (vgl. Abb. 13.5); beachte $(h \ll l_1, l_2, h_1)$. Abb. 13.5b zeigt die belastete und durch die Lagerauslenkungen x_L, y_L verformte Stange. Sie hat die Länge

$$l_S = \sqrt{(l_1 + x_L)^2 + (h_1 + y_L)^2}. \tag{13.18}$$

Die Verlängerung der Stange beträgt

$$\Delta l_S = l_S - l_{S0} = \sqrt{(l_1 + x_L)^2 + (h_1 + y_L)^2} - \sqrt{h_1^2 + l_1^2}. \tag{13.19}$$

Dann lautet die Stangenkraft

$$F_S = EA\Delta l_S / l_{S0}, \tag{13.20}$$

und die in der Stange gespeicherte innere Arbeit beträgt

$$W^i = \frac{1}{2} F_S \cdot \Delta l_S = \frac{1}{2} EA \frac{(\Delta l_S)^2}{l_{S0}}. \tag{13.21}$$

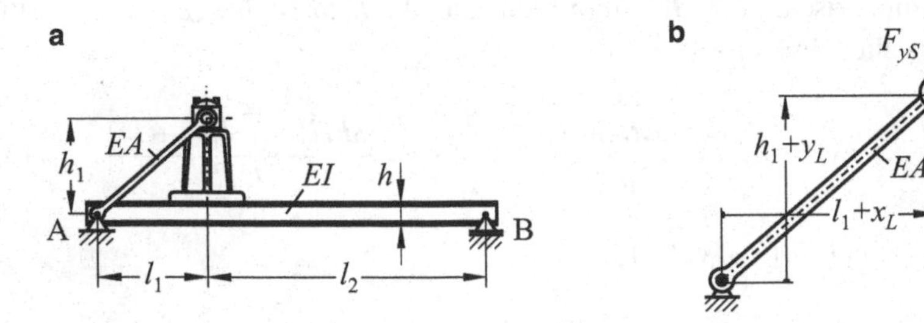

Abb. 13.5 Verspannter Lagerbock. **a** Gesamtbild, **b** Spannstange

Setzt man Δl_S aus (13.19) hier ein, so erhält man

$$W^i = W^i(x_L, y_L). \tag{13.22}$$

Nach dem zweiten Satz von Castigliano gelten

$$F_{xS} = \frac{\partial W^i}{\partial x_L}, \quad F_{yS} = \frac{\partial W^i}{\partial y_L}. \tag{13.23}$$

Man erhält mit (13.21) und (13.19)

$$\begin{aligned} F_{xS} &= EA\frac{\Delta l_S}{l_{S0}}\frac{\partial \Delta l_S}{\partial x_L} = \frac{\Delta l_S}{l_{S0}}\frac{EA(l_1 + x_L)}{\sqrt{(l_1 + x_L)^2 + (h_1 + y_L)^2}}, \\ F_{yS} &= EA\frac{\Delta l_S}{l_{S0}}\frac{\partial \Delta l_S}{\partial y_L} = \frac{\Delta l_S}{l_{S0}}\frac{EA(h_1 + y_L)}{\sqrt{(l_1 + x_L)^2 + (h_1 + y_L)^2}}. \end{aligned} \tag{13.24}$$

Diese Gleichungen sind bezüglich x_L und y_L noch nichtlinear.

13.3.2.1 Linearisieren der Gleichungen

Wir gehen in 3 Schritten vor:

1. In (13.24) werden x_L und y_L wie folgt ersetzt (ε kleiner Parameter):

$$x_L \Rightarrow \varepsilon x_L, \quad y_L \Rightarrow \varepsilon y_L; \tag{13.25}$$

   dadurch entstehen $F_{xS}(\varepsilon), F_{yS}(\varepsilon)$; die Abhängigkeit von EA, l_1, h_1, x_L, y_L bleibt hier im Hintergrund.
2. Für $F_{xS}(\varepsilon), F_{yS}(\varepsilon)$ werden die linearen Glieder der (Taylor)Reihen nach ε am Punkt $\varepsilon = 0$ angeschrieben, zum Beispiel:

$$F_{xS}(\varepsilon) = F_{xS}(0) + \varepsilon \cdot \left|\frac{\partial F_{xS}}{\partial \varepsilon}\right|_{\varepsilon=0}, \; F_{yS}(\varepsilon) = F_{yS}(0) + \varepsilon \cdot \left|\frac{\partial F_{yS}}{\partial \varepsilon}\right|_{\varepsilon=0}. \tag{13.26}$$

   (Die Ausdrücke $F_{xS}(0), F_{yS}(0)$ verschwinden hier, weil $\Delta l_S(\varepsilon) = 0$ für $\varepsilon = 0$.)
3. Mit $\varepsilon = 1$ liefert (13.26) die linearisierten Gleichungen. Man erhält auf diese Weise aus (13.24)

$$F_{xS} = EA\frac{l_1^2}{l_{S0}^3}x_L + EA\frac{h_1 l_1}{l_{S0}^3}y_L, \quad F_{yS} = EA\frac{h_1 l_1}{l_{S0}^3}x_L + EA\frac{h_1^2}{l_{S0}^3}y_L; \tag{13.27}$$

   in Matrixschreibweise:

$$\boldsymbol{F_S} = \boldsymbol{K_S x_L}, \tag{13.28}$$

wo

$$\boldsymbol{F}_S = \begin{pmatrix} F_{xS} \\ F_{yS} \end{pmatrix}, \quad \boldsymbol{K}_S = \begin{pmatrix} k_{11S} & k_{12S} \\ k_{21S} & k_{22S} \end{pmatrix} \tag{13.29}$$

und, mit l_{S0} nach (13.17),

$$k_{11S} = EAl_1^2/l_{S0}^3, \quad k_{12S} = k_{21S} = EAh_1l_1/l_{S0}^3, \quad k_{22S} = EAh_1^2/l_{S0}^3. \tag{13.30}$$

13.3.2.2 Wirksame Steifigkeiten

Am Lagerbock – am Zapfen – addieren sich die Kräfte $\boldsymbol{F}_L$ und $\boldsymbol{F}_S$. Für die Gesamtkräfte folgt aus $(13.13)_2$ und (13.28)

$$\boldsymbol{F}_{ges} = \boldsymbol{F}_L + \boldsymbol{F}_S = (\boldsymbol{K} + \boldsymbol{K}_S)\boldsymbol{x}_L. \tag{13.31}$$

In der Aufgabenstellung wurde gefragt, wie groß EA gewählt werden muss, damit durch die Stange eine Zusatzsteifigkeit von 20 % erzeugt wird:

Vergleicht man k_{11} nach $(13.15)_1$ und k_{11S} nach $(13.30)_1$ und setzt $k_{11S} = 0.2k_{11}$ folgt:

$$EA\frac{l_1^2}{\left(\sqrt{h_1^2 + l_1^2}\right)^3} = 0.2\frac{3EIl}{h_1^2l_1l_2}. \tag{13.32}$$

Dies ist eine Gleichung für EA. Um einen Eindruck von der Größenordnung von EA zu gewinnen, setzen wir in (13.32) $l_1 = l/3, h_1 = l/4$ und erhalten, wenn wir E herauskürzen:

$$A = 162 \cdot \frac{I}{l^2}. \tag{13.33}$$

Schreibt man $I = A_I i_I^2$ (A_I-Trägerquerschnitt, i_I-Trägheitsradius), so folgt

$$A = 162A_I\left(\frac{i_I}{l}\right)^2. \tag{13.34}$$

Da i_I die Größenordnung der Trägerhöhe h hat, wird $(i_I/l)^2 \ll 1$, es ergibt sich eine sehr kleine Fläche A. (Das *Verspannen* von Bauteilen ist sehr steifigkeitswirksam, falls man *feste Punkte* – hier das Lager A – hat.)

13.4 Eigenschwingungen des Lagerbocks mit angehängter Masse

Wie erwähnt, ist die Modellbildung für Lagerungen nicht einfach, weil man die Nachgiebigkeiten der *Anschlussstellen* – Fundamente, Mauerwerk – häufig nur sehr grob schätzen kann. Bei größeren Anlagen führt man deshalb während des Aufbaus auch Messungen an fertiggestellten Teilsystemen durch, um die getroffenen Annahmen zu überprüfen und – falls erforderlich – Änderungen vorzunehmen.

Stellen wir uns vor, einer der Lagerböcke der Maschine sei aufgebaut, Rotor und Maschinengehäuse fehlen noch. Um die getroffenen Annahmen zu überprüfen, soll eine Masse m (entsprechend etwa der halben Gehäuse- und Rotormasse) in das Lager eingehängt und angestoßen werden, um anhand der gemessenen Eigenschwingungen (Eigenfrequenzen) die Steifigkeiten festzustellen. In einem weiteren Versuch soll der Bock (mit der Masse m) durch einen Unwuchtschwinger erregt werden.

Wir betrachten den ersten Versuch hier im Abschn. 13.4, den zweiten im Abschn. 13.5.

13.4.1 Modell und Bewegungsgleichungen

Abb. 13.6 zeigt den Lagerbock mit der eingehängten Masse m. Der Körper ist drehbar im Lager eingehängt, da man andernfalls die durch das Kippen des Bocks (vgl. Winkelauslenkung in Abb. 13.3) bewirkte Drehträgheit der Masse beachten müsste. Ferner soll die Masse m so groß sein, dass man ihr gegenüber die Masse des Bocks und des Trägers vernachlässigen kann.

Abb. 13.7 zeigt die Schnittbilder für Bock und Zusatzmasse. Am Bock greifen die Kräfte (F_{xL}, F_{yL}) an, die Masse ist mit (x_L, y_L) ausgelenkt, vgl. Abb. 13.3. Neben (F_{xL}, F_{yL}) wirken die d'Alembert'schen Kräfte $(-m\ddot{x}_L, -m\ddot{y}_L)$. (Das Gewicht – als statische Kraft – bleibt unbeachtet.)

Die Gleichgewichtsbedingungen für die Massen lauten, vgl. Abb. 13.7b,

$$m\ddot{x}_L + F_{xL} = 0, \quad m\ddot{y}_L + F_{yL} = 0. \tag{13.35}$$

Mit (F_{xL}, F_{yL}) nach (13.16) erhält man die beiden Bewegungsgleichungen

$$\begin{aligned} m\ddot{x}_L + k_{11}x_L + k_{12}y_L &= 0, \\ m\ddot{y}_L + k_{21}x_L + k_{22}y_L &= 0. \end{aligned} \tag{13.36}$$

In Matrizenschreibweise, mit der Steifigkeitsmatrix $\boldsymbol{K}$ aus (13.14) oder (13.31) und der Massenmatrix

$$\boldsymbol{M} := \begin{pmatrix} m & 0 \\ 0 & m \end{pmatrix}, \tag{13.37}$$

lauten sie

$$\boldsymbol{M}\ddot{\boldsymbol{x}}_L + \boldsymbol{K}\boldsymbol{x}_L = \boldsymbol{0}. \tag{13.38}$$

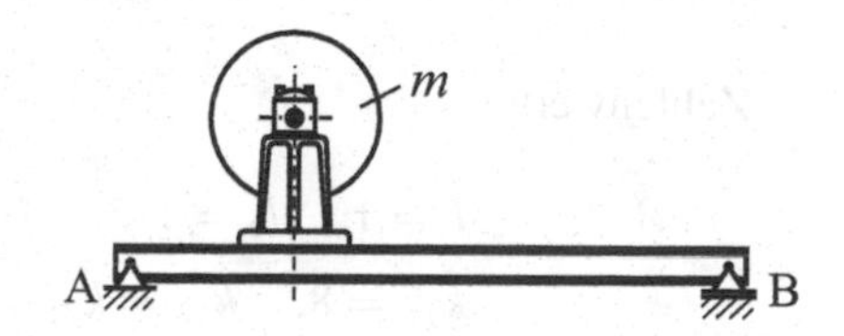

Abb. 13.6 Versuchsaufbau für Eigenschwingungen

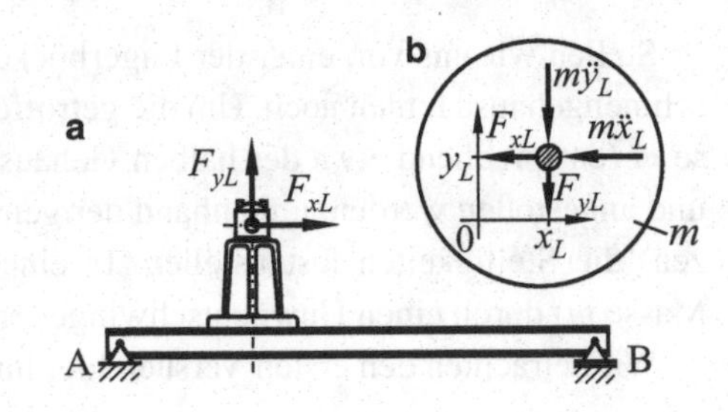

Abb. 13.7 Schnittbilder zum Eigenschwingungsversuch

13.4.2 Eigenschwingungen des Lagerbocks

Für die Bewegungsgleichung (13.36) folgen analog zu Abschn. 9.3.2 das homogene Gleichungssystem

$$\begin{pmatrix} -m\Lambda + k_{11} & k_{12} \\ k_{21} & -m\Lambda + k_{22} \end{pmatrix} \begin{pmatrix} \hat{x}_L \\ \hat{y}_L \end{pmatrix} = \begin{pmatrix} 0 \\ 0 \end{pmatrix}, \tag{13.39}$$

und seine charakteristische Gleichung

$$\Lambda^2 - \Lambda \frac{k_{11} + k_{22}}{m} + \frac{k_{11}k_{22} - k_{12}k_{21}}{m^2} = 0 \tag{13.40}$$

mit den Lösungen

$$\Lambda_{1,2} = \frac{1}{2m} \left\{ (k_{11} + k_{22}) \mp \sqrt{(k_{11} - k_{22})^2 + 4k_{12}k_{21}} \right\}. \tag{13.41}$$

Zu $\Lambda = \Lambda_k$ folgt aus der ersten Zeile von (13.39) der Eigenvektor

$$\hat{\mathbf{x}}_k = \begin{pmatrix} \hat{x}_L \\ \hat{y}_L \end{pmatrix}_k = \begin{pmatrix} \tilde{k}_{12} \\ m\Lambda_k - k_{11} \end{pmatrix}. \tag{13.42}$$

Zahlenwerte der Systemparameter

Bezugsgrößen:

$$L_R = l, \quad m_R = m, \quad k_R = 27EI/L_R^3, \quad \omega_R = \sqrt{k_R/m_R}; \tag{13.43}$$

Bezogene Größen:

$$\tilde{t} = \omega_R t, \quad \omega = \tilde{\omega}\omega_R, \quad l_i = \tilde{l}_i L_R, \quad h_1 = h_1 L_R, \quad k_{il} = \tilde{k}_{il} k_R; \tag{13.44}$$

Zahlenwerte:

$$\begin{aligned} &\tilde{l} = 1, \quad \tilde{l}_1 = 1/3, \quad \tilde{l}_2 = 2/3, \quad \tilde{h}_1 = 1/4, \quad \tilde{m} = 1, \\ &\tilde{k}_{11} = 8, \quad \tilde{k}_{12} = \tilde{k}_{21} = 3, \quad \tilde{k}_{22} = 27/8. \end{aligned} \tag{13.45}$$

Damit berechnet man die Eigenlösungen (gerundet)

$$\begin{aligned}\tilde{\omega}_1 &= 1.378, \quad \hat{\boldsymbol{x}}_1 = (-0.4413, 0.8974)^{\mathrm{T}},\\ \tilde{\omega}_2 &= 3.078, \quad \hat{\boldsymbol{x}}_2 = (0.8974, 0.4413)^{\mathrm{T}}.\end{aligned} \tag{13.46}$$

Die allgemeine Lösung der Bewegungsgleichung (13.38) lautet, vgl. $(9.35)_3$ und (9.36):

$$\begin{aligned}\boldsymbol{x}(t) &= \sum_{k=1}^{2}(a_{ck}\cos\tilde{\omega}_k\tilde{t} + a_{sk}\sin\tilde{\omega}_k\tilde{t})\hat{\boldsymbol{x}}_k\\ &= \begin{pmatrix}-0.4413\\ 0.8974\end{pmatrix}(a_{c1}\cos\tilde{\omega}_1\tilde{t} + a_{s1}\sin\tilde{\omega}_1\tilde{t})\\ &+ \begin{pmatrix}0.8974\\ 0.4413\end{pmatrix}(a_{c2}\cos\tilde{\omega}_2\tilde{t} + a_{s2}\sin\tilde{\omega}_2\tilde{t}),\end{aligned} \tag{13.47}$$

13.4.2.1 Ausdeuten der Schwingungen

Bei geeigneten Anfangsbedingungen schwingt das System mit $a_{c2} = 0, a_{s2} = 0$ gemäß

$$\begin{aligned}\boldsymbol{x}_1(t) &= \hat{\boldsymbol{x}}_1(a_{c1}\cos\tilde{\omega}_1\tilde{t} + a_{s1}\sin\tilde{\omega}_1\tilde{t})\\ &= \begin{pmatrix}-0.4413\\ 0.8974\end{pmatrix}(a_{c1}\cos\tilde{\omega}_1\tilde{t} + a_{s1}\sin\tilde{\omega}_1\tilde{t}),\end{aligned} \tag{13.48}$$

Dies ist die erste Eigenschwingung.

Wählt man die Anfangsbedingungen so, dass $a_{c1} = 0, a_{s1} = 0$, schwingt das System gemäß

$$\begin{aligned}\boldsymbol{x}_2(t) &= \hat{\boldsymbol{x}}_2(a_{c2}\cos\tilde{\omega}_2\tilde{t} + a_{s2}\sin\tilde{\omega}_2\tilde{t})\\ &= \begin{pmatrix}0.8974\\ 0.4413\end{pmatrix}(a_{c2}\cos\tilde{\omega}_2\tilde{t} + a_{s2}\sin\tilde{\omega}_2\tilde{t})\end{aligned} \tag{13.49}$$

in der zweiten Eigenschwingung.

Abb. 13.8 verdeutlicht diese Schwingungen am Lagerbock. Gewählt wurden dort

a) $a_{c1} = 0.5\,\mathrm{mm}, a_{s1} = 1.2\,\mathrm{mm}, a_{c2} = 0, a_{s2} = 0$
b) $a_{c1} = 0, a_{s1} = 0, a_{c2} = 0.2\,\mathrm{mm}, a_{s2} = 0.7\,\mathrm{mm}$

Hinweis 1 Die Bilder machen deutlich, dass die Eigenschwingungen $\boldsymbol{x}_1(t)$ und $\boldsymbol{x}_2(t)$ senkrecht aufeinander stehen, denn es gilt (vgl. Hinweis 1 in Abschn. 10.1.1)

$$\hat{\boldsymbol{x}}_1^{\mathrm{T}}\boldsymbol{M}\hat{\boldsymbol{x}}_2 = m\hat{\boldsymbol{x}}_1^{\mathrm{T}}\boldsymbol{I}\hat{\boldsymbol{x}}_2 = m\hat{\boldsymbol{x}}_1^{\mathrm{T}}\hat{\boldsymbol{x}}_2 = 0. \tag{13.50}$$

Addiert man die beiden Lösungen $\boldsymbol{x}_1(t), \boldsymbol{x}_2(t)$, wie sie in Abb. 13.9 aufgezeichnet sind, setzt man in (13.47) also $a_{c1} = 0.5\,\mathrm{mm}, a_{s1} = 1.2\,\mathrm{mm}, a_{c2} = 0.2\,\mathrm{mm}, a_{s2} = 0.7\,\mathrm{mm}$, so

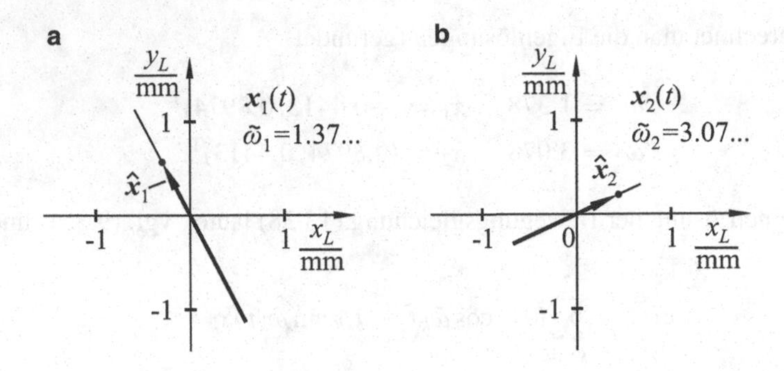

Abb. 13.8 Am Lager beobachtete Eigenschwingungen. **a** $\boldsymbol{x}_1(t)$, **b** $\boldsymbol{x}_2(t)$

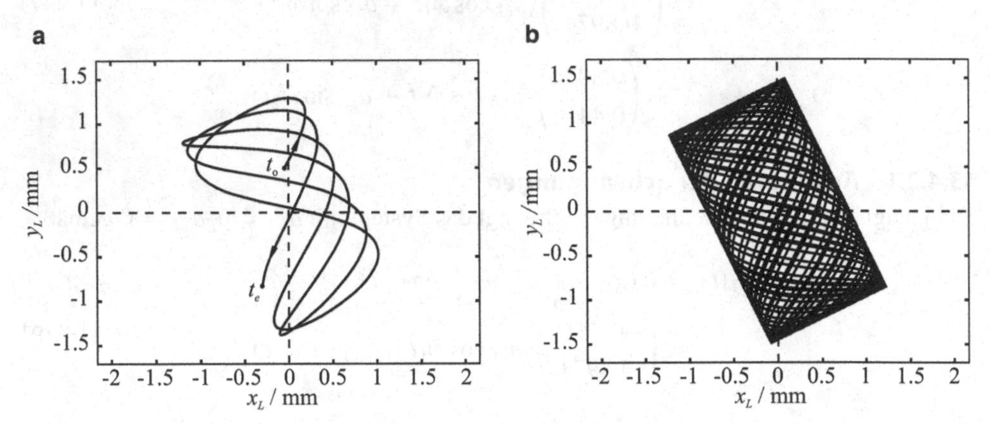

Abb. 13.9 Am Lager beobachtete freie Schwingungen des Lagerbocks (Lissajous-Figuren). **a** Kurzzeitig, **b** langfristig

erhält man für $0 = \omega_R t_0 \leq \omega_R t \leq \omega_R t_e = 11.5$ für $(x_L(\tilde{t}), y_L(\tilde{t}))$ den in Abb. 13.9a gezeigten Verlauf. Man nennt ein solches Bild *Lissajous*-Figur. Im allgemeinen Fall – wie hier – ist die Gesamtbewegung unperiodisch. Lässt man den Schwinger *länger laufen*, wird das durch $\pm\sqrt{a_{c1}^2 + a_{s1}^2}\hat{\boldsymbol{x}}_1$ und $\pm\sqrt{a_{c2}^2 + a_{s2}^2}\hat{\boldsymbol{x}}_2$ aufgespannte Rechteck bei irrationalem Frequenzverhältnis $\tilde{\omega}_1/\tilde{\omega}_2$ allmählich überdeckt, vgl. Abb. 13.9b.

Hinweis 2 Bei rationalen Frequenzverhältnissen ω_1/ω_2 wird $\boldsymbol{x}(t)$ periodisch, die *Lissajous*-Figuren bilden geschlossene Kurvenzüge, vgl. Abschn. 1.3.2.

13.4.3 Der Einfluss von Dämpfung auf die Eigenschwingungen – allgemein

Wir fügen zu den Bewegungsgleichungen (13.36), (13.38) ohne besondere Begründung Dämpfungsterme hinzu und untersuchen, wie sie in die Bewegungsgleichungen eingehen.

13.4.3.1 Bewegungsgleichungen mit Dämpfung

Parallel zu den Kraft-Einflusszahlen k_{il} führt man Dämpfungs-Einflusszahlen b_{il} ein und setzt für die Dämpferkräfte an, vgl. (13.16),

$$\begin{pmatrix} F_{xL}^D \\ F_{yl}^D \end{pmatrix} = \begin{pmatrix} b_{11} & b_{12} \\ b_{21} & b_{22} \end{pmatrix} \begin{pmatrix} \dot{x}_L \\ \dot{y}_L \end{pmatrix}. \tag{13.51}$$

Matrixschreibweise:

$$\boldsymbol{F}_L^D = \boldsymbol{B}\dot{\boldsymbol{x}}_L; \quad \boldsymbol{B} = \begin{pmatrix} b_{11} & b_{12} \\ b_{21} & b_{22} \end{pmatrix}. \tag{13.52}$$

Mit Dämpfung lautet die Bewegungsgleichung, vgl. (13.35) bis (13.38) und Kap. 10,

$$\boldsymbol{M}\ddot{\boldsymbol{x}}_L + \boldsymbol{B}\dot{\boldsymbol{x}}_L + \boldsymbol{K}\boldsymbol{x}_L = \boldsymbol{0}. \tag{13.53}$$

Achtung! Die in Abschn. 12.5 herausgestellte destabilisierende Wirkung der inneren Dämpfung tritt hier nicht auf; jener Effekt entstand aus dem Zusammenwirken der Drehung des nachgiebigen Rotors mit seiner inneren Dämpfung.

13.4.3.2 Eigenschwingungen

Der Exponentialansatz $\boldsymbol{x} = \boldsymbol{x}_L = \hat{\boldsymbol{x}}e^{\lambda t}$ führt hier auf das Eigenwertproblem

$$(\boldsymbol{M}\lambda^2 + \boldsymbol{B}\lambda + \boldsymbol{K})\hat{\boldsymbol{x}} = \boldsymbol{0}, \tag{13.54}$$

parallel zu Abschn. 9.3. Dazu gehört die charakteristische Gleichung

$$\Delta(\lambda) := \det(\boldsymbol{M}\lambda^2 + \boldsymbol{B}\lambda + \boldsymbol{K}) = 0, \tag{13.55}$$

$$\Delta = \begin{vmatrix} m_{11}\lambda^2 + b_{11}\lambda + k_{11} & m_{12}\lambda^2 + b_{12}\lambda + k_{12} \\ m_{21}\lambda^2 + b_{21}\lambda + k_{21} & m_{22}\lambda^2 + b_{22}\lambda + k_{22} \end{vmatrix}. \tag{13.56}$$

Multipliziert man diese Determinante aus, erhält man die charakteristische Gleichung in der Form

$$a_4\lambda^4 + a_3\lambda^3 + a_2\lambda^2 + a_1\lambda + a_0 = 0, \tag{13.57}$$

mit

$$\begin{aligned} a_0 &= \det\boldsymbol{K} = k_{11}k_{22} - k_{12}k_{21}, \\ a_1 &= b_{11}k_{22} - b_{12}k_{21} - b_{21}k_{12} + b_{22}k_{11}, \\ a_2 &= (k_{11}m_{22} - k_{12}m_{21} - k_{21}m_{12} + k_{22}m_{11}) + (b_{11}b_{22} - b_{12}b_{21}), \\ a_3 &= b_{11}m_{22} - b_{12}m_{21} - b_{21}m_{12} + b_{22}m_{11}, \\ a_4 &= \det\boldsymbol{M} = m_{11}m_{22} - m_{12}m_{21}. \end{aligned} \tag{13.58}$$

Hinweise Die charakteristische Gleichung (13.57) lässt sich im allgemeinen nur numerisch lösen. (Für 2 Gleichungen, also ein System 4. Ordnung gibt es zwar noch Formeln, doch sind die numerischen Verfahren meistens effektiver.)

Die Eigenwerte λ_k sind meistens komplex, vgl. Abschn. 5.3.2, bei sehr großen Dämpfungskoeffizienten b_{il} treten auch reelle λ_k auf.

Da in (13.57) alle Koeffizienten der λ-Potenzen reell sind, ist mit $\lambda = \lambda_k$ komplex auch die komplex konjugierte Zahl $\bar{\lambda}_k$ Lösung (*Wurzel*, *Eigenwert*) der Aufgabe. Die Eigenwerte treten also paarig komplex konjugiert auf: $\lambda_k, \bar{\lambda}_k$, und/oder reell: λ_k. Da die Gesamtzahl gerade ist, gibt es ggf. also auch eine gerade Anzahl reeller Eigenwerte.

Zum Eigenwert λ_k berechnet man den Eigenvektor $\hat{\boldsymbol{x}}_k$ entsprechend dem Vorgehen in Abschn. 9.3.1. Zu einem komplexen Eigenwert λ_k gehört im allgemeinen ein komplexer Eigenvektor $\hat{\boldsymbol{x}}_k$, also die komplexe Eigenlösung $(\lambda_k, \hat{\boldsymbol{x}}_k)$; die konjugiert komplexe Eigenlösung $(\bar{\lambda}_k, \bar{\hat{\boldsymbol{x}}}_k)$ nennen wir $(\lambda_{-k}, \hat{\boldsymbol{x}}_{-k})$.

Zur Eigenlösung $(\lambda_k, \hat{\boldsymbol{x}}_k)$ schreibt man die Eigenschwingung

$$\boldsymbol{x}_k(t) = c_k \hat{\boldsymbol{x}}_k e^{\lambda_k t} \tag{13.59}$$

an, vgl. $(9.35)_1$. Die allgemeine Lösung von (13.53) lautet

$$\boldsymbol{x}(t) = \sum_{k=1}^{n=2} (\boldsymbol{x}_k(t) + \boldsymbol{x}_{-k}(t)) = \sum_{k=1}^{n=2} \left(c_k \hat{\boldsymbol{x}}_k e^{\lambda_k t} + c_{-k} \hat{\boldsymbol{x}}_{-k} e^{\lambda_{-k} t} \right). \tag{13.60}$$

13.4.4 Schwach gedämpfte Eigenschwingungen des Lagerbocks

13.4.4.1 Untersuchung mit Hilfe von Störungsrechnung

Oft kennt man die ungedämpften Eigenschwingungen, die Eigenlösungen $(\omega_k, \hat{x}_k)$ eines Systems und will die Wirkung einer schwachen Dämpfung abschätzen. Dann bietet sich eine *Störungsrechnung* an. Das Klein-Sein der Dämpfung kennzeichnen wir in (13.53) durch den dimensionslosen kleinen Faktor ε vor dem Dämpfungsglied, (vgl. Abschn. 13.3.2.1):

$$\boldsymbol{M}\ddot{\boldsymbol{x}} + \varepsilon \boldsymbol{B}\dot{\boldsymbol{x}} + \boldsymbol{K}\boldsymbol{x} = \boldsymbol{0}. \tag{13.61}$$

Beim Exponentialansatz (13.54) hängen dann $\hat{\boldsymbol{x}}$ und λ von ε ab. Wir fragen konkret, wie die k-te ungedämpfte Eigenlösung $(\omega_k, \hat{x}_k)$ gestört wird und setzen im Sinne einer Taylorreihe mit Gliedern $\varepsilon^0, \varepsilon^1, \varepsilon^2, \ldots$ an:

$$\boldsymbol{x}(t, \varepsilon) = \hat{\boldsymbol{x}}(\varepsilon) e^{\lambda(\varepsilon) t} = \left[\hat{\boldsymbol{x}}_k + \varepsilon \sum_l a_l \hat{\boldsymbol{x}}_l + \varepsilon^2 \cdots \right] e^{(j\omega_k t + \varepsilon \Delta\lambda t + \varepsilon^2 \cdots)}. \tag{13.62}$$

Dabei darf in der eckigen Klammer der Faktor bei $\hat{\boldsymbol{x}}_k$ gleich 1 gesetzt werden, denn (13.61) ist homogen. Ferner erfasst $\hat{\boldsymbol{x}}_k$ gemeinsam mit den in der Summe stehenden anderen Eigenvektoren $\hat{\boldsymbol{x}}_l, l \neq k$, *alle Bewegungsmöglichkeiten* des Systems. Im Exponenten bedeutet $\varepsilon\Delta\lambda$ die mit ε lineare Änderung des Eigenwerts. Dabei kann $\Delta\lambda$ ebenso wie die a_l reell oder komplex sein.

Mit $\boldsymbol{x}, \dot{\boldsymbol{x}}$ und $\ddot{\boldsymbol{x}}$ gemäß (13.62) folgt aus (13.61)

$$\begin{aligned}&[(-\omega_k^2 + 2\varepsilon j\omega_k\Delta\lambda + \varepsilon^2 \ldots)\boldsymbol{M} + \varepsilon(j\omega_k + \varepsilon\Delta\lambda + \varepsilon^2 \ldots)\boldsymbol{B} + \boldsymbol{K}]\cdot\\ &\left(\hat{\boldsymbol{x}}_k + \varepsilon\sum_l a_l\hat{\boldsymbol{x}}_l + \varepsilon^2 \ldots\right) = \boldsymbol{0}.\end{aligned} \tag{13.63}$$

Subtrahiert man die ungestörte Gleichung $\left[-\omega_k^2\boldsymbol{M} + \boldsymbol{K}\right]\hat{\boldsymbol{x}}_k = \boldsymbol{0}$, verbleibt bis auf Glieder ε^2 usw.

$$\varepsilon\left[\boldsymbol{K} - \omega_k^2\boldsymbol{M}\right]\sum_l a_l\hat{\boldsymbol{x}}_l + \varepsilon j\omega_k[2\Delta\lambda\boldsymbol{M} + \boldsymbol{B}]\hat{\boldsymbol{x}}_k = \boldsymbol{0}. \tag{13.64}$$

Multiplikation von links mit $\hat{\boldsymbol{x}}_k^{\mathrm{T}}$ liefert bei Orthogonalität, vgl. Abschn. 10.1,

$$2\Delta\lambda\hat{\boldsymbol{x}}_k^{\mathrm{T}}\boldsymbol{M}\hat{\boldsymbol{x}}_k + \hat{\boldsymbol{x}}_k^{\mathrm{T}}\boldsymbol{B}\hat{\boldsymbol{x}}_k = 0,$$

also

$$\Delta\lambda = -\frac{1}{2}\frac{\hat{\boldsymbol{x}}_k^{\mathrm{T}}\boldsymbol{B}\hat{\boldsymbol{x}}_k}{\hat{\boldsymbol{x}}_k^{\mathrm{T}}\boldsymbol{M}\hat{\boldsymbol{x}}_k}. \tag{13.65}$$

(Durch Multiplikation mit $\hat{\boldsymbol{x}}_l^{\mathrm{T}}$ kann man die Koeffizienten a_l gewinnen; Aufgabe 13.20.)

13.4.4.2 Zahlenbeispiel für den Lagerbock

Im Anschluss an die Abschn. 13.4.1 und 13.4.2 schreiben wir (13.61) wie folgt an

$$m_R\begin{pmatrix}1 & 0\\ 0 & 1\end{pmatrix}\ddot{\boldsymbol{x}}_L + b\begin{pmatrix}0.1 & 0.05\\ 0.05 & 0.05\end{pmatrix}\dot{\boldsymbol{x}}_L + k_R\begin{pmatrix}\tilde{k}_{11} & \tilde{k}_{12}\\ \tilde{k}_{21} & \tilde{k}_{22}\end{pmatrix}\boldsymbol{x}_L = \boldsymbol{0}. \tag{13.66}$$

Darin sind die Zahlenwerte von $\boldsymbol{B}$ willkürlich gewählt, und b ist zunächst ein Dimensionsfaktor. Mit $\tilde{t} = \omega_R t$, vgl. Abschn. 13.4.2, folgt aus (13.66) nach Division durch k_R

$$\begin{pmatrix}1 & 0\\ 0 & 1\end{pmatrix}\overset{\circ\circ}{\boldsymbol{x}}_L + \frac{b}{\sqrt{k_R m_R}}\begin{pmatrix}0.1 & 0.05\\ 0.05 & 0.05\end{pmatrix}\overset{\circ}{\boldsymbol{x}}_L + \begin{pmatrix}\tilde{k}_{11} & \tilde{k}_{12}\\ \tilde{k}_{21} & \tilde{k}_{22}\end{pmatrix}\boldsymbol{x}_L = \boldsymbol{0}. \tag{13.67}$$

Wir wählen $b/\sqrt{k_R m_R} = 1$.

Die Eigenlösungen $(\tilde{\omega}_k, \hat{\boldsymbol{x}}_k)$ des ungedämpften Lagerbocks lauten, vgl. (13.46),

$$\begin{aligned}(\tilde{\omega}_1; \hat{\boldsymbol{x}}_1) &= (1.37828, (-0.4413, 0.8974)^{\mathrm{T}}),\\ (\tilde{\omega}_2; \hat{\boldsymbol{x}}_2) &= (3.07820, (0.8974, 0.4413)^{\mathrm{T}}).\end{aligned} \tag{13.68}$$

Damit erhält man aus (13.65)

$$\Delta\tilde{\lambda}_1 = -0.0101, \quad \Delta\tilde{\lambda}_2 = -0.0649. \tag{13.69}$$

Mithin lauten die (bezogenen) Eigenwerte

$$\tilde{\lambda}_{1,-1} \approx \pm 1.378j - 0.0101, \quad \tilde{\lambda}_{2,-2} \approx \pm 3.078j - 0.0649. \qquad (13.70)$$

Vom praktischen Standpunkt aus ist es wichtig, dass die Realteile der Eigenwerte negativ sind, die Schwingungen also abklingen.

Hinweis 1 Der kleine Faktor ε erscheint in (13.67) – also auch in (13.69), (13.70) – nicht explizit. (Wenn man will, kann man ihn, etwa mit $\varepsilon = 0.1$, einführen und kommt zum selben Ergebnis.)

Hinweis 2 Der Wert der Formel (13.65) liegt NICHT darin, dass man das erneute Lösen des Eigenwertproblems umgeht, sondern in der Möglichkeit, den Einfluss der einzelnen Dämpfungskoeffizienten b_{il} auf die $\tilde{\lambda}_k$ zu überschauen.

13.5 Erzwungene Schwingungen des Lagerbocks

Am Beispiel der Lagerbockschwingungen führen wir in die Darstellung von harmonischen erzwungenen Schwingungen durch Ortskurven für komplexwertige Amplitudenfrequenzgänge in der Gaußschen Zahlenebene ein.

13.5.1 Experimente: Aufgabe

Wie in der Einleitung zu Abschn. 13.4 angedeutet, misstraut man den Annahmen, die zu den Steifigkeiten in Abschn. 13.3 führten. Jetzt will man sie mit Hilfe von erzwungenen Schwingungen, die bei sinusförmiger Anregung auftreten, untersuchen. Zwei Versuchsreihen sollen durchgeführt werden:

Einmal wird am Lager unter einem Winkel α sinusförmig mit veränderlicher Frequenz Ω erregt, Abb. 13.10, die Auslenkungen werden gemessen. Zweitens wird mit einer Unwucht erregt, Abb. 13.11, die Auslenkungen werden gemessen. Wir berechnen, was man zu erwarten hat.

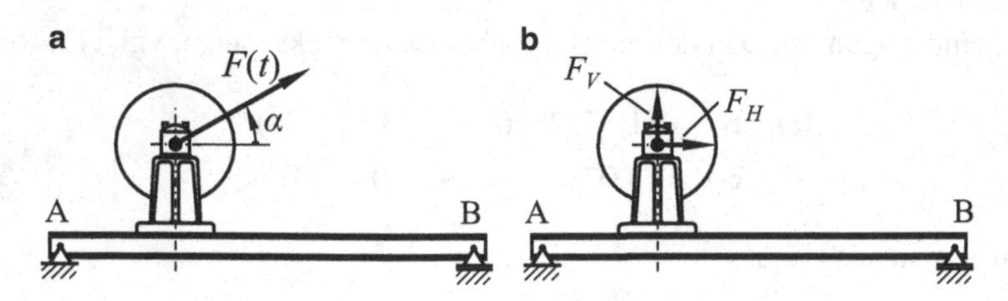

Abb. 13.10 Lagerbock mit Krafterregung

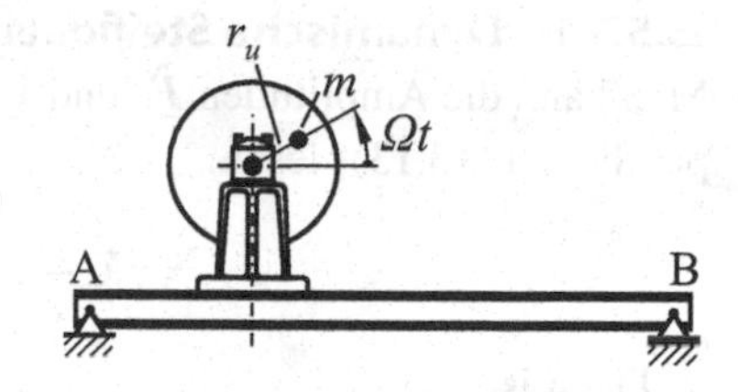

Abb. 13.11 Lagerbock mit Unwuchterregung

13.5.2 Bewegungsgleichungen

An dem Lagerbock mit Masse m nach Abb. 13.6 greifen nun horizontal und vertikal die zeitabhängigen Kräfte $F_H(t)$ und $F_V(t)$ an, vgl. Abb. 13.10b. Im Fall von Abb. 13.10a gilt

$$F_H = F(t)\cos\alpha, \quad F_V = F(t)\sin\alpha, \quad \text{mit} \quad F(t) = \hat{F}\cos\Omega t, \tag{13.71}$$

bei der Unwuchterregung nach Abb. 13.11 gilt

$$F_H = m r_u \Omega^2 \cos\Omega t, \quad F_V = m r_u \Omega^2 \sin\Omega t, \tag{13.72}$$

vgl. Abschn. 12.3. (In (13.72) haben wir angenommen, dass die Exzentrizität r_u auf die Gesamtmasse m bezogen wird.)

Die Erregerkräfte $F_H(t)$ und $F_V(t)$ treten auf die rechte Seite der Bewegungsgleichungen (13.36) und (13.38) – im Fall fehlender Dämpfung – bzw. (13.53) – bei vorhandener Dämpfung:

$$\boldsymbol{M}\ddot{\boldsymbol{x}}_L + \boldsymbol{B}\dot{\boldsymbol{x}}_L + \boldsymbol{K}\boldsymbol{x}_L = \boldsymbol{F}_e(t), \tag{13.73}$$

mit

$$\boldsymbol{F}_e = \boldsymbol{F}_e(t) = (F_H, F_V)^{\mathrm{T}}. \tag{13.74}$$

13.5.3 Erzwungene Schwingungen

Wir setzen $\boldsymbol{F}_e(t)$ als komplexe harmonische Erregung mit der Frequenz Ω an und schreiben

$$\underline{\boldsymbol{F}}_e(t) = \underline{\hat{\boldsymbol{F}}}_e e^{j\Omega t}. \tag{13.75}$$

Die Dgl (13.73) lautet dann (mit $\boldsymbol{x}_L \to \boldsymbol{x}$)

$$\boldsymbol{M}\ddot{\underline{\boldsymbol{x}}} + \boldsymbol{B}\dot{\underline{\boldsymbol{x}}} + \boldsymbol{K}\underline{\boldsymbol{x}} = \underline{\hat{\boldsymbol{F}}}_e e^{j\Omega t}. \tag{13.76}$$

Der Ansatz vom Typ der rechten Seite,

$$\underline{\boldsymbol{x}} = \underline{\hat{\boldsymbol{x}}} e^{j\Omega t}, \tag{13.77}$$

liefert

$$(\boldsymbol{K} - \boldsymbol{M}\Omega^2 + j\Omega\boldsymbol{B})\underline{\hat{\boldsymbol{x}}} = \underline{\hat{\boldsymbol{F}}}_e. \tag{13.78}$$

13.5.3.1 Dynamische Steifigkeit

Man kann die Amplituden $\underline{\hat{\boldsymbol{F}}}_e$ und $\underline{\hat{\boldsymbol{x}}}$ als Kräfte bzw. Auslenkungen auffassen und (13.78) parallel zu $(13.13)_2$ lesen:

$$\underline{\hat{\boldsymbol{F}}}_e = (\boldsymbol{K} - \boldsymbol{M}\Omega^2 + j\Omega\boldsymbol{B})\underline{\hat{\boldsymbol{x}}} =: \underline{\boldsymbol{K}}(j\Omega)\underline{\hat{\boldsymbol{x}}}. \tag{13.79}$$

Dann ist

$$\begin{aligned}\underline{\boldsymbol{K}}(j\Omega) &:= (\boldsymbol{K} - \boldsymbol{M}\Omega^2 + j\Omega\boldsymbol{B}) \\ &= \begin{pmatrix} k_{11} - m_{11}\Omega^2 + j\Omega b_{11} & k_{12} - m_{12}\Omega^2 + j\Omega b_{12} \\ k_{21} - m_{21}\Omega^2 + j\Omega b_{21} & k_{22} - m_{22}\Omega^2 + j\Omega b_{22} \end{pmatrix}\end{aligned} \tag{13.80}$$

eine (komplexe) *dynamische Steifigkeit*, die für $\Omega = 0$ in die normale Steifigkeit übergeht:

$$\underline{\boldsymbol{K}}(0) = \boldsymbol{K}\,. \tag{13.81}$$

Zahlenbeispiel für den Lagerbock: In der entsprechend (13.67) bezogenen Form erhalten wir für $\underline{\tilde{\boldsymbol{K}}}(j\tilde{\Omega}) = \underline{\boldsymbol{K}}(j\tilde{\Omega})/k_R$ den Ausdruck

$$\begin{aligned}\underline{\tilde{\boldsymbol{K}}}(j\tilde{\Omega}) &= \begin{pmatrix} \tilde{k}_{11} - \tilde{m}\tilde{\Omega}^2 + j\tilde{b}_{11}\tilde{\Omega} & \tilde{k}_{12} + j\tilde{b}_{12}\tilde{\Omega} \\ \tilde{k}_{21} + j\tilde{b}_{21}\tilde{\Omega} & \tilde{k}_{22} - \tilde{m}\tilde{\Omega}^2 + j\tilde{b}_{22}\tilde{\Omega} \end{pmatrix} \\ &=: \begin{pmatrix} \underline{\tilde{k}}_{11}(j\tilde{\Omega}) & \underline{\tilde{k}}_{12}(j\tilde{\Omega}) \\ \underline{\tilde{k}}_{21}(j\tilde{\Omega}) & \underline{\tilde{k}}_{22}(j\tilde{\Omega}) \end{pmatrix}.\end{aligned} \tag{13.82}$$

Mit $\tilde{\boldsymbol{M}}$ sowie $\tilde{\boldsymbol{K}}$ nach (13.43) und $\tilde{\boldsymbol{B}}$ neu gewählt,

$$\tilde{\boldsymbol{M}} = \begin{pmatrix} 1 & 0 \\ 0 & 1 \end{pmatrix}, \quad \tilde{\boldsymbol{K}} = \begin{pmatrix} 8.0 & 3.0 \\ 3.0 & 3.375 \end{pmatrix}, \quad \tilde{\boldsymbol{B}} = \begin{pmatrix} 0.2 & 0.08 \\ 0.08 & 0.1 \end{pmatrix}, \tag{13.83}$$

erhält man für die $\underline{\tilde{k}}_{il}(j\tilde{\Omega})$ die in Abb. 13.12 gezeigten *Frequenzgänge* in Form von *Ortskurven*.

In dieser Darstellung wird besonders deutlich, wie die von der Massenmatrix herrührenden d'Alembert'schen Kräfte, mit dem Frequenzquadrat zunehmend – vgl. (13.82) –, vereint mit der Wirkung der Dämpfung, die dynamische Steifigkeit vom ersten in den zweiten Quadranten drehen. Ohne Dämpfung würden die Steifigkeiten – auf der reellen Achse verbleibend – einfach abnehmen, schließlich negativ werden. Der Wert Null entspricht dem Unendlich-Werden in Resonanzkurven.

13.5.3.2 Dynamische Nachgiebigkeit, Übertragungsfunktion, Frequenzgang

Löst man $\underline{\hat{\boldsymbol{F}}}_e = \underline{\boldsymbol{K}}(j\Omega)\underline{\hat{\boldsymbol{x}}}$ aus (13.79) nach $\underline{\hat{\boldsymbol{x}}}$ auf, erhält man

$$\underline{\hat{\boldsymbol{x}}} = \underline{\boldsymbol{K}}^{-1}(j\Omega)\underline{\hat{\boldsymbol{F}}}_e = (\boldsymbol{K} - \Omega^2\boldsymbol{M} + j\,\boldsymbol{B}\Omega)^{-1}\underline{\hat{\boldsymbol{F}}}_e. \tag{13.84}$$

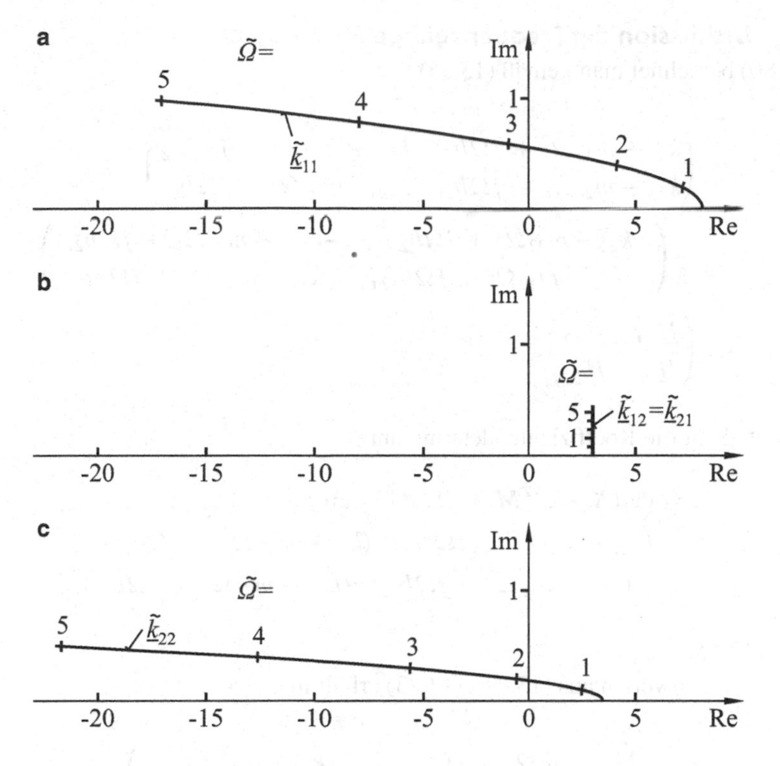

Abb. 13.12 Frequenzgänge der dynamischen Steifigkeiten

Die *dynamische Nachgiebigkeit*

$$\underline{\boldsymbol{H}}(j\Omega) := (\boldsymbol{K} - \Omega^2\boldsymbol{M} + j\Omega\boldsymbol{B})^{-1} = \begin{pmatrix} \underline{H}_{11}(j\Omega) & \underline{H}_{12}(j\Omega) \\ \underline{H}_{21}(j\Omega) & \underline{H}_{22}(j\Omega) \end{pmatrix} \tag{13.85}$$

ist hier die *Übertragungsfunktion* (auch *Frequenzgang*, vgl. Abschn. 6.2.2):

$$\hat{\underline{\boldsymbol{x}}} = \underline{\boldsymbol{H}}(j\Omega)\hat{\underline{\boldsymbol{F}}}_e. \tag{13.86}$$

Parallel zum Signalflussplan nach Abb. 6.3 kann man das Blockbild (Abb. 13.13) zeichnen, welches die Zeitfunktion $\hat{\underline{\boldsymbol{F}}}_e \exp(j\Omega t)$ überträgt

$$\hat{\underline{\boldsymbol{x}}}e^{j\Omega t} = \underline{\boldsymbol{H}}(j\Omega)\hat{\underline{\boldsymbol{F}}}_e e^{j\Omega t}. \tag{13.87}$$

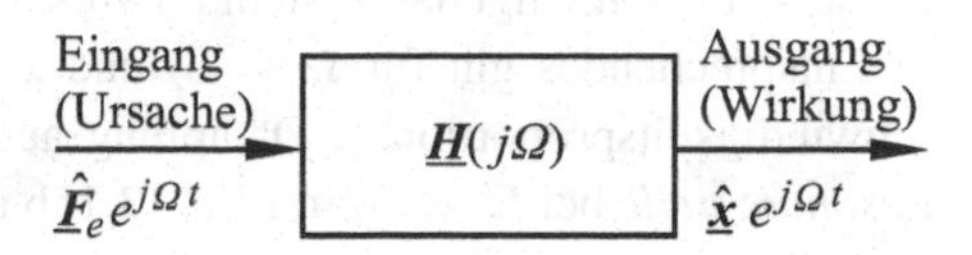

Abb. 13.13 Blockbild mit Übertragung einer Zeitfunktion

13.5.3.3 Diskussion der Frequenzgänge am Beispiel

Aus (13.80) berechnet man gemäß (13.85)

$$\begin{aligned}\underline{H}(j\Omega) &= \begin{pmatrix} k_{11} - m_{11}\Omega^2 + j\Omega b_{11} & k_{12} - m_{12}\Omega^2 + j\Omega b_{12} \\ k_{21} - m_{21}\Omega^2 + j\Omega b_{21} & k_{22} - m_{22}\Omega^2 + j\Omega b_{22} \end{pmatrix}^{-1} \\ &= \frac{1}{\Delta}\begin{pmatrix} k_{22} - m_{22}\Omega^2 + j\Omega b_{22} & -(k_{21} - m_{21}\Omega^2 + j\Omega b_{21}) \\ -(k_{12} - m_{12}\Omega^2 + j\Omega b_{12}) & k_{11} - m_{11}\Omega^2 + j\Omega b_{11} \end{pmatrix} \\ &=: \begin{pmatrix} \underline{H}_{11} & \underline{H}_{12} \\ \underline{H}_{21} & \underline{H}_{22} \end{pmatrix}. \end{aligned} \tag{13.88}$$

Dabei steht Δ für die Koeffizientendeterminante

$$\begin{aligned}\Delta &= \det(\boldsymbol{K} - \Omega^2\boldsymbol{M} + j\Omega\boldsymbol{B}) = \Delta(j\Omega) \\ &= (k_{11} - m_{11}\Omega^2 + j\Omega b_{11}) \cdot (k_{22} - m_{22}\Omega^2 + j\Omega b_{22}) \\ &\quad - (k_{12} - m_{12}\Omega^2 + j\Omega b_{12}) \cdot (k_{21} - m_{21}\Omega^2 + j\Omega b_{21}), \end{aligned} \tag{13.89}$$

vgl. auch (13.55).

Mit den Zahlenwerten aus (13.82), (13.83) erhält man

$$\underline{\tilde{\boldsymbol{H}}}(j\tilde{\Omega}) = \begin{pmatrix} \tilde{k}_{11} - \tilde{m}\tilde{\Omega}^2 + j\tilde{\Omega}\tilde{b}_{11} & \tilde{k}_{12} - j\tilde{\Omega}\tilde{b}_{12} \\ \tilde{k}_{21} - j\tilde{\Omega} + j\tilde{\Omega}\tilde{b}_{12} & \tilde{k}_{22} - \tilde{m}\tilde{\Omega}^2 + j\tilde{\Omega}\tilde{b}_{22} \end{pmatrix}^{-1} \tag{13.90}$$

die folgenden Darstellungen.

Abb. 13.14 zeigt die Elemente $\underline{\tilde{\boldsymbol{H}}}_{il}(j\tilde{\Omega})$ der Übertragungsmatrix für $0 \leq \tilde{\Omega} \leq 5$ als Ortskurven, zum Teil in vergrößerten Ausschnitten.

Abb. 13.15 zeigt $\left|\underline{\tilde{\boldsymbol{H}}}_{il}(j\tilde{\Omega})\right|$ und die Winkel $\psi_{ik}(\tilde{\Omega})$ für die Polardarstellung

$$\underline{\tilde{\boldsymbol{H}}}_{il}(j\tilde{\Omega}) = \left|\underline{\tilde{\boldsymbol{H}}}_{il}\right| e^{j\psi_{il}(\tilde{\Omega})}. \tag{13.91}$$

Aus Abb. 13.14 liest man ab:

Wenn $\tilde{\Omega}$ – die Erregerfrequenz – in der Nähe einer der Eigenfrequenzen liegt ($\tilde{\omega}_1 = 1.378$, $\tilde{\omega}_2 = 3.078$, vgl. (13.46); nehmen die $|\underline{\tilde{H}}_{il}|$ Extremwerte an.

Bei $\tilde{\Omega} \approx \tilde{\omega}_1$ schwingt der Lagerbock – vergleiche jeweils $\underline{\tilde{H}}_{11}$ mit $\underline{\tilde{H}}_{12}$ und $\underline{\tilde{H}}_{12}$ mit $\underline{\tilde{H}}_{22}$ so, dass sich die Ausschläge etwa wie $|-0.47| : (0.89)$ verhalten, vgl. (13.46); für die Phasenwinkel gilt $|\psi_{11}(\tilde{\omega}_1) - \psi_{12}(\tilde{\omega}_1)| \approx |\psi_{12}(\tilde{\omega}_1) - \psi_{22}(\tilde{\omega}_1)| \approx \pi$. Man kann sagen, bei $\tilde{\Omega} \approx \tilde{\omega}_1$ schwingt das System im Wesentlichen in Richtung des Eigenvektors $\hat{\boldsymbol{x}}_1$.

Entsprechendes gilt für $\tilde{\Omega} \approx \tilde{\omega}_2$ und $\hat{\boldsymbol{x}}_2$. Allerdings wirkt sich bei $\tilde{\Omega} \approx \tilde{\omega}_2$ die geschwindigkeitsproportionale Dämpfung auch stärker aus als bei $\tilde{\omega}_1$. Deshalb wird die *Resonanzstelle* bei $\tilde{\Omega} \approx \tilde{\omega}_2$ in Abb. 13.15b und c nur wenig deutlich.

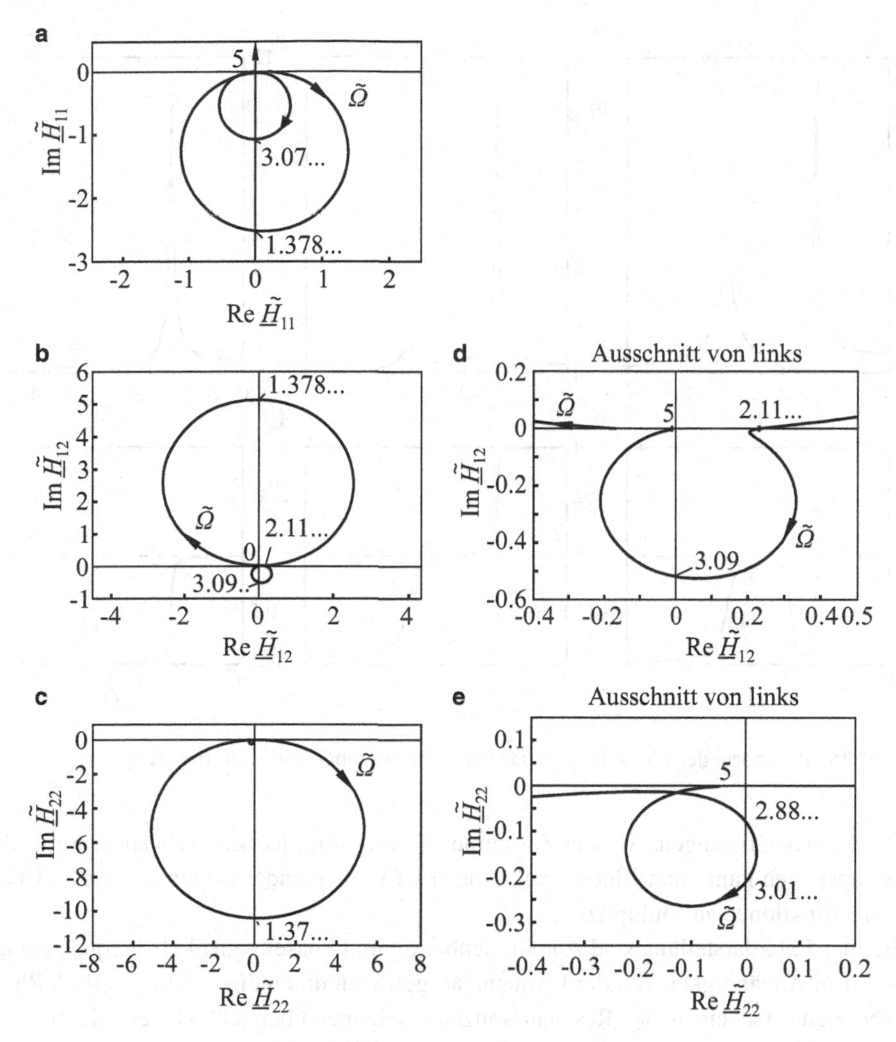

Abb. 13.14 Ortskurven der Elemente $\tilde{\underline{H}}_{il}(j\Omega)$ der Übertragungsmatrix für $0 \leq \tilde{\Omega} \leq 5$

Abb. 13.15 hebt die Unterschiede zwischen den Resonanzhöhen bei $\tilde{\omega}_1$ und $\tilde{\omega}_2$ sowie die in Resonanznähe auftretenden starken Phasenänderungen hervor. Resonanzstellen und Tilgerpunkte (des ungedämpften Systems) sind durch Phasenwinkel in der Nähe von $\pm\pi/2$ ausgezeichnet, weil sich Trägheitskräfte und elastische Kräfte (fast) aufheben und überwiegend Dämpfungskräfte die äußeren Kräfte aufnehmen.

Die beiden Darstellungsweisen haben ihre Vor- und Nachteile:

In der (komplexen) Ortskurve sind Amplitude(nbetrag) und Phase(nwinkel) *gemeinsam* (zusammengefasst) dargestellt, die Frequenz ist (nur) als Kurvenparameter (bereichsabhängig verzerrt) angetragen, deshalb schwer genau ablesbar. Resonanzbereiche erscheinen

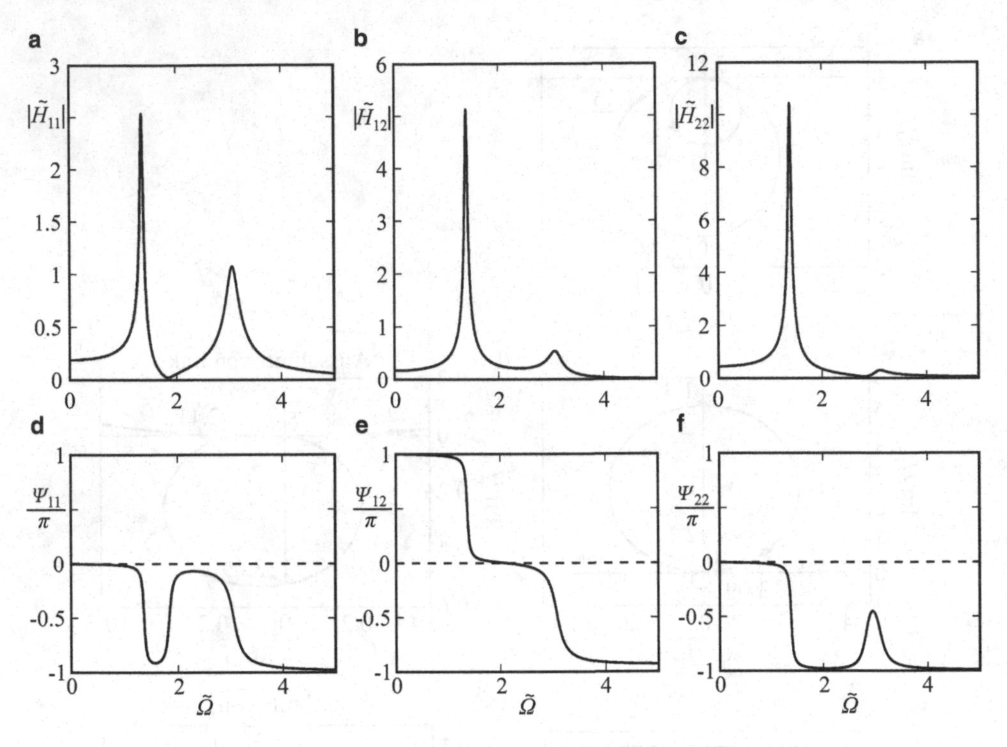

Abb. 13.15 Polarform der Elemente $\underline{\tilde{H}}_{il}(j\Omega)$ der Übertragungsmatrix für $0 \leq \tilde{\Omega} \leq 5$

breit auseinandergezogen. Aus der Zusammenfassung folgt jedoch der Hauptvorteil: Bei Wirkungsketten kann man Blöcke (vgl. Abb. 13.13) aneinanderhängen und deren Übertragungsfunktionen ausmultiplizieren.

Bei der Polardarstellung sind Amplitudenbetrag und Phasenwinkel als Frequenzgänge *getrennt* in Abhängigkeit von der Frequenz aufgetragen und daher leicht ablesbar. Resonanzbereiche erscheinen eng. Resonanzspitzen erscheinen übersichtlich vergleichbar.

Bei Schwingungsuntersuchungen sind die Resonanz- und Phasenkurven zur Bewertung und Beurteilung von Schwingungen bevorzugt. Schwingungsmessungen kommen nicht ohne (Ortskurven, also) Übertragungsfunktionen aus, denn es gibt kaum noch Messgeräte ohne Signalverarbeitung.

13.5.3.4 Resonanzkurven für Sinusanregung

Bei der Sinusanregung nach Abb. 13.10 gilt für $\boldsymbol{F}_e$ und $\hat{\boldsymbol{F}}_e$ nach (13.74), (13.75)

$$\boldsymbol{F}_e = \begin{pmatrix} \cos\alpha \\ \sin\alpha \end{pmatrix} \hat{F} \cos \Omega t, \quad \hat{\boldsymbol{F}}_e = \begin{pmatrix} \cos\alpha \\ \sin\alpha \end{pmatrix} \hat{F}. \tag{13.92}$$

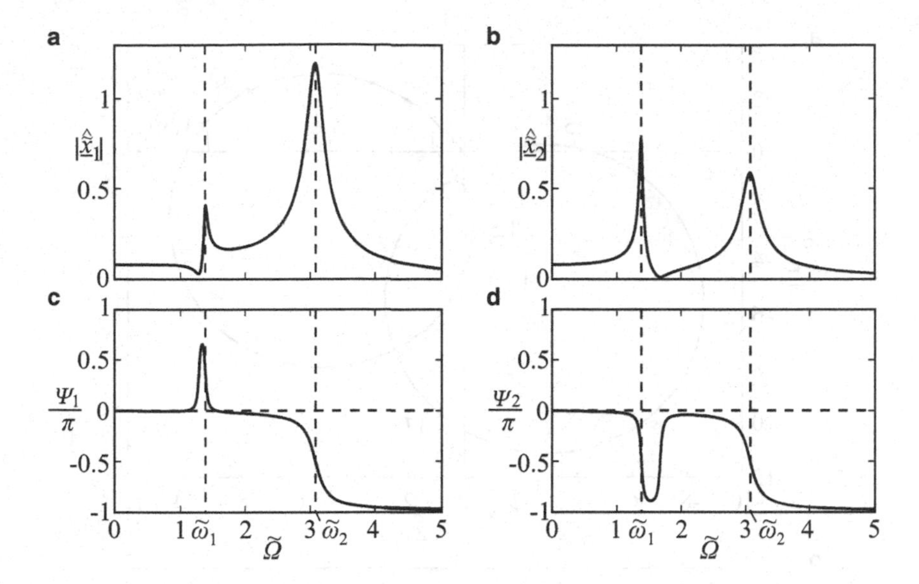

Abb. 13.16 Frequenzgänge der Amplituden $|\hat{\underline{\tilde{x}}}_i|$ und Phasenwinkel ψ_i bei Erregung unter dem Winkel $\alpha = 30°$

Man erhält aus (13.86)

$$\hat{\underline{x}} = \underline{\boldsymbol{H}}(j\Omega)\begin{pmatrix}\cos\alpha\\ \sin\alpha\end{pmatrix}\hat{F}, \tag{13.93}$$

dimensionslos (bezogen), k_R vgl. (13.43),

$$\hat{\underline{\tilde{x}}} := \begin{pmatrix}\hat{\underline{\tilde{x}}}_1\\ \hat{\underline{\tilde{x}}}_2\end{pmatrix} := \frac{\hat{\underline{x}}}{\hat{F}/k_R} = \underline{\boldsymbol{H}}(j\tilde{\Omega})\begin{pmatrix}\cos\alpha\\ \sin\alpha\end{pmatrix}. \tag{13.94}$$

Im folgenden *Zahlenbeispiel* setzen wir wieder die Zahlen von oben ein, vgl. (13.82) usw., und wählen $\alpha = 30°$. Abb. 13.16 zeigt für

$$\hat{\underline{\tilde{x}}}_i = |\hat{\underline{\tilde{x}}}_i| e^{j\psi_i} \tag{13.95}$$

die *Amplituden* $|\hat{\underline{\tilde{x}}}_i|$ und die Phasen-(verschiebungs-)winkel ψ_i als Funktionen von $\tilde{\Omega}$.

13.5.3.5 Resonanzkurven für Unwuchterregung

Bei der Unwuchterregung nach Abb. 13.11 gilt für $\boldsymbol{F}_e$ nach (13.72), (13.74), (13.75)

$$\boldsymbol{F}_e = r_u m\Omega^2\begin{pmatrix}\cos\Omega t\\ \sin\Omega t\end{pmatrix}, \quad \text{also} \quad \hat{\underline{\boldsymbol{F}}}_e = r_u m\Omega^2\begin{pmatrix}1\\ -j\end{pmatrix}. \tag{13.96}$$

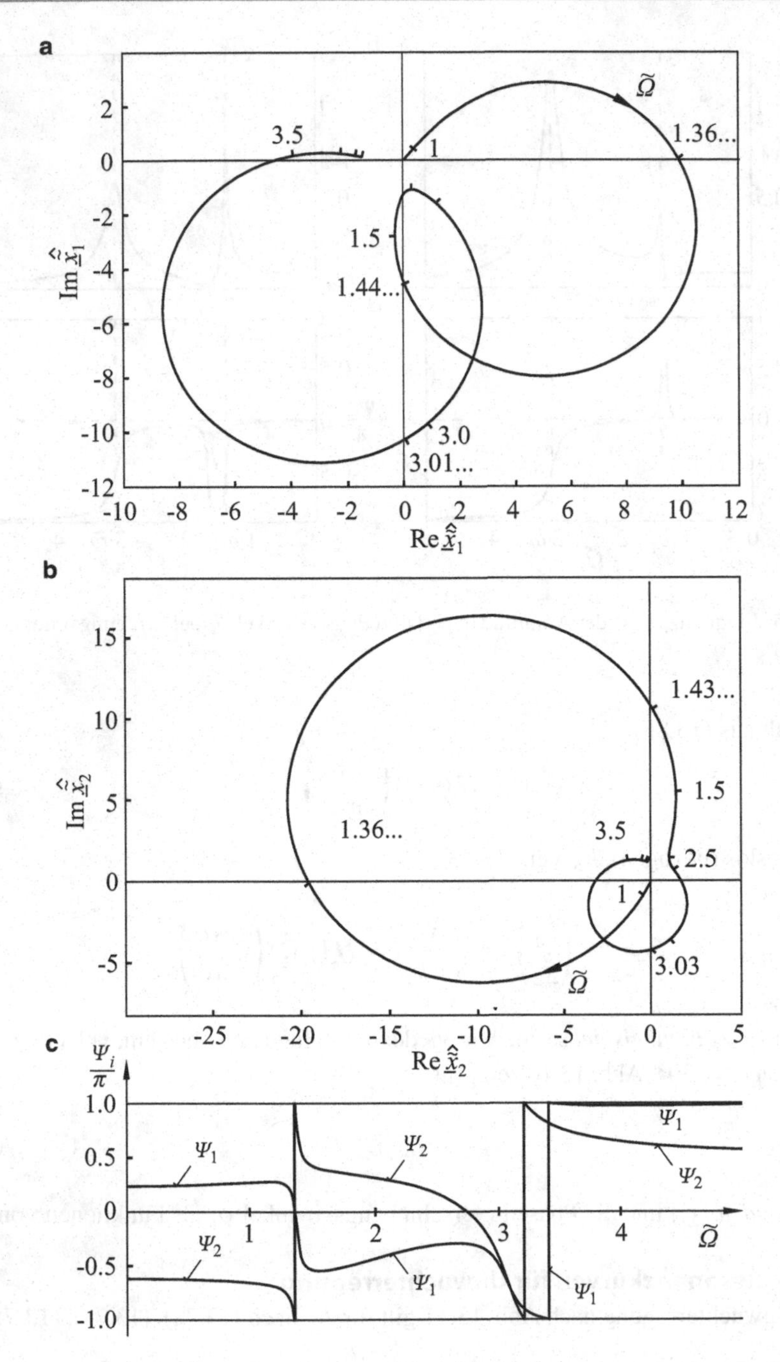

Abb. 13.17 Unwuchtanregung. **a**, **b** Frequenzgänge für Systemantwort, **c** Phasenverschiebungswinkel

Damit folgt aus (13.86) mit $\tilde{\Omega} = \Omega/\omega_R, \omega_R^2 = k_R/m_R, \tilde{m} = m/m_R$,

$$\begin{aligned} \hat{\underline{x}} &= r_u m \Omega^2 \underline{H}(j\Omega) \begin{pmatrix} 1 \\ -j \end{pmatrix} \\ &= r_u m \Omega^2 \frac{1}{k_R} \underline{\tilde{H}}(j\tilde{\Omega}) \begin{pmatrix} 1 \\ -j \end{pmatrix} \\ &= r_u \tilde{m} \tilde{\Omega}^2 \underline{\tilde{H}}(j\tilde{\Omega}) \begin{pmatrix} 1 \\ -j \end{pmatrix}, \end{aligned} \tag{13.97}$$

und

$$\hat{\hat{\underline{x}}} := \hat{\underline{x}}/r_u = \tilde{\Omega}^2 \tilde{m} \underline{\tilde{H}}(j\tilde{\Omega}) \begin{pmatrix} 1 \\ -j \end{pmatrix}. \tag{13.98}$$

Abb. 13.17a und b zeigt die Frequenzgänge $\hat{\hat{\underline{x}}}_1$ und $\hat{\hat{\underline{x}}}_2$, Abb. 13.17c und d zeigt die Phasenverschiebungswinkel $\psi_i(\tilde{\Omega})$ gemäß

$$\hat{\hat{\underline{x}}}_i = |\hat{\hat{\underline{x}}}_i| e^{j\psi_i}. \tag{13.99}$$

13.6 Aufgaben

Aufgabe 13.1 Berechnen Sie die h_{ik} für den Lagerbock nach Abb. 13.1 mit Hilfe von Formeln für Balkenbiegung gemäß Abschn. B.6.1 oder aus einem Tabellenbuch; vgl. (13.8).

Aufgabe 13.2 Wie muss man in (13.8) die Höhe h_1 wählen, damit der Lagerbock horizontal und vertikal gleich nachgiebig ist ($h_{11} = h_{22}$)? Wie nachgiebig ist er dann unter 45°? – für eine Kraft $(F_{xL}, F_{yL}) = (1, 1)F_L/\sqrt{2}$?

Aufgabe 13.3 Berechnen Sie die k_{il} für den Lagerbock nach Abb. 13.4 mit den Hilfsformeln für Balkenbiegung aus einem Tabellenbuch; vgl.(13.14), (13.15) und Aufgabe 13.1.

Aufgabe 13.4 Wie muss man in (13.15) die Höhe h_1 wählen, damit der Lagerbock horizontal und vertikal gleich steif ist ($k_{11} = k_{22}$)?

Aufgabe 13.5 Führen die Forderungen „gleich nachgiebig" – Aufgabe 13.2 – und „gleich steif" – Aufgabe 13.4 – auf dasselbe h_1?

Aufgabe 13.6 Überlegen Sie sich Messvorschriften für die h_{ik} und die k_{il}. Gehen Sie dabei von (13.9), (13.10), (13.13)$_2$ bzw. (13.16) aus.

Aufgabe 13.7 Berechnen Sie die Kräfte F_{xS}, F_{yS} in (13.27) mit den Mitteln der Grundvorlesung Mechanik (Verlängerung eines Zugstabes, Verschiebungsplan).

Aufgabe 13.8 Versuchen Sie (13.28) mit Nachgiebigkeiten zu schreiben, $\boldsymbol{x}_L = \boldsymbol{H}_S \boldsymbol{F}_S$, vgl. (13.10) und $(13.13)_2$. Weshalb ist das nicht möglich? Können Sie die Aussage anschaulich begründen?

Aufgabe 13.9 Ohne es besonders erwähnt zu haben, lassen wir bei der Stangenkraft F_S nach (13.20) auch Druck zu (z. B. bei $x_L < 0$ oder $y_L < 0$). Nach (13.34) erhält der Stab eine relativ kleine Querschnittsfläche und wird deshalb bei Druck knicken. (Dann gilt (13.20) nicht mehr!) Was muss man tun, um die Steifigkeiten $\boldsymbol{K}_S$ gemäß (13.30) auch für $x_L < 0, y_L < 0$ garantieren zu können?

Aufgabe 13.10 Kontrollieren Sie (13.40)/(13.41).

Aufgabe 13.11 Kontrollieren Sie die Rechnungen (13.42) bis (13.46).

Aufgabe 13.12 Berechnen Sie zu den Schwingungen in Abb. 13.8a, b und 13.9 die Anfangsauslenkungen $\boldsymbol{x}_0$ und die Anfangsgeschwindigkeiten $\boldsymbol{v}_0$.

Aufgabe 13.13 Schreiben Sie $\boldsymbol{x}(t)$ nach (13.47) in der Form $\boldsymbol{x} = \hat{\boldsymbol{x}}_1 a_1 \cos(\omega_1 t + \varphi_1) + \hat{\boldsymbol{x}}_2 a_2 \cos(\omega_2 t + \varphi_2)$ und berechnen Sie $a_1, \varphi_1, a_2, \varphi_2$ für die Schwingung nach Abb. 13.9. (Nehmen Sie dazu ω_R – vgl. (13.43) – als bekannten Zahlenwert an.)

Aufgabe 13.14 Können Sie aus Abb. 13.9 eine grobe Näherung für das Frequenzverhältnis ω_1/ω_2 abzählen?

Aufgabe 13.15 Können Sie sich durch einen Blick auf die Steifigkeiten $\tilde{k}_{il}$ in (13.43) plausibel machen, dass zur Eigenschwingung $\boldsymbol{x}_2$ – in Richtung $\hat{\boldsymbol{x}}_2$ – eine größere Eigenfrequenz ($\tilde{\omega}_2$) gehört als zur Eigenschwingung $\boldsymbol{x}_1$ – in Richtung $\hat{\boldsymbol{x}}_1$ – mit $\tilde{\omega}_1$.

Aufgabe 13.16 Führen Sie (zu den konkreten Zahlen) in Richtung von $\hat{\boldsymbol{x}}_1, \hat{\boldsymbol{x}}_2$ gedrehte Koordinaten y_L^* bzw. x_L^* ein und berechnen Sie die darauf bezogenen Steifigkeiten k_{il}^*.

Aufgabe 13.17 Arbeiten Sie die Rayleigh-Dämpfung $\boldsymbol{B}$ aus (10.26) in die Bewegungsgleichung (13.53) ein und untersuchen Sie für den Lagerbock die nunmehr gedämpften Eigenschwingungen aus Abschn. 13.4.2. Wählen Sie Zahlenwerte für α und β (Anhaltswerte – anderer Dimension! – finden Sie in (13.83)) und setzen Sie die Lösungen $\boldsymbol{x} = \hat{\boldsymbol{x}} \exp(\lambda t)$ mit unbekanntem λ, doch mit $\hat{\boldsymbol{x}} = \hat{\boldsymbol{x}}_k$, den aus Abschn. 13.4.2 bekannten Eigenvektoren an. Nutzen Sie (13.49) mit den ebenfalls bekannten λ_k aus, um die charakteristische Gleichung (13.55) umzuformen und zu lösen.

Aufgabe 13.18 Lösen Sie die Aufgabe 13.17 mit dem Störungsansatz nach Abschn. 13.4.4.1 und vergleichen Sie die Ergebnisse.

Aufgabe 13.19 Berechnen Sie numerisch die Eigenwerte λ_k und die Eigenvektoren $\hat{\boldsymbol{x}}_k$ zum Eigenwertproblem (13.67).

Aufgabe 13.20 Ermitteln Sie aus (13.64) – durch Multiplikation der Gleichung von links mit $\hat{\boldsymbol{x}}_l^{\mathrm{T}}$ – die Korrekturkoeffizienten a_l für die k-te Eigenschwingung. Setzen Sie die Zahlenwerte aus Abschn. 13.4.2 in Ihr Ergebnis ein.

Aufgabe 13.21 Schreiben Sie mit den Ergebnissen aus Aufgabe 13.20 für den Lagerbock die Eigenschwingungen $\boldsymbol{x}_i(t)$ entsprechend (13.59) an.

Aufgabe 13.22 Schreiben Sie für den Lagerbock die allgemeine Lösung (13.60) explizit an.

Bringen Sie die allgemeine Lösung auf eine reelle Schreibweise (vgl. (13.47) und (5.24), (5.26)).

Aufgabe 13.23 Der Versuch zu Abb. 13.11 wurde mit der (großen) Masse m und einem drauf gesetzten Unwuchterreger der Gesamtmasse m_1 und der Exzentrizität r_1 vorgenommen. Welches m und welches r_u müssen in (13.72) und in die Bewegungsgleichungen eingesetzt werden?

Aufgabe 13.24 Erläutern Sie den Aufbau der (13.73) anhand eines Schnittbildes nach Art von Abb. 12.5 und 13.7. Welche Dämpfungseinflüsse kann man mit $\boldsymbol{B}\dot{\boldsymbol{x}}$ erfassen, wo greifen die entsprechenden Kräfte im Schnittbild an?

Aufgabe 13.25 Bei einem Schwingungssystem vom Freiheitsgrad 2 sei (vgl. 13.74) $F_H = F_{1e} = \hat{F}\cos\Omega t, \quad F_V = F_{2e} = \hat{F}(\cos\Omega t - \sin\Omega t)$.

Wie lauten die Erregeramplituden $\underline{\hat{\boldsymbol{F}}}_e$ in (13.76)?

Aufgabe 13.26 Der Lagerbock soll so durch eine Kraft $\boldsymbol{F}(t) = \underline{\hat{\boldsymbol{F}}}_e e^{j\Omega t}$ erregt werden, dass er unter $\alpha = 30°$, vgl. Abb. 13.10, gemäß $\underline{x}_\alpha = \hat{x}e^{j\Omega t}$ harmonisch („hin und her") schwingt. Welche (komplexe) Amplitude $\underline{\hat{\boldsymbol{F}}}_e$ ist erforderlich? Berechnen Sie $\underline{\hat{\boldsymbol{F}}}_e$ für $\tilde{\Omega} = 3$ mit Hilfe von (13.79) und den Zahlenwerten (13.82), (13.83). Tragen Sie $F_H(t)$, $F_V(t)$ – reell! – in einem F_H-F_V-Diagramm für $0 \leq \tilde{\Omega}\tilde{t} \leq 2\pi$ auf.

Aufgabe 13.27 Für welchen Wert $\tilde{\Omega} = \tilde{\Omega}*$ ist in Aufgabe 13.26 – für die dort angegebenen Zahlenwerte – die Amplitude $|\hat{F}_H|/\hat{x}$ am kleinsten? (Bei welchem $\tilde{\Omega}$ treten das kleinste $|\hat{F}_H|/\hat{x}$, das kleinste $|\hat{F}_V|/\hat{x}$, das kleinste $\sqrt{|\hat{F}_H|^2 + |\hat{F}_V|^2}/\hat{x}$ und der kleinste Extremwert $F_{max}/\hat{x}$ auf, wo $F_{max}/\hat{x} = \max\limits_{0\leq\tilde{\Omega}\tilde{t}\leq 2\pi} \sqrt{F_H^2(\tilde{t}) + F_V^2(\tilde{t})}/\hat{x}$.)

Aufgabe 13.28 Rechnen Sie (13.88), (13.89) nach.

Aufgabe 13.29 Lesen Sie aus Abb. 13.15d, e zu $\tilde{\Omega} = 1.4$ und $\tilde{\Omega} = 3.1$ die Winkel ψ_{ik} ab und tragen sie in Abb. 13.14 die entsprechenden Winkel ein. (Achtung! Wegen des Drucks sind die Achsen etwas verzerrt – berücksichtigen Sie das!)

Aufgabe 13.30 Lesen Sie aus Abb. 13.16 die $\tilde{\Omega}$-Bereiche ab, in denen sowohl die Bedingung $|\hat{\underline{\tilde{x}}}_1| < 0.2$ als auch die Bedingung $|\hat{\underline{\tilde{x}}}_2| < 0.3$ erfüllt sind.

Aufgabe 13.31 Es interessiere für die Erregung (13.92), vgl. Abb. 13.10, die Schwingung $x_\alpha(t)$ in Richtung der anregenden Kraft. Wie berechnet man sie aus (13.86) oder (13.87)? Wie kann man sie aus den Diagrammen nach Abb. 13.16 ermitteln (die könnten z. B. gemessen sein)?

Aufgabe 13.32 Zeichnen Sie für $\boldsymbol{x}(t)$ zur Erregung $\boldsymbol{F}_e$ nach (13.96) je einen Zeitverlauf $\tilde{x}_1(\tilde{t}), \tilde{x}_2(\tilde{t})$ für $0 \leq \tilde{\Omega}\tilde{t} \leq 2\pi$ für $\tilde{\Omega} \approx \tilde{\omega}_1$ und $\tilde{\Omega} \approx \tilde{\omega}_2$; vgl. die Darstellung in Abb. 13.9.

Aufgabe 13.33 Finden Sie eine anschauliche Begründung, weshalb in Abb. 13.16a die Resonanzamplitude für $x_1 = x_L$ bei $\tilde{\Omega} = \tilde{\omega}_2$ sehr viel größer ist als die bei $\tilde{\Omega} = \tilde{\omega}_1$? (Vgl. Abb. 13.8.)

Aufgabe 13.34 Wie kann man aus Abb. 13.16 entnehmen, dass bei $\tilde{\Omega} \approx \tilde{\omega}_1$ die Schwingungen $x_1(t) = x_L(t)$ und $x_2(t) = y_L(t)$ im Wesentlichen *gegenphasig* stattfinden und bei $\tilde{\Omega} \approx \tilde{\omega}_2$ *gleichphasig*?

Aufgabe 13.35 Zeichnen Sie für die unwuchterregten Schwingungen, (13.96)–(13.99), entsprechend Abb. 12.19 für $\tilde{\Omega} = 1.36$ und $\tilde{\Omega} = 1.43$ – z. B. mit den Angaben in Abb. 13.17 – jeweils die Winkellage zwischen Unwucht und Auslenkung für $\tilde{\Omega}\tilde{t} = \tilde{\Omega}\omega_0 t = 0, \pi/2, \pi, 3\pi/2, 2\pi$.

Aufgabe 13.36 Lesen Sie aus Abb. 13.17 ab, in welchen Drehzahlbereichen der Lagermittelpunkt mit demselben Drehsinn wie die Unwucht umläuft und wann er gegensinnig umläuft.

Aufgabe 13.37 Lesen Sie aus Abb. 13.17 ab, bei welcher Drehzahl sich der Lagermittelpunkt bei Unwuchterregung längs einer Geraden bewegt.

14 Rotorsysteme

Zusammenfassung

In diesem Kapitel wird der Rotor aus Kapitel 12 auf zwei nahezu gleiche Lagerböcke nach Kapitel 13 gesetzt. Eigen- und erzwungene Schwingungen werden überwiegend komplex berechnet. In Matrixschreibweise spiegelt sich das Zusammensetzen der Teilsysteme Lagerböcke A, B mit Rotor S in der Bewegungsgleichung durch gekoppelte Blockmatrizen. In den Eigenschwingungen schwingt das System räumlich. Bei Lager-Isotropie ist Instabilität möglich; hinreichend große Anisotropie stabilisiert! Bei unwuchterregten Schwingungen laufen Lagerzentren und Scheibenzentrum auf ellipsenähnlichen Bahnen um.Ellipsenformen und jeweiliger Umlaufsinn gegenüber der Wellendrehung hängen von der Frequenz ab. Sitzt die Scheibe geneigt auf ihrer Welle, kommt bei den Schwingungen Kreiselwirkung ins Spiel. Am Wellendurchstoßpunkt W müssen die beiden Biegewinkel der Welle, die Schwankungen der Kippwinkel der Scheibe, als zusätzliche Koordinaten eingeführt werden. Linearisierte Kreiselgleichungen werden nach geeigneten Koordinatenumformungen mit Hilfe des Lagrange-Formalismus hergeleitet. Als Beispiel dient eine fliegend gelagerte Kreiselscheibe, für die freie und erzwungene Schwingungen reell und komplex berechnet und interpretiert werden.

Ergänzende Information Die elektronische Version dieses Kapitels enthält Zusatzmaterial, auf das über folgenden Link zugegriffen werden kann https://doi.org/10.1007/978-3-658-38123-3_14.

E. Brommundt und D. Sachau, *Schwingungslehre mit Maschinendynamik*,
https://doi.org/10.1007/978-3-658-38123-3_14

14.1 Die einfach besetzte Welle auf nachgiebigen Lagern

14.1.1 Das System

Die einfach besetzte Welle aus Abschn. 12.3 wird auf zwei Lagerböcke nach Art von Kap. 13 gesetzt, Abb. 14.1. Das System besteht dann aus der Scheibe S, der Welle W und den beiden Lagerböcken A und B. Die Untersuchung hier greift auf die vorangehenden Überlegungen zurück und setzt die neuen Bewegungsgleichungen aus den bekannten gemäß der Systemstruktur zusammen. (Das Gewicht der Teile wird vernachlässigt, da sein Einfluss trivial ist.)

14.1.2 Das Modell

Die aus dem Abschn. 12.3 und Kap. 13 übernommenen Größen werden durch die vier Indizes *S, W, A, B* – Scheibe, Welle, Bock A bzw. Bock B – unterschieden. Wesentliche neue Systemparameter sind die Längenverhältnisse, vgl. Abb. 14.1:

$$\tilde{l}_1 = l_1/l, \quad \tilde{l}_2 = l_2/l, \quad \text{wo} \quad l := l_1 + l_2. \tag{14.1}$$

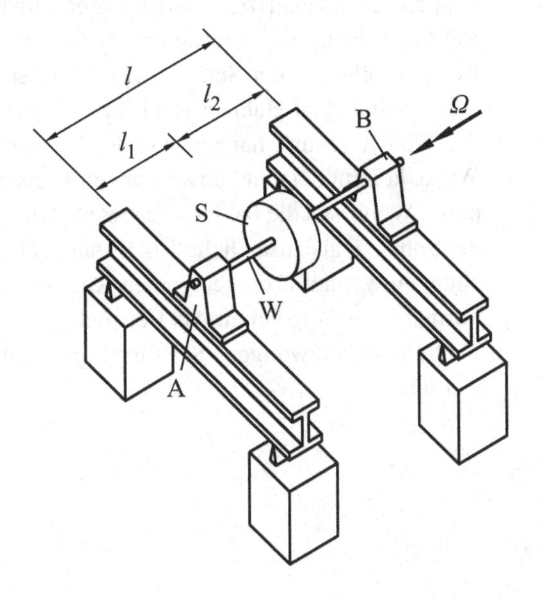

Abb. 14.1 Einfach besetzte Welle auf nachgiebigen Böcken

Die Gleichungen für die vier Systemteile werden zunächst vorbereitend zusammengestellt und dann zusammengefasst. Verbindendes Element ist die Welle, sie steht deshalb an erster Stelle.

14.1.2.1 Gleichgewicht, Kinematik, konstitutives Verhalten der Welle

Hinweis 1 Damit die Überlegungen aus Kap. 12 und 13 unmittelbar benutzt werden können, zeigen Abb. 14.2 und 14.3 die Vektoren für die Kräfte und die Auslenkungen mit den Symbolen für (Spalten-)Matrizen, ohne darüber gesetzte Pfeile.

Abb. 14.2 zeigt die herausgeschnittene Welle mit den angreifenden Kräften. (Da mit linearen Gleichungen gearbeitet wird, darf das Gleichgewicht an der unverformten Welle angesetzt werden.) Momentengleichgewicht um den Lagerpunkt B bzw. A liefert die Kräfte $\boldsymbol{F}_{A/W}$ bzw. $\boldsymbol{F}_{B/W}$ auf den Lagerbock A bzw. B von der Welle W:

$$\boldsymbol{F}_{A/W} = \tilde{l}_2 \boldsymbol{F}_W, \quad \boldsymbol{F}_{B/W} = \tilde{l}_1 \boldsymbol{F}_W. \tag{14.2}$$

Dabei steht $\boldsymbol{F}_W$ für $(F_{xW}, F_{yW})^{\mathrm{T}}$, die Wellenkraft $\boldsymbol{F}$ aus (12.32). Analog bezeichnen die Pfeile $\boldsymbol{F}_{A/W}$ und $\boldsymbol{F}_{B/W}$ die *Reaktionen* zu den Lagerkräften $\boldsymbol{F}_L$ aus $(13.11)_2$, vgl. Abb. 13.3. (Gemäß (14.2) sind an der Welle alle Kräfte stets parallel.)

Die geometrischen und kinematischen Beziehungen liest man aus Abb. 14.3 ab:

$$\boldsymbol{x}_S = \tilde{l}_2 \boldsymbol{x}_A + \tilde{l}_1 \boldsymbol{x}_B + \boldsymbol{r}_W. \tag{14.3}$$

Abb. 14.2 Kräfte auf Welle

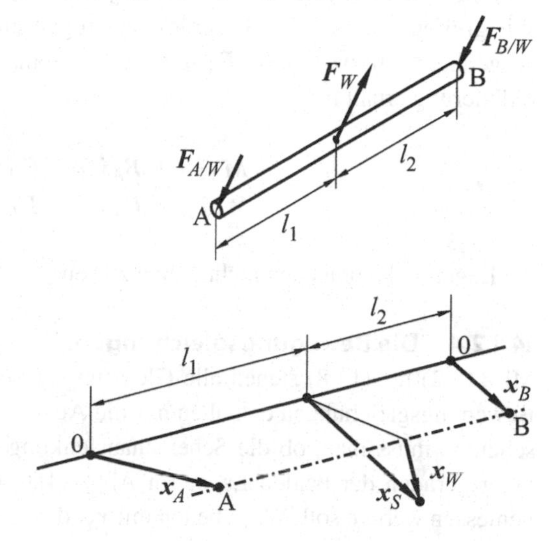

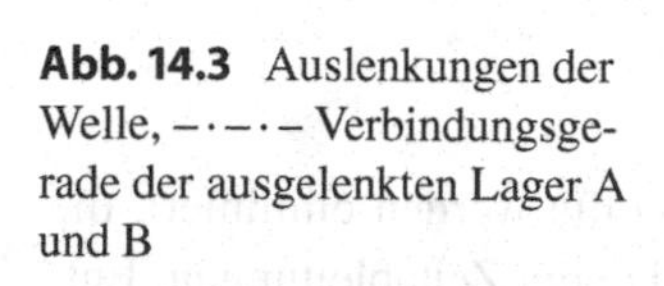

Abb. 14.3 Auslenkungen der Welle, –·–·– Verbindungsgerade der ausgelenkten Lager A und B

Hier ist $\boldsymbol{x}_W$ die Wellendurchbiegung, vgl. $(12.27)_1$, $\boldsymbol{x}_A$, $\boldsymbol{x}_B$ stehen für die Auslenkungen $\boldsymbol{x}_L$ der Lagerböcke A bzw. B, vgl. $(13.11)_1$, und die Scheibenauslenkung $\boldsymbol{x}_S$ ist jetzt die *Auslenkung* am *Wellendurchstoßpunkt* (Punkt W in Abb. 12.5) gegenüber der Ausgangslage auf der Geraden 0–0 in Abb. 14.3, entsprechend $(x, y)^{\mathrm{T}}$ in (12.1) und (12.3).

Die konstitutiven Gleichungen (12.42) der mit der Winkelgeschwindigkeit Ω umlaufenden Welle mit innerer Dämpfung, ihr Deformations-Kraft-Verhalten, lautet in Matrixform

$$\boldsymbol{F}_W = b_i \dot{\boldsymbol{x}}_W + (k_W \boldsymbol{I}_2 + b_i \Omega \boldsymbol{J}_2)\boldsymbol{x}_W, \tag{14.4}$$

mit den 2×2-Matrizen

$$\boldsymbol{I}_2 = \begin{pmatrix} 1 & 0 \\ 0 & 1 \end{pmatrix}, \quad \boldsymbol{J}_2 = \begin{pmatrix} 0 & 1 \\ -1 & 0 \end{pmatrix}. \tag{14.5}$$

14.1.2.2 Gleichgewicht an der Scheibe

Parallel zu (12.43) gilt, in Matrixschreibweise,

$$m_S \ddot{\boldsymbol{x}}_S + b_a \dot{\boldsymbol{x}}_S + \boldsymbol{F}_W = m_S r_u \Omega^2 \boldsymbol{f}(\Omega t), \tag{14.6}$$

wo

$$\boldsymbol{f}(\Omega t) = \begin{pmatrix} \cos \Omega t \\ \sin \Omega t \end{pmatrix}. \tag{14.7}$$

14.1.2.3 Gleichgewicht an den Lagerböcken

Wir greifen auf Gl. (13.53) zurück und fügen auf der rechten Seite die von der Welle ausgeübten (Zusatz-)Kräfte $\boldsymbol{F}_{A/W}$ bzw. $\boldsymbol{F}_{B/W}$ aus (14.2) hinzu. Mit der oben eingeführten Indizierung erhält man

$$\begin{aligned} \boldsymbol{M}_A \ddot{\boldsymbol{x}}_A + \boldsymbol{B}_A \dot{\boldsymbol{x}}_A + \boldsymbol{K}_A \boldsymbol{x}_A &= \boldsymbol{F}_{A/W}, \\ \boldsymbol{M}_B \ddot{\boldsymbol{x}}_B + \boldsymbol{B}_B \dot{\boldsymbol{x}}_B + \boldsymbol{K}_B \boldsymbol{x}_B &= \boldsymbol{F}_{B/W}; \end{aligned} \tag{14.8}$$

die Lagerböcke brauchen nicht gleich zu sein.

14.1.2.4 Die Bewegungsgleichungen

Mit (14.2) bis (14.8) stehen alle Gleichungen bereit. Die Kräfte werden eliminiert, die Bewegungsgleichungen enthalten nur die Auslenkungen und deren Zeitableitungen. Entscheiden muss man, ob die Scheibenauslenkung durch $\boldsymbol{x}_W$, d. h. gegenüber der Verbindungsgeraden der beiden Lager (in Abb. 14.3 strichpunktiert) oder absolut, durch $\boldsymbol{x}_S$, gemessen werden soll. Wir arbeiten mit $\boldsymbol{x}_S$, da die Systemmatrizen dann weitgehend symmetrisch werden.

Der Arbeitsaufwand wird verringert und die Lesbarkeit der Gleichungen wird erhöht, wenn man mit Block-Matrizen arbeitet. Elimination von $\boldsymbol{x}_W$ sowie der Kräfte liefert

$$
\begin{aligned}
&\begin{pmatrix} m_S \boldsymbol{I}_2 & \boldsymbol{0} & \boldsymbol{0} \\ \boldsymbol{0} & \boldsymbol{M}_A & \boldsymbol{0} \\ \boldsymbol{0} & \boldsymbol{0} & \boldsymbol{M}_B \end{pmatrix} \begin{pmatrix} \boldsymbol{x}_S \\ \boldsymbol{x}_A \\ \boldsymbol{x}_B \end{pmatrix}^{\bullet\bullet} \\
&+ \begin{pmatrix} (b_a + b_i)\boldsymbol{I}_2 & -b_i \tilde{l}_2 \boldsymbol{I}_2 & -b_i \tilde{l}_1 \boldsymbol{I}_2 \\ -b_i \tilde{l}_2 \boldsymbol{I}_2 & \boldsymbol{B}_A + b_i \tilde{l}_2^2 \boldsymbol{I}_2 & b_i \tilde{l}_1 \tilde{l}_2 \boldsymbol{I}_2 \\ -b_i \tilde{l}_1 \boldsymbol{I}_2 & b_i \tilde{l}_1 \tilde{l}_2 \boldsymbol{I}_2 & \boldsymbol{B}_B + b_i \tilde{l}_1^2 \boldsymbol{I}_2 \end{pmatrix} \begin{pmatrix} \boldsymbol{x}_S \\ \boldsymbol{x}_A \\ \boldsymbol{x}_B \end{pmatrix}^{\bullet} \\
&+ \left[\begin{pmatrix} k_W \boldsymbol{I}_2 & -k_W \tilde{l}_2 \boldsymbol{I}_2 & -k_W \tilde{l}_1 \boldsymbol{I}_2 \\ -k_W \tilde{l}_2 \boldsymbol{I}_2 & \boldsymbol{K}_A + k_W \tilde{l}_2^2 \boldsymbol{I}_2 & k_W \tilde{l}_1 \tilde{l}_2 \boldsymbol{I}_2 \\ -k_W \tilde{l}_1 \boldsymbol{I}_2 & k_W \tilde{l}_1 \tilde{l}_2 \boldsymbol{I}_2 & \boldsymbol{K}_B + \tilde{l}_1^2 k_W \boldsymbol{I}_2 \end{pmatrix} \right. \\
&\left. + b_i \Omega \begin{pmatrix} \boldsymbol{J}_2 & -\tilde{l}_2 \boldsymbol{J}_2 & -\tilde{l}_1 \boldsymbol{J}_2 \\ -\tilde{l}_2 \boldsymbol{J}_2 & \tilde{l}_2^2 \boldsymbol{J}_2 & \tilde{l}_1 \tilde{l}_2 \boldsymbol{J}_2 \\ -\tilde{l}_1 \boldsymbol{J}_2 & \tilde{l}_1 \tilde{l}_2 \boldsymbol{J}_2 & \tilde{l}_1^2 \boldsymbol{J}_2 \end{pmatrix} \right] \begin{pmatrix} \boldsymbol{x}_S \\ \boldsymbol{x}_A \\ \boldsymbol{x}_B \end{pmatrix} \\
&= m_S r_u \Omega^2 \begin{pmatrix} \boldsymbol{f}(\Omega t) \\ \boldsymbol{0} \\ \boldsymbol{0} \end{pmatrix},
\end{aligned}
\tag{14.9}
$$

abgekürzt

$$
\boldsymbol{M}\ddot{\boldsymbol{x}} + \boldsymbol{B}\dot{\boldsymbol{x}} + [\boldsymbol{K} + b_i \Omega \boldsymbol{J}]\boldsymbol{x} = m_S r_u \Omega^2 \boldsymbol{f}(\Omega t). \tag{14.10}
$$

Die 6×6-Matrix $\boldsymbol{J}$ ist *schiefsymmetrisch*: $\boldsymbol{J}^{\mathrm{T}} = -\boldsymbol{J}$.

14.1.3 Numerische Beispiele

Zur numerischen Auswertung der Bewegungsgleichungen (14.9) braucht man Maschinenparameter. Der Einfachheit halber greifen wir auf die Parameter aus den Abschn. 12.3 und 12.13zurück. Dann muss man die Skalierungen (12.61) aus Abschn. 12.5 und (13.43) aus Abschn. 13.4.2 aufeinander abstimmen.

14.1.3.1 Skalieren der Bewegungsgleichungen

Sind die beiden Lagerböcke (einschließlich Massen) identisch und ist $(\lambda_L, \hat{\boldsymbol{x}}_L)$ eine der Eigenschwingungen aus Abschn. 13.4, also ohne die Welle mit der Scheibe, so hat die (14.10) zugeordnete homogene Gleichung – unabhängig von den Wellenparametern – die Eigenlösung $(\lambda_\vartheta, \hat{\boldsymbol{x}}_\vartheta)$ mit $\lambda_\vartheta = \lambda_L$ und

$$
\hat{\boldsymbol{x}}_\vartheta^{\mathrm{T}} = \left(0, 0, \tilde{l}_1 \hat{\boldsymbol{x}}_L^{\mathrm{T}}, -\tilde{l}_2 \hat{\boldsymbol{x}}_L^{\mathrm{T}}\right), \tag{14.11}
$$

die Scheibe bleibt also in Ruhe. Um diesen Sonderfall zu vermeiden, gehen wir zu unterschiedlichen Lagermassen über und setzen

$$m_A = \tilde{m}_A m_L, \quad m_B = \tilde{m}_B m_L. \tag{14.12}$$

Die übrigen Lagerbockparameter sollen gleich sein.

Mit der Referenzmasse m_L übernehmen wir aus Abschn. 13.4.2 die Referenzgrößen

$$m_R = m_L, \quad k_R = 27EI_B/l_B^3, \quad \omega_R := \sqrt{k_R/m_R}, \tag{14.13}$$

wo l_B und EI_B für die Länge bzw. Biegesteifigkeit des Lagerbock-Trägers stehen.

Die Skalierung (12.61) lautet nun

$$\omega_0^2 = k_W/m_S, \quad b_a = 2D_a\omega_0 m_S, \quad b_i = 2D_i\omega_0 m_S. \tag{14.14}$$

Mit

$$\tilde{m}_S = m_S/m_R, \quad \tilde{k}_W = k_W/k_R \tag{14.15}$$

folgt daraus

$$\omega_0^2 = \frac{\tilde{k}_W}{\tilde{m}_S}\omega_R^2, \quad b_a = 2D_a\sqrt{\tilde{k}_W\tilde{m}_S}\omega_R m_R, \quad b_i = 2D_i\sqrt{\tilde{k}_W\tilde{m}_S}\omega_R m_R. \tag{14.16}$$

Mit obigen Transformationen und mit

$$\tilde{t} = \omega_R t, \quad \Omega = \tilde{\Omega}\omega_R \tag{14.17}$$

erhält man aus (14.10) in einem ersten Schritt

$$\begin{aligned} &\omega_R^2 m_R \tilde{\boldsymbol{M}} \overset{\circ\circ}{\boldsymbol{x}} + \omega_R^2 m_R \tilde{\boldsymbol{B}} \overset{\circ}{\boldsymbol{x}} + k_R\left[\tilde{\boldsymbol{K}} + 2D_i\tilde{\Omega}\sqrt{\tilde{k}_W\tilde{m}_S}\boldsymbol{J}\right]\boldsymbol{x} \\ &= \omega_R^2 m_R \tilde{m}_S r_u \tilde{\Omega}^2 \boldsymbol{f}(\tilde{\Omega}\tilde{t}). \end{aligned} \tag{14.18}$$

Nach Division durch $(m_R\omega_R^2) = k_R$ und mit

$$\tilde{\boldsymbol{x}} = \boldsymbol{x}/r_u \tag{14.19}$$

folgt

$$\tilde{\boldsymbol{M}} \overset{\circ\circ}{\tilde{\boldsymbol{x}}} + \tilde{\boldsymbol{B}} \overset{\circ}{\tilde{\boldsymbol{x}}} + \left[\tilde{\boldsymbol{K}} + 2D_i\tilde{\Omega}\sqrt{\tilde{k}_W\tilde{m}_S}\boldsymbol{J}\right]\tilde{\boldsymbol{x}} = \tilde{m}_S\tilde{\Omega}^2\boldsymbol{f}(\tilde{\Omega}\tilde{t}). \tag{14.20}$$

Vergleich der Koeffizienten liefert

$$\tilde{\boldsymbol{M}} = \begin{pmatrix} \tilde{m}_S \boldsymbol{I}_2 & \boldsymbol{0} & \boldsymbol{0} \\ \boldsymbol{0} & \tilde{m}_A \boldsymbol{I}_2 & \boldsymbol{0} \\ \boldsymbol{0} & \boldsymbol{0} & \tilde{m}_B \boldsymbol{I}_2 \end{pmatrix}, \quad \tilde{\boldsymbol{K}} = \tilde{k}_W \boldsymbol{A} + \begin{pmatrix} \boldsymbol{0} & \boldsymbol{0} & \boldsymbol{0} \\ \boldsymbol{0} & \tilde{\boldsymbol{K}}_L & \boldsymbol{0} \\ \boldsymbol{0} & \boldsymbol{0} & \tilde{\boldsymbol{K}}_L \end{pmatrix}, \tag{14.21}$$

$$\tilde{\boldsymbol{B}} = 2\sqrt{\tilde{k}_W \tilde{m}_S} D_i \boldsymbol{A} + \begin{pmatrix} 2\sqrt{\tilde{k}_W \tilde{m}_S} D_a \boldsymbol{I}_2 & \boldsymbol{0} & \boldsymbol{0} \\ \boldsymbol{0} & \tilde{\boldsymbol{B}}_L & \boldsymbol{0} \\ \boldsymbol{0} & \boldsymbol{0} & \tilde{\boldsymbol{B}}_L \end{pmatrix}, \tag{14.22}$$

wo $\boldsymbol{A}$ und $\boldsymbol{J}$ für die Matrizen

$$\begin{aligned} \boldsymbol{A} &= \begin{pmatrix} \boldsymbol{I}_2 & -\tilde{l}_2 \boldsymbol{I}_2 & -\tilde{l}_1 \boldsymbol{I}_2 \\ -\tilde{l}_2 \boldsymbol{I}_2 & \tilde{l}_2^2 \boldsymbol{I}_2 & \tilde{l}_1 \tilde{l}_2 \boldsymbol{I}_2 \\ -\tilde{l}_1 \boldsymbol{I}_2 & \tilde{l}_1 \tilde{l}_2 \boldsymbol{I}_2 & \tilde{l}_1^2 \boldsymbol{I}_2 \end{pmatrix}, \\ \boldsymbol{J} = -\boldsymbol{J}^{\mathrm{T}} &= \begin{pmatrix} \boldsymbol{J}_2 & -\tilde{l}_2 \boldsymbol{J}_2 & -\tilde{l}_1 \boldsymbol{J}_2 \\ -\tilde{l}_2 \boldsymbol{J}_2 & \tilde{l}_2^2 \boldsymbol{J}_2 & \tilde{l}_1 \tilde{l}_2 \boldsymbol{J}_2 \\ -\tilde{l}_1 \boldsymbol{J}_2 & \tilde{l}_1 \tilde{l}_2 \boldsymbol{J}_2 & \tilde{l}_1^2 \boldsymbol{J}_2 \end{pmatrix} \end{aligned} \tag{14.23}$$

stehen und $\tilde{\boldsymbol{K}}_A = \tilde{\boldsymbol{K}}_B = \tilde{\boldsymbol{K}}_L$, vgl. (13.14), $\tilde{\boldsymbol{B}}_A = \tilde{\boldsymbol{B}}_B = \tilde{\boldsymbol{B}}_L$, vgl. (13.66), gesetzt wurde.

14.1.3.2 Wahl der numerischen Parameter

Ziel des Beispiels ist ein kurzer Überblick über die Eigenschwingungsformen des Systems vom Freiheitsgrad 6 sowie ein *Einblick in die Phänomene*, die aus der (mitrotierenden) inneren Dämpfung der Welle (vgl. Abschn. 12.3.3 und 12.5) in diesem System entstehen.

Gewählt werden als Nominalparameter für Welle und Scheibe

$$\tilde{l}_1 = 0.6, \quad \tilde{l}_2 = 0.4, \quad \tilde{m}_S = 5, \quad \tilde{k}_W = 3, \quad D_a = 0.02, \quad D_i = 0.01, \tag{14.24}$$

für die Lagerböcke, s. auch (13.45) und (13.67),

$$\tilde{m}_A = 0.9, \quad \tilde{m}_B = 1.1, \quad \tilde{\boldsymbol{K}}_N = \begin{pmatrix} 8 & 3 \\ 3 & 3.75 \end{pmatrix}, \quad \tilde{\boldsymbol{B}}_N = \begin{pmatrix} 0.1 & 0.05 \\ 0.05 & 0.05 \end{pmatrix}. \tag{14.25}$$

Bei der Untersuchung der Wirkung der inneren Dämpfung muss man *isotrope Lagerung* – die Steifigkeiten und Dämpfungen der Lagerböcke sind richtungsunabhängig – und *anisotrope Lagerung* – Steifigkeiten und Dämpfungen sind richtungsabhängig – unterscheiden. Für den isotropen Fall setzen wir mit den Mittelwerten der Hauptdiagonalelemente

$$\tilde{k}_m = 5.875, \quad \tilde{b}_m = 0.075, \quad \tilde{\boldsymbol{K}}_{IS} = \begin{pmatrix} \tilde{k}_m & 0 \\ 0 & \tilde{k}_m \end{pmatrix}, \quad \tilde{\boldsymbol{B}}_{IS} = \begin{pmatrix} \tilde{b}_m & 0 \\ 0 & \tilde{b}_m \end{pmatrix}. \tag{14.26}$$

Für den Übergang vom isotropen zum (anisotropen) Nominalsystem wählen wir die Homotopie (siehe [10])

$$\begin{aligned} \boldsymbol{K}_A = \boldsymbol{K}_B = \boldsymbol{K}_L = h \cdot \boldsymbol{K}_N + (1-h) \cdot \boldsymbol{K}_{IS}, \\ \boldsymbol{B}_A = \boldsymbol{B}_B = \boldsymbol{B}_L = h \cdot \boldsymbol{B}_N + (1-h) \cdot \boldsymbol{B}_{IS}, \end{aligned} \tag{14.27}$$

mit $h = 0$: Isotropie, $h = 1$: anisotropes *Nominalsystem*, Steifigkeit und Dämpfung werden also parallel variiert.

Wir beschränken uns hier auf die Untersuchung von Eigenschwingungen. Das dem System (14.20) zugeordnete homogene Dgl-System

$$\tilde{\boldsymbol{M}}\overset{\circ\circ}{\boldsymbol{x}} + \tilde{\boldsymbol{B}}\overset{\circ}{\boldsymbol{x}} + \tilde{\boldsymbol{K}}^{*}\boldsymbol{x} = \boldsymbol{0} \tag{14.28}$$

wird in ein System erster Ordnung umgeschrieben

$$\begin{pmatrix} \tilde{\boldsymbol{M}} & \boldsymbol{0} \\ \boldsymbol{0} & \tilde{\boldsymbol{M}} \end{pmatrix} \begin{pmatrix} \overset{\circ}{\boldsymbol{x}} \\ \boldsymbol{x} \end{pmatrix}^{\circ} = \begin{pmatrix} -\tilde{\boldsymbol{B}} & -\tilde{\boldsymbol{K}}^{*} \\ \tilde{\boldsymbol{M}} & \boldsymbol{0} \end{pmatrix} \begin{pmatrix} \overset{\circ}{\boldsymbol{x}} \\ \boldsymbol{x} \end{pmatrix} \tag{14.29}$$

und das zugehörige Eigenwertproblem mit Matlab numerisch gelöst. Mit den hier vorliegenden Parameterwerten treten Eigenwerte stets paarig komplex konjugiert auf. Es genügt dann, den Eigenwert mit dem positiven Imaginärteil darzustellen.

Hinweis 2 Bei den Eigenschwingungen braucht die Bewegung des Wellendurchstoßpunktes W nicht von der Bewegung des Schwerpunktes C unterschieden zu werden, bei der *Deutung* der Schwingung darf C als auf W liegend angenommen werden.

14.1.3.3 Ungedämpfte Eigenschwingungen

Tab. 14.1 listet die Eigenfrequenzen $\tilde{\omega}_k$ und die zugehörigen Eigenschwingungsformen (Eigenvektoren) $\hat{\boldsymbol{x}}_k = (\hat{x}_{Sk}, \hat{y}_{Sk}, \hat{x}_{Ak}, \hat{y}_{Ak}, \hat{x}_{Bk}, \hat{y}_{Bk})^{\mathrm{T}}$ für die Fälle $h = 0$ (isotrope Lagerung), $h = 0.5$ und $h = 1$ (nominale Lagerung) auf. Die jeweils größte Auslenkung wurde auf 1 normiert.

Um sich die Eigenschwingungen zu veranschaulichen, muss man die Eigenschwingungsformen anhand der Zahlenwerte aus Tab. 14.1 skizzieren (s. Abb. 14.4). In den Fällen $h > 0$ schwingen die Punkte W, A, B von Scheibe bzw. Lagern längs Geraden, vgl. Abb. 13.8.

Wegen der speziellen Struktur (14.9), (14.10) und der Wahl $\boldsymbol{K}_A = \boldsymbol{K}_B$, vgl. (14.27), liegen (ohne Dämpfung) die Eigenschwingungen jeweils in einer Ebene (s. Aufgabe 14.4).

Bei $h = 0$, im isotropen Fall, fallen jeweils zwei Eigenfrequenzen zusammen.

14.1.3.4 Gedämpfte Eigenschwingungen

Wir gehen vom isotrop gelagerten Rotor unter der Wirkung der inneren Dämpfung D_i aus und ändern das System schrittweise ab:

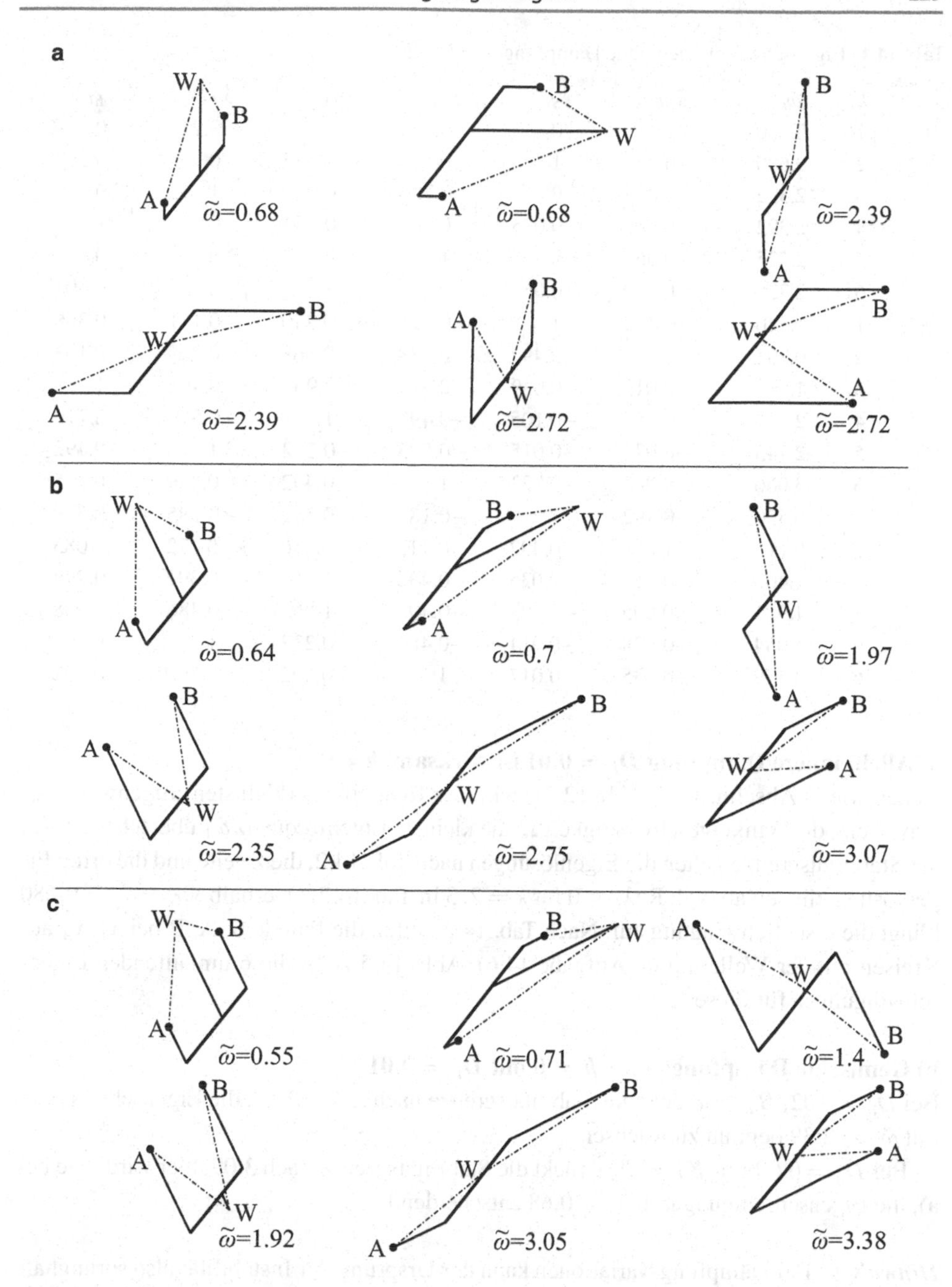

Abb. 14.4 Eigenformen ohne Dämpfungen. **a** $h = 0$, **b** $h = 0.5$, **c** $h = 1$; Wellenbiegungen durch bei W geknickte, strichpunktierte Geradenzüge $\overline{AW} - \overline{WB}$ wiedergegeben

Tab. 14.1 Eigenschwingungen ohne Dämpfung $h = 0, 0.5, 1$

h	k	$\tilde{\omega}_k$	$\hat{x}_{Sk}$	$\hat{y}_{Sk}$	$\hat{x}_{Ak}$	$\hat{y}_{Ak}$	$\hat{x}_{Bk}$	$\hat{y}_{Bk}$
0	1	0.680	1	0	0.175	0	0.267	0
	2	0.680	0	1	0	0.175	0	0.267
	3	2.392	−0.035	0	−0.784	0	1	0
	4	2.392	0	−0.035	0	−0.784	0	1
	5	2.725	−0.067	0	1	0	0.601	0
	6	2.725	0	−0.067	0	1	0	0.601
0.5	1	0.640	−0.492	1	−0.118	0.240	−0.181	0.368
	2	0.701	1	0.492	0.138	0.068	0.209	0.103
	3	1.966	0.019	−0.039	0.474	−0.964	−0.492	1
	4	2.346	0.052	−0.105	−0.492	1	−0.379	0.770
	5	2.745	−0.031	−0.015	−0.593	−0.292	1	0.492
	6	3.066	−0.047	−0.023	1	0.492	0.479	0.235
1	1	0.550	−0.492	1	−0.183	0.372	−0.285	0.579
	2	0.715	1	0.492	0.113	0.056	0.172	0.085
	3	1.400	−0.017	0.035	−0.492	1	0.392	−0.798
	4	1.921	0.095	−0.193	−0.492	1	−0.486	0.988
	5	3.054	−0.028	−0.014	−0.482	−0.237	1	0.492
	6	3.379	−0.035	−0.017	1	0.492	0.390	0.192

a) Allein innere Dämpfung $D_i = 0.01$ ist wirksam, $h = 0$

Genau wie in Abschn. 12.5, Abb. 12.21, wird der Realteil des (kleinsten) Eigenwerts positiv, wenn die Winkelgeschwindigkeit $\tilde{\Omega}$ die kleinste Eigenfrequenz $\tilde{\omega}_1$ überschreitet. An der Stabilitätsgrenze gelten die Eigenlösungen nach Tab. 14.2, die zweite und die dritte Eigenlösung klingen ab: vgl. $\mathrm{Re}\tilde{\lambda}_k < 0$ für $k = 2, 3$ in Tab. 14.2. Oberhalb $\tilde{\Omega}_G = \tilde{\omega}_1 = 0.680$ klingt die erste Schwingung auf. Nach Tab. 14.2 laufen die Punkte S, A, B bei $\tilde{\lambda}_1, \hat{\boldsymbol{x}}_1$ auf Kreisen mit der Welle um (s. Aufgabe 14.6). Abb. 14.5 zeigt die 6 umlaufenden Eigenschwingungen für dieses $\tilde{\Omega}_G$.

b) Gemischte Dämpfungen für $h = 0$ mit $D_i = 0.01$

Bei $D_a = 0.02$, $\tilde{\boldsymbol{B}}_L = \boldsymbol{0}$ rückt die Stabilitätsgrenze nach $\tilde{\Omega}_G = 2.44$, die Eigenschwingung mit $\tilde{\omega}_2 = 2.39$ beginnt zu wachsen.

Bei $D_a = 0.02$ mit $\tilde{\boldsymbol{B}}_L = \tilde{\boldsymbol{B}}_{IS}$ rückt die Stabilitätsgrenze nach 3.09, hier wird, wie bei a), die Eigenschwingung mit $\tilde{\omega}_1 \approx 0.68$ entscheidend.

Hinweis 3 Bei Dämpfungsvariationen kann der Ursprung der Instabilität also sprunghaft zwischen den Eigenschwingungen wechseln.

14.1.3.5 Stabilitätskarten

Kennt man keine allgemeinen Stabilitätsaussagen, muss man gemäß Hinweis 3 numerisch für alle Parameterkombinationen – das sind hier der Homotopiebereich $0 \leq h \leq 1$ und ein

Tab. 14.2 Eigenschwingungen für $h = 0$, $D_i = 0.01$, $D_a = 0.00$

k	1	2	3	4	5	6
$\tilde{\lambda}_k$	−0.0000 + 0.6822 j	−0.0091 + 0.6822 j	−0.0021 + 2.4294 j	−0.0037 + 2.4296 j	−0.0248 + 2.7594 j	−0.0150 + 2.7596 j
$\hat{x}_{Sk}$	0 + 1.0000 j	0 − 1.0000 j	0.0006 − 0.0349 j	−0.0010 + 0.0349 j	−0.0643 − 0.0069 j	−0.0643 − 0.0042 j
$\hat{y}_{Sk}$	1.0000 + 0.0000 j	1.0000 − 0.0000 j	−0.0349 − 0.0006 j	−0.0349 − 0.0010 j	0.0069 − 0.0643 j	−0.0042 + 0.0643 j
$\hat{x}_{Ak}$	−0.0000 + 0.1706 j	0.0049 − 0.1706 j	0.0247 − 0.7307 j	−0.0440 + 0.7318 j	1.0000	1.0000 − 0.0000 j
$\hat{y}_{Ak}$	0.1706 + 0.0000 j	0.1706 + 0.0049 j	0.7307 + 0.0247 j	−0.7318 − 0.0440 j	−0.0000 + 1.0000 j	−0.0000 − 1.0000 j
$\hat{x}_{Bk}$	−0.0000 − 0.2603 j	0.0076 − 0.2603 j	0.0000 + 1.0000 j	0 − 1.0000 j	0.5886 − 0.0385 j	0.5877 + 0.0232 j
$\hat{y}_{Bk}$	0.2603 + 0.0000 j	0.2603 + 0.0076 j	1.0000	1.0000 + 0.0000 j	−0.0385 + 0.5886 j	0.0232 − 0.5877 j

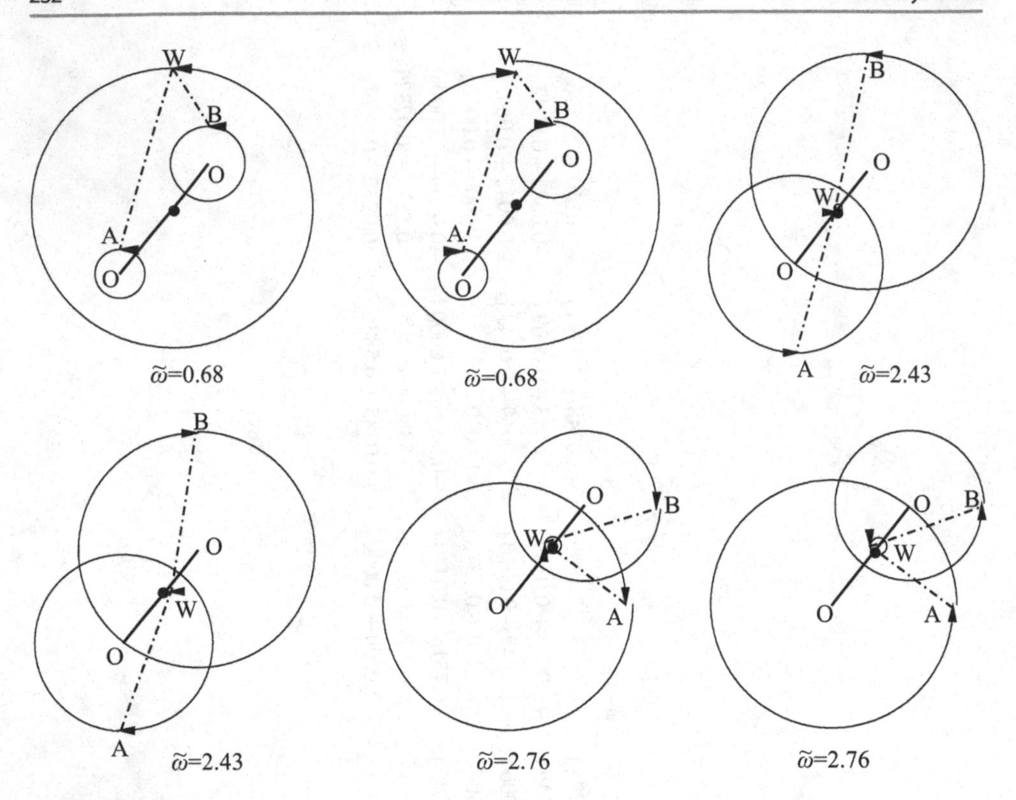

Abb. 14.5 Umlaufende Eigenschwingungen für $D_i = 0.01$, $D_a = 0.00$, $\boldsymbol{B}_L = \boldsymbol{0}$ an der Stabilitätsgrenze $\tilde{\Omega} = 0.680$. Bei W geknickte, strichpunktierte Geradenzüge $\overline{AW} - \overline{WB}$ geben Wellenform zum Zeitpunkt $\tilde{t} = 0$ wieder

Drehgeschwindigkeitsbereich, sagen wir $0 \leq \tilde{\Omega} \leq \tilde{\Omega}_E$, – sämtliche Eigenwerte $\tilde{\lambda}_k$ auf

$$\mathrm{Re}\tilde{\lambda}_k < 0 \tag{14.30}$$

überprüfen. Parameter-Mannigfaltigkeiten, die auf

$$\max(\mathrm{Re}\tilde{\lambda}_k) = 0 \tag{14.31}$$

führen, begrenzen den Stabilitätsbereich; Überlappungen von Instabilitätsbereichen können vorkommen. Wir untersuchen die Dämpfungskombinationen

$$\begin{aligned} &\text{a:} \quad D_i = 0.01, D_a = 0, \quad \boldsymbol{B}_L = \boldsymbol{0}, \\ &\text{b:} \quad D_i = 0.01, D_a = 0.02, \quad \boldsymbol{B}_L = \boldsymbol{0}, \\ &\text{c:} \quad D_i = 0.01, D_a = 0, \\ &\text{d:} \quad D_i = 0.01, D_a = 0.02 \end{aligned} \tag{14.32}$$

($\boldsymbol{B}_L$ in c und d nach $(14.27)_2$), für den $\tilde{\Omega}$-Bereich $0 \leq \tilde{\Omega} \leq 8$.

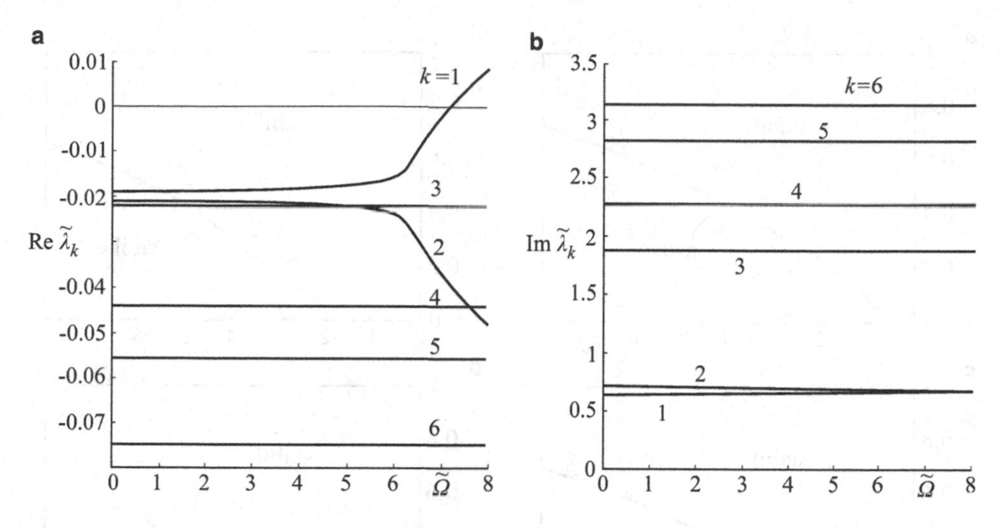

Abb. 14.6 Verlauf von **a** Real- und **b** Imaginärteil der Eigenwerte $\tilde{\lambda}_k(\tilde{\Omega})$ für den Parametersatz d in (14.32), Homotopie $h = 0.6$

Abb. 14.6 zeigt den Verlauf der 6 Eigenwerte $\tilde{\lambda}_k$ (mit positivem Imaginärteil $\tilde{\omega}_k = \mathrm{Im}\tilde{\lambda}_k$) über $\tilde{\Omega}$ für den Parametersatz d aus (14.32) zu $h = 0.6$. Der *Nulldurchgang* von $\mathrm{Re}\tilde{\lambda}_k$ bei $\tilde{\Omega} \approx 7.20$ ist ein *Punkt der Stabilitätsgrenze* in der Stabilitätskarte in Abb. 14.7d.

Abb. 14.7 zeigt die Stabilitätskarten für die vier Parametersätze (14.32). Man liest daraus ab: Bei fester Anisotropie, bei konstantem h, erhöht die äußere Dämpfung D_a die Stabilitätsgrenze erheblich, vgl. jeweils die Bilder a ↔ b und c ↔ d; siehe auch Abb. 12.21. Dagegen hat die Lagerbockdämpfung $\tilde{\boldsymbol{B}}_L$ nur geringen (stabilisierenden) Einfluss, vgl. jeweils die Bilder a ↔ c und b ↔ d. Allerdings hebt $\tilde{\boldsymbol{B}}_L$ die Stabilitätseinbrüche in Abb. 14.7b bei sehr kleinem h und bei $h \approx 0.25$ auf, die durch Schwankung der Vorzeichen der Realteile und durch Wechsel der diskriminierenden Eigenschwingung hervorgerufen werden. Steigendes h – zunehmende *Anisotropie der Lagerbocksteifigkeiten*, vgl. $(14.25)_2$ und $(14.27)_1$ – *stabilisiert sehr wirksam*, stärker als die äußeren Dämpfungen.

14.1.3.6 Unwuchterregte Schwingungen

Bei Unwuchterregung gemäß (14.6) und (14.7) lautet (14.20) in komplexer Form, vgl. Abschn. 6.2.1,

$$\tilde{\boldsymbol{M}}\overset{\circ\circ}{\underline{\tilde{x}}} + \tilde{\boldsymbol{B}}\overset{\circ}{\underline{\tilde{x}}} + \left[\tilde{\boldsymbol{K}} + 2D_i\tilde{\Omega}\sqrt{\tilde{k}_W\tilde{m}_S}\boldsymbol{J}\right]\underline{\tilde{x}} = \underline{\hat{F}}_e e^{j\tilde{\Omega}\tilde{t}}, \tag{14.33}$$

wo

$$\underline{\hat{F}}_e e^{j\tilde{\Omega}\tilde{t}} = \tilde{m}_S\tilde{\Omega}^2(1, -j, 0, 0, 0, 0)^{\mathrm{T}}. \tag{14.34}$$

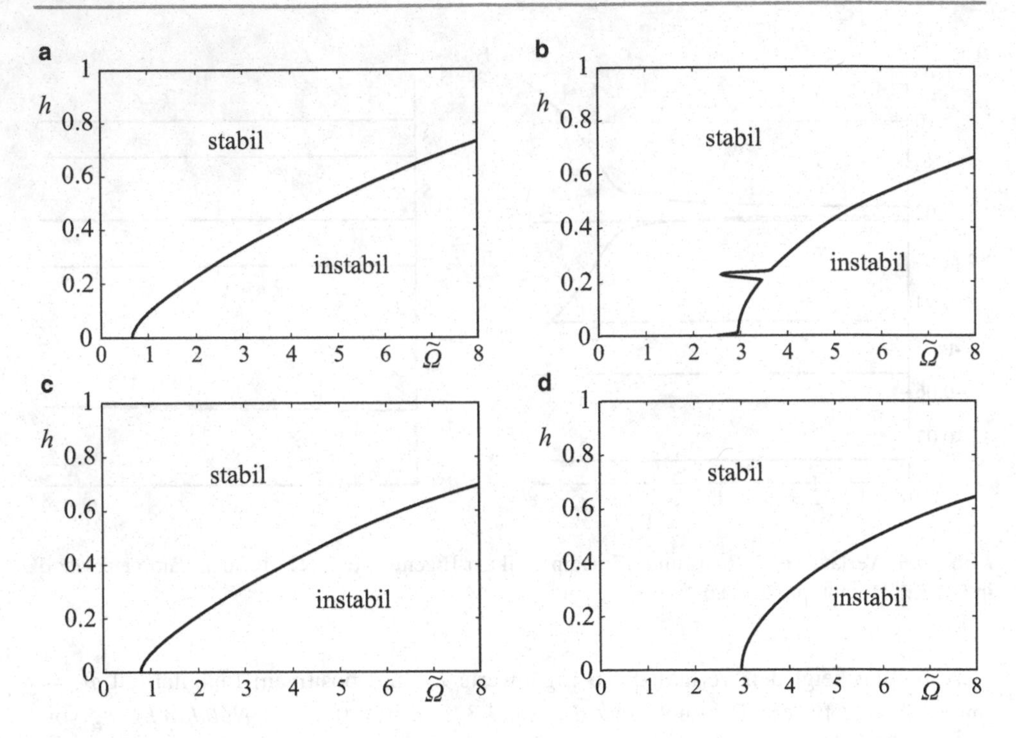

Abb. 14.7 Stabilitätskarte für die Parameter nach (14.32)

Mit $\underline{\tilde{x}} = \underline{\hat{\tilde{x}}} \exp(j\Omega t)$ folgt daraus für die komplexe Amplitude $\underline{\hat{\tilde{x}}}$ die Gleichung

$$\left(-\tilde{\boldsymbol{M}}\tilde{\Omega}^2 + j\,\tilde{\boldsymbol{B}}\tilde{\Omega} + \tilde{\boldsymbol{K}} + 2D_i\tilde{\Omega}\sqrt{\tilde{k}_W\tilde{m}_S}\,\boldsymbol{J}\right)\underline{\hat{\tilde{x}}} = \underline{\hat{F}}. \qquad (14.35)$$

Abb. 14.8 zeigt zu den Parametern aus Abschn. 14.1.3.2 für $h = 1$ und den $\tilde{\Omega}$-Bereich $0 \le \tilde{\Omega} \le 4$ die Resonanzkurven für die Amplitudenbeträge der horizontalen und vertikalen Auslenkungen $|\underline{\hat{\tilde{x}}}_S|$, $|\underline{\hat{\tilde{y}}}_S|$ der Scheibe, sowie $|\underline{\hat{\tilde{x}}}_A|$, $|\underline{\hat{\tilde{y}}}_A|$ und $|\underline{\hat{\tilde{x}}}_B|$, $|\underline{\hat{\tilde{y}}}_B|$ der Lager(zapfen) A bzw. B.

In Abb. 14.8 sind die Lagen der 6 Eigenfrequenzen $\tilde{\omega}_k$ des ungedämpften Systems gestrichelt markiert; vgl. Tab. 14.1, $h = 1$, für die Zahlen der Eigenlösungen und Abb. 14.4 für perspektivische Darstellungen der zugehörigen Eigenschwingungsformen.

Die erzwungenen Schwingungen nicht zu stark gedämpfter Schwinger kann man angenähert nach (10.25) mit Hilfe der für ungedämpfte Systeme eingeführten Modalkoordinaten interpretieren. (Die Amplituden werden gut erfasst, die Phasen nur als Vorzeichensprünge.) Zutreffend ist vor allem das hohe Gewicht der Eigenschwingung $\hat{\tilde{\boldsymbol{x}}}_k$ für $\tilde{\Omega}$ in der Umgebung der Eigenfrequenz $\tilde{\omega}_k$.

Auf den ersten Blick fällt auf, dass bei $|\hat{x}_S|$, $|\hat{y}_S|$, der Scheibe nur je zwei höhere Resonanzspitzen vorliegen, bei den Lagern A und B gibt es mehrere, alle sechs jedenfalls klar erkennbar. Die Zahlen in Tab. 14.1 zeigen die Ursache: In Spalte 3 und 4, die die

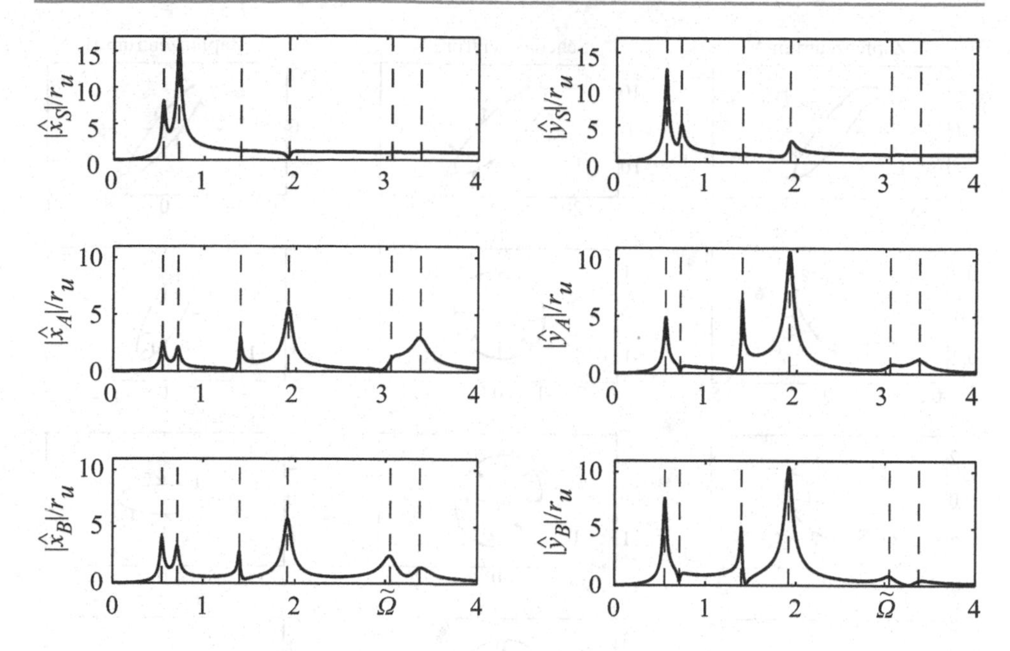

Abb. 14.8 Resonanzkurven für unwuchterregte Schwingung

Koordinaten $\hat{x}_{Sk}$ und $\hat{y}_{Sk}$ enthalten, stehen nur bei $\tilde{\omega}_1$ und $\tilde{\omega}_2$ größere Glieder; bei $\hat{y}_{Sk}$ auch bei $\tilde{\omega}_4$. Dem entspricht der Verlauf der Resonanzkurven. Allerdings streben $|\hat{x}_S|/r_u$ und $|\hat{y}_S|/r_u$ für große $\tilde{\Omega}$ nicht gegen 0, sondern gegen 1, weil bei wachsendem $\tilde{\Omega}$ die Trägheit(skraft) der Unwuchtmasse letztlich so groß wird, dass der Wellendurchstoßpunkt W, s. Abb. 12.4, mit dem Radius r_u um den Schwerpunkt C kreist; vgl. auch die Bahnkurve für die Scheibe bei $\tilde{\Omega} = 2.9$ in Abb. 14.9.

Auch die Auslenkungsverhältnisse in den Umgebungen der anderen Resonanzspitzen kann man mit Hilfe der Zahlen aus Tab. 14.1 nachvollziehen, sowie, an Hand der Eigenformen von Abb. 14.4, Kräftegleichgewichte überlegen.

Abb. 14.9 zeigt beispielhaft, wie sich die Umlaufbahnen der Lagerzentren und des Wellendurchstoßpunktes W drehzahlabhängig einstellen. (Der Parameter $h = 0.35$ wurde gewählt, damit sich unterschiedliche Umlaufrichtungen deutlich zeigen.) Bei den im allgemeinen ellipsenartigen Bahnen kehrt bei allmählicher Drehzahländerung der Durchlaufsinn der Bahn um, indem zum Beispiel die Schwingungsamplitude in Richtung eines Modalvektors ihr Vorzeichen wechselt. Falls Eigenfrequenzen nahe beieinanderliegen, kommt es zu raschen Richtungswechseln der Ellipsenachsen und auch des Durchlaufungssinns.

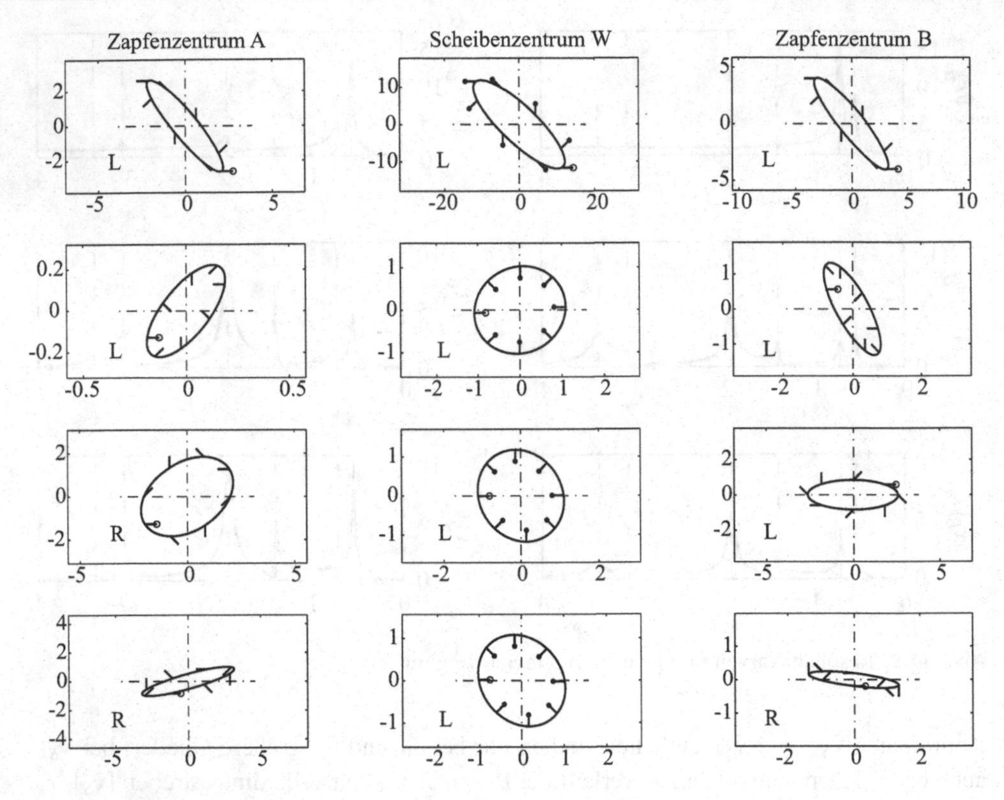

Abb. 14.9 Bahnkurven der Zentren von Lager A, Scheibe W, Lager B. Auslenkungen auf Unwuchtradius r_u bezogen. Unwucht dreht links herum; ab Ausgangslage $3\,h$ sind 45°-Schritte im Bild markiert; Bahnumlauf: L – links, R – rechts. (Parameter wegen deutlicher Effekte gewählt: $h = 0.35$; $\tilde{\Omega} = 0.65, 2.0, 2.7, 2.9$ – von oben)

14.2 Rotoren mit aufgesetztem Kreisel

14.2.1 Kreiselwirkungen

14.2.1.1 Allgemeine Bemerkungen

Der Drall von Drehkörpern, zum Beispiel von Rädern oder Scheiben, die auf einer Welle sitzen und mit ihr schnell umlaufen, ist so groß, dass der Körper einer Richtungsänderung seiner Drehachse einen zu beachtenden Widerstand entgegensetzt. (Ein schnell laufender Kreiselkompass bewahrt seine Richtung.) Für eine kurzzeitige Dralländerung gilt das Vektorgesetz, vgl. (A.107),

$$\begin{aligned} &\vec{L}(t + \Delta t) = \vec{L}(t) + \vec{M} \cdot \Delta t, \\ &\text{anders gelesen: } \vec{L}(t + \Delta t) - \vec{L}(t) =: \Delta\vec{L} = \vec{M} \cdot \Delta t. \end{aligned} \tag{14.36}$$

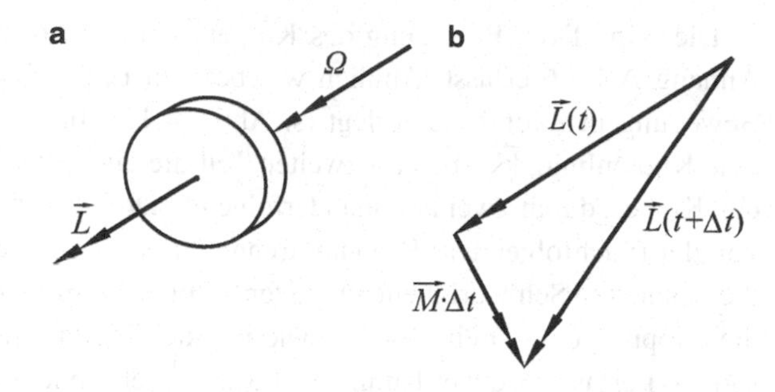

Abb. 14.10 Kreiseleffekt: Dralländerung infolge Momentenstoß

Abb. 14.10 illustriert den Zusammenhang: Die Scheibe im Teilbild a drehe schnell um ihre Figurenachse. (*Schnell* heißt, die Drehgeschwindigkeit Ω ist sehr viel größer als die Winkelgeschwindigkeiten der Achskippungen.) Dann liegt der Drallvektor $\vec{L}$ mit guter Genauigkeit auf der Figurenachse. Gemäß (14.36) kippt ein Moment $\vec{M}$, das während der Zeit Δt wirkt, die Figurenachse *nicht* um die Wirkrichtung von $\vec{M}$, sondern schwenkt sie in der von $\vec{L}(t)$ und $\vec{M}$ aufgespannten Ebene von $\vec{L}(t)$ nach $\vec{L}(t + \Delta t)$, vgl. Abb. 14.10b. Das muss man beim Ansetzen der Bewegungsgleichungen beachten.

Wir zeigen hier ein systematisches Vorgehen nach Lagrange (s. Anhang C.2.3) mit Hilfe der Kippwinkel (aus Anhang A.1.3.6). Dabei beschränken wir uns auf kleine Winkelauslenkungen, also lineare Bewegungsgleichungen (die aus teilweise zunächst nichtlinearen Gleichungen durch Vernachlässigung der Glieder höherer Ordnung entstehen).

14.2.1.2 Lagekoordinaten

Abb. 14.11 zeigt einen allgemeinen Körper und, als konkretes Beispiel, eine Scheibe, die in ihrer Ausgangslage mit ihren Hauptachsen auf der Inertialbasis $\vec{e}^{\,0}$ liegt. Auf die Hauptachsen bezogene Trägheitsmomente: J_{11}, J_{22}, J_{33}. (Die schnelle Rotation Ω erfolge um die 3-Achse. Deshalb ist die Basis gegenüber Abb. A.8 gedreht gezeichnet, vgl. Abb. 14.1).

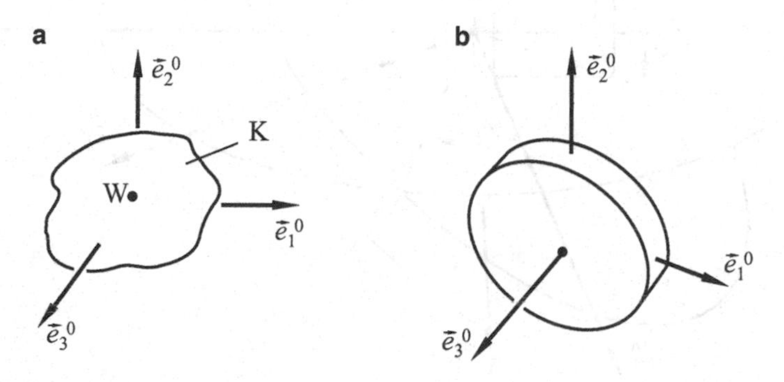

Abb. 14.11 Körper mit Hauptachsen in Ausgangslage

Die Kipp-Dreh-Bewegung des Körpers wird mit den Kippwinkeln $(\psi_1, \psi_2, \varphi)$ nach Anhang A.1.3.6 erfasst. Ähnlich wie bei den Eulerwinkeln, Anhang A.1.3.4, wird die Bewegung in zwei Teile zerlegt (s. Abb. 14.12). Im ersten Teil kippt die Basis $\vec{e}^{\,0}$ um eine Knotenlinie, $\overline{\text{kk}}$, dem im zweiten Teil die eigentliche Drehung folgt. Bei Euler wird das Kippen durch zwei aufeinanderfolgende Drehungen vollzogen, die sich nicht scharf von der (nachfolgenden) Drehung trennen lassen (und deshalb bei kleinen Kippungen ϑ die bekannten Schwierigkeiten bereiten). Bei den Kippwinkeln nach Anhang A.1.3.6 wird die Kippung der „Drehachse" $\vec{e}_{3}^{\,\cdot\cdot}$ wie in einer Technischen Zeichnung durch die Winkel (ψ_1, ψ_2) erfasst. Sie werden im zur Basis $\vec{e}^{\,0}$ gehörenden Koordinatensystem (x_1^0, x_2^0, x_3^0) als Winkel ψ_1 zwischen $\vec{e}_3^{\,0}$ und der Projektion von $\vec{e}_{3}^{\,\cdot\cdot}$ auf die Ebene $x_1^0 = 0$ gemessen, bzw. als Winkel ψ_2 zwischen $\vec{e}_3^{\,0}$ und der Projektion von $\vec{e}_{3}^{\,\cdot\cdot}$ auf die Ebene $x_2^0 = 0$; den Drehsinn, die Orientierung zeigt Abb. A.4. (Eine eigentliche Drehung gegenüber der mit $\vec{e}_{3}^{\,\cdot\cdot}$ gekippten Basis $\vec{e}^{\,K}$ – auch $\vec{e}_{3}^{\,\cdot\cdot} \Rightarrow \vec{e}_3^{\,K}$ gehört dazu – findet beim Kippen nicht statt.) Alle in Abb. 14.12 zusätzlich angegebenen Größen, insbesondere die Kugelkoordinaten (ψ, ϑ) der Kippung, dienen lediglich als Anschauungshilfsmittel oder, in Formeln, als Abkürzungen.

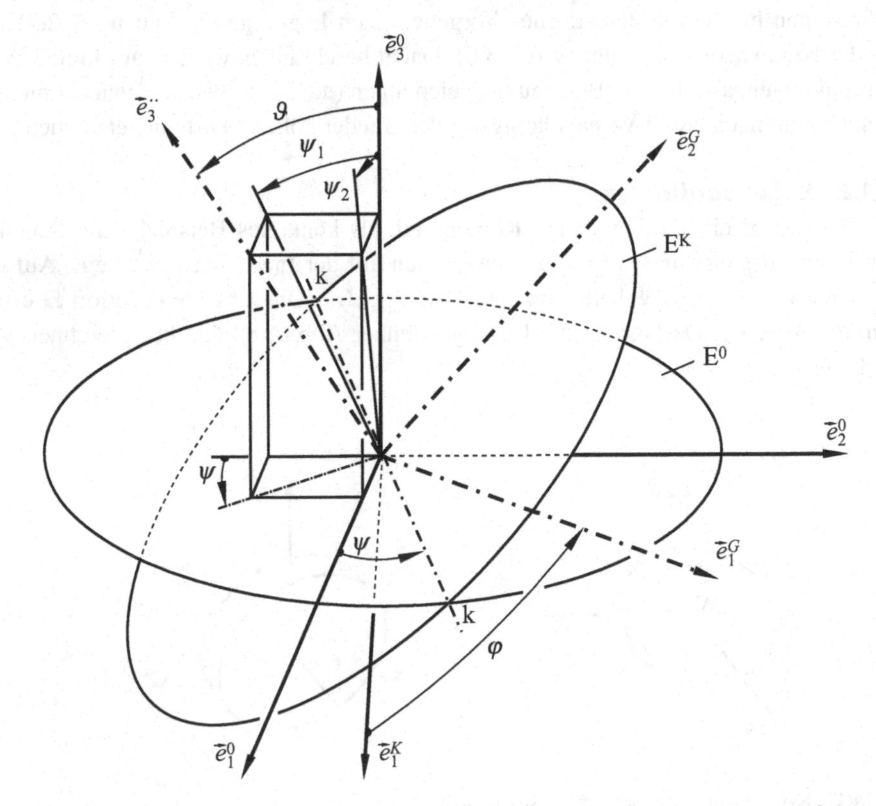

Abb. 14.12 Zeigt feste Basis $\vec{e}^{\,0}$, von gekippter Basis $\vec{e}^{\,K}$ nur $\vec{e}_1^{\,K}$, körperfeste Basis $\vec{e}^{\,G}$ nach Gesamtdrehung; Kippwinkel (ψ_1, ψ_2), hilfsweise (ψ, ϑ), Drehwinkel φ $(= \varphi_K$ in Abb. A.7)

Im zweiten Schritt dreht (rotiert) der Körper, die Basis $\vec{e}^K$ um die Achse $\vec{e}_3^K = \vec{e}_3^{\cdot}$ mit dem Winkel $\varphi(t)$; bei der hier angenommenen festen Drehgeschwindigkeit Ω gilt

$$\varphi = \Omega t. \tag{14.37}$$

Die körperfeste Basis $\vec{e}^G$ ist das Ergebnis der Gesamtdrehung, die momentane Lage des Körpers, die also durch die Koordinaten

$$(\psi_1, \psi_2, \varphi) = (\psi_1, (t), \psi_2(t), \Omega t) \tag{14.38}$$

erfasst wird.

14.2.1.3 Kinetische Energie und Winkelgeschwindigkeiten

Bezogen auf $\vec{e}^G$ lautet die kinetische Energie der Rotation, vgl. (A.104),

$$E_{kr} = \frac{1}{2}\left(J_{11}\omega_{1G}^2 + J_{22}\omega_{2G}^2 + J_{33}\omega_{3G}^2\right), \tag{14.39}$$

darin sind $(\omega_{1G}, \omega_{2G}, \omega_{3G})$ die auf $\vec{e}^G$ bezogenen Koordinaten der Winkelgeschwindigkeiten $\boldsymbol{\omega}^G$ der Basis $\vec{e}^G$ gegenüber der Inertialbasis $\vec{e}^0$, vgl. (A.65):

$$\begin{pmatrix} \omega_{1G} \\ \omega_{2G} \\ \omega_{3G} \end{pmatrix} = \begin{pmatrix} \cos\varphi & \sin\varphi & 0 \\ -\sin\varphi & \cos\varphi & 0 \\ 0 & 0 & 1 \end{pmatrix} \begin{pmatrix} \omega_{1K} \\ \omega_{2K} \\ \omega_{3K} + \Omega \end{pmatrix}. \tag{14.40}$$

Einsetzen von (14.40) in (14.39) liefert

$$\begin{aligned} E_{kr} = {} & \frac{1}{2} \cdot \frac{J_{11} + J_{22}}{2}\left(\omega_{1K}^2 + \omega_{2K}^2\right) + \frac{1}{2} J_{33}(\Omega + \omega_{3K})^2 \\ & + \frac{1}{2} \cdot \frac{J_{11} - J_{22}}{2}\left[\left(\omega_{1K}^2 - \omega_{2K}^2\right)\cos 2\varphi + \omega_{1K}\omega_{2K}\sin 2\varphi\right]. \end{aligned} \tag{14.41}$$

Im allgemeinen Fall, bei einem unrunden Körper mit $J_{11} - J_{22} \neq 0$, gelangen mit $\cos 2\varphi = \cos 2\Omega t$ und $\sin 2\varphi = \sin 2\Omega t$ periodisch von der Zeit abhängende Terme in die Bewegungsgleichungen. Unrunde Körper schließen wir aus und setzen

$$J_{11} = J_{22} =: J_a, \quad J_{33} =: J_p; \tag{14.42}$$

J_a ist das axiale Massenträgheitsmoment, J_p das polare. Die Winkelgeschwindigkeiten $(\omega_{1K}, \omega_{2K}, \omega_{3K})$ gelten für die Kippung von $\vec{e}^0$ nach $\vec{e}^K$, vgl. (A.64).

14.2.1.4 Vereinfachen der Gleichungen

Beim Aufstellen von Bewegungsgleichungen nach Lagrange werden kinetische Energie und Potenzial einmal nach den (generalisierten) Koordinaten bzw. den Geschwindigkeiten differenziert. Damit werden in den Termen – soweit sie Polynome sind – die Potenzen von Koordinaten bzw. Geschwindigkeiten um eins herabgesetzt. Sind lineare – also linearisierte – Bewegungsgleichungen das Ziel, muss man demnach sicherstellen, dass kinetische Energie und Potenzial mindestens bis zur *zweiten* Potenz korrekt sind. (Höhere Potenzen braucht man nicht zu beachten.)

In der kinetischen Energie nach (14.41) treten ω_{1K} und ω_{2K} selbst quadratisch auf, also genügt es, ω_{1K} und ω_{2K} durch die Kippwinkel (ψ_1, ψ_2) bzw. deren Ableitungen *linear* zu erfassen. Dagegen kann in $(\Omega + \omega_{3K})$ die Drehfrequenz Ω groß sein. Deshalb müssen in ω_{3K} zunächst (ψ_1, ψ_2) und ihre Ableitungen – als Produkte – bis zur 2. Ordnung beachtet werden.

Aus (A.37) folgen in linearer Näherung

$$t_1 = \psi_1, \quad t_2 = \psi_2, \quad \dot{t}_1 = \dot{\psi}_1, \quad \dot{t}_2 = \dot{\psi}_2. \tag{14.43}$$

Für $\cos\vartheta$, das in (A.64), der Gleichung für $(\omega_{1K}, \omega_{2K}, \omega_{3K})$, als Abkürzung benutzt wird, folgt aus $(A.39)_3$ für $|t_1|, |t_2| \ll 1$ mit Gliedern bis zur 2. Ordnung

$$\cos\vartheta \approx 1 - (t_1^2 + t_2^2)/2. \tag{14.44}$$

Dann liefert (A.64) in linearer bzw. quadratischer Näherung

$$\begin{pmatrix} \omega_{1K} \\ \omega_{2K} \\ \omega_{3K} \end{pmatrix} = \begin{pmatrix} \dot{\psi}_1 \\ \dot{\psi}_2 \\ (\psi_2\dot{\psi}_1 - \psi_1\dot{\psi}_2)/2 \end{pmatrix}. \tag{14.45}$$

Mit (14.42) und (14.45) erhält man aus (14.41)

$$E_{kr} = \frac{1}{2} J_a(\dot{\psi}_1^2 + \dot{\psi}_2^2) + \frac{1}{2} J_p[\Omega + (\psi_2\dot{\psi}_1 - \psi_1\dot{\psi}_2)/2]^2. \tag{14.46}$$

Dieser Ausdruck wird in die Lagrange-Gleichung (C.25) eingesetzt. (*Nach* dem Differenzieren streicht man die nichtlinearen Glieder weg.) Übrig bleiben die linearen Gleichungen

$$\begin{aligned} J_a\ddot{\psi}_1 + J_p\Omega\dot{\psi}_2 &= M_1, \\ J_a\ddot{\psi}_2 - J_p\Omega\dot{\psi}_1 &= M_2, \end{aligned} \tag{14.47}$$

in Matrixschreibweise

$$\begin{pmatrix} J_a & 0 \\ 0 & J_a \end{pmatrix} \begin{pmatrix} \ddot{\psi}_1 \\ \ddot{\psi}_2 \end{pmatrix} + \begin{pmatrix} 0 & J_p\Omega \\ -J_p\Omega & 0 \end{pmatrix} \begin{pmatrix} \dot{\psi}_1 \\ \dot{\psi}_2 \end{pmatrix} = \begin{pmatrix} M_1 \\ M_2 \end{pmatrix}. \tag{14.48}$$

Dabei sind M_1 und M_2 die auf die Scheibe wirkenden Momente um $\vec{e}_1^{\,0}$ bzw. $\vec{e}_2^{\,0}$.

14.2.2 Anwendungsbeispiel

Aufgabe: Abb. 14.13 zeigt eine fliegend gelagerte nicht notwendig flache Kreiselscheibe: Dicke $2h$, Masse m, Trägheitsmomente J_a, J_p, Winkelgeschwindigkeit Ω, Länge der Kragwelle l, Biegesteifigkeit EI; Gewichte und Wellenmasse vernachlässigt. Gesucht sind die Eigenfrequenzen und Eigenschwingungsformen.

14.2.2.1 Bewegungsgleichungen (Lagrange)

Die kinetische Energie lautet mit den Auslenkungen am Schwerpunkt C, $(x, y)_C = (x, y)$, und den Winkeln (φ_x, φ_y) nach Abb. 14.13, vgl. Abb. 14.12 und E_{kr} nach (14.46),

$$T = \frac{1}{2}m(\dot{x}^2 + \dot{y}^2) + \frac{1}{2}J_a(\dot{\varphi}_x^2 + \dot{\varphi}_y^2) + \frac{1}{2}J_p[\Omega + (\varphi_y\dot{\varphi}_x - \varphi_x\dot{\varphi}_y)/2]^2. \tag{14.49}$$

Um das Potenzial der elastischen Verformung der Welle anzuschreiben, brauchen wir deren Steifigkeitsmatrix, s. Anhang B.6.

Wir wollen die Scheibendicke $2h$ berücksichtigen, vgl. Abb. 14.13. Deshalb müssen wir die Auslenkungen $(x, y)_A$ am Wellenanschlusspunkt A von $(x, y) = (x, y)_C$ unterscheiden; der Einfachheit halber schreiben wir auch $(\varphi_x, \varphi_y)_A$, obwohl $(\varphi_x, \varphi_y)_A = (\varphi_x, \varphi_y)_C$.

Aus der Kragbalkenformel (B.37) folgen

$$\begin{aligned} \begin{pmatrix} x \\ \varphi_y \end{pmatrix}_A &= \frac{l}{6EI}\begin{pmatrix} 2l^2 & 3l \\ 3l & 6 \end{pmatrix}\begin{pmatrix} F_x \\ M_y \end{pmatrix}_A, \\ \begin{pmatrix} y \\ \varphi_x \end{pmatrix}_A &= \frac{l}{6EI}\begin{pmatrix} 2l^2 & -3l \\ -3l & 6 \end{pmatrix}\begin{pmatrix} F_y \\ M_x \end{pmatrix}_A, \end{aligned} \tag{14.50}$$

invertiert:

$$\begin{pmatrix} F_x \\ M_y \end{pmatrix}_A = \boldsymbol{K}_{A1}\begin{pmatrix} x \\ \varphi_y \end{pmatrix}_A, \quad \begin{pmatrix} F_y \\ M_x \end{pmatrix}_A = \boldsymbol{K}_{A2}\begin{pmatrix} y \\ \varphi_x \end{pmatrix}_A \tag{14.51}$$

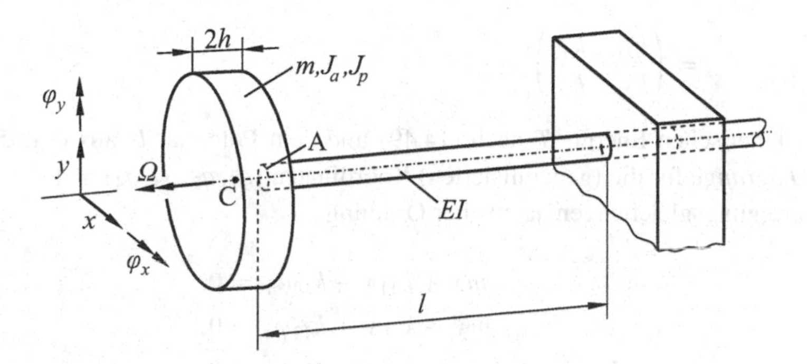

Abb. 14.13 Fliegend gelagerte Kreiselscheibe. C – Schwerpunkt, A – Anschlusspunkt der elastischen Welle

mit den *Steifigkeitsmatrizen*

$$\boldsymbol{K}_{A1} = \frac{2EI}{l^3}\begin{pmatrix} 6 & -3l \\ -3l & 2l^2 \end{pmatrix}, \quad \boldsymbol{K}_{A2} = \frac{2EI}{l^3}\begin{pmatrix} 6 & 3l \\ 3l & 2l^2 \end{pmatrix}. \tag{14.52}$$

Dann lautet das Potenzial der elastischen Wellenbiegung bezogen auf den Anschlusspunkt A

$$U_A = \frac{1}{2}\begin{pmatrix} x \\ \varphi_y \end{pmatrix}_A^{\mathrm{T}} \boldsymbol{K}_{A1} \begin{pmatrix} x \\ \varphi_y \end{pmatrix}_A + \frac{1}{2}\begin{pmatrix} y \\ \varphi_x \end{pmatrix}_A^{\mathrm{T}} \boldsymbol{K}_{A2} \begin{pmatrix} y \\ \varphi_x \end{pmatrix}_A. \tag{14.53}$$

Koordinatentransformation von $(x, \varphi_y)_A$, $(y, \varphi_x)_A$ nach $(x, \varphi_y)_C \equiv (x, \varphi_y)$, $(y, \varphi_x)_C \equiv (y, \varphi_x)$, vgl. Abb. 14.13,

$$\begin{aligned} &\begin{pmatrix} x \\ \varphi_y \end{pmatrix}_A = \boldsymbol{T}_1 \begin{pmatrix} x \\ \varphi_y \end{pmatrix}, \quad \begin{pmatrix} y \\ \varphi_x \end{pmatrix}_A = \boldsymbol{T}_2 \begin{pmatrix} y \\ \varphi_x \end{pmatrix}, \\ &\text{mit} \quad \boldsymbol{T}_1 = \begin{pmatrix} 1 & -h \\ 0 & 1 \end{pmatrix}, \quad \boldsymbol{T}_2 = \begin{pmatrix} 1 & h \\ 0 & 1 \end{pmatrix}, \end{aligned} \tag{14.54}$$

liefert

$$U = \frac{1}{2}\begin{pmatrix} x \\ \varphi_y \end{pmatrix}^{\mathrm{T}} \boldsymbol{K}_1 \begin{pmatrix} x \\ \varphi_y \end{pmatrix} + \frac{1}{2}\begin{pmatrix} y \\ \varphi_x \end{pmatrix}^{\mathrm{T}} \boldsymbol{K}_2 \begin{pmatrix} y \\ \varphi_x \end{pmatrix}, \tag{14.55}$$

wo

$$\begin{aligned} \boldsymbol{K}_1 &= \boldsymbol{T}_1^{\mathrm{T}} \boldsymbol{K}_{A1} \boldsymbol{T}_1 = \frac{2EI}{l^3}\begin{pmatrix} 6 & -3(l+2h) \\ -3(l+2h) & 2l^2 + 3h(l+h) \end{pmatrix} \\ &= \begin{pmatrix} k_{11} & -k_{12} \\ -k_{21} & k_{22} \end{pmatrix}, \\ \boldsymbol{K}_2 &= \boldsymbol{T}_2^{\mathrm{T}} \boldsymbol{K}_{A2} \boldsymbol{T}_2 = \frac{2EI}{l^3}\begin{pmatrix} 6 & 3(l+2h) \\ 3(l+2h) & 2l^2 + 3h(l+h) \end{pmatrix} \\ &= \begin{pmatrix} k_{11} & k_{12} \\ k_{21} & k_{22} \end{pmatrix}. \end{aligned} \tag{14.56}$$

Mit der kinetischen Energie T nach (14.49) und dem Potential U aus (14.55) erhält man nach *Lagrange* für die (generalisierten) Koordinaten $(q_1, q_2, q_3, q_4) = (x, y, \varphi_x, \varphi_y)$ die vier Bewegungsgleichungen, je zweiter Ordnung,

$$\begin{aligned} m\ddot{x} + k_{11}x - k_{12}\varphi_y &= 0, \\ m\ddot{y} + k_{11}y + k_{12}\varphi_x &= 0, \\ J_a\ddot{\varphi}_x + J_p\Omega\dot{\varphi}_y + k_{21}y + k_{22}\varphi_x &= 0, \\ J_a\ddot{\varphi}_y - J_p\Omega\dot{\varphi}_x - k_{21}x + k_{22}\varphi_y &= 0. \end{aligned} \tag{14.57}$$

In Matrixschreibweise lauten sie

$$\boldsymbol{M}\ddot{\boldsymbol{x}} + \Omega \boldsymbol{G}\dot{\boldsymbol{x}} + \boldsymbol{K}\boldsymbol{x} = \boldsymbol{0}, \tag{14.58}$$

mit der *Trägheits*-, der gyroskopischen bzw. der *Steifigkeitsmatrix*

$$\boldsymbol{M} = \begin{pmatrix} m & 0 & 0 & 0 \\ 0 & m & 0 & 0 \\ 0 & 0 & J_a & 0 \\ 0 & 0 & 0 & J_a \end{pmatrix}, \quad \boldsymbol{G} = \begin{pmatrix} 0 & 0 & 0 & 0 \\ 0 & 0 & 0 & 0 \\ 0 & 0 & 0 & J_p \\ 0 & 0 & -J_p & 0 \end{pmatrix},$$
$$\boldsymbol{K} = \begin{pmatrix} k_{11} & 0 & 0 & -k_{12} \\ 0 & k_{11} & k_{12} & 0 \\ 0 & k_{21} & k_{22} & 0 \\ -k_{12} & 0 & 0 & k_{22} \end{pmatrix}. \tag{14.59}$$

Die *Schief-Symmetrie* der gyroskopischen Matrix,

$$\boldsymbol{G} = -\boldsymbol{G}^{\mathrm{T}}, \tag{14.60}$$

bewirkt (hier in linearer Näherung) den in Abb. 14.10 besprochenen Kreiseleffekt (s. auch 14.48).

14.2.2.2 Komplexe Form der Bewegungsgleichungen

Multipliziert man die zweite und die vierte Gleichung (14.57) mit $j = \sqrt{-1}$ und addiert sie zur ersten bzw. dritten, so folgen mit

$$\underline{x} := (x + jy), \quad \underline{\varphi} := (\varphi_x + j\varphi_y) \tag{14.61}$$

die beiden komplexen Bewegungsgleichungen

$$\begin{aligned} m\underline{\ddot{x}} + k_{11}\underline{x} + jk_{12}\underline{\varphi} &= 0, \\ J_a\underline{\ddot{\varphi}} - j\Omega J_p\underline{\dot{\varphi}} - jk_{21}\underline{x} + k_{22}\underline{\varphi} &= 0. \end{aligned} \tag{14.62}$$

14.2.2.3 Eigenschwingungen

Mit dem Ansatz

$$(\underline{x}, \underline{\varphi}) = (\underline{\hat{x}}, \underline{\hat{\varphi}})e^{j\omega t} \tag{14.63}$$

drehen die Zeiger $\underline{\hat{x}}, \underline{\hat{\varphi}}$ mit Ω im *Gleichlauf*, wenn $\omega > 0$, im *Gegenlauf*, wenn $\omega < 0$, vgl. Abb. 14.13 und (14.61).

Der Ansatz (14.63) überführt (14.62) in das Eigenwertproblem

$$\begin{pmatrix} k_{11} - m\omega^2 & jk_{12} \\ -jk_{12} & k_{22} + \Omega J_p\omega - J_a\omega^2 \end{pmatrix} \begin{pmatrix} \underline{\hat{x}} \\ \underline{\hat{\varphi}} \end{pmatrix} = 0, \tag{14.64}$$

Parameter ω, mit der charakteristischen Determinante

$$\Delta(\omega) = \begin{vmatrix} k_{11} - m\omega^2 & jk_{12} \\ -jk_{12} & k_{22} + \Omega J_p\omega - J_a\omega^2 \end{vmatrix}. \tag{14.65}$$

Die charakteristische Gleichung, $\Delta(\omega) = 0$, lautet

$$(k_{11} - m\omega^2)(k_{22} + \omega\Omega J_p - J_a\omega^2) - k_{12}^2 = 0. \tag{14.66}$$

Numerisch gewonnene Wurzeln bringen wenig Überblick, deshalb diskutieren wir die vier Eigenlösungen $(\omega_k, (\underline{\hat{x}}, \underline{\hat{\varphi}})_k)$ grafisch.

Diskussion der Eigenlösungen Wir dividieren (14.66) durch mJ_a und stellen um:

$$(k_{11}/m - \omega^2)(k_{22}/J_a + \omega\Omega J_p/J_a - \omega^2) = k_{12}^2/(mJ_a). \tag{14.67}$$

Die beiden Klammerausdrücke links sind Frequenzgleichungen des Schwingers nach Abb. 14.13 für eingeschränkte Bewegungen durch *am* (Schwer-)*Punkt* C *wirkende Bindungen*: einmal ist die Winkelauslenkung $\underline{\varphi}$ verhindert, zweitens die Auslenkung $\underline{x}$. (Die zugehörigen Eigenwertprobleme folgen aus der entsprechend abgewandelten (14.62).)

Nullsetzen der Klammerausdrücke liefert vier Kennfrequenzen (ω_R wird Bezugsfrequenz):

$$\begin{aligned} \omega_{I,II} &= \mp\sqrt{k_{11}/m}, \quad & \omega_{III} &= (\Omega J_p/2J_a) - \sqrt{(\Omega J_p/2J_a)^2 + k_{22}/J_a} < 0, \\ \omega_R &= \sqrt[4]{k_{12}^2/mJ_a}, \quad & \omega_{IV} &= (\Omega J_p/2J_a) + \sqrt{(\Omega J_p/2J_a)^2 + k_{22}/J_a} > 0. \end{aligned} \tag{14.68}$$

Mit den Kennfrequenzen lässt sich (14.67) wie folgt schreiben:

$$(-\omega_I + \omega)(\omega_{II} - \omega)(-\omega_{III} + \omega)(\omega_{IV} - \omega) = k_{12}^2/(mJ_a). \tag{14.69}$$

Einsetzen von $\omega_I = -\omega_{II}$ und der auf ω_R bezogenen Frequenzen $\tilde{\omega} = \omega/\omega_R, \tilde{\Omega} = \Omega/\omega_R$ usw. in (14.69) liefert nach Dividieren durch $(-\tilde{\omega}_I + \tilde{\omega})(\tilde{\omega}_{II} - \tilde{\omega}) = (\tilde{\omega}_{II}^2 - \tilde{\omega}^2)$

$$(-\tilde{\omega}_{III} + \tilde{\omega})(\tilde{\omega}_{IV} - \tilde{\omega}) = \frac{1}{(\tilde{\omega}_{II}^2 - \tilde{\omega}^2)}. \tag{14.70}$$

Die *Abszissenwerte* $\tilde{\omega} = \tilde{\omega}_k, k = 1, \dots, 4$, der Schnittpunkte$(\tilde{\omega}_k)$ der drei Äste $f_{1,2,3}(\tilde{\omega})$ der gebrochen rationalen Funktion $1/(\tilde{\omega}_{II}^2 - \tilde{\omega}^2)$ rechts, mit Polen bei $\tilde{\omega} = \pm\tilde{\omega}_{II}$, (vgl. Abb. 14.14), und der links stehenden Parabelschar $f_P(\tilde{\omega}, \tilde{\Omega})$ – Scharparameter $\tilde{\Omega}$ – sind die gesuchten Eigenfrequenzen $\tilde{\omega}_k(\tilde{\Omega})$;

Für die grafische Konstruktion stellen wir die bezogene Größen aus (14.70) geeignet zusammen ($i_{J_a} = \sqrt{J_a/m}$ ist der Trägheitsradius des Kreiselkörpers um die Querachse):

$$\begin{aligned} \tilde{\omega}_A &= \frac{1}{2}\tilde{\Omega} J_p/J_a, \quad \tilde{\omega}_B = \sqrt{k_{22}/(|k_{12}|i_{J_a})}, \quad \tilde{\omega}_W := \sqrt{\tilde{\omega}_A^2 + \tilde{\omega}_B^2}, \\ \tilde{\omega}_{II} &= \sqrt{k_{11} i_{J_a}/|k_{12}|}, \quad \tilde{\omega}_{III} = \tilde{\omega}_A - \tilde{\omega}_W < 0, \quad \tilde{\omega}_{IV} = \tilde{\omega}_A + \tilde{\omega}_W > 0. \end{aligned} \tag{14.71}$$

Abb. 14.14 gilt für gegebene Systemparameter und eine gewählte Drehfrequenz $\tilde{\Omega}$. Über der Abszisse $\tilde{\omega}$ sind als Ordinaten h die Funktionen $f_{1,2,3}(\tilde{\omega})$ und $f_P(\tilde{\omega}, \tilde{\Omega})$ aufgetragen. Fest – unabhängig von $\tilde{\Omega}$ – sind in dem Diagramm die Kurven $f_{1,2,3}(\tilde{\omega})$ mit den Polen $\tilde{\omega} = \pm\tilde{\omega}_{II}$ und die auf der Ordinate als $\overline{0B}$ eingetragene Kennfrequenz $\tilde{\omega}_B (= -\tilde{\omega}_{III} = \tilde{\omega}_{IV}$ für $\Omega = 0)$, vgl. $(14.71)_2$. Der Punkt A markiert auf der $\tilde{\omega}$-Achse als $\tilde{\omega}_A = \frac{1}{2}\tilde{\Omega} J_p/J_a$ indirekt die Drehfrequenz, er wandert mit steigender Drehzahl also nach rechts. Im eingetragenen Rechteck ist die Diagonale $\overline{AB}$ gleich der Hilfsgröße $\tilde{\omega}_W$, vgl. $(14.71)_3$. Der Kreis mit $\overline{AB}$ um A schneidet die Abszisse bei $\tilde{\omega}_{III}$ und $\tilde{\omega}_{IV}$, den Nullstellen der Parabel. Der Parabelscheitel hat die Koordinaten $(\tilde{\omega}_A, \tilde{\omega}_W^2)$.

Wie oben bereits gesagt, sind die Lot-Fußpunkte der vier eingetragenen Schnittpunkte $(\tilde{\omega}_k)$ auf den Eigenfrequenzen $\tilde{\omega}_k$; der Übersichtlichkeit halber sind sie im Diagramm *nicht* markiert. (Es lässt sich leicht zeigen, dass die gezeigte Anordnung der Schnittpunkte recht allgemein gilt: stets liegt Punkt D oberhalb Punkt C, und nur bei extrem gestreckten Kreiselkörpern kann $\tilde{\omega}_{II} \geq \tilde{\omega}_B$ auftreten; vgl. $(14.71)_{2,4}$.)

Dann sind $\tilde{\omega}_1$ und $\tilde{\omega}_2$ stets negativ, drehen also im *Gegenlauf*, $\tilde{\omega}_1$ liegt unterhalb von $\tilde{\omega}_I$, $\tilde{\omega}_2$ oberhalb. Mit steigendem $\tilde{\Omega}$ wandern beide nach rechts, $\tilde{\omega}_1$ strebt gegen $\tilde{\omega}_I$, $\tilde{\omega}_2$

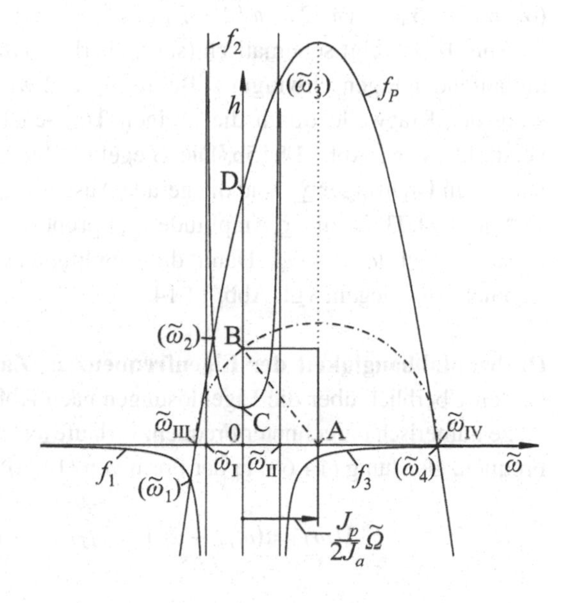

Abb. 14.14 Lage der Eigenfrequenz $\tilde{\omega}_k$. (Die $\tilde{\omega}_k$ liegen an den Lot-Fußpunkten der Schnittpunkte $(\tilde{\omega}_k)$ der Kurvenäste $f_{1,2,3}$ mit der Parabel f_P.)

gegen 0. Die Eigenfrequenzen $\tilde{\omega}_3$ und $\tilde{\omega}_4$ sind stets positiv, also gilt *Gleichlauf*. Mit steigendem $\tilde{\Omega}$ strebt $\tilde{\omega}_3$ von unten gegen $\tilde{\omega}_{II}$, $\tilde{\omega}_4$ von oben gegen $(J_p/J_a) \cdot \tilde{\Omega}$.

Hinweis 1 Abb. 14.16 zeigt für ein Rechenbeispiel Kurvenverläufe $\tilde{\omega}_k(\tilde{\Omega})$. Achtung: Häufig werden in solchen Kurven auch $-\tilde{\omega}_1 = |\tilde{\omega}_1|$ und $-\tilde{\omega}_2 = |\tilde{\omega}_2|$, also alle Eigenwerte positiv aufgetragen. Das ist formal nicht falsch, weil zu jeder (komplexen) Eigenlösung der (reellen) Ausganggleichung (14.57) auch die dazu komplex konjugierte Lösung existiert. (Gleich und Gegenlauf ist dann nicht so leicht zu unterscheiden.)

Die zur Eigenfrequenz ω_k gehörende Eigenschwingungsform $\underline{\hat{\boldsymbol{x}}}_k = (\underline{\hat{x}}, \underline{\hat{\varphi}})_k^{\mathrm{T}}$ folgt aus der oberen Zeile von (14.64) zu $\underline{\hat{\boldsymbol{x}}}_k^{\mathrm{T}} = (-jk_{12}, k_{11} - m\omega_k^2)$.

Will man die oben eingeführte bezogene Schreibweise auch hier ausnutzen, ist es günstig, wenn $\underline{\hat{x}}$ und $\underline{\hat{\varphi}}$ die gleiche Dimension 1 haben. Für die Auslenkung $\underline{x}$ und den Trägheitsradius i_{J_a} des Kreiselkörpers setzen wir mit der Länge l der Kragwelle

$$\tilde{x} = x/l \quad \text{bzw.} \quad \tilde{i}_{J_a} = i_{J_a}/l. \tag{14.72}$$

Dann lautet die dimensionslose Eigenform, mit $\tilde{\omega}_{II}^2$ aus $(14.71)_4$ als Abkürzung und $\underline{c}_k$ als freie Konstante,

$$\begin{pmatrix} \hat{\underline{\tilde{x}}} \\ \hat{\underline{\varphi}} \end{pmatrix}_k = \underline{c}_k \begin{pmatrix} \tilde{i}_{J_a} \\ j(\tilde{\omega}_{II}^2 - \tilde{\omega}_k^2) \end{pmatrix}. \tag{14.73}$$

Aus Abb. 14.14 liest man hierzu die Vorzeichen von $(\tilde{\omega}_{II}^2 - \tilde{\omega}_k^2)$, die Phasen von $\underline{\hat{\varphi}}_k$ gegen $\hat{\underline{\tilde{x}}}_k$, direkt ab: Der Winkel α_k sei *gegen den Drehsinn* von Ω positiv orientiert, vgl. Abb. 6.5 und 6.11. Für $\underline{\hat{\varphi}}_k = |\underline{\hat{\varphi}}_k| e^{-j\alpha_k}$ liefert (14.73) zu den $\tilde{\omega}_k$ nach Abb. 14.14: $(\alpha_1, \alpha_2, \alpha_3, \alpha_4) = (\pi/2, -\pi/2, -\pi/2, \pi/2)$.

Abb. 14.15 zeigt schematisch (stark überhöht) die beiden möglichen Biegeformen der umlaufenden Eigenschwingung. Bei $\alpha_k = \pi/2$ wirkt das Kreiselmoment *gegen* die Biegung der Kragwelle durch die übrigen Trägheitskräfte, Abb. 14.15a, bei $\alpha_k = -\pi/2$ verstärkt es sie, Abb. 14.15b. Die Biegelinie bleibt stets in der durch den mit $\tilde{\omega}_k$ umlaufenden Drehzeiger $\hat{\underline{\tilde{x}}}_k$ und die gerade Ausgangsachse aufgespannten Ebene.

Nach (14.73) ist die $\underline{\tilde{x}}$-Amplitude $|\hat{\underline{\tilde{x}}}_k|$ proportional zum kleinen $\tilde{i}_{J_a}$, die $\underline{\varphi}$-Amplitude zu $|\tilde{\omega}_{II} + \tilde{\omega}_k| \cdot |\tilde{\omega}_{II} - \tilde{\omega}_k|$. Damit die Amplituden vergleichbare Größen haben muss $|\tilde{\omega}_k|$ also nahe $\tilde{\omega}_{II}$ liegen, vgl. Abb. 14.14.

Drehzahlabhängigkeit der Eigenfrequenzen; Zahlenbeispiel Ergänzend zum qualitativen Überblick über die Eigenlösungen nach Abb. 14.14, 14.15 zeigt Abb. 14.16 zwei Sätze numerisch berechneter Frequenzverläufe $\tilde{\omega}_k(\tilde{\Omega})$. Sie sind numerische Lösungen der Frequenzgleichung (14.66) in der Form von (14.70):

$$\Delta(\tilde{\omega}) = (\tilde{\omega}_{II}^2 - \tilde{\omega}^2)(-\tilde{\omega}_{III} + \tilde{\omega})(\tilde{\omega}_{IV} - \tilde{\omega}) - 1 = 0. \tag{14.74}$$

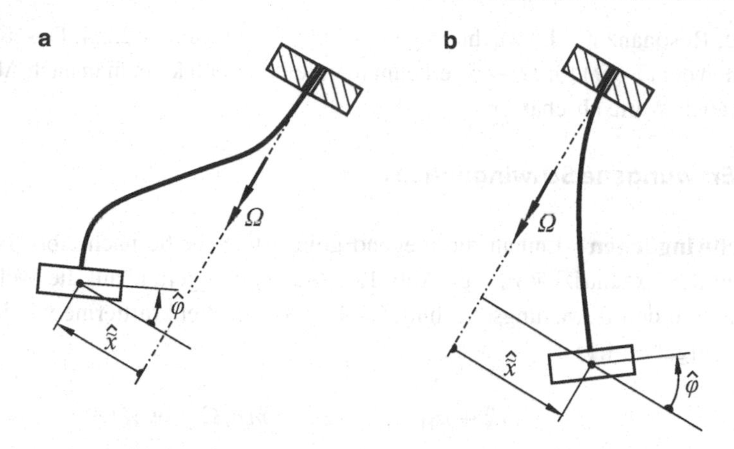

Abb. 14.15 Form der umlaufenden Eigenschwingungen, schematisch, $\hat{\bar{x}} = |\hat{\underline{\bar{x}}}_k|$, $\hat{\varphi} = |\hat{\underline{\varphi}}_k|$. **a** Phase $\alpha_{1,4} = \pi/2$: zu $\tilde{\omega}_1 < 0$ Gegenlauf, zu $\tilde{\omega}_4 \approx \tilde{\Omega} J_p/J_a$ Gleichlauf **b** Phase $\alpha_{2,3} = -\pi/2$: zu $\tilde{\omega}_2 < 0$ Gegenlauf, zu $\tilde{\omega}_3 > 0$ Gleichlauf

Die Bedeutung der Parameter stimmt mit Abb. 14.14 überein, vgl. (14.71). Die Basis- Zahlenwerte lauten für Abb. 14.16 a und b: $J_p/J_a = 1.5, \tilde{\omega}_{II} = 0.29, \tilde{\omega}_B = 3.54$, für c und d: $J_p/J_a = 2/3$, $\tilde{\omega}_{II} = 0.27$, $\tilde{\omega}_B = 3.80$ (Die Ermittlung ist etwas mühsam.)

Die Bilder a und c zeigen jeweils $\tilde{\omega}_1(\tilde{\Omega})$ und $\tilde{\omega}_4(\tilde{\Omega})$, mit $\tilde{\omega}_1(0) = -\tilde{\omega}_4(0)$, die Bilder b und d zeigen $\tilde{\omega}_2(\tilde{\Omega})$ und $\tilde{\omega}_3(\tilde{\Omega})$, mit $\tilde{\omega}_2(0) = -\tilde{\omega}_3(0)$. Beim *gestreckten* Kreiselkörper, $J_p = 0.666 J_a$, schneidet die Gerade $\tilde{\omega} = \tilde{\Omega}$ die Gleichlauffrequenz $\tilde{\omega}_4(\tilde{\Omega})$, siehe

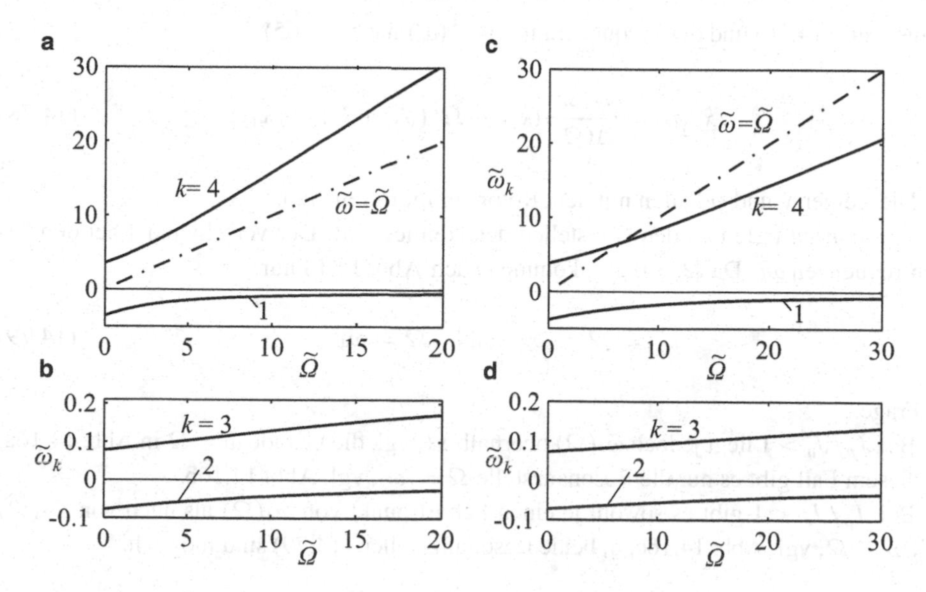

Abb. 14.16 Eigenfrequenzen zu **a**, **b** $J_p/J_a = 1.5$, **c**, **d** $J_p/J_a = 2/3$

Abb. 14.16c, Resonanz mit Unwuchterregung tritt auf, Abschn. 14.2.2.4. Das asymptotische Verhalten der $\tilde{\omega}_k(\tilde{\Omega})$ für $\tilde{\Omega} \to \infty$ erkennt man leicht, doch kann man nach Abb. 14.14 mit (14.71) auch Werte abschätzen.

14.2.2.4 Erzwungene Schwingungen

Unwuchtschwingungen Enthält die fliegend gelagerte Scheibe nach Abb. 14.13 eine Unwucht mit der Exzentrizität r_u, vgl. Abb. 12.5, sei jedoch gerade auf die Welle aufgesetzt, kommen in den Bewegungsgleichungen (14.58) die Fliehkraftterme wie in (12.43) hinzu (vgl. Aufgabe 14.11):

$$\begin{aligned} m\ddot{x} + k_{11}x - k_{12}\varphi_y &= m r_u \Omega^2 \cos \Omega t, \\ m\ddot{y} + k_{11}y + k_{12}\varphi_x &= m r_u \Omega^2 \sin \Omega t, \\ J_a\ddot{\varphi}_x + J_p\Omega\dot{\varphi}_y + k_{21}y + k_{22}\varphi_x &= 0, \\ J_a\ddot{\varphi}_y - J_p\Omega\dot{\varphi}_x - k_{21}x + k_{22}\varphi_y &= 0. \end{aligned} \tag{14.75}$$

In komplexer Form, vgl. (14.61), (14.62), lauten sie

$$\begin{aligned} m\ddot{\underline{x}} + k_{11}\underline{x} - jk_{12}\underline{\varphi} &= m r_u \Omega^2 e^{j\Omega t}, \\ J_a\ddot{\underline{\varphi}} - j\Omega J_p\dot{\underline{\varphi}} + k_{22}\underline{\varphi} + jk_{21}\underline{x} &= 0. \end{aligned} \tag{14.76}$$

Mit dem Lösungsansatz

$$(\underline{x}, \underline{\varphi}) = (\hat{\underline{x}}, \hat{\underline{\varphi}})e^{j\Omega t} \tag{14.77}$$

folgen aus (14.76) und der Frequenzfunktion $\Delta(\omega)$ nach (14.65)

$$(\hat{\underline{x}}, \hat{\underline{\varphi}}) = \frac{m r_u \Omega^2}{\Delta(\Omega)}(k_{22} + \Omega^2(J_p - J_a), -jk_{12}). \tag{14.78}$$

Die Zeiger $\hat{\underline{x}}$ und $\hat{\underline{\varphi}}$ laufen mit dem Rotor „eingefroren“ um.

Resonanzen treten an den Nullstellen des Nenners auf. Der verschwindet bei den Eigenfrequenzen ω_k. Da $\Omega > 0$ gilt, kommen nach Abb. 14.14 nur

$$\Omega = \omega_3 \quad \text{und} \quad \Omega = \omega_4 \tag{14.79}$$

in Frage.

Bei $J_p/J_a > 1$ liegt jedoch $\tilde{\omega}_4(\tilde{\Omega})$ oberhalb $\tilde{\Omega}$, vgl. die Gerade $\tilde{\omega} = \tilde{\Omega}$ in Abb. 14.16a, in diesem Fall gibt es nur die Resonanzstelle $\Omega = \omega_3$, vgl. Abb. 14.16b.

Bei $J_p/J_a < 1$ gibt es sowohl je einen Schnittpunkt von $\tilde{\omega}_4(\tilde{\Omega})$ als auch von $\tilde{\omega}_3(\tilde{\Omega})$ mit $\tilde{\omega} = \tilde{\Omega}$, vgl. Abb. 14.16c, d, beide Resonanzstellen (14.79) sind möglich.

Vertikalerregung durch Lagerung Ist die Welle in Abb. 14.13 horizontal gelagert und schwingt der Lagerbock ohne zu kippen in y-Richtung mit

$$u_e(t) = \hat{u}_e \cos \Omega_e t \tag{14.80}$$

mit der Erregeramplitude $\hat{u}_e$ und der Erregerfrequenz $\Omega_e \neq \Omega$, so tritt an die Stelle von (14.75)

$$\begin{aligned} m\ddot{x} + k_{11}x - k_{12}\varphi_y &= 0, \\ m\ddot{y} + k_{11}y + k_{12}\varphi_x &= m\hat{u}_e\Omega_e^2 \cos \Omega_e t, \\ J_a\ddot{\varphi}_x + J_p\Omega\dot{\varphi}_y + k_{21}y + k_{22}\varphi_x &= 0, \\ J_a\ddot{\varphi}_y - J_p\Omega\dot{\varphi}_x - k_{21}x + k_{22}\varphi_y &= 0. \end{aligned} \tag{14.81}$$

In komplexer Form lauten die Gleichungen

$$\begin{aligned} m\ddot{\underline{x}} + k_{11}\underline{x} + jk_{12}\underline{\varphi} &= jm\hat{u}_e\Omega_e^2 \cos \Omega_e t, \\ J_a\ddot{\underline{\varphi}} - j\Omega J_p\dot{\underline{\varphi}} - jk_{21}\underline{x} + k_{22}\underline{\varphi} &= 0. \end{aligned} \tag{14.82}$$

Da (14.82) komplexe Koeffizienten hat, muss man rechts $\cos \Omega_e t = (e^{j\Omega_e t} + e^{-j\Omega_e t})/2$ setzen:

$$\begin{aligned} m\ddot{\underline{x}} + k_{11}\underline{x} + jk_{12}\underline{\varphi} &= 0.5jm\hat{u}_e\Omega_e^2(e^{j\Omega_e t} + e^{-j\Omega_e t}), \\ J_a\ddot{\underline{\varphi}} - j\Omega J_p\dot{\underline{\varphi}} - jk_{21}\underline{x} + k_{22}\underline{\varphi} &= 0. \end{aligned} \tag{14.83}$$

Die cos-förmige Erregung bewirkt also einen Gleichlauf- und einen Gegenlauf-Drehzeiger auf der rechten Seite. Dazu gehört das Ansatzpaar

$$(\underline{x}, \underline{\varphi})_{1,2} = (\hat{\underline{x}}, \hat{\underline{\varphi}})_{1,2} e^{\pm j\Omega_e t}. \tag{14.84}$$

Für $(\hat{\underline{x}}, \hat{\underline{\varphi}})_1 + \Omega_e$ folgt parallel zu (14.77), (14.78)

$$(\hat{\underline{x}}, \hat{\underline{\varphi}})_1 = \frac{0.5jm\hat{u}_e\Omega_e^2}{\Delta(\Omega_e)}(k_{22} - J_a\Omega_e^2 + J_p\Omega\Omega_e, -jk_{12}); \tag{14.85}$$

$(\hat{\underline{x}}, \hat{\underline{\varphi}})_2$ folgt daraus durch Vorzeichenumkehr bei Ω_e. Bei variabler Erregerfrequenz Ω_e unterliegen die beiden Zeigerpaare Resonanzen an unterschiedlichen Stellen, die auch von der Drehfrequenz Ω abhängen. Im Allgemeinen beschreiben $x(t)$ und $\varphi(t)$ ovale Bahnkurven vergleichbar Abb. 14.9.

14.2.3 Reelle Form der Kreisel-Bewegungsgleichungen

Der Übergang von den (reellen) Bewegungsgleichungen (14.58) ff. zu den komplexen Gleichungen (14.62) bringt bei *isotropen* und *isotrop* gelagerten Rotoren Vorteile.

Im anisotropen Fall mit symmetrischen *Trägheits-* und *Steifigkeitsmatrizen* $\boldsymbol{M}$ bzw. $\boldsymbol{K}$ und schiefsymmetrischer *gyroskopischer Matrix* $\boldsymbol{G}$ nach (14.60) muss man mit (14.58) arbeiten.

Für die *Eigenschwingungen* erhält man, wie bisher, mit $\boldsymbol{x} = \hat{\boldsymbol{x}} \exp(\lambda t)$ das Eigenwertproblem

$$(\boldsymbol{M}\lambda^2 + \Omega \boldsymbol{G}\lambda + \boldsymbol{K})\hat{\boldsymbol{x}} = \boldsymbol{0} \tag{14.86}$$

und daraus die *charakteristische Gleichung*

$$\Delta(\lambda) = 0, \text{wo } \Delta(\lambda) := \det(\boldsymbol{M}\lambda^2 + \Omega \boldsymbol{G}\lambda + \boldsymbol{K}). \tag{14.87}$$

Solange das System (14.58) keine Dämpfung enthält, sind die Lösungen λ_k von $(14.87)_1$ rein imaginär:

$$\lambda_k = j\omega_k, \tag{14.88}$$

vgl. die vorangehenden Untersuchungen. Das lässt sich leicht allgemein zeigen: Wir ersetzen (14.58) durch das Dgl-System erster Ordnung

$$\begin{pmatrix} \boldsymbol{M} & \boldsymbol{0} \\ \boldsymbol{0} & \boldsymbol{K} \end{pmatrix} \begin{pmatrix} \dot{\boldsymbol{x}} \\ \boldsymbol{x} \end{pmatrix}^{\boldsymbol{\cdot}} = \begin{pmatrix} -\Omega \boldsymbol{G} & -\boldsymbol{K} \\ \boldsymbol{K} & \boldsymbol{0} \end{pmatrix} \begin{pmatrix} \dot{\boldsymbol{x}} \\ \boldsymbol{x} \end{pmatrix}, \tag{14.89}$$

$$\text{abgekürzt:} \quad \boldsymbol{A}\dot{\boldsymbol{u}} = \boldsymbol{B}\boldsymbol{u}. \tag{14.90}$$

Sei neben $\boldsymbol{M}$ auch $\boldsymbol{K}$ positiv definit (nicht nur semidefinit), vgl. (10.3)). Wegen der Symmetrie von $\boldsymbol{M}$ und $\boldsymbol{K}$, vgl.(10.2), und der Schiefsymmetrie von $\boldsymbol{G}$, vgl. (14.60), gelten

$$\boldsymbol{A}^{\mathrm{T}} = \boldsymbol{A}, \quad \boldsymbol{B}^{\mathrm{T}} = -\boldsymbol{B}, \quad \boldsymbol{u}^*\boldsymbol{A}\boldsymbol{u} > 0, \quad \text{(reell)}, \quad \text{für} \quad \boldsymbol{u} \neq \boldsymbol{0}. \tag{14.91}$$

Dem Eigenwertproblem (14.86) entspricht

$$(\boldsymbol{A}\lambda - \boldsymbol{B})\hat{\boldsymbol{u}} = \boldsymbol{0}. \tag{14.92}$$

Sei $(\lambda_k, \hat{\boldsymbol{u}}_k)$ eine Eigenlösung dazu. Dann gilt

$$\lambda_k \boldsymbol{A}\hat{\boldsymbol{u}}_k = \boldsymbol{B}\hat{\boldsymbol{u}}_k. \tag{14.93}$$

Multiplikation von links mit $\hat{\boldsymbol{u}}^*$ liefert

$$\lambda_k \hat{\boldsymbol{u}}_k^* \boldsymbol{A}\hat{\boldsymbol{u}}_k = \hat{\boldsymbol{u}}_k^* \boldsymbol{B}\hat{\boldsymbol{u}}_k \quad \text{und} \quad \lambda_k = \frac{\hat{\boldsymbol{u}}_k^* \boldsymbol{B}\hat{\boldsymbol{u}}_k}{\hat{\boldsymbol{u}}_k^* \boldsymbol{A}\hat{\boldsymbol{u}}_k}. \tag{14.94}$$

Konjugiert komplexe Transposition von (14.94) führt wegen $(14.91)_2$ auf

$$\bar{\lambda}_k = -\frac{\hat{\boldsymbol{u}}_k^* \boldsymbol{B}\hat{\boldsymbol{u}}_k}{\hat{\boldsymbol{u}}_k^* \boldsymbol{A}\hat{\boldsymbol{u}}_k} = -\lambda_k. \tag{14.95}$$

Die Eigenwerte λ_k sind also rein imaginär $\lambda_k = j\omega_k$, die Eigenvektoren $\hat{\boldsymbol{u}}_k$ sind komplex.

Sei $(\lambda_i, \hat{\boldsymbol{u}}_i)$, neben $(\lambda_k, \hat{\boldsymbol{u}}_k)$, eine zweite Eigenlösung von (14.92). Wir multiplizieren (14.93) von links mit $\hat{\boldsymbol{u}}_i^*$ und die (14.93) entsprechende Gleichung für $(\lambda_i, \hat{\boldsymbol{u}}_i)$ mit $\hat{\boldsymbol{u}}_k^*$:

$$\lambda_k \hat{\boldsymbol{u}}_i^* \boldsymbol{A} \hat{\boldsymbol{u}}_k = \hat{\boldsymbol{u}}_i^* \boldsymbol{B} \hat{\boldsymbol{u}}_k, \quad \lambda_i \hat{\boldsymbol{u}}_k^* \boldsymbol{A} \hat{\boldsymbol{u}}_i = \hat{\boldsymbol{u}}_k^* \boldsymbol{B} \hat{\boldsymbol{u}}_i. \tag{14.96}$$

Transposition und komplexe Konjugation des rechten Ausdrucks liefert

$$\bar{\lambda}_i \hat{\boldsymbol{u}}_i^* \boldsymbol{A} \hat{\boldsymbol{u}}_k = -\hat{\boldsymbol{u}}_i^* \boldsymbol{B} \hat{\boldsymbol{u}}_k. \tag{14.97}$$

Addiert man $(14.96)_1$ und (14.97), so folgt

$$(\lambda_k + \bar{\lambda}_i) \hat{\boldsymbol{u}}_i^* \boldsymbol{A} \hat{\boldsymbol{u}}_k = 0 \quad \text{bzw.} \quad (\omega_k - \omega_i) \hat{\boldsymbol{u}}_i^* \boldsymbol{A} \hat{\boldsymbol{u}}_k, \tag{14.98}$$

letzteres wegen (14.95). Demnach gilt: Im Sinne des komplexwertigen Skalarprodukts

$$(\hat{\boldsymbol{u}}_i, \hat{\boldsymbol{u}}_k)_A := \hat{\boldsymbol{u}}_i^* \boldsymbol{A} \hat{\boldsymbol{u}}_k \tag{14.99}$$

sind die zu zwei verschiedenen Eigenfrequenzen $\omega_i \neq \omega_k$ gehörenden Eigenvektoren orthogonal:

$$\hat{\boldsymbol{u}}_i \perp \hat{\boldsymbol{u}}_k, \quad \text{falls} \quad \omega_i \neq \omega_k; \tag{14.100}$$

s. Aufgabe 14.10.

14.3 Aufgaben

Aufgabe 14.1 Kontrollieren Sie die Gültigkeit von (14.11) für den Fall identischer Lagerböcke.

Aufgabe 14.2 Wie viele *wesentliche*, d. h. dimensionslose (bezogene) Parameter braucht man für die Bewegungsgleichung (14.20)?

Aufgabe 14.3 Deuten und diskutieren Sie die mit (14.24) und (14.25) gewählten Parameter. Stellen Sie Überlegungen für Variationen an.

Aufgabe 14.4 Habe die Steifigkeitsmatrix $\boldsymbol{K}_N$ in $(14.25)_2$ die Eigenlösungen $(\kappa_i, \boldsymbol{k}_i)$ *mit*

$$\boldsymbol{K}_N \boldsymbol{k}_i = \kappa_i \boldsymbol{k}_i \tag{14.101}$$

Zeigen Sie: Wegen des speziellen Aufbaus der Bewegungsgleichungen (14.9) ff. liegen für $h > 0$ und *ohne Dämpfungen* die Eigenschwingungen jeweils in der $\boldsymbol{k}_1$- oder $\boldsymbol{k}_2$-Richtung; vgl. Abb. 14.4. Kann man dies ausnutzen, um die Lösung des Eigenwertproblems zu vereinfachen?

Aufgabe 14.5 Zeigen Sie für den Fall isotroper Lagerung (Fall $h=0$ in Tab. 14.1) ohne Dämpfung, dass die Eigenschwingungen zur jeweils gleichen Frequenz so zusammengesetzt werden können, dass die Punkte W, A, B von Scheibe bzw. Lagern auf Ellipsen in oder gegen die Wellendrehrichtung umlaufen.

Aufgabe 14.6 Kontrollieren Sie den Umlaufsinn der Punkte W, A, B in Abb. 14.5 anhand der Eigenlösungen $(\tilde{\lambda}_k, \tilde{\boldsymbol{x}}_k)$ aus Tab. 14.2.

Aufgabe 14.7 Sei in (14.41) – abweichend von (14.42) – der Körper unrund, $J_{11} \neq J_{22}$. Schreiben Sie für diesen Fall die (14.47), (14.48) entsprechenden linearen Bewegungsgleichungen an, die mit $\varphi = \Omega t$, vgl. (14.37), explizit mit der Periode $T = \pi/\Omega$ von der Zeit abhängen.

Aufgabe 14.8 Kontrollieren Sie (14.50), insbesondere im Hinblick auf die Vorzeichen von φ_x und M_x.

Aufgabe 14.9 Statt beim Übergang von (14.57) zu (14.61) zu addieren, kann man auch subtrahieren, dann die Lösung parallel zu (14.63) mit einem rechtsdrehenden Zeiger ansetzen, alle Überlegungen gewissermaßen „spiegelbildlich" abhandeln. Erhält man auf diese Weise anders ablaufende Eigenschwingungen?

Aufgabe 14.10 Die fliegend gelagerte Kreiselscheibe nach Abb. 14.13 hat offensichtlich den Freiheitsgrad vier, vgl. die Bewegungsgleichungen (14.57). Dann muss man *acht* Anfangsbedingungen für $x(0), y(0), \varphi_x(0), \varphi_y(0), \dot{x}(0), \dot{y}(0), \dot{\varphi}_x(0), \dot{\varphi}_y(0)$ vorgeben. Setzen Sie mit den *vier* komplexen Eigenschwingungen zu (14.64) die entsprechende (allgemeine) Lösung an.

Aufgabe 14.11 Löst man die Bewegungsgleichungen (14.57) direkt, also nicht über (14.61) usw. komplex, so erhält man *acht* Eigenlösungen. Wie hängen diese mit den komplexen zusammen (vgl. Aufgabe 14.10)?

Aufgabe 14.12 Man kann die beiden Biegeformen nach Abb. 14.15a und 14.15b dadurch unterscheiden, dass die Subtangente s_t der Biegelinie auf der vom Lager abgewandten Seite der Scheibe liegt, $s_t > 0$, bzw. auf der dem Lager zugewandten Seite, $s_t < 0$. Schreiben Sie für die Eigenschwingungen (14.73) eine Formel für $s_t(\omega_k)$ an, vgl. Abb. 14.17.

Aufgabe 14.13 Zeigen Sie für die fliegend gelagerte Kreiselscheibe nach Abb. 14.13, dass es zu Gleich- und Gegenlauf jeweils die Eigenschwingungen mit positiver und negativer Subtangente gibt.

Aufgabe 14.14 Ergänzen Sie die Frequenzverläufe $\tilde{\omega}_k(\tilde{\Omega})$ nach Abb. 14.16 für negative $\tilde{\Omega}$, also für das Intervall $-20 \leq \tilde{\Omega} \leq 0$.

Abb. 14.17 Subtangente: $\hat{x} = \hat{\varphi} \cdot s_t$

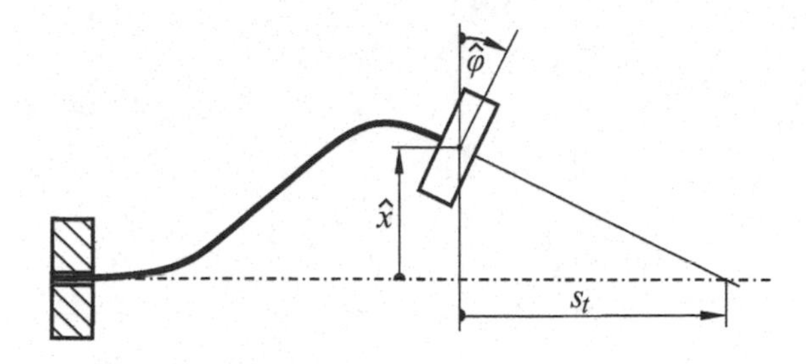

Aufgabe 14.15 Ergänzen Sie die kinetische Energie nach (14.49) um Unwuchtterme und stellen sodann die Bewegungsgleichungen (14.75) nach Lagrange auf.

Aufgabe 14.16 Wie ändern sich die auf (14.78) folgenden Resonanzaussagen bei Umkehr der Drehrichtung (vgl. Aufgabe 14.9)?

Aufgabe 14.17 Kontrollieren Sie die Aussage (14.94) → (14.95).

Aufgabe 14.18 Sei von der Eigenlösung $(\lambda_k, \hat{\boldsymbol{x}}_k) = (j\omega_k, \hat{\boldsymbol{x}}_k)$ neben ω_k der Realteil $\hat{\boldsymbol{x}}_{kR} := \mathrm{Re}\hat{\boldsymbol{x}}_k$ bekannt. Ermitteln Sie aus (14.86) den Imaginärteil $\hat{\boldsymbol{x}}_{kI} := \mathrm{Im}\hat{\boldsymbol{x}}_k$.

Teil IV
Kontinua mit einem funktionalen Freiheitsgrad

Mitschwingen der Wellenmasse bei Drehschwingungen 15

Zusammenfassung

Saiten, Wellen, Balken sind Beispiele für eindimensionale Kontinua. Das sind Modelle, deren räumliche Masseverteilung sich durch eine Längskoordinate z. B. x erfassen lässt. Der Ort und die Winkelstellung im Raum werden dann durch drei und mehr Funktionen von x und der Zeit t erfasst. Ein Kontinuum-Modell heißt vom funktionalen Freiheitsgrad eins, falls zum Beschreiben der Bewegungen eine dieser Funktionen genügt. Beim Drehschwinger ist der Drehwinkel $\varphi(x,t)$ die gesuchte Funktion. Die Bewegungsgleichung für die Torsionswelle ist eine lineare partielle Differentialgleichung zweiter Ordnung nach Ort und Zeit. Zweite Ordnung nach dem Ort erfordert zwei Randbedingungen, das ist jeweils das Momentengleichgewicht zwischen Welle und mitschwingender Drehmasse. Für die freien Schwingungen gilt wieder (vgl. Kapitel 9): Exponentialansatz → Eigenwertproblem → Eigenfrequenzen → Eigenformen, nur erfordern die Einzelschritte jetzt Teilüberlegungen für das Kontinuum, d.h. die partielle Differentialgleichung und die Scheiben, deren Schwingungen in die Randbedingungen eingehen. Die Frequenzgleichung ist transzendent und führt auf unendlich viele Eigenfrequenzen, die zugehörigen Eigenformen sind jetzt Funktionen von x; bei fortlaufender Zählung kommt mit jeder Eigenfrequenz ein Knoten hinzu. Bei sinusförmiger Erregung ist die Frequenz bekannt, das Erregermoment geht in die Randbedingungen ein. Die Rechnungen sind wegen der bekannten Frequenz einfacher. Zu jeder Eigenfrequenz gehört eine Resonanzstelle.

Ergänzende Information Die elektronische Version dieses Kapitels enthält Zusatzmaterial, auf das über folgenden Link zugegriffen werden kann https://doi.org/10.1007/978-3-658-38123-3_15.

E. Brommundt und D. Sachau, *Schwingungslehre mit Maschinendynamik*,
https://doi.org/10.1007/978-3-658-38123-3_15

Als einfachen Fall eines *schwingenden Kontinuums* untersuchen wir in diesem Abschnitt die Wirkung der *mitschwingenden Wellenmasse* auf das Schwingungsverhalten des Systems.

15.1 Aufgabenstellung

Als typisches Beispiel untersuchen wir den Drehschwinger nach Abb. 15.1. Eine Welle (Radius R, Länge l, Dichte ρ, Schubmodul G) trägt an den Enden zwei Drehmassen (Massenmomente J_1, J_2).

Gesucht sind die Eigenfrequenzen, Eigenschwingungsformen und die erzwungenen Schwingungen (bei Anregung an einem Ende). Schließlich interessiert die Frage, wie man das *Kontinuum Welle* näherungsweise durch ein diskretes System ersetzen kann.

15.2 Freie Schwingungen

15.2.1 Herleiten der partiellen Dgl für die Drehschwingungen der Welle

Abb. 15.2a zeigt einen Schnitt durch die Welle an der Stelle x, wobei die Koordinate von einem Wellenende gezählt ist, vgl. etwa Abb. 15.1. Die Wellendrehung an der Stelle x wird durch den Winkel $\varphi = \varphi(x,t)$ gemessen, wobei $\varphi = 0$ zum Beispiel der vertikalen Referenzlage entspricht. Abb. 15.2b zeigt den Winkel symbolisch als Drehpfeil.

Drillung Abb. 15.3 zeigt ein Wellenelement der Länge Δx. Es erfährt die *Drillung*

$$\varphi' = \frac{\partial \varphi}{\partial x} = \lim_{\Delta x \to 0} \frac{\varphi(x + \Delta x, t) - \varphi(x,t)}{\Delta x}. \tag{15.1}$$

Moment (Torsionsmoment) Für das Torsionsmoment M_T gilt, vgl. Abb. 15.2,

$$M_T = GI_p \cdot \varphi'. \tag{15.2}$$

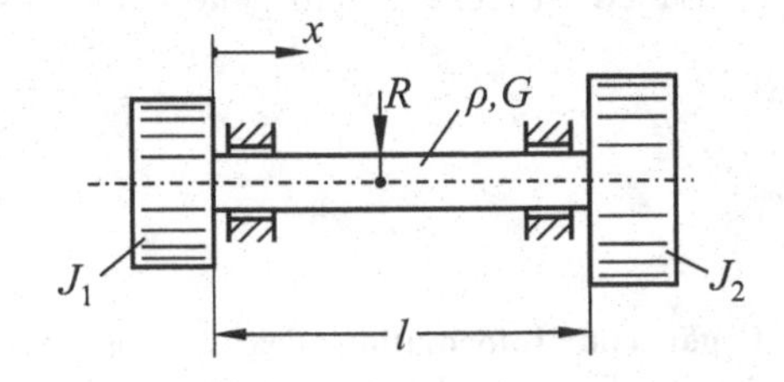

Abb. 15.1 Drehschwinger

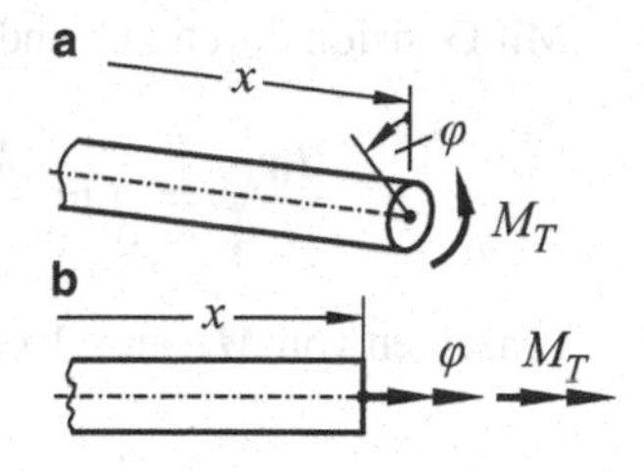

Abb. 15.2 Drehwinkel $\varphi(x,t)$, Torsionsmoment $M_T(x,t)$.
a ausführlich, **b** symbolisch

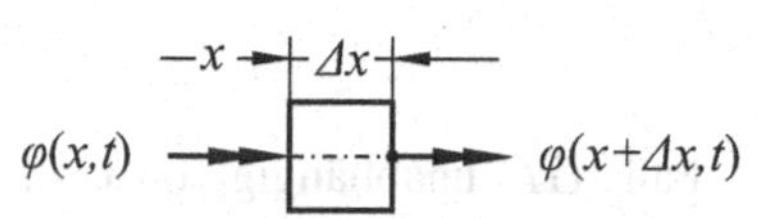

Abb. 15.3 Drillung am Wellenelement

Dabei ist G der Schubmodul und

$$I_p = \int_A r^2 dA = \frac{\pi}{2} R^4 \tag{15.3}$$

das polare Flächenmoment 2. Grades (früher *Flächenträgheitsmoment*). Man nennt das Produkt GI_p *Drillsteifigkeit*.

Momentengleichgewicht am Wellenelement Abb. 15.4 zeigt ein Wellenelement der Länge Δx mit den angreifenden Torsionsmomenten sowie dem d'Alembert'schen Moment $-\Delta J \ddot{\varphi}$. Das Massenmoment ΔJ lautet

$$\Delta J = \rho I_p \Delta x = J_W \frac{\Delta x}{l}. \tag{15.4}$$

Dabei ist

$$J_W = \rho I_p \cdot l = \frac{1}{2} m R^2 \tag{15.5}$$

das Massenmoment der als starr angenommenen Welle; J_W / l ist das auf die Länge bezogene Massenmoment.

Die Bedingung für das Momentengleichgewicht am Element nach Abb. 15.4 lautet:

$$M_T(x + \Delta x, t) - M_T(x,t) - J_W \frac{\Delta x}{l} \ddot{\varphi} = 0. \tag{15.6}$$

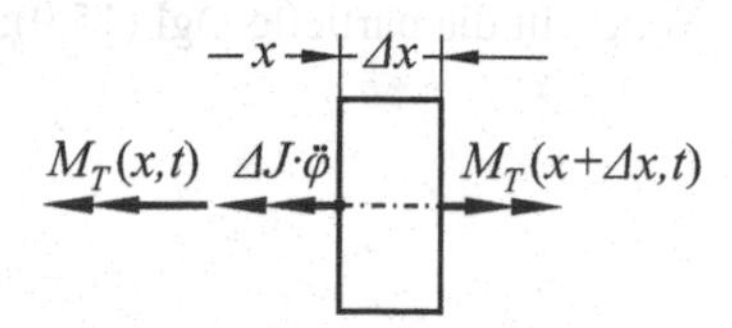

Abb. 15.4 Drehmomente am Wellenelement

Mit Division durch Δx und Grenzübergang $\Delta x \to 0$ erhält man

$$\frac{J_W}{l}\ddot{\varphi} = \lim_{\Delta x \to 0} \frac{M_T(x+\Delta x,t) - M_T(x,t)}{\Delta x} = \frac{\partial M_T}{\partial x} = M_T'. \tag{15.7}$$

Einsetzen von M_T aus (15.2) liefert

$$\frac{J_W}{l}\ddot{\varphi} = (GI_p\varphi')'. \tag{15.8}$$

Falls GI_p unabhängig von x ist, falls also R – wie bisher angenommen – konstant ist, gilt

$$\frac{J_W}{l}\ddot{\varphi} - GI_p\varphi'' = 0. \tag{15.9}$$

Dies – wie auch (15.8) – ist eine lineare partielle Dgl 2. Ordnung nach der Zeit t ($\to$ 2 Anfangsbedingungen erforderlich) und 2. Ordnung nach dem Ort x ($\to$ 2 Randbedingungen erforderlich).

Hinweis 1 Wenn man will, kann man nach (15.4) $J_W/l = \rho I_p$ setzen und I_p aus (15.9) herauskürzen (das ist nur bei $I_p = const$ möglich). Man erhält

$$\rho\ddot{\varphi} - G\varphi'' = 0. \tag{15.10}$$

(Wir werden stets mit (15.9) arbeiten.)

15.2.2 Untersuchung der freien Schwingungen

Abb. 15.5 zeigt die geometrischen Beziehungen und die Schnittmomente an unseren Systemen.

Abb. 15.5a macht die geometrischen (die kinematischen) Beziehungen deutlich:

$$\varphi_1(t) = \varphi(0,t), \quad \varphi_2(t) = \varphi(l,t). \tag{15.11}$$

Abb. 15.5b enthält neben den Schnittmomenten auch die d'Alembert'schen Momente $-J_1\ddot{\varphi}_1$ und $-J_2\ddot{\varphi}_2$.

Bewegungsgleichungen: Partielle Dgl und Randbedingungen Für die Bewegung der Welle gilt die partielle Dgl (15.9):

$$\frac{J_W}{l}\ddot{\varphi} - GI_p\varphi'' = 0. \tag{15.12}$$

a

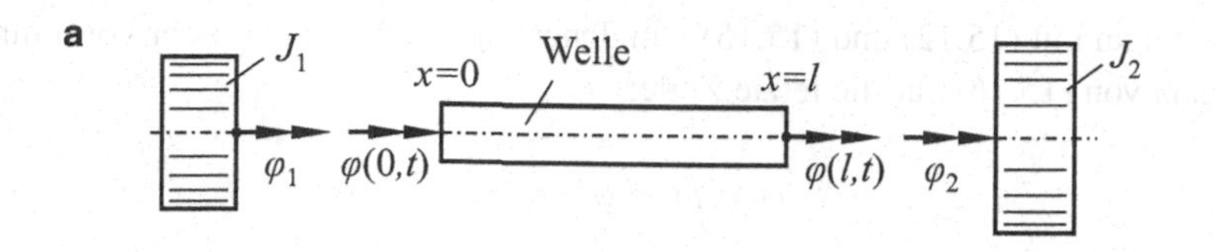

b

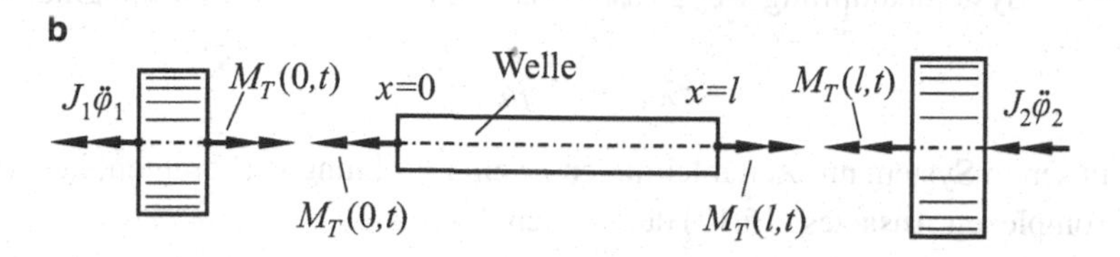

Abb. 15.5 System mit **a** geometrischen, **b** kinetischen Größen

Für die Drehmassen J_1, J_2 gelten mit den Momenten gemäß Abb. 15.5b die Gleichgewichtsbedingungen

$$-J_1\ddot{\varphi}_1 + M_T(0,t) = 0, \quad -J_2\ddot{\varphi}_2 - M_T(l,t) = 0. \tag{15.13}$$

Darin sind φ_1 und φ_2 gemäß (15.11) mit Hilfe von $\varphi(x,t)$ auszudrücken, und für $M_T(0,t)$, $M_T(l,t)$ folgen aus (15.2)

$$M_T(0,t) = GI_p\varphi'(0,t), \quad M_T(l,t) = GI_p\varphi'(l,t). \tag{15.14}$$

Zusammengefasst liefern (15.13) mit (15.11) und (15.14) die beiden *Randbedingungen*

$$\begin{aligned} -J_1\ddot{\varphi}(0,t) + GI_p\varphi'(0,t) &= 0, \\ -J_2\ddot{\varphi}(l,t) - GI_p\varphi'(l,t) &= 0 \end{aligned} \tag{15.15}$$

für die partielle Dgl (15.12).

Lösung der Bewegungsgleichungen Wir suchen freie Schwingungen des Schwingers nach Abb. 15.1, die durch den Satz homogener Gleichungen (15.12), (15.11), (15.13), (15.14) bzw. – nach Elimination von $M_T(0,t)$, $M_T(l,t)$, φ_1 und φ_2 – durch (15.12) und (15.15) beschrieben werden.

Das System von Gleichungen hat bezüglich der Zeit konstante Koeffizienten, deshalb liegt ein $e^{\lambda t}$-Ansatz nahe:

$$\begin{pmatrix} \varphi_1(t) \\ \varphi_2(t) \\ M_T(x,t) \\ \varphi(x,t) \end{pmatrix} = \begin{pmatrix} \hat{\varphi}_1 \\ \hat{\varphi}_2 \\ \hat{M}_T(x) \\ \hat{\varphi}(x) \end{pmatrix} e^{\lambda t}. \tag{15.16}$$

Darin sind $\hat{M}_T(x)$ und $\hat{\varphi}(x)$ natürlich noch Funktionen von x.

Arbeitet man mit (15.12) und (15.15) – in denen $\varphi_1, \varphi_2, M_T$ nicht mehr vorkommen –, braucht man von (15.16) nur die letzte Zeile:

$$\varphi(x,t) = \hat{\varphi}(x)e^{\lambda t}. \tag{15.17}$$

Da wir die Systemdämpfung weggelassen haben, erwarten wir rein imaginäre Eigenwerte

$$\lambda_{\pm i} = \pm j\omega_i. \tag{15.18}$$

Da in unserem System nur Zeitableitungen zweiter Ordnung vorkommen, liegt es nahe, statt des komplexen Ansatzes (15.17) den reellen Ansatz

$$\varphi(x,t) = \hat{\varphi}(x)\cos\omega t \tag{15.19}$$

zu wählen (die Funktionen $\sin\omega t, \cos(\omega t + \psi)$ tun es auch!).

Lösen der partiellen Dgl Mit (15.19) folgt aus (15.12)

$$-\frac{J_W}{l}\omega^2\hat{\varphi}\cos\omega t - GI_p\hat{\varphi}''\cos\omega t = 0. \tag{15.20}$$

Da $\cos\omega t \neq 0$, ergibt sich aus (15.20) für $\hat{\varphi}(x)$ die gewöhnliche Dgl

$$GI_p\hat{\varphi}'' + \omega^2\frac{J_W}{l}\hat{\varphi} = 0. \tag{15.21}$$

Hierin ist ω der freie Parameter des Eigenwertproblems. Zur Abkürzung dividieren wir (15.21) durch GI_p und setzen

$$\kappa^2 = \frac{\omega^2 J_W}{lGI_p}, \quad \text{also} \quad \kappa = \omega\sqrt{\frac{J_W}{lGI_p}}. \tag{15.22}$$

Der Parameter κ tritt an die Stelle von ω, aus (15.21) entsteht

$$\hat{\varphi}'' + \kappa^2\hat{\varphi} = 0. \tag{15.23}$$

Dies ist mathematisch dieselbe Dgl wie (5.13) – mit x statt t als unabhängiger Variabler – und hat die *allgemeine Lösung*, vgl. (5.15),

$$\hat{\varphi} = a_1\cos\kappa x + a_2\sin\kappa x. \tag{15.24}$$

Einarbeiten der allgemeinen Lösung in die Randbedingungen Mit dem Ansatz (15.19) nehmen die *Randbedingungen* (15.15) nach Herauskürzen von $\cos \omega t$ die folgende Form an:

$$\begin{aligned} \omega^2 J_1 \hat{\varphi}(0) + GI_p \hat{\varphi}'(0) &= 0, \\ \omega^2 J_2 \hat{\varphi}(l) - GI_p \hat{\varphi}'(l) &= 0. \end{aligned} \tag{15.25}$$

Mit $\omega^2 = \kappa^2 l GI_p / J_W$ aus (15.22) lauten sie:

$$\begin{aligned} \kappa^2 l \frac{J_1}{J_W} \cancel{GI_p} \hat{\varphi}(0) + \cancel{GI_p} \hat{\varphi}'(0) &= 0, \\ \kappa^2 l \frac{J_2}{J_W} \cancel{GI_p} \hat{\varphi}(l) - \cancel{GI_p} \hat{\varphi}'(l) &= 0; \end{aligned} \tag{15.26}$$

hier wurde durch $GI_p (\neq 0)$ dividiert.

Einsetzen der allgemeinen Lösung $\hat{\varphi}(x)$ nach (15.24) in die Randbedingungen (15.26) liefert

$$\begin{aligned} \kappa^2 l \frac{J_1}{J_W} (a_1 \cos 0 + a_2 \sin 0) + \kappa(-a_1 \sin 0 + a_2 \cos 0) &= 0, \\ \kappa^2 l \frac{J_2}{J_W} (a_1 \cos \kappa l + a_2 \sin \kappa l) - \kappa(-a_1 \sin \kappa l + a_2 \cos \kappa l) &= 0. \end{aligned} \tag{15.27}$$

Achtung! Es ist gefährlich, durch κ zu teilen, bevor man zu $\kappa = 0$ gehörende Lösungen ausgeschlossen hat. (Hier gibt es solche! – vgl. Λ_1 in $(9.43)_1$)

Zusammenfassen der Koeffizienten-Terme von a_1 und a_2 liefert

$$\begin{aligned} \kappa^2 l \frac{J_1}{J_W} a_1 + \kappa a_2 &= 0, \\ \left(\kappa^2 l \frac{J_2}{J_W} \cos \kappa l + \kappa \sin \kappa l \right) a_1 + \left(\kappa^2 l \frac{J_2}{J_W} \sin \kappa l - \kappa \cos \kappa l \right) a_2 &= 0. \end{aligned} \tag{15.28}$$

Es ist zweckmäßig, statt κ das Produkt $\kappa l =: \alpha$ als dimensionslosen Parameter einzuführen. Dann gelten, vgl. (15.22), (15.5),

$$\alpha = \kappa l = \omega \sqrt{\frac{l J_W}{GI_p}} = \omega l \sqrt{\frac{\rho}{G}}. \tag{15.29}$$

Nach Multiplikation von (15.28) mit l lauten die Gleichungen in Matrixschreibweise

$$\begin{pmatrix} \alpha^2 \frac{J_1}{J_W} & \alpha \\ \alpha^2 \frac{J_2}{J_W} \cos \alpha + \alpha \sin \alpha & \alpha^2 \frac{J_2}{J_W} \sin \alpha - \alpha \cos \alpha \end{pmatrix} \begin{pmatrix} a_1 \\ a_2 \end{pmatrix} = \mathbf{0}. \tag{15.30}$$

Dies ist ein homogenes Gleichungssystem für a_1, a_2, dessen Koeffizienten vom freien Parameter α abhängen, vgl. (5.9), (9.23) usw. Damit es eine nichttriviale Lösung hat, muss die Koeffizientendeterminante verschwinden:

$$\begin{aligned}\Delta(\alpha) &:= \det\begin{pmatrix} \alpha^2 \frac{J_1}{J_W} & \alpha \\ \alpha^2 \frac{J_2}{J_W}\cos\alpha + \alpha\sin\alpha & \alpha^2\frac{J_2}{J_W}\sin\alpha - \alpha\cos\alpha \end{pmatrix} \\ &= \alpha^4 \frac{J_1 J_2}{J_W^2}\sin\alpha - \alpha^3\frac{J_1+J_2}{J_W}\cos\alpha - \alpha^2\sin\alpha \stackrel{!}{=} 0.\end{aligned} \tag{15.31}$$

Dies ist die charakteristische Gleichung unseres Systems. Es handelt sich um eine transzendente Gleichung mit unendlich vielen Lösungen (*Wurzeln*). Man kann zeigen, dass alle Wurzeln α_i reell sind.

15.2.3 Eigenlösungen

Lösungen zu $\boldsymbol{\alpha_1 = 0}$: Man erkennt unmittelbar, dass $\Delta(\alpha) = 0$ nach (15.31) die dreifache Wurzel $\alpha_1 = 0$ hat. (Bestimmend für *dreifach* sind das zweite und dritte Glied in der letzten Zeile von (15.31); $\alpha^2 \sin\alpha$ hat die 3-fache Wurzel $\alpha = 0$, weil $\sin 0 = 0$.) Die lineare Gleichung (15.30) lässt für $\alpha = 0$ beliebige Koeffizienten a_{11} und a_{21} zu. Aus (15.24) folgt

$$\hat{\varphi}_1 = a_{11} = J_W/J_1 \quad \text{(gesetzt! vgl. (15.37))} \tag{15.32}$$

und die zugehörige Eigenbewegung lautet

$$\varphi_1(x,t) = (a + bt), \tag{15.33}$$

vgl. (9.48). Zur dritten Wurzel $\alpha = 0$ gibt es keine Auslenkungsform.

Lösungen zu $\boldsymbol{\alpha \neq 0}$: Nach dem Abhandeln der Wurzeln $\alpha = 0$ darf man (15.31) durch $\alpha^2 (\neq 0)$ dividieren und umstellen.

$$\left(\alpha^2 \frac{J_1 J_2}{J_W^2} - 1\right)\sin\alpha = \alpha\frac{J_1+J_2}{J_W}\cos\alpha. \tag{15.34}$$

Seien zunächst $\cos\alpha \neq 0$ und $(\alpha^2 J_1 J_2/J_W^2 - 1) \neq 0$; (s. Aufgabe 15.6). Dann folgt aus (15.34) die charakteristische Gleichung in der Form

$$\tan\alpha = \frac{J_1+J_2}{J_W}\frac{\alpha}{\alpha^2\frac{J_1J_2}{J_W^2} - 1}. \tag{15.35}$$

Zu ihrer grafischen Lösung sind in Abb. 15.6 für die Parameterwerte

$$\frac{J_1}{J_W} = 1.0, \quad \frac{J_2}{J_W} = 2.0 \tag{15.36}$$

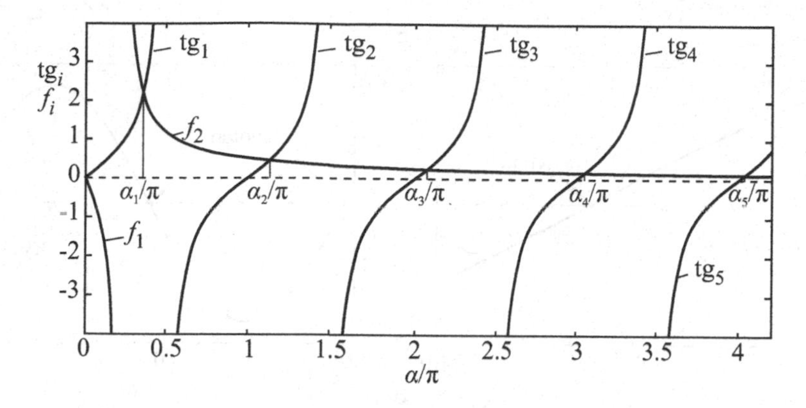

Abb. 15.6 Graphische Lösung der charakteristischen Gleichung für $k = i + 1$

über α/π als Abszisse die Äste tg_i der Funktion $\tan\alpha$ und die beiden Äste f_1, f_2 der hyperbelförmig von α abhängigen Funktion auf der rechten Seite aufgetragen. Die Schnittpunkte der beiden Kurvenscharen liefern die charakteristischen Wurzeln α_k für $k > 1$.

Aus Abb. 15.6 liest man (nach Vergrößern der jeweiligen Bildausschnitte) die Eigenwerte der Tab. 15.1 ab.

Wenn man will, kann man diese Näherungswerte mit Hilfe von (15.35) – zu den gewählten Parametern (15.36) – iterativ verbessern (evtl. auch Newton-Verfahren).

Zu den Eigenwerten α_k nach Tab. 15.1 erhält man aus dem Gleichungssystem (15.30) die Eigenvektoren

$$(a_1, a_2)_k^{\mathrm{T}} = (J_W/J_1, -\alpha_k)^{\mathrm{T}}. \tag{15.37}$$

(Diese Normierung wurde für die Darstellung in Abb. 15.7 gewählt, sie setzt $J_1 \neq 0$ voraus.)

Dann lauten die Eigenschwingungsformen $\hat{\varphi}_k$ nach (15.24)

$$\hat{\varphi}_k(x) = \frac{J_W}{J_1} \cos\alpha_k \frac{x}{l} - \alpha_k \sin\alpha_k \frac{x}{l}, \tag{15.38}$$

mit den zugehörigen Eigenfrequenzen nach (15.29)

$$\omega_k = \alpha_k \sqrt{\frac{G}{\rho l^2}}. \tag{15.39}$$

Mit steigenden Eigenfrequenzen steigt der Einfluss der verteilten Trägheiten: Bei der ersten Eigenform $\hat{\varphi}_k, k = 1$, der gleichförmigen Drehung nach (15.32), (15.33), entfällt

Tab. 15.1 Eigenwerte α_k

k	1	2	3	4	5	$n\ (\gg 1)$
α_k/π	0	0.362	1.132	2.073	3.050	$(n - \alpha_k) + \ldots$

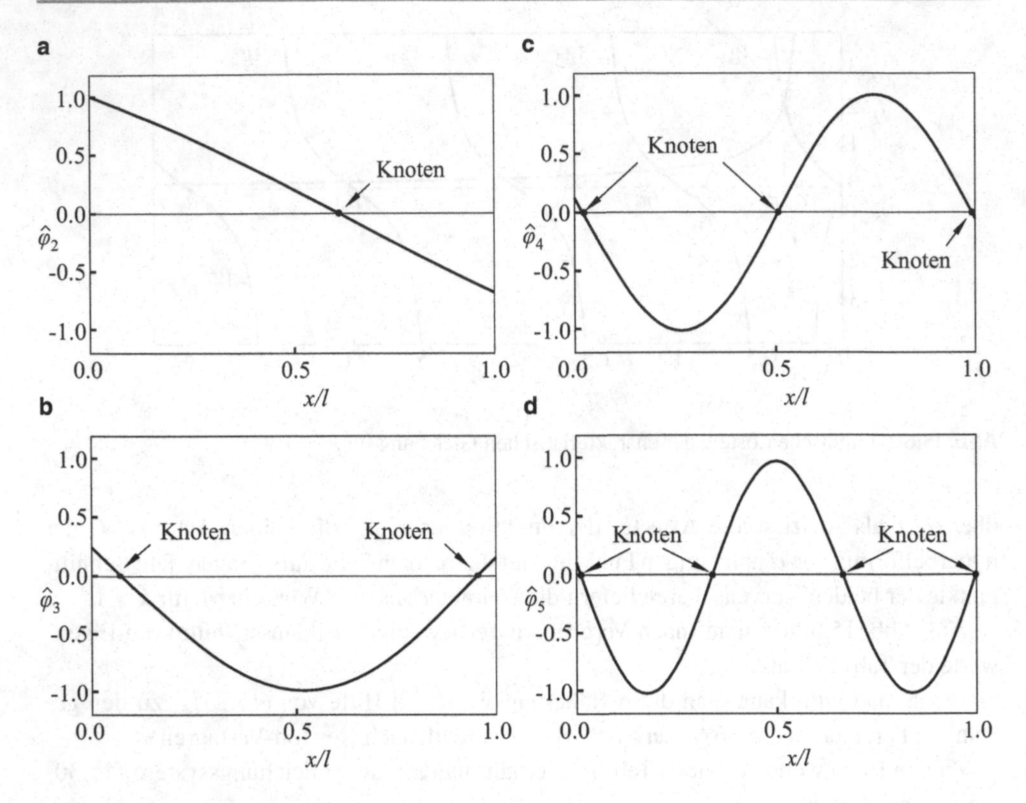

Abb. 15.7 Eigenschwingungsformen $\hat{\varphi}_k(x)$ für die Eigenwerte α_k nach Tab. 15.1, $k = i + 1$

ihr Einfluss vollständig. Abb. 15.7 zeigt die vier nächsten Eigenformen, $\hat{\varphi}_k, k = 2, \ldots, 5$. Bei $k = 2$, $\alpha_2 = 0.362\pi$ verläuft $\hat{\varphi}_2(x)$ noch nahezu linear, die verteilte Trägheit wirkt sich wenig aus (vgl. Aufgabe 15.1). Bei $k = 3$, $\alpha_3 = 1.132\pi$ ($\approx 3\alpha_2$) schwingt die Welle schon gegen die Endmassen; bei $k > 3$ schwingt sie teils mit, teils gegen die Endmassen.

15.3 Erzwungene Schwingungen

Aufgabe: Auf den Schwinger nach Abb. 15.8 wirken die beiden Erregermomente

$$M_i = \hat{M}_i \cos \Omega t. \tag{15.40}$$

Wie lauten die erzwungenen Schwingungen?

Lösung Für die Welle gilt (nach wie vor) die Bewegungsgleichung (15.9),

$$\frac{J_W}{l}\ddot{\varphi} - GI_p\varphi'' = 0. \tag{15.41}$$

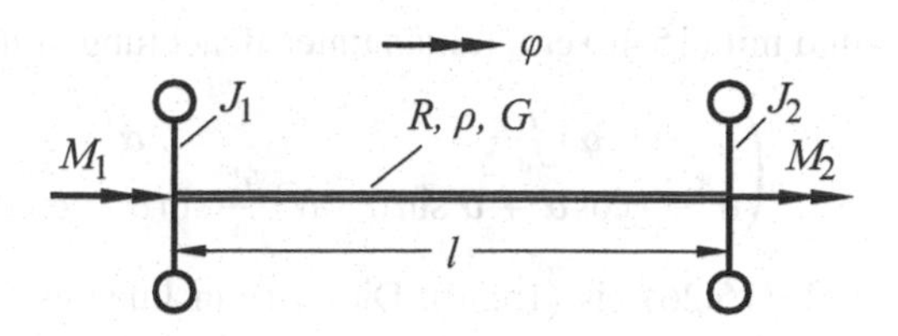

Abb. 15.8 Schwinger mit Erregermomenten

Die Gleichgewichtsbedingungen an den ähnlich wie in Abb. 15.5b freigeschnittenen End-Drehmassen lauten, vgl. (15.13),

$$\begin{aligned} -J_1\ddot{\varphi}_1 + M_T(0,t) + M_1(t) &= 0, \\ -J_2\ddot{\varphi}_2 - M_T(\ell,t) + M_2(t) &= 0. \end{aligned} \tag{15.42}$$

Mit (15.40) und (15.2) erhalten wir daraus die Randbedingungen, vgl. (15.15),

$$\begin{aligned} -J_1\ddot{\varphi}(0,t) + GI_p\varphi'(0,t) &= -\hat{M}_1 \cos \Omega t, \\ -J_2\ddot{\varphi}(l,t) - GI_p\varphi'(l,t) &= -\hat{M}_2 \cos \Omega t. \end{aligned} \tag{15.43}$$

(Um die Parallelen zu Abschn. 15.2 zu bewahren, lassen wir die Gleichungen in dieser Form stehen.)

Die (15.41) und (15.43) sind die Bewegungsgleichungen für die erzwungenen Schwingungen. Sie sind inhomogen, haben also – wenigstens zum Teil, vgl. (15.43) – nichtverschwindende rechte Seiten.

Zur Lösung der Bewegungsgleichungen kann man auf komplexe Schreibweise übergehen – rechte Seiten erhalten die Form $\ldots e^{j\Omega t}$ –, doch genügt für die ungedämpften erzwungenen Schwingungen der Ansatz

$$\varphi(x,t) = \hat{\varphi}(x) \cos \Omega t, \tag{15.44}$$

vgl. (15.16) bis (15.19).

Die Lösung der partiellen Dgl (15.41) kann man aus Abschn. 15.2 übernehmen, wenn man in (15.19) ff. die unbekannte Frequenz ω durch die hier bekannte Erregerfrequenz Ω ersetzt. Insbesondere gelten jetzt, vgl. (15.22), (15.29),

$$\kappa = \Omega\sqrt{\frac{J_W}{lGI_p}}, \quad \alpha = \kappa l = \Omega\sqrt{\frac{lJ_W}{GI_p}} = \Omega l\sqrt{\frac{\rho}{G}}; \tag{15.45}$$

und für die Schwingungsform $\hat{\varphi}(x)$ gilt wieder (15.24):

$$\hat{\varphi}(x) = a_1 \cos \kappa x + a_2 \sin \kappa x. \tag{15.46}$$

Mit (15.44) lauten die Randbedingungen (15.43)

$$\begin{aligned} J_1\Omega^2\hat{\varphi}(0) + GI_p\hat{\varphi}'(0) &= -\hat{M}_1, \\ J_2\Omega^2\hat{\varphi}(l) - GI_p\hat{\varphi}'(l) &= -\hat{M}_2, \end{aligned} \tag{15.47}$$

und mit (15.46) erhält man unter Beachtung von (15.45)

$$\begin{pmatrix} \alpha^2 \frac{J_1}{J_W} & \alpha \\ \alpha^2 \frac{J_2}{J_W} \cos\alpha + \alpha \sin\alpha & \alpha^2 \frac{J_2}{J_W} \sin\alpha - \alpha\cos\alpha \end{pmatrix} \begin{pmatrix} a_1 \\ a_2 \end{pmatrix} = -\frac{l}{GI_p} \begin{pmatrix} \hat{M}_1 \\ \hat{M}_2 \end{pmatrix}, \tag{15.48}$$

vgl. (15.26) bis (15.30). Dies ist ein lineares Gleichungssystem für a_1 und a_2 mit der Lösung

$$\begin{aligned} a_1 &= -\frac{l}{GI_p \cdot \Delta(\alpha)} \left[\hat{M}_1 \left(\alpha^2 \frac{J_2}{J_W} \sin\alpha - \alpha\cos\alpha \right) - \alpha \hat{M}_2 \right], \\ a_2 &= -\frac{l}{GI_p \cdot \Delta(\alpha)} \left[-\hat{M}_1 \left(\alpha^2 \frac{J_2}{J_W} \cos\alpha + \alpha \sin\alpha \right) + \hat{M}_2 \alpha^2 \frac{J_1}{J_W} \right], \end{aligned} \tag{15.49}$$

dabei ist $\Delta(\alpha)$ die Koeffizienten-Determinante nach (15.31) mit α nach $(15.45)_2$.

Diese Ausdrücke für a_1, a_2 muss man in (15.46) einsetzen (Übungsaufgabe).

Aus (15.49) liest man direkt ab: Stimmt Ω mit einer der Eigenfrequenzen ω_k, vgl. (15.39) überein, so verschwindet $\Delta(\alpha)$ im Nenner. Die Koeffizienten, a_1, a_2 wachsen über alle Grenzen (soweit die Ausdrücke in den eckigen Klammern nicht zufällig gleichzeitig verschwinden), man hat Resonanz für alle

$$\|\Omega\| = \omega_k. \tag{15.50}$$

Für $\|\Omega\| \approx \omega_k$ werden a_1, a_2 sehr groß.

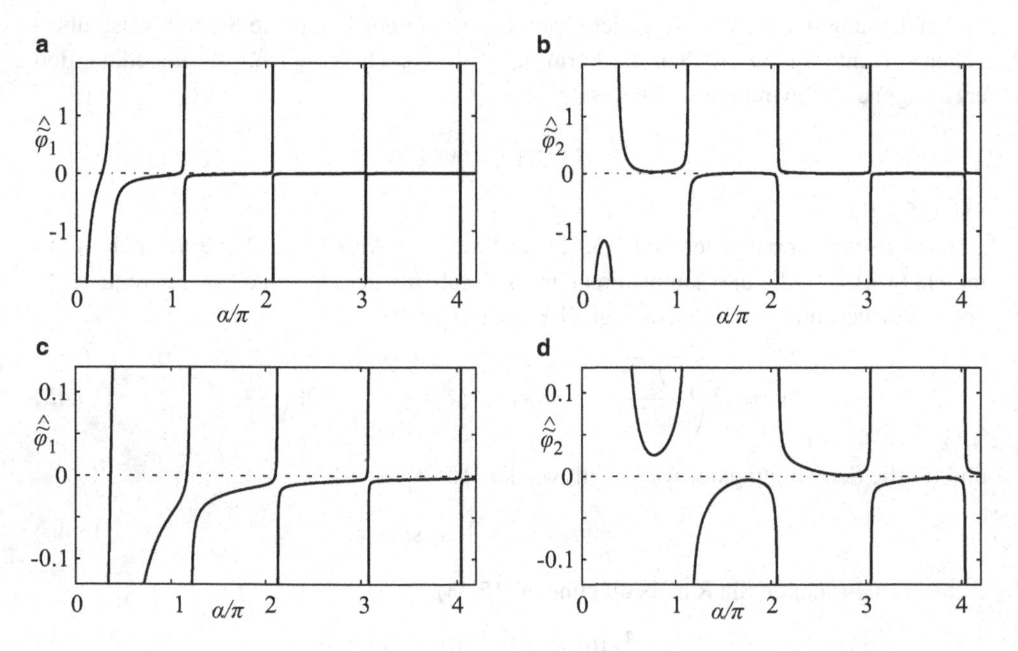

Abb. 15.9 Frequenzgänge. **a** $\hat{\tilde{\varphi}}_1(\alpha)$, **b** $\hat{\tilde{\varphi}}_2(\alpha)$, **c**, **d** vertikal gestreckt, vgl. (15.51), (15.52)

Abb. 15.9 zeigt für die Parameter (15.36) zur Erregung $\hat{M}_1 = \hat{M}$, $\hat{M}_2 = 0$ die Frequenzgänge von

$$\hat{\hat{\varphi}}_1 := \frac{GI_p}{l\hat{M}}\hat{\varphi}(0), \quad \hat{\hat{\varphi}}_2 := \frac{GI_p}{l\hat{M}}\hat{\varphi}(l), \tag{15.51}$$

aufgetragen über

$$\frac{\alpha}{\pi} = \frac{\Omega}{\pi}\sqrt{\frac{J_W l}{GI_p}}. \tag{15.52}$$

15.4 Aufgaben

Aufgabe 15.1 Die Schwingungsform nach Abb. 15.7a für die tiefste Eigenfrequenz ω_1 weicht nur wenig von einer Geraden ab, der Einfluss der Wellenträgheit ist gering. Berechnen Sie zum Vergleich die Eigenfrequenz ω_1 bei Vernachlässigung der Wellenträgheit (d. h. $J_W = 0$ bzw. $\rho = 0$).

Aufgabe 15.2 Wie lauten die Eigenfrequenzen und Eigenschwingungsformen der frei schwingenden Welle nach Abb. 15.5 für den Fall fehlender End-Drehmassen, d. h. $J_1 = J_2 = 0$?

Aufgabe 15.3 Kontrollieren Sie die Zahlenwerte $\alpha_k, k = 1, \ldots, 5$ in Tab. 15.1 und verbessern Sie die Näherungswerte mit Hilfe eines Iterationsverfahrens um (wenigstens) eine weitere Stelle.

Aufgabe 15.4 Schreiben Sie mit Hilfe der Eigenfrequenzen ω_k und Eigenformen $\hat{\varphi}_k(x)$ nach (15.39) bzw. (15.38) – auch (15.32) – die *allgemeine Lösung* der Bewegungsgleichungen an.

Aufgabe 15.5 Welche Bedingung müssen die Parameter J_1/J_W und J_2/J_W in der charakteristischen Gleichung (15.35) erfüllen, damit – wie in unserem Beispiel – keine Eigenwerte α_k auftreten, für die $\tan\alpha_k < 0$ gilt? (... in Abb. 15.6 keine Schnittpunkte in der unteren Halbebene auftreten?)

Aufgabe 15.6 Für welche Parameterwerte $(J_1 J_2/J_W^2)$ hat die charakteristische Gleichung (15.35) Lösungen α_k mit $\cos\alpha_k = 0$?

Aufgabe 15.7 In Abb. 15.9 sind die Amplituden $\hat{\hat{\varphi}}_k$ über der bezogenen Frequenz $\alpha/\pi \equiv \tilde{\Omega}/\pi = \Omega/\pi\,\sqrt{lJ_W/GI_p}$ *mit Vorzeichen* aufgetragen. Schreiben Sie $\hat{\hat{\varphi}}_k = \|\hat{\hat{\varphi}}_k\| e^{j\psi_k}$ und skizzieren Sie parallel zu Abb. 9.5 die Verläufe (die Frequenzgänge) der Amplituden $\|\hat{\hat{\varphi}}_k\|$ und der Phasenverschiebungswinkel ψ_k in Abhängigkeit von $\tilde{\Omega}$.

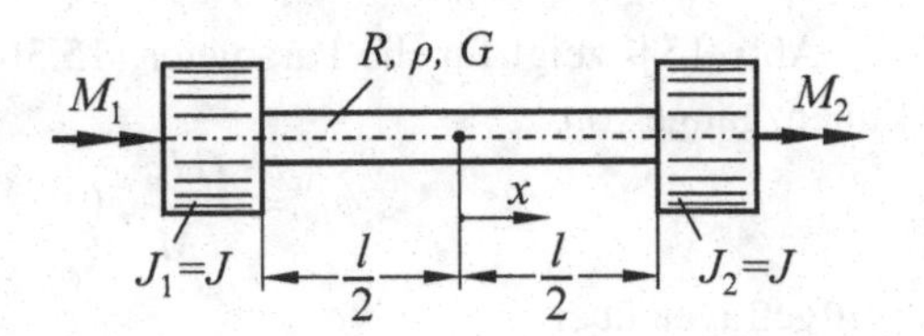

Abb. 15.10 Symmetrisch aufgebauter Drehschwinger

Aufgabe 15.8 Diskutieren Sie die Frequenzgänge aus Aufgabe 15.7 analog zu Abschn. 9.4.3 und 9.4.4. Dazu ist es günstig, sich die Schwingungsform $\hat{\varphi}(x)$ für einige Erregerfrequenzen $\tilde{\Omega} = \alpha$ zu berechnen (PC!)

Aufgabe 15.9 Besonders bei symmetrisch aufgebauten Systemen, vgl. Abb. 15.10, mit a) symmetrischer Erregung $M_1 = M_2 = M(t)$ oder mit b) antimetrischer Erregung $M_1 = -M_2 = M(t)$ ist es günstig, die Koordinaten so zu wählen – hier z. B. den Nullpunkt von x in die Wellenmitte zu legen –, dass Symmetrien und Antimetrien in den Gln. Wiederzuerkennen sind. Welche Symmetrien und Antimetrien treten in diesem System in den freien und den erzwungenen Schwingungen auf?

Diskretisieren des Kontinuums 16

Zusammenfassung

Unter Diskretisieren – Vereinzeln – eines Kontinuums versteht man das Einschränken der oft unüberschaubaren Mannigfaltigkeit seiner Bewegungsmöglichkeiten auf relativ wenige, überschaubare, die man für wichtig hält. Bei den eindimensionalen technischen Kontinua hat man bereits vereinfacht, indem man Querschnittsverformungen unbeachtet gelassen oder speziell gebunden hat. Ihre Bewegungen werden jedoch immer noch durch partielle Differentialgleichungen beschrieben. Vom Diskretisieren spricht man erst dann, wenn man die Bewegungen des Systems durch einzelne Variablen erfasst. Das diskrete Modell wird im Allgemeinen durch gewöhnliche Differentialgleichungen beschrieben. Zwei Vorgehensweisen werden an je einem Beispiel erklärt: a) Man setzt für einzelne Komponenten seines Systems geeignete Verformungstypen mit freien Parametern an. b) Man zerlegt sein System in kleine (finite) Elemente mit abzählbaren Knotenpunkten, für die man schematisch sehr einfache Verformungstypen ansetzt.

16.1 Allgemeines

Unter *Diskretisieren – Vereinzeln* – eines Kontinuums versteht man das Einschränken der oft unüberschaubaren Mannigfaltigkeit seiner Bewegungsmöglichkeiten auf (relativ) wenige, überschaubare, die man für wichtig hält. Bei den *eindimensionalen technischen Kontinua dreh-schwingende Welle*, *längs-schwingender Stab* und *biege-schwingender Balken* (auch die *quer-schwingende Saite* gehört hierher) hat man bereits vereinfacht, indem man die Querschnittsverformungen unbeachtet gelassen oder speziell angenommen hat. Ihre

---

Ergänzende Information Die elektronische Version dieses Kapitels enthält Zusatzmaterial, auf das über folgenden Link zugegriffen werden kann https://doi.org/10.1007/978-3-658-38123-3_16.

E. Brommundt und D. Sachau, *Schwingungslehre mit Maschinendynamik*,
https://doi.org/10.1007/978-3-658-38123-3_16

Bewegungen werden jedoch immer noch durch *partielle Differentialgleichungen* beschrieben.

Von *Diskretisieren* und einem *diskretisierten* oder auch *diskreten Modell* spricht man erst dann, wenn man die Bewegungen des Systems durch einzelne Variablen erfasst, die im allgemeinen Funktionen der Zeit sind und durch *gewöhnliche Differentialgleichungen* beschrieben werden.

Alle Diskretisierungsverfahren sind Näherungsverfahren, man muss sich also stets fragen, ob die getroffenen vereinfachenden Annahmen (noch) zulässig sind.

Die im Ingenieurwesen angewandten diskreten Modelle werden heute in der Regel aus Variationsprinzipen oder gleichwertigen Gleichungssätzen hergeleitet.

Man kann zwei Ansatzweisen unterscheiden:

a) Man setzt für einzelne Komponenten seines Systems (zum Beispiel) Verformungstypen an, wie es die Fragestellung gebietet und die eigene Erfahrung nahelegt.
b) Man zerlegt sein System in sehr viele, sehr kleine (*finite*) Elemente mit abzählbaren Knotenpunkten, für die man (meistens sehr) einfache Verformungstypen ansetzt.

Beim Vorgehen a) gelangt man in der Regel zu kleinen Gleichungssystemen, die sich leicht lösen und interpretieren lassen. Auch Einschwingvorgänge oder nichtlineare Schwingungen lassen sich (numerisch, mit einem Computer) untersuchen. Ehe man ansetzen kann, muss man jedoch schon einen Einblick in die *Physik seines Systems* haben, und man braucht auch Grundlagenkenntnisse, um die Frage- und Aufgabenstellungen *in Gleichungen umsetzen zu können* (die man dann mit dem Computer löst).

Beim Vorgehen b) gelangt man rasch zu großen Gleichungssystemen, die häufig eine besondere (z. B. Band-)Struktur haben. Das Vorgehen lässt sich leicht schematisieren, man braucht z. B. nur noch die Umrisse eines Bauteils und die Belastungen in ein entsprechendes Programmsystem einzugeben. Von den Einzelheiten braucht man nicht viel zu verstehen, wenn man nur Antworten auf bestimmte Fragen, z. B. nach der Spannung in einer bestimmten Kerbe, haben will. Zeitabhängige Vorgänge lassen sich mit Hilfe von Finiten Elementen nur schwer untersuchen, weil der Rechenaufwand sehr, sehr groß wird.

Eine Kombination beider Vorgehensweisen erscheint als günstig: Mit Hilfe von Finiten Elementen berechnet man sich *Detail-Erfahrungen*, die man in spezielle Ansätze für das (Gesamt-)System einbringt.

16.2 Das Arbeiten mit globalen Ansatzfunktionen

Wir schließen an die freien Schwingungen in Abschn. 15.2 an. In Abb. 15.7a ist der Einfluss der verteilen Masse auf die (erste) Eigenschwingungsform offenbar klein, der Drehwinkelverlauf weicht nur wenig von einer Geraden ab. Man fragt nach einem Modell, das die verteilte Wellenmasse näherungsweise erfasst und einfacher ist als die partielle

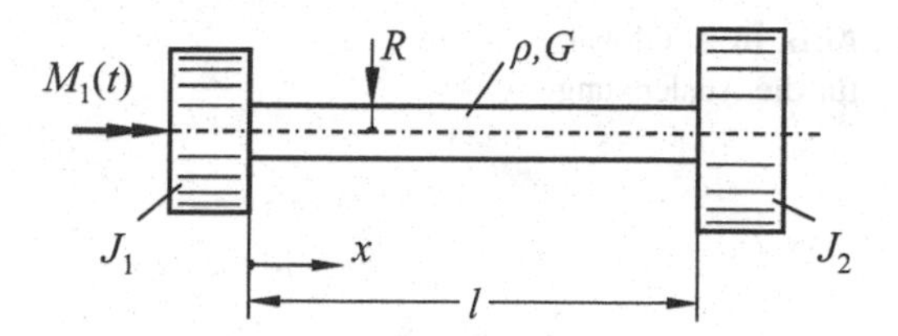

Abb. 16.1 Drehschwinger

Dgl (15.12) mit den Randbedingungen (15.15). Es liegt nahe, die Aufgabe auch gleich um ein Erregermoment $M_1(t)$ zu erweitern. Abb. 16.1 zeigt das zu untersuchende System.

16.2.1 Vorbereitung für Lagrange-Gleichungen

Wir arbeiten mit den Lagrange-Gleichungen nach Abschn. C.2.3.

Kinetische Energie

$$T = \frac{1}{2}\int_0^l \rho I_p[\dot{\varphi}(x,t)]^2 \mathrm{d}x + \frac{1}{2}J_1\dot{\varphi}_1^2 + \frac{1}{2}J_2\dot{\varphi}_2^2 \tag{16.1}$$

mit

$$\varphi_1 = \varphi(0,t), \quad \varphi_2 = \varphi(l,t), \tag{16.2}$$

$$\begin{aligned} I_p &= \frac{\pi}{2}R^4 = I_p(x) \quad &&\text{falls } R = R(x), \\ \rho I_p &= J_W/l &&\text{falls } R \text{ konstant.} \end{aligned} \tag{16.3}$$

Potential

$$U = \frac{1}{2}\int_0^l GI_p[\varphi'(x,t)]^2 \mathrm{d}x. \tag{16.4}$$

Virtuelle Arbeit

$$\delta W = M_1(t)\cdot\delta\varphi_1. \tag{16.5}$$

Ansatzfunktionen Wir bilden ein diskretes System mit drei Variablen $\varphi_1(t)$, $\varphi_2(t)$, $\varphi_3(t)$ – vom Freiheitsgrad 3 –, und zwar setzen wir, vgl. Abb. 16.2,

$$\varphi(x,t) = \varphi_1\left(1-\frac{x}{l}\right) + \varphi_2\frac{x}{l} + \varphi_3 4\frac{x}{l}\left(1-\frac{x}{l}\right). \tag{16.6}$$

Die Funktionen $\varphi_1(t)$, $\varphi_2(t)$, $\varphi_3(t)$ sind die *generalisierten Koordinaten* q_1, q_2 bzw. q_3.

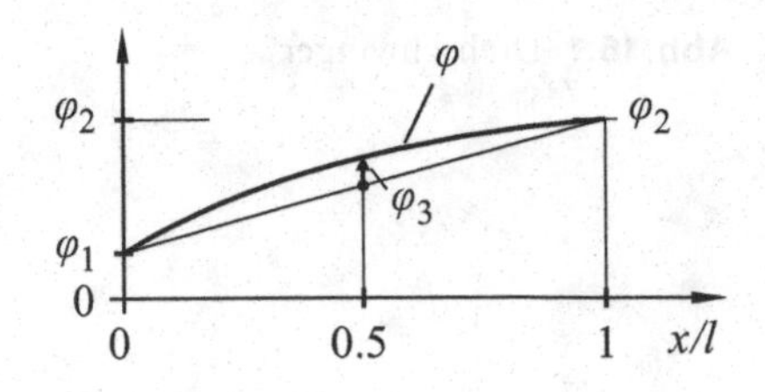

Abb. 16.2 Globale Ansätze für die Auslenkung

Die beiden ersten Summanden erfassen die Gerade, φ_3 liefert die Abweichung davon (in Wellenmitte gemessen) in Form einer (quadratischen) Parabel. Es ist zweckmäßig, (16.6) abzukürzen:

$$\varphi(x,t) = \sum_{i=1}^{3} \Phi_i(x)\varphi_i(t), \tag{16.7}$$

mit

$$\Phi_1 := 1 - \frac{x}{l}, \quad \Phi_2 := \frac{x}{l}, \quad \Phi_3 := 4\frac{x}{l}\left(1 - \frac{x}{l}\right). \tag{16.8}$$

Matrix-Schreibweise Setzt man $\varphi(x,t)$ gemäß (16.7) bzw. (16.6) in die Ausdrücke (16.1), (16.4) der kinetischen Energie T bzw. der potenziellen Energie U ein, kann man die Koeffizienten $\varphi_i(t)$, sie stehen hier als generalisierte Koordinaten $q_i(t)$, aus den Integralen herausziehen. Mit der Spaltenmatrix

$$\boldsymbol{q} := (\varphi_1, \varphi_2, \varphi_3)^{\mathrm{T}} \tag{16.9}$$

erhält man, in Matrixschreibweise, die quadratischen Formen

$$T = \frac{1}{2}\dot{\boldsymbol{q}}^{\mathrm{T}}\boldsymbol{J}\dot{\boldsymbol{q}}, \quad U = \frac{1}{2}\boldsymbol{q}^{\mathrm{T}}\boldsymbol{K}\boldsymbol{q}, \tag{16.10}$$

mit der Trägheitsmatrix

$$\boldsymbol{J} = \begin{pmatrix} J_1 + J_{11} & J_{12} & J_{13} \\ J_{21} & J_2 + J_{22} & J_{23} \\ J_{31} & J_{32} & J_{33} \end{pmatrix} \tag{16.11}$$

und der Steifigkeitsmatrix

$$\boldsymbol{K} = \begin{pmatrix} K_{11} & K_{12} & K_{13} \\ K_{21} & K_{22} & K_{23} \\ K_{31} & K_{32} & K_{33} \end{pmatrix}, \tag{16.12}$$

wo, vgl. (16.1) bzw. (16.4)

$$J_{ik} := \int_0^l \rho I_p(x)\Phi_i(x)\Phi_k(x)\mathrm{d}x, \tag{16.13}$$

$$K_{ik} := \int_0^l GI_p(x)\Phi_i'(x)\Phi_k'(x)\mathrm{d}x. \tag{16.14}$$

Diese Integrale muss man vorab, das heißt vor dem Lösen der Bewegungsgleichungen (evtl. numerisch), auswerten.

Die virtuelle Arbeit δW erhält die Form

$$\delta W = \boldsymbol{Q}^{\mathrm{T}}\delta\boldsymbol{q}; \tag{16.15}$$

aus (16.5) folgt hier für die generalisierte Kraft

$$\boldsymbol{Q}^{\mathrm{T}} = (M_1(t), 0, 0). \tag{16.16}$$

16.2.2 Lagrange-Formalismus

Will man die Lagrangeschen Gleichungen in der Form

$$\frac{\mathrm{d}}{\mathrm{d}t}\frac{\partial T}{\partial \dot{q}_i} - \frac{\partial T}{\partial q_i} + \frac{\partial U}{\partial q_i} = Q_i, \quad i = 1,2,3, \tag{16.17}$$

anwenden, muss man T und U aus (16.10) in Doppelsummen umschreiben, die Differentiationen ausführen und dann zur Matrix-Schreibweise zurückkehren (Aufgabe 16.5). Eine übersichtlichere Alternative sei hier die Differentiation gemäß der Produktregel in allgemeiner Matrix-Schreibweise. Man erhält die Bewegungsdifferentialgleichung

$$\boldsymbol{J}\ddot{\boldsymbol{q}} + \boldsymbol{K}\boldsymbol{q} = \boldsymbol{Q}. \tag{16.18}$$

Im Fall konstanten Wellenquerschnitts, vgl. $(16.3)_2$, kann man die Integrale (16.13), (16.14) leicht ausrechnen und findet (Übungsaufgabe):

$$\begin{pmatrix} J_1 + J_W/3 & J_W/6 & J_W/3 \\ J_W/6 & J_2 + J_W/3 & J_W/3 \\ J_W/3 & J_W/3 & 8J_W/15 \end{pmatrix} \begin{pmatrix} \ddot{\varphi}_1 \\ \ddot{\varphi}_2 \\ \ddot{\varphi}_3 \end{pmatrix} + \frac{GI_p}{l} \begin{pmatrix} 1 & -1 & 0 \\ -1 & 1 & 0 \\ 0 & 0 & 16/3 \end{pmatrix} \begin{pmatrix} \varphi_1 \\ \varphi_2 \\ \varphi_3 \end{pmatrix} = \begin{pmatrix} M_1 \\ 0 \\ 0 \end{pmatrix}. \tag{16.19}$$

Das diskrete System (16.19) ist in einem großen Frequenzbereich – solange nur die ersten drei Eigenformen $\hat{\varphi}_i$ in Abschn. 15.2 erregt werden, also bis etwa $\alpha = 1.3\pi$ für die dort gewählten Parameter – eine Näherung für das dort angegebene Modell. Es hat den Vorteil, dass es einfach aufgebaut ist und auch numerisch einfach gelöst werden kann.

16.2.3 Eigenschwingungen (dimensionsloses Zahlenbeispiel)

Wir setzen $M_1 = 0$ und wählen die Bezugsgrößen

$$J_R = J_W, \quad k_{TR} = \frac{GI_p}{l}, \quad \omega_R = \sqrt{\frac{k_{TR}}{J_R}} \tag{16.20}$$

und die Parameter

$$J_1 = J_W, \quad J_2 = 2J_W. \tag{16.21}$$

Dann lautet (16.19)

$$\tilde{\boldsymbol{J}}\overset{\circ\circ}{\tilde{\boldsymbol{q}}} + \tilde{\boldsymbol{K}}\tilde{\boldsymbol{q}} = \boldsymbol{0} \tag{16.22}$$

mit

$$\tilde{\boldsymbol{J}} = \frac{1}{30}\begin{pmatrix} 40 & 5 & 10 \\ 5 & 70 & 10 \\ 10 & 10 & 16 \end{pmatrix}, \quad \tilde{\boldsymbol{K}} = \frac{1}{3}\begin{pmatrix} 3 & -3 & 0 \\ -3 & 3 & 0 \\ 0 & 0 & 16 \end{pmatrix}. \tag{16.23}$$

Der Ansatz $\tilde{\boldsymbol{q}} = \hat{\tilde{\boldsymbol{q}}} e^{j\tilde{\omega}\tilde{t}}$ führt auf das Eigenwertproblem

$$\begin{pmatrix} 1 - \frac{4\tilde{\omega}^2}{3} & -1 - \frac{\tilde{\omega}^2}{6} & -\frac{\tilde{\omega}^2}{3} \\ -1 - \frac{\tilde{\omega}^2}{6} & 1 - \frac{7\tilde{\omega}^2}{3} & -\frac{\tilde{\omega}^2}{3} \\ -\frac{\tilde{\omega}^2}{3} & -\frac{\tilde{\omega}^2}{3} & \frac{16}{3} - \frac{8\tilde{\omega}^2}{15} \end{pmatrix} \hat{\tilde{\boldsymbol{q}}} = \boldsymbol{0}. \tag{16.24}$$

Die charakteristische Gleichung lautet nach Multiplikation mit $(-135/4)$

$$\Delta(\tilde{\omega}) = \tilde{\omega}^2(43\tilde{\omega}^4 - 612\tilde{\omega}^2 + 720) = 0 \tag{16.25}$$

und hat die Lösungen (vgl. Tab. 15.1)

$$\begin{aligned} \tilde{\omega}_1 &= 0 && \text{vgl. } \alpha_1 = 0 \\ \tilde{\omega}_2 &= 1.13768 && \text{vgl. } \alpha_2 = 0.362\pi = 1.13725\ldots \\ \tilde{\omega}_3 &= 3.59699 && \text{vgl. } \alpha_3 = 1.132\pi = 3.55628\ldots \end{aligned} \tag{16.26}$$

mit den Eigenvektoren:

$$\hat{\tilde{\boldsymbol{q}}}_1^{\mathrm{T}} = (1, 1, 0), \quad \hat{\tilde{\boldsymbol{q}}}_2^{\mathrm{T}} = (1, -0.609, 0.036), \quad \hat{\tilde{\boldsymbol{q}}}_3^{\mathrm{T}} = (1, 0.503, -4.136). \tag{16.27}$$

16.3 Das Arbeiten mit lokalen Ansatzfunktionen

Hinweis 1 Die hier vorgestellten Ansätze entsprechen gängigen Finiten Elementen, vgl. [61].

16.3.1 Die Ausgangsgleichungen

Nehmen wir an, es liegt dieselbe Aufgabe wie in Abschn. 16.2 vor, vgl. Abb. 16.1. Die kinetische Energie T, das Potential U und die virtuelle Arbeit δW werden aus Abschn. 16.2 übernommen:

$$T = \frac{1}{2}\int_0^L \rho I_p \dot{\varphi}^2(x,t)\mathrm{d}x + \frac{1}{2}J_1\dot{\varphi}^2(0,t) + \frac{1}{2}J_2\dot{\varphi}^2(L,t), \tag{16.28}$$

$$U = \frac{1}{2}\int_0^L GI_p[\varphi'(x,t)]^2\mathrm{d}x, \tag{16.29}$$

$$\delta W = M_1(t)\delta\varphi(0,t). \tag{16.30}$$

16.3.2 Ansatzfunktionen

Beim Arbeiten mit lokalen Ansatzfunktionen zerlegt man die Gesamtlänge l der Welle in „$n-1$“ Abschnitte bzw. Elementlängen l_i, $i = 1,\ldots,n-1$ (sie können auch alle gleich lang sein, $l_i = l/(n-1)$), Abb. 16.3. Damit liegen die Endpunkte x_i der Abschnitte (*Elemente*, Intervalle) i fest:

$$x_1 = 0, x_{i+1} = x_i + l_i, x_n = l. \tag{16.31}$$

Die einfachste Ansatzfunktion (die die Welle nicht *abschert*) ist ein Polygonzug, vgl. Abb. 16.4.

Es gilt

$$\varphi_i = \varphi_i(t) = \varphi(x_i,t). \tag{16.32}$$

Abb. 16.3 Wellenabschnitte l_i

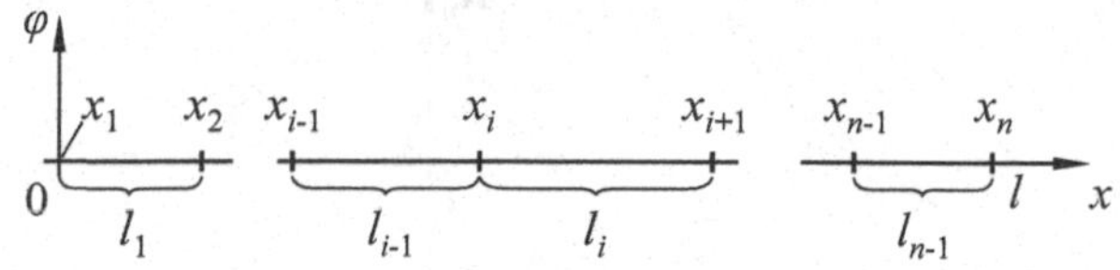

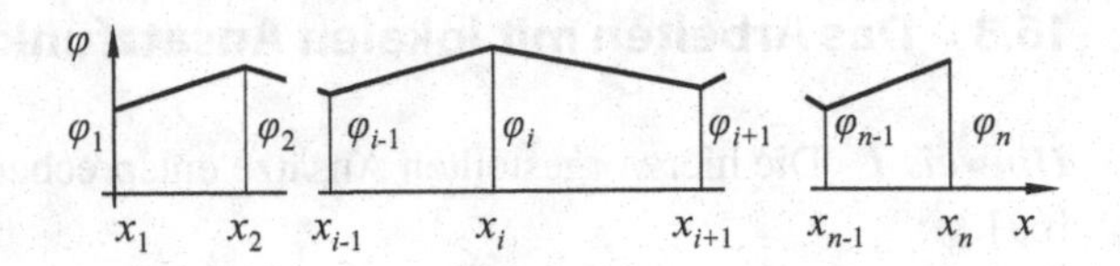

Abb. 16.4 Polygonzug als Wellendrehwinkel zum Zeitpunkt t

Man wählt nun *Formfunktionen* $N_i(x)$, wie in Abb. 16.5 skizziert. Mit den jeweiligen lokalen Koordinaten ξ_i, vgl. Abb. 16.5, lauten sie

$$N_1(x) := \begin{cases} 1 - \xi_1/l_1 & \text{für } 0 \leq \xi_1 \leq l_1 \\ 0 & \text{sonst,} \end{cases}, \tag{16.33}$$

$$N_i(x) := \begin{cases} 1 + \xi_i/l_{i-1} & \text{für } -l_{i-1} \leq \xi_i \leq 0, \\ 1 - \xi_i/l_i & \text{für } 0 \leq \xi_i \leq l_i, \\ 0 & \text{sonst,} \end{cases} \tag{16.34}$$

$$N_n(x) := \begin{cases} 1 + \xi_n/l_{n-1} & \text{für } -l_{n-1} \leq \xi_n \leq 0, \\ 0 & \text{sonst.} \end{cases} \tag{16.35}$$

Mit den Formfunktionen schreibt man den Polygonzug nach Abb. 16.4 als Summe:

$$\underset{\smile}{\varphi}(x,t) = \sum_{i=1}^{n} \varphi_i(t) N_i(x). \tag{16.36}$$

Dabei wird durch $\underset{\smile}{\varphi}$ markiert, dass wir die rechts-stehende Summe meinen. Den Ausdruck $\underset{\smile}{\varphi}(x,t)$ können wir in (16.28) bis (16.30) einsetzen und dabei zulassen, dass die

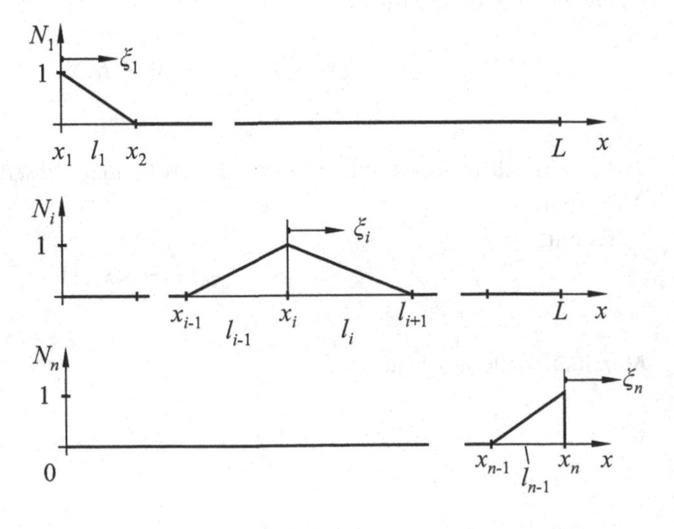

Abb. 16.5 Formfunktionen

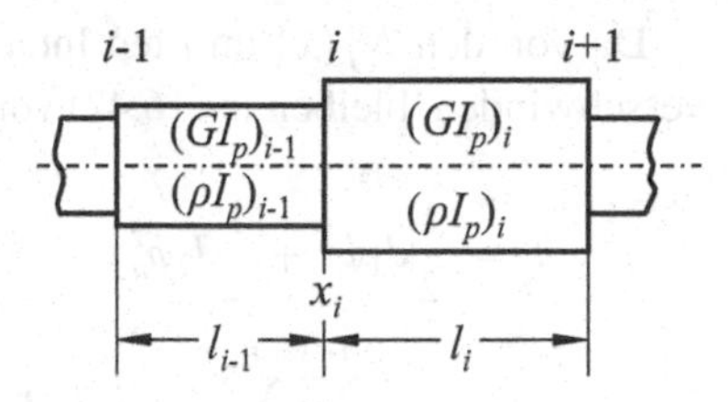

Abb. 16.6 Abschnittsweise konstante Drillsteifigkeiten und Drehträgheiten

Drillsteifigkeit GI_p und auch die Trägheit ρI_p von Abschnitt zu Abschnitt springt, vgl. Abb. 16.6.

Dann lauten die Ausdrücke (16.28) bis (16.30)

$$T = \frac{1}{2}\sum_{i=1}^{n-1}\int_{x_i}^{x_{i+1}}(\rho I_p)_i\dot{\underset{\smile}{\varphi}}^2\mathrm{d}x + \frac{1}{2}J_1\dot{\varphi}_1^2 + \frac{1}{2}J_2\dot{\varphi}_n^2, \tag{16.37}$$

$$U = \frac{1}{2}\sum_{i=1}^{n-1}\int_{x_i}^{x_{i+1}}(GI_p)_i[\underset{\smile}{\varphi}']^2\mathrm{d}x, \tag{16.38}$$

$$\delta W = M_1(t)\delta\varphi_1. \tag{16.39}$$

16.3.3 Formales Auswerten der Integrale

Nun muss $\underset{\smile}{\varphi}$ nach (16.36) mit den $N_i(x)$ nach (16.33) bis (16.35) in T – und dann auch in U und δW – eingesetzt und die Ausdrücke ausgewertet werden. Dabei geht man wie folgt vor:

Man reserviert den Summationsindex i für die Summe in (16.37) und schreibt (16.36) einmal mit dem Summationsindex j und einmal mit k an:

$$\underset{\smile}{\varphi}(x,t) = \sum_{j=1}^{n}\varphi_j(t)N_j(x),\ \underset{\smile}{\varphi}(x,t) = \sum_{k=1}^{n}\varphi_k(t)N_k(x). \tag{16.40}$$

Setzt man die Zeitableitungen der $\underset{\smile}{\varphi}$ aus (16.40) in (16.37) ein, erhält man

$$T = \frac{1}{2}J_1\dot{\varphi}_1^2 + \frac{1}{2}J_2\dot{\varphi}_n^2 + \frac{1}{2}\sum_{i=1}^{n-1}\int_{x_i}^{x_{i+1}}(\rho I_p)_i\left[\sum_{j=1}^{n}\dot{\varphi}_jN_j(x)\right]\left[\sum_{k=1}^{n}\dot{\varphi}_kN_k(x)\right]\mathrm{d}x. \tag{16.41}$$

Da *alles beschränkt* ist, darf man Summationen und Integration vertauschen:

$$T = \frac{1}{2}J_1\dot{\varphi}_1^2 + \frac{1}{2}J_2\dot{\varphi}_n^2 + \frac{1}{2}\sum_{i=1}^{n-1}\sum_{j=1}^{n}\sum_{k=1}^{n}\dot{\varphi}_j\dot{\varphi}_k\int_{x_i}^{x_{i+1}}(\rho I_p)_iN_j(x)N_k(x)\mathrm{d}x. \tag{16.42}$$

Da von den $N_j(x)$ im i-ten Intervall $x_i \leq x \leq x_{i+1}$ nur $N_i(x)$ und $N_{i+1}(x)$ NICHT verschwinden, bleiben in (16.42) von der Summe über j nur diese beiden Glieder übrig:

$$\begin{aligned} T = & \frac{1}{2} J_1 \dot{\varphi}_1^2 + \frac{1}{2} J_2 \dot{\varphi}_n^2 \\ & + \frac{1}{2} \sum_{i=1}^{n-1} \sum_{k=1}^{n} \dot{\varphi}_k \int_{x_i}^{x_{i+1}} (\rho I_p)_i N_k(x) [\dot{\varphi}_i N_i(x) + \dot{\varphi}_{i+1} N_{i+1}(x)] \mathrm{d}x. \end{aligned} \tag{16.43}$$

Das gleiche Argument gilt für die Summe über k, man erhält:

$$T = \frac{1}{2} J_1 \dot{\varphi}_1^2 + \frac{1}{2} J_2 \dot{\varphi}_n^2 + \frac{1}{2} \sum_{i=1}^{n-1} \int_{x_i}^{x_{i+1}} (\rho I_p)_i [\dot{\varphi}_i N_i(x) + \dot{\varphi}_{i+1} N_{i+1}(x)]^2 \mathrm{d}x,$$

also

$$\begin{aligned} T = & \frac{1}{2} J_1 \dot{\varphi}_1^2 + \frac{1}{2} J_2 \dot{\varphi}_n^2 \\ & + \frac{1}{2} \sum_{i=1}^{n-1} \int_{x_i}^{x_{i+1}} (\rho I_p)_i [\dot{\varphi}_i^2 N_i^2 + 2\dot{\varphi}_i \dot{\varphi}_{i+1} N_i N_{i+1} + \dot{\varphi}_{i+1}^2 N_{i+1}^2] \mathrm{d}x. \end{aligned} \tag{16.44}$$

Analog ergibt sich

$$U = \frac{1}{2} \sum_{i=1}^{n-1} \int_{x_i}^{x_{i+1}} (G I_p)_i [\varphi_i^2 (N_i')^2 + 2\varphi_i \varphi_{i+1} N_i' N_{i+1}' + \varphi_{i+1}^2 (N_{i+1}')^2] \mathrm{d}x. \tag{16.45}$$

Man rechnet für abschnittsweise konstante Wellenquerschnitte leicht aus, vgl. Abb. 16.5:

$$\begin{aligned} \int_{x_i}^{x_{i+1}} (\rho I_p)_i N_i^2 \mathrm{d}x &= (\rho I_p)_i \int_0^{l_i} \left(1 - \frac{\xi_i}{l_i}\right)^2 \mathrm{d}\xi_i = \frac{l_i (\rho I_p)_i}{3}, \\ \int_{x_i}^{x_{i+1}} (\rho I_p)_i N_i N_{i+1} \mathrm{d}x &= (\rho I_p)_i \int_0^{l_i} \frac{\xi_i}{l_i} \left(1 - \frac{\xi_i}{l_i}\right) \mathrm{d}\xi_i = \frac{l_i (\rho I_p)_i}{6}, \\ \int_{x_i}^{x_{i+1}} (\rho I_p)_i N_{i+1}^2 \mathrm{d}x &= (\rho I_p)_i \int_0^{l_i} \left(\frac{\xi_i}{l_i}\right)^2 \mathrm{d}\xi_i = \frac{l_i (\rho I_p)_i}{3}, \end{aligned} \tag{16.46}$$

$$\int_{x_i}^{x_{i+1}} (GI_p)_i N_i'^2 \mathrm{d}x = (GI_p)_i \int_0^{l_i} \frac{\mathrm{d}\xi_i}{l_i^2} = \frac{(GI_p)_i}{l_i},$$

$$\int_{x_i}^{x_{i+1}} (GI_p)_i N_i' N_{i+1}' \mathrm{d}x = (GI_p)_i \int_0^{l_i} -\frac{\mathrm{d}\xi_i}{l_i^2} = -\frac{(GI_p)_i}{l_i}, \tag{16.47}$$

$$\int_{x_i}^{x_{i+1}} (GI_p)_i N_{i+1}'^2 \mathrm{d}x = (GI_p)_i \int_0^{l_i} \frac{\mathrm{d}\xi_i}{l_i^2} = \frac{(GI_p)_i}{l_i}.$$

Mit den Abkürzungen (bezogen auf das *finite Wellenelement* w_i)

$$(\rho I_p)_i l_i =: J_{w_i}, \quad \frac{(GI_p)_i}{l_i} =: k_{w_i} \tag{16.48}$$

lauten T und U

$$T = \frac{1}{2} J_1 \dot{\varphi}_1^2 + \frac{1}{2} J_2 \dot{\varphi}_n^2 + \frac{1}{2} \sum_{i=1}^{n-1} \frac{J_{w_i}}{3} \cdot (\dot{\varphi}_i^2 + \dot{\varphi}_i \dot{\varphi}_{i+1} + \dot{\varphi}_{i+1}^2), \tag{16.49}$$

$$U = \frac{1}{2} \sum_{i=1}^{n-1} k_{w_i} (\varphi_i^2 - 2\varphi_i \varphi_{i+1} + \varphi_{i+1}^2), \tag{16.50}$$

$$\delta W = M_1 \delta \varphi_1. \tag{16.51}$$

Aus den Lagrangeschen Gleichungen

$$\frac{d}{dt} \frac{\partial T}{\partial \dot{\varphi}_i} - \frac{\partial T}{\partial \varphi_i} + \frac{\partial U}{\partial \varphi_i} = Q_i, \quad i = 1, \ldots, n \tag{16.52}$$

erhält man für $i = 1$:

$$\left(J_1 + \frac{J_{w_1}}{3}\right) \ddot{\varphi}_1 + \frac{J_{w_1}}{6} \ddot{\varphi}_2 + k_{w_1} \varphi_1 - k_{w_1} \varphi_2 = M_1, \tag{16.53}$$

für $1 < i < n$:

$$\frac{J_{w_{i-1}}}{6} \ddot{\varphi}_{i-1} + \frac{J_{w_{i-1}} + J_{w_i}}{3} \ddot{\varphi}_i + \frac{J_{w_i}}{6} \ddot{\varphi}_{i+1} - k_{w_{i-1}} \varphi_{i-1} + (k_{w_{i-1}} + k_{w_i}) \varphi_i - k_{w_i} \varphi_{i+1} = 0, \tag{16.54}$$

für $i = n$ (entspricht Index $i + 1$ mit $i = n - 1$ in (16.49) usw.

$$\frac{J_{w_{n-1}}}{6} \ddot{\varphi}_{n-1} + \left(J_2 + \frac{J_{w_{n-1}}}{3}\right) \ddot{\varphi}_n - k_{w_{n-1}} \varphi_{n-1} + k_{w_{n-1}} \varphi_n = 0. \tag{16.55}$$

Mit dem Auslenkungsvektor

$$\boldsymbol{q} := (\varphi_1, \ldots, \varphi_i, \ldots, \varphi_n)^{\mathrm{T}} \tag{16.56}$$

und den Matrizen

$$\boldsymbol{J} = \begin{pmatrix} J_1 + \frac{J_{w_1}}{3} & \frac{J_{w_1}}{6} & 0 & 0 & \\ \frac{J_{w_1}}{6} & \frac{J_{w_1}+J_{w_2}}{3} & \frac{J_{w_2}}{6} & 0 & \\ 0 & \frac{J_{w_2}}{6} & \frac{J_{w_2}+J_{w_3}}{3} & \frac{J_{w_3}}{6} & \\ & & \cdots & \cdots & \\ & & \frac{J_{w_{n-2}}}{6} & \frac{J_{w_{n-2}}+J_{w_{n-1}}}{3} & \frac{J_{w_{n-1}}}{6} \\ & & 0 & \frac{J_{w_{n-1}}}{6} & J_2 + \frac{J_{w_{n-1}}}{3} \end{pmatrix} \tag{16.57}$$

$$\boldsymbol{K} = \begin{pmatrix} k_{w_1} & -k_{w_1} & 0 & 0 & \\ -k_{w_1} & k_{w_1} + k_{w_2} & -k_{w_2} & 0 & \\ 0 & -k_{w_2} & k_{w_2} + k_{w_3} & -k_{w_3} & \\ & & \cdots & \cdots & \\ & & -k_{w_{n-2}} & k_{w_{n-2}} + k_{w_{n-1}} & -k_{w_{n-1}} \\ & & 0 & -k_{w_{n-1}} & k_{w_{n-1}} \end{pmatrix} \tag{16.58}$$

lauten die Bewegungsgleichungen (16.53) bis (16.55)

$$\boldsymbol{J}\ddot{\boldsymbol{q}} + \boldsymbol{K}\boldsymbol{q} = (M_1, 0, 0, \ldots, 0, 0)^{\mathrm{T}}. \tag{16.59}$$

***Achtung*!** Die Matrizen $\boldsymbol{J}$ und $\boldsymbol{K}$ gemäß (16.57) und (16.58) haben *Bandstruktur*: Nur die Hauptdiagonale und die beiden benachbarten Parallelen sind mit (Matrix-)Elementen $\neq 0$ besetzt. (Für solche Matrizen gibt es spezielle Lösungsverfahren, die die Besonderheit ausnutzen.)

Bandstrukturen erhält man (immer dann), wenn sich die Formfunktionen N_i der Struktur-Elemente nur zum Teil *überlappen*. In Abb. 16.5 tun das nur die Formfunktionen unmittelbar benachbarter Wellenabschnitte.

16.3.4 Zahlenbeispiel

Wir wenden die Überlegungen auf das Eigenwertproblem aus Abschn. 15.2, auch 16.2, an und arbeiten mit $n=2$ Elementen der Längen $l_1 = l_2 = l/2$, vgl. Abb. 16.1.

Um mit den Ergebnissen aus Abschn. 16.2 leicht vergleichen zu können, setzen wir $l_i = l/2$ ein:

$$k_{w_i} = \frac{GI_p}{l_i} = 2\frac{GI_p}{l}, \quad J_{w_i} = \frac{J_W}{l} l_i = \frac{1}{2} J_W, \quad i = 1, 2, \tag{16.60}$$

vgl. (16.19). Dann lauten die Bewegungsgleichungen (16.59) – mit $M_1 = 0$:

$$\begin{pmatrix} J_1 + \frac{J_W}{6} & \frac{J_W}{12} & 0 \\ \frac{J_W}{12} & \frac{J_W}{3} & \frac{J_W}{12} \\ 0 & \frac{J_W}{12} & J_2 + \frac{J_W}{6} \end{pmatrix} \begin{pmatrix} \varphi_1 \\ \varphi_2 \\ \varphi_3 \end{pmatrix}^{\bullet\bullet} + \frac{GI_p}{l} \begin{pmatrix} 2 & -2 & 0 \\ -2 & 4 & -2 \\ 0 & -2 & +2 \end{pmatrix} \begin{pmatrix} \varphi_1 \\ \varphi_2 \\ \varphi_3 \end{pmatrix} = 0. \tag{16.61}$$

Achtung! Die $\varphi_i(t)$ hier sind andere Koordinaten als in Abschn. 16.2. In dimensionsloser Form gilt, vgl. (16.20) bis (16.23),

$$\begin{pmatrix} 2 - \frac{7\tilde{\omega}^2}{6} & -2 - \frac{\tilde{\omega}^2}{12} & 0 \\ -2 - \frac{\tilde{\omega}^2}{12} & 4 - \frac{\tilde{\omega}^2}{3} & -2 - \frac{\tilde{\omega}^2}{12} \\ 0 & -2 - \frac{\tilde{\omega}^2}{12} & 2 - \frac{13\tilde{\omega}^2}{6} \end{pmatrix} \hat{\hat{\boldsymbol{q}}} = \mathbf{0}. \tag{16.62}$$

Die Eigenwerte lauten, vgl. (16.26)

$$\begin{aligned} \tilde{\omega}_1 &= 0, \\ \tilde{\omega}_2 &= 1.13796, \quad \text{kontin.: } 1.13725, \quad \text{global: } 1.13768, \\ \tilde{\omega}_3 &= 3.88302, \quad \text{kontin.: } 3.55628, \quad \text{global: } 3.59699. \end{aligned} \tag{16.63}$$

Die Eigenvektoren ergeben sich zu:

$$\hat{\hat{\boldsymbol{q}}}_2 = (1, 0.2320, -0.6071)^{\mathrm{T}}, \quad \hat{\hat{\boldsymbol{q}}}_3 = (1, -4.7876, 0.5083)^{\mathrm{T}}. \tag{16.64}$$

Zum Vergleich mit dem Ergebnis aus Abschn. 16.2 rechnen wir $\hat{\hat{\boldsymbol{q}}}_1, \hat{\hat{\boldsymbol{q}}}_2$ um: φ_3 tritt an die Stelle von φ_2, das neue φ_3 – mit φ_3 aus Abschn. 16.2 vergleichbar – ergibt sich aus dem alten $\varphi_2 - (\varphi_1 + \varphi_3)/2$:

$$\begin{aligned} \hat{\hat{\boldsymbol{q}}}_{2\mathrm{vgl.}} &= (1, -0.6071, 0.0355)^{\mathrm{T}}, \\ \hat{\hat{\boldsymbol{q}}}_{3\mathrm{vgl.}} &= (1, 0.5083, -5.5417)^{\mathrm{T}}; \end{aligned} \tag{16.65}$$

(16.65) muss man mit (16.27) vergleichen.

16.4 Aufgaben

Aufgabe 16.1 Überführen Sie die kinetische Energie T nach (16.1) und die potenzielle Energie U nach (16.4) mit dem Ansatz (16.7) in die Matrizenformen (16.11), (16.12) mit den Integralen (16.13) bzw. (16.14).

Aufgabe 16.2 Zeigen Sie, dass die Matrizen $\boldsymbol{J}$ und $\boldsymbol{K}$ symmetrisch sind: $\boldsymbol{J} = \boldsymbol{J}^{\mathrm{T}}, \boldsymbol{K} = \boldsymbol{K}^{\mathrm{T}}$.

Aufgabe 16.3 Wie sähe die generalisierte Kraft $\boldsymbol{Q}$ in (16.16) aus, wenn in Wellenmitte bei $x = l/2$ das Drehmoment $M(t)$ angriffe?

Aufgabe 16.4 Schreiben Sie T und U nach (16.10) als Doppelsumme über $(i, k) = (1:3, 1:3)$, setzen Sie sie in (16.17) ein und schreiben Sie die drei (gekoppelten) Bewegungsdifferentialgleichungen für die drei φ_i an. Fassen Sie die drei Dgln zu einer Matrixgleichung (16.18) zusammen.

Aufgabe 16.5 Können Sie sich aus Aufgabe 16.4 eine „Ableitungsregel“ zurechtlegen, die Ihnen in Zukunft gestattet, die in (16.17) geforderten Ableitungen aus der Matrixschreibweise (16.10) unmittelbar zu gewinnen? (Hinweis: Nutzen Sie die Symmetrie aus, s. Aufgabe 16.2.)

Aufgabe 16.6 Werten Sie die Integrale (16.13), (16.14) mit den Ansatzfunktionen $\Phi_i(x)$ nach (16.8) für den Fall konstanten Wellenquerschnitts aus, vgl. $(16.3)_2$, und kontrollieren damit (16.19).

Aufgabe 16.7 Schreiben Sie die Schritte des Dimensionslos-Machens von (16.19) nach (16.22) ausführlich an. Weshalb kann man in (16.26) $\tilde{\omega}_i$ direkt mit α_i aus Abschn. *15.2* vergleichen?

Aufgabe 16.8 Skizzieren Sie die Schwingungsformen $\hat{\varphi}(x)$ zu den Eigenvektoren nach (16.27) und vergleichen Sie sie mit jenen nach Abb. 15.7.

Aufgabe 16.9 Berechnen Sie zu den angegebenen Parametern und mit $M_1(t) = \hat{M}(\cos \Omega t + 0.5 \sin 3\Omega t)$ die erzwungenen Schwingungen. Bei welchen Frequenzen Ω treten Resonanzen auf?

Aufgabe 16.10 Schreiben Sie die Bewegungsgleichungen (16.59) analog zu (16.61) für den Fall an, dass die Welle in 3 gleich lange Elemente $l_1 = l_2 = l_3 = l/3$ geteilt wird. Das entstehende Eigenwertproblem – analog (16.62) – enthält dann eine 4×4-Matrix. Die charakteristische Gleichung ist vom 4. bzw. 3. Grad (Wurzel $\tilde{\omega} = 0$ trivial); Lösung von Hand oder PC.

Aufgabe 16.11 Der in Abb. 16.7 skizzierte Drehschwinger besteht aus zwei *dicken Wellen* (Parameter ρ, G, I_{p_i}, l_i) und einer Drehmasse J und ist mit einem *dünnen Torsionsstab* (Steifigkeit k_T) an die Umgebung angeschlossen. Gesucht sind Näherungsgleichungen der Form (16.59) für Eigenschwingungen.

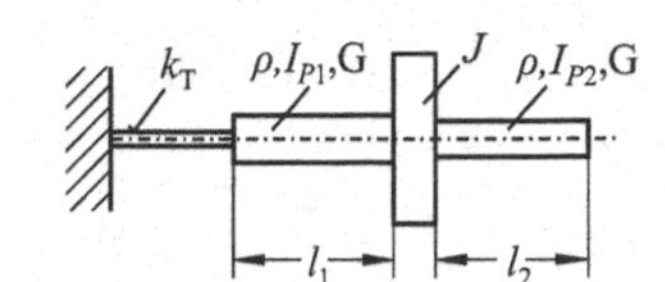

Abb. 16.7 Drehschwinger

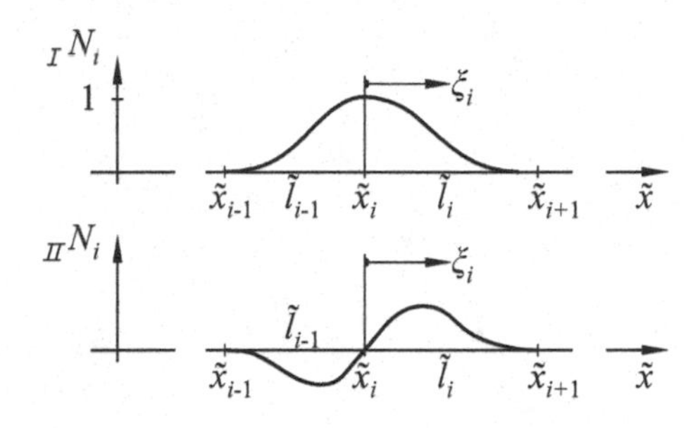

Abb. 16.8 Ansatzfunktionen für finite Elemente

Aufgabe 16.12 Zur genaueren Untersuchung von Drehschwingungen $\varphi(x,t)$ soll – zweckmäßig von vornherein dimensionslos! – mit dem Ansatz $\varphi(\tilde{x},\tilde{t}) = \sum {}_I\varphi_i(\tilde{t}) \cdot {}_I N_i(x) + \sum {}_{II}\varphi_i(\tilde{t}) \cdot {}_{II} N_i(x)$ gearbeitet werden, die Größen $\tilde{x}$, $\tilde{t}$, $\tilde{l}_i$, $\tilde{\xi}_i$ sind also bezogene Größen. Die beiden Formfunktionen ${}_I N_i(\xi_i)$ und ${}_{II} N_i(\xi_i)$ sind in Abb. 16.8 skizziert. Sie genügen den Bedingungen

$$
\begin{aligned}
&{}_I N_i(-\tilde{l}_{i-1}) = {}_I N_i(\tilde{l}_i) = 0, \quad && {}_{II} N_i(-\tilde{l}_{i-1}) = {}_{II} N_i(\tilde{l}_i) = 0,\\
&{}_I N_i'(-\tilde{l}_{i-1}) = {}_I N_i'(\tilde{l}_i) = 0, && {}_{II} N_i'(-\tilde{l}_{i-1}) = {}_{II} N_i'(\tilde{l}_i) = 0,\\
&{}_I N_i(0) = 1, && {}_{II} N_i(0) = 0,\\
&{}_I N_i'(0) = 0, && {}_{II} N_i'(0) = 1.
\end{aligned}
$$

In den Summen müssen die Formfunktionen ${}_I N_i(\xi_i)$ und ${}_{II} N_i(\xi_i)$ für positives Argument $0 \le \xi_i \le \tilde{l}_i$, und negatives Argument $-\tilde{l}_{i-1} \le \xi_i \le 0$ durch ${}^{\pm}_{I} N_i(\xi_i)$ bzw. ${}^{\pm}_{II} N_i(\xi_i)$ unterschieden werden. Die Unterscheidung gilt nicht für die zugehörigen Zeitfunktionen ${}_I\varphi(\tilde{t})$ und ${}_{II}\varphi(\tilde{t})$.

a) Ergänzen Sie die Bedingungen für ${}_I N_1(\xi_1)$, ${}_I N_n(\xi_n)$ und ${}_{II} N_1(\xi_1)$, ${}_{II} N_n(\xi_n)$, die Formfunktionen an den beiden Wellenenden.
b) Entwickeln Sie die ${}^{\pm}_{I} N_i(\xi_i)$ und ${}^{\pm}_{II} N_i(\xi_i)$ jeweils für positives und negatives Argument.
c) Stellen Sie die Trägheitsmatrix $\boldsymbol{M}$ und die Steifigkeitsmatrix $\boldsymbol{K}$ zu (16.46), (16.47) auf.

[illegible]

Aufgabe 16.12 [illegible]

[illegible]

[illegible]

a) [illegible]

b) [illegible]

c) [illegible]

17 Balken-Biegeschwingungen

Zusammenfassung

Auf einer Kranbrücke (Biegebalken) steht eine Laufkatze, die an einem Seil eine Last trägt. Wie schwingt das System, wenn die Last plötzlich abfällt? Die partielle Differentialgleichung für die Balkenbiegung ist von vierter Ordnung nach dem Ort. Die aufgesetzte diskrete Masse von Laufkatze mit Last liegt im Feld. Daher muss man das System zum Ansetzen der Schwingungsformen in zwei Balkenstücke und die Punktmasse zerschneiden, nach Exponentialansatz die Balkengleichung bereichsweise lösen und mit jedem der beiden Teile je zwei Rand- bzw. Übergangsbedingungen erfüllen. Für die tieferen Eigenschwingungen gewinnt man mit diskreten globalen Ansatzfunktionen, leichter und schneller brauchbare Näherungslösungen. Die Schwingungen unmittelbar nach Lastabfall folgen durch Entwickeln der statischen Biegelinie infolge des Gewichts der Last nach den Eigenfunktionen. Diskret ist das formal einfach, muss allerdings numerisch gelöst werden. Für eine strenge Lösung muss man die Biegelinie nach den unendlich vielen Eigenfunktionen entwickeln. Das gelingt, wenn man deren Orthogonalität ausnutzt. Die Lösung lässt sich formal anschreiben.

17.1 Aufgabe: Schwingungen einer Kranbrücke

Abb. 17.1 zeigt schematisch eine Kranbrücke mit Laufkatze, die an einem Seil eine Last trägt. Gefragt ist nach den Schwingungen im System, wenn die Last (oder auch nur ein Teil davon) plötzlich abfällt.

Ergänzende Information Die elektronische Version dieses Kapitels enthält Zusatzmaterial, auf das über folgenden Link zugegriffen werden kann https://doi.org/10.1007/978-3-658-38123-3_17.

E. Brommundt und D. Sachau, *Schwingungslehre mit Maschinendynamik*,
https://doi.org/10.1007/978-3-658-38123-3_17

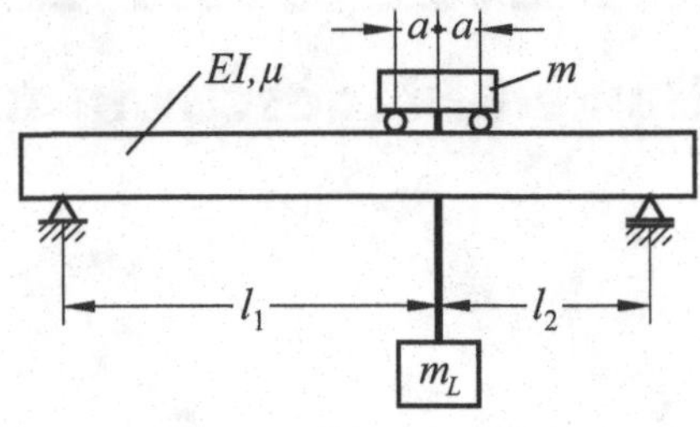

Abb. 17.1 Kranbrücke mit Laufkatze

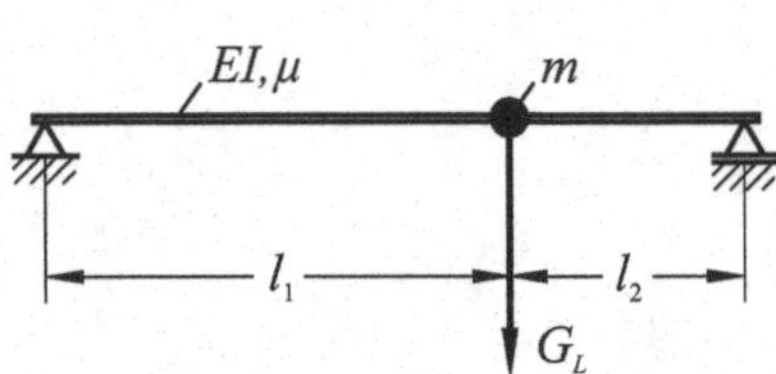

Abb. 17.2 Kranbrücke mit Punktmasse

Das System ist bereits stark vereinfacht: Die Stützen wurden als (vertikal) starre Auflager gezeichnet, der Kranträger als Balken mit konstantem Querschnitt (Biegesteifigkeit EI, Massebelegung μ) angenommen.

Wir vereinfachen noch weiter: Der Achsabstand der Laufkatze ($2a$) soll klein gegenüber den Balkenlängen l_1, l_2 sein; dann kann die Laufkatze durch eine Punktmasse m ersetzt werden. Wir fragen auch nur nach dem vollständigen Abfall der Last $G_L = g m_L$.

Dann gilt das Ersatzsystem nach Abb. 17.2: Der Balken ist infolge des Katzen- und Eigengewichts und zusätzlich durch das Gewicht G_L der Last statisch durchgebogen (und in Ruhe). Plötzlich fällt die Last ab. Wie schwingt er danach? Insbesondere interessieren die beiden tiefsten Eigenfrequenzen und die zugehörigen Eigenschwingungsformen. (Man könnte z. B. auch nach den schwingenden Auflagerkräften fragen, ob eines der Lager abhebt – die Brücke aus einer Führung springen kann – usw.)

17.2 Die partiellen Differentialgleichungen der Balkenbiegung

17.2.1 Herleiten der Differentialgleichungen

Kräfte und Gleichgewichtsbedingungen Abb. 17.3a zeigt in Abhängigkeit von der Längskoordinate x die auf den Balken vertikal nach unten wirkende verteilte Last, $q(x,t)$, kurz *Streckenlast*, sowie die *Querkraft* $Q(x,t)$ und das *Biegemoment* $M(x,t)$, die Schnittgrößen.

In der Mechanik leitet man für die Querkraft bzw. das Moment am Balkenelement die *Gleichgewichtsbedingungen*

$$Q' = \frac{\partial Q}{\partial x} = -q, \quad M' = \frac{\partial M}{\partial x} = Q \tag{17.1}$$

her.

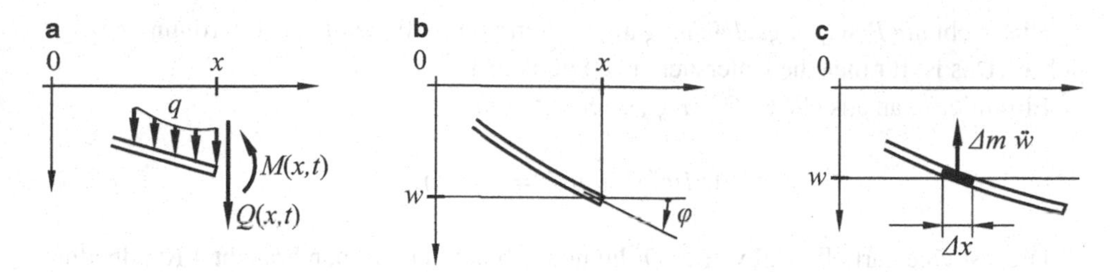

Abb. 17.3 Kräfte und Auslenkungen am Balken

Auslenkungen Der Balken sei in der Ausgangslage unbelastet gerade. Seine Achse, die Schwerelinie seiner Querschnitte, falle auf die x-Achse, vgl. Abb. 17.3b. Die Auslenkung $w(x,t)$ wird (positiv) als Absenkung der Schwerelinie gegenüber der Ausgangslage gemessen. (Als Funktion von x wird $w(x,t)$ auch Biegelinie genannt.) Der Winkel $\varphi(x,t)$ erfasst die Neigung der Biegelinie gegenüber der x-Achse, s. Abb. 17.3b. In linearer Näherung gilt

$$\varphi = \frac{\partial w}{\partial x} = w'. \tag{17.2}$$

Balkenbiegung der Elastostatik Unter Annahme der Hypothese von Bernoulli-Euler, dass ursprünglich auf der Balkenachse senkrecht stehende ebene Querschnitte auch bei der Biegung eben und senkrecht zur Biegelinie bleiben, leitet man in der Elastostatik die Balken-Biegegleichung

$$\varphi' = w'' = -\frac{M}{EI} \tag{17.3}$$

her. Darin darf die Biegesteifigkeit EI (schwach) veränderlich sein.

Die Schwingungsdifferentialgleichung Habe der Balken eine Massebelegung $\mu(x) = \varrho A(x)$. Ein Masseelement $\Delta m = \mu \Delta x$ auf dem Balkenabschnitt Δx, vgl. Abb. 17.3c, erfährt die (d'Alembert'sche) Trägheitskraft

$$-\Delta m \ddot{w} = -\mu \Delta x \ddot{w} \tag{17.4}$$

und ist eine *dynamische Streckenlast*

$$q_{dyn} \Delta x = -\mu \ddot{w} \Delta x, \tag{17.5}$$

vergleiche Abb. 17.3a mit Abb. 17.3c (insbesondere die Vorzeichen). Die dynamische Streckenlast $q_{dyn} = -\mu \ddot{w}$ nach (17.5) tritt auf der rechten Seite von (17.1) hinzu. Wir haben damit für unser Problem den folgenden Gleichungssatz gewonnen

$$Q' = -q + \mu \ddot{w}, \quad M' = Q, \quad \varphi' = -\frac{M}{EI}, \quad w' = \varphi. \tag{17.6}$$

Hier steht *die Bewegungsgleichung* als System von partiellen Dgln 1. Ordnung bezüglich x. (Das ist für manche Untersuchungen günstig.)

Eliminiert man aus (17.6) Q, M, φ, so erhält man

$$(EIw'')'' + \mu\ddot{w} = q(x,t). \tag{17.7}$$

Dies ist eine partielle Dgl vierter Ordnung nach dem Ort x: man braucht 4 Randbedingungen, und zweiter Ordnung nach der Zeit t: man braucht 2 Anfangsbedingungen.

Für $EI = constant$ erhält man

$$EIw^{IV} + \mu\ddot{w} = q(x,t). \tag{17.8}$$

17.2.2 Randbedingungen

In der Regel muss man zum Einarbeiten von Randbedingungen φ, M, Q durch w ausdrücken. Deshalb seien zusammengestellt:

$$\begin{gathered}\varphi = w', \quad M = -EIw'', \quad Q = -(EIw'')' \\ \text{oder} \quad Q = -EIw''' \quad (\text{bei } EI = const.).\end{gathered} \tag{17.9}$$

Für jedes Balkenende muss man zwei Randbedingungen vorschreiben. Tab. 17.1 zeigt vier Standardfälle, bei denen an den Rändern einfache geometrische oder Belastungs-(d. h. Kraft- oder Moment-)Bedingungen vorliegen.

Zusammengesetzte Randbedingungen Anschlüsse an andere *Elemente* (Federn, Massen, andere Balken usw.) formuliert man über *geometrische Verträglichkeiten* (Auslenkungen, Winkel) und *Gleichgewichtsbedingungen* (die man oft auch als *Aktion* = *Reaktion* sehen kann).

Tab. 17.1 Einfache Randbedingungen

a 0 x EI, μ	$w(0,t) = 0,$ $\varphi(0,t) = 0.$	**b** $x=0$ EI, μ	$\varphi(0,t) = 0,$ $Q(0,t) = 0.$
c $x=l$ EI, μ	$w(l,t) = 0,$ $M(l,t) = 0.$	**d** $x=l$ EI, μ	$M(l,t) = 0,$ $Q(l,t) = 0.$

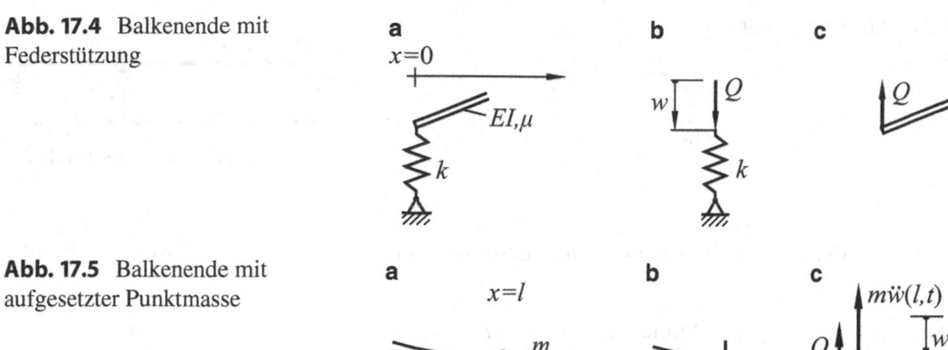

Abb. 17.4 Balkenende mit Federstützung

Abb. 17.5 Balkenende mit aufgesetzter Punktmasse

Beispiel 1 Mit Feder, Steifigkeit k, gestütztes Balkenende

Abb. 17.4a zeigt das betrachtete Balkenende, die *Schnittbilder* Abb. 17.4b und c zeigen $Q = Q(0,t)$ als Kraft auf die Feder bzw. Querkraft am Balken.

Aus Abb. 17.4a liest man ab: $M(0,t) = 0$. Abb. 17.4b zeigt $Q(0,t) = kw(0,t)$. Aus $(17.9)_{2,3}$ entnimmt man $M(0,t) = -EIw''(0,t), \quad Q(0,t) = -(EIw'')'|_{x=0}$.

Für $EI = const.$ erhält man daraus die beiden Randbedingungen

$$w''(0,t) = 0, \quad kw(0,t) + EIw'''(0,t) = 0. \tag{17.10}$$

Beispiel 2 Balkenende mit aufgesetzter Punktmasse m und Krafterregung $F(t)$

Abb. 17.5 zeigt das Balkenende $x = l$ und die benötigten Schnittbilder. Man liest aus den Bildern ab:

$$M(l,t) = 0, \quad Q(l,t) + m\ddot{w}(l,t) - F(t) = 0.$$

Für $EI = const.$ erhält man daraus mit $(17.9)_{2,3}$ die beiden Randbedingungen

$$w''(l,t) = 0, \quad -EIw'''(l,t) + m\ddot{w}(l,t) = F(t). \tag{17.11}$$

Es ist ratsam, in den endgültigen Formen der Randbedingungen (wenigstens einmal) die Funktionsargumente vollständig anzuführen.

17.3 Eigenschwingungen der Kranbrücke

17.3.1 Bereichsweise Wahl der Längskoordinate

In Abb. 17.6 ist das Ersatzsystem der Kranbrücke noch einmal skizziert. Gesucht ist die Schwingung $w(x,t)$, also die zeitabhängige Biegelinie.

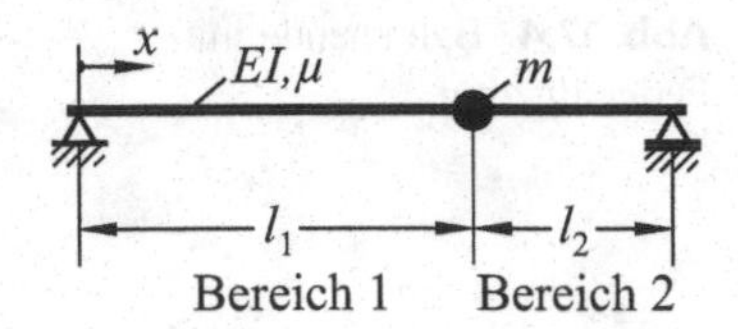

Abb. 17.6 Balken mit Punktmasse

Wegen der bei $x = l_1$ aufgesetzten Punktmasse zerfällt die x-Achse in zwei Abschnitte;

Bereich 1: $0 \leq x \leq l_1$, Bereich 2: $l_1 \leq x \leq l_1 + l_2$,

in denen $w(x,t)$ formal unterschieden werden muss, sagen wir $w_1(x,t)$ im ersten, $w_2(x,t)$ im zweiten Bereich. Für Biegelinien unter statischen Lasten führen die etwas umständlichen Rechnungen zu leicht auswertbaren Formeln, siehe [41], auch Abschn. B.6.1. Die Rechnungen werden einfacher, wenn man für die beiden Bereiche individuelle Abszissenachsen x_1 und x_2 einführt, vgl. Abb. 17.7a. Dann gilt im

1. Bereich: $w(x,t) \to w_1(x_1,t)$ mit $0 \leq x_1 \leq l_1$,
2. Bereich: $w(x,t) \to w_2(x_2,t)$ mit $0 \leq x_2 \leq l_2$.

Die in Abschn. 17.2 getroffenen Vorzeichenvereinbarungen gelten in beiden Bereichen in gleicher Weise.

Erheblich einfacher werden die formalen Rechnungen oft, wenn man die x_i-Achsen gegenläufig wählt und die Nullpunkte zusammenfallen, Abb. 17.7b, oder sich für die Nullpunkte besonders einfache (Rand-)Bedingungen ergeben, z. B. $w_i(0,t) = 0$ und $w_i''(0,t) = 0$, mit den x-Achsen nach Abb. 17.7c.

Der Nachteil gegenläufiger x_i-Achsen ist, dass die Orientierungen der w_i und ihrer Ortsableitungen (nach den x_i) und auch die von φ_i, M_i, Q_i nur noch zum Teil zusammenpassen; man begeht also sehr leicht Vorzeichenfehler beim Aneinander-Stückeln der Funktionen an der Verbindungsstelle (hier der Punktmasse m).

Wir arbeiten deshalb im Folgenden mit den Koordinaten x_1 und x_2 nach Abb. 17.7a.

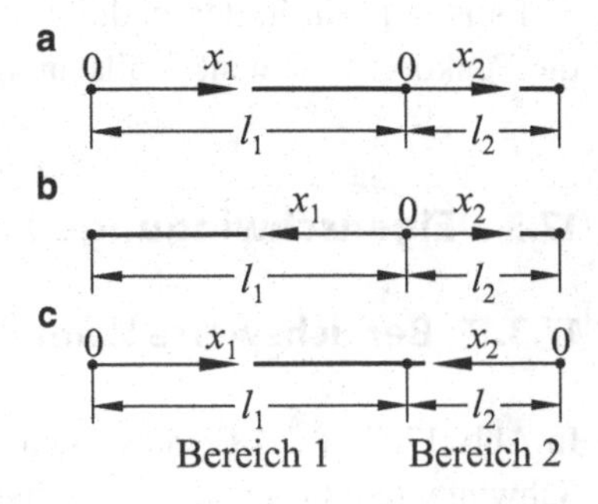

Abb. 17.7 Abschnittsweise Längskoordinaten

17.3.2 Lösen der partiellen Differentialgleichung

Für die beiden Bereiche 1 und 2 in Abb. 17.6 und 17.7a gilt die Dgl (17.8) mit $q=0$, zwischen $w_1(x_1,t)$ und $w_2(x_2,t)$ brauchen wir erst später zu unterscheiden:

$$EIw^{IV} + \mu\ddot{w} = 0. \tag{17.12}$$

Da keine Dämpfung vorliegt, erwarten wir eine Eigenschwingung

$$w(x,t) = \hat{w}(x)e^{\lambda t} \tag{17.13}$$

mit rein imaginären Eigenwerten $\lambda_k = j\omega_k$ und können deshalb statt (17.13) auch

$$w(x,t) = \hat{w}(x)e^{j\omega t} \quad \text{oder} \quad w(x,t) = \hat{w}(x)\cos\omega t \tag{17.14}$$

ansetzen. Auf beiden Wegen (17.14) entsteht aus (17.12)

$$EI\hat{w}^{IV} = \mu\omega^2\hat{w}. \tag{17.15}$$

Dies ist eine lineare, gewöhnliche Differentialgleichung vierter Ordnung mit konstanten (x-unabhängigen!) Koeffizienten; sie enthält ω als (unbekannten) Parameter. Wir dividieren (17.15) durch EI ($\neq 0$) und setzen

$$\kappa^4 := \frac{\mu\omega^2}{EI} > 0, \quad \kappa := \sqrt[4]{\frac{\mu\omega^2}{EI}} > 0; \tag{17.16}$$

später brauchen wir

$$\omega^2 = \frac{\kappa^4 EI}{\mu}. \tag{17.17}$$

Jetzt lautet (17.15)

$$\hat{w}^{IV} = \kappa^4\hat{w} \tag{17.18}$$

mit κ als Parameter. Mit dem Lösungsansatz

$$\hat{w}(x) = Ce^{kx} \tag{17.19}$$

erhält man aus (17.18) das (Unter-)Eigenwertproblem

$$(k^4 - \kappa^4)Ce^{kx} = 0 \tag{17.20}$$

mit den vier Lösungen

$$k_1 = j\kappa, \quad k_2 = -j\kappa, \quad k_3 = \kappa, \quad k_4 = -\kappa. \tag{17.21}$$

Damit lautet die allgemeine Lösung von (17.18)

$$\hat{w}(x) = C_1 e^{j\kappa x} + C_2 e^{-j\kappa x} + C_3 e^{\kappa x} + C_4 e^{-\kappa x}. \tag{17.22}$$

Die C_i sind freie Konstanten.

Arbeitet man mit $\hat{w}(x)$, so läuft die Rechnung *durchs Komplexe* (das kann Vorteile haben). Will man im Reellen bleiben, muss man die Teillösungen $e^{k_i x}$ geeignet kombinieren, vgl. (5.15). Man erhält neben den trigonometrischen (oder Kreis-)Funktionen

$$\frac{e^{j\kappa x} + e^{-j\kappa x}}{2} = \cos\kappa x, \quad \frac{e^{j\kappa x} - e^{-j\kappa x}}{2j} = \sin\kappa x \tag{17.23}$$

die hyperbolischen (oder Hyperbel-)Funktionen

$$\frac{e^{\kappa x} + e^{-\kappa x}}{2} = \cosh\kappa x, \quad \frac{e^{\kappa x} - e^{-\kappa x}}{2} = \sinh\kappa x. \tag{17.24}$$

Lösen Sie hierzu die Aufgaben 17.1 bis 17.4.

Mit (17.23), (17.24) kann man die allgemeine Lösung (17.22) umschreiben in

$$\hat{w}(x) = A\cos\kappa x + B\sin\kappa x + C\cosh\kappa x + D\sinh\kappa x; \tag{17.25}$$

mit den Konstanten A, B, C, D.

17.3.3 Zwei kleine Orientierungsaufgaben

Vor der Untersuchung des in Abschn. 17.1 vorgestellten Systems, betrachten wir zur Orientierung die in Abb. 17.8 und 17.9 gezeigten zweiseitig gestützten und einseitig eingespannten Balken.

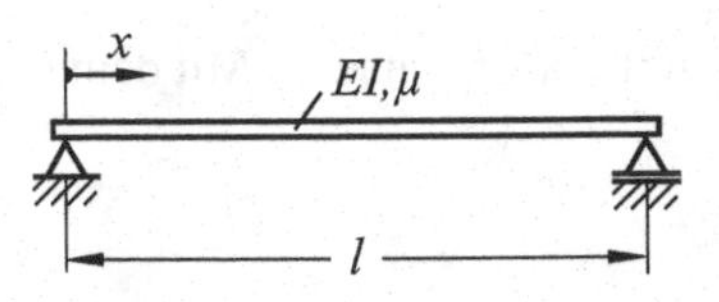

Abb. 17.8 Beidseitig gelenkig gelagerter Balken

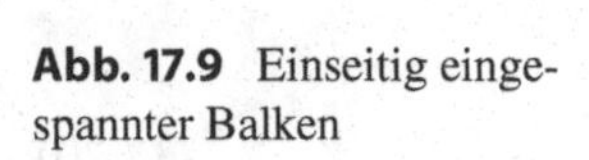

Abb. 17.9 Einseitig eingespannter Balken

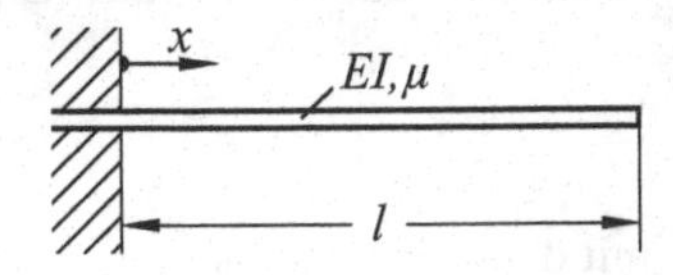

17.3.3.1 Zweiseitig gestützter Balken

Für den beidseitig gestützten Balken nach Abb. 17.8 gelten die Randbedingungen, vgl. Tab. 17.1,

$$\begin{aligned} w(0,t) &= 0 \rightarrow & \hat{w}(0) &= 0, \\ M(0,t) &= 0 \rightarrow -EIw''(0,t) = 0 \rightarrow & \hat{w}''(0) &= 0, \\ w(l,t) &= 0 \rightarrow & \hat{w}(l) &= 0, \\ M(l,t) &= 0 \rightarrow -EIw''(l,t) = 0 \rightarrow & \hat{w}''(l) &= 0. \end{aligned} \tag{17.26}$$

Dabei folgen die ganz rechts stehenden Ausdrücke aus den linken mit (17.9). Die rechts stehenden Ausdrücke müssen (17.25) erfüllen.

$$\begin{aligned} \hat{w}(0) &= A\cos 0 + B\sin 0 + C\cosh 0 + D\sinh 0 &&= 0, \\ \hat{w}''(0) &= \kappa^2(-A\cos 0 - B\sin 0 + C\cosh 0 + D\sinh 0) &&= 0, \\ \hat{w}(l) &= A\cos\kappa l + B\sin\kappa l + C\cosh\kappa l + D\sinh\kappa l &&= 0, \\ \hat{w}''(l) &= \kappa^2(-A\cos\kappa l - B\sin\kappa l + C\cosh\kappa l + D\sinh\kappa l) &&= 0. \end{aligned} \tag{17.27}$$

In Matrixschreibweise lauten die Gleichungen:

$$\begin{pmatrix} 1 & 0 & 1 & 0 \\ -\kappa^2 & 0 & \kappa^2 & 0 \\ \cos\kappa l & \sin\kappa l & \cosh\kappa l & \sinh\kappa l \\ -\kappa^2\cos\kappa l & -\kappa^2\sin\kappa l & \kappa^2\cosh\kappa l & \kappa^2\sinh\kappa l \end{pmatrix} \begin{pmatrix} A \\ B \\ C \\ D \end{pmatrix} = \mathbf{0}. \tag{17.28}$$

Damit dieses lineare homogene Gleichungssystem (für *A, B, C, D*) eine nichttriviale Lösung hat, muss die Koeffizientendeterminante verschwinden. Man erhält die charakteristische Gleichung

$$\Delta(\kappa l) = \det(\cdots) = -4\kappa^4 \sin\kappa l \sinh\kappa l = 0 \tag{17.29}$$

als Bestimmungsgleichung für κ (oder $\kappa \cdot l$). Offensichtlich gibt es die folgenden Lösungen:

$$\kappa^4 = 0 \rightarrow \text{4-fache Wurzel } \kappa = 0, \tag{17.30}$$

$$\sin\kappa l = 0 \rightarrow \kappa_n = \frac{n\pi}{l}, \quad n = 0, \pm 1, \pm 2, \ldots, \tag{17.31}$$

$$\sinh\kappa l = 0 \rightarrow \kappa_n = j\frac{n\pi}{l}, \quad n = 0, \pm 1, \pm 2, \ldots, \quad j = \sqrt{-1}. \tag{17.32}$$

Zu $\kappa_0 = 0$, vgl. (17.30) und (17.31), (17.32) mit $n = 0$, lautet das Gleichungssystem (17.28)

$$\begin{pmatrix} 1 & 0 & 1 & 0 \\ 0 & 0 & 0 & 0 \\ 1 & 0 & 1 & 0 \\ 0 & 0 & 0 & 0 \end{pmatrix} \begin{pmatrix} A \\ B \\ C \\ D \end{pmatrix}_0 = \mathbf{0}. \tag{17.33}$$

Es hat den Lösungsvektor (Eigenvektor)

$$\hat{\boldsymbol{v}}_0 = (A, B, -A, D)^{\mathrm{T}} \tag{17.34}$$

Setzt man diese Koeffizienten – und $\kappa_0 = 0$ – in (17.25) ein, erhält man

$$\hat{w}_0(x) = A \cdot 1 + B \cdot 0 - A \cdot 1 + D \cdot 0 \equiv 0. \tag{17.35}$$

Dies ist also eine verwickelte Form der trivialen Lösung.

Zu $\kappa_n = n\pi/l$, vgl. (17.31) mit $n \neq 0$, lautet das Gleichungssystem (17.28):

$$\begin{pmatrix} 1 & 0 & 1 & 0 \\ -1 & 0 & 1 & 0 \\ (-1)^n & 0 & \cosh n\pi & \sinh n\pi \\ -(-1)^n & 0 & \cosh n\pi & \sinh n\pi \end{pmatrix} \begin{pmatrix} A \\ B \\ C \\ D \end{pmatrix}_n = \mathbf{0}. \tag{17.36}$$

Wegen $\sinh(n\pi) \neq 0$ gelten $A_n = 0, C_n = 0, D_n = 0$ und $B_n \neq 0$. Dann lautet die n-te Eigenschwingung

$$w_n(x,t) = (a_{cn} \cos \omega_n t + a_{sn} \sin \omega_n t) \sin \frac{\pi n x}{l}, \tag{17.37}$$

wo

$$\omega_n = \kappa_n^2 \sqrt{\frac{EI}{\mu}} = \frac{\pi^2 n^2}{l^2} \sqrt{\frac{EI}{\mu}}, \tag{17.38}$$

vgl. (17.17). (Die Lösungen zu positiven und negativen n fallen zusammen.) Die Lösungen zu $\kappa_n = jn\pi/l$ lassen sich auf die $w_n(x,t)$ nach (17.37) zurückführen (vgl. Aufgabe 17.5).

17.3.3.2 Einseitig eingespannter Balken

Für den einseitig eingespannten Balken nach Abb. 17.9 gelten die Randbedingungen, vgl. Tab. 17.1:

$$\begin{aligned} w(0,t) &= 0 \rightarrow & &\rightarrow \quad \hat{w}(0) = 0, \\ \varphi(0,t) &= 0 \rightarrow & &\rightarrow \quad \hat{w}'(0) = 0, \\ M(l,t) &= 0 \rightarrow -EIw''(l,t) = 0 & &\rightarrow \quad \hat{w}''(l) = 0, \\ Q(l,t) &= 0 \rightarrow -EIw'''(l,t) = 0 & &\rightarrow \quad \hat{w}'''(l) = 0. \end{aligned} \tag{17.39}$$

Einsetzen der Randbedingungen in (17.25) liefert

$$\begin{aligned} \hat{w}(0) &= A \cos 0 + B \sin 0 + C \cosh 0 + D \sinh 0 &&= 0, \\ \hat{w}'(0) &= \kappa(-A \sin 0 + B \cos 0 + C \sinh 0 + D \cosh 0) &&= 0, \\ \hat{w}''(l) &= \kappa^2(-A \cos \kappa l - B \sin \kappa l + C \cosh \kappa l + D \sinh \kappa l) &&= 0, \\ \hat{w}'''(l) &= \kappa^3(A \sin \kappa l - B \cos \kappa l + C \sinh \kappa l + D \cosh \kappa l) &&= 0. \end{aligned} \tag{17.40}$$

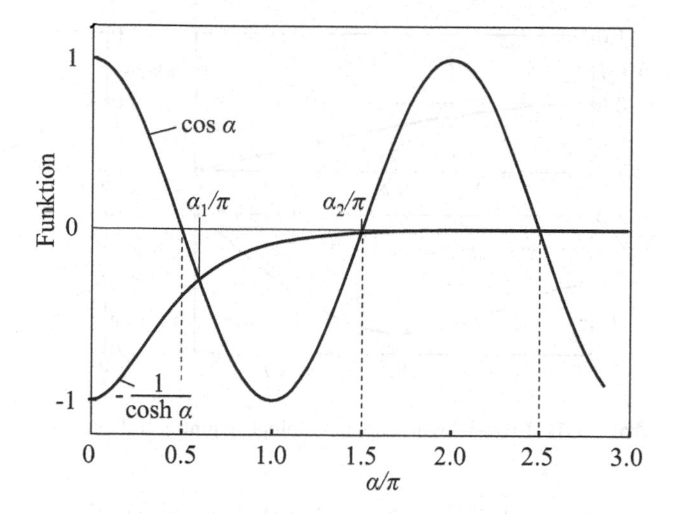

Abb. 17.10 Graphische Lösung der charakteristischen Gleichung

Matrixschreibweise:

$$\begin{pmatrix} 1 & 0 & 1 & 0 \\ 0 & \kappa & 0 & \kappa \\ -\kappa^2 \cos\kappa l & -\kappa^2 \sin\kappa l & \kappa^2 \cosh\kappa l & \kappa^2 \sinh\kappa l \\ \kappa^3 \sin\kappa l & -\kappa^3 \cos\kappa l & \kappa^3 \sinh\kappa l & \kappa^3 \cosh\kappa l \end{pmatrix} \begin{pmatrix} A \\ B \\ C \\ D \end{pmatrix} = 0. \qquad (17.41)$$

Charakteristische Gleichung:

$$\begin{aligned} \Delta(\kappa l) = \det(\cdots) &= \frac{(\kappa l)^6}{l^6}[(\cosh\kappa l + \cos\kappa l)^2 - (\sinh^2\kappa l - \sin^2\kappa l)] \\ &= 2\frac{(\kappa l)^6}{l^6}(1 + \cosh\kappa l \cdot \cos\kappa l). \end{aligned} \qquad (17.42)$$

Die 6-fache Nullstelle $\kappa_0 = 0$ erkennt man direkt. Die übrigen Wurzeln liest man zweckgemäß aus einer grafischen Darstellung ab. Abb. 17.10 zeigt

$$\cos\alpha = -\frac{1}{\cosh\alpha}, \quad \text{wo} \quad \alpha = \kappa l. \qquad (17.43)$$

Man liest die Abszissen der Kurvenschnittpunkte (in der gewünschten Genauigkeit durch entsprechendes Vergrößern auf dem Bildschirm eines PC) unmittelbar ab:

$$\alpha_1 = 0.597\pi, \quad \alpha_2 = 1.493\pi$$

und

$$\alpha_n = \begin{cases} 0.5\pi + (n-1)\pi + \varepsilon & \text{für} \quad n \text{ ungerade}, \\ 0.5\pi + (n-1)\pi - \varepsilon & \text{für} \quad n \text{ gerade}, \end{cases} \qquad (17.44)$$

wo ε eine kleine positive Zahl ist, die rasch gegen Null strebt, s. Abb. 17.10.

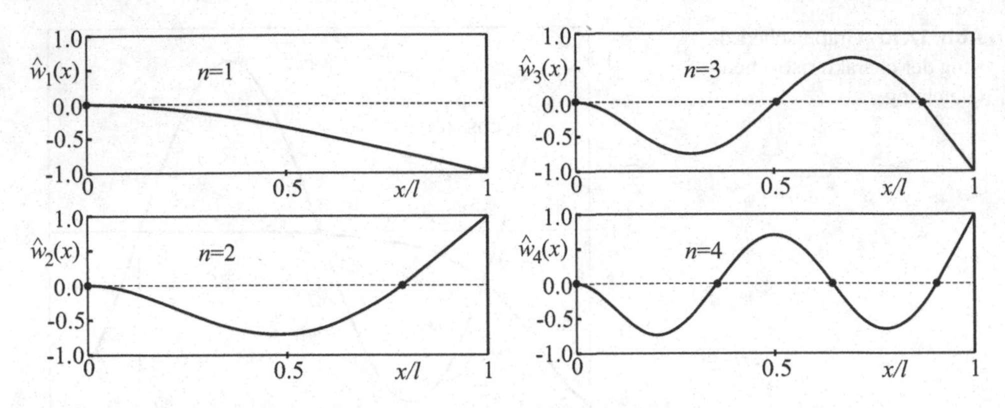

Abb. 17.11 Eigenschwingungen des eingespannten Balkens (• Knoten)

Zu $\alpha_0 = 0$ erhält man $\hat{w}_0(x) = 0$. Zu $\alpha_n \neq 0$ erhält man aus (17.41) die Eigenschwingungen

$$\begin{aligned} \hat{w}_n(x) = &(\cos\alpha_n + \cosh\alpha_n)(\cos(\alpha_n x/l) - \cosh(\alpha_n x/l)) \\ &+ (\sin\alpha_n - \sinh\alpha_n)(\sin(\alpha_n x/l) - \sinh(\alpha_n x/l)). \end{aligned} \tag{17.45}$$

Natürlich kann man die $\hat{w}_n(x)$ noch mit einer beliebigen Konstanten ($\neq 0$) multiplizieren (weil (17.41) homogen ist). Abb. 17.11 zeigt die auf den Maximalausschlag 1 normierten vier ersten $\hat{w}_n(x)$.

17.3.4 Rand- und Übergangsbedingungen bei der Kranbrücke

Bei der Kranbrücke gilt für die beiden Abszissenbereiche 1 und 2, vgl. Abb. 17.7, jeweils eine Lösung der Form (17.25):

$$\begin{aligned} \hat{w}_1(x_1) &= A_1 \cos\kappa x_1 + B_1 \sin\kappa x_1 + C_1 \cosh\kappa x_1 + D_1 \sinh\kappa x_1, \\ \hat{w}_2(x_2) &= A_2 \cos\kappa x_2 + B_2 \sin\kappa x_2 + C_2 \cosh\kappa x_2 + D_2 \sinh\kappa x_2. \end{aligned} \tag{17.46}$$

Hinweis 1 Da *EI* und μ in beiden Bereichen gleich sind, gilt hier für beide Bereiche dasselbe κ, vgl. (17.16). Bei verschiedenen *EI* oder μ müsste man zum gemeinsamen Parameter ω aus (17.16) jeweilige κ_1, κ_2 ausrechnen und in (17.46) einsetzen.

Für die $\hat{w}_k(x_k), k = 1, 2$, in (17.46) liest man aus Abb. 17.6 mit x_1, x_2 nach Abb. 17.7a unmittelbar ab:

$$\begin{aligned} w(0,t) = 0 &\rightarrow \quad \hat{w}_1(0) = 0, \\ M(0,t) = 0 &\rightarrow \quad \hat{w}_1''(0) = 0, \\ w(l_1 + l_2, t) = 0 &\rightarrow \quad \hat{w}_2(l_2) = 0, \\ M(l_1 + l_2, t) = 0 &\rightarrow \quad \hat{w}_2''(l_2) = 0. \end{aligned} \tag{17.47}$$

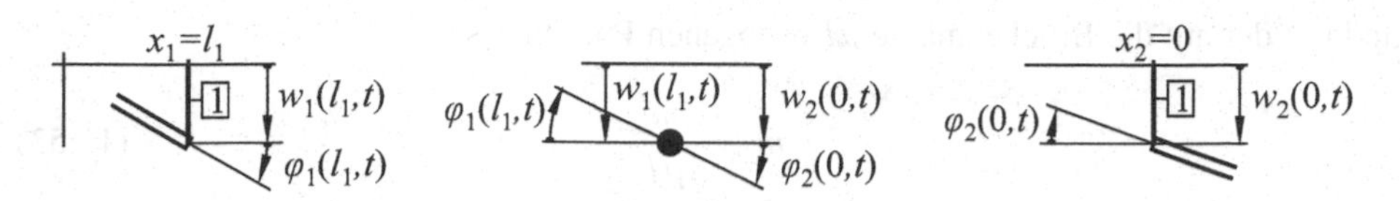

Abb. 17.12 Auslenkungen an der Punktmasse

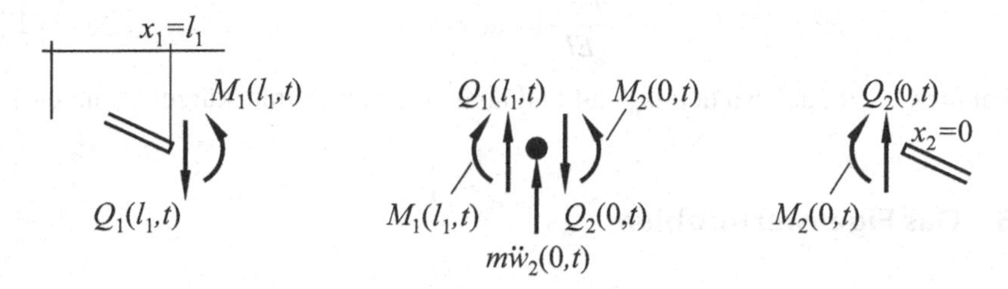

Abb. 17.13 Kräfte und Momente an Punktmasse

Aus Abb. 17.12 liest man für den Übergang von Bereich 1 nach Bereich 2 – von $x_1 = l_1$ nach $x_2 = 0$ die folgenden Bedingungen für *geometrische Verträglichkeit* ab:

$$\begin{aligned} w_1(l_1,t) &= w_2(0,t) \rightarrow \quad \hat{w}_1(l_1) - \hat{w}_2(0) = 0, \\ \varphi_1(l_1,t) &= \varphi_2(0,t) \rightarrow \quad \hat{w}_1'(l_1) - \hat{w}_2'(0) = 0. \end{aligned} \tag{17.48}$$

Abb. 17.13 zeigt die Schnittgrößen und die d'Alembert'sche Kraft an der Übergangsstelle.

Aus dem Bild liest man für die Schnittgrößen die folgenden Bedingungen ab:

$$\begin{aligned} M_1(l_1,t) &= M_2(0,t) \quad \rightarrow \quad & \hat{w}_1''(l_1) - \hat{w}_2''(0) = 0, \\ Q_1(l_1,t) + m\ddot{w}_2(0,t) - Q_2(0,t) &= 0 \quad \rightarrow \quad & \hat{w}_1'''(l_1) + \frac{m\omega^2}{EI}\hat{w}_2(0) - \hat{w}_2'''(0) = 0. \end{aligned} \tag{17.49}$$

Mit (17.47), (17.48), (17.49) sind acht Bedingungen (Gleichungen) für die acht freien Konstanten $A_k, B_k, C_k, D_k, k = 1, 2$, von (17.46) gegeben.

Vor dem Einsetzen der Bedingungen (17.47) bis (17.49) in (17.46), führen wir einige Abkürzungen ein: Wir beziehen die l_1, l_2 auf die Gesamtlänge l und setzen

$$l := l_1 + l_2, \quad \tilde{l}_1 := l_1/l, \quad \tilde{l}_2 := l_2/l, \quad \tilde{l}_1 + \tilde{l}_2 = 1. \tag{17.50}$$

Außerdem sei, vgl. (17.43),

$$\alpha := \kappa l. \tag{17.51}$$

Für den Faktor $\frac{m\omega^2}{EI}$ in (17.49) erhält man mit $\omega^2 = \frac{\kappa^4 EI}{\mu}$, s. (17.17),

$$\frac{m\omega^2}{EI} = \frac{m\kappa^4 EI}{EI\mu} = \kappa^3\alpha\frac{m}{\mu l}, \tag{17.52}$$

und mit der auf die Brückenmasse μl bezogenen Punktmasse

$$\tilde{m} := \frac{m}{\mu l} \tag{17.53}$$

lautet der Faktor

$$\frac{m\omega^2}{EI} = \kappa^3 \alpha \tilde{m}. \tag{17.54}$$

(Der Faktor κ^3 tritt auch bei den $\hat{w}_k'''$ auf und lässt sich dann herauskürzen; s. unten.)

17.3.5 Das Eigenwertproblem

Einsetzen der Bedingungen (17.47) bis (17.49) in (17.46) liefert das Eigenwertproblem:

$$\begin{pmatrix}
1 & 0 & 1 & 0 & 0 & 0 & 0 & 0 \\
-\kappa^2 & 0 & \kappa^2 & 0 & 0 & 0 & 0 & 0 \\
0 & 0 & 0 & 0 & \cos\tilde{l}_2\alpha & \sin\tilde{l}_2\alpha & \cosh\tilde{l}_2\alpha & \sinh\tilde{l}_2\alpha \\
0 & 0 & 0 & 0 & -\kappa^2\cos\tilde{l}_2\alpha & -\kappa^2\sin\tilde{l}_2\alpha & \kappa^2\cosh\tilde{l}_2\alpha & \kappa^2\sinh\tilde{l}_2\alpha \\
\cos\tilde{l}_1\alpha & \sin\tilde{l}_1\alpha & \cosh\tilde{l}_1\alpha & \sinh\tilde{l}_1\alpha & -1 & 0 & -1 & 0 \\
-\kappa\sin\tilde{l}_1\alpha & \kappa\cos\tilde{l}_1\alpha & \kappa\sinh\tilde{l}_1\alpha & \kappa\cosh\tilde{l}_1\alpha & 0 & -\kappa & 0 & -\kappa \\
-\kappa^2\cos\tilde{l}_1\alpha & -\kappa^2\sin\tilde{l}_1\alpha & \kappa^2\cosh\tilde{l}_1\alpha & \kappa^2\sinh\tilde{l}_1\alpha & \kappa^2 & 0 & -\kappa^2 & 0 \\
\kappa^3\sin\tilde{l}_1\alpha & -\kappa^3\cos\tilde{l}_1\alpha & \kappa^3\sinh\tilde{l}_1\alpha & \kappa^3\cosh\tilde{l}_1\alpha & \kappa^3\alpha\tilde{m} & \kappa^3 & \kappa^3\alpha\tilde{m} & -\kappa^3
\end{pmatrix}
\begin{pmatrix} A_1 \\ B_1 \\ C_1 \\ D_1 \\ A_2 \\ B_2 \\ C_2 \\ D_2 \end{pmatrix} = \mathbf{0}. \tag{17.55}$$

Die Koeffizientendeterminante von (17.55) ist die charakteristische Gleichung. Man erkennt unmittelbar eine Mehrfachnullstelle $\kappa = 0$ (bzw. $\alpha = 0$), sieht aber auch sofort, dass der nur eine triviale Lösung $\hat{w} \equiv 0$ entspricht.

Für $\kappa_n \neq 0$ kann man die κ aus (17.55) herauskürzen. Wir kürzen außerdem ab und setzen

$$\begin{aligned}
s_1 &:= \sin\tilde{l}_1\alpha, & c_1 &:= \cos\tilde{l}_1\alpha, & sh_1 &:= \sinh\tilde{l}_1\alpha, & ch_1 &:= \cosh\tilde{l}_1\alpha, \\
s_2 &:= \sin\tilde{l}_2\alpha, & c_2 &:= \cos\tilde{l}_2\alpha, & sh_2 &:= \sinh\tilde{l}_2\alpha, & ch_2 &:= \cosh\tilde{l}_2\alpha.
\end{aligned} \tag{17.56}$$

Addiert man in der Determinante die erste Zeile zur zweiten, dritte Zeile zur vierten, fünfte Zeile zur siebten, sechste Zeile zur achten und zieht Faktoren 2 sofort heraus, erhält man

$$\Delta(\alpha) = 2\cdot 2\cdot 2\cdot 2 * \begin{vmatrix} 1 & 0 & 1 & 0 & 0 & 0 & 0 & 0 \\ 0 & 0 & 1 & 0 & 0 & 0 & 0 & 0 \\ 0 & 0 & 0 & 0 & c_2 & s_2 & \cancel{ch_2} & \cancel{sh_2} \\ 0 & 0 & 0 & 0 & 0 & 0 & ch_2 & sh_2 \\ c_1 & s_1 & \cancel{ch_1} & \cancel{sh_1} & -1 & 0 & -\cancel{1} & 0 \\ -s_1 & c_1 & sh_1 & ch_1 & 0 & -1 & 0 & -1 \\ 0 & 0 & ch_1 & sh_1 & 0 & 0 & -1 & 0 \\ 0 & 0 & sh_1 & ch_1 & \frac{\alpha\tilde{m}}{2} & 0 & \frac{\alpha\tilde{m}}{2} & -1 \end{vmatrix} \tag{17.57}$$

Die gestrichenen Glieder entfallen bei Subtraktion von Zeile 4 von Zeile 3, Zeile 7 von Zeile 5. Entwickeln nach zweiter und erster Zeile liefert

$$\begin{aligned} \Delta(\alpha) &= -16 \begin{vmatrix} 0 & 0 & c_2 & s_2 & 0 & 0 \\ 0 & 0 & 0 & 0 & ch_2 & sh_2 \\ s_1 & 0 & -1 & 0 & 0 & 0 \\ c_1 & ch_1 & 0 & -1 & 0 & -1 \\ 0 & sh_1 & 0 & 0 & -1 & 0 \\ 0 & ch_1 & \alpha\tilde{m}/2 & 0 & \alpha\tilde{m}/2 & -1 \end{vmatrix} \\ &= -16\{\alpha\tilde{m}/2[(s_1c_2 + c_1s_2)sh_1sh_2 - (sh_1ch_2 + ch_1sh_2)s_1s_2] \\ &\quad + (s_1c_2 + c_1s_2)(sh_1ch_2 + ch_1sh_2)\} \overset{!}{=} 0 \end{aligned} \tag{17.58}$$

Aus den Additionstheoremen (vgl. Aufgabe 17.3) folgen

$$\begin{aligned} s_1c_2 + c_1s_2 &= \sin\tilde{l}_1\alpha \cdot \cos\tilde{l}_2\alpha + \cos\tilde{l}_1\alpha \cdot \sin\tilde{l}_2\alpha \\ &= \sin(\tilde{l}_1 + \tilde{l}_2)\alpha = \sin\alpha, \\ jsh_1ch_2 + jch_1sh_2 &= \sin(j\tilde{l}_1\alpha)\cdot\cos(j\tilde{l}_2\alpha) + \cos(j\tilde{l}_1\alpha)\cdot\sin(j\tilde{l}_2\alpha) \\ &= \sin[j(\tilde{l}_1 + \tilde{l}_2)\alpha] = j\sinh\alpha. \end{aligned} \tag{17.59}$$

Damit liefert (17.58) für α die Bestimmungsgleichung

$$\sin\alpha\sinh\alpha = \frac{\alpha\tilde{m}}{2}\left[\sinh\alpha\cdot\sin\tilde{l}_1\alpha\cdot\sin\tilde{l}_2\alpha - \sin\alpha\cdot\sinh\tilde{l}_1\alpha\cdot\sinh\tilde{l}_2\alpha\right]. \tag{17.60}$$

Hinweis 1 Für $\tilde{m} = 0$ stimmt (17.58) mit (17.29) im Wesentlichen überein (Kontrollmöglichkeit!).

Hinweis 2 Man sieht: Mit α_n ist auch $-\alpha_n$ eine Lösung von (17.60); also braucht man nur positive Wurzeln zu suchen. (Wie ist das mit rein imaginären? – vgl. Aufgabe 17.5.)

Tab. 17.2 Eigenwerte

$\tilde{l}_1$	n	1	2	3	4	5	6
0.7	α_n/π	0.878	1.795	2.971	3.848	4.654	5.887
0.5	α_n/π	0.840	2	2.697	4	4.635	6

Hinweis 3 Will man (17.60) – wenigstens zur Orientierung – grafisch lösen, ist es zweckmäßig, mit Funktionen zu arbeiten, deren Schnittpunkte für größere α in der Nähe der Abszisse bleiben. Deshalb dividieren wir die Gleichung für $\alpha > 0$ durch $\alpha \cdot \sinh \alpha$:

$$\frac{\sin \alpha}{\alpha} = \frac{\tilde{m}}{2}\left[\sin \tilde{l}_1\alpha \sin \tilde{l}_2\alpha - \sin \alpha \frac{\sinh \tilde{l}_1\alpha \sinh \tilde{l}_2\alpha}{\sinh \alpha}\right]. \tag{17.61}$$

Abb. 17.14 zeigt grafisch ermittelte Eigenwerte für $\tilde{m} = 0.5$, im Teil a) für $\tilde{l}_1 = 0.7, \tilde{l}_2 = 0.3$, im Teil b) für $\tilde{l}_1 = \tilde{l}_2 = 0.5$. Man gewinnt für die ersten 6 Eigenwerte α_n die Näherungen.

Mit den α_n kann man aus (17.51) die κ_n und damit aus (17.52) die Eigenfrequenzen ω_n berechnen. (Setzt man die α_n in (17.55) ein, kann man daraus die Eigenvektoren und damit aus (17.46) die Eigenschwingungsformen berechnen.

Wenn man will, kann man die α_n (und natürlich auch die entsprechenden ω_n) aus Tab. 17.2 mit jenen der Balken ohne Punktmasse, vgl. Abb. 17.8, vergleichen. Wir fanden dort $\alpha_n = n \cdot \pi$.

Man sieht: Die Eigenwerte werden im allgemeinen durch die Zusatzmasse m abgesenkt, jedoch unterschiedlich stark. Und zwar werden jene Eigenwerte stärker beeinflusst, deren Eigenschwingungsformen am Ort ($x = l_1$) der Punktmasse eine relativ starke Auslenkung (einen *Schwingungsbauch*) haben, während die Eigenwerte, deren Eigenform in der Nähe der Punktmasse einen Knoten – oder einen sehr kleinen Ausschlag hat, kaum beeinflusst werden (vgl. $\alpha_2, \alpha_4, \alpha_6$ – also gerade n – bei $\tilde{l}_1 = 0.5$).

Man sieht auch, dass die α_n zusammen- und auseinanderrücken können, wenn die Punktmasse ihren Ort ändert.

Die *Eigenschwingungsform* $\hat{w}_n(x)$ zum Eigenwert α_n – bzw. der Eigenfrequenz ω_n –, vgl. den Ansatz (17.13), wird für die beiden Bereiche 1 und 2, s. Abb. 17.13, gemäß (17.46) durch $\hat{w}_{1n}(x)$ bzw. $\hat{w}_{2n}(x)$ ausgedrückt, wobei die Koeffizienten $(A_1, B_1, C_1, D_1)_n$ und $(A_2, B_2, C_2, D_2)_n$ aus der homogenen Gleichung (17.55) abgelesen werden. Da deren Determinante für $\alpha = \alpha_n$ verschwindet, sind darin nur 7 der 8 Gleichungen linear unabhängig: man kann einen der Koeffizienten gleich 1 setzen und die übrigen durch ihn ausdrücken.

Im vorliegenden Fall ist die Rechnung einfach: Die mit (17.56) eingeführten Abkürzungen für die trigonometrischen und hyperbolischen Funktionen mögen nun für den interessierenden Eigenwert $\alpha = \alpha_n$ gelten. Da die Zeilenkombinationen, die von der Matrizengleichung (17.55) zur Determinante (17.57) führen, auch bei der Matrizengleichung selbst ausgeführt werden dürfen, kann man den Elementeblock (17.57) als Umformung der Matrix von (17.55) sehen. Man liest aus der 1. und 2. Zeile ab: $A_{1n} = 0, C_{1n} = 0$.

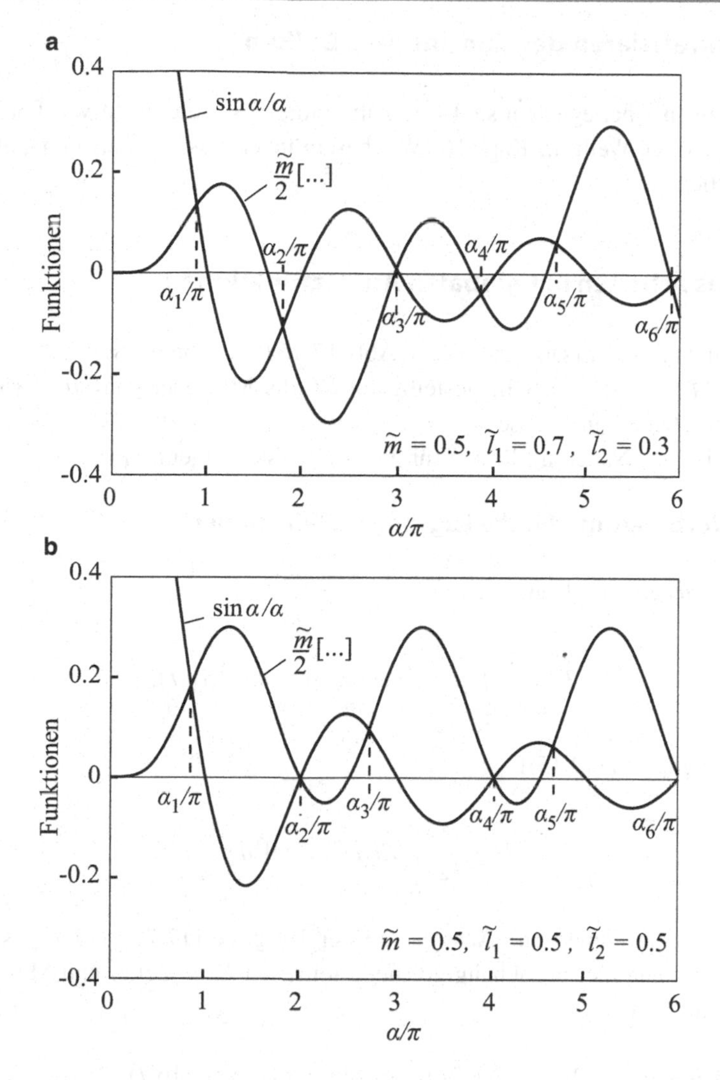

Abb. 17.14 Graphische Lösung der charakteristischen Gleichungen

Damit sind 1. und 2. Zeile erfüllt und 1. sowie 3. Spalte verschwinden. Übrig bleibt der Elementeblock von (17.58) mit 5 unabhängigen Gleichungen. Sei (zunächst) $B_{1n} = 1$. Aus den 5 ersten Zeilen folgen die übrigen Koeffizienten. Multiplikation des Endergebnisses mit $s_2 \cdot \sinh \alpha_n$ und Einsetzen in (17.46) liefert mit $\tilde{x}_1 := x_1/l, \tilde{x}_2 := x_2/l$ für $0 \leq \tilde{x}_1 \leq \tilde{l}_1, 0 \leq \tilde{x}_2 \leq \tilde{l}_2$:

$$\begin{aligned}\hat{w}_{1n} &= \sinh \alpha_n \cdot \sin \tilde{l}_2\alpha_n \cdot \sin \tilde{x}_1\alpha_n - \sin \alpha_n \cdot \sinh \tilde{l}_2\alpha_n \cdot \sinh \tilde{x}_1\alpha_n, \\ \hat{w}_{2n} &= \sinh \alpha_n \cdot \sin \tilde{l}_1\alpha_n \cdot \sin[(\tilde{l}_2 - \tilde{x}_2)\alpha_n] \\ &\quad - \sin \alpha_n \cdot \sinh \tilde{l}_1\alpha_n \cdot \sinh[(\tilde{l}_2 - \tilde{x}_2)\alpha_n].\end{aligned} \tag{17.62}$$

17.4 Diskretisieren des Kontinuums Balken

Die allgemeinen Überlegungen sind – mutatis mutandis – dieselben wie bei den Drehschwingungen der Welle in Kap. 16. Wir beschränken uns hier auf den Fall globaler Ansatzfunktionen.

17.4.1 Das Arbeiten mit globalen Ansatzfunktionen

Ausgangspunkt ist das Ersatzsystem nach Abb. 17.15 (vgl. Abb. 17.8) mit den Abschnittslängen $l_1, l_2, l := l_1 + l_2$, der Biegesteifigkeit EI, der Massebelegung μ sowie einer bei $x = l_1$ aufgesetzten Punktmasse m.

Gesucht ist eine Näherungslösung für die drei tiefsten Eigenfrequenzen.

17.4.1.1 Vorbereitung für die Lagrange-Gleichungen

Kinetische Energie (vgl. auch (12.8)):

$$\dot{T} = \frac{1}{2} \int_0^l \mu \dot{w}^2(x,t)dx + \frac{1}{2} m \dot{w}^2(l_1,t). \tag{17.63}$$

Potential (vgl. auch (12.15)):

$$U = \frac{1}{2} \int_0^l EI[w''(x,t)]^2 dx. \tag{17.64}$$

Zieht man eine numerische Auswertung der Integrale (17.72), (17.73), s. unten, in Betracht, kann man hier ortsabhängige Biegesteifigkeit $EI = EI(x)$ und Massebelegung $\mu = \mu(x)$ zulassen.

Ansatzfunktionen In allgemeiner Form setzen wir an, vgl. (16.7),

$$w(x,t) = \sum_{k=1}^{3} q_k(t) W_k(x). \tag{17.65}$$

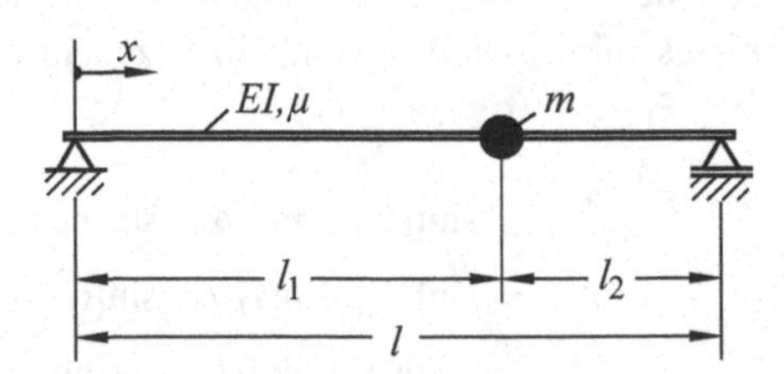

Abb. 17.15 Balken mit Punktmasse

Dabei müssen die $W_k(x)$ die *geometrischen* Randbedingungen, vgl. Abb. 17.15,

$$w(0,t) = 0, \quad w(l,t) = 0 \tag{17.66}$$

erfüllen (diese heißen auch *wesentliche Bedingungen*).

Hinweis 1 Erfüllen die Ansatzfunktionen $W_k(x)$ die geometrischen Randbedingungen *nicht* von vorneherein, muss man das Erfüllen durch Nebenbedingungen beim Lösen der Variationsaufgabe erzwingen.

Die nicht-wesentlichen Randbedingungen, das sind hier die Momentenbedingungen an den Balkenenden, vgl. Abb. 17.15,

$$M(0,t) = 0, M(l,t) = 0 \quad \text{bzw.} \quad w''(0,t) = 0, w''(l,t) = 0. \tag{17.67}$$

brauchen von den Ansatzfunktionen $W_k(x)$ nicht erfüllt zu werden (das verringert nur die Lösungsgüte). Speziell wählen wir als Lösungsansatz die drei ersten Sinus-Halbwellen

$$w(x,t) = \sum_{k=1}^{3} q_k(t) \sin(k\pi x/l), \quad \text{also} \quad W_k(x) = \sin(k\pi x/l). \tag{17.68}$$

Die $W_k(x) = \sin(k\pi x/l)$ erfüllen *alle* Randbedingungen.

Überdies sind die $\sin(k\pi x/l)$ die Eigenschwingungsformen des Balkens ohne die Masse m; vgl. (17.37). Eigenschwingungsformen eines *Nachbarsystems* sind im allgemeinen günstige Ansatzfunktionen.

17.4.1.2 Lagrange Formalismus

Einsetzen von (17.68) in (17.63) und (17.64) liefern parallel zu (16.9) bis (16.16)

$$T = \frac{1}{2}\dot{\boldsymbol{q}}^{\mathrm{T}}\boldsymbol{M}\dot{\boldsymbol{q}}, \quad U = \frac{1}{2}\boldsymbol{q}^{\mathrm{T}}\boldsymbol{K}\boldsymbol{q}, \tag{17.69}$$

mit

$$\boldsymbol{q} = (q_1, q_2, q_3)^{\mathrm{T}} \tag{17.70}$$

$$\boldsymbol{M} = \begin{pmatrix} m_{11} & m_{12} & m_{13} \\ m_{21} & m_{22} & m_{23} \\ m_{31} & m_{32} & m_{33} \end{pmatrix}, \quad \boldsymbol{K} = \begin{pmatrix} k_{11} & k_{12} & k_{13} \\ k_{21} & k_{22} & k_{23} \\ k_{31} & k_{32} & k_{33} \end{pmatrix}, \tag{17.71}$$

$$m_{ik} := \int_0^l [\mu(x) + m\delta(x - l_1)] W_i(x) W_k(x) dx, \tag{17.72}$$

$$k_{ik} := \int_0^l EI(x) W_i''(x) W_k''(x) dx. \tag{17.73}$$

Hinweis 2 In (17.72) steht $\delta(x - l_1)$ für die Delta-Funktion aus Abschn. 6.3.1, jetzt als Funktion der Ortsvariablen x. Analog zu (6.52) folgt

$$\int_0^l m W_i(x) W_k(x) \delta(x - l_1) dx = m W_i(l_1) W_k(l_1). \tag{17.74}$$

Aus den Lagrangeschen Gleichungen

$$\frac{d}{dt}\frac{\partial T}{\partial \dot{q}_k} - \frac{\partial T}{\partial q_k} + \frac{\partial U}{\partial q_k} = 0, \quad k = 1, 2, 3, \tag{17.75}$$

erhält man für die Matrizenform der Bewegungsgleichungen,

$$\boldsymbol{M}\ddot{\boldsymbol{q}} + \boldsymbol{K}\boldsymbol{q} = \boldsymbol{0}. \tag{17.76}$$

Für die Sinus-Halbwellen nach (17.68) erhält man im Fall *konstanten Balkenquerschnitts* die Massenmatrix (Trägheitsmatrix, $\tilde{l}_1 := l_1/l$)

$$\boldsymbol{M} = \begin{pmatrix} \frac{\mu l}{2} + m \sin^2 \pi \tilde{l}_1 & m \sin \pi \tilde{l}_1 \sin 2\pi \tilde{l}_1 & m \sin \pi \tilde{l}_1 \sin 3\pi \tilde{l}_1 \\ m \sin \pi \tilde{l}_1 \sin 2\pi \tilde{l}_1 & \frac{\mu l}{2} + m \sin^2 2\pi \tilde{l}_1 & m \sin 2\pi \tilde{l}_1 \sin 3\pi \tilde{l}_1 \\ m \sin \pi \tilde{l}_1 \sin 3\pi \tilde{l}_1 & m \sin 2\pi \tilde{l}_1 \sin 3\pi \tilde{l}_1 & \frac{\mu l}{2} + m \sin^2 3\pi \tilde{l}_1 \end{pmatrix}, \tag{17.77}$$

und die Steifigkeitsmatrix

$$\boldsymbol{K} = \frac{EI\pi^4}{2l^3} \begin{pmatrix} 1 & 0 & 0 \\ 0 & 16 & 0 \\ 0 & 0 & 81 \end{pmatrix}. \tag{17.78}$$

Für konstante Biegesteifigkeit EI und die W_k nach (17.68) verschwinden die Integrale

$$\int_0^l EI W_i''(x) W_k''(x) dx = 0 \quad \text{für} \quad i \neq k; \tag{17.79}$$

die W_k sind zueinander orthogonal. Deshalb wird die Steifigkeitsmatrix hier diagonal.

17.4.1.3 Auswertung der Gleichungen (Zahlenbeispiel)

Seien

$$\tilde{m} = \frac{m}{\mu l} \quad \text{und} \quad \tilde{t} = \omega_R t, \quad \text{wo} \quad \frac{\omega_R^2 \mu l}{2} = \frac{EI\pi^4}{2l^3}, \tag{17.80}$$

vgl. (17.53). Dann lauten die Bewegungsgleichungen (17.76)

$$\tilde{\boldsymbol{M}} \overset{\circ\circ}{q} + \tilde{\boldsymbol{K}} q = \boldsymbol{0}, \tag{17.81}$$

mit

$$\tilde{\boldsymbol{M}} = \begin{pmatrix} 1+2\tilde{m}\sin^2\pi\tilde{l}_1 & 2\tilde{m}\sin\pi\tilde{l}_1\sin 2\pi\tilde{l}_1 & 2\tilde{m}\sin\pi\tilde{l}_1\sin 3\pi\tilde{l}_1 \\ 2\tilde{m}\sin\pi\tilde{l}_1\sin 2\pi\tilde{l}_1 & 1+2\tilde{m}\sin^2 2\pi\tilde{l}_1 & 2\tilde{m}\sin 2\pi\tilde{l}_1\sin 3\pi\tilde{l}_1 \\ 2\tilde{m}\sin\pi\tilde{l}_1\sin 3\pi\tilde{l}_1 & 2\tilde{m}\sin 2\pi\tilde{l}_1\sin 3\pi\tilde{l}_1 & 1+2\tilde{m}\sin^2 3\pi\tilde{l}_1 \end{pmatrix}, \tag{17.82}$$

$$\tilde{\boldsymbol{K}} = \begin{pmatrix} 1 & 0 & 0 \\ 0 & 16 & 0 \\ 0 & 0 & 81 \end{pmatrix}. \tag{17.83}$$

Für $\tilde{m} = 0.5$ und $\tilde{l}_1 = 0.5$, vgl. die Parameter zu Tab. 17.2, erhält man aus (17.81) mit $\boldsymbol{q} = \hat{\boldsymbol{q}}\cos(\tilde{\omega}\tilde{t})$ das *Eigenwertproblem*

$$\begin{pmatrix} 1-\tilde{\omega}^2\cdot 2 & 0 & \tilde{\omega}^2 \\ 0 & 16-\tilde{\omega}^2 & 0 \\ \tilde{\omega}^2 & 0 & 81-2\tilde{\omega}^2 \end{pmatrix}\hat{\boldsymbol{q}} = \boldsymbol{0}, \tag{17.84}$$

während sich für $\tilde{l}_1 = 0.7$ (gerundet) das *Eigenwertproblem*

$$\begin{pmatrix} 1-1.6545\tilde{\omega}^2 & 0.76942\tilde{\omega}^2 & -0.25\tilde{\omega}^2 \\ 0.76942\tilde{\omega}^2 & 16-1.90450\tilde{\omega}^2 & 0.29389\tilde{\omega}^2 \\ -0.25\tilde{\omega}^2 & 0.29389\tilde{\omega}^2 & 81-1.09549\tilde{\omega}^2 \end{pmatrix}\hat{\boldsymbol{q}} = \boldsymbol{0} \tag{17.85}$$

ergibt. Man erhält (numerisch) die in Tab. 17.3 aufgelisteten $\tilde{\omega}_n^2$ und (zum Vergleich mit Tab. 17.2 daraus umgerechnet) $\frac{\alpha_n}{\pi} = \sqrt[4]{\tilde{\omega}_n^2}$.

Die Übereinstimmung der Ergebnisse ist so gut, weil die Ansatzfunktionen (17.68) hier sehr gut sind.

17.4.1.4 Modalmatrix und allgemeine Lösung

Zu den Eigenwerten $\tilde{\omega}_n^2$ in Tab. 17.3: erhält man aus (17.84) und (17.85) die folgenden Eigenvektoren:

für $\tilde{l}_1 = 0.7$:

$$\begin{aligned} \hat{\boldsymbol{q}}_1 &= (1 \quad -0.03085 \quad 0.00190)^{\mathrm{T}}, \\ \hat{\boldsymbol{q}}_2 &= (0.49765 \quad 1 \quad -0.02558)^{\mathrm{T}}, \\ \hat{\boldsymbol{q}}_3 &= (-0.09045 \quad 0.13192 \quad 1)^{\mathrm{T}}, \end{aligned} \tag{17.86}$$

Tab. 17.3 Eigenwerte

$\tilde{l}_1$	n	1	2	3
0.7	$\tilde{\omega}_n^2$	0.59569	10.4636	78.3281
	$\frac{\alpha_n}{\pi}$	0.87853	1.79854	2.97494
0.5	$\tilde{\omega}_n^2$	0.49844	16.0	54.1682
	$\frac{\alpha_n}{\pi}$	0.84024	2.0	2.71291

für $\tilde{l}_1 = 0.5$:

$$\begin{aligned} \hat{\boldsymbol{q}}_1 &= (1 \quad 0 \quad -0.00623)^{\mathrm{T}}, \\ \hat{\boldsymbol{q}}_2 &= (0 \quad 1 \quad 0 \quad)^{\mathrm{T}}, \\ \hat{\boldsymbol{q}}_3 &= (0.50466 \quad 0 \quad 1 \quad)^{\mathrm{T}}. \end{aligned} \tag{17.87}$$

Man fasst die Eigenvektoren $\hat{\boldsymbol{q}}_n$ als Spaltenvektoren in der *Modalmatrix* $\boldsymbol{Q}$ zusammen:

$$\boldsymbol{Q} = (\hat{\boldsymbol{q}}_1, \hat{\boldsymbol{q}}_2, \hat{\boldsymbol{q}}_3). \tag{17.88}$$

Aus (17.86), (17.87) folgen (auf 3 Stellen gerundet) $\boldsymbol{Q}_1$ bzw. $\boldsymbol{Q}_2$:

$$\boldsymbol{Q}_1 = \begin{pmatrix} 1 & 0.498 & -0.090 \\ -0.031 & 1 & 0.132 \\ 0.002 & -0.026 & 1 \end{pmatrix}, \quad \boldsymbol{Q}_2 = \begin{pmatrix} 1 & 0 & 0.505 \\ 0 & 1 & 0 \\ -0.006 & 0 & 1 \end{pmatrix}. \tag{17.89}$$

Die *allgemeine Lösung* von (17.76) lautet dann

$$\begin{aligned} \boldsymbol{q}(t) &= \sum_{n=1}^{3} \hat{\boldsymbol{q}}_n (a_{cn} \cos \tilde{\omega}_n \tilde{t} + a_{sn} \sin \tilde{\omega}_n \tilde{t}) \\ &= \boldsymbol{Q} \cdot [\operatorname{diag}(\cos \tilde{\omega}_n \tilde{t}) \boldsymbol{a}_c + \operatorname{diag}(\sin \tilde{\omega}_n \tilde{t}) \boldsymbol{a}_s], n = 1, 2, 3, \end{aligned} \tag{17.90}$$

wo

$$\boldsymbol{a}_c = (a_{c1}, a_{c2}, a_{c3})^{\mathrm{T}}, \quad \boldsymbol{a}_s = (a_{s1}, a_{s2}, a_{s3})^{\mathrm{T}}. \tag{17.91}$$

Vor dem Einsetzen der $q_{kn}(t)$ in den Ansatz (17.68) fasst man die Formfunktionen $W_k(x)$ zweckmäßig auch als Diagonalmatrix zusammen:

$$\boldsymbol{W} = \operatorname{diag}(W_k(x)) = \operatorname{diag}(\sin k\pi x/l), \quad k = 1, 2, 3. \tag{17.92}$$

Dann gilt mit einer der Formen von $\boldsymbol{q}(t)$ aus (17.90)

$$w(x,t) = \boldsymbol{W}(x)\boldsymbol{q}(t). \tag{17.93}$$

Für den Anfangspunkt $\tilde{t}_0 = 0$ erhält man die *Anfangsauslenkungen*

$$\boldsymbol{q}_0 = \boldsymbol{q}(0) = \boldsymbol{Q}\boldsymbol{a}_c \quad \text{und} \quad w(x,0) = \boldsymbol{W}(x)\boldsymbol{q}(0), \tag{17.94}$$

für die *Anfangsgeschwindigkeiten* gilt

$$\dot{\boldsymbol{q}}_0 = \dot{\boldsymbol{q}}(0) = \boldsymbol{Q}\operatorname{diag}(\tilde{\omega}_n)\boldsymbol{a}_s \quad \text{und} \quad \dot{w}(x,t) = \boldsymbol{W}(x)\dot{\boldsymbol{q}}(0). \tag{17.95}$$

Das Anpassen der allgemeinen Lösung an Anfangsbedingungen hängt davon ab, ob die Anfangsbedingungen für $\boldsymbol{q}(t)$ oder für $w(x,t)$ gegeben sind. Der erste Fall wird in Abschn. 17.5.1, der zweite in 17.5.2 behandelt.

17.5 Schwingungen der Kranbrücke nach dem Lastabfall

Unter der Last, dem Gewicht G_L in Abb. 17.2, hat sich die Brücke abgesenkt. Fällt die Last weg, beginnt die Brücke um die unbelastete Gleichgewichtslage zu schwingen. Anfangsauslenkung ist die statische Auslenkung. (Das Eigengewicht von Brücke und Katze und die dadurch bedingte statische Auslenkung ändern sich beim Lastabfall nicht und brauchen deshalb *hier* nicht berücksichtig zu werden.)

Um zwei Vorgehensweisen zu demonstrieren, wird zuerst mit den globalen Ansatzfunktionen aus Abschn. 17.4 gearbeitet und danach mit den Gleichungen des Kontinuums aus 17.3.

17.5.1 Untersuchung des Lastabfalls mit globalen Ansatzfunktionen

Die Konstanten $\boldsymbol{a}_c, \boldsymbol{a}_s$ der allgemeinen Lösung (17.90) folgen aus (17.94), (17.95) zu vorgegebenen Anfangsauslenkungen $\boldsymbol{q}_0$ und Anfangsgeschwindigkeiten $\dot{\boldsymbol{q}}_0$.

Unmittelbar vor dem Lastabfall sei die Brücke in Ruhe. Dann gilt $\dot{\boldsymbol{q}}_0 = \boldsymbol{0}$ bzw. $\dot{w}(x,0) \equiv 0$, und aus (17.95) folgt $\boldsymbol{a}_s = \boldsymbol{0}$.

Die statische Absenkung $\boldsymbol{q}_{st}$ infolge der Last G müssen wir zuerst berechnen. Es ist zweckmäßig, sie mit Hilfe der Ansatzfunktionen $W_k(x)$ zu ermitteln.

17.5.1.1 Bestimmen der statischen Absenkung

Wir arbeiten mit Lagrange. Dann kommt zum Potential U nach (17.64) das Potential der Last G, s. Abb. 17.2, hinzu. Mit der statischen Auslenkung $w_{st}(x)$ gilt

$$U_{st} = \frac{1}{2}\int_0^l EI[w''_{st}(x)]^2 dx - G \cdot w_{st}(l_1). \tag{17.96}$$

Setzt man die statische Absenkung mit (17.68) an, nimmt (17.96) analog zu (17.69) ff. die folgende Form an:

$$U_{st} = \frac{1}{2}\boldsymbol{q}_{st}^{\mathrm{T}} \boldsymbol{K} \boldsymbol{q}_{st} - \boldsymbol{g}^{\mathrm{T}} \boldsymbol{q}_{st} \tag{17.97}$$

wo, vgl. (17.68),

$$\boldsymbol{g} = G \cdot (W_1(l_1), W_2(l_1), W_3(l_1))^{\mathrm{T}} = G \cdot (\sin \pi \tilde{l}_1, \sin 2\pi \tilde{l}_1, \sin 3\pi \tilde{l}_1)^{\mathrm{T}}. \tag{17.98}$$

Aus den Lagrangeschen Gln, zum Beispiel (17.75), folgt

$$\boldsymbol{K}\boldsymbol{q}_{st} - \boldsymbol{g} = \boldsymbol{0}, \tag{17.99}$$

also, mit (17.78):

$$\boldsymbol{q}_{st} = \boldsymbol{K}^{-1}\boldsymbol{g} = \frac{2l^3 G}{EI\pi^4}\left(\sin \pi \tilde{l}_1, \frac{1}{16} \sin 2\pi \tilde{l}_1, \frac{1}{81} \sin 3\pi \tilde{l}_1\right)^{\mathrm{T}}. \tag{17.100}$$

17.5.1.2 Bestimmen der Konstanten a_c

Mit $\boldsymbol{q}_0 = \boldsymbol{q}_{st}$ folgt aus $(17.94)_1$

$$\boldsymbol{a}_c = \boldsymbol{Q}^{-1}\boldsymbol{q}_{st} = \boldsymbol{Q}^{-1}\boldsymbol{K}^{-1}\boldsymbol{g}; \tag{17.101}$$

s. Aufgabe 17.15 ff.

17.5.2 Untersuchungen des Lastabfalls mit den Eigenschwingungen des Balkens als Kontinuum

Ausgangspunkte sind (wieder) die Anfangsbedingungen

$$w(x,0) = w_{st}(x), \quad \dot{w}(x,0) = \dot{w}_0(x), \tag{17.102}$$

wobei $w_{st}(x)$ für die statische Absenkung unter der Last G_L steht und $\dot{w}_0(x)$ z. B. eine durch einen Anfangsstoß hervorgerufene Anfangsgeschwindigkeit sein mag.

17.5.2.1 Statische Absenkung; Anpassen der allgemeinen Lösung

Die statische Biegelinie folgt am einfachsten aus (B.38). Mit $\tilde{x} = x/l, \tilde{l}_1 = l_1/l, \tilde{l}_2 = l_2/l$ gilt

$$w_{st}(\tilde{x}) = \begin{cases} \dfrac{G_L l^3}{6EI}\tilde{x}\tilde{l}_2[1 - \tilde{l}_2^2 - \tilde{x}^2] & \text{für} \quad 0 \le \tilde{x} \le \tilde{l}_1 \\ \dfrac{G_L l^3}{6EI}(1 - \tilde{x})[1 - \tilde{l}_1^2 - (1 - \tilde{x})^2] & \text{für} \quad \tilde{l}_1 \le \tilde{x} \le l. \end{cases} \tag{17.103}$$

Die aus den Eigenschwingungen $\alpha_n, \hat{w}_n(\tilde{x})$ oder $\tilde{\omega}_n, \hat{w}_n(\tilde{x})$ zusammengesetzte allgemeine Lösung[1] der Partiellen Dgl. (17.12), oder der Gewöhnlichen Dgl. (17.15), mit den Randbedingungen (17.47) bis (17.49) lautet, vgl. (17.90),

$$w(\tilde{x},t) = \sum_{n=1}^{\infty} \hat{w}_n(\tilde{x})(a_{cn}\cos\tilde{\omega}_n\tilde{t} + a_{sn}\sin\tilde{\omega}\tilde{t}), \tag{17.104}$$

wobei sich die $\hat{w}_n(\tilde{x})$ gemäß (17.62) aus zwei Teilen zusammensetzten. Setzt man dieses $w(\tilde{x},\tilde{t})$ in (17.102) ein, ergeben sich

$$w_{st}(\tilde{x}) = \sum_{n=1}^{\infty} a_{cn}\hat{w}_n(\tilde{x}), \quad \dot{w}_0(\tilde{x}) = \sum_{n=1}^{\infty} \omega_n a_{sn}\hat{w}_n(\tilde{x}). \tag{17.105}$$

[1] Der Begriff der „Allgemeinen Lösung“ aus der Theorie der gewöhnlichen Dgln wird hier der Anschauung halber übernommen. Er ist bei den partiellen Dgln unüblich, weil es dort zu viele Einschränkungen dafür gibt.

Die beiden Gleichungen (17.105) sind die Bestimmungsgleichungen für die Konstanten a_{cn}, a_{sn}, d. h. der Entwicklungskoeffizienten der rechts stehenden Reihen.

Ein scheinbarer Umweg führt am raschesten zum Ziel:

17.5.2.2 Die Orthogonalität der Eigenfunktionen

Sei T nach (17.63) die kinetische Energie des Systems:

$$T = \frac{1}{2} \int_0^l \mu \dot{w}^2(x,t)dx + \frac{1}{2} m \dot{w}^2(l_1, t). \tag{17.106}$$

Seien $\hat{w}_i(x)$ und $\hat{w}_k(x)$ zwei Eigenschwingungsformen des Systems. In Anlehnung an die *quadratische Form* (17.106) definiert man die folgende *Bilinearform* als *Skalarprodukt* (ohne 1 / 2):

$$(\hat{w}_i, \hat{w}_k)_{\mu,m} = \int_0^l \mu \hat{w}_i(x) \hat{w}_k(x) dx + m \hat{w}_i(l_1) \hat{w}_k(l_1). \tag{17.107}$$

Man erkennt unmittelbar die Symmetrie

$$(\hat{w}_i, \hat{w}_k)_{\mu,m} = (\hat{w}_k, \hat{w}_i)_{\mu,m}. \tag{17.108}$$

Für die Eigenschwingung $(\omega_i, \hat{w}_i)$ folgt aus (17.15)

$$\mu \omega_i^2 \hat{w}_i = EI \hat{w}_i^{IV}, \tag{17.109}$$

und aus $(17.49)_2$

$$m \omega_i^2 \hat{w}_i(l_1) = EI[\hat{w}_i'''(l_1 + \varepsilon) - \hat{w}_i'''(l_1 - \varepsilon)]; \tag{17.110}$$

darin bedeuten $\hat{w}_i'''(l_1 \pm \varepsilon)$, dass der Funktionswert unmittelbar rechts bzw. links von $x = l_1$ zu nehmen ist.

Multipliziert man (17.109) mit $\hat{w}_k(x)$ und integriert über x, multipliziert auch (17.110) mit $\hat{w}_k(l_1)$, addiert dann beide Ergebnisse, so folgt, vgl. (17.107):

$$\begin{aligned} \omega_i^2 (\hat{w}_i, \hat{w}_k)_{\mu,m} = &\int_0^l EI \hat{w}_i^{IV}(x) \hat{w}_k(x) dx \\ &+ EI[\hat{w}_i'''(l_1 + \varepsilon) - \hat{w}_i'''(l_1 - \varepsilon)] \hat{w}_k(l_1). \end{aligned} \tag{17.111}$$

Zweifache partielle Integration der rechten Seite liefert:

$$\begin{aligned}
&\int_0^l EI\hat{w}_i^{IV} \cdot \hat{w}_k dx + EI[\hat{w}_i'''(l_1^+) - \hat{w}_i(l_1^-)]\hat{w}_k(l_1) \\
&= EI\hat{w}_i'''\hat{w}_k|_0^{l_1^-} + EI\hat{w}_i'''\hat{w}_k|_{l_1^+}^{l} + EI\hat{w}_k(l_1)\hat{w}_i'''|_{l_1^-}^{l_1^+} \\
&\quad - EI\hat{w}_i''\hat{w}_k'|_0^{l_1^-} - EI\hat{w}_i''\hat{w}_k'|_{l_1^+}^{l} + \int_0^l EI\hat{w}_i''\hat{w}_k''dx.
\end{aligned} \tag{17.112}$$

Dabei wurde das Integrationsintervall wegen der Unstetigkeit der dritten Ableitungen bei $x = l_1$ in die beiden Abschnitte $0 \leq x < l_1$ und $l_1 < x \leq l$ zerlegt; die Schreibweise der Glieder aus (17.110) wurde angepasst; ε wurde unterdrückt.

Beide Eigenschwingungen $\hat{w}_i(x)$, $\hat{w}_k(x)$ erfüllen, je für sich, alle Rand- und Zwischenbedingungen (17.47) bis (17.49). Setzt man diese in (17.112) ein, bleibt nur das Integral übrig, aus (17.111) entsteht

$$\omega_i^2(\hat{w}_i, \hat{w}_k)_{\mu,m} = \int_0^l EI\hat{w}_i''\hat{w}_k''dx. \tag{17.113}$$

Vertauscht man i und k, erhält man

$$\omega_k^2(\hat{w}_k, \hat{w}_i)_{\mu,m} = \int_0^l EI\hat{w}_k''\hat{w}_i''dx. \tag{17.114}$$

Auch in die rechten Seiten gehen $\hat{w}_i$ und $\hat{w}_k$ symmetrisch ein.
Subtraktion von (17.113), (17.114) liefert

$$(\omega_i^2 - \omega_k^2)(\hat{w}_i, \hat{w}_k)_{\mu,m} = 0. \tag{17.115}$$

Für $\omega_i^2 \neq \omega_k^2$ folgt daraus:

$$(\hat{w}_i, \hat{w}_k)_{\mu,m} = 0. \tag{17.116}$$

Die Eigenschwingungsformen $\hat{w}_i(x)$ und $\hat{w}_k(x)$ zu verschiedenen Eigenfrequenzen ω_i, ω_k – oder Eigenwerten α_i, α_k – sind (im verallgemeinerten Sinne) bezüglich der Gewichte μ und m *orthogonal*.

Für $\hat{w}_i(x) \equiv \hat{w}_k(x)$ gilt $\omega_i = \omega_k$ und $(\hat{w}_k, \hat{w}_k)_{\mu,m} > 0$, vgl. (17.107). Man definiert für eine Funktion $\hat{w}(x)$, die die geometrischen (die wesentlichen) Randbedingungen erfüllt, die Norm

$$\|\hat{w}\|_{\mu,m} = \sqrt{(\hat{w}, \hat{w})_{\mu,m}} = \left[\int_0^l \mu[\hat{w}(x)]^2 dx + m\hat{w}^2(l_1)\right]^{1/2}. \tag{17.117}$$

Hinweise

1. Der Ausdruck für die gesamte kinetische Energie des Systems – hier (17.106) – dient nur als Vorbild für die Formulierung des Skalarprodukts – hier (17.107). Bei der Nutzung ist von Energie nicht mehr die Rede.
2. Das Skalarprodukt $(\hat{w}_i, \hat{w}_k)_{\mu,m}$ heißt Bilinearform, weil es bezüglich seiner beiden Argumente, je für sich, linear ist.
3. Wie die Herleitung zeigt, hängt das Skalarprodukt vom Aufbau des Systems, insbesondere seiner Massenverteilung ab.
4. Man braucht die Eigenschwingungen nicht zu kennen, um das Skalarprodukt zu definieren.
5. Die Norm $\|\hat{w}\|_{\mu,m}$ ist positiv definit, das heißt $\|\hat{w}\|_{\mu,m} > 0$ für $\hat{w} \neq 0$.

17.5.2.3 Bestimmen der Entwicklungskoeffizienten

Wir betrachten $(17.105)_1$ und schreiben in dimensionsbehafteter Form

$$w_{st}(x) = \sum_{n=1}^{\infty} a_{cn}\hat{w}_n(x). \tag{17.118}$$

Multiplikation von (17.118) mit $\mu\hat{w}_i(x)$ und Integration über die Länge l liefert

$$\int_0^l \mu w_{st}(x)\hat{w}_i(x)dx = \sum_{n=1}^{\infty} a_{cn} \int_0^l \mu\hat{w}_n(x)\hat{w}_i(x)dx. \tag{17.119}$$

Unter der *Annahme*, dass die Summe rechts gleichmäßig konvergiert, wurden Summation und Integration vertauscht.

Für $x = l_1$ folgt aus (17.118) nach Multiplikation mit $m \cdot \hat{w}_i(l_1)$:

$$m \cdot w_{st}(l_1)\hat{w}_i(l_1) = \sum_{n=1}^{\infty} a_{cn} m\hat{w}_n(l_1)\hat{w}_i(l_1). \tag{17.120}$$

Addition von (17.119) und (17.120) liefert unter Beachtung von (17.107) nach Vertauschen von linker und rechter Seite

$$\sum_{n=1}^{\infty} a_{cn}(\hat{w}_n, \hat{w}_i)_{\mu,m} = m w_{st}(l_1)\hat{w}_i(l_1) + \int_0^l \mu w_{st}(x)\hat{w}_i(x)dx. \tag{17.121}$$

Links gilt $(\hat{w}_n, \hat{w}_i)\mu, m = 0$ für $n \neq i$. Es verbleibt für $n = i$, vgl. (17.117),

$$a_{ci}\|\hat{w}_i\|^2_{\mu,m} = m w_{st}(l_1)\hat{w}_i(l_1) + \int_0^l \mu w_{st}(x)\hat{w}_i(x)dx. \tag{17.122}$$

Mit Hilfe des Skalarprodukts gelingt es also, das unendliche Gleichungssystem (17.118) zu entkoppeln und zu lösen.

17.6 Aufgaben

Aufgabe 17.1 Man zeige im Anschluss an (17.23): $\cos jx = \cosh x, \sin jx = j \sinh x,$

$$\cosh jx = \cos x, \sinh jx = j \sin x.$$

Aufgabe 17.2 Man zeige mit Hilfe von (17.24) oder mit den Formeln aus Aufgabe 17.1:

$$(\cosh x)' = \sinh x, (\sinh x)' = \cosh x.$$

Aufgabe 17.3 Schreiben Sie die Analoga zu den Additionstheoremen für $\sin(\alpha + \beta)$, $\cos(\alpha + \beta)$, $\sin\alpha \cdot \sin\beta$, $\sin\alpha \cdot \cos\beta$, $\cos\alpha \cdot \cos\beta$ sowie zu $\sin^2\alpha + \cos^2\alpha = 1$, $\sin^2\alpha = (1 - \cos 2\alpha)/2$, $\cos^2\alpha = (1 + \cos^2\alpha)/2$ für die Hyperbelfunktionen an.

Aufgabe 17.4 Skizzieren Sie die Verläufe $\sinh x$ und $\cosh x$ mit Hilfe der e-Funktionen. Berechnen Sie insbesondere $\cosh 0$, $\sinh 0$ und die Werte der Ableitungen von $\cosh x$, $\sinh x$ bei $x = 0$.

Aufgabe 17.5 Zeigen Sie, dass die zu κ_n nach (17.32) gehörenden $w_n(x, t)$ mit den zu (17.31) gehörenden zusammenfallen.

Aufgabe 17.6 Nehmen Sie für den Balken nach Abb. 17.8 $E = 2.1 \cdot 10^{11}$ N/m^2 (Stahl), einen Kreiszylinder vom Durchmesser D (z. B. in m), eine Länge l (in m) an und stellen Sie mit Hilfe von (17.38) eine Formel für ω_n auf, die Sie am besten gleich auf (kritische) Drehzahlen n_{krit} umrechnen ($[n]$ = Umdr/min). Gelegentlich kann man eine solche Formel als grobe Faustformel benutzen, um die n_i einer Welle abzuschätzen, bei der D nur näherungsweise konstant ist.

Aufgabe 17.7 Zeigen Sie, dass zur Wurzel $\kappa_0 = 0$ das Eigenwertproblem (17.41) nur die triviale Lösung $\hat{w}_0(x) = 0$ hat.

Aufgabe 17.8 Kontrollieren Sie die Eigenschwingungsformen $\hat{w}_n(x)$ nach (17.45).

Aufgabe 17.9 Kontrollieren Sie die Rand- und Übergangsbedingungen in Abschn. 17.3.4.

Aufgabe 17.10 Rechnen Sie die Bestimmungsgleichung (17.60) nach.

Aufgabe 17.11 Wie könnte man bei der Kranbrücke eine mitschwingende Masse der Last (m_L in Abb. 17.1) berücksichtigen, die an einem Seil (= Feder) der Dehnsteifigkeit k hängt?

Aufgabe 17.12 Kontrollieren Sie die Eigenschwingungsform $\hat{w}_n(x)$ nach (17.62) und zeichnen Sie die einzelnen Verläufe mit den Eigenwerten aus Tab. 17.2.

Aufgabe 17.13 Die Nachgiebigkeit des Kranseils in Abb. 17.1 soll berücksichtigt werden (damit man auch den Abfall von Lastteilen untersuchen kann). Seien die (am Seil verbleibende) Masse m_L und die Seilsteifigkeit $k_s = 1/h_s$, h_s-Seilnachgiebigkeit, als Vielfache f_1, f_2 der Katzenmasse m bzw. der Balkenbiegenachgiebigkeit h_B am Katzenort, $x = l_1$, gegeben: $m_L = f_1 \cdot m, h_s = f_2 \cdot h_B$.

Zur Untersuchung werde angenommen, dass die Masse m_L nur vertikal schwingt und dass das durch das Gewicht G_L vorbelastete Seil nicht schlaff wird. Damit Sie auf den Untersuchungen aus Abschn. 17.4 aufbauen können, führen Sie $q_4(t)$ als Koordinate für die Absenkung der Last ein.

Lösen Sie die Aufgabe, zum Beispiel, in folgenden Schritten:

1. Ergänzen der kinetischen Energie T aus (17.63) und des Potenzials U aus (17.64) um die Terme für die Masse m_L bzw. das Seil der Steifigkeit k_s.
2. Ergänzen des Ansatzes (17.65), (17.68), (17.70) um die Koordinate q_4.
3. Berechnen der Zusatzelemente m_{Lk} und k_{ik} für die erweiterten 4×4-Matrizen $\boldsymbol{M}$ bzw. $\boldsymbol{K}$, vgl. (17.71) bis (17.73).
4. Machen Sie Ihre Bewegungsgleichung dimensionslos und schreiben Sie sie in der Form von (17.81).
5. Lösen Sie die Bewegungsgleichung (PC) mit den Zahlen aus Abschn. 17.4 für $f_1 = 0.5$, $f_2 = 0.25$, vgl. (17.84)ff.

Aufgabe 17.14 Berechnen Sie die statische Durchbiegung $w_0(x)$ des Kranbalkens nach Abb. 17.2 unter der Last G_L. (Die Durchbiegungen infolge der *Eigengewichte* des Balkens und der Masse m interessieren hier nicht.)

Aufgabe 17.15 Entwickeln Sie $w_0(x)$ aus Aufgabe 17.14 in eine Fouriersumme mit $K \geq 3$:

$$w_0(x) = \sum_{k=1}^{K} q_k \sin(k\pi x/l).$$

Aufgabe 17.16 Nehmen Sie $\tilde{l}_1 = 0.5$ oder $\tilde{l}_1 = 0.7$ an und formulieren Sie für den Fall, dass zur Zeit $t = 0$ die Last G_L abfällt (s. Aufgabe 17.14), die Anfangsbedingungen für die sich anschließenden Schwingungen, (vgl. (17.100).

Aufgabe 17.17 Berechnen Sie für die Eigenschwingungen der Form (17.90) zu den Anfangsbedingungen nach Aufgabe 17.16 die Entwicklungskoeffizienten $\boldsymbol{a}$, vgl. (17.101).

Aufgabe 17.18 Berechnen Sie auf einem PC für bestimmte Balkenpunkte x^* die Bewegungen $w(x^*, t)$ mit Hilfe der aus (17.101) (näherungsweise) bekannten Schwingungen.

Aufgabe 17.19 Nach einer Reparatur, bei der die Kranbrücke aus Abschn. 17.3 als Ganzes, mit aufgesetzter Laufkatze, angehoben wurde, fällt sie versehentlich aus der Höhe h auf die (starre) Fahrbahn. Wie lauten die Anfangsbedingungen $w_0(x)$ und $\dot{w}_0(x)$ für die anschließenden Schwingungen?

Aufgabe 17.20 Berechnen Sie nach (17.117) die Norm $\|w_{st}\|_{\mu,m}$ der statischen Biegelinie (17.103).

Aufgabe 17.21 Man kann die Orthogonalität zweier Eigenlösungen $(\alpha_i, \hat{w}_i)$, $(\alpha_n, \hat{w}_n)$, $\alpha_i \neq \alpha_n$, aus (17.62) bezüglich des Skalarprodukts (17.107) nachweisen, indem man $\hat{w}_i$ und $\hat{w}_k$ rechts einsetzt, das Integral auswertet und zeigt, dass sich die Glieder wegheben. (Das ist sehr mühselig!)

Aufgabe 17.22 Formulieren Sie das Skalarprodukt für die Eigenschwingungen des Systems aus Aufgabe 17.13. (Das System besteht aus dem Kontinuum Balken und der angehängten Punktmasse. Deshalb bestehen die Eigenschwingungen aus den Paaren $(\hat{w}, \hat{q})_n = (\hat{w}_n, \hat{q}_n)$, wobei $\hat{w}_n(x)$ die Balkenbiegung und $\hat{q}_n = (\hat{q}_4)_n$ die Absenkung von m_L beschreibt.)

Aufgabe 17.23 Nehmen Sie an, dass der Kranbalkenquerschnitt ortsabhängig ist. Dann folgen $\mu = \mu(x)$ und $EI = EI(x)$. Wie sieht jetzt das Skalarprodukt aus? (Zum Lösen dieser Aufgabe muss man von der PDgl (17.7) ausgehen und auch die Randbedingungen, die Querkräfte enthalten, umarbeiten. Das Endergebnis ist fast identisch mit (17.107). Die Eigenschwingungen lassen sich allerdings nur numerisch ermitteln.)

Aufgabe 17.24 Schreiben Sie parallel zum Abschnitt „Bestimmen der Entwicklungskoeffizienten“ die Koeffizienten a_{sn} für $(17.105)_2$ an.

Aufgabe 17.25 Berechnen Sie mit den Anfangsbedingungen aus Aufgabe 17.19 einige Koeffizienten a_{sn} für die Eigenwerte α_i aus Tab. 17.2 und die Schwingungsformen $\hat{w}_n(x)$ nach (17.62).

A Einige Grundlagen aus der Kinetik

Soweit die Maschinendynamik nach den Wechselwirkungen zwischen Kräften und Bewegungen in einem vorgegebenen System fragt, ist sie Teil der *Kinetik*, der Wissenschaft von diesen Zusammenhängen. Wir sprechen vom *Ansetzen der Bewegungsgleichungen* (des gegebenen Systems), wenn wir die Analyse der jeweils vorliegenden Zusammenhänge meinen. Ob wir dann, *bei gegebener Bewegung*, die *Gleichungen nach den Kräften* auflösen oder, *bei gegebenen Kräften, nach der Bewegung*, ist zunächst gleichgültig.

Im Rahmen dieses Buches bestehen die Gebilde überwiegend aus starren Körpern, die durch starre und elastische Elemente, zum Beispiel Gestänge und Federn, miteinander verbunden sind. Die Bewegungsgleichungen bauen dann auf der Kinematik und der Kinetik des starren Körpers auf. Deshalb stellen wir die diesbezüglichen Grundlagen hier geeignet zusammen.

A.1 Bewegung des starren Körpers

A.1.1 Bezugssystem, Bezugspunkt, Basis

A.1.1.1 Bezugssystem (engl.: frame)

Der Beobachter eines physikalischen Geschehens sieht den Ablauf des Vorgangs von seinem momentanen (räumlichen) Bezugssystem aus. Wenn er sich als Teil seines Aufenthaltsortes auffasst, kann das Bezugssystem ein Labor, eine Maschinenhalle, ein Fahrstuhl, ein Kraftfahrzeug, ein Raumschiff usw. sein. In Gedanken kann er sich in die Mitte der Erde, auf die Sonne, aber auch auf eine rotierende Turbinenwelle begeben. Vom Standpunkt der Allgemeinen Relativitätstheorie sind alle Bezugssysteme – im Prinzip – gleichberechtigt. Für praktische Fragen gibt es jedoch stets zweckmäßige Bezugssysteme (oft mehrere). Will man zum Beispiel Bewegungsgleichungen formulieren, die auf dem Newtonschen Gesetz beruhen, muss man ein *Inertialsystem* als Bezugssystem wählen (in einem anderen wären die Gleichungen verwickelt). Will man gemessene Schwingungen von Hubschrauberblättern deuten, wird man sie zweckmäßig vom drehenden Rotor her sehen. (Dieses Beispiel macht auch deutlich, dass man nicht nur vor Rechnungen, sondern

E. Brommundt und D. Sachau, *Schwingungslehre mit Maschinendynamik*,
https://doi.org/10.1007/978-3-658-38123-3

Abb. A.1 Basis $(O, \vec{e}_1^0, \vec{e}_2^0, \vec{e}_3^0)$

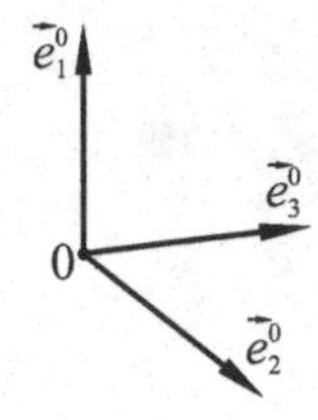

auch vor Messungen über Bezugssysteme nachdenken muss, – man würde sonst vielleicht vergessen, auch die Rotordrehung aufzunehmen.)

Häufig arbeitet man, selbst bei einfachen Aufgaben, mit mehreren Bezugssystemen parallel. Erforderlichenfalls muss man dann Gleichungen oder Aussagen von einem System ins andere umrechnen (*transformieren*).

A.1.1.2 Bezugspunkt, Basis

Im gewählten *Bezugssystem* werden festgelegt: Ein *Bezugspunkt* O (Ursprung, engl. origin) als (Bezugs-)*Ort* und ein orientiertes Dreibein (engl. triad) für die *Richtungen* (die Lage), zweckmäßig in Form von drei (rechtshändig angeordneten) *orthogonalen Einsvektoren* $(\vec{e}_1^0, \vec{e}_2^0, \vec{e}_3^0)$, die gemeinsam mit O die Basis $(O, \vec{e}_1^0, \vec{e}_2^0, \vec{e}_3^0)$ des unten eingeführten Koordinatensystems bilden, Abb. A.1. Wir sehen $(O, \vec{e}_1^0, \vec{e}_2^0, \vec{e}_3^0)$ als Inertialsystem an.

A.1.2 Ort und (Winkel-)Lage eines starren Körpers

Gegeben sei ein starrer Körper K mit seinem Schwerpunkt C[1], Abb. A.2. Am Schwerpunkt C sei im Körper die Basis $(C, \vec{e}_1, \vec{e}_2, \vec{e}_3)$ fixiert, deren Einsvektoren $\vec{e}_i$ brauchen *nicht* auf die *Trägheitshauptachsen* des Körpers zu fallen.

Abb. A.2 Ort und Lage eines starren Körpers K gegenüber der Basis $(O, \vec{e}_1^0, \vec{e}_2^0, \vec{e}_3^0)$ im Bezugssystem

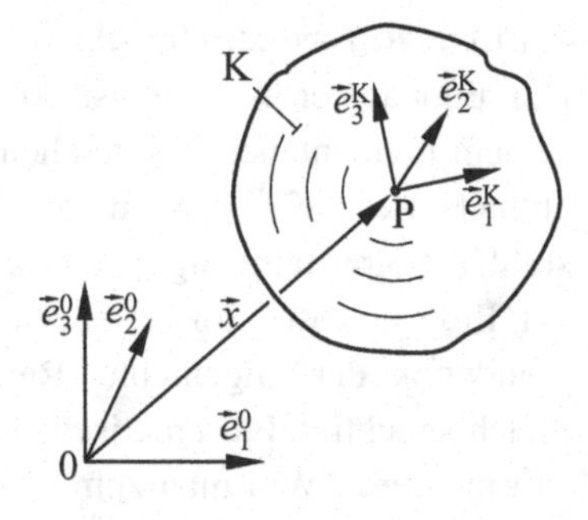

[1] Zur Unterscheidung Schwerpunkt-Massenmittelpunkt vgl. Abschn. A.2.2.

A.1.2.1 Ort und Ortskoordinaten

Der *Ort* des Körpers K wird durch den *Orts-* (oder *Radius-*)Vektor $\vec{x}$ (bzw. $\vec{r}$) von O nach C erfasst, Abb. A.2. Wenn sich der Körper bewegt, hängt der Ortsvektor von der Zeit t ab:

$$\vec{\mathrm{OC}} = \vec{x} = \vec{x}(t). \tag{A.1}$$

Bezogen auf die Basis $(\mathrm{O}, \vec{e}_1^{\,0}, \vec{e}_2^{\,0}, \vec{e}_3^{\,0})$ schreiben wir

$$\vec{x} = \vec{x}(t) = \vec{e}_1^{\,0} x_1^0 + \vec{e}_2^{\,0} x_2^0 + \vec{e}_3^{\,0} x_3^0 = \vec{e}_1^{\,0} x_1^0(t) + \vec{e}_2^{\,0} x_2^0(t) + \vec{e}_3^{\,0} x_3^0(t), \tag{A.2}$$

mit den *Ortskoordinaten* (x_1^0, x_2^0, x_3^0). Die Koordinaten und auch die Basisvektoren werden in *Spaltenmatrizen* zusammengefasst:

$$\boldsymbol{x}^0 := \begin{pmatrix} x_1^0 \\ x_2^0 \\ x_3^0 \end{pmatrix} = (x_1^0, x_2^0, x_3^0)^{\mathrm{T}}, \quad \vec{\boldsymbol{e}}^{\,0} := \begin{pmatrix} \vec{e}_1^{\,0} \\ \vec{e}_2^{\,0} \\ \vec{e}_3^{\,0} \end{pmatrix} = (\vec{e}_1^{\,0}, \vec{e}_2^{\,0}, \vec{e}_2^{\,0})^{\mathrm{T}}. \tag{A.3}$$

Dann lautet der Ortsvektor $\vec{x}$ in Matrixschreibweise

$$\begin{aligned} \vec{x} &= \vec{x}(t) = \vec{\boldsymbol{e}}^{\,0\mathrm{T}} \boldsymbol{x}^0 = \vec{\boldsymbol{e}}^{\,0\mathrm{T}} \boldsymbol{x}^0(t), \\ \text{auch} \quad \vec{x} &= x^{0T} \vec{e}^{\,0} = x^{0T}(t) \vec{e}^{\,0}. \end{aligned} \tag{A.4}$$

A.1.2.2 Lage und Lagekoordinaten

Die (Winkel-)Lage, die räumliche Ausrichtung des Körpers K wird durch die Beschreibung der Lage der Basis $(\mathrm{C}, \vec{e}_1, \vec{e}_2, \vec{e}_3)$ bezüglich der Basis $(\mathrm{O}, \vec{e}_1^{\,0}, \vec{e}_2^{\,0}, \vec{e}_3^{\,0})$ erfasst. Man legt den Punkt C gedanklich auf O und schreibt $(\mathrm{O}, \vec{e}_1, \vec{e}_2, \vec{e}_3)$ als Ergebnis einer *Drehung* von $(\mathrm{O}, \vec{e}_1^{\,0}, \vec{e}_2^{\,0}, \vec{e}_3^{\,0})$ an. In der Matrixschreibweise (A.3) gilt

$$\begin{pmatrix} \vec{e}_1 \\ \vec{e}_2 \\ \vec{e}_3 \end{pmatrix} = \begin{pmatrix} R_{11} & R_{12} & R_{13} \\ R_{21} & R_{22} & R_{23} \\ R_{31} & R_{32} & R_{33} \end{pmatrix} \begin{pmatrix} \vec{e}_1^{\,0} \\ \vec{e}_2^{\,0} \\ \vec{e}_3^{\,0} \end{pmatrix}, \quad \text{kurz} \quad \vec{\boldsymbol{e}} = \boldsymbol{R} \vec{\boldsymbol{e}}^{\,0}. \tag{A.5}$$

Dabei stehen die Elemente R_{ik} der *Drehmatrix* $\boldsymbol{R}$ für die Kosinus der *Richtungswinkel*

$$\alpha_{ik} = \measuredangle(\vec{e}_i, \vec{e}_k^{\,0}), \quad i, k = 1, 2, 3; \tag{A.6}$$

Man lese (vgl. Abb. A.3): „Winkel $\vec{e}_i$ gegen(über) $\vec{e}_k^{\,0}$“.
Die *Richtungskosinus* lauten

$$R_{ik} = \cos \measuredangle(\vec{e}_i, \vec{e}_k^{\,0}) = \cos \alpha_{ik}, \quad i, k = 1, 2, 3. \tag{A.7}$$

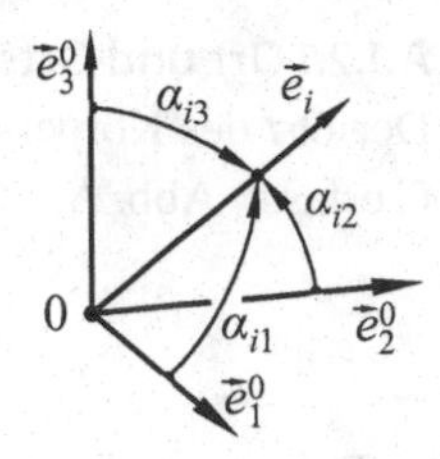

Abb. A.3 Richtungswinkel α_{ik}, jeweils in von $\vec{e}_i$ und $\vec{e}_k^0$ aufgespannter Ebene gemessen

Zur Ausdeutung von (A.5) lese man die Gleichung zeilenweise:

$$\vec{e}_i = R_{i1}\vec{e}_1^0 + R_{i2}\vec{e}_2^0 + R_{i3}\vec{e}_3^0; \tag{A.8}$$

also stehen in der i-ten Zeile von $\boldsymbol{R}$ die Koordinaten von $\vec{\boldsymbol{e}}_i$ bezogen auf $\vec{\boldsymbol{e}}^0$. Auflösen von (A.5) nach $\vec{\boldsymbol{e}}_i$ liefert

$$\vec{\boldsymbol{e}}^0 = \boldsymbol{R}^{-1}\vec{\boldsymbol{e}}, \tag{A.9}$$

mit der zu $\boldsymbol{R}$ inversen Drehung $\boldsymbol{R}^{-1}$. Die in $\boldsymbol{R}_{inv} := \boldsymbol{R}^{-1}$ stehenden Richtungskosinus $\cos\measuredangle(\vec{e}_i^0, \vec{e}_k)$ (Zeile *i*, Spalte *k*) erfüllen

$$\cos\measuredangle(\vec{e}_i^0, \vec{e}_k) = \cos\measuredangle(\vec{e}_k, \vec{e}_i^0). \tag{A.10}$$

Also gelten

$$\boldsymbol{R}_{inv} = \boldsymbol{R}^{-1} = \boldsymbol{R}^{\mathrm{T}} \quad \text{und} \quad \boldsymbol{R}\boldsymbol{R}^{\mathrm{T}} = \boldsymbol{R}^{\mathrm{T}}\boldsymbol{R} = \boldsymbol{I}; \tag{A.11}$$

die Matrix $\boldsymbol{R}$ ist *orthogonal*, in ihrer k-ten Spalte stehen die Koordinaten von $\vec{e}_k^0$ bezogen auf $\vec{\boldsymbol{e}}$.

Aus der Ortho*normalität* der Dreibeine, aus $\vec{e}_i \cdot \vec{e}_i = 1, i = 1, 2, 3$, und $\vec{e}_i \cdot \vec{e}_k = 0$ für $i \neq k$, folgen sechs Bedingungen, denen die R_{ik} unterliegen. Also enthalten die neun R_{ik} (im allgemeinen) drei freie Bestimmungsgrößen für die Lage des Körpers, die man im Prinzip als drei *Lagekoordinaten* ansehen kann.

Obwohl alle möglichen Drehungen die Form (A.5) haben, sind die Richtungskosinus viel zu unanschaulich und schwerfällig, um praktisch anwendbar zu sein. In der Technik setzt man die allgemeine Drehung in der Regel aus drei aufeinander folgenden Elementardrehungen, deren Winkel – oft in beschränkten Intervallen – als *Lagekoordinaten* dienen (s. Abschn. A.1.3).

A.1.2.3 Koordinatendrehung

Gl. A.4 drückt den Ortsvektor $\vec{x}$ durch die Koordinaten $\boldsymbol{x}^0$ bezogen auf das Dreibein $\vec{\boldsymbol{e}}^0$ aus, $\vec{x} = \vec{\boldsymbol{e}}^{0T}\boldsymbol{x}^0$. Vom gemäß (A.5) gedrehten Dreibein $\vec{\boldsymbol{e}}$ gesehen, lautet *derselbe Ortsvektor* (derselbe Pfeil)

$$\vec{x} = \vec{\boldsymbol{e}}^{\mathrm{T}}\boldsymbol{x} = \vec{e}_1 x_1 + \vec{e}_2 x_2 + \vec{e}_3 x_3. \tag{A.12}$$

Darin sind $\boldsymbol{x} = (x_1, x_2, x_3)^{\mathrm{T}}$ die auf $\vec{\boldsymbol{e}}$ bezogenen (gedrehten) Koordinaten von $\vec{x}$.

Aus

$$\vec{x} = \vec{e}^{0\mathrm{T}} \boldsymbol{x}^0 = \vec{e}^{\mathrm{T}} \boldsymbol{x} \tag{A.13}$$

folgt mit (A.9) und (A.11)

$$\vec{e}^{0T} \boldsymbol{x}^0 = (\boldsymbol{R}^{\mathrm{T}} \vec{e})^{\mathrm{T}} \boldsymbol{x}^0 = (\vec{e}^{\mathrm{T}} \boldsymbol{R}) \boldsymbol{x}^0 = \vec{e}^{\mathrm{T}} (\boldsymbol{R} \boldsymbol{x}^0) = \vec{e}^{\mathrm{T}} \boldsymbol{x}, \tag{A.14}$$

also, vgl. $(A.5)_2$,

$$\boldsymbol{x} = \boldsymbol{R} \boldsymbol{x}^0; \tag{A.15}$$

die Koordinaten transformieren sich wie die Basisvektoren.

Die Transformationen der Abschn. A.1.2.2 und A.1.2.3 gelten für beliebige orthonormale Basen und beliebige Vektoren, wie zum Beispiel Geschwindigkeiten und Kräfte.

A.1.3 Zusammengesetzte Drehungen

A.1.3.1 Folge von Drehungen

Sei

$$\vec{e}^{\,1} = \boldsymbol{R}^1 \vec{e}^{\,0}, \quad \vec{e}^{\,2} = \boldsymbol{R}^2 \vec{e}^{\,1}, \quad \vec{e}^{\,3} = \boldsymbol{R}^3 \vec{e}^{\,2}. \tag{A.16}$$

Durch Elimination von $\vec{e}^{\,1}$ und $\vec{e}^{\,2}$ folgt daraus

$$\vec{e}^{\,3} = \boldsymbol{R}^3 \boldsymbol{R}^2 \boldsymbol{R}^1 \vec{e}^{\,0}, \tag{A.17}$$

also die resultierende oder Gesamt-Drehung

$$\vec{e}^{\,3} = \boldsymbol{R}_G \vec{e}^{\,0} \quad \text{mit} \quad \boldsymbol{R}_G = \boldsymbol{R}^3 \boldsymbol{R}^2 \boldsymbol{R}^1. \tag{A.18}$$

Die *Reihenfolge der Drehungen ist wichtig*, denn die Matrizenmultiplikation ist *nicht kommutativ*: $\boldsymbol{R}^2 \boldsymbol{R}^1 \neq \boldsymbol{R}^1 \boldsymbol{R}^2$; $(A.18)_2$ muss also immer von *rechts nach links* gelesen werden. – Weil die Reihenfolge aus der Schreibung hervorgeht, bleiben die Nummern bei den $\boldsymbol{R}^{\cdot\cdot}$ weg, falls sie anderweitig unterschieden sind.

A.1.3.2 Elementardrehungen

Die Drehung eines Dreibeins $\vec{e} = (\vec{e}_1, \vec{e}_2, \vec{e}_3)^{\mathrm{T}}$ um *seinen* Einsvektor $\vec{e}_i$ mit dem Winkel φ_i, vgl. Abb. A.4, in das Dreibein $\vec{e}^{\,1} = (\vec{e}^{\,1}_1, \vec{e}^{\,1}_2, \vec{e}^{\,1}_3)^{\mathrm{T}}$ heißt *Elementardrehung*,

$$\vec{e}^{\,1} = \boldsymbol{R}_i \vec{e}, \quad i \in (1, 2, 3). \tag{A.19}$$

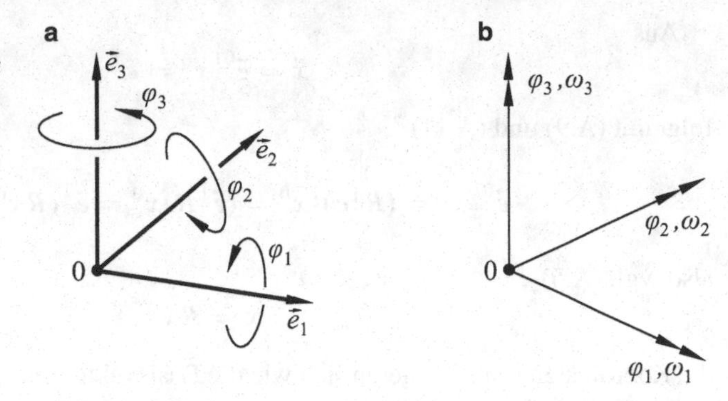

Abb. A.4 a Drehsinn der Winkel φ_i um Basisvektoren $\vec{e}_i$ als *Kreisbogen*, **b** Drehsinn als *Doppelpfeil*

Auch die Drehmatrizen $\boldsymbol{R}_i$ nennen wir Elementardrehungen. Es gelten

$$\boldsymbol{R}_1(\varphi_1) = \begin{pmatrix} 1 & 0 & 0 \\ 0 & \cos\varphi_1 & \sin\varphi_1 \\ 0 & -\sin\varphi_1 & \cos\varphi_1 \end{pmatrix},$$

$$\boldsymbol{R}_2(\varphi_2) = \begin{pmatrix} \cos\varphi_2 & 0 & -\sin\varphi_2 \\ 0 & 1 & 0 \\ \sin\varphi_2 & 0 & \cos\varphi_2 \end{pmatrix}, \tag{A.20}$$

$$\boldsymbol{R}_3(\varphi_3) = \begin{pmatrix} \cos\varphi_3 & \sin\varphi_3 & 0 \\ -\sin\varphi_3 & \cos\varphi_3 & 0 \\ 0 & 0 & 1 \end{pmatrix}; \quad \boldsymbol{R}_i(0) = \begin{pmatrix} 1 & 0 & 0 \\ 0 & 1 & 0 \\ 0 & 0 & 1 \end{pmatrix} =: \boldsymbol{I}.$$

Die $\boldsymbol{R}_i(\varphi_i)$ treten – oft mit anderen Winkelbenennungen – an die Stelle der Drehungen $\boldsymbol{R}^{\cdot\cdot}$ aus Abschn. A.1.3.1. Aufeinander folgende Drehungen werden von $\vec{e}^{\,0}$ ausgehend nummeriert.

Für zwei aufeinanderfolgende Drehungen (α, β) um *dasselbe* $\vec{e}_i$ gilt

$$\boldsymbol{R}_i(\beta) \cdot \boldsymbol{R}_i(\alpha) = \boldsymbol{R}_i(\alpha + \beta). \tag{A.21}$$

Es folgen Beispiele.

A.1.3.3 Cardan-Winkel

Sehr gebräuchlich sind die Cardan-Winkel, bei denen die Drehungen $(\varphi_1, \varphi_2, \varphi_3)$[2] um die drei bei $(\varphi_1, \varphi_2, \varphi_3) = (0, 0, 0)$ senkrecht aufeinander stehenden Achsen $\vec{e}^{\,0}_1, \vec{e}^{\,1}_2, \vec{e}^{\,2}_3$ erfolgen. Für die Resultierende der Cardan-Drehung gilt, Abb. A.5,

$$\boldsymbol{R}_C := \boldsymbol{R}_3(\varphi_3)\boldsymbol{R}_2(\varphi_2)\boldsymbol{R}_1(\varphi_1). \tag{A.22}$$

[2] Beachten Sie die gegenläufigen Zählrichtungen: $(\varphi_1, \varphi_2, \varphi_3) \leftrightarrow \boldsymbol{R}_3(\varphi_3), \boldsymbol{R}_2(\varphi_2), \boldsymbol{R}_1(\varphi_1)$.

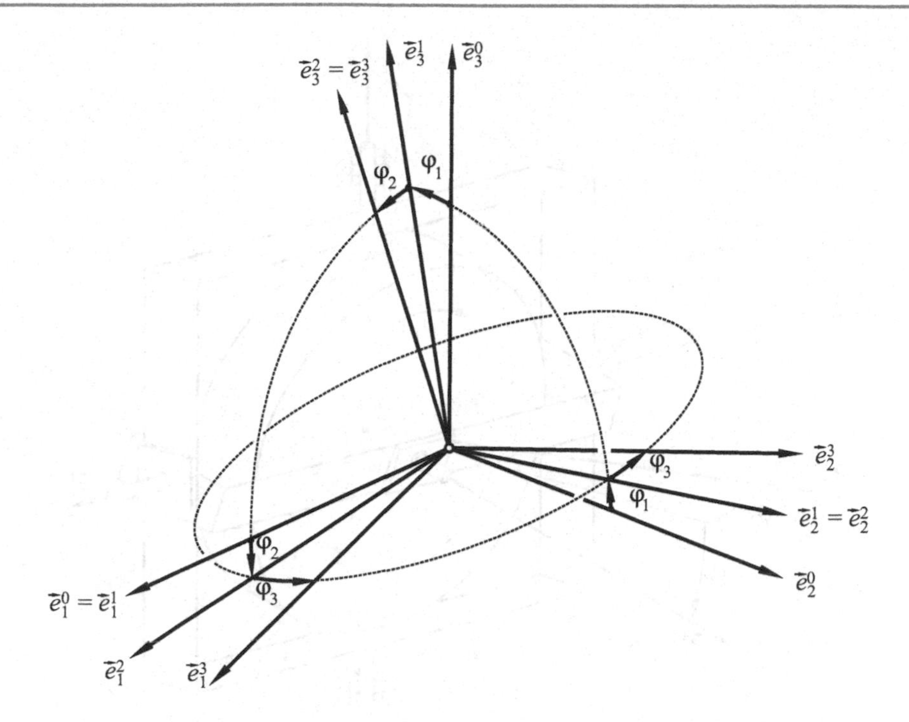

Abb. A.5 Cardan-Drehung $\boldsymbol{R}_C = \boldsymbol{R}_3\boldsymbol{R}_2\boldsymbol{R}_1$

Mit (A.20) folgt durch Ausmultiplizieren

$$\boldsymbol{R}_C = \begin{pmatrix} c_2c_3 & c_1s_3 + c_3s_1s_2 & s_1s_3 - c_1c_3s_2 \\ -c_2s_3 & c_1c_3 - s_1s_2s_3 & c_1s_2s_3 + c_3s_1 \\ s_2 & -c_2s_1 & c_1c_2 \end{pmatrix}, \tag{A.23}$$

wo $c_i := \cos\varphi_i, s_i := \sin\varphi_i; i = 1, 2, 3.$

In manchen Anwendungsfällen sind andere Reihenfolgen der Drehungen üblich, zum Beispiel Abb. A.6.

A.1.3.4 Euler-Winkel

Bei den *Euler-Winkeln*, zum Beispiel $(\psi, \vartheta, \varphi)$, dreht man wie folgt, s. Abb. A.7,

$$\boldsymbol{R}_E = \boldsymbol{R}_3(\varphi)\boldsymbol{R}_1(\vartheta)\boldsymbol{R}_3(\psi); \tag{A.24}$$

mit (A.20) folgt durch Ausmultiplizieren

$$\boldsymbol{R}_E = \begin{pmatrix} c_\varphi c_\psi - c_\vartheta s_\varphi s_\psi & c_\vartheta s_\varphi c_\psi + c_\varphi s_\psi & s_\vartheta s_\varphi \\ -s_\varphi c_\psi - c_\vartheta c_\varphi s_\psi & c_\vartheta c_\varphi c_\psi - s_\varphi s_\psi & s_\vartheta c_\varphi \\ s_\vartheta s_\psi & -s_\vartheta c_\psi & c_\vartheta \end{pmatrix}. \tag{A.25}$$

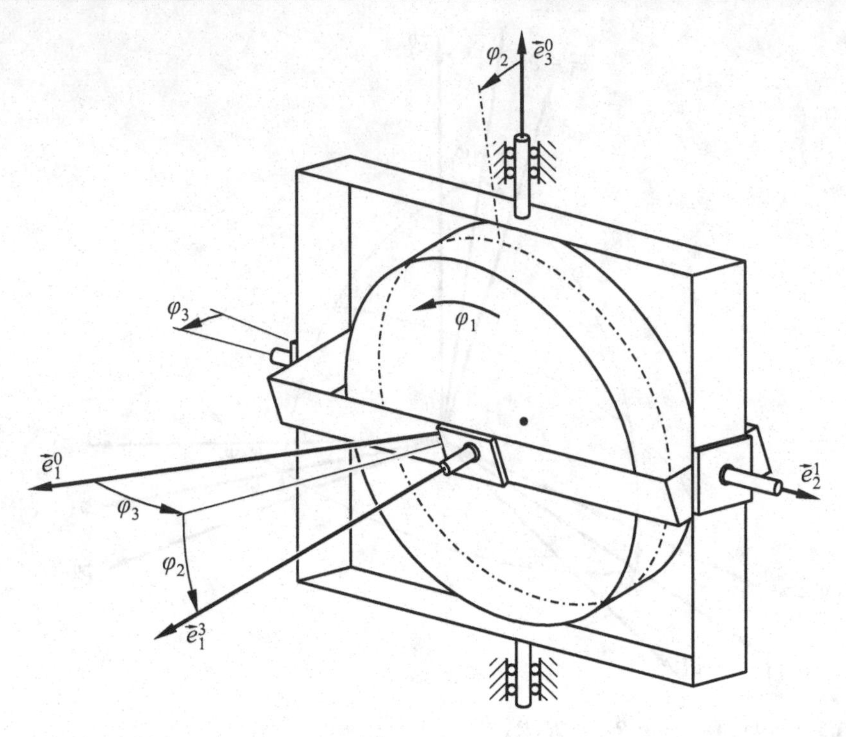

Abb. A.6 Kreiselaufhängung mit Cardan-Drehung $\boldsymbol{R}_C = \boldsymbol{R}_1\boldsymbol{R}_2\boldsymbol{R}_3$

wo $c_\psi := \cos\psi, s_\psi := \sin\psi, c_\vartheta := \cos\vartheta, s_\vartheta := \sin\vartheta, c_\varphi := \cos\varphi, s_\varphi := \sin\varphi$. Man findet auch die Eulerdrehung

$$\boldsymbol{R}_E = \boldsymbol{R}_E(\psi, \vartheta, \varphi) = \boldsymbol{R}_3(\varphi)\boldsymbol{R}_2(\vartheta)\boldsymbol{R}_3(\psi). \tag{A.26}$$

Wir nennen die Winkel $(\psi, \vartheta, \varphi)$ Knotenwinkel, Neigungswinkel, bzw. (eigentlichen) Drehwinkel, vgl. Abb. A.7; älter: Präzessionswinkel, Nutationswinkel bzw. Rotationswinkel (vgl. [46], S. 30); $\vec{e}_3^{\,\cdot}$ wird hier auch *Drehachse* genannt.

A.1.3.5 Bemerkungen zur Nutzung der Cardan- und Eulerwinkel

Soweit die kinematische Struktur eines Drehgelenks der Zusammensetzung der Elementardrehungen zur Gesamtdrehung entspricht, erfasst diese das Verhalten des Gelenks korrekt. Das gilt zum Beispiel für die Cardan-Winkel, wenn angewendet auf Cardan-Gelenke oder cardanisch aufgehängte Kreisel. Zur grundlegenden Untersuchung von Kreiselverhalten sind die Euler-Winkel besonders geeignet (vgl. K. Magnus [46]).

Anders jedoch, wenn beide auf maschinendynamische Probleme anderer Art angewandt werden sollen. Zwar folgt aus der Cardan-Drehung $\boldsymbol{R}_C$ nach (A.23) für kleine Drehwinkel

$$|\varphi_1|, |\varphi_2|, |\varphi_3| \ll 1 \tag{A.27}$$

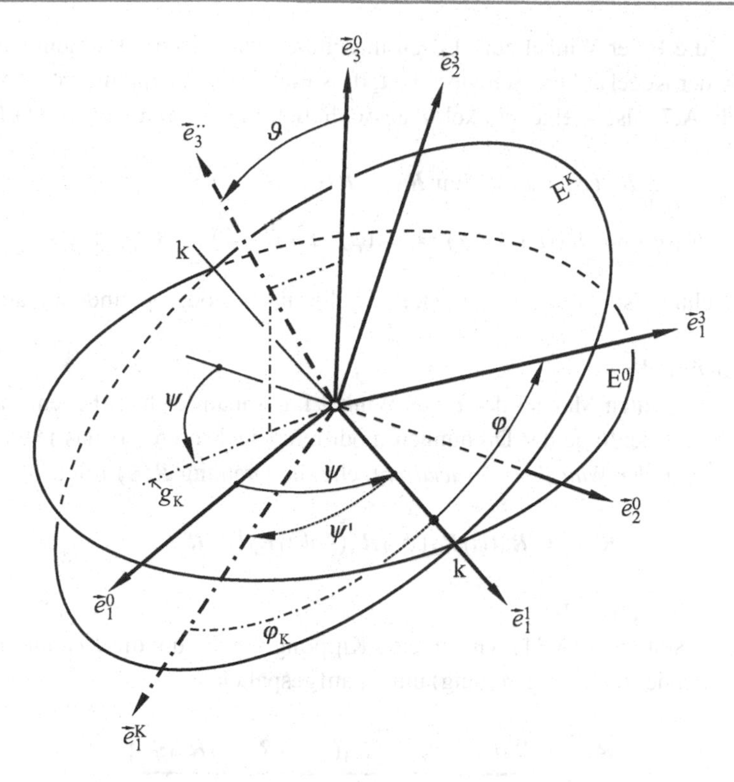

Abb. A.7 Eulerwinkel $(\psi, \vartheta, \varphi)$ und Drehung $\boldsymbol{R}_E = \boldsymbol{R}_3(\varphi)\boldsymbol{R}_1(\vartheta)\boldsymbol{R}_3(\psi)$ der Basis $\vec{e}^{\,0}$ nach $\vec{e}^{\,3}$. Es gilt $\vec{e}_3^{\cdot\cdot} = \vec{e}_3^2 = \vec{e}_3^3 = \vec{e}_3^K$; der Übersichtlichkeit halber wurden $\vec{e}_2^1$, $\vec{e}_2^2$, $\vec{e}_2^K$ unterdrückt. Die Zusätze $\vec{e}_1^K$, die Gerade g_K senkrecht zu Knotenlinie $\overline{\text{kk}}$ und die beiden Winkel $\psi' = \psi$ und φ_K gelten für die Kippwinkel in Abschn. A.1.3.6

in linearer Näherung

$$\boldsymbol{R}_{Cli} = \begin{pmatrix} 1 & \varphi_3 & -\varphi_2 \\ -\varphi_3 & 1 & \varphi_1 \\ \varphi_2 & -\varphi_1 & 1 \end{pmatrix}, \tag{A.28}$$

und dies ist anschaulich leicht fassbar, genügt für viele einfache Untersuchungen.

Doch schon in die quadratische Näherung,

$$\boldsymbol{R}_{Cqu} = \begin{pmatrix} 1-(\varphi_2^2+\varphi_3^2)/2 & \varphi_3+\varphi_1\varphi_2 & -\varphi_2+\varphi_1\varphi_3 \\ -\varphi_3 & 1-(\varphi_1^2+\varphi_3^2)/2 & \varphi_1+\varphi_2\varphi_3 \\ \varphi_2 & -\varphi_1 & 1-(\varphi_1^2+\varphi_2^2)/2 \end{pmatrix} \tag{A.29}$$

gehen keine zwei der Drehungen $\varphi_1, \varphi_2, \varphi_3$ „symmetrisch“ ein, was man sich wünscht, wenn man zum Beispiel das seitliche Anstreifen von taumelnden Rädern an Begrenzungen untersuchen oder auch einfach Bewegungsgleichungen nach Lagrange ansetzen will, wo man korrekte quadratische Glieder selbst für (letztlich) linearisierte Gleichungen braucht.

Will man die Euler-Winkel zum Lösen maschinendynamischer Probleme anwenden, stößt man in der Regel auf die Schwierigkeit, dass man kleine „Kippungen" von $\vec{e}_3$ gegen $\vec{e}_3^0$, vgl. Abb. A.7, also kleine Winkel ϑ ausschließen muss, denn aus (A.24) folgt, vgl. (A.20)$_4$,

$$\begin{aligned}\lim_{\vartheta\to 0} \boldsymbol{R}_E(\psi,\vartheta,\varphi) &= \lim_{\vartheta\to 0} \boldsymbol{R}_3(\varphi)\boldsymbol{R}_1(\vartheta)\boldsymbol{R}_3(\psi) = \\ \boldsymbol{R}_3(\varphi)\lim_{\vartheta\to 0} \boldsymbol{R}_1(\vartheta)\boldsymbol{R}_3(\psi) &= \boldsymbol{R}_3(\varphi)\cdot\boldsymbol{I}\cdot\boldsymbol{R}_3(\psi) = \boldsymbol{R}_3(\varphi+\psi),\end{aligned} \tag{A.30}$$

und diese Drehung ist nur nach $(\varphi+\psi)$, *nicht* aber nach φ oder ψ eindeutig auflösbar.

A.1.3.6 Kippwinkel

Den zuletzt genannten Mangel der Euler-Winkel kann man leicht beheben, indem man die Eulersche Reihenfolge der Drehungen modifiziert und in (A.24) das Dreibein $\vec{e}^{\,1}$ *in der Ebene* E^K *um den Winkel* ψ' *zurückdreht*, ehe die Drehung $\boldsymbol{R}(\varphi)$ folgt:

$$\boldsymbol{R}_{Em} = \boldsymbol{R}_3(\varphi)\boldsymbol{R}_3(\psi')\boldsymbol{R}_3(-\psi')\boldsymbol{R}_1(\vartheta)\boldsymbol{R}_3(\psi), \tag{A.31}$$

mit $\psi' = \psi$, vgl. Abb. A.7.

Die Rechte Seite von (A.31) wird in eine Kippung von $\vec{e}^{\,0}$ um die *Knotenlinie* $\overline{\mathrm{kk}}$ und eine anschließende Rotation (Drehung) um $\vec{e}_3$ aufgespalten.

$$\begin{aligned}\boldsymbol{R}_{Em} &= \underbrace{\boldsymbol{R}_3(\varphi+\psi)}_{} \quad \underbrace{[\boldsymbol{R}_3(-\psi)\boldsymbol{R}_1(\vartheta)\boldsymbol{R}_3(\psi)]}_{} \\ &= \quad \boldsymbol{R}_R(\varphi_K) \qquad\qquad \boldsymbol{R}_K(\psi,\vartheta)\end{aligned} \tag{A.32}$$

Man sieht:

$$\boldsymbol{R}_K(\psi,0) = \boldsymbol{I}. \tag{A.33}$$

Abb. A.7 zeigt, wie durch das Rückdrehen in der Ebene E^0 die Kippung des Ausgangsdreibeins $\vec{e}^{\,0}$ um die Knotenlinie $\overline{\mathrm{kk}}$ nach $\vec{e}^{\,K}$ entsteht; der Winkel $\varphi_K = \varphi + \psi$ in der Rotation $\boldsymbol{R}_R(\varphi_K)$ zählt nun von $\vec{e}_1^{\,K}$ aus, dem gekippten $\vec{e}_1^{\,0}$

Explizit ergibt sich die *Kippmatrix* $\boldsymbol{R}_K(\psi,\vartheta)$ aus (A.25) mit (dort) $\varphi \Rightarrow -\psi$:

$$\boldsymbol{R}_K(\psi,\vartheta) = \boldsymbol{R}_E(\psi,\vartheta,-\psi). \tag{A.34}$$

Dies ist die Darstellung der Kippung in Kugelkoordinaten, wir nennen sie *ihre Polarform.*

Für die *Rotationsmatrix* $\boldsymbol{R}_R(\varphi_K)$, die die *eigentliche Drehung* erfasst, gilt (A.20)$_3$.

$$\boldsymbol{R}_R(\varphi_K) = \boldsymbol{R}_3(\varphi_K). \tag{A.35}$$

Das Produkt (A.32) ist die *Gesamtdrehung* aus (A.18)

$$\boldsymbol{R}_G = \boldsymbol{R}_R(\varphi_K)\cdot\boldsymbol{R}_K(\psi,\vartheta). \tag{A.36}$$

Hinweis Es ist zweckmäßig, den Neigungswinkel ϑ auf $0 \le \vartheta < \pi$ zu beschränken.

In Abb. A.8 ist die Kippung zunächst durch die Kugelkoordination (ψ, ϑ) gemäß (A.34) erfasst (gegenüber Abb. A.7 ist Abb. A.8 vereinfacht und geeignet ergänzt). Zweitens ist die Kippung, *wie in einer technischen Zeichnung*, durch die Winkel ψ_1, ψ_2 zwischen $\vec{e}_3^{\,0}$ und den Projektionen von $\vec{e}_3^{\,\cdot\cdot}$ auf die $\vec{e}_2^{\,0}, \vec{e}_3^{\,0}$-Ebene bzw. die $\vec{e}_3^{\,0}, \vec{e}_1^{\,0}$-Ebene vermaßt (s. den Quader in Abb. A.8).

Den Zusammenhang zwischen (ψ, ϑ) und (ψ_1, ψ_2) liest man am Quader ab.

Führt man

$$t_1 := \tan \psi_1, \quad t_2 := \tan \psi_2 \tag{A.37}$$

für $-\pi/2 < t_1,\ t_2 < \pi/2$ als Abkürzungen, oder gleich als generalisierte Koordinaten ein, so gelten im Überlappungsbereich von (ψ_1, ψ_2) und (ψ, ϑ)

$$t_1 = \tan \vartheta \cos \psi, \quad t_2 = \tan \vartheta \sin \psi \tag{A.38}$$

und

$$\begin{aligned} \tan \vartheta &= \sqrt{t_1^2 + t_2^2}, \quad (\cos \psi, \sin \psi) = \left(\frac{t_1}{\sqrt{t_1^2 + t_2^2}}, \frac{t_2}{\sqrt{t_1^2 + t_2^2}} \right), \\ \cos \vartheta &= \frac{1}{\sqrt{1 + t_1^2 + t_2^2}}. \end{aligned} \tag{A.39}$$

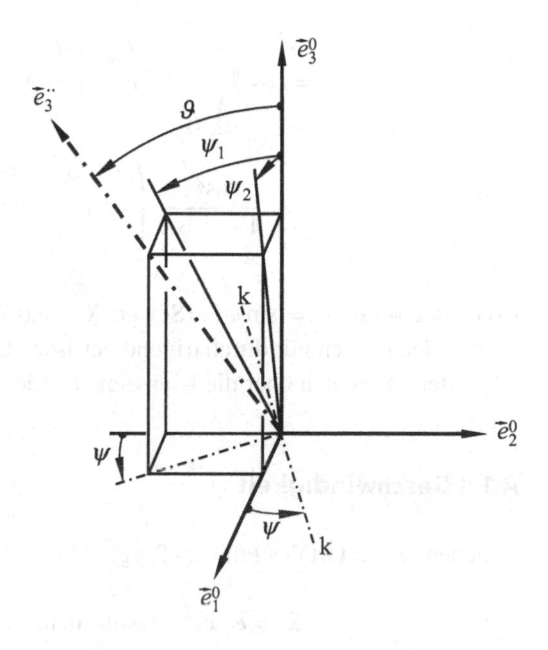

Abb. A.8 Kippungen mit (ψ, ϑ) bzw. (ψ_1, ψ_2); $\overline{\text{kk}}$ Knotenlinie (vgl. Abb. A.7)

Die Winkel (ψ_1, ψ_2) und auch die generalisierten Koordinaten kann man als Kippung(en) des Einsvektors $\vec{e}_3$ um $(\vec{e}_1^{\,0}, \vec{e}_2^{\,0})$ als Achsen ansehen. Deshalb heißen (ψ_1, ψ_2) *axiale Kippwinkel*; wir sprechen von der *axialen Form der Kippung*. Aus (A.34) folgt mit (A.39)

$$
\begin{aligned}
\boldsymbol{R}_K &= \begin{pmatrix} 1 & 0 & -t_2 \cos\vartheta \\ 0 & 1 & t_1 \cos\vartheta \\ t_2 \cos\vartheta & -t_1 \cos\vartheta & \cos\vartheta \end{pmatrix} \\
&\quad + \frac{\cos^2\vartheta}{1+\cos\vartheta} \begin{pmatrix} -t_2^2 & t_1 t_2 & 0 \\ t_1 t_2 & -t_1^2 & 0 \\ 0 & 0 & 0 \end{pmatrix} \\
&= \cos\vartheta \begin{pmatrix} 1 & 0 & -t_2 \\ 0 & 1 & t_1 \\ t_2 & -t_1 & 1 \end{pmatrix} + \frac{\cos^2\vartheta}{1+\cos\vartheta} \begin{pmatrix} t_1^2 & t_1 t_2 & 0 \\ t_1 t_2 & t_2^2 & 0 \\ 0 & 0 & 0 \end{pmatrix};
\end{aligned}
\tag{A.40}
$$

dabei steht $\cos\vartheta$ als Abkürzung für die rechte Seite von $(\mathrm{A.39})_3$. Aus (A.36) folgt

$$
\begin{aligned}
\boldsymbol{R}_G &= \begin{pmatrix} c & s & (st_1 - ct_2)\cos\vartheta \\ -s & c & (ct_1 + st_2)\cos\vartheta \\ t_2 \cos\vartheta & -t_1 \cos\vartheta & \cos\vartheta \end{pmatrix} + \\
&\quad + \frac{\cos^2\vartheta}{1+\cos\vartheta} \begin{pmatrix} t_2(st_1 - ct_2) & -t_1(st_1 - ct_2) & 0 \\ t_2(ct_1 + st_2) & -t_1(ct_1 + st_2) & 0 \\ 0 & 0 & 0 \end{pmatrix} \\
&= \cos\vartheta \begin{pmatrix} c & s & (st_1 - ct_2) \\ -s & c & (ct_1 + st_2) \\ t_2 & -t_1 & 1 \end{pmatrix} \\
&\quad + \frac{\cos^2\vartheta}{1+\cos\vartheta} \begin{pmatrix} t_1(ct_1 + st_2) & t_2(ct_1 + st_2) & 0 \\ -t_1(st_1 - ct_2) & -t_2(st_1 - ct_2) & 0 \\ 0 & 0 & 0 \end{pmatrix},
\end{aligned}
\tag{A.41}
$$

wo $c := \cos\varphi_K$, $s := \sin\varphi_K$. (Soweit $\boldsymbol{R}_K$ und $\boldsymbol{R}_G$ in zwei Formen angegeben sind, unterscheiden sie sich nur durch trigonometrische Umformungen.)

Weitere Aussagen über die Kippwinkel findet man in [6, 7].

A.1.4 Geschwindigkeit

Gegeben sei der Ort des Punktes P, vgl. Abb. A.2, in der Form (A.4),

$$
\vec{x} = \vec{\boldsymbol{e}}^{\mathrm{T}} \boldsymbol{x}, \quad \text{ausführlich:} \quad \vec{x}(t) = (\vec{\boldsymbol{e}}(t))^{\mathrm{T}} \boldsymbol{x}(t). \tag{A.42}
$$

Dabei sollen jetzt, gegenüber Abschn. A.1.2.1 verallgemeinert, nicht nur die Koordinaten $\boldsymbol{x}(t)$ von der Zeit t abhängen, auch das Dreibein $\vec{\boldsymbol{e}}$ kann sich drehen, etwa gemäß

$$\vec{\boldsymbol{e}}(t) = \boldsymbol{R}(t)\vec{\boldsymbol{e}}^0, \tag{A.43}$$

wo $\vec{\boldsymbol{e}}^0$ fest und $\boldsymbol{R}$ zeitabhängig vorgegeben sind. Die Geschwindigkeit $\vec{v}$ des Punktes P ist die Zeitableitung des Ortsvektors $\vec{x}$:

$$\vec{v} = \frac{d\vec{x}}{dt} = \dot{\vec{x}}. \tag{A.44}$$

Einsetzen von (A.42) liefert

$$\vec{v} = \dot{\vec{\boldsymbol{e}}}^{\mathrm{T}}\boldsymbol{x} + \vec{\boldsymbol{e}}^{\mathrm{T}}\dot{\boldsymbol{x}}, \tag{A.45}$$

und, wegen (A.43),

$$\vec{v} = (\dot{\boldsymbol{R}}\vec{\boldsymbol{e}}^0)^{\mathrm{T}}\boldsymbol{x} + \vec{\boldsymbol{e}}^{\mathrm{T}}\dot{\boldsymbol{x}} = \vec{\boldsymbol{e}}^{0T}\dot{\boldsymbol{R}}^{\mathrm{T}}\boldsymbol{x} + \vec{\boldsymbol{e}}^{\mathrm{T}}\dot{\boldsymbol{x}}. \tag{A.46}$$

Je nachdem, ob man nun mittels (A.43) $\vec{\boldsymbol{e}}$ durch $\vec{\boldsymbol{e}}^0$ oder $\vec{\boldsymbol{e}}^0$ durch $\vec{\boldsymbol{e}}$ ausdrückt, erhält man für ein und denselben Vektor(-Pfeil) $\vec{v}$ die beiden Formen

$$\vec{v} = \vec{\boldsymbol{e}}^{0T}(\dot{\boldsymbol{R}}^{\mathrm{T}}\boldsymbol{x} + \boldsymbol{R}^{\mathrm{T}}\dot{\boldsymbol{x}}) =: \vec{\boldsymbol{e}}^{0T}\boldsymbol{v}^0, \quad \text{bzw.} \quad \vec{v} = \vec{\boldsymbol{e}}^{\mathrm{T}}(\boldsymbol{R}\dot{\boldsymbol{R}}^{\mathrm{T}}\boldsymbol{x} + \dot{\boldsymbol{x}}) =: \vec{\boldsymbol{e}}^{\mathrm{T}}\boldsymbol{v}, \tag{A.47}$$

wo

$$\boldsymbol{v}^0 = (v_1^0, v_2^0, v_3^0)^{\mathrm{T}}, \quad \boldsymbol{v} = (v_1, v_2, v_3)^{\mathrm{T}} \tag{A.48}$$

die auf $\vec{\boldsymbol{e}}^0$ bzw. $\vec{\boldsymbol{e}}$ bezogenen Geschwindigkeitskoordinaten sind.

Analog zu (A.5), (A.15) gilt, vgl. (A.43) und (A.47),

$$\boldsymbol{v} = \boldsymbol{R}\boldsymbol{v}^0. \tag{A.49}$$

Im Fall $\dot{\boldsymbol{R}} = 0$ gilt für die Koordinaten $\boldsymbol{v} = \dot{\boldsymbol{x}}$.

A.1.5 Drehgeschwindigkeit, Winkelgeschwindigkeit

A.1.5.1 Drehgeschwindigkeit

Beim Übergang von (A.44) zu (A.45) wurde die Drehung (A.43) nach der Zeit differenziert:

$$\dot{\vec{\boldsymbol{e}}} = \dot{\boldsymbol{R}}\vec{\boldsymbol{e}}^0. \tag{A.50}$$

Dabei werden die Änderungsgeschwindigkeiten der Einsvektoren des Dreibeins $\vec{\boldsymbol{e}}$ von $\vec{\boldsymbol{e}}^0$ aus gemessen. Mit $\vec{\boldsymbol{e}}^0 = \boldsymbol{R}^{\mathrm{T}}\vec{\boldsymbol{e}}$ aus (A.43) folgt die von $\vec{\boldsymbol{e}}$ aus gemessene Änderungsgeschwindigkeit

$$\dot{\vec{\boldsymbol{e}}} = \dot{\boldsymbol{R}}\boldsymbol{R}^{\mathrm{T}}\vec{\boldsymbol{e}} = \boldsymbol{\Omega}\vec{\boldsymbol{e}}, \tag{A.51}$$

mit der *Drehgeschwindigkeitsmatrix*

$$\boldsymbol{\Omega} := \dot{\boldsymbol{R}}\boldsymbol{R}^{\mathrm{T}}. \tag{A.52}$$

Aus $(A.11)_2$ folgt durch Differenzieren

$$\dot{\boldsymbol{R}}\boldsymbol{R}^{\mathrm{T}} + \boldsymbol{R}\dot{\boldsymbol{R}}^{\mathrm{T}} = 0, \quad \text{also} \quad \boldsymbol{\Omega} = -\boldsymbol{\Omega}^{\mathrm{T}}, \tag{A.53}$$

die Matrix $\boldsymbol{\Omega}$ ist schiefsymmetrisch!

A.1.5.2 Winkelgeschwindigkeit

Bezogen auf das Dreibein $\vec{\boldsymbol{e}}$ setzen wir für den Winkelgeschwindigkeitsvektor $\vec{\omega}$ (den Pfeil) an

$$\vec{\omega} = \vec{e}_1\vec{\omega}_1 + \vec{e}_2\vec{\omega}_2 + \vec{e}_3\vec{\omega}_3 = \vec{\boldsymbol{e}}^{\mathrm{T}}\boldsymbol{\omega}, \quad \text{wo} \quad \boldsymbol{\omega} = (\omega_1, \omega_2, \omega_3)^{\mathrm{T}}; \tag{A.54}$$

vgl. die Doppelpfeile in Abb. A.4b.

Bezogen auf $\vec{\boldsymbol{e}}^0$ lautet $\vec{\omega}$

$$\vec{\omega} = \vec{\boldsymbol{e}}^{0T}\boldsymbol{\omega}^0 \quad \text{mit} \quad \boldsymbol{\omega}^0 = \boldsymbol{R}^{\mathrm{T}}\boldsymbol{\omega}. \tag{A.55}$$

Der Endpunkt P des (Orts-)Vektors $\vec{\mathrm{OP}} = \vec{x}$, der der Winkelgeschwindigkeit $\vec{\omega}$ unterworfen ist, bewegt sich gegenüber O mit der Geschwindigkeit

$$\vec{v} = \vec{\omega} \times \vec{x}. \tag{A.56}$$

Falls wir für $\vec{x}$ die Basisvektoren $\vec{e}_i$ einsetzen, erhalten wir, vgl. (A.51),

$$\begin{aligned} \dot{\vec{\boldsymbol{e}}} = \vec{\omega} \times \vec{\boldsymbol{e}} &= \begin{pmatrix} \vec{\omega} \times \vec{e}_1 \\ \vec{\omega} \times \vec{e}_2 \\ \vec{\omega} \times \vec{e}_3 \end{pmatrix} = \begin{pmatrix} (\vec{e}_1\omega_1 + \vec{e}_2\omega_2 + \vec{e}_3\omega_3) & \times\vec{e}_1 \\ (\vec{e}_1\omega_1 + \vec{e}_2\omega_2 + \vec{e}_3\omega_3) & \times\vec{e}_2 \\ (\vec{e}_1\omega_1 + \vec{e}_2\omega_2 + \vec{e}_3\omega_3) & \times\vec{e}_3 \end{pmatrix} \\ &= \begin{pmatrix} (\omega_3\vec{e}_2 - \omega_2\vec{e}_3) \\ (\omega_1\vec{e}_3 - \omega_3\vec{e}_1) \\ (\omega_2\vec{e}_1 - \omega_1\vec{e}_2) \end{pmatrix} = \begin{pmatrix} 0 & \omega_3 & -\omega_2 \\ -\omega_3 & 0 & \omega_1 \\ \omega_2 & -\omega_1 & 0 \end{pmatrix} \begin{pmatrix} \vec{e}_1 \\ \vec{e}_2 \\ \vec{e}_3 \end{pmatrix} = \boldsymbol{\Omega}\vec{\boldsymbol{e}}. \end{aligned} \tag{A.57}$$

Also hängen die Elemente der Drehgeschwindigkeitsmatrix $\boldsymbol{\Omega}$ und die Winkelgeschwindigkeiten ω_i gemäß

$$\boldsymbol{\Omega} = \begin{pmatrix} 0 & \omega_3 & -\omega_2 \\ -\omega_3 & 0 & \omega_1 \\ \omega_2 & -\omega_1 & 0 \end{pmatrix} \tag{A.58}$$

zusammen.

Mit $\boldsymbol{\Omega}$ nach (A.52) erhält man den Geschwindigkeitsvektor $\vec{v}$, bezogen auf $\vec{\boldsymbol{e}}$, vgl. (A.47) und (A.57), in der Form

$$\begin{aligned} \vec{v} &= \vec{\boldsymbol{e}}^{\mathrm{T}}(\boldsymbol{\Omega}^{\mathrm{T}}\boldsymbol{x} + \dot{\boldsymbol{x}}) = (\boldsymbol{\Omega}\vec{\boldsymbol{e}})^{\mathrm{T}}\boldsymbol{x} + \vec{\boldsymbol{e}}^{\mathrm{T}}\dot{\boldsymbol{x}} \\ &= (\vec{\omega} \times \vec{\boldsymbol{e}})^{\mathrm{T}}\boldsymbol{x} + \vec{\boldsymbol{e}}^{\mathrm{T}}\dot{\boldsymbol{x}} = \vec{\omega} \times \vec{x} + \vec{\boldsymbol{e}}^{\mathrm{T}}\dot{\boldsymbol{x}}, \end{aligned} \tag{A.59}$$

also zerlegt in *Führungs-* bzw. *Relativgeschwindigkeit.*

Ausrechnen von $\boldsymbol{\Omega}$ gemäß (A.52) liefert die Winkelgeschwindigkeiten ω_i für die *Cardanwinkel*, vgl. (A.23),

$$\begin{pmatrix} \omega_1 \\ \omega_2 \\ \omega_3 \end{pmatrix}_C = \begin{pmatrix} c_2 c_3 & s_3 & 0 \\ -c_2 s_3 & c_3 & 0 \\ s_2 & 0 & 1 \end{pmatrix} \begin{pmatrix} \dot{\varphi}_1 \\ \dot{\varphi}_2 \\ \dot{\varphi}_3 \end{pmatrix}, \tag{A.60}$$

Eulerwinkel, vgl. (A.25),

$$\begin{pmatrix} \omega_1 \\ \omega_2 \\ \omega_3 \end{pmatrix}_E = \begin{pmatrix} s_\vartheta s_\varphi & c_\varphi & 0 \\ s_\vartheta c_\varphi & -s_\varphi & 0 \\ c_\vartheta & 0 & 1 \end{pmatrix} \begin{pmatrix} \dot{\psi} \\ \dot{\vartheta} \\ \dot{\varphi} \end{pmatrix}. \tag{A.61}$$

Für die *Kippwinkel* gliedern wir auf, da man gelegentlich die Äquatorebene E^K – ohne eigentliche Drehung φ_K – als kippende Plattform benutzen will, s. Abb. A.7. Wir unterscheiden also zwischen Kippung und Gesamtdrehung, vgl. (A.34) und (A.36):

$$\boldsymbol{\Omega}_K = \dot{\boldsymbol{R}}_K \boldsymbol{R}_K^{\mathrm{T}} \quad \text{bzw.} \quad \boldsymbol{\Omega}_G = \dot{\boldsymbol{R}}_G \boldsymbol{R}_G^{\mathrm{T}}. \tag{A.62}$$

Ferner müssen wir die polare Form $(\psi, \vartheta, \varphi_K)$ mit den Zeitableitungen $(\dot{\psi}, \dot{\vartheta}, \dot{\varphi}_K)$ und die axiale Form $(\psi_1, \psi_2, \varphi_K)$ mit $(\dot{\psi}_1, \dot{\psi}_2, \dot{\varphi}_K)$ auseinander halten, vgl. (A.31) bis (A.37).

Bezogen auf $\vec{\boldsymbol{e}}^K$, s. Abb. A.7 und A.8, gilt in polarer Form mit $(\dot{\psi}_1, \dot{\psi}_2, \dot{\varphi}_K)$

$$\boldsymbol{\omega}_K = \begin{pmatrix} \omega_1 \\ \omega_2 \\ \omega_3 \end{pmatrix}_K = \begin{pmatrix} -\sin\psi \sin\vartheta & \cos\psi & 0 \\ \cos\psi \sin\vartheta & \sin\psi & 0 \\ -(1-\cos\vartheta) & 0 & 0 \end{pmatrix} \begin{pmatrix} \dot{\psi} \\ \dot{\vartheta} \\ \dot{\varphi}_K \end{pmatrix}, \tag{A.63}$$

in axialer Form mit $(\dot{t}_1, \dot{t}_2, \dot{\varphi}_K)$

$$\boldsymbol{\omega}_K = \begin{pmatrix} \omega_1 \\ \omega_2 \\ \omega_3 \end{pmatrix}_K$$
$$= \begin{pmatrix} \left(1 - \frac{t_1^2 \cos^2 \vartheta}{1+\cos\vartheta}\right)\cos\vartheta & -\frac{t_1 t_2 \cos^3 \vartheta}{1+\cos\vartheta} & 0 \\ -\frac{t_1 t_2 \cos^3 \vartheta}{1+\cos\vartheta} & \left(1 - \frac{t_2^2 \cos^2 \vartheta}{1+\cos\vartheta}\right)\cos\vartheta & 0 \\ \frac{t_2 \cos^2 \vartheta}{1+\cos\vartheta} & -\frac{t_1 \cos^2 \vartheta}{1+\cos\vartheta} & 0 \end{pmatrix} \begin{pmatrix} \dot{t}_1 \\ \dot{t}_2 \\ \dot{\varphi}_K \end{pmatrix} \tag{A.64}$$
$$= \begin{pmatrix} \left(1 + \frac{t_2^2 \cos^2 \vartheta}{1+\cos\vartheta}\right)\cos^2\vartheta & -\frac{t_1 t_2 \cos^3 \vartheta}{1+\cos\vartheta} & 0 \\ -\frac{t_1 t_2 \cos^3 \vartheta}{1+\cos\vartheta} & \left(1 + \frac{t_1^2 \cos^2 \vartheta}{1+\cos\vartheta}\right)\cos^2\vartheta & 0 \\ \frac{t_2 \cos^2 \vartheta}{1+\cos\vartheta} & -\frac{t_1 \cos^2 \vartheta}{1+\cos\vartheta} & 0 \end{pmatrix} \begin{pmatrix} \dot{t}_1 \\ \dot{t}_2 \\ \dot{\varphi}_K \end{pmatrix}.$$

Bezogen auf $\vec{e}^G$ folgt $\boldsymbol{\omega}_G$ aus (Koordinaten-)Drehung von $\boldsymbol{\omega}_K$ und Addition von $\dot{\varphi}_K \vec{e}_3^G$ zu

$$\boldsymbol{\omega}_G = \begin{pmatrix} \omega_1 \\ \omega_2 \\ \omega_3 \end{pmatrix}_G = \begin{pmatrix} \cos\varphi_K & \sin\varphi_K & 0 \\ -\sin\varphi_K & \cos\varphi_K & 0 \\ 0 & 0 & 1 \end{pmatrix} \begin{pmatrix} \omega_{1K} \\ \omega_{2K} \\ \omega_{3K} + \dot{\varphi}_K \end{pmatrix}. \tag{A.65}$$

A.1.6 Beschleunigung

Die *Beschleunigung* $\vec{a}$ des Punktes P ist die Zeitableitung des Geschwindigkeitsvektors, vgl. (A.44),

$$\vec{a} = \frac{d\vec{v}}{dt} = \dot{\vec{v}}. \tag{A.66}$$

Setzt man hier $\vec{v}$ nach $(A.47)_1$ ein, erhält man durch formales Ableiten

$$\vec{a} = \vec{e}^{0T} (\ddot{\boldsymbol{R}}^{\mathrm{T}} \boldsymbol{x} + 2\dot{\boldsymbol{R}}^{\mathrm{T}} \dot{\boldsymbol{x}} + \boldsymbol{R}^{\mathrm{T}} \ddot{\boldsymbol{x}}) =: \vec{e}^{0T} \boldsymbol{a}^0. \tag{A.67}$$

Dabei enthält $\boldsymbol{x}$ die auf $\vec{e}$ bezogenen Koordinaten, vgl. (A.42).
Setzt man $\vec{v}$ nach $(A.47)_2$, mit $\boldsymbol{R}\dot{\boldsymbol{R}}^{\mathrm{T}} = \boldsymbol{\Omega}^{\mathrm{T}}$, ein, so folgt

$$\vec{a} = \vec{e}^{\mathrm{T}} (\ddot{\boldsymbol{x}} + \dot{\boldsymbol{\Omega}}^{\mathrm{T}} \boldsymbol{x} + 2\boldsymbol{\Omega}^{\mathrm{T}} \dot{\boldsymbol{x}} + (\boldsymbol{\Omega}^{\mathrm{T}})^2 \boldsymbol{x}) =: \vec{e}^{\mathrm{T}} \boldsymbol{a}. \tag{A.68}$$

In (A.67), (A.68) stehen $\boldsymbol{a}^0$ und $\boldsymbol{a}$ für die auf $\vec{e}^0$ bzw. $\vec{e}$ bezogenen Beschleunigungskoordinaten

$$\boldsymbol{a}^0 = (a_1^0, a_2^0, a_3^0)^{\mathrm{T}} \quad \text{bzw.} \quad \boldsymbol{a} = (a_1, a_2, a_3)^{\mathrm{T}}. \tag{A.69}$$

A.1.7 Winkelbeschleunigung

Der Vektor $\vec{\alpha}$ der Winkelbeschleunigung folgt aus

$$\vec{\alpha} = \frac{d\vec{\omega}}{dt} = \dot{\vec{\omega}}. \tag{A.70}$$

Mit $\vec{\omega} = \vec{e}^{\,\mathrm{T}}\boldsymbol{\omega}$ aus (A.54) erhält man gemäß (A.59)

$$\vec{\alpha} = \vec{\omega} \times \vec{\omega} + \vec{e}^{\,\mathrm{T}}\dot{\boldsymbol{\omega}} = \vec{e}^{\,\mathrm{T}}\dot{\boldsymbol{\omega}} =: \vec{e}^{\,\mathrm{T}}\boldsymbol{\alpha}, \tag{A.71}$$

also die auf $\vec{e}$ bezogenen Winkelbeschleunigungs-Koordinaten

$$\boldsymbol{\alpha} = \dot{\boldsymbol{\omega}} = (\dot{\omega}_1, \dot{\omega}_2, \dot{\omega}_3)^{\mathrm{T}}. \tag{A.72}$$

Die (A.60), (A.61), (A.63), (A.64), (A.65) listen $\boldsymbol{\omega}$ als Produkt von winkelkoordinatenabhängiger Matrix mal Spaltenmatrix der Zeitableitungen der Winkel (oder Lagekoordinaten), zum Beispiel $\dot{\varphi} = (\dot{\varphi}_1, \dot{\varphi}_2, \dot{\varphi}_3)^{\mathrm{T}}$, auf:

$$\boldsymbol{\omega} = \boldsymbol{A}(\varphi_1, \varphi_2, \varphi_3)\dot{\varphi}. \tag{A.73}$$

Ableiten dieser Gleichung nach t liefert

$$\boldsymbol{\alpha} = \boldsymbol{A}\ddot{\varphi} + (\boldsymbol{A}_1\dot{\varphi}_1 + \boldsymbol{A}_2\dot{\varphi}_2 + \boldsymbol{A}_3\dot{\varphi}_3)\dot{\varphi}; \tag{A.74}$$

dabei stehen die drei Matrizen $\boldsymbol{A}_k$ für

$$\boldsymbol{A}_k := \frac{\partial}{\partial \varphi_k}\boldsymbol{A}, \quad k = 1, 2, 3. \tag{A.75}$$

A.1.8 Aufgaben

Aufgabe A.1 Schreiben Sie sechs (unabhängige) Orthogonalitätsbedingungen für die Richtungskosinus (A.7) an; vgl. (A.11).

Aufgabe A.2 Kontrollieren Sie die Elementardrehungen (A.20).

Aufgabe A.3 Zeigen Sie durch Ausrechnen, dass $\boldsymbol{R}_1\boldsymbol{R}_2$ eine andere Drehung als $\boldsymbol{R}_2\boldsymbol{R}_1$ ist. Fertigen Sie Skizzen an.

Aufgabe A.4 Zeigen Sie $\boldsymbol{R}_i(\psi)\boldsymbol{R}_i(\vartheta) = \boldsymbol{R}_i(\psi + \vartheta)$.

Aufgabe A.5 Vervollständigen Sie in Abb. A.6 die Basisvektoren $\vec{e}_i^k, i = 1, 2, 3; k = 0, 1, 2, 3$.

Aufgabe A.6 Rechnen Sie zu Abb. A.6 die Cardandrehung $\boldsymbol{R}_C = \boldsymbol{R}_1\boldsymbol{R}_2\boldsymbol{R}_3$ aus und vergleichen Sie sie mit (A.23).

Aufgabe A.7 Zeigen Sie durch Ausrechnen (Formelmanipulator), dass $\det \boldsymbol{R}_C = 1$ und $\det(\boldsymbol{R}_C - \boldsymbol{I}) = 0$ gelten.

Aufgabe A.8 Wegen $\det(\boldsymbol{R}_C - \boldsymbol{I}) = 0$ hat die Matrix $\boldsymbol{R}_C$ den Eigenwert 1 und der zugehörige Eigenvektor ist die Achse der Eulerschen Drehung von, sagen wir, $\vec{\boldsymbol{e}}^0$ nach $\vec{\boldsymbol{e}}^3$. Berechnen Sie zu numerisch gegebenem $\boldsymbol{R}_C$ die Achse und den Drehwinkel.

Aufgabe A.9 Vervollständigen Sie in Abb. A.7 die Basisvektoren $\vec{e}_i^k, i = 1, 2, 3; k = 1, 2, 3$.

Aufgabe A.10 Rechnen Sie die Aufgaben A.7 und A.8 für die Eulerwinkel durch.

Aufgabe A.11 Entwerfen Sie analog zu Abb. A.7 ein Bild für die Eulerdrehung (A.26) und schreiben Sie die zugehörige Drehungsmatrix $\boldsymbol{R}_E$ analog zu (A.25) an.

Aufgabe A.12 Verifizieren Sie die Drehung $\boldsymbol{R}_K$ nach (A.34), indem sie ihre Elemente als Richtungskosinus von $\measuredangle(\vec{e}_i^1, \vec{e}_k^0)$, der Winkel zwischen den Basisvektoren von gedrehtem und festem Dreibein, nachrechnen. (Dabei ist es zweckmäßig, mit Projektionen auf den Knoteneinsvektor $\vec{e}_1^1$, sowie auf die in den Äquatorebenen E^0 und E^k liegenden Normalen zu $\vec{e}_1^1$ zu arbeiten.)

Aufgabe A.13 Gegeben sei die Drehmatrix $\boldsymbol{R}$ aus (A.5) in numerischer Form. Ermitteln Sie, in Umkehrung von Aufgabe A.12, die Kippwinkel $(\psi, \vartheta, \varphi_K)$ aus den gegebenen R_{ik} mit Hilfe von Abb. A.7.

Aufgabe A.14 Linearisieren Sie die Kippung $\boldsymbol{R}_K$ nach (A.40) und die Gesamtdrehung $\boldsymbol{R}_G$ nach (A.41) für kleine Kippwinkel, $\|\psi_1\|, \|\psi_2\| \ll 1, t_1 \approx \psi_1, t_2 \approx \psi_2$, bezüglich ψ_1, ψ_2.

Aufgabe A.15 Sie wollen den Einfluss schwach nichtlinearer Rotorauslenkungen auf das Schwingungsverhalten einer Zentrifuge untersuchen und in den Kippungen die Winkel ψ_1, ψ_2 bis zu quadratischen Gliedern berücksichtigen. Wie sehen die bis zu quadratischen Gliedern ψ_1, ψ_2 entwickelten Matrizen $\boldsymbol{R}_K$ und $\boldsymbol{R}_G$ aus?

Aufgabe A.16 Zeigen Sie, dass bei den Elementardrehungen aus Abschn. A.1.3.2 für die Winkelgeschwindigkeiten jeweils $\omega_i = \dot{\varphi}_i, i = 1, 2, 3$, gilt.

Aufgabe A.17 Differenziert man die Cardandrehung $\boldsymbol{R}_C$ nach (A.22), so erhält man mit $\boldsymbol{R}'_i := \frac{\partial \boldsymbol{R}_i}{\partial \varphi_i}$ die Ableitung $\dot{\boldsymbol{R}}_C = (\boldsymbol{R}'_3\boldsymbol{R}_2\boldsymbol{R}_1)\dot{\varphi}_3 + (\boldsymbol{R}_3\boldsymbol{R}'_2\boldsymbol{R}_1)\dot{\varphi}_2 + (\boldsymbol{R}_3\boldsymbol{R}_2\boldsymbol{R}'_1)\dot{\varphi}_1$. Berechnen Sie $\boldsymbol{\Omega}_C = \dot{\boldsymbol{R}}_C\boldsymbol{R}_C^{\mathrm{T}}$ und kontrollieren Sie damit (A.60).

Aufgabe A.18 Kontrollieren Sie für die Eulerwinkel die (A.61) auf die in Aufgabe A.17 für die Cardanwinkel vorgeschlagene Weise.

Aufgabe A.19 Werten Sie die Beziehung (A.74)/(A.75) für einzelne der (A.60) bis (A.65) aus.

A.2 Massengeometrie des starren Körpers

Unter dem Stichwort *Massengeometrie* fasst man das Berechnen der *kennzeichnenden Größen* des starren Körpers, nämlich von *Masse, Ort von Massenmittelpunkt* (oder Schwerpunkt) sowie der *Massenmomente zweiten Grades* (Trägheitsmomente) zusammen.

Der Körper K nach Abb. A.9 habe das Volumen V. Im Körper sei ein „Aufpunkt" A[3] und die Basis $(\mathrm{A}, \vec{e}_1, \vec{e}_2, \vec{e}_3)$ gewählt. Der Ort P eines Masseelements Δm gegenüber A wird dann durch den Vektor

$$\vec{x} = \vec{AP} = \vec{e}^{\mathrm{T}}\boldsymbol{x}, \quad \text{mit} \quad \boldsymbol{x} = (x_1, x_2, x_3)^{\mathrm{T}}, \tag{A.76}$$

erfasst. Die Masseverteilung sei als Dichte

$$\varrho = \varrho(\boldsymbol{x}) \tag{A.77}$$

festgelegt.

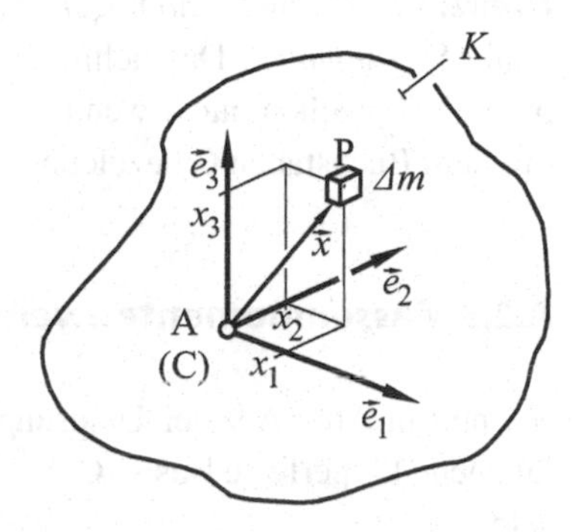

Abb. A.9 Körper K mit Basis $(\mathrm{A}, \vec{e}_1, \vec{e}_2, \vec{e}_3)$ bzw. $(\mathrm{C}, \vec{e}_1, \vec{e}_2, \vec{e}_3)$

[3] Ein „Aufpunkt" ist ein beliebig festgelegter Punkt, an den die folgenden Überlegungen anknüpfen.

A.2.1 Masse

Seien $\varDelta V$ bzw. $\varDelta m$ das bei P gelegene Volumen bzw. Massenelement

$$\varDelta m = \varrho(\boldsymbol{x})\varDelta V = \varrho \varDelta x_1 \varDelta x_2 \varDelta x_3. \tag{A.78}$$

Dann hat der Körper K die Masse

$$m = \int_V \varrho dV = \int_V dm. \tag{A.79}$$

Die zweite Form rechts, als Stieltjes-Integral, bietet den gedanklichen Vorteil, dass man Punktmassen umstandslos aufnehmen kann. (Mit dem *Integrationsbereich V* deuten wir die Integration über die gesamte in V enthaltene Masse an.)

A.2.2 Ort des Massenmittelpunktes

Der Ort des Massenmittelpunktes C, bezogen auf $(\mathrm{A}, \vec{e}_1, \vec{e}_2, \vec{e}_3)$, ist gegeben durch

$$\vec{x}_C = \frac{1}{m}\int_V \vec{x}(\boldsymbol{x})\varrho(\boldsymbol{x})dV = \frac{1}{m}\int_V \vec{x}dm, \tag{A.80}$$

oder, mit

$$\vec{x}_C = \vec{\boldsymbol{e}}^{\mathrm{T}}\boldsymbol{x}_C, \quad \boldsymbol{x}_C = (x_{C1}, x_{C2}, x_{C3})^{\mathrm{T}}, \tag{A.81}$$

$$x_{Ci} = \frac{1}{m}\int_V x_i \varrho dV = \frac{1}{m}\int_V x_i dm, \quad i = 1, 2, 3. \tag{A.82}$$

Hinweis 1 In einem *homogenen Schwerefeld* fallen Massenmittelpunkt C und Schwerpunkt S *zusammen*. Das nehmen wir hier an und folgen der Gewohnheit, vom Schwerpunkt zu sprechen, auch wenn der Massenmittelpunkt gemeint ist. Der Punkt wird stets mit dem Buchstaben C bezeichnet.

A.2.3 Massenmomente zweiten Grades (Trägheitsmomente)

Sei nun in Abb. A.9 der Ursprung der Basis von A in den Schwerpunkt C verschoben. Die neue körperfeste Basis $(\mathrm{C}, \vec{e}_1, \vec{e}_2, \vec{e}_3)$ kann auch gegenüber der Anfangsbasis verdreht sein.

Mit

$$\vec{x} = \overrightarrow{\mathrm{CP}} = \vec{\boldsymbol{e}}^{\mathrm{T}}\boldsymbol{x} = (\vec{e}_1 x_1 + \vec{e}_2 x_2 + \vec{e}_3 x_3) \tag{A.83}$$

vgl. (A.76), erhält man die axialen Trägheitsmomente, kurz Trägheitsmomente,

$$
\begin{aligned}
J_{11} &= \int_V (x_2^2 + x_3^3)\varrho dV = \int_V (x_2^2 + x_3^3) dm, \\
J_{22} &= \int_V (x_1^2 + x_3^2)\varrho dV = \int_V (x_1^2 + x_3^2) dm, \\
J_{33} &= \int_V (x_1^2 + x_2^2)\varrho dV = \int_V (x_1^2 + x_2^2) dm,
\end{aligned}
\tag{A.84}
$$

die Deviationsmomente

$$
\begin{aligned}
J_{12} = J_{21} &= -\int_V x_1 x_2 \varrho dV = -\int_V x_1 x_2 dm, \\
J_{23} = J_{32} &= -\int_V x_2 x_3 \varrho dV = -\int_V x_2 x_3 dm, \\
J_{31} = J_{13} &= -\int_V x_3 x_1 \varrho dV = -\int_V x_3 x_1 dm.
\end{aligned}
\tag{A.85}
$$

Man fasst die Massenmomente zweiten Grades als Trägheitsmatrix $\boldsymbol{J}$ zusammen:

$$
\boldsymbol{J} = \begin{pmatrix} J_{11} & J_{12} & J_{13} \\ J_{21} & J_{22} & J_{23} \\ J_{31} & J_{32} & J_{33} \end{pmatrix} = \boldsymbol{J}^{\mathrm{T}}. \tag{A.86}
$$

Die Trägheitsmatrix $\boldsymbol{J}$ ist konstant (zeitunabhängig).

Hauptträgheitsachsen Man kann das Dreibein $\vec{\boldsymbol{e}}$ stets so drehen, dass die Deviationsmomente verschwinden:

$$
J_{ik} = 0 \quad \text{für} \quad i \neq k, \quad i, k = 1, 2, 3. \tag{A.87}
$$

Die so gedrehten Achsen heißen *Hauptträgheitsachsen* (auch *Trägheits-Hauptachsen*), die zugehörigen Trägheitsmomente J_{ii} *Hauptträgheitsmomente* (auch zentrale Hauptträgheitsmomente, wenn man den Schwerpunkt C als Bezugspunkt betonen will). (Bezogen auf Hauptachsen ist die Trägheitsmatrix $\boldsymbol{J}$ diagonal.)

$$
\boldsymbol{J} = \begin{pmatrix} J_{11} & 0 & 0 \\ 0 & J_{22} & 0 \\ 0 & 0 & J_{33} \end{pmatrix}. \tag{A.88}
$$

A.2.4 Trägheitstensor

In der Schreibweise (A.86) bleibt die zu Grunde gelegte Basis $(\mathrm{C}, \vec{e}_1, \vec{e}_2, \vec{e}_3)$, das Dreibein $\vec{e}$ versteckt. Das vermeidet man durch Anschreiben des *Trägheitstensors*

$$\vec{\vec{J}} := \vec{e}^{\mathrm{T}} \boldsymbol{J} \vec{e}. \tag{A.89}$$

Da sich das Dreibein $\vec{e}$ mit dem Körper K dreht, ist der Trägheitstensor $\vec{\vec{J}}$ zeitabhängig. Ausführlich, in Komponenten geschrieben, lautet der Trägheitstensor

$$\begin{aligned} \vec{\vec{J}} = {} & J_{11}\vec{e}_1\vec{e}_1 + J_{12}\vec{e}_1\vec{e}_2 + J_{13}\vec{e}_1\vec{e}_3 + \\ & + J_{21}\vec{e}_2\vec{e}_1 + J_{22}\vec{e}_2\vec{e}_2 + J_{23}\vec{e}_2\vec{e}_3 + \\ & + J_{31}\vec{e}_3\vec{e}_1 + J_{32}\vec{e}_3\vec{e}_2 + J_{33}\vec{e}_3\vec{e}_3, \end{aligned} \tag{A.90}$$

und im Fall, dass $(\mathrm{C}, \vec{e}_1, \vec{e}_2, \vec{e}_3)$ auf die *Hauptträgheitsachsen* fällt:

$$\vec{\vec{J}} = J_{11}\vec{e}_1\vec{e}_1 + J_{22}\vec{e}_2\vec{e}_2 + J_{33}\vec{e}_3\vec{e}_3. \tag{A.91}$$

Hinweis 2 Hier darf im *Tensorprodukt* $\vec{e}_i\vec{e}_k$ die *Reihenfolge der Faktoren nicht vertauscht* werden, also $\vec{e}_i\vec{e}_k \neq \vec{e}_k\vec{e}_i$. Wir vermeiden die etwas schwerfällige Form $\vec{e}_i \otimes \vec{e}_k$ des Tensorprodukts nach DIN 1303. Dann müssen wir allerdings $\vec{e}_i\vec{e}_k$ sorgfältig vom Skalarprodukt $\vec{e}_i \cdot \vec{e}_k = \cos \sphericalangle(\vec{e}_i, \vec{e}_k)$ unterscheiden, dieses also stets mit einem Malpunkt schreiben.

A.3 Die kinetischen Grundgrößen des starren Körpers

Unter *kinetischen Grundgrößen* fassen wir die *Bewegungsgröße* (engl. momentum), den *Drall* (engl. moment of momentum) und die *kinetische Energie* zusammen.

In Abb. A.2 sei nun $(\mathrm{O}, \vec{e}_1^{\,0}, \vec{e}_2^{\,0}, \vec{e}_3^{\,0})$ feste Basis in einem *Inertialsystem* (in dem *erfahrungsgemäß das Newtonsche Gesetz gilt*) und der Punkt P falle auf den Schwerpunkt S des Körpers K: die Basis $(\mathrm{C}, \vec{e}_1, \vec{e}_2, \vec{e}_3)$ ist fest mit K verbunden.

Es gelten die kinematischen Überlegungen aus Abschn. A.1, aus A.2 sind Masse m und Trägheitstensor $\vec{\vec{J}}$ bekannt.

A.3.1 Bewegungsgröße (Momentum)

Die *Bewegungsgröße* $\vec{p}$ ist das Produkt aus Masse m und Schwerpunktgeschwindigkeit $\vec{v}$:

$$\vec{p} := m\vec{v}. \tag{A.92}$$

Es ist (noch) sehr üblich, die Bewegungsgröße $\vec{p}$ *Impuls* zu nennen. Da (engl.) *impulse* international für den *Kraftstoß* steht, vermeiden wir „Impuls". Mit (A.47) folgen

$$\vec{p} = m\vec{e}^{0T}\boldsymbol{v}^0 =: \vec{e}^{0T}\boldsymbol{p}^0 \quad \text{bzw.} \quad \vec{p} = m\vec{e}^{\mathrm{T}}\boldsymbol{v} =: \vec{e}^{\mathrm{T}}\boldsymbol{p}, \tag{A.93}$$

wo

$$\boldsymbol{p}^0 = (p_1^0, p_2^0, p_3^0)^{\mathrm{T}}, \quad \boldsymbol{p} = (p_1, p_2, p_3)^{\mathrm{T}}. \tag{A.94}$$

A.3.2 Drall (Moment of Momentum)

Der *Drall* $\vec{L}$ ist das Skalarprodukt aus Trägheitstensor mal Winkelgeschwindigkeit $\vec{\omega}$, vgl. (A.89) bzw. (A.54),

$$\vec{L} = \vec{\vec{J}} \cdot \vec{\omega}. \tag{A.95}$$

Einsetzen von (A.89) und (A.54) in (A.95) liefert

$$\vec{L} = (\vec{e}^{\mathrm{T}}\boldsymbol{J}\vec{e}) \cdot (\vec{e}^{\mathrm{T}}\boldsymbol{\omega}) = \vec{e}^{\mathrm{T}}\boldsymbol{J}(\vec{e} \cdot \vec{e}^{\mathrm{T}})\boldsymbol{\omega}. \tag{A.96}$$

Darin steht $(\vec{e} \cdot \vec{e}^{\mathrm{T}})$ für das *dyadische Produkt*

$$\vec{e} \cdot \vec{e}^{\mathrm{T}} = \begin{pmatrix} \vec{e}_1 \\ \vec{e}_2 \\ \vec{e}_3 \end{pmatrix} \cdot (\vec{e}_1, \vec{e}_2, \vec{e}_3) = \begin{pmatrix} \vec{e}_1 \cdot \vec{e}_1 & \vec{e}_1 \cdot \vec{e}_2 & \vec{e}_1 \cdot \vec{e}_3 \\ \vec{e}_2 \cdot \vec{e}_1 & \vec{e}_2 \cdot \vec{e}_2 & \vec{e}_2 \cdot \vec{e}_3 \\ \vec{e}_3 \cdot \vec{e}_1 & \vec{e}_3 \cdot \vec{e}_2 & \vec{e}_3 \cdot \vec{e}_3 \end{pmatrix} = \boldsymbol{I}, \tag{A.97}$$

also die 3×3-Einsmatrix $\boldsymbol{I}$.

Damit lautet der Drall

$$\vec{L} = \vec{e}^{\mathrm{T}}\boldsymbol{J}\boldsymbol{\omega} =: \vec{e}^{\mathrm{T}}\boldsymbol{L} = \vec{e}_1 L_1 + \vec{e}_2 L_2 + \vec{e}_3 L_3; \tag{A.98}$$

bezogen auf Hauptachsen gilt, vgl. (A.88),

$$L_i = J_{ii}\omega_i, \quad i = 1, 2, 3. \tag{A.99}$$

Mit $\vec{e} = \boldsymbol{R}\vec{e}^0$, vgl. (A.5), kann man $\boldsymbol{L}$ auf das Dreibein $\vec{e}^0$ transformieren:

$$\vec{L} = \vec{e}^{0T}\boldsymbol{R}^{\mathrm{T}}\boldsymbol{J}\boldsymbol{\omega} =: \vec{e}^{0T}\boldsymbol{L} = \vec{e}_1^0 L_1^0 + \vec{e}_2^0 L_2^0 + \vec{e}_3^0 L_3^0. \tag{A.100}$$

Unbeschadet der Transformation (der Sichtweise) bleibt $\vec{L}$ derselbe (physikalische) Vektor.

Drückt man in (A.98) die Winkelgeschwindigkeit $\boldsymbol{\omega}$ mit Hilfe von (A.73) durch die Zeitableitungen der Winkel aus, folgen

$$\vec{L} = \vec{e}^{\mathrm{T}}\boldsymbol{J}\boldsymbol{A}\dot{\varphi} \quad \text{bzw.} \quad \vec{L} = \vec{e}^{0T}\boldsymbol{R}^{\mathrm{T}}\boldsymbol{J}\boldsymbol{A}\dot{\varphi}. \tag{A.101}$$

In $(\mathrm{A}.101)_1$ geht die (Winkel-)Lage des Körpers implizit über $\vec{e}$ und explizit über $\boldsymbol{A}$ in den Drall ein, in $(\mathrm{A}.101)_2$ ist die Lageabhängigkeit mit $\boldsymbol{R}^{\mathrm{T}}$ und $\boldsymbol{A}$ explizit herausgestellt.

A.3.3 Kinetische Energie

Die *kinetische Energie* E_K des starren Körpers K,

$$E_K = E_{Kt} + E_{Kr}, \tag{A.102}$$

besteht aus dem *translatorischen* Anteil

$$E_{Kt} = \frac{1}{2} m\vec{v} \cdot \vec{v} = \frac{1}{2} m(\boldsymbol{v}^{\mathrm{T}}\vec{\boldsymbol{e}}) \cdot (\vec{\boldsymbol{e}}^{\mathrm{T}}\boldsymbol{v}) = \frac{1}{2} m\boldsymbol{v}^{\mathrm{T}}\boldsymbol{v}, \tag{A.103}$$

und dem *rotatorischen* Anteil

$$E_{Kr} = \frac{1}{2}\vec{\omega} \cdot \vec{\vec{J}} \cdot \vec{\omega} = \frac{1}{2}\boldsymbol{\omega}^{\mathrm{T}}\boldsymbol{J}\boldsymbol{\omega} = \frac{1}{2}\dot{\boldsymbol{\varphi}}^{\mathrm{T}}\boldsymbol{A}^{\mathrm{T}}\boldsymbol{J}\boldsymbol{A}\dot{\boldsymbol{\varphi}}. \tag{A.104}$$

(Die Rechnungen laufen parallel zu Abschn. A.3.2.)

A.4 Bewegungsgleichungen aus Gleichgewichtsbedingungen

A.4.1 Allgemeines, Zustand

Ort und (Winkel-)*Lage* der in einem mechanischen System enthaltenen Körper werden durch ihre jeweiligen *Koordinaten zeitabhängig* erfasst, zum Beispiel durch $(\boldsymbol{x}^0, \boldsymbol{\varphi})$ in Abschn. A.1. Die Zeitableitungen der Koordinaten, $(\dot{\boldsymbol{x}}^0, \dot{\boldsymbol{\varphi}})$, führen auf Geschwindigkeit und Winkelgeschwindigkeit, also $\vec{v}$ bzw. $\vec{\omega}$, vgl. Abschn. A.1.4, A.1.5. Wir fassen $(\boldsymbol{x}^0, \boldsymbol{\varphi})$ und $(\dot{\boldsymbol{x}}^0, \dot{\boldsymbol{\varphi}})$ im Zustand(svektor), der Spaltenmatrix

$$\boldsymbol{z} = (\boldsymbol{x}^{0T}, \boldsymbol{\varphi}^{\mathrm{T}}, \dot{\boldsymbol{x}}^{0T}, \dot{\boldsymbol{\varphi}}^{\mathrm{T}})^{\mathrm{T}} = (z_1, \ldots, z_{12})^{\mathrm{T}} \tag{A.105}$$

zusammen, die einzelnen z_i nennt man auch *Zustandsgrößen*. (Wir vermeiden den in der Regelungstechnik für Zustandsgrößen oft benutzten Buchstaben $\boldsymbol{x}$.)

Hinweis Die Elemente z_i von $\boldsymbol{z}$ haben im allgemeinen unterschiedliche Dimensionen. Die Zustände mehrerer Körper werden durch zusätzliche Indizes unterschieden.

Zu bekanntem (oder als bekannt angenommenem) Zustand $\boldsymbol{z}$ folgen mit der *Massengeometrie* nach Abschn. A.3 die *Bewegungsgröße* (Momentum) und der *Drall*. Deren Zeitableitungen müssen mit den im und auf das System wirkenden Kräften und Momenten im Gleichgewicht stehen (s. unten). Auf diese Weise erhält man die *Bewegungsgleichungen* für die Koordinaten des Systems (in der Regel) in der Form von *Differentialgleichungssystemen zweiter Ordnung* nach der Zeit. (Bezüglich der Zustandsgrößen erhält man ein doppelt so großes System erster Ordnung, was für numerische Lösungen oft günstig ist.)

A.4.2 Bewegungsgleichungen für den einzelnen starren Körper nach Newton-Euler

Gegeben sei der freigeschnittene starre Körper K nach Abb. A.10, Masse m, Trägheitstensor $\vec{\vec{J}}$. Zur Zeit t, im (angenommenen) Zustand $z(t)$, wirken auf den Körper die (äußeren) Kräfte $\vec{F}_n$ und Momente $\vec{M}_l$; nur jeweils ein $\vec{F}_n$ und ein $\vec{M}_l$ wurden eingetragen.

Abb. A.11 enthält neben den Kräften $\vec{F}_n$ auch die Abstandsvektoren $\vec{r}_n := \vec{\mathrm{CP}}_{wn}$ vom Schwerpunkt C zu einem Punkt P_{wn} auf der Wirkungslinie w_n der Kraft $\vec{F}_n$, die Momente $\vec{M}_l$ sowie die Bewegungsgröße $\vec{p}$, mit Angriffspunkt C, und den Drall $\vec{L}$ bezogen auf den Schwerpunkt C. Nach *Newton-Euler* gelten für den einzelnen starren Körper der *Kräftesatz* (auch *Schwerpunktsatz* genannt) und der *Momentensatz*:

Der Schwerpunkt C (= Massenmittelpunkt) eines starren Körpers bewegt sich so, als wenn die gesamte Masse in ihm vereinigt wäre und die Resultierende ALLER äußeren Kräfte an ihm angriffe:

$$\dot{\vec{p}} = m\dot{\vec{v}} = m\vec{a} = \vec{F}_{res}, \quad \text{wo} \quad \vec{F}_{res} = \sum_n \vec{F}_n. \tag{A.106}$$

Sei $\vec{L}$ der auf den Schwerpunkt C (= Massenmittelpunkt) bezogene Drall. Dann ist die Zeitableitung $\dot{\vec{L}}$ gleich dem resultierenden Moment $\vec{M}_{res}$ ALLER äußeren Kräfte und Momente (= Kräftepaare) *um* C:

$$\dot{\vec{L}} = \vec{M}_{res}, \quad \text{wo} \quad \vec{M}_{res} = \sum_{(n)} \vec{r}_n \times \vec{F}_n + \sum_{(l)} \vec{M}_l. \tag{A.107}$$

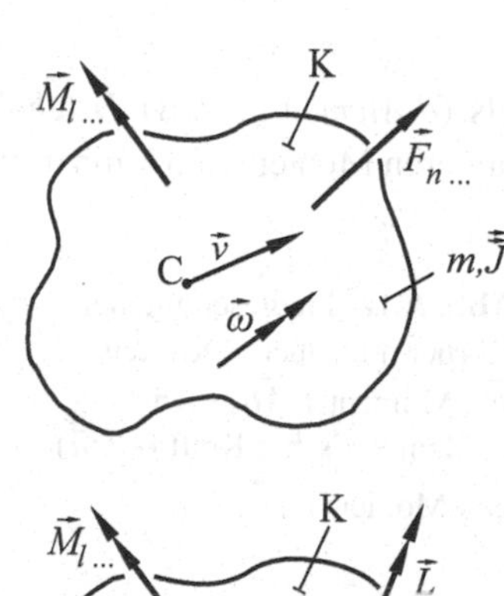

Abb. A.10 Freigeschnittener starrer Körper K, Zustand $z(t)$, unter der Einwirkung der Kräfte $\vec{F}_n$ und Momente $\vec{M}_l$

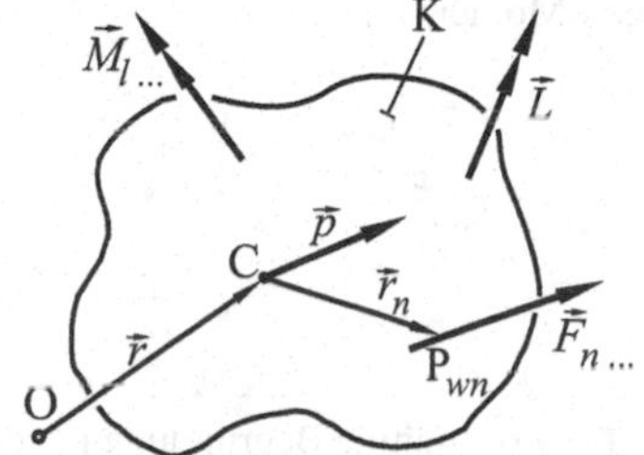

Abb. A.11 Freigeschnittener starrer Körper K mit Kräften $\vec{F}_n$, Momenten $\vec{M}_l$, Bewegungsgröße $\vec{p}$ und Drall $\vec{L}$

Hinweis Der Momentensatz hat dieselbe Form (A.107), wenn man den Drall $\vec{L}$ und das resultierende Moment $\vec{M}_{res}$ nicht auf den Schwerpunkt, sondern auf einen im Inertialsystem festen Punkt A bezieht. (Wo erforderlich, unterscheiden wir $\vec{L}^C$, $\vec{M}^C_{res}$ und $\vec{L}^A$, $\vec{M}^A_{res}$.)

A.4.3 Das d'Alembert'sche Prinzip

Mit dem *d'Alembert'schen Prinzip* gelingt es, das Aufstellen von Bewegungsgleichungen auf die Gleichgewichtsbedingungen der Statik zurückzuführen. Das bietet nicht nur formal Vorteile, das Einführen von *Trägheits*-Kräften und *Trägheits*-Momenten macht die Kinetik der Anschauung besser zugänglich als die Newton-Eulersche Sicht.

In vielen Lehrbüchern findet man unter dem Stichwort d'Alembert'sches Prinzip das *d'Alembert'sche Prinzip in der Lagrangeschen Form* mit virtuellen Verrückungen verknüpft, was natürlich weitere Vorteile bietet. (Andere Lehrbücher nennen das dann kurz *Lagrangesches Prinzip*.)

Formal richtig[4] erhält man das d'Alembert'sche Prinzip, indem man in $(A.106)_1$ und $(A.107)_1$ die Trägheitsglieder $m\vec{a}$ bzw. $\dot{\vec{L}}$ – unter Vorzeichenwechsel – zu $\vec{F}_{res}$ bzw. $\vec{M}_{res}$ stellt:

$$\vec{F}_{res} - m\vec{a} = \vec{0}, \quad \vec{M}_{res} - \dot{\vec{L}} = \vec{0}. \tag{A.108}$$

Man sieht nun

$$\vec{F}_{dA} := (-m\vec{a}) = (-m\ddot{\vec{r}}) \tag{A.109}$$

als *(d'Alembert'sche) Trägheits-Kraft* an, die, am *Schwerpunkt* C *angreifend*, zu den alten äußeren Kräften $\vec{F}_n$ hinzutritt, vgl. Abb. A.12.

Weiter sieht man

$$\vec{M}_{dA} := (-\dot{\vec{L}}) = (-\vec{\vec{J}} \cdot \vec{\omega})^{\cdot} \tag{A.110}$$

als *(d'Alembert'sches) Trägheits-Moment*, das, am *Körper* K *angreifend*, zu den alten äußeren Momenten $\vec{M}_l$ hinzutritt, vgl. Abb. A.12.

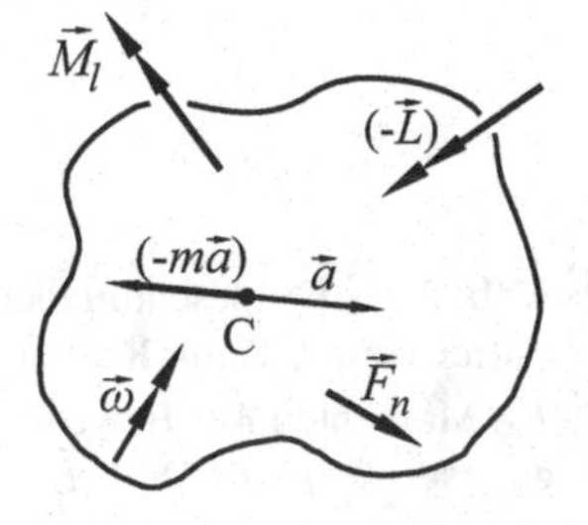

Abb. A.12 Freigeschnittener Körper mit äußeren Kräften $\vec{F}_n$, Momenten $\vec{M}_l$, sowie d'Alembert'scher Kraft $(-m\vec{a})$ und Moment $(-\dot{\vec{L}})$

[4] Eine sorgfältige Begründung mag dem Muster von [9], S. 249 folgen.

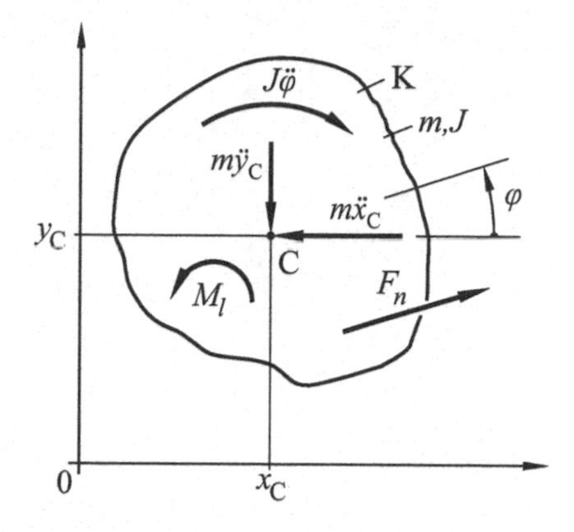

Abb. A.13 Freigeschnittener Körper für ebene Bewegung, mit d'Alembert'schen Kräften und Moment

Bemerkung Gelegentlich werden d'Alembert'sche Kräfte *Scheinkräfte* genannt oder als *fiktiv* bezeichnet. Fast jedermann akzeptiert jedoch die Zentrifugalkraft, die durch die Zentripetalbeschleunigung hervorgerufene d'Alembert'sche Kraft, als real. So spürt er auch die Kraft, die ihn gegen die Rückenlehne presst, wenn er im Auto sitzt und Vollgas gibt. Beim frei fallenden Körper halten sich Gewicht und d'Alembert'sche Trägheitskraft gerade im Gleichgewicht.

Besonders einfach wird das Vorgehen im Fall der ebenen Bewegung, s. Abb. A.13: Die d'Alembert'sche Kraft wird, in $(-m\ddot{x}_C)$, $(-m\ddot{y}_C)$ zerlegt, einfach gegen die positiven Richtungen der Schwerpunktkoordinaten (x_C, y_C) eingetragen, und das d'Alembert'sche Moment $(-J\ddot{\varphi})$ ist gegen den Drehwinkel φ orientiert.

B Arbeitsaussagen aus der Elastostatik

Wir stellen hier einige Arbeitsaussagen der Elastostatik zusammen, die beim Aufstellen von Bewegungsgleichungen hilfreich sind. Dabei beschränken wir uns im Wesentlichen auf kleine Verformungen *linear elastischer* Gebilde, nämlich auf Längsdehnung, Schub, Torsion und Biegung von Stäben und Balken.

B.1 Arbeit von äußeren Kräften und Momenten

Wirken auf einen *linear elastischen* Körper, z. B. auf den in Abb. B.1 gezeigten Balken, die äußeren Kräfte F_j und die äußeren Momente M_k, und haben die Kräfte und Momente gemeinsam an dem Körper die Verschiebungen f_j und die Winkel(auslenkungen) ψ_k hervorgerufen, so haben sie am Körper die *äußere Arbeit*

$$W^a = \frac{1}{2}\sum_j F_j f_j + \frac{1}{2}\sum_k M_k \psi_k \tag{B.1}$$

verrichtet (dem Körper zugeführt).

Dabei sind die Kräfte F_j und die Auslenkungen f_j sowie die Momente M_k und die Winkel ψ_k einander so zugeordnet, dass

$$\Delta W^a = F_j \Delta f_j \quad \text{bzw.} \quad \Delta W^a = M_k \Delta\psi_k \tag{B.2}$$

die dem Körper zugeführte Arbeit bei einer infinitesimal kleinen Zusatzverformung Δf_j bzw. $\Delta\psi_k$ erfasst.

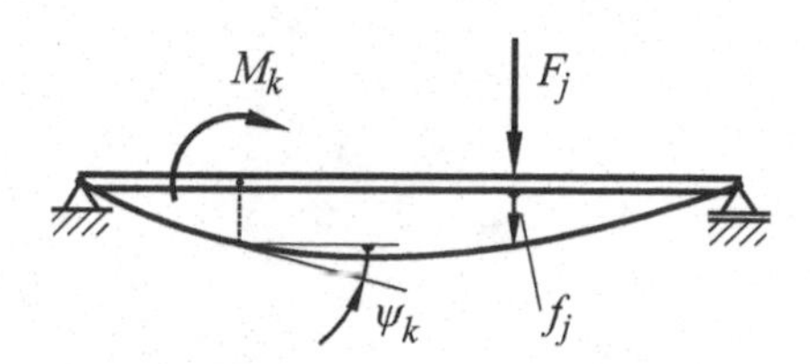

Abb. B.1 Balkenauslenkung durch Kräfte und Momente

E. Brommundt und D. Sachau, *Schwingungslehre mit Maschinendynamik*,
https://doi.org/10.1007/978-3-658-38123-3

In (B.1) muss über jeweils ALLE am Körper angreifenden Kräfte und Momente addiert werden.

Häufig fasst man F_j, M_k zu generalisierten Kräften Q_l und f_j, ψ_k zu generalisierten Auslenkungen (Koordinaten) q_l zusammen und schreibt statt (B.1)

$$W^a = \frac{1}{2}\sum_l Q_l q_l. \tag{B.3}$$

Für Q_l, q_l müssen die (B.2) erfüllt sein.

B.2 Arbeit von inneren Kräften und Momenten

Die auf den Körper wirkenden äußeren Kräfte und Momente haben im Körper innere Kräfte und Momente zur Folge. (Trägheitskräfte bleiben hier außer acht.)

Mit Hilfe der inneren Kräfte und Momente lässt sich die im Körper gespeicherte *innere Arbeit* W^i (*Formänderungsenergie*, *Potential*) ausdrücken. Für den Zugstab, den Torsionsstab, den gebogenen und gescherten Balken schreiben wir die Ausdrücke an.

Im Folgenden zeigt Bildteil a) jeweils das unverformte Gebilde in der Referenzlage, Bildteil b) das verformte Gebilde mit den Auslenkungskoordinaten und c) die Schnittgrößen (am unverformten Gebilde). Die dargestellten Einspannungen wurden willkürlich gewählt und sind unwesentlich. Äußere Kräfte (Lasten) wurden nicht gezeichnet!

B.2.1 Zugstab

Abb. B.2 zeigt: x – Längskoordinate, $u(x)$ – Längsverschiebung, $N(x)$ – Normalkraft.

Mit der Längsdehnung

$$\varepsilon := \frac{\partial u}{\partial x} = u' \tag{B.4}$$

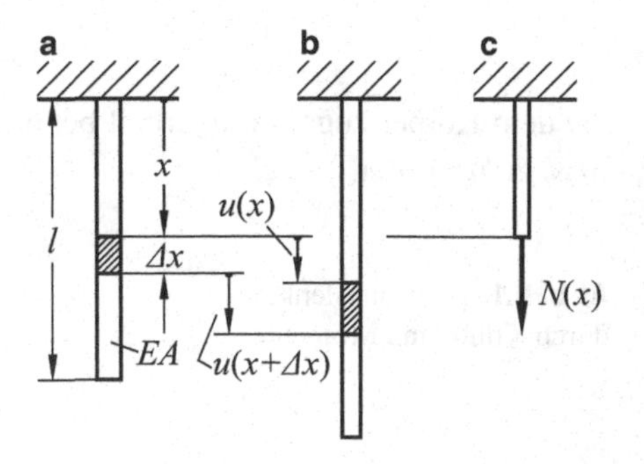

Abb. B.2 Zugstab; Auslenkungen und Schnittkraft

folgt für die Normalkraft N die Gleichung

$$N = EAu', \tag{B.5}$$

mit EA-Dehnsteifigkeit (E – Elastizitätsmodul, A – Querschnittsfläche).

Innere Arbeit Für die *innere Arbeit* gilt

$$W^i = \frac{1}{2}\int_0^l \frac{N^2}{EA}dx. \tag{B.6}$$

Im allgemeinen hängen $N = N(x)$ und $EA = EA(x)$ vom Ort ab, z. B. wegen längs des Stabes angreifenden äußeren Kräften bzw. veränderlichen Querschnitten (auch Absätze und Sprünge können auftreten).

Bei Schwingungsaufgaben werden u und N zeitabhängig, doch (B.6) bleibt gültig, soweit man keine Werkstoffdämpfung berücksichtigen muss.

B.2.2 Torsionsstab

Abb. B.3 zeigt: x – Längskoordinate, $\varphi(x)$ – Winkelauslenkung, $M_T(x)$ – Torsionsmoment.

Mit der Drillung

$$\varphi' = \frac{\partial\varphi}{\partial x} \tag{B.7}$$

folgt für das Torsionsmoment M_T die Gleichung

$$M_T = GI_T\varphi', \tag{B.8}$$

mit GI_T – Drillsteifigkeit (G – Gleitmodul, $I_T = I_p$ – polares Flächenträgheitsmoment bei Kreis- oder Kreisringquerschnitt; $I_T \neq I_p$ bei anderen Querschnittsformen).

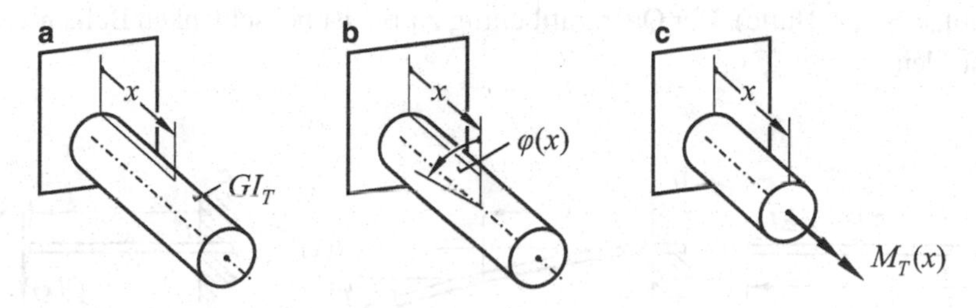

Abb. B.3 Torsionsstab; Auslenkungen und Schnittmoment

Innere Arbeit Für die *innere Arbeit* gilt

$$W^i = \frac{1}{2}\int_0^l \frac{M_T^2}{GI_T}dx. \tag{B.9}$$

Auch hier hängen $M_T = M_T(x)$ und $GI_T = GI_T(x)$ oft vom Ort ab.

B.2.3 Balken

Abb. B.4 zeigt: x – Längskoordinate, $w(x)$ – Auslenkung („Biegeauslenkung"), $\psi(x)$ – Biegewinkel, $Q(x)$ – Querkraft, $M(x)$ – Biegemoment.

Mit

$$\psi' \approx w' = \frac{\partial w}{\partial x} \quad \text{und der Krümmung} \quad \psi' \approx w'' \tag{B.10}$$

folgt für das Biegemoment die Gleichung

$$M = -EIw'', \tag{B.11}$$

mit EI – Biegesteifigkeit (E – Elastizitätsmodul, I – Flächenmoment zweiten Grades).

Innere Arbeit Für die *innere Arbeit* durch Biegung gilt

$$W^i = \frac{1}{2}\int_0^l \frac{M^2}{EI}dx. \tag{B.12}$$

Auch hier hängen $M = M(x), EI = EI(x)$ oft vom Ort ab.

Für die *innere Arbeit* durch die Querkraft gilt

$$W^i = \frac{1}{2}\int_0^l \frac{Q^2}{GA_s}ds, \tag{B.13}$$

mit GA_s – Schubsteifigkeit (G – Gleitmodul, A_s – Schubfläche; $A_s = A/\kappa$, κ – Querschubzahl, $\kappa > 1$; s. Hütte). Der Querkraftbeitrag zu W^i ist bei schlanken Balken vernachlässigbar klein.

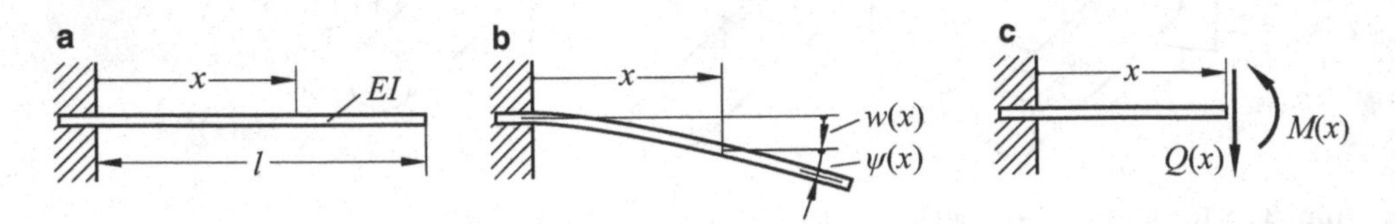

Abb. B.4 Balken; Auslenkungen, Querkraft, Biegemoment

B.3 Hinweise

Hinweis 1 Treten mehrere Belastungsarten gleichzeitig auf (z. B. Zug und Biegung oder Biegung um zwei zueinander senkrechte Achsen), werden die einzelnen W^i addiert. Besteht das System aus mehreren Stäben und Balken, so muss man die inneren Arbeiten von ALLEN Systemteilen addieren.

Hinweis 2 Die Schnittgrößen [Schnittkräfte $N(x)$ und $Q(x)$; Schnittmomente $M(x)$ und $M_T(x)$] sind durch die äußeren Kräfte F_j und äußeren Momente M_k – durch die generalisierten Kräfte Q_l – bestimmt, und zwar hängen die Schnittgrößen im Rahmen der bei Zugstab, Torsionstab, Biege-Balken üblichen Annahme, dass man das Gleichgewicht am unverformten Gebilde ansetzt, linear von den generalisierten (äußeren) Kräften ab.

Hinweis 3 Die inneren Arbeiten W^i hängen quadratisch von den Schnittgrößen ab; vgl. (B.6), (B.9), (B.12), (B.13).

Hinweis 4 Drückt man in W^i die Schnittgrößen gemäß Hinweis 2 durch die generalisierten Kräfte aus, so erhält man sie gemäß Hinweis 3 als in den generalisierten Kräften *quadratische Formen*. Da die W^i nicht negativ werden können, sind die quadratischen Formen wenigstens *positiv semidefinit*. Sie sind *positiv definit*, wenn zu jeder Auslenkung Kräfte erforderlich sind, also Energie ins System gesteckt wird.[1]

Hinweis 5 Wegen $W^i = W^a$ stellt die Rechnung gemäß Hinweis 4 einen Weg dar, W^a zu gewinnen und gemäß (B.1) bzw. (B.3) auszuwerten. Das nutzt man bei den folgenden Sätzen von Castigliano aus.

B.4 Der erste Satz von Castigliano – Verformungseinflusszahlen (Nachgiebigkeiten)

Der *erste Satz von Castigliano* lautet:

Schreibt man die innere Arbeit W^i (das elastische Potential) als Funktion der äußeren Lasten,

$$W^i = W^i(Q_1, \ldots, Q_l, \ldots) = W^i(F_1, \ldots, F_j, \ldots, M_1, \ldots, M_k, \ldots), \tag{B.14}$$

so liefert die partielle Ableitung nach einer Kraft die zugeordnete Auslenkung:

$$q_l = \frac{\partial W^i}{\partial Q_l} \quad \text{bzw.} \quad f_j = \frac{\partial W^i}{\partial F_j} \quad \text{und} \quad \psi_k = \frac{\partial W^i}{\partial M_k}. \tag{B.15}$$

[1] Gegenbeispiel: Frei beweglicher Dehnstab liegt auf glatter Fläche.

Diese Aussagen gelten ganz allgemein, also auch nichtlinear, wenn nur das Potential existiert.

Falls W^i eine quadratische Form in den Q_l (den F_j und M_k) ist, hängen $\frac{\partial W^i}{\partial Q_l}$ bzw. $\frac{\partial W^i}{\partial F_j}$ und $\frac{\partial W^i}{\partial M_k}$ linear von den äußeren Lasten ab. Man schreibt:

$$q_l = \sum_{k=1}^{L} h_{lk} Q_k, \quad l = 1, \cdots, L. \tag{B.16}$$

Deutung: Die h_{lk} heißen *Verformungseinflusszahlen* oder *Nachgiebigkeiten;* $h_{lk} =$ *Auslenkung* q_l (Wirkung) infolge *Einslast* Q_k (Ursache). Aus (B.16) und (B.15) folgt

$$h_{lk} = \frac{\partial^2 W^i}{\partial Q_l \partial Q_k}. \tag{B.17}$$

Wegen

$$\frac{\partial^2 W^i}{\partial Q_k \partial Q_l} = \frac{\partial^2 W^i}{\partial Q_l \partial Q_k} \text{ gilt } \quad h_{kl} = h_{lk}. \tag{B.18}$$

Dies ist der *Maxwellsche Reziprozitätssatz* (für die h_{kl}).

Man fasst die Auslenkungen für q_l und Kräfte Q_l in Spaltenmatrizen zusammen,

$$\begin{aligned} \boldsymbol{q} &= \left(q_1, \quad \cdots, \quad q_l, \quad \cdots, \quad q_L\right)^{\mathrm{T}}, \\ \boldsymbol{Q} &= \left(Q_1, \quad \cdots, \quad Q_k, \quad \cdots, \quad Q_L\right)^{\mathrm{T}} \end{aligned} \tag{B.19}$$

und bildet aus den h_{lk} die *Nachgiebigkeitsmatrix*

$$\boldsymbol{H} = \begin{pmatrix} h_{11} & \cdots & h_{1k} & \cdots & h_{1L} \\ \vdots & & \vdots & & \vdots \\ h_{l1} & \cdots & h_{lk} & \cdots & h_{lL} \\ \vdots & & \vdots & & \vdots \\ h_{L1} & \cdots & h_{LK} & \cdots & h_{LL} \end{pmatrix}. \tag{B.20}$$

Aus (B.18) folgt

$$\boldsymbol{H} = \boldsymbol{H}^{\mathrm{T}}, \tag{B.21}$$

die *Nachgiebigkeitsmatrix* ist symmetrisch.

Mit (B.19) und (B.20) lautet (B.16)

$$\boldsymbol{q} = \boldsymbol{H} \boldsymbol{Q}. \tag{B.22}$$

Setzt man (B.16) – oder (B.22) – in (B.3) ein, so erhält man

$$W^a = \frac{1}{2} \sum_{l=1}^{L} \sum_{k=1}^{L} h_{lk} Q_l Q_k = \frac{1}{2} \boldsymbol{Q}^{\mathrm{T}} \boldsymbol{H} \boldsymbol{Q}. \tag{B.23}$$

Dies ist (natürlich) wieder die quadratische Form für die innere Energie.

B.5 Der zweite Satz von Castigliano – Krafteinflusszahlen (Steifigkeiten)

Der *zweite Satz von Castigliano* lautet:

Schreibt man die innere Arbeit W^i (das elastische Potential) als Funktion der Auslenkungen,

$$W^i = W^i(q_1, \ldots, q_l, \ldots) = W^i(f_1, \ldots, f_j, \ldots, \psi_1, \ldots, \psi_k, \ldots), \tag{B.24}$$

so liefert die partielle Ableitung nach einer Auslenkung die zugeordnete Kraft:

$$Q_l = \frac{\partial W^i}{\partial q_l} \quad \text{bzw.} \quad F_j = \frac{\partial W^i}{\partial f_j} \quad \text{und} \quad M_k = \frac{\partial W^i}{\partial \psi_k}. \tag{B.25}$$

Diese Aussagen gelten ganz allgemein, also auch nichtlinear, wenn nur das Potential existiert.

Falls W^i eine quadratische Form in den q_l (den f_j und ψ_k) ist, hängen $\frac{\partial W^i}{\partial q_l}$ bzw. $\frac{\partial W^i}{\partial f_i}$ und $\frac{\partial W^i}{\partial \psi_k}$ linear von den Auslenkungen ab. Wir können schreiben:

$$Q_l = \sum_{j=1}^{L} k_{lj} q_j, \quad l = 1, \cdots, L. \tag{B.26}$$

Deutung: Die k_{lj} heißen *Krafteinflusszahlen* oder *Steifigkeiten;* k_{lj} = *Kraft* Q_l (Wirkung) infolge *Einsauslenkung* q_j (Ursache).

Aus (B.26) und (B.25) folgt

$$k_{lj} = \frac{\partial^2 W^i}{\partial q_l \partial q_j}. \tag{B.27}$$

Wegen

$$\frac{\partial^2 W^i}{\partial q_l \partial q_j} = \frac{\partial^2 W^i}{\partial q_j \partial q_l} \quad \text{gilt} \quad k_{jl} = k_{lj}. \tag{B.28}$$

Dies ist der *Maxwellsche Reziprozitätssatz* für die k_{jl}. Man bildet die *Steifigkeitsmatrix*

$$\boldsymbol{K} = \begin{pmatrix} k_{11} & \cdots & k_{1j} & \cdots & k_{1L} \\ \vdots & & \vdots & & \vdots \\ k_{l1} & \cdots & k_{lj} & \cdots & k_{lL} \\ \vdots & & \vdots & & \vdots \\ k_{L1} & \cdots & k_{Lj} & \cdots & k_{LL} \end{pmatrix}; \quad \boldsymbol{K} = \boldsymbol{K}^{\mathrm{T}}; \tag{B.29}$$

und erhält mit den Auslenkungen $\boldsymbol{q}$ und Kräften $\boldsymbol{Q}$ nach (B.19) anstelle von (B.26)

$$\boldsymbol{Q} = \boldsymbol{K}\boldsymbol{q}. \tag{B.30}$$

Setzt man (B.26) oder (B.30) in (B.3) ein, so folgt

$$W^a = \frac{1}{2}\sum_{l=1}^{L}\sum_{i=1}^{L} k_{il} q_i q_l = \frac{1}{2}\boldsymbol{q}^{\mathrm{T}}\boldsymbol{K}\boldsymbol{q}. \tag{B.31}$$

B.5.1 Zusammenhang zwischen Verformungs- und Kraft-Einflusszahlen

Setzt man $\boldsymbol{Q}$ aus (B.30) in (B.22) ein, erhält man

$$\boldsymbol{q} = \boldsymbol{H}\boldsymbol{K}\boldsymbol{q}, \quad \text{also} \quad \boldsymbol{H}\boldsymbol{K} = \boldsymbol{I} \tag{B.32}$$

und

$$\boldsymbol{K} = \boldsymbol{H}^{-1} \quad \text{sowie} \quad \boldsymbol{H} = \boldsymbol{K}^{-1}. \tag{B.33}$$

Dies gilt jedoch nur, solange $\boldsymbol{H}$ bzw. $\boldsymbol{K}$ regulär sind, also $\det \boldsymbol{H} \neq 0$ bzw. $\det \boldsymbol{K} \neq 0$ gilt.

Die Determinanten verschwinden,

$$\det \boldsymbol{H} = 0 \quad \text{oder} \quad \det \boldsymbol{K} = 0, \tag{B.34}$$

wenn (B.22) eine Kraft $\boldsymbol{Q} \neq 0$ *ohne* eine zugehörige *Auslenkung* $\boldsymbol{q} \neq 0$ zulässt (z. B. weil in einer Federkette ein Element nachträglich als starr angenommen wurde) bzw. (B.30) eine Auslenkung $\boldsymbol{q} \neq 0$ *ohne Kraft*(änderung), also mit $\boldsymbol{Q} = 0$, zulässt (z. B. bei zwei durch eine Feder gekoppelten Punktmassen, die frei auf einer Ebene gleiten können).

B.6 Das Berechnen von Einflusszahlen

Hinweis 1 Das Berechnen von Einflusszahlen von Hand ist mühselig. Entsprechend den obigen Deutungen muss man, um in

$$\boldsymbol{q} = \boldsymbol{H}\boldsymbol{Q} \quad \text{oder} \quad \boldsymbol{Q} = \boldsymbol{K}\boldsymbol{q} \tag{B.35}$$

jeweils die l-te Spalte $\boldsymbol{h}^l$ der Nachgiebigkeitsmatrix $\boldsymbol{H}$ bzw. die l-Spalte $\boldsymbol{k}^l$ der Steifigkeitsmatrix $\boldsymbol{K}$ zu berechnen, eine *einzelne* entsprechende (Eins-)Kraft Q_l bzw. (Eins-) Auslenkung q_l annehmen (alle anderen Q_k bzw. $q_k, k \neq l$ bleiben weg) und die zugehörigen Auslenkungen $\boldsymbol{q}^l$ bzw. Kräfte $\boldsymbol{Q}^l$ berechnen. Damit findet man

$$\boldsymbol{h}^l \cdot Q_l = \boldsymbol{q}^l \quad \text{bzw.} \quad \boldsymbol{k}^l \cdot q_l = \boldsymbol{Q}^l. \tag{B.36}$$

Hinweis 2 Besonders umständlich ist die Berechnung für statisch unbestimmte Systeme. Sie kann man vermeiden, indem man nachgiebige Stütz- und Einspannstellen einführt und deren Auslenkungen in die q_l aufnimmt. Man berechnet dann die Nachgiebigkeitsmatrix $\boldsymbol{H}$ für die Gesamtheit aller Auslenkungen, bildet $\boldsymbol{K} = \boldsymbol{H}^{-1}$ *numerisch* und lässt in $\boldsymbol{Q} = \boldsymbol{K}\boldsymbol{q}$ auf der rechten Seite die den *unnachgiebigen* Stützen oder Einspannungen l entsprechenden Auslenkungen verschwinden, streicht also die zugehörigen Spalten $\boldsymbol{k}^l$. (Die Zeilen $\boldsymbol{k}_l$ kann man auch weglassen, soweit die Q_l nicht interessieren.)

B.6.1 Berechnen von Einflusszahlen mit Hilfe von Biegelinien

Biegelinien für Balken mit über ihre Länge konstanter Biegesteifigkeit findet man in vielen Handbüchern. Für unsere Überlegungen greifen wir den Kragbalken unter Endlasten und den an den Enden gelenkig gestützten Balken mit Einzelkraft und Einzelmoment im Feld heraus, siehe Abb. B.5.

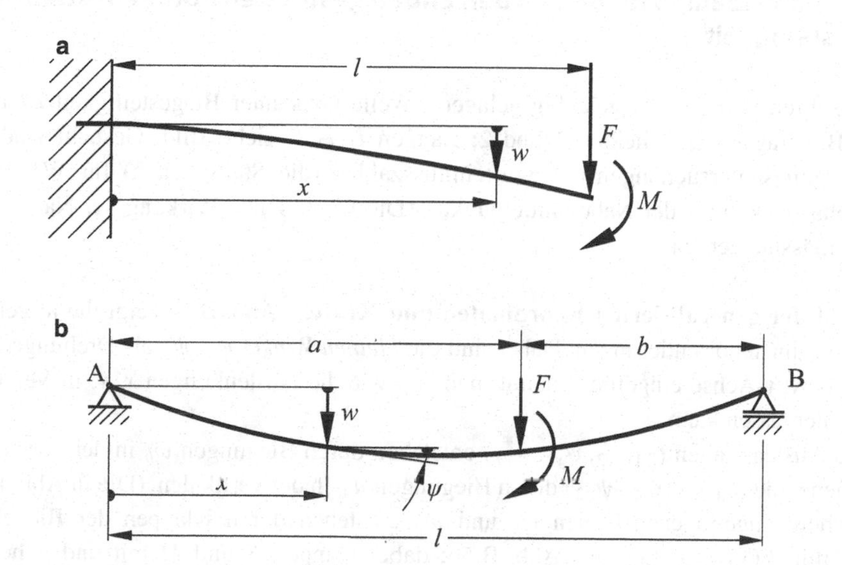

Abb. B.5 Balkenbiegung

Die Biegelinie lautet (s. Hütte [41], Grundlagen) für den Kragbalken, Abb. B.5a,

$$w = W_1(x, F, M) = \frac{Fl^3}{6EI}\left(\frac{x}{l}\right)^2\left(3 - \frac{x}{l}\right) + \frac{Ml^2}{2EI}\left(\frac{x}{l}\right)^2, \tag{B.37}$$

für den beidseitig gestützten Balken, Abb. B.5b,

$$\begin{aligned} w &= W_2(x, a, F, M) \\ &= \frac{Fl^3}{6EI}\left(1 - \frac{a}{l}\right)\frac{x}{l}\left(1 - \left(1 - \frac{a}{l}\right)^2 - \left(\frac{x}{l}\right)^2\right) \\ &\quad - \frac{Ml^2}{6EI}\frac{x}{l}\left(1 - 3\left(1 - \frac{a}{l}\right)^2 - \left(\frac{x}{l}\right)^2\right) \quad \text{für} \quad x \le a \\ &= \frac{Fl^3}{6EI}\frac{a}{l}\left(1 - \frac{x}{l}\right)\left(1 - \left(\frac{a}{l}\right)^2 - \left(1 - \frac{x}{l}\right)^2\right) \\ &\quad - \frac{Ml^2}{6EI}\left(1 - \frac{x}{l}\right)\left(3\left(\frac{a}{l}\right)^2 - 2\frac{x}{l} + \left(\frac{x}{l}\right)^2\right) \quad \text{für} \quad x \ge a. \end{aligned} \tag{B.38}$$

Die Biegewinkel $\psi(x)$, vgl. Abb. B.5, erhält man als Ableitung von w[2]:

$$\psi = \frac{\partial w}{\partial x}; \quad \Psi_1(x, F, M) := \frac{\partial W_1}{\partial x}; \quad \Psi_2(x, a, F, M) := \frac{\partial W_2}{\partial x}. \tag{B.39}$$

B.6.2 Einflusszahlen für den an den Enden gestützten Rotor konstanter Biegesteifigkeit

Die an ihren Enden A, B gelenkig gelagerte Welle konstanter Biegesteifigkeit EI nach Abb. B.6 trägt zwei Scheiben 1 und 2; Längen l_1, l_2, l_3 siehe Bild. Gesucht sind für Schwingungsuntersuchungen die Krafteinflusszahlen (die Steifigkeiten) für Weg- und Winkelauslenkungen der Nabenmittelpunkte. (Die versteifende Wirkung der Naben soll vernachlässigt werden.)

1. Wahl der generalisierten Koordinaten und Kräfte Abb. B.6a zeigt die allgemeinen Koordinatenorientierungen. Dabei sind die *kleinen Winkel* ψ_x, ψ_y als Drehungen um die x- bzw. y-Achse eingeführt, damit man sie, wie die Auslenkungen x, y, in Vektoren zusammenfassen kann.

Die Auslenkungen $(x_1, x_2, \psi_{y1}, \psi_{y2})$ entstehen durch Biegungen w_h in der horizontalen Ebene, die $(y_1, y_2, \psi_{x1}, \psi_{x2})$ durch Biegungen w_v in der vertikalen. (Die in Abb. B.6b gestrichelt eingetragenen Linien w_h und w_v entstehen durch Klappen der Biegelinie $w(x)$, mit $\psi(x) = w'(x)$, aus Abb. B.5b; dabei klappen F und M mit und gehen in F_h, M_h bzw. F_v, M_v über.)

[2] $W_2(x, a, F, M)$ und $\Psi_2(x, F, M)$ werden in Abschn. B.6.2 benötigt.

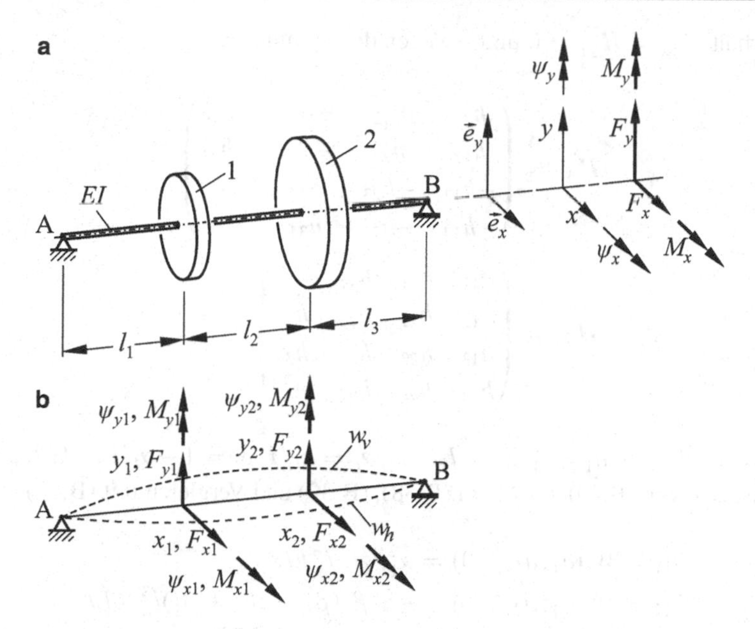

Abb. B.6 Mit zwei Scheiben besetzter Rotor. **a** Ersatzsystem, **b** Auslenkungen

Die $n = 8$ generalisierten Koordinaten lauten mit $a_1 = l_1, a_2 = l_1 + l_2$

$$\begin{aligned} \boldsymbol{q} &= (x_1, x_2, \psi_{y1}, \psi_{y2}, y_1, y_2, \psi_{x1}, \psi_{x2})^{\mathrm{T}} \\ &= (w_h(a_1), w_h(a_2), -\psi_h(a_1), -\psi_h(a_2), w_v(a_1), w_v(a_2), \psi_v(a_1), \psi_v(a_2))^{\mathrm{T}}. \end{aligned} \tag{B.40}$$

Für die generalisierten Kräfte gilt

$$\begin{aligned} \boldsymbol{Q} &= (F_{x1}, F_{x2}, M_{y1}, M_{y2}, F_{y1}, F_{y2}, M_{x1}, M_{x2})^{\mathrm{T}} \\ &= (F_{h1}, F_{h2}, -M_{h1}, -M_{h2}, F_{v1}, F_{v2}, M_{v1}, M_{v2}). \end{aligned} \tag{B.41}$$

In der zweiten Zeile von (B.40) und (B.41) stehen jeweils die geklappten Größen.

2. Anschreiben der Verschiebungseinflusszahlen Die Biegelinien (B.38), (B.39) liefern Auslenkungen als Funktion von Kräften und Momenten. Deshalb eignen sie sich besonders zum Anschreiben von *Verformungseinflusszahlen*, d. h. *Nachgiebigkeiten*.

Da bei dem vorliegenden (runden) Rotor die Biegungen in der horizontalen und der vertikalen Ebene *entkoppelt* sind, ist es günstig, die (B.22) in 4×1 – bzw. 4×4 – Blöcke zu zerlegen

$$\boldsymbol{q} = \begin{pmatrix} \boldsymbol{q}_1 \\ \boldsymbol{q}_2 \end{pmatrix} = \boldsymbol{H}\boldsymbol{Q} = \begin{pmatrix} \boldsymbol{H}_{11} & \boldsymbol{H}_{12} \\ \boldsymbol{H}_{21} & \boldsymbol{H}_{22} \end{pmatrix} \begin{pmatrix} \boldsymbol{Q}_1 \\ \boldsymbol{Q}_2 \end{pmatrix}. \tag{B.42}$$

Man erhält $\boldsymbol{H}_{12} = \boldsymbol{H}_{21}^{\mathrm{T}} = 0$ und – wegen der Symmetrie –

$$\boldsymbol{H}_{11} = \begin{pmatrix} h_{11} & h_{12} & -h_{13} & -h_{14} \\ h_{12} & h_{22} & -h_{23} & -h_{24} \\ -h_{13} & -h_{23} & h_{33} & h_{34} \\ -h_{14} & -h_{24} & h_{34} & h_{44} \end{pmatrix}, \quad \boldsymbol{H}_{22} = \begin{pmatrix} h_{11} & h_{12} & h_{13} & h_{14} \\ h_{12} & h_{22} & h_{23} & h_{24} \\ h_{13} & h_{23} & h_{33} & h_{34} \\ h_{14} & h_{24} & h_{34} & h_{44} \end{pmatrix}. \tag{B.43}$$

Mit $l = l_1 + l_2 + l_3, a_1 = l_1, a_2 = l_1 + l_2, \alpha_i = a_i/l, \beta_i = 1 - \alpha_i, i = 1, 2$; erhält man durch Einsetzen von (B.40), (B.41) in (B.38), (B.39) und Vergleich mit (B.43)

$$\begin{aligned}
h_{11} &= W_2(a_1, a_1, 1, 0) = \alpha_1^2\beta_1^2 l^3/3EI, \\
h_{12} &= W_2(a_1, a_2, 1, 0) = -\alpha_1\beta_2(\beta_1^2 - 2\beta_1 + \beta_2^2)l^3/6EI, \\
h_{13} &= W_2(a_1, a_1, 0, 1) = \alpha_1\beta_1(\beta_1 - \alpha_1)l^2/3EI, \\
h_{14} &= W_2(a_1, a_2, 0, 1) = \alpha_1(\beta_1^2 - 2\beta_1 + 3\beta_2^2)l^2/6EI, \\
h_{22} &= W_2(a_2, a_2, 1, 0) = \alpha_2^2\beta_2^2 l^3/3EI, \\
h_{23} &= W_2(a_2, a_1, 0, 1) = \beta_2(\alpha_2(1 + \beta_2) - 3\alpha_1^2)l^2/6EI, \\
h_{24} &= W_2(a_2, a_2, 0, 1) = \alpha_2\beta_2(\beta_2 - \alpha_2)l^2/3EI, \\
h_{33} &= \Psi_2(a_1, a_1, 0, 1) = (3\alpha_1^2 - 3\alpha_1 + 1)l/3EI, \\
h_{34} &= \Psi_2(a_1, a_2, 0, 1) = (3\alpha_1^2 + 3\beta_2^2 - 1)l/6EI, \\
h_{44} &= \Psi_2(a_2, a_2, 0, 1) = (3\alpha_2^2 - 3\alpha_2 + 1)l/3EI.
\end{aligned} \tag{B.44}$$

Zur *bekannten Nachgiebigkeitsmatrix* $\boldsymbol{H}$ erhält man die *Steifigkeitsmatrix* $\boldsymbol{K}$ durch (zu gegebenen Zahlenwerten numerische) Inversion:

$$\boldsymbol{K} = \boldsymbol{H}^{-1} = \begin{pmatrix} \boldsymbol{H}_{11} & \boldsymbol{0} \\ \boldsymbol{0} & \boldsymbol{H}_{22} \end{pmatrix}^{-1} = \begin{pmatrix} \boldsymbol{H}_{11}^{-1} & \boldsymbol{0} \\ \boldsymbol{0} & \boldsymbol{H}_{22}^{-1} \end{pmatrix} = \begin{pmatrix} \boldsymbol{K}_{11} & \boldsymbol{0} \\ \boldsymbol{0} & \boldsymbol{K}_{22} \end{pmatrix}. \tag{B.45}$$

B.6.3 Das Berechnen von Einflusszahlen mit dem Arbeitssatz

Für ein aus Balken und Stäben bestehendes System unter den generalisierten Kräften $Q_l, l = 1, \ldots, L$, lautet die innere Energie

$$W^i = \frac{1}{2}\int \frac{N^2}{EA}dx + \frac{1}{2}\int \frac{S^2}{GA_s}dx + \frac{1}{2}\int \frac{M^2}{EI}dx + \frac{1}{2}\int \frac{M_T^2}{GI_T}dx, \tag{B.46}$$

vgl. (B.6), (B.13), (B.12) bzw. (B.9). Darin sind in den *Linien* der Normalkraft $N(x)$, der Querkraft $S(x)$ (= Scherkraft, um Verwechslung mit Q_l vorzubeugen), des Biegemoments $M(x)$ und des Torsionsmoments $M_T(x)$ jeweils die Wirkungen ALLER Q_l enthalten, und es muss über alle Bauelemente mit ihren *jeweiligen Steifigkeiten* EA, GA_s, EI, GI_T *summiert*, über deren *Längen jeweils integriert*, evtl. *zweiachsige* Biegung und Querkraft *berücksichtigt* werden.

Mit (B.46) folgt aus (B.17)

$$h_{kl} = \int \frac{\breve{N}_k \breve{N}_l}{EA} dx + \int \frac{\breve{S}_k \breve{S}_l}{GA_s} dx + \int \frac{\breve{M}_k \breve{M}_l}{EI} dx + \int \frac{\breve{M}_{Tk} \breve{M}_{Tl}}{GI_T} dx; \quad k,l = 1, \cdots L. \tag{B.47}$$

Darin bedeuten

$$(\breve{N}_l, \breve{S}_l, \breve{M}_l, \breve{M}_{Tl}) = \frac{\partial}{\partial Q_l}(N, S, M, M_T), \quad l = 1 \cdots L; \tag{B.48}$$

es sind also die Normal- und Querkraft-, Biege- und Torsionsmoment-*Linien*, die im System vorliegen, wenn es *allein* durch eine *Eins-Last* belastet wird, die wie Q_l wirkt.

Formel (B.47) muss für die einzelnen h_{kl} ausgewertet werden. Für abschnittsweise konstante Steifigkeiten EA, GA_s, EI, GI_T geschieht das zweckmäßig mit Hilfe der Integrale aus Tab. B.1. Wieder muss über alle Bauelemente und alle Linien summiert werden.

B.6.4 Aufgaben

Aufgabe B.1 Kontrollieren Sie die Einflusszahlen (B.44) mit Hilfe des Arbeitssatzes.

Aufgabe B.2 Nehmen Sie für die Welle nach Abb. B.6 für die drei Wellenabschnitte l_1, l_2, l_3 die Biegesteifigkeiten EI_1, EI_2, EI_3 an und berechnen Sie die h_{kl} nach dem Arbeitssatz.

Aufgabe B.3 Seien für die h_{kl} nach (B.44) $l = 1.2\,\mathrm{m}, \alpha_1 = 0.3, \alpha_2 = 0.7$ gegeben, die Biegesteifigkeit EI bleibt offen. Berechnen Sie numerisch (PC) die Steifigkeitsmatrix $\boldsymbol{K}$.

Aufgabe B.4 Bei dem Rotor nach Abb. B.6 wird an der Stelle von Scheibe 1 ein starr gestütztes Pendelrollenlager eingebaut. Stellen Sie unter Verwendung der Ergebnisse von Aufgabe B.3 die Steifigkeitsmatrix für das System vom Freiheitsgrad 6 auf.

Aufgabe B.5 Das Pendellager aus Aufgabe B.4 ist (ohne abzuheben) in x-Richtung verschieblich. Wie lautet die Steifigkeitsmatrix?

Tab. B.1 Integrale $I^{m,n} = \int_0^l f^m(x) g^n(x) dx$

n \ m	1	2	3	4
$f(x)$ / $g(x)$	l; f	l; f	l; f	l; f_1, f_2
1 (l; g)	lfg	$\frac{l}{2}fg$	$\frac{l}{2}fg$	$\frac{l}{2}(f_1+f_2)g$
2 (l; g)	$\frac{l}{2}fg$	$\frac{l}{3}fg$	$\frac{l}{6}fg$	$\frac{l}{6}(f_1+2f_2)g$
3 (l; g_1, g_2)	$\frac{l}{2}f(g_1+g_2)$	$\frac{l}{6}f(g_1+2g_2)$	$\frac{l}{6}f(2g_1+g_2)$	$\frac{l}{6}[f_1(2g_1+g_2)+f_2(g_1+2g_2)]$
4 (αl, βl; g; $\alpha+\beta=1$)	$lfg\beta$	$\frac{l}{2}fg(1-\alpha^2)$	$\frac{l}{2}fg\beta^2$	$\frac{lg}{2}[f_1\beta^2+f_2(1-\alpha^2)]$
5 (αl, βl; g; $\alpha+\beta=1$)	$\frac{l}{2}fg\beta$	$\frac{l}{6}fg\beta(3-\beta)$	$\frac{l}{6}fg\beta^2$	$\frac{lg\beta}{6}[f_1\beta+f_2(3-\beta)]$
6 (αl, βl; g; $\alpha+\beta=1$)	$\frac{l}{2}fg$	$\frac{l}{6}fg(1+\alpha)$	$\frac{l}{6}fg(1+\beta)$	$\frac{lg}{6}[f_1(1+\beta)+f_2(1+\alpha)]$

Aufgabe B.6 Der Rotor nach Abb. B.6 ragt um die Länge l_4 nach rechts über das Lager B hinaus und trägt dort eine dritte Scheibe, Biegesteifigkeit EI wie bisher. Wie viele wesentliche Nachgiebigkeiten h_{kl} kommen hinzu? Berechnen Sie sie mit Hilfe des Arbeitssatzes.

C Energieverfahren

Beim Arbeiten mit dem Hamiltonschen Prinzip und den Lagrangeschen Gleichungen 2. Art wird das Aufstellen von Bewegungsgleichungen auf Energieüberlegungen zurückgeführt. Dies hat vier Vorteile:

1. Man braucht weniger Schnittbilder, kommt ohne die zugehörigen Schnittkräfte aus.
2. Die Kinematik wird einfacher, weil man sich nur noch Geschwindigkeiten und nicht mehr Beschleunigungen überlegen muss.
3. Man kann leicht vereinfachte Modelle entwickeln, z. B. den Freiheitsgrad herabsetzen oder ein Kontinuum *diskretisieren*, also durch ein Modell mit endlichem Freiheitsgrad ersetzen.
4. Die Energieverfahren sind Schema-Verfahren. Beim schematischen Vorgehen entstehen meistens Bewegungsgleichungen mit einer günstigen Struktur (z. B. mit symmetrischen Koeffizientenmatrizen).

C.1 Das verallgemeinerte Hamiltonsche Prinzip

Wenn man mit dem Hamiltonschen Prinzip oder mit den Lagrangeschen Gleichungen arbeitet, ist es üblich, die *kinetische Energie* mit dem Buchstaben T und das *Potential* (die potenzielle Energie) mit den Buchstaben U oder V zu bezeichnen.

C.1.1 Generalisierte Koordinaten; virtuelle Verrückung

Natürlich muss man vor (!) dem Anschreiben der kinetischen Energie irgendwelche Koordinaten einführen, die die Auslenkungen – oder die Lage, die Bewegungen – des Systems vollständig erfassen. Bei Hamilton/Lagrange ist es üblich, mit den generalisierten Koordinaten

$$q_i = q_i(t), \quad i = 1, \ldots \tag{C.1}$$

zu arbeiten, vgl. (B.3). Mit dem *generalisiert* will man nicht nur andeuten, dass einzelne q_i zum Beispiel Weg-Auslenkungen und andere Winkel-Auslenkungen sein können. Man

E. Brommundt und D. Sachau, *Schwingungslehre mit Maschinendynamik*,
https://doi.org/10.1007/978-3-658-38123-3

will auch irgendwelche Verknüpfungen als Koordinaten zulassen – z. B. $q_1 = x - l\varphi, q_2 = x + 2l\varphi$, wo x, φ die Auslenkungen eines Systems vom Freiheitsgrad 2 sind und l eine im System vorkommende Länge ist –, solange man eindeutig von den q_i auf die Bewegungen des Systems zurück schließen kann. (Es könnte im konkreten Fall notwendig oder zweckmäßig sein, *besondere* Koordinaten einzuführen, weil mit ihrer Hilfe ein Effekt sichtbar wird.)

Braucht man zum Erfassen der Bewegungen eines Systems genau n generalisierte Koordinaten $q_i, i = 1, \ldots, n$, so hat es den *Freiheitsgrad n*.

Wenn man an dem System *wackelt*, kann man das nach dem Einführen der q_i auch als kleine Änderung eines oder mehrerer der q_i auffassen. Man schreibt für diese – infinitesimal klein gedachten – willkürlichen *Wackeländerungen* δq_i und nennt sie virtuelle (= gedachte) Verrückungen.

So gesehen ist der Freiheitsgrad n auch gleich der Anzahl der grundsätzlich verschiedenen Bewegungsmöglichkeiten eines Systems, und es ist deshalb (international) üblich geworden, eine Bewegungsmöglichkeit einen Freiheitsgrad – statt etwa eine *Freiheit* – zu nennen. Dann wird aus dem n die *Anzahl der Freiheitsgrade*.

Sind die Auslenkungen – die Lage – eines Systems vollständig durch generalisierte Koordinaten q_i erfasst, so kann man alle jeweils im System vorliegenden Geschwindigkeiten durch die q_i und deren Zeitableitungen

$$\dot{q}_i = \frac{dq_i}{dt} \tag{C.2}$$

ausdrücken. Man arbeitet mit den $\dot{q}_i$ und führt keine besonderen Bezeichnungen dafür ein.

C.1.2 Kinetische Energie

Die in einem System steckende kinetische Energie kann man ganz allgemein durch

$$T = \frac{1}{2} \int_V v^2 dm = \frac{1}{2} \int_V \varrho v^2 dV \tag{C.3}$$

erfassen. Dabei denkt man sich beim linken Integral das System aus Massenelementen Δm aufgebaut, die jeweils die Geschwindigkeit $v = \|\vec{v}\|$ haben, während im rechten mit Volumenelementen ΔV und der Dichte ϱ gearbeitet wird,

$$\Delta m = \varrho \Delta V. \tag{C.4}$$

Das unter den Integralzeichen stehende V deutet an, dass jeweils über das Gesamtgebilde – hier als *Volumen V* aufgefasst – integriert wird, vgl. Anhang A.2.

Im konkreten Fall wird man für die einzelnen Teile (Körper) des Systems statt (C.3) häufig daraus abgeleitet einfachere Ausdrücke anschreiben, z. B. $T = \frac{1}{2} \cdot mv^2$ für einen starren Körper der (Gesamt-)Masse m, der Schwerpunktgeschwindigkeit v, wenn er sich nicht dreht, oder $T = \frac{1}{2}J\omega^2$ für einen Körper, der sich um eine feste Achse mit der Winkelgeschwindigkeit ω dreht und bezüglich der Drehachse das Massenmoment J hat, vgl. Anhang A.3.3.

C.1.3 Potential

Man muss bei Hamilton/Lagrange die Kräfte mit Potential von den Kräften ohne Potential unterscheiden. Die ersten lassen sich leicht und übersichtlich in die allgemeinen Gleichungen einbauen, die zweiten erfordern jeweils das Anschreiben der von ihnen verrichteten virtuellen Arbeiten (s. unten), also detaillierte Überlegungen. Allerdings gestattet der Formalismus das Anschreiben von Potenzialen für zeitabhängige Kräfte: Wenn man sie (während des Ansetzens der Gleichungen) mit Formelbuchstaben $F_l(t)$ einführt, darf man für sie Potenziale anschreiben als wären sie konstant. Natürlich bietet es sich dann an, eine verwickelt von den q_i und $\dot{q}_i$ abhängende Kraft $F_l(\ldots, q_i, \ldots, \dot{q}_i, \ldots, t)$ vorübergehend als $F_l(t)$ zu sehen und erst nach dem Fertigstellen der Gleichungen an der Stelle von F_l den verwickelten Ausdruck einzusetzen.

Von den Kräften (und Momenten) mit Potential sind die aus elastischen Verformungen am wichtigsten.

Für aus Stäben und Balken aufgebaute linear elastische Systeme können wir auf Anhang B.2 oder Anhang B.6.3 zurückgreifen und einfach

$$U_{el} \equiv W^i \tag{C.5}$$

setzen. Sieht man die Kräfte etwa wie in Abb. B.1, so kann man auch

$$U_{el} \equiv W^a = \frac{1}{2}\boldsymbol{q}^{\mathrm{T}}\boldsymbol{K}\boldsymbol{q} \tag{C.6}$$

schreiben, vgl. (B.31) und die dort erklärten Bezeichnungen.

Greifen ein oder mehrere Einzelkräfte $F_l(t)$ an einem Körper K des Systems an, so ist es bequem, eine Koordinate x_l in Richtung der Wirkungslinie w_l zum Angriffspunkt A einzuführen und x_l durch die generalisierten Koordinaten q_i auszudrücken,

$$x_l = x_l(\cdots, q_i, \cdots, t). \tag{C.7}$$

Dann lautet das Potential für F_l

$$U_l = -x_l F_l, \tag{C.8}$$

dabei gelten die in Abb. C.1 gezeigten Orientierungen. Ändert F_l seine Richtung, so muss es als Vektor $\vec{F}_l$ gesehen werden. Dessen zwei oder drei zueinander senkrechten Komponenten kann man jeweils wie F_l zuvor abhandeln.

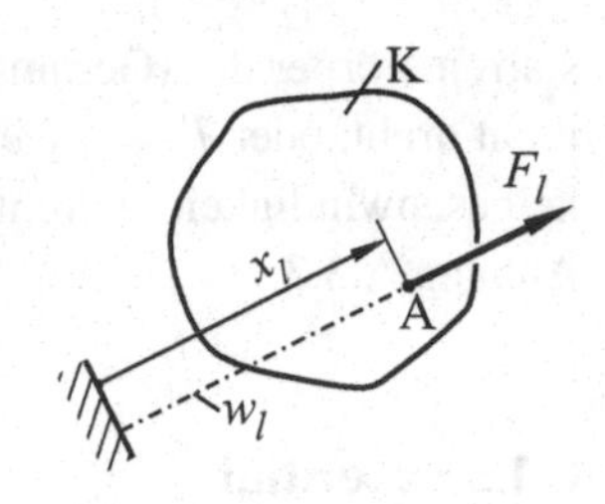

Abb. C.1 Körper K mit Angriffspunkt A und Wirkungslinie w einer Kraft F_l

C.1.4 Virtuelle Arbeit

Verrückt oder verschiebt sich der Angriffspunkt A der Kraft F_l in Abb. C.1 um ein kleines Stück δx_l, so verrichtet die Kraft F_l am Körper K die Arbeit

$$\delta W = F_l \delta x_l . \tag{C.9}$$

Dabei wird die Arbeit hineingesteckt – und fände sich im Körper zum Beispiel als Erhöhung der kinetischen Energie wieder –, wenn δW positiv ist.

Wackelt man an dem System mit δq_i, vgl. Abschn. C.1.1, so folgt für x_l nach (C.7) für infinitesimal kleine δq_i:

$$\delta x_l = \sum_{i=1}^{n} \frac{\partial x_l}{\partial q_i} \delta q_i . \tag{C.10}$$

Dabei sind die $\partial x_l / \partial q_i$ die partiellen Ableitungen von x_l nach den q_i (einzelne können verschwinden; mindestens ein $\partial x_l / \partial q_i \neq 0$ muss vorhanden sein, oder A verschiebt sich nicht) und die δq_i sind virtuelle Verrückungen. Dann ist

$$\delta W = F_l \delta x_l = \sum_{i=1}^{n} F_l \frac{\partial x_l}{\partial q_i} \delta q_i \tag{C.11}$$

die *virtuelle Arbeit* (bei der nur gedachten Verrückung δx_l).

Man deutet die Summe rechts als

$$\delta W = \sum_{i=1}^{n} F_l \frac{\partial x_l}{\partial q_i} \delta q_i = \sum_{i=1}^{n} Q_i \delta q_i \tag{C.12}$$

und die Q_i sind die *generalisierten Kräfte* – es sind Kräfte *in Richtung von* q_i – infolge der Kraft F_l, vgl. (B.2), (B.3).

Im allgemeinen Fall kommen natürlich mehrere Kräfte F_l vor und die Q_i fassen Anteile aus mehreren Kräften zusammen.

Hinweis Hier, unter Punkt C.1.4, haben wir bezüglich der Kraft F_l keine Einschränkungen gemacht, wir könnten sofort jedes beliebig verwickelte F_l (oder auch Moment) in δW einsetzen, denn beim *Wackeln*, bei den virtuellen Verrückungen, halten wir die Zeit t fest, vgl. (C.7) mit (C.10).

C.1.5 Das verallgemeinerte Hamiltonsche Prinzip

Das verallgemeinerte Hamiltonsche Prinzip lautet: Jedes mechanische System bewegt sich so, dass

$$\delta S := \int_{t_1}^{t_2} (\delta T - \delta U + \delta W) dt = 0 \tag{C.13}$$

gilt.

Das Integral $\int_{t_1}^{t_2} (T - U) dt$ heißt *Wirkung*; die Wirkung lässt sich nicht einfach anschaulich interpretieren. Das gewählte Zeitintervall $t_1 \leq t \leq t_2$ ist willkürlich; δT und δU sind die Änderungen der kinetischen Energie bzw. des Potenzials, wenn man am System mit δq_i *wackelt*, wenn man die q_i *variiert*. Man sagt dann auch: Die Variation der Wirkung ist stationär.

Wir benutzen das verallgemeinerte Hamiltonsche Prinzip (C.13), um daraus die Lagrangeschen Gleichungen (2. Art) herzuleiten.

C.2 Die Lagrangeschen Gleichungen (2. Art)

Wir gehen in 3 Schritten vor und behandeln zunächst die Variationen δT und δU.

C.2.1 Variation der kinetischen Energie

Im verallgemeinerten Hamiltonschen Prinzip (C.13) ist die kinetische Energie T eine Funktion der generalisierten Koordinaten q_i und deren Zeitableitungen $\dot{q}_i$. Außerdem kann, zum Beispiel bei bewegtem – etwa schwingenden – Bezugssystem die kinetische Energie T auch explizit von der Zeit t abhängen:

$$T = T(q_1, \ldots, q_i, \ldots, q_n, \ldots; \dot{q}_1, \ldots, \dot{q}_i, \ldots, \dot{q}_n, t). \tag{C.14}$$

Hinweis 1 Da die Teilchengeschwindigkeit v in (C.3) quadratisch steht, ist T bezüglich der $\dot{q}_i$ bei festem Bezugssystem eine quadratische Form, bei bewegtem Bezugssystem gibt es auch bezüglich $\dot{q}_i$ lineare und von $\dot{q}_i$ unabhängige Terme in T.

Wenn wir an T *wackeln*, können wir das in zweierlei Weise tun, wir können mit δq_i die q_i variieren und mit $\delta \dot{q}_i$ die $\dot{q}_i$. Dann gilt

$$\delta T = \sum_{i=1}^{n} \frac{\partial T}{\partial q_i} \delta q_i + \sum_{i=1}^{n} \frac{\partial T}{\partial \dot{q}_i} \delta \dot{q}_i . \tag{C.15}$$

Wie hängen die δq_i und die $\delta \dot{q}_i$ zusammen? Nehmen wir an, wir wackeln nach einem Zeitgesetz

$$\delta q_i = \delta q_i(t) \tag{C.16}$$

und fordern

$$\delta \dot{q}_i = \frac{d}{dt}\delta q_i. \tag{C.17}$$

Setzt man δT nach (C.15) in das Integral (C.13) ein, so erhält man

$$\int_{t_1}^{t_2} \delta T dt = \int_{t_1}^{t_2} \sum_{i=1}^{n} \left[\frac{\partial T}{\partial \dot{q}_i} \delta \dot{q}_i + \frac{\partial T}{\partial q_i} \delta q_i \right] dt. \tag{C.18}$$

Wegen (C.16), (C.17) können wir von $\delta \dot{q}_i$ die Zeitableitung durch partielles Integrieren abwälzen. Es gilt

$$\int_{t_1}^{t_2} \frac{\partial T}{\partial \dot{q}_i} \frac{d}{dt} \delta q_i dt = \frac{\partial T}{\partial \dot{q}_i} \delta q_i \|_{t_1}^{t_2} - \int_{t_1}^{t_2} \delta q_i \frac{d}{dt} \frac{\partial T}{\partial \dot{q}_i} dt. \tag{C.19}$$

Die *Randterme* für t_1 und t_2 lauten:

$$-\frac{\partial T}{\partial \dot{q}_i} \delta q_i(t_1) \quad \text{und} \quad \frac{\partial T}{\partial \dot{q}_i} \delta q_i(t_2). \tag{C.20}$$

In der Regel nimmt man an, dass man zu den Zeiten t_1 und t_2 nicht wackelt, weil z. B. Anfangsbedingungen vorgegeben sind. Dann verschwinden $\delta q_i(t_1)$ und $\delta q_i(t_2)$, es gilt

$$\int_{t_1}^{t_2} \delta T dt = -\int_{t_1}^{t_2} \sum_{i=1}^{n} \left(\frac{d}{dt} \frac{\partial T}{\partial \dot{q}_i} - \frac{\partial T}{\partial q_i} \right) \delta q_i dt. \tag{C.21}$$

C.2.2 Die Variation des Potenzials

Das Potential U ist im verallgemeinerten Hamiltonschen Prinzip (C.13) eine Funktion der generalisierten Koordinaten q_i und – bei bewegten Bezugssystem oder zeitabhängigen Kräften – der Zeit t:

$$U = U(q_1, \ldots, q_i, \ldots, q_n, t). \tag{C.22}$$

Die Variation lautet, vgl. (C.15)

$$\delta U = \sum_{i=1}^{n} \frac{\partial U}{\partial q_i} \delta q_i. \tag{C.23}$$

Dies kann man unmittelbar in (C.13) einsetzen.

C.2.3 Die Lagrangeschen Gleichungen

Setzt man (C.21), (C.23) und (C.12) in (C.13) ein, so erhält man

$$\delta S = -\int_{t_1}^{t_2} \sum_{i=1}^{n} \left(\frac{d}{dt}\frac{\partial T}{\partial \dot{q}_i} - \frac{\partial T}{\partial q_i} + \frac{\partial U}{\partial q_i} - Q_i \right) \delta q_i \, dt = 0. \tag{C.24}$$

Die δq_i sind frei! – man darf beliebig am System wackeln, also müssen die $(\ldots)_i$ einzeln verschwinden:

$$\frac{d}{dt}\frac{\partial T}{\partial \dot{q}_i} - \frac{\partial T}{\partial q_i} + \frac{\partial U}{\partial q_i} = Q_i; \quad i = 1, \ldots, n. \tag{C.25}$$

Dies sind die Lagrangeschen Gleichungen.

Gemäß dem Hinweis 1 unter Punkt C.2.1 enthält T bezüglich $\dot{q}_i$ quadratische (und lineare) Glieder. Dann ist $\partial T/\partial \dot{q}_i$ bezüglich $\dot{q}_i$ linear und $\frac{d}{dt}\frac{\partial T}{\partial \dot{q}_i}$ liefert Terme mit $\ddot{q}_i$, also Beschleunigungen. Die Gesamtheit der Trägheitsterme steht hier als $\frac{d}{dt}\frac{\partial T}{\partial \dot{q}_i} - \frac{\partial T}{\partial q_i}$, wobei das zweite Glied häufig wegfällt.

C.2.4 Andere Schreibweisen der Lagrangeschen Gleichungen

Neben der Schreibweise

$$\frac{d}{dt}\frac{\partial T}{\partial \dot{q}_i} - \frac{\partial T}{\partial q_i} + \frac{\partial U}{\partial q_i} = Q_i, \quad i = 1, \ldots, n, \tag{C.26}$$

ist es sehr üblich die *Lagrange Funktion*

$$L := T - U \tag{C.27}$$

einzuführen und

$$\frac{d}{dt}\frac{\partial L}{\partial \dot{q}_i} - \frac{\partial L}{\partial q_i} = Q_i, \quad i = 1, \ldots, n, \tag{C.28}$$

zu schreiben. Hier muss man darauf achten, Kräfte, die man als zeitabhängig mit Potential eingeführt hat (vgl. C.1.3), in $\frac{d}{dt}\frac{\partial L}{\partial \dot{q}_i}$ nicht selbst zu differenzieren (C.26 sieht nicht so elegant aus, ist da aber sicherer).

Anhänger des Prinzips der virtuellen Verrückungen werden es gelegentlich vielleicht sogar vorziehen, statt der Lagrangeschen Gleichungen die virtuelle Gesamtarbeit

$$\delta W_{ges} = \sum_{i=1}^{n} \left(-\frac{d}{dt}\frac{\partial T}{\partial \dot{q}_i} + \frac{\partial T}{\partial q_i} - \frac{\partial U}{\partial q_i} + Q_i \right) \delta q_i \tag{C.29}$$

anzuschreiben und

$$\delta W_{ges} = 0 \tag{C.30}$$

zu fordern.

Mit etwas Übung kann man bei nicht zu komplexen Systemen aus (C.29), (C.30) die Transformation der Gleichungen auf andere Koordinaten oder auch den Einfluss von Systemmodifikationen direkt ablesen.

D Hinweise und Bezeichnungen

D.1 Vektoren

Wir wollen mit *Vektor* nur *physikalische* Vektoren benennen. *Spalten-* und *Zeilen-Vektor* der Matrizenrechnung werden vermieden.

Ein Formelbuchstabe mit darüber gesetztem Pfeil, z. B. $\vec{F}$, bezeichnet einen Vektor. Der Pfeilschaft gibt die Richtung an, s. Abb. D.1a. Der Pfeil kennzeichnet die Orientierung (= Pfeilsinn oder *positive Richtung*).

Schreibweise Einsvektor × Betrag $\vec{F} = \vec{e}_F|\vec{F}|$ mit Betrag $|\vec{F}|$ („Länge" des Vektors $\vec{F}$, gemessen in seinen Einheiten) und Einsvektor $\vec{e}_F = \vec{F}/|\vec{F}|$ vom Betrag $|\vec{e}_F| = 1$. Der Einsvektor $\vec{e}_F \equiv \vec{e}_{\vec{F}}$ hat dieselbe Richtung und dieselbe Orientierung wie der Vektor $\vec{F}$, s. Abb. D.1b.

Schreibweise Einsvektor × Maßwert $\vec{F} = \vec{e} \cdot F$ mit Einsvektor $\vec{e}$ und Maßwert F.

Der Vektor $\vec{F}$ hat dieselbe Richtung wie der Einsvektor $\vec{e}$, doch nur bei $F > 0$ dieselbe Orientierung, bei $F < 0$ die entgegengesetzte. In Abb. D.1c kann man den Pfeil als Bild des Einsvektors auffassen; F steht dann als Name und Maßwert.

Beim Vektor $-\vec{F}$ dreht man dann einfach den Einsvektor (den Pfeil) um: $-\vec{F} = -(\vec{e}F) = (-\vec{e})F$, vgl. Abb. D.1d.

Berechnet man zur Darstellung nach Abb. D.1 die Kraft F zu a) $F = 5N$, b) $F = -7N$, so erhält man die in Abb. D.1e,f gezeichneten Pfeile. Stellt man das Ergebnis b) wie in Abb. D.1g dar, ist das nicht falsch, doch fehleranfällig!

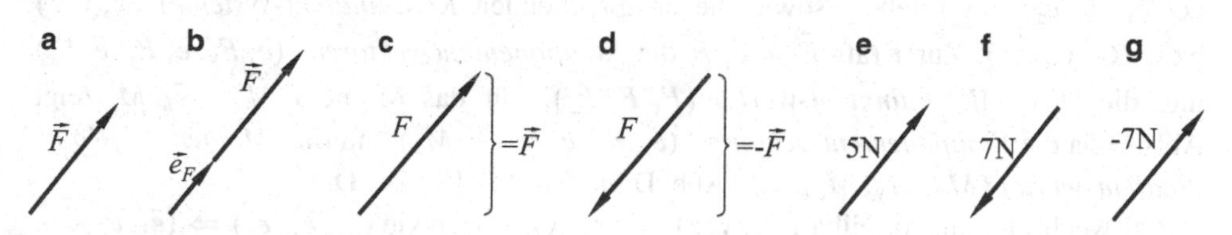

Abb. D.1 Vektordarstellung in Skizzen

E. Brommundt und D. Sachau, *Schwingungslehre mit Maschinendynamik*,
https://doi.org/10.1007/978-3-658-38123-3

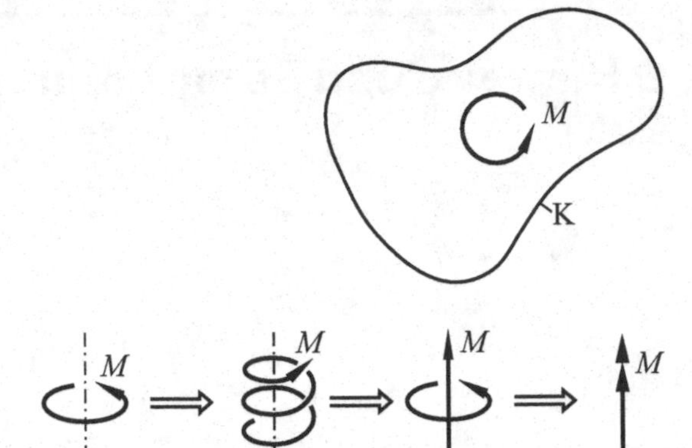

Abb. D.2 Moment $\vec{M}$ senkrecht zu Ebene E des Körpers K als Kreisbogen in E

Abb. D.3 Übergang von $\vec{M}$ als Kreisbogen zu $\vec{M}$ als Doppelpfeil über Rechtsschraube

Die Darstellung von Einsvektor × Maßwert steht hinter allen Koordinatendarstellungen von Vektoren und ist – für den Einzelvektor – in der Mechanik sehr beliebt.

Momente Für (Dreh- oder Biege-) Momente in der Ebene (des Körpers K in Abb. D.2) gelten vorstehende Aussagen analog; der linksdrehende Kreisbogen mit Pfeil übernimmt Richtung und Orientierung.

Im Raum wird das Moment $\vec{M}$ als Rechtsschraubung aufgefasst, die um eine Schraubachse dreht und durch einen Doppelpfeil mit Maßwert symbolisiert wird, Abb. D.3. Analog zu $\vec{F}$ gilt $\vec{M} = \vec{e}M$; der Buchstabe M ist also auch der Name des Moments. (Die Einsvektoren $\vec{e}_F$ der Kraft und $\vec{e}_M$ des Moments brauchen bei Rechnungen nicht unterschieden zu werden, die Doppelpfeile weisen nur auf die andere Bedeutung hin.)

Die Bezeichnung des Momentenvektors $\vec{M}$ ist analog aufgebaut, s. Abb. D.2 und Abb. D.3.

Kreisbogen und Doppelpfeil werden auch zum Kennzeichnen des Drehsinns von Winkeln benutzt, obwohl sie keine Vektoren sind.

D.2 Hinweise und Beispiele zu Basen, Komponenten, Koordinaten

Hinweise und Beispiele zu Abb. D.4 zeigen: Die orthogonalen, rechtshändigen *Basen* $(\vec{e}_x, \vec{e}_y, \vec{e}_z)$; auch – mit explizit genanntem Nullpunkt (Ursprung, Bezugspunkt) O – als $(O, \vec{e}_x, \vec{e}_y, \vec{e}_z)$ geschrieben, sowie die entsprechenden *Koordinaten(-systeme)* (x, y, z) bzw. (O, x, y, z). Zur Kraft $\vec{F} = \vec{e}_F F$ die *Komponenten(-vektoren)* $(\vec{e}_x F_x, \vec{e}_y F_y, \vec{e}_z F_z)$ und die *(Kraft-)Koordinaten(-werte)* (F_x, F_y, F_z). Für das Moment $\vec{M} = \vec{e}_M M$ zeigt Abb. D.5a die *Komponenten(-vektoren)* $(\vec{e}_x M_x, \vec{e}_y M_y, \vec{e}_z M_z)$ und die *(Momenten-)Koordinaten(-werte)* (M_x, M_y, M_z). vgl. Abb. D.5a, b mit D.1d bzw. D.3.

Oft wechselt man vorteilhaft $(x, y, z) \Rightarrow (x_1, x_2, x_3)$, sowie $(\vec{e}_x, \vec{e}_y, \vec{e}_z) \Rightarrow (\vec{e}_1, \vec{e}_2, \vec{e}_3)$.

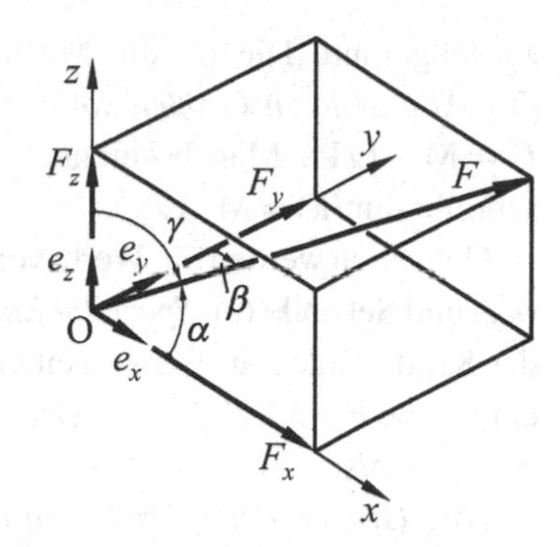

Abb. D.4 Basis, Koordinaten und Komponenten für Kraft $\vec{F} = \vec{e}_F F$

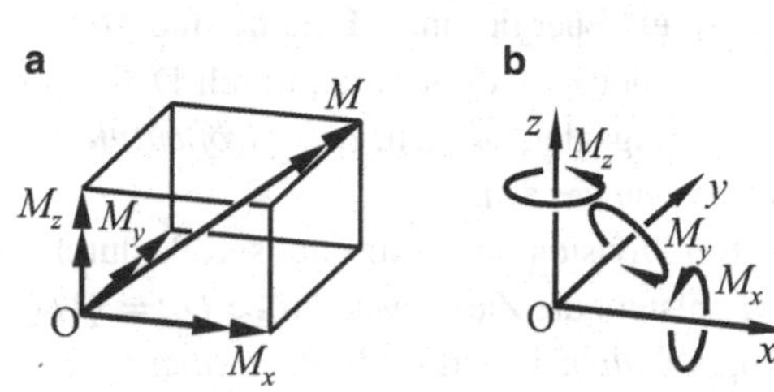

Abb. D.5 Koordinaten und Komponenten für Moment $\vec{M} = \vec{e}_M M$

D.3 Auslenkungen und Koordinaten

Vor jeder Untersuchung eines Systems – genauer: der Untersuchung des zugrundegelegten Modells –, sei sie messend, sei sie rechnend muss man Koordinaten einführen (definieren), die seine Form(-änderung) – allgemein seinen Zustand – gegenüber einem festzulegenden Bezugszustand erfassen.

Will man rechnen, muss das Verhalten des Modells – im Rahmen der angenommenen Vereinfachungen – durch die gewählten Koordinaten (dann auch beschreibende Variablen genannt) vollständig erfasst („beschrieben") werden können. Die Mindestanzahl der zur Lösung der Aufgabe erforderlichen Koordinaten heißt in der Mechanik *Freiheitsgrad*; das ist die Anzahl der grundsätzlich verschiedenen Bewegungsmöglichkeiten des Systems, die man (lax aber international) jede einzeln auch Freiheitsgrad (degree of freedom) nennt.

Überzählige Variablen (Koordinaten), die man nur zum eigenen Verständnis, als Hilfsgrößen eingeführt hat, müssen im Nachhinein durch die wesentlichen Koordinaten ausgedrückt, möglichst eliminiert werden (z. B. mit Hilfe von Bindungsgleichungen).

D.4 Zusammenfassende Bemerkungen zum Arbeiten mit Größen

Alle beschreibenden Variablen sind *Größen von bestimmter Art*, das heißt geometrischer oder physikalischer Bedeutung. Im Internationalen Größensystem (SI-System, französisch *Système international d'unités*) werden alle Größen auf sieben *Basisgrößen* zurückgeführt. Die für die Mechanik wichtigen sind Länge (L), Masse (M) und Zeit (T). *Alle anderen Größen* werden von ihnen multiplikativ *abgeleitet*. Für Kraft (F) gilt $F = \mathrm{M} \cdot \mathrm{L/T^2}$. Man bezeichnet die rechte Seite dieser Gleichung als *Dimension* und schreibt $\dim(F) = \mathrm{M} \cdot \mathrm{L/T^2}$.

Gemessen werden die Werte von Größen mit den *Basiseinheiten* Meter (m), Kilogramm (kg) und Sekunde (s). *Spezielle Einheiten*, wie zum Beispiel das Newton (N) für die Werte der Kraft werden analog zu den Größen aus den Basiseinheiten *abgeleitet*. Für den Wert der Größe $F = 5{,}8\,\mathrm{N}$ gilt $F = \{F\}\,[F]$ mit dem Zahlenwert $\{F\} = 5{,}8$ und der Einheit $[F] = \mathrm{N} = \mathrm{kg \cdot m/s^2}$.

Alle *Größen einer Art haben dieselbe Dimension*; die *Umkehrung* gilt jedoch nicht! (Beispiel: Energie und Moment sind von verschiedener Art bei gleicher Einheit N m.) Größen neuer Art entstehen durch Definition und, zum Beispiel, beim Formulieren von Bewegungsgleichungen: *Nur Größen gleicher Art können in Gleichungen addiert, also verglichen werden.*

Bei Division einer Ausgangsgröße durch eine gezielt gewählte *Referenzgröße gleicher Art* entsteht die Zahlenwertgröße $\tilde{Q} := Q / Q_R$. Sie hat die *Art*, die ursprüngliche Bedeutung *behalten*, ist jedoch (rein) *zahlenwertig*, in der Mechanik dimensionslos genannt. Bei der *Wahl* der Referenzgröße verfolgt man drei *Ziele*:

1. Bei *digitalen Untersuchungen* will man mit leichter zu handhabenden und mathematisch zu analysierenden *Zahlenwertgleichungen* arbeiten; dazu genügt die Wahl einer als *günstig erachteten Referenzgröße*.
2. Als *Referenzgröße* wähle man beispielhaft die (unvermeidlichen) *statischen* Auslenkungen durch Eigengewicht bzw. Nutzlast am Fahrersitz eines Fahrzeugs oder an der Feldmitte einer Brücke, welche mit den Schwingungsauslenkungen des Systems verglichen werden können.
3. Durch geschickte Wahl *mehrerer Referenzgrößen* können *Bewegungsgleichungen* häufig insofern *manipuliert* werden, dass einerseits die Anzahl der Systemparameter herabgesetzt und andererseits besondere Parameterverknüpfungen als *wesentlich oder vorteilhaft* erkannt werden können (siehe auch Beispiel 6, (D.8a) bis (D.10)).

D.5 Beispiele

Wir listen einige sehr einfache Beispiele für Systeme (Modelle) der Freiheitsgrade 1 und 2 auf; auch um die Freiheit bei der Wahl, deren Willkür aber auch die Möglichkeit zu zielgerechter Wahl zu zeigen.

Nicht mit Worten benannte in die Bilder eingetragene Systemparameter entnehme man dem *Verzeichnis der wichtigsten Formelzeichen* am Anfang des Buches.

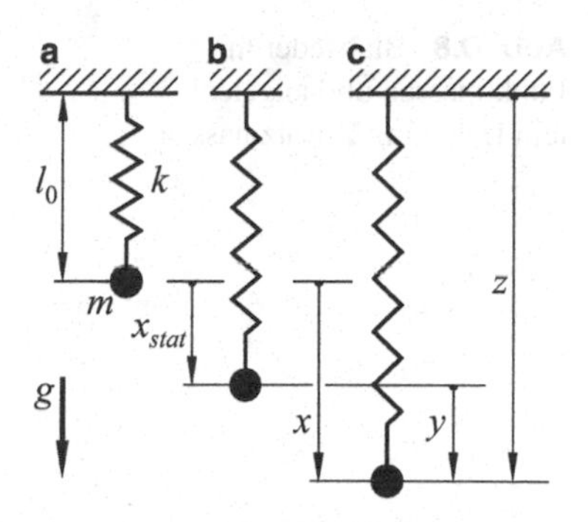

Abb. D.6 Feder-Masse-Schwinger

Beispiel 1 Zu untersuchen sind allein die Vertikalschwingungen des in Abb. D.6a gezeigten *Feder-Masse-Schwingers*; $G = mg$ ist das Gewicht der Masse m; l_0 ist die Länge der entspannten Feder mit gegenüber G vernachlässigbarem Gewicht. Abb. D.6b, c zeigen die gewählten Koordinaten $x = x(t), y = y(t), z = z(t)$. Sie messen die Auslenkung der Masse m, in der durch *jeweiligen(!) Koordinatennullpunkt* o und Pfeil mit Maßhilfslinie ⊢┈┈⟶ gegebenen Richtung und Orientierung (hier im Text zum Druck um 90° einfach links gedreht) wie folgt: $x(t)$ gegen den unteren Endpunkt der entspannten Feder; $y(t)$ gegen den Endpunkt der mit G statisch belasteten Feder bei $x = x_{stat} = G/k$; $z(t)$ gegen die Decke, den Aufhängepunkt der Feder.

Wichtig In den Planskizzen nach Abb. D.6 *müssen* (!) die *Auslenkungen* **und** die *Koordinaten* so *gewählt* und *eingetragen* werden, dass alle Koordinaten *positive* Werte zeigen. Bindungsgleichungen sind hier offensichtlich $x(t) = x_{stat} + y(t), z(t) = l_0 + x(t)$.

Beispiel 2 Die unbelastet gerade Blattfeder nach Abb. D.7a, Biegesteifigkeit EI, Längen l_i, trägt die beiden Massen m_i mit den Gewichten G_i, $i = 1, 2$. Gesucht sind die Koordinaten für kleine vertikale Auslenkungen. (*Klein* steht für $|x_i/l_R| \ll 1$, $i = 1, 2$ wo l_R das kleinere der beiden l_i ist.)

Abb. D.7b zeigt die Koordinaten $x_1 = x_1(t)$ und $x_2 = x_2(t)$ wobei in der Skizze der Enge bei x_1 halber die positive Koordinate in der Form ⊢⟵x_1 eingetragen ist.

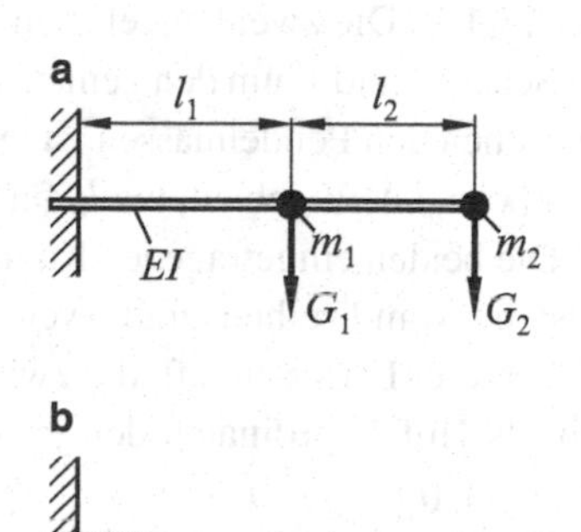

Abb. D.7 Blattfeder mit aufgesetzten Punktmassen

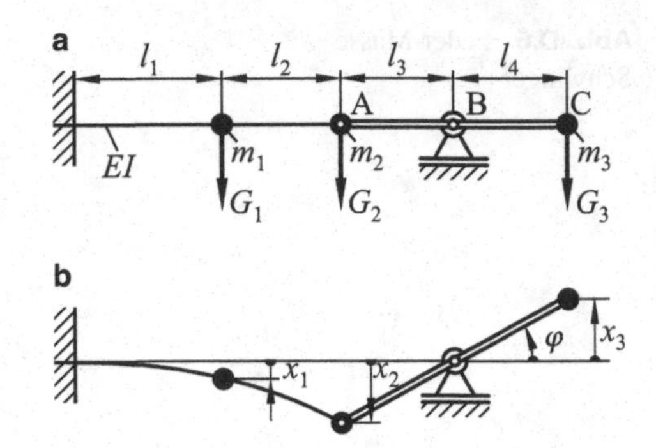

Abb. D.8 Blattfeder mit Punktmassen und angelenktem Hebel mit Zusatzmassen

Beispiel 3 An die Blattfeder nach Beispiel 2 ist am Ende, in Abb. D.8a bei A, ein am Lager B (ist vertikal starr, horizontal verschieblich) gelagerter masseloser Hebel angesetzt, Längen l_3, l_4, der am Ende eine Masse m_3, Gewicht G_3 trägt. Gesucht sind Koordinaten für kleine Auslenkungen.

Abb. D.8b zeigt die Koordinaten $x_1 = x_1(t), x_2 = x_2(t)$, vgl. Beispiel 2, sowie $x_3 = x_3(t)$ und den Winkel $\varphi = \varphi(t)$. Nach wie vor hat das System, wegen des als starr angenommenen Hebels (seine Biegungen seien klein gegen $|x_1|, |x_2|$), den Freiheitsgrad 2; $x_1(t)$ und $x_2(t)$ genügen, um die Bewegungen des Schwingers zu erfassen. Die Zusatzkoordinaten x_3, φ können also als Hilfskoordinaten dienen, oder eine von beiden kann x_2 ersetzen.

Wichtig: Dieses Beispiel soll zeigen, dass x_3 *entgegen* x_2 (positiv) orientiert werden *muss*! Auch φ *muss* wie gezeigt passend zu x_2 (positiv) orientiert werden!

Bindungsgleichungen

$$\sin\varphi = x_2/l_3 \quad \text{oder} \quad x_2 = l_3 \sin\varphi,$$
$$\sin\varphi = x_3/l_4 \quad \text{oder} \quad x_3 = l_4 \sin\varphi.$$

Für $|x_2/l_3| \ll 1$ folgen (näherungsweise): $\varphi = x_2/l_3 = x_3/l_4$.

Beispiel 4 Die zwei Pendel nach Abb. D.9, (Länge, Masse) = $(l_i, m_i), i = 1, 2$, schwingen im Schwerefeld $\vec{g}$ um den gemeinsamen Aufhängepunkt A; Pendelstangen starr, masselos. Zwischen den Pendelmassen ist ein masseloses Feder-Dämpfer-Element mit den Parametern (k, b, l_0) eingebaut, wo l_0 für dessen entspannte Länge steht.

Die beiden eingetragenen Koordinaten $\varphi = \varphi(t), \psi = \psi(t)$ erfassen die Bewegung des Systems vom Freiheitsgrad zwei vollständig.

Um die (Längs-)Kraft, die zwischen den Pendelmassen wirkt, zu berechnen, brauchen wir als Hilfskoordinaten den jeweiligen Massenabstand $l = l(t)$ und die Federlängung $\Delta l = \Delta l(t) = l - l_0$.

Die Planskizze nach Abb. D.9 zeigt alle Auslenkungen für positive Koordinatenwerte. Die Bindungsgleichung zwischen den Koordinaten φ, ψ und l folgt aus dem Kosinussatz

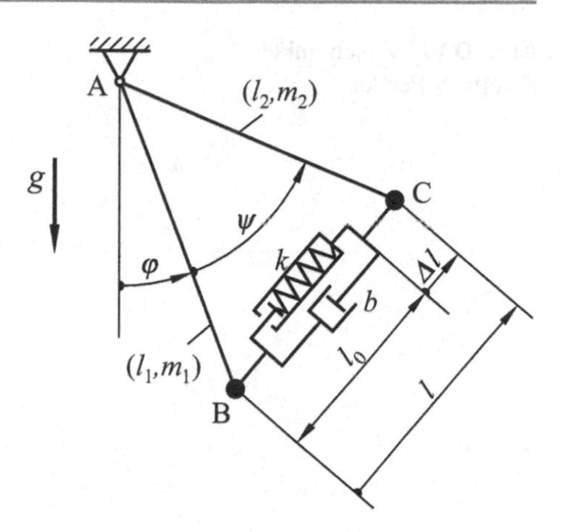

Abb. D.9 Viskoelastisch gekoppelte Pendel

für das Dreieck CAB mit $\measuredangle(\text{CAB}) = \psi$ zu $l^2 = l_1^2 + l_2^2 - 2l_1 l_2 \cos\psi$. Wie die Skizze zeigt, muss die positive Wurzel gewählt werden:

$$l = \sqrt{l_1^2 + l_2^2 - 2l_1 l_2 \cos\psi}. \tag{D.1}$$

Damit folgt Δl gemäß $\Delta l = l - l_0$. Für die Dämpferkraft braucht man die Zeitableitung der Längung: $(\Delta l)^{\cdot} = \frac{d(\Delta l)}{dt} = \frac{d(l-l_0)}{dt} = \frac{dl}{dt} = \dot{l}$

Hinweis Beim Differenzieren von Koordinaten bleiben Richtung und Orientierung erhalten!

Aus (D.1) folgt: $\dot{l} = l_1 l_2 / l \cdot \dot{\psi} \sin\psi$.

Hier müssen rechts das jeweilige $\psi = \psi(t)$ sowie $l = l(t)$ eingesetzt werden.

Beispiel 5 Ein unter dem festen Winkel α verschränktes Zweifachpendel; Punktmassen m_1, m_2, Pendellängen l_1, l_2, Massen der starren Stangen vernachlässigbar, vgl. Abb. D.10, schwingt im vertikal nach unten gezeichneten Schwerefeld, vgl. den Vektor $\vec{g}$ der Fallbeschleunigung.

Da kein Bezugszustand ins Auge springt, sind die Winkel $\varphi_1 = \varphi_1(t)$ und $\varphi_2 = \varphi_2(t)$ wie gezeigt gewählt. Offensichtlich gilt die Bindungsgleichung $\varphi_2(t) = \varphi_1(t) + \alpha$; das Pendel hat den Freiheitsgrad 1.

Eine statische Ruhelage $\varphi_{1stat} < 0$, sowie $\varphi_{2stat} = \varphi_{1stat} + \alpha$ leuchten unmittelbar ein (und folgen als Lösung einer transzendenten Gleichung).

Man könnte neue Koordinaten wie folgt ansetzen: $\psi_1(t) = \varphi_1(t) - \varphi_{1stat}, \psi_2(t) = \varphi_2(t) - \varphi_{2stat}$.

Wie sieht bei bekanntem φ_{1stat} die zu $\psi_1(t), \psi_2(t)$ gehörende Bindungsgleichung aus?

Beispiel 6 Zum Arbeiten mit *dimensionslosen Größen*. Beim Fall eines Körpers mit Luftwiderstand im Schwerefeld der Erde gilt folgende Bewegungsgleichung nach dem

Abb. D.10 Verschränktes Zweifach-Pendel

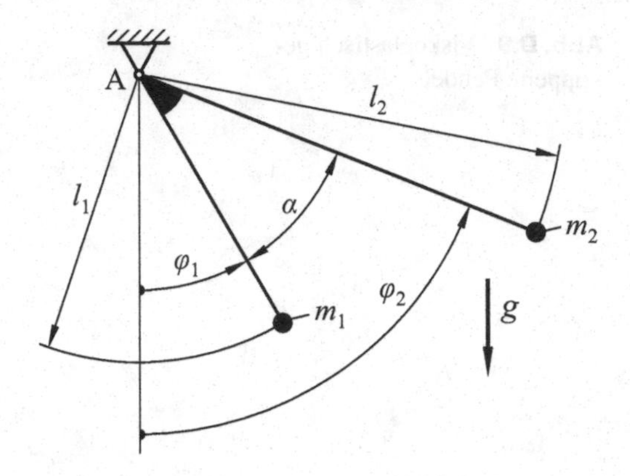

Newtonschen Gesetz:

$$m\dot{v} = mg - \frac{1}{2}c_w \rho_L A v^2, \tag{D.2}$$

mit der Fallgeschwindigkeit $v = v(t)$ mit $v \geq 0$, und der Abwärtsbeschleunigung $\dot{v} = dv/dt$, wobei m und A die Masse bzw. Querschnittsfläche des Körpers, c_w und ρ_L seinen Widerstandsbeiwert bzw. die Luftdichte bedeuten. Wir dividieren (D.2) durch die Masse, führen den Parameter $\beta = c_w \rho_L A/(2m)$ ein und erhalten:

$$\dot{v} = g - \beta v^2; \tag{D.3}$$

g und β werden im Folgenden als gegeben angesehen. Alle Terme der Gleichung (D.3) haben die Dimension einer Beschleunigung:

$$\dim(\dot{v}) = \dim(g) = \dim(\beta v^2) = \mathrm{L}/\mathrm{T}^2. \tag{D.4}$$

Aus (D.3) liest man ab, dass v nur positiv beschleunigt ist, wächst, solange $g - \beta v^2 > 0$. Daraus folgt eine Grenzgeschwindigkeit

$$v_G := \sqrt{g/\beta}, \tag{D.5}$$

der sich v von unten annähert. Wir wählen v_G als Referenzgeschwindigkeit, $v_R = v_G$, und setzen mit der zahlenwertigen Geschwindigkeit $\tilde{v}(\tilde{t})$

$$v(t) = \tilde{v}(\tilde{t})v_R, \tag{D.6a}$$

$$v(t) = \tilde{v}(\tilde{t})v_G. \tag{D.6b}$$

Darin steht die gleichfalls zahlenwertige Zeit

$$\tilde{t}(t) = t/t_R. \tag{D.7}$$

Nach Einsetzen der Gleichungen (D.5) bis (D.7) in (D.3) und unter Anwendung der Kettenregel bei der Zeitableitung ergibt sich sukzessive

$$\dot{v} = \frac{dv}{d\tilde{t}}\frac{d\tilde{t}}{dt} = g - \beta v_G^2 \tilde{v}^2, \tag{D.8a}$$

$$\frac{v_G}{t_R}\frac{d\tilde{v}}{d\tilde{t}} = g - \beta v_G^2 \tilde{v}^2, \tag{D.8b}$$

$$\frac{v_G}{t_R}\frac{d\tilde{v}}{d\tilde{t}} = g(1 - \tilde{v}^2), \tag{D.8c}$$

$$\frac{d\tilde{v}}{d\tilde{t}} = g\frac{t_R}{v_G}(1 - \tilde{v}^2), \tag{D.8d}$$

Wir setzen den Koeffizienten $g(t_R/v_G) = 1$ und erhalten

$$t_R = v_G/g. \tag{D.9}$$

Damit folgt aus (D.8d) mit der Abkürzung $\overset{\circ}{\tilde{v}} = d\tilde{v}/d\tilde{t}$ die Bewegungs-Differentialgleichung

$$\overset{\circ}{\tilde{v}} = 1 - \tilde{v}^2 \tag{D.10}$$

in der gesuchten Form einer (‚dimensionslosen‘) Zahlenwertgleichung. Diese kann man streng analytisch oder mit einem Rechenprogramm numerisch lösen. Die Lösung $\tilde{v} = v(\tilde{t})$ wird im *analytischen Fall* mit Hilfe der bekannten mathematischen Funktionen angeschrieben, die sich leicht diskutieren lassen. Bei *numerischer Integration* werden, von einem Anfangswertepaar $(\tilde{t}_0, \tilde{v}_0)$ ausgehend, diskrete Zahlenpaare $(\tilde{t}_k, \tilde{v}_k)$ in k Schritten generiert und in einem $\tilde{t}$-$\tilde{v}$-Diagramm als interpolierte Lösungskurve veranschaulicht.

Der Hauptvorteil der *Betrachtung von (‚dimensionslosen‘) Zahlenwertgleichungen* wie (D.10) ist, dass deren analytische bzw. numerische Lösung für die Gesamtheit aller zulässigen Parameter gültig ist. Für konkrete Parameter g und β kann der Zusammenhang $v = v(t)$ mit Hilfe der Referenzgrößen v_G und t_R (siehe (D.5) bis (D.7) und (D.9)) schnell erschlossen werden. Auch Kurvenscharen einer Parameterstudie für $\beta_i = \beta(\rho_{L,i})$ bei verschiedenen Luftdichten lassen sich damit leicht erstellen.

Literatur

1. The Shock and Vibration Digest, The Vibration Institute: Suite 212, 6262 S. Kingery Hwy., Willowbroock, Il 60514, USA
2. Bathe, K.J.: Finite Element Procedures, 2. Aufl. MIT, Cambridge, MA (2014)
3. Bishop, R.E.D.: Schwingungen in Natur und Technik. Studienbücher. B.G. Teubner, Stuttgart (1985)
4. Bishop, R.E.D., Johnson, D.C.: The mechanics of vibration. Cambridge Univ. Press, Cambridge (2011)
5. Braun, M.: Differentialgleichungen und ihre Anwendungen, 3. Aufl. Springer, Berlin Heidelberg (1994)
6. Bremer, H.: Dynamik und Regelung mechanischer Systeme. Springer Fachmedien, Wiesbaden (1988)
7. Brommundt, E.: Beschreibung von Kreiselbewegungen mit Kippwinkeln. ZAMM, Zeitschr. angew. Math. Mech. **73**, 229–230 (1993)
8. Brommundt, E.: Tilt Angles. Technische Mechanik **26**, 148–167 (2006)
9. Brommundt, E., Sachs, G., Sachau, D.: Technische Mechanik, 5. Aufl. De Gruyter-Oldenbourg Verlag, Berlin (2019)
10. Bronstein, I.N., Semendjajew, K.A., Musiol, G., Mühlig, H.: Taschenbuch der Mathematik, 9. Aufl. Europa-Lehrmittel, Haan-Gruiten (2013)
11. Budó, A.: Theoretische Mechanik, 11. Aufl. VEB Verlag, Berlin (1987)
12. Dankert, J., Dankert, H.: Technische Mechanik: Statik, Festigkeitslehre, Kinematik/Kinetik, 7. Aufl. Springer Fachmedien, Wiesbaden (2013). Online-Ressource
13. DIN1302: Allgemeine mathematische Zeichen und Begriffe, Deutsches Institut für Normung e.V.
14. DIN1303: Vektoren, Matrizen, Tensoren, Deutsches Institut für Normung e.V.
15. DIN1304: Formelzeichen, Deutsches Institut für Normung e.V.
16. DIN1305: Masse, Kraft, Gewichtskraft, Gewicht, Deutsches Institut für Normung e.V.
17. DIN1311-1: Schwingungen und schwingungsfähige Systeme Teil 1 Grundbegriffe, Einteilung. 2000, Deutsches Institut für Normung e.V.
18. DIN1311-2: Schwingungen und schwingungsfähige Systeme Teil 2: Lineare, zeitinvariante schwingungsfähige Systeme mit einem Freiheitsgrad. 2002, Deutsches Institut für Normung e.V.
19. DIN1311-3: Schwingungen und schwingungsfähige Systeme Teil 3: Lineare, zeitinvariante schwingungsfähige Systeme mit endlich vielen Freiheitsgraden 2000, Deutsches Institut für Normung e.V.
20. DIN1311-4: Schwingungslehre Blatt 4: Schwingende Kontinua, Wellen. 1974, Deutsches Institut für Normung e.V.

E. Brommundt und D. Sachau, *Schwingungslehre mit Maschinendynamik*,
https://doi.org/10.1007/978-3-658-38123-3

21. DIN1312: Geometrische Orientierung. 1972, Deutsches Institut für Normung e.V.
22. DIN1313: Größen. 1998, Deutsches Institut für Normung e.V.
23. DIN1315: Winkel, Begriffe, Einheiten. 1982, Deutsches Institut für Normung e.V.
24. DIN1319: Grundlagen der Meßtechnik. 1995–2005, Deutsches Institut für Normung e.V.
25. DIN EN 60027-6: Steuerungs- und Regelungstechnik. 2008, Deutsches Institut für Normung e.V.
26. Dresig, H.: Schwingungen mechanischer Antriebssysteme, 4. Aufl. Springer-Verlag, Berlin Heidelberg (2020)
27. Dresig, H., Holzweißig, F.: Maschinendynamik, 12. Aufl. Springer Vieweg, Wiesbaden (2016)
28. Dresig, H., Beitelschmidt, M.: Maschinendynamik – Aufgaben und Beispiele, 2. Aufl. Springer Vieweg, Berlin Heidelberg (2017)
29. Dresig, H., Vul'fson, I.I.: Dynamik der Mechanismen. Springer-Verlag, Wien (1989)
30. Fahy, F.J., Gardonio, P.: Sound and structural vibration : radiation, transmission and response, 2. Aufl. Elsevier, Acad. Press, Amsterdam [u.a.] (2007)
31. Fischer, U., Stephan, W.: Mechanische Schwingungen, 3. Aufl. Hanser Fachbuchverlag, Leipzig, Köln (1993)
32. Gasch, R., Knothe, K., Liebich, R.: Strukturdynamik: Diskrete Systeme und Kontinua, 3. Aufl. Springer, Berlin Heidelberg (2021). auch Online-Ressource
33. Gasch, R., Nordmann, R., Pfützner, H.: Rotordynamik, 2. Aufl. Springer, Berlin (1975)
34. Gross, D., et al.: Technische Mechanik 1, 14. Aufl. Springer Vieweg, Berlin (2019)
35. Grote, K.-H., Feldhusen, J.: DUBBEL Taschenbuch für den Maschinenbau, 26. Aufl. Springer, Berlin Heidelberg (2020)
36. Hagedorn, P.: Technische Schwingungslehre – Lineare Schwingungen kontinuierlicher mechanischer Systeme Bd. 2. Springer-Verlag, Berlin Heidelberg (1989)
37. Hagedorn, P., Otterbein, S.: Technische Schwingungslehre – Lineare Schwingungen diskreter mechanischer Systeme Bd. 1. Springer-Verlag, Berlin Heidelberg (1987)
38. Hagedorn, P., Hochlenert, D.: Technische Schwingungslehre. Harri Deutsch, Frankfurt am Main (2012)
39. Harris' Shock and Vibration Handbook. 6 ed. 2010, New York: McGraw-Hill. auch Online-Ressource
40. Hollburg, U.: Maschinendynamik, 2. Aufl. Oldenbourg Verlag, München (2007)
41. Czichos, H., Hennecke, M., Akademischer Verein Hütte e. V. (Hrsg.): HÜTTE – Das Ingenieurwissen, 34. Aufl. Springer, Berlin; Heidelberg (2012). auch Online-Ressource
42. Inman, D.J.: Engineering Vibration, 4. Aufl. Pearson, New Jersey (2014)
43. Jäger, H., Mastel, R., Knaebel, M.: Technische Schwingungslehre: Grundlagen – Modellbildung – Anwendungen, 9. Aufl. Springer Vieweg, Wiesbaden (2016)
44. Krämer, E.: Maschinendynamik. Springer-Verlag, Berlin (1984)
45. Krämer, E.: Dynamics of Rotors and Foundations. Springer-Verlag, Berlin (1993)
46. Lunze, J.: Regelungstechnik 1, 12. Aufl. Springer, Berlin Heidelberg (2020)
47. Magnus, K.: Kreisel. Springer, Berlin (1971)
48. Magnus, K., Popp, K., Sextro, W.: Schwingungen: physikalische Grundlagen und mathematische Behandlung von Schwingungen, 11. Aufl. Springer Vieweg, Wiesbaden (2021)
49. Malkin, J.G.: Theorie der Stabilität einer Bewegung. Oldenbourg, München (1959)
50. Meirovitch, L.: Analytical methods in vibrations. Macmillan, New York (1967)
51. Meirovitch, L.: Fundamentals of vibrations. McGraw-Hill, Boston [u.a.] (2001). Nachdr. 2008
52. Meirovitch, L.: Dynamics and Control of Structures. John Wiley Sons, New York (1990)
53. Moon, F.C.: Applied Dynamics: With Applications to Multibody and Mechatronic Systems. John Wiley & Sons, Weinheim (2008)
54. Müller, P.C.: Stabilität und Matrizen. Springer, Berlin (1977)

55. Ogata, K.: System Dynamics, 4. Aufl. Pearson, New Jersey (1998)
56. Parkus, H.: Mechanik der festen Körper, 2. Aufl. (6. unveränderter Nachdruck). Springer, Wien (2005)
57. Pfeiffer, F., Schindler, T.: Einführung in die Dynamik, 3. Aufl. Springer Vieweg, Berlin Heidelberg (2014). auch Online-Ressource
58. Pietruszka, W.D., Glöckler, M.: Matlab und Simulink in der Ingenieurpraxis, 5. Aufl. Springer Vieweg, Wiesbaden (2021)
59. Schiehlen, W., Eberhard, P.: Technische Dynamik, 6. Aufl. Springer Fachmedien, Wiesbaden (2020)
60. Schmidt, G.: Parametererregte Schwingungen. Dt. Verlag d. Wiss., Berlin (1975)
61. Schwarz, H.R.: Methode der finiten Elemente, 2. Aufl. B. G. Teubner, Stuttgart (1984)
62. Schwarz, H.R., Köckler, N.: Numerische Mathematik, 8. Aufl. Springer Fachmedien, Wiesbaden (2011)
63. Schwetlick, H., Kretzschmar, H.: Numerische Verfahren für Naturwissenschaftler und Ingenieure: eine computerorientierte Einführung. Fachbuchverlag, Leipzig (1991)
64. Szabó, I.: Höhere Technische Mechanik, 6. Aufl. Springer, Berlin (2001)
65. Szabó, I.: Einführung in die Technische Mechanik, 8. Aufl. Springer, Berlin (1975)
66. Thomson, W.T.: Theory of Vibration With Applications, 4. Aufl. Prentice Hall, Englewood Cliffs (1993)
67. Ulbrich, H.: Maschinendynamik. Studienbücher. B.G. Teubner, Stuttgart (1996)
68. von Wagner, U. et al.: Brake Squeal: Modeling and Experiments. VDI-Bericht 1749, 173–186 (2003)
69. Walter, W.: Gewöhnliche Differentialgleichungen: Eine Einführung, 7. Aufl. Springer-Verlag, Berlin (2000)
70. Wittenburg, J.: Dynamics of systems of rigid bodies. Teubner, Stuttgart (1977)
71. Wörnle, C., Mehrkörpersysteme – Eine Einführung in die Kinematik und Dynamik von Systemen starrer Körper, 2. Aufl. Springer Vieweg, Berlin Heidelberg (2016)
72. Ziegler, F.: Technische Mechanik der festen und flüssigen Körper, 3. Aufl. Springer, Wien (1998)
73. Zurmühl, F., Falk, S.: Matrizen und ihre Anwendungen für angewandte Mathematiker, Physiker und Ingenieure. Teil 1: Grundlagen, 7. Aufl. Springer-Verlag, Berlin Heidelberg (1997); Teil 2: Numerische Methoden, 5. Aufl. Springer-Verlag, Berlin Heidelberg (1986)

Sachverzeichnis

E. Brommundt und D. Sachau, *Schwingungslehre mit Maschinendynamik*,
https://doi.org/10.1007/978-3-658-38123-3

Printed in the United States
by Baker & Taylor Publisher Services